JN209903

JIS使い方シリーズ

詳解 工場排水試験方法

［JIS K 0102:2019］

日本規格協会 編

日本規格協会

原著者（初版～改訂5版）

編集委員長	並木　博	横浜国立大学名誉教授
	梅崎　芳美	(社)産業環境管理協会名誉参与
	坂本　勉	(財)日本規格協会
	西村　耕一	横沢金属工業株式会社
	米倉　茂男	元東京都立工業技術センター

（五十音順，所属は改訂3版発刊時）

改訂6版の編集・執筆者

幹　事	田尾　博明	国立研究開発法人産業技術総合研究所 JIS K 0102原案作成委員会委員長 JIS K 0102改正－金属委員会委員長
	中村　栄子	横浜国立大学名誉教授 JIS K 0102原案作成委員会委員 JIS K 0102改正－無機イオン・環境指標委員会委員長

（所属等は改訂6版発刊時）

まえがき

本書は1982年の初版から今日まで，水質試験に携わる方々から長期にわたり愛用いただいてきた。今回改訂6版を出版することとなったが，筆者は高齢となったためこの期に身を退くこととし，ここに，本書の原本であるJIS K 0102（以下，JIS）の改正の経緯と背景，それに基づいた本書の誕生と改版とを，記憶と手元の資料をたどって振り返った。

このJISは1964年に制定された。当時，排水試験には指針書もなく，JISとしても初めてのものであったが1971年に改正され，原子吸光法の採用，試験項目などの追加もあり，多様な排水に対応できる形が整ったかと思われた。

一方，1971年に環境庁が発足し，環境基準，排水基準が定められ，本格的に水質規制が行われるようになったが，実際の複雑な排水が試験対象となるとJIS（1971）では対応困難な場合がしばしばみられた。このため多方面から改正が求められ，1975年に改正原案が提出されたが，多様な要望，項目数の増加などから審議が容易に進まず，改正されたのは1981年になる。

この間10年を要したが，多数の検討で得られた有用な知見と急速に進歩した測定技術の採用によってJISは刷新され，水質規制に多項目が引用されるとともに各種の排水，環境水を含めた水質試験方法の中心的な役割をもつものとなった。

本書はJISが充実したこの機に，改正原案作成に携わった5名によって提案，作成されたもので，次の趣旨でJISの試験方法の解説をしている。

（1）操作上の留意点，複雑な試料で遭遇する問題，対策など。

（2）JISの注，備考と重複しない事項。

（3）水質規制に使われる項目，試験頻度の多い項目は特に詳しく説明する。

JIS（1971）の改正に際してはCODの項目について試験条件，試験操作を明確に規定することが計量証明関係者などから強く求められ，改正案も提出されたがJIS（1981）では特異な扱いで参考としての記載にとどめられた。

本書の初版はJIS (1981) に対応するものであるが，実務者の便宜を考え，JISに先行して改正案に提示されたCODの試験方法と，関連する事項を記載した。

1982年に「湖沼の窒素及びりんの環境基準」が定まり，JIS (1985) には告示の試験方法を引用し，新たに「全窒素」「全りん」の項目名で規定，記述された。初回の改訂版はJIS (1986) に対応し，この両項目を主に詳細に解説した。

本書の改版はJISの改正に応じて行い，主要な改正点を中心に解説した。各改訂版と対応するJISの主な改正点を下記に示す。

改訂2版はJIS (1993) に対応する。このJISではICP発光分光分析法など機器分析法4種が採用された。なお，CODの項目が改正案を基に改正された。

改訂3版はJIS (1998) に対応する。このJISではモントリオール議定書の批准に応じ，四塩化炭素を用いる数十の項目，試験方法が廃止又は変更された。

改訂4版はJIS (2008) に対応する。このJISではISOとの整合化，一体化の目的で試験操作に有用と考えられるISOの事項が採り入れられた。また，ICP質量分析法の採用もある。

改訂5版はJIS (2013) に対応する。このJISでは金属定量の前処理に固相抽出法，及び9項目にJIS K 0170の項目名引用による流れ分析法が採用された。

機器分析による定量方法は普及とともにJISに採用されてきた。本書では主なものは採用の都度，原理，操作を解説するように努めた。一方，JISには化学反応に基づく試験方法も重要な項目として多数あり，その手法は機器分析での試料の前処理法としても大切である。改訂6版の執筆はJISの改正に現在活動されている田尾博明氏，中村栄子氏が当たられるので，この観点から詳細に解説され，本書が水質試験の実務者にさらに役立つ書となることと期待している。

最後に，読者の方々，編集の方々，さらに，水質試験関係の各種委員会で親しくしていただいた方々に深くお礼申し上げます。また，先に他界されたこれまでの著者4氏のご冥福をお祈りいたします。

2019年9月

並木　博

改訂に当たって

本書はJIS K 0102 工場排水試験方法を実施するうえでの，注意事項やその基礎となる化学反応などを，詳細に解説したものである。規格は簡潔を旨とすることから，なぜ，その試薬を用いるのか，なぜ，その操作条件が適しているのかについての理由は，一部の“注”や“備考”に記載されているものを除いて省略されていることも多い。例えば，本書の吸光光度法に関する項目をご覧いただければ，規格には記述されていない，発色反応に用いられる試薬の化学構造，発色反応の反応式，吸収曲線，検量線のほか，試薬の精製方法，器具からのコンタミネーション防止，発色強度の安定性，共存成分の干渉除去などの様々なノウハウが記されていることにお気付きになられるであろう。規格に記述されているとおりに操作を行えば，一応，正しい分析値が出ることにはなっているが，これらの基礎的な知識をもったうえで操作を行えば，より正しい分析値を得ることが可能となる。また，ほかの人に結果を説明する際のアカウンタビリティー（説明責任）能力も高めることができる。

本書の改訂5版では，2013年の第9回のJIS改正までの結果が反映されていた。今回の改訂6版は，その後の2016年の第10回の改正，2019年の追補改正の結果を反映させたものである。主な改正事項を挙げると，2016年の改正では，蓋付き試験管を用いる吸光光度法によるCOD_{Cr}測定法，光学式センサを用いる溶存酸素測定法，高感度水銀専用原子吸光装置を用いる低濃度水銀測定法，及び加熱気化－金アマルガム捕集原子吸光法が追加された。2019年の追補改正では，小型蒸留装置の導入（フェノール類，ふっ素化合物，全シアン及びアンモニウムイオン），分解前処理操作の試料量及び試薬量の少量化（全窒素及び全りん），残留塩素測定の誤検出の防止，ナトリウム及びカリウムのICP発光分光分析法，液体クロマトグラフィー誘導結合プラズマ質量分析法による六価クロムの測定，ガスクロマトグラフィー質量分析法によるアルキル水銀化合物の測定，ベリリウムの附属書から本体への移行などが挙げられる。

これらのJISの改訂は，省力化，低コスト化，環境負荷低減化のための新技術や各種測定機器の進歩を採り入れることで，ユーザーの利便性向上を目指したものである。分析技術の進化は日進月歩であり，機器分析の発達に伴ってややもすると，ブラックボックス化するおそれがある。分析業務に携わる者は，分析操作や分析装置のなかで何が起きているかを正しく理解しておくことが極めて重要になっている。本書がその一助になれば幸いである。

本書の改訂は，水質分析の多くの研究者，技術者による報告，情報によるところが多い。これらの方々及び編集に携わった一般社団法人日本規格協会の方々に謝意を表する次第である。

2019年9月

田尾　博明　　中村　栄子

本書ご利用の手引

1．本書の構成は，次のようになっています。

（1） **JIS K 0102**（工場排水試験方法）の規格本体

本書では読者の参考として，特に重要と思われる項目について **JIS K 0102** の規格本体を抜粋収録し，その他は省略しています。21 ページを参照ください。

（2） **JIS K 0102** に対する解説（以下，解説文という）

2．本書に収録する JIS について

JIS K 0102 : 2016 に対して，同 JIS の 2019 年追補改正による変更点を反映した内容を抜粋収録しています。

本書の編集上，**JIS K 0102** の規格票と本書ではレイアウトに相違があります。疑義が生じた場合には，原文である **JIS K 0102** の規格票をご覧ください。

3．解説文中における JIS の引用について

解説文中には規格の項目番号などを引用する箇所が多く出てきますが，規格の項目番号，備考，注，図番号，表番号は次のように示します。

【例】

規格の**12.1** ……… JIS K 0102 の **12.1** を示す。
規格の**12. 備考 1.** … JIS K 0102 の **12.** の**備考 1.** を示す。
規格の**12. 注**(1) … JIS K 0102 の **12.** の**注**(1)を示す。
規格の**図 21.1** …… JIS K 0102 の **図 21.1** を示す。
規格の**表 33.1** …… JIS K 0102 の **表 33.1** を示す。

4．各試験項目の最後にある **"参考文献"** は，その試験項目にかかわるものです。また，図又は表の右肩の番号は，参考文献からの引用を示します。

5．本書巻末にある **"参考書"** は，工場排水試験方法の全体に共通する参考書として紹介しています。

目　　次

附属書 1（参考）補足

規格本体（JIS K 0102：2019）の抜粋収録目次

1. 適 用 範 囲

この規格は，工場，事業所からの排水の試験方法について規定したものである。排水は含有成分，濃度などが極めて多岐にわたっているため，なるべく共存物質の影響の少ない方法が選ばれ，また，影響除去の対策が考慮されているが，試料の種類によってはその影響を完全には除き得ず，別の対策を考えなければならない場合もある。逆に，工場排水以外の水でも，この方法を適用できる場合も多い。試験に当たっては，各試験項目の内容を熟知しておくことが大切である。

2. 共 通 事 項

規格全体を通じて共通する事項をこの項にまとめて示してある。

（1） 化学分析，ガスクロマトグラフ法，吸光光度法，誘導結合プラズマ発光分光分析法，高周波プラズマ質量分析法，赤外分光法，原子吸光法，イオン電極法及びイオンクロマトグラフ法及び流れ分析法などについては，別に規格（通則）が定められている。これら通則の規格番号は，**規格**の **2. c**）～ **k**）に記載されている。したがって，これらの方法を用いる場合は，これらの規格に従って操作をする。なお，原子吸光法は，フレーム原子吸光法，電気加熱方式原子吸光法及びその他（還元気化原子吸光法及び加熱気化原子吸光法）に分け，電気加熱方式原子吸光法は電気加熱原子吸光法と称することとする。また，誘導結合プラズマ発光分光分析法は，ICP 発光分光分析法と称することとする。同様に，ICP 質量分析法，水素化物発生 ICP 発光分光分析法などの用語を用いる。

（2） 定量範囲は操作，計算のしやすさから吸光光度法及び滴定法では，最終溶液中の質量（mg，μg 又は ng）で示している。その他の場合は最終溶液中の濃度（mg/L 又は μg/L）で示している。また，使用する装置によって定量範囲の異なるものでは一応の目安が示されている。

（3） 各試験項目の分析精度はこの規格では変動係数をいう。各項目に示される数値は，標準液又はこれに準ずる試料についての繰返し試験を行ったときの概数値であり，その定量範囲においての最も高い精度が得られる濃度の場合及び最も低い精度となる濃度の場合の値が示されている。

（4） 水について，試薬の調製，空試験などに用いる水は，JIS K 0557（用水・排水の試験に用いる水）があるので，その引用によっている。JIS K 0557 では，水を種別 A1～A 4 に分類して，その質が示されている。ただし，その質は代表的な項目，物質についてのものであるから，試験項目によっては，これ以外にもさらに要求される条件を満足するものでなければならない。また逆に，試験項目によっては，指定された種別の質の全てを満足しなくても差し支えない場合もある。各試験項目の特徴を熟知し，その目的に合致する水を用いるようにする。JIS K 0557 に規定する水の種別及び質を表 2.1 に示す。

JIS K 0557 には，表 2.1 に示すもののほか，特定の試験で要求される水の調製及び保存方法が規定されている。このうち，この規格でしばしば用いられる溶存酸素を含まない水，二酸化炭素を含まない水，TOC の試験に用いる水などが規定されている。

なお，長期保存の標準液の調製には，微生物の作用のないような水の調製方法，保存方法が必要である。

表 2.1 JIS K 0557（用水・排水の試験に用いる水）の種別及び質

項目 (1)	種別及び質			
	A1	A2	A3	A4
電気伝導率 mS/m(25℃)	0.5以下	0.1 (2) (3) 以下	0.1 (2) 以下	0.1 (2) 以下
有機体炭素(TOC) mgC/L	1 以下	0.5以下	0.2以下	0.05 以下
亜鉛 μgZn/L	0.5以下	0.5以下	0.1以下	0.1 以下
シリカ μgSiO_2/L	—	50 以下	5.0以下	2.5 以下
塩化物イオン μgCl^-/L	10 以下	2 以下	1 以下	1 以下
硫酸イオン μgSO_4^{2-}/L	10 以下	2 以下	1 以下	1 以下

注 (1) 試験方法によっては，項目を選択してもよい。また，試験方法で個別に使用する水の規定がある場合は，それによる。

(2) 水精製装置の出口水を，電気伝導率計の検出部に直接導入して測定したときの値。

(3) 最終工程のイオン交換装置の出口に精密ろ過器などのろ過器を直接接続し，出口水を電気伝導率計の検出部に直接導入した場合には，0.01 mS/m(25℃) 以下とする。

(5) 試薬は，JIS マーク表示品を用いるが，電気加熱原子吸光法，ICP 質量分析法など，ごく微量の試験では，特に高純度のものが必要である。

高純度試薬としては，JIS K 9901（高純度試薬—硝酸），JIS K 9902（高純度試薬—塩酸），JIS K 9903（高純度試薬—アンモニア水），JIS K 9904（高純度試薬—過塩素酸），JIS K 9905（高純度試薬—硫酸）及び JIS K 9906（高純度試薬—水酸化ナトリウム溶液）が規定されている。

(6) 標準液として，国家計量標準に規定するトレーサビリティが確保されたものには，JCSS（Japan Calibration Service System）によって供給されたものがある。

（**7**） 標準液の濃度は溶液名の後に表示した。標準液以外の試薬溶液の濃度として，溶液名の前に濃度を表示したものは正確な濃度のもの，溶液名の後に濃度を表示したものは，おおよその濃度のものである。また，化合物の濃度は無水物としての値で示している。

（**8**） ガラス器具類は，JIS R 3503（化学分析用ガラス器具）及び JIS R 3505（ガラス製体積計）に規定されるものを用いるが，蒸留装置のように特殊なものは，その項目に図示してある。ただし，これらはその装置の一例であり，同じ能力をもつものであれば，類似の装置を用いても差し支えない。また，例示された装置は，なるべく，JIS R 3503 に規定されたガラス器具で組み立てられるものを示している。

（**9**） 吸光度の測定には，特に指定する以外は光路長 10 mm の吸収セルを用いる。また，検量線は，各項目で規定された定量範囲についてだけ作成する。すなわち，この規格は，示された定量範囲よりも低い濃度及び高い濃度の定量には使用しない。吸光光度法ではあらかじめ作成した検量線を用いることができるが，適宜な間隔で確認をする。

（**10**） 試験は分析の精度管理の概念をもって実行することが大切である。このため，定期的に測定値の精確さ（真度及び精度）を評価することが望ましいことが，追加記載された。

3. 試　　料

3.　試料

3.1　試料の採取，試料容器，採水器及び採取操作　試料とは，試験を行うために採取した水をいう。試料の採取，試料容器，採水器及び採取操作は，**JIS K 0094** に従う。

3.2　試料の取扱い　試験は，特に断らない限り，試料中に含まれる全量について行う。このため，試料に懸濁物がある場合には，十分に振り混ぜて均一にした後，試料を採取して試験に用いる。ただし，陰イオンの試験では，特に断らない限り，ろ過した試料を用いる。全量を求める場合には，それぞれの試験項目で規定する。

溶存状態のものだけを試験する場合には，試料採取後，直ちにろ紙 5 種 C ([1])でろ過し，初めのろ液約 50 mL を捨て，その後のろ液を試料とする。

注([1])　ろ紙 6 種又は孔径 1 μm 以下のろ過材を用いてもよい。ただし，溶存マンガン及び溶存鉄の試験では，ろ紙 5 種 C を用いる。その他，ろ過方法が示されている場合は，それに従う。

3.3　試料の保存処理　試験は，特に断らない限り，試料採取後，直ちに行う。直ちに試験ができずに保存する場合は，**JIS K 0094** の **7.**（試料の保存処理）に従って，次のように行い，なるべく早く試験する。0 ℃付近に保存する場合には，凍結させないようにする。また，試験項目に保存方法が示されている場合には，それに従う。

a)　試薬　試薬は，次による。

1) **塩酸**　**JIS K 8180** に規定するもの。
2) **塩酸（ひ素分析用）**　**JIS K 8180** に規定するもの。
3) **硝酸**　**JIS K 8541** に規定するもの。
4) **硫酸**　**JIS K 8951** に規定するもの。
5) **りん酸**　**JIS K 9005** に規定するもの。
6) **L（＋）-アスコルビン酸**　**JIS K 9502** に規定するもの。
7) **水酸化ナトリウム溶液（200 g/L）**　**JIS K 8576** に規定する水酸化ナトリウム 20 g を水に溶かして，100 mL とする。
8) **塩基性炭酸亜鉛懸濁液**　**JIS K 8953** に規定する硫酸亜鉛七水和物 20 g を水 100 mL に溶かし，これと等体積の炭酸ナトリウム溶液（100 g/L）（**JIS K 8625** に規定する炭酸ナトリウムを用いて調製する。）とを混合する。使用時に調製する。
9) **硫酸銅（II）五水和物**　**JIS K 8983** に規定するもの。
10) **クロロホルム**　**JIS K 8322** に規定するもの。

b)　保存処理　保存処理は，次による。

1) 100 ℃における過マンガン酸カリウムによる酸素消費量（COD_{Mn}），アルカリ性過マンガン酸カリウムによる酸素消費量（COD_{OH}），二クロム酸カリウムによる酸素消費量（COD_{Cr}），生物化学的酸素消費量（BOD），有機体炭素（TOC），全酸素消費量（TOD），及び界面活性剤の試験に用いる試料は，0～10 ℃の暗所に保存する。
2) アンモニウムイオン，有機体窒素及び全窒素の試験に用いる試料は，塩酸又は硫酸を加え，pH2～3 とし，0～10 ℃の暗所に保存する。短い日数であれば，保存処理を行わずそのままの状態で 0～10 ℃

の暗所に保存してもよい。

3) 亜硝酸イオン及び硝酸イオンの試験に用いる試料は，試料 1 L につきクロロホルム約 5 mL を加えて 0〜10 ℃の暗所に保存する。短い日数であれば，保存処理を行わずそのままの状態で 0〜10 ℃の暗所に保存してもよい。

4) よう化物イオン及び臭化物イオンの試験に用いる試料は，水酸化ナトリウム溶液（200 g/L）を加えて pH 約 10 として保存する（試料 1 L につき水酸化ナトリウム 2〜4 粒を加えてもよい。）。

5) シアン化合物及び硫化物イオンの試験に用いる試料は，水酸化ナトリウム溶液（200 g/L）を加えて pH 約 12 として保存する（試料 1 L につき水酸化ナトリウム 4〜6 粒を加えてもよい。）。シアン化合物の試験に用いる試料で，残留塩素など酸化性物質が共存する場合は，L（＋）-アスコルビン酸を加えて還元した後，pH 約 12 とする。

硫化物イオンの試験には，試料を溶存酸素測定瓶に採取し，試料 100 mL につき塩基性炭酸亜鉛懸濁液約 2 mL を加え，硫化亜鉛として固定して保存してもよい（**39.**の**備考 2.**参照）。

6) フェノール類の試験に用いる試料は，りん酸を加えて pH 約 4 とし，試料 1 L につき硫酸銅（II）五水和物 1 g を加えて振り混ぜ，0〜10 ℃の暗所に保存する。

7) 農薬［パラチオン，メチルパラチオン，EPN，ペンタクロロフェノール及びエジフェンホス（EDDP）］の試験に用いる試料は，塩酸を加え弱酸性として保存する。

8) りん化合物及び全りんの試験に用いる試料は，試料 1 L につきクロロホルム約 5 mL を加えて 0〜10 ℃の暗所に保存する。短い日数であれば，保存処理を行わずに 0〜10 ℃の暗所に保存してもよい。ただし，溶存りん化合物の試験に用いる試料は，**3.2** によってろ過した後，試料 1 L につきクロロホルム約 5 mL を加え，0〜10 ℃の暗所に保存する。短い日数であれば，ろ過後，保存処理を行わずに 0〜10 ℃の暗所に保存してもよい。

全りんの試験に用いる試料は，硫酸又は硝酸を加えて pH 約 2 として保存してもよい。

9) 銅，亜鉛，鉛，カドミウム，マンガン，鉄，アルミニウム，ニッケル，コバルト，ひ素，アンチモン，すず，ビスマス，クロム，水銀，セレン，モリブデン，タングステン，バナジウムなどの金属元素の試験に用いる試料は，硝酸を加えて pH 約 1 として保存する。

ひ素，アンチモン及びセレンの試験に用いる試料で，有機物及び多量の硝酸イオン並びに亜硝酸イオンを含まず，試験において硫酸及び硝酸，又は硝酸及び過マンガン酸カリウムによる前処理を行わない場合には，塩酸（ひ素分析用）を加えて pH 約 1 として保存する。

クロム（VI）の試験に用いる試料は，そのままの状態で 0〜10 ℃の暗所に保存する。

溶存状態の金属元素の試験に用いる試料は，**3.2** によってろ過した後，硝酸を加えて pH 約 1 として保存する。

3.1 試料の採取，試料容器，採水器及び採取操作 [1)〜3)]

これらについては，JIS K 0094（工業用水・工場排水の試料採取方法）があるのでそれに従う。その要点を次に示す。

1. 試料の採取

（1） 工場排水は，その業種によって含有物の種類，濃度などが大きく異なり，また，稼働状態によっても変動する。したがって，試料採取に当たっては，これらを十分に理解し，試験の目的にかない，排水の水質を代表できるような試料を採取する。

（2） 採取地点は，公共用水域への排水口とし，ここでの採取ができない場合は，同じ性質の水が得られる地点を選ぶ。

（3） 採取頻度は，試験の目的及び試料の性質などによって異なり，一定の規定はできないから，事前に頻度を決める必要がある。通常，調査単位は，少なくとも操業1日を日間変動1単位とし，調査当日は，通常2時間間隔に採取する。ただし，水質変動の少ない場合は，適宜，間隔を延長してもよい。

2. 試料容器

（1） 特定の成分については，各試験項目に規定されたものを用いる。その他の通常の容器としては，ほうけい酸ガラス製，ポリエチレン製，ポリプロピレン製などの共栓瓶を用いる。ゴム製及びコルク製の栓は使用してはならない。

（2） 使用前は，温硝酸（1+10）及び水で十分に洗浄しておく。

3. 採水器

（1） 試料容器で直接採取するのがよい。必要に応じて次の採水器を用いる。

（a）ポリエチレン製バケツ類，（b）ハイロート採水器，（c）バンドーン採水器，（d）絶縁採水器，（e）間欠採取装置，（f）混合試料採取装置（コンポジットサンプラー）。

4. 採取操作

（1） 試験目的，試料の性質，試験項目に最も適した方法で採取するが，一般的な採取方法として，表面水は試料容器又はバケツ類で採取する。深度の小さい河川では，徒渉して試料容器で直接採取するのがよい。橋上から採取する場合はロープを付けたバケツを用い，橋からの落下物の混入のないように注意して下流側で採取する。舟から採取する場合は，へさきを，河川では上流側，湖沼では風上に向け，へさき付近で採取する。各深度の水は，成層又は採水層の厚さで採水器を選択する。湖沼などでは，バンドーン採水器が多く用いられる。ハイロート採水器は，採水量が少なく2L程度であり，深度の小さい水の採取に用いる。また，この採水器による試料は溶存酸素の定量に用いることはできない。

工場排水の採取では，排水口から落下している場合は，試料容器又はバケツ類で採取する。水路からの場合は，適切なせきなどを設けて採取する。自動採水器を用いる場合は，目的の深度に採水用配管を沈め，異物の混入を防いで採取する。

（2） **試料の採取量** 試料採取時には，試験項目に応じた保存処理が行われるから，その処理方法の共通したものは同一容器を用いる。試料の必要量は，汚濁の程度によって異なるが，試験頻度が多い項目について表 3.1 に示す程度である。

表 3.1 試験項目と試料容器 [3)]

試 験 項 目	試 料 容 器	現地での処理
BOD，COD，懸濁物質	1～2L，1 本	氷詰め
Pb，Cd，ほか重金属	1L，1 本	HNO_3 酸性
Fe(溶存)，Mn(溶存)	100～250 mL，1 本	ろ過，HNO_3 酸性
CN^-，(S^{2-})	1L，1 本	NaOH アルカリ性
溶存酸素	100～250 mL 溶存酸素瓶，2 本	$Mn(OH)_3$ として固定
大腸菌群数	50～100 mL 滅菌瓶，1 本	氷詰め

3.2 試料の取扱い

規格では，特に断らない限り，金属元素は，一部のものを除いて全量を，陰イオンは，一部のものを除いて溶存のものを定量する。

したがって，金属元素の定量では，試料に懸濁物がある場合は，均一にして採取し，**規格**の **5.** によって懸濁物及び有機物を処理した後，定量操作を行う。

なお，マンガン及び鉄は，土壌に多く含まれることから溶存のものだけの定量が必要な場合が多く，その場合は，それぞれ定量方法に応じ，**規格**の **56. 備考 1.**，**3.**，**7.**，**8.**，**9.** 及び **57. 備考 1.**，**5.**，**11.**，**14.** に従い，試料採取後，直ちにろ紙 5 種 C を用いてろ過し，そのろ液を用いて定量する。保存する場合はろ過後，硝酸酸性とする。

ほう素は溶存のものを対象としており，**規格**の **47.1**～**47.4** いずれの試験方法においても，試料に懸濁物が含まれている場合には，**規格**の **47. 注**(1)に従い，ろ過又は遠心分離によって除去する。

ろ紙については JIS P 3801［ろ紙（化学分析用)］があり，ろ紙の種類として，定性分析用の 1～4 種，定量分析用の 5 種 A（粗大なゼラチン状沈殿用），5 種 B（中位の大きさの沈殿用），5 種 C（微細な沈殿用）及び 6 種（微細な沈殿用のうすいろ紙）を規定している。JIS K 0102 では，このうち，ろ紙 5 種 C 又は 6 種が主に用いられている。

陰イオンは**規格**の **3.2** に従い，通常は，試料採取後，直ちにろ過し，ろ液を用いて定量するが，ふっ素化合物，シアン化合物，硫化物イオン，りん化合物及び全りんについては，全量を定量するため，ろ過することなく試料を均一に混合して採取，定量する。ただし，りん化合物及び全りんは，溶存のものと懸濁状のものとを区別する場合もある。また，硫化物イオンも溶存のものを区別する場合がある。

3.3　試料の保存処理 4),5)

試料は採取後，保存すると変質するから，この規格での試験は，いずれの項目についても試料採取後，直ちに行うことを原則としている。

しかし，採水地点及び採水時刻などの関係で，直ちに試験を行えない場合は，試験目的の成分ができるだけ変質しないような保存処理及び保存方法を行う必要がある。これについては，この項のほか，各試験項目に示されたものもある。

保存処理には安定化のための試薬の添加と，冷暗所の保存があり，通常，0～10℃の保存には冷蔵庫，0～5℃の保存には氷詰めが用いられる。

保存処理を行った試料の安定性は，同一項目についても共存成分によって異なる。このため，保存期間を明示していないが，これは長期間安定であることを示しているわけではない。この場合もできるだけ早く試験を行うようにする。

比較的長期間保存しても差し支えないものとしては，次のような項目が考えられる。

ふっ素化合物，塩化物イオン，よう化物イオン，臭化物イオン，硫酸イオン，ほう素，及び**規格**の **48.** のナトリウムから**規格**の **70.** のバナジウムまでの金属元素

ただし，このうちクロム(Ⅵ)の試料は長期は保存できない。また，水銀の試料は，保存の容器及び保存方法に特に注意が必要である。

これらに次いで安定なものとしては，次の項目がある。

ヘキサン抽出物質

記載された保存方法によっても，変質を防ぐことができないため，特に早く試験を行う必要があるものには，次のような項目がある。

COD_{Mn}，COD_{OH}，COD_{Cr}，BOD，TOC，TOD，フェノール類，界面活性剤，農薬，溶存酸素（よう素滴定法で固定の場合），シアン化合物，硫化物イオン，アンモニウムイオン，亜硝酸イオン，硝酸イオン，有機体窒素，りん酸イオン及びりん化合物

保存せずになるべく直ちに試験をすべきものには，次のような項目がある。

色度，臭気及び臭気強度，電気伝導率，懸濁物質，酸消費量，アルカリ消費量，亜硫酸イオン

採水現場で試験をするものには次のような項目がある。

温度，外観，透視度，pH，残留塩素

なお，アンモニウムイオン，硝酸イオン，有機体窒素，全窒素，亜硝酸イオン，りん化合物及び全りんの試験に用いる試料は，短日時であれば安定化のための試薬の添加をせず，0～10℃の暗所に保存してよいこととなっている。これは実際の試験において，COD_{Mn}，BOD などの試験とともに，試料を同一容器に保存できる便利さへの配慮による。この場合もなるべく早く試験を行うようにする。

亜硝酸イオンの試料の保存に酸を添加してはならない。pH 4 以下では急速に硝酸イオンに変化する。

また，アンモニウムイオンを**規格**の **42.5** のイオンクロマトグラフ法で定量

する場合は，試料が pH 2 以下となると定量の妨害となる。このため，**規格**の **3.3 b) 2)** では酸を添加して保存する場合は pH 2〜3 とすることが示されている。

参 考 文 献

1） 半谷高久編（1972）：水分析におけるサンプリング，講談社
2） 日本化学会編（1958）：実験化学講座，14，地球化学，丸善
3） 並木博（1977）：ぶんせき，617
4） 富田伴一，浜村憲克（1976）：衛生化学，**22**，375
5） M. Roman, R. Dovi, R. Yoder, F. Dias, B. Warden (1991) : J. Chromatogr., **546**, 341

4. 流　　量

工場排水の管理において，流量はそれ自体重要な情報の一つであるとともに，水質総量規制の立場からも流量測定が義務付けられることが多くなってきた。

流量測定には，いろいろな方法が適用されているが，排水を対象とする場合，操作が簡単で，装置の維持管理が容易であることが望ましい。

規格では，この項目はJIS K 0094（工業用水・工場排水の試料採取方法）の8.流量の測定を引用しており，その内容は，容器による測定，せきによる測定（直角三角せき，四角せき，全幅せき），流速計による測定，流量計による測定である。これらについて簡単に述べる。

1. 測　定

(1)　容器による測定では，各種のバケツ類，石油缶（約20 L），ドラム缶（約200 L）などを容器として用い，落下する流水が，これを満たすのに要する時間を測定して流量を求める。容器としては，満水に10秒間以上20秒間程度を要するものを選ぶ。このほか，大きなポリエチレン製の袋に目盛を付けたものも携帯用としては便利である。容器による測定は0.01 m^3/s未満の流量測定に適用する。

(2)　せきによる測定では流量に応じて，直角三角せき（0.01～0.05 m^3/s），四角せき（0.05～0.15 m^3/s），全幅せき（0.15 m^3/s以上）を用いる。

せきは水路，せき板及び支え板で構成されている。水路は図4.1に示すように導入部分（L_2），整流装置部分（L_S），整流部分（L_1），に分かれる。なお，整流装置部分には4枚ほどの多孔板を垂直に取り付けて，波を静め，整流する。水路の最下流端には，丈夫な支え板に支持されたせき板を設ける。せき板は黄銅，ステンレス鋼など，さび，腐食に強い材質のもので作製し，流量に応じて形状を選定する（図4.2）。

流水の水頭，すなわち，せき板の上流の水位と切欠きの底点（直角三角せきの場合），切欠きの下縁（四角せきの場合）の鉛直距離を水頭測定器によって測

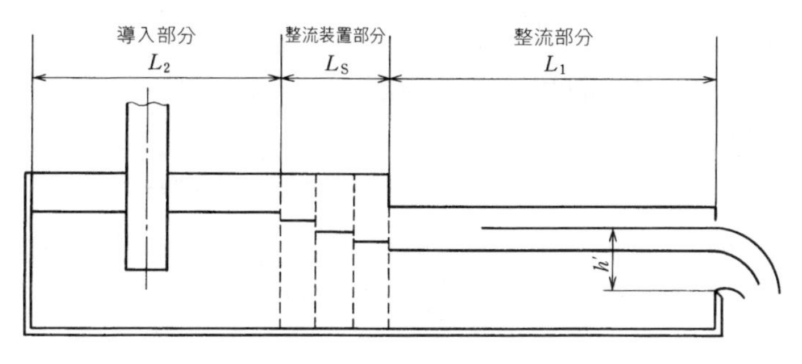

図4.1　せきの水路

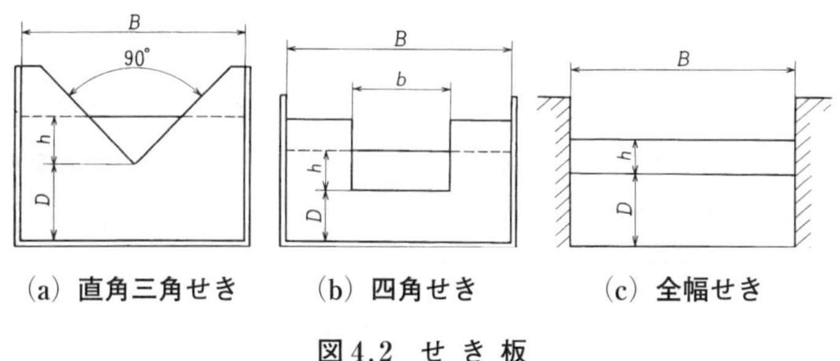

(a) 直角三角せき　(b) 四角せき　(c) 全幅せき

図4.2　せき板

定する。水頭測定器は水路の整流部分に設けた細孔と外部の小タンクを連通したもので，小タンクの水位から水頭を求める。又は整流部分に設けた水頭測定点で物差しによって水頭を測定することもできる。

このようにして測定した水頭を，それぞれのせきの流量計算式に入れて流量を算出する。この計算はやや複雑なので，せきを作製したときの諸元に基づいてグラフ又は換算表をつくっておくとよい。

また，排水口又は水路における簡易流量測定法が，JIS K 0094 の 8. 備考 7. 及び 8. にそれぞれ示されている。

（3）　流速計による測定では，水流の規模，流速に応じていろいろな形式の流速計が用いられる。方式も回転式，電気式，超音波式，電磁式など多様である。

流量測定では，流況のよい測定地点を選び，水流に直角な断面において，適当に分割した小区間の水流断面積に，そこの平均流速を乗じて区間流量を求め，その総和として流量を算出する。

この方法は，小水路から大河川にいたる水流の流量測定に適用できる。しかし，大河川の場合は舟を用いるので，その固定に工夫が必要であり，また，急流の場合はかなりの危険が伴う。大河川では，このような実測値に基づいて水位-流量曲線が作成されており，定常的な水位の測定から容易に流量を知ることができる。

(4) 流量計による測定では，開水路又は管路に流量計を設置し，流量を自動計測する。

流量計には，開水路用としてはせき式，フリューム式，流速計式，また，管路用としては電磁式，オリフィス式，ベンチュリ管式，フロート形面積式，超音波式，渦式，羽根車式などがあり，それぞれ流量範囲，測定場所などの状況に応じて使い分けられている。

これらのうち，電磁流量計が最も多く用いられている。これは水流に直角の方向に交番磁界が加えられている測定管内を導電性の液体（排水）が流れるとき，電磁誘導によって誘起された平均流速に比例する起電力を検出し，流量を求めるものである。

この方法は次のような多くの特長があり，排水，工程水の管理に適している。

① 液体の温度，圧力，粘性の影響を受けず，懸濁物も均一に分散した状態であれば差し支えない。

② 流量に比例した出力が，流量 0 から得られる。

③ 直管部が短くてもよいので，工場内の配管が容易である。

④ 構造が簡単で可動部も少なく，また，材質的な問題も少ないので，維持管理が容易である。

⑤ 応答が早く，計装化も容易である。

欠点は，非導電性の液体には適用できないことであるが，通常の排水には十分な量のイオンが含まれているので問題はない。

電磁流量計には各種の規模のものがあるが，コスト軽減のため，水路断面上に数個のダミーを用いる方式も開発されている。

参考文献

1） 工業計測技術大系（1964）：3，流量（下），日刊工業新聞社
2） 竹内俊雄，横山勝信，江川太朗（1963）：河川測量，森北出版
3） 土木学会編（1974）：水理公式集
4） JIS B 7554：1997（電磁流量計）
5） 梅崎芳美（1977）：鉱山・工場排水の分析，講談社サイエンティフィック

5.　試料の前処理

5.　試料の前処理　試料の前処理操作は，各試験項目で規定するが，金属元素の試験における前処理操作は，金属元素の種類に関係なく共通するものがほとんどであるため，一括して次に規定する。ただし，金属元素のうちナトリウム，カリウム，カルシウム，マグネシウム，ひ素，クロム（VI），水銀，溶存マンガン及び溶存鉄の試験の前処理は，それぞれの試験項目において規定する。

金属元素の試験の前処理は，主として共存する有機物，懸濁物及び金属錯体の分解を目的としている。

前処理には，試料に各種の酸を加えて加熱する方法を用いるが，試料の状態及び試験の種類によって適切な方法を選択する。

5.1　塩酸又は硝酸酸性で煮沸　この方法は，有機物及び懸濁物が極めて少ない試料に適用する。

a)　試薬　試薬は，次による。

1)　塩酸　JIS K 8180 に規定するもの。

2)　硝酸　JIS K 8541 に規定するもの。

b)　操作　操作は，次による。

1)　試料([1]) 100 mL につき塩酸 5 mL 又は硝酸 5 mL を加える。

2)　加熱して約 10 分間静かに煮沸する。

3)　放冷後，必要に応じて水で一定量にする。

注([1])　溶存状態の金属元素を試験する場合には，**3.2** によってろ過した試料を用いる。

5.2　塩酸又は硝酸による分解　この方法は，有機物が少なく，懸濁物として水酸化物，酸化物，硫化物，りん酸塩などを含む試料に適用する。

a)　試薬　試薬は，次による。

1)　塩酸　JIS K 8180 に規定するもの。

2)　硝酸　JIS K 8541 に規定するもの。

b)　操作　操作は，次による。

1)　試料([2])をよく振り混ぜた後，直ちにビーカーにとり，試料 100 mL につき塩酸 5 mL 又は硝酸 5 mL を加える。

2)　加熱して液量が約 15 mL になるまで濃縮する。

3)　不溶解物が残った場合には，ろ紙 5 種 B でろ過した後，水でよく洗浄する。

4)　放冷後，ろ液と洗液とを適切な容量の全量フラスコに移し入れ，水を標線まで加える。

注([2])　溶存状態の金属元素を試験する場合には，**3.2** によってろ過した試料を用い，**5.1** の方法を適用する。

備考　塩酸と硝酸との混酸による分解が有利な試料の場合には，**2)**までの操作を行った後，室温まで放冷する。**1)**で，塩酸を使用したときは硝酸 5 mL を，硝酸を使用したときは塩酸 5 mL を加え，時計皿で覆い，再び加熱し，激しい反応が終わったら時計皿を取り除き，更に加熱して窒素酸化物を追い出し，約 5 mL になるまで濃縮する。この操作で酸が不足している場合は，適量の塩酸又は硝酸を加え，同じ操作で加熱して溶かす。不溶解物が残った場合は，温水 15 mL を加え，**3)**及び **4)**の操作を行う。

5.3　硝酸と過塩素酸とによる分解　この方法は，酸化されにくい有機物を含む試料に適用する。

a) **試薬**　試薬は，次による。

1) **過塩素酸　JIS K 8223** に規定するもの。

2) **硝酸　JIS K 8541** に規定するもの。

b) **操作**　操作は，次による。

1) 試料([2])をよく振り混ぜた後，直ちにその適量をビーカー又は磁器蒸発皿にとる。

2) 硝酸 5～10 mL を加え，加熱板上で静かに加熱して約 10 mL ([3])になるまで濃縮し，放冷する。

3) 硝酸 5 mL を加え，次に過塩素酸([4]) 10 mL を少量ずつ加え，加熱を続け，過塩素酸の白煙が発生し始めたら，時計皿で容器を覆い，過塩素酸が器壁を流下する状態に保って有機物を分解する。

4) 有機物が分解しないで残ったときは，更に硝酸 5 mL を加えて **3)**の操作を繰り返す。

5) 放冷後，水を加えて液量を約 50 mL に薄め，不溶解物が残った場合には，ろ紙 5 種 B を用いてろ過し，水で洗い，ろ液と洗液とを適切な容量の全量フラスコに移し入れ，水を標線まで加える。

注([3]) ケルダールフラスコに移して分解してもよい。

([4]) 過塩素酸を用いる加熱分解操作は，試料の種類によっては爆発の危険性があるため，次の事項に注意する。

- 酸化されやすい有機物は，過塩素酸を加える前に，**2)**の操作によって十分に分解しておく。
- 過塩素酸の添加は，必ず濃縮液を放冷した後に行う。
- 必ず過塩素酸と硝酸とを共存させた状態で，加熱分解を行う。
- 濃縮液を乾固させない。

5.4　硝酸と硫酸とによる分解　この方法は，多種類の試料に適用([5])することができる。

a) **試薬**　試薬は，次による。

1) **硝酸　JIS K 8541** に規定するもの。

2) **硫酸（1＋1）**　水 1 容をビーカーにとり，これを冷却し，かき混ぜながら **JIS K 8951** に規定する硫酸 1 容を徐々に加える。

b) **操作**　操作は，次による。

1) 試料([2])をよく振り混ぜ，直ちにその適量をビーカー又は磁器蒸発皿にとり，硝酸 5～10 mL を加える。

2) 加熱して，液量が約 10 mL ([3])になったら，再び硝酸 5 mL と硫酸（1＋1）10 mL とを加え，硫酸の白煙が発生し，有機物が分解するまで加熱する。

3) 有機物の分解が困難な場合は，更に硝酸 10 mL を加えて **2)**の操作を繰り返す。

4) 放冷後，水で液量を約 50 mL に薄める。不溶解物([6])が残った場合には，ろ紙 5 種 B を用いてろ過し，水で洗い，ろ液と洗液とを適切な容量の全量フラスコに移し入れ，水を標線まで加える。

注([5]) 水溶液をそのまま噴霧するフレーム原子吸光法を適用する場合には，好ましくない。

([6]) 鉛が含まれていて沈殿を生じる場合には，**5.3** 又は次の操作を行う。

2)の操作を行って溶液をほとんど蒸発乾固し，水約 30 mL と **JIS K 8180** に規定する塩酸 15 mL とを加えて加熱して溶かす。不溶解物がある場合には，ろ紙 5 種 B を用いてろ過した後，温塩酸（1＋10）（**JIS K 8180** に規定する塩酸を用いて調製する。）で洗浄する。放冷後，ろ液及び洗液を適切な容量の全量フラスコに移し入れ，水を標線まで加える。

5.5　フレーム原子吸光法，電気加熱原子吸光法，ICP 発光分光分析法及び ICP 質量分析法を適用する場合の前処理　試料に含まれている有機物及び懸濁物の量，その存在状態及び適用しようとする原子吸光法，ICP 発光分光分析法，ICP 質量分析法などの方法を十分に考慮して **5.1～5.4** の方法のうち最適なものを選択して前処理する(7) (8)。

調製した試料をそのまま噴霧する場合において，フレーム原子吸光法又はICP発光分光分析法を適用する場合には，特に断らない限り，試料は塩酸又は硝酸酸性(9)，電気加熱原子吸光法及びICP質量分析法を適用する場合は，硝酸酸性とし，適切な濃度(10)に調節する。

注(7) フレーム原子吸光法又はICP発光分光分析法において，溶媒抽出法を適用する場合の前処理は，特に断らない限り，各試験項目のとおりとし，妨害する可能性のある有機物その他の妨害物質を十分に分解する。

フレーム原子吸光法又はICP発光分光分析法において，溶媒抽出法を適用せずに試料を噴霧する場合には，次に示す前処理によってもよい。

有機物及び懸濁物が極めて少ない試料の場合は，**5.1**の操作を行う。有機物又は懸濁物を含む試料の一般的な前処理方法としては，**5.3**又は**5.4**を適用する。この場合，白煙を十分に発生させて大部分の硫酸及び過塩素酸を除去しておく。

電気加熱原子吸光法及びICP質量分析法の場合は，酸の種類及び濃度によっては空試験値が無視できないことがあるので，測定する元素についてあらかじめその影響について調べておく。

いずれの前処理方法を適用するかは，試料に一定量の目的成分を添加して回収試験を行い，その結果に基づいて判断するとよい。

(8) **2.**の**注**(2)による。高純度の試薬には，**JIS K 9901**に規定する高純度試薬－硝酸，**JIS K 9902**に規定する高純度試薬－塩酸，**JIS K 9904**に規定する高純度試薬－過塩素酸，**JIS K 9905**に規定する高純度試薬－硫酸などがある。

(9) ICP発光分光分析法の場合，硫酸酸性では，試料導入量が少なく感度が悪くなることがあるので，**5.4**の適用はやむを得ない場合だけとする。

(10) フレーム原子吸光法及び電気加熱原子吸光法の場合には，0.1～1 mol/L，ICP発光分光分析法及びICP質量分析法においては，すず及びアンチモンを対象としない場合，0.1～0.5 mol/Lとする。また，すず及びアンチモンを対象とする場合には，1～1.5 mol/Lとする。ただし，いずれの場合も，検量線作成時の場合とほぼ同じ濃度とする。

水中の物質は溶存状態のほか，懸濁物としても存在するが，規格では特定のものを除いてはその全量を対象としている。したがって，懸濁物中のものは，定量に先立つ前処理によって，溶存状態に変える必要がある。また，溶存のものでも錯体を形成しているものは試薬との反応が十分に行われないから，化学反応を用いる試験方法では分解しておかなければならない。

このため，規格では強酸を用いた分解処理が行われるが，その操作は，多くの金属に共通しているので，**規格**の**5.**にまとめて記載してある。

規格の**5.**は処理の方法によって，**5.1**～**5.4**に分けられ，また，**5.5**には定量に用いられる方法ごとの，前処理上の要点が述べられている。

なお，金属類のうち，**規格**の **5.** と異なる前処理によるものには，水銀，クロム(Ⅵ）及び水素化物（又は水素化合物）とするひ素，アンチモン，セレンがある。また，溶存マンガン，溶存鉄はあらかじめろ過したろ液について前処理を行う。

5.1　塩酸又は硝酸酸性で煮沸

有機物，懸濁物などが極めて少なく，単に塩酸又は硝酸などを加えて加熱煮沸しただけで，十分に処理できる単純な組成の試料に対して適用できる方法である。

1.　操　作

（1）　この方法は最も簡単な操作によるもので，妨害物の存在がないと考えられる試料に対してもこの程度の前処理は行っておく。妨害物質の共存が心配される場合には，試験に用いたものと同量の試料を用い，これに目的金属元素の標準液の一定量を加えて試験操作を行い，加えた金属元素の回収率を求め，共存物質の妨害の有無の判断をすることも必要である。

5.2　塩酸又は硝酸による分解

懸濁物が水酸化物，酸化物，りん酸塩，硫化物で有機物の少ない試料に適用する。

1.　操　作

（1）　この方法は有機物の少ない試料に適用する。水酸化物，酸化物，りん酸塩に対しては塩酸を，硫化物には硝酸を用いるが，ほとんどの懸濁物は分解できる。シリカが残る場合は，通常，ろ過し，ろ液について試験する。

（2）　**規格**の **5. 備考**に示す塩酸と硝酸の混酸による処理は，重金属元素の硫化物を含む試料，すず，アンチモンなどを含む試料に適用する。

5.3　硝酸と過塩素酸とによる分解

分解しにくい有機物を，強力な酸化剤である過塩素酸で分解する方法である。

1. 操　作

（1）　過塩素酸は常温では安定であるが，白煙状態では極めて強い酸化力と脱水力を示すので，有機物の優れた分解剤である。しかし，取扱いを誤ると爆発することがあるので十分に注意する。取扱いの注意事項が**規格**の**5. 注**(4)に示されているが，若干の補足をしておく。

（a）　処理時には必ず硝酸を共存させる。反応しやすい有機物はより低温で硝酸と反応するので，反応全体が穏やかになる。

硝酸の全部が揮散すると溶液の温度が上昇し，過塩素酸による急激な酸化が起こるおそれがある。

（b）　過塩素酸と水とは共沸混合物（過塩素酸 72.5%，沸点 203℃）を生成する。

（c）　アルコール，グリセリン，エーテルなどは予備試験なしで過塩素酸と加熱してはならない。また，水と混合しにくい有機物（油など）の分解に過塩素酸を用いることは危険である。

（d）　金属塩が存在するときは乾固するまで蒸発してはならない。

（e）　過塩素酸をこぼしたら，水で洗い流す。紙，布などでふき取ってはならない（自然発火の予防）。また，ドラフトの木質部は長期間過塩素酸と触れると発火しやすくなるので，使用後は必ず水洗する。

5.4　硝酸と硫酸とによる分解

5.3 の過塩素酸に代え，硫酸を用いて分解する方法で，多くの試料に適用できる。しかし，鉛，バリウム，カルシウムなどが多量に存在する試料では，難溶性の硫酸塩が生成し，いろいろの金属元素を吸着損失するおそれがあり，適していない。

1. 操　作

（1）　水溶液をそのまま噴霧するフレーム原子吸光法，ICP 発光分光分析法などを適用する場合は，硫酸塩による化学干渉，粘性の増大による物理干渉などを生じやすいので，この方法は好ましくない。

（**2**）　鉛は一般に微量であるから，それ自体は硫酸鉛として沈殿することはないが，硫酸カルシウムなどに共沈する。この場合は**規格**の**5. 注**(6)の操作を行う。

5.5　フレーム原子吸光法，電気加熱原子吸光法，ICP 発光分光分析法及び ICP 質量分析法を適用する場合の前処理

規格の**5.1**～**5.4**は試料の汚濁の程度，状況，及び汚濁物質の種類に応じて前処理方法を分けているが，どの方法を用いるかは，このほか，前処理後に適用する定量方法の特徴も考慮しなければならない。このため，**規格**の**5.5**にはフレーム原子吸光法，電気加熱原子吸光法，ICP 発光分光分析法及び ICP 質量分析法それぞれに応じた前処理の基本的な条件と方法の選択が述べられているが，吸光光度法も含め，試験方法の特徴を考慮した的確な選択をしなければならない。

（**1**）　吸光光度法の場合は，金属類と試薬との反応によって発色させるから，このとき金属類が懸濁物として存在，懸濁物に吸着，錯体など安定な化合物として存在したり，又は多量の有機物が共存したりすると，試薬との反応が十分に行われない。したがって，これらを完全に分解しておくことが必要で，これには強力な分解法が望ましく，通常は**規格**の**5.3**又は**5.4**を適用する。この前処理を行っても，シリカなど不溶解物が残ることがある。その場合はろ過して，ろ液について試験する。

妨害する有機物，懸濁物などのほとんど存在しない試料で，前処理なしでも正常な定量ができると考えられるような試料の場合は，**規格**の**5.1**の方法が適用できる。また，水酸化物など酸の添加で容易に溶解する懸濁物だけが存在する試料では，**規格**の**5.2**の前処理を用いることができる。ただし，**規格**の**5. 注**(7)で述べているように回収試験を行って判断することが望ましい。

なお，金属類の全量を試験する方法として，試料を蒸発乾固し，アルカリ融解して分解する方法が，1986 年の規格まで規定されていたが，1993 年の改正で削除された。なお，この規格（2016）では，ふっ素化合物の試験において，

試料を蒸発乾固し，アルカリ融解した後，蒸留するISO 10359-2：1994の方法が，**規格**の**附属書1**(**参考**) **補足Ⅵ.** に記載されている。

(**2**)(**a**) フレーム原子吸光法では，化学反応を行うことなく前処理した試料を直接高温フレームに噴霧する場合は，目的の金属が溶液中で均一に存在すれば，錯体及び微量の有機物は妨害しない。しかし，ICP発光分光分析法では，炭素，窒素などによる原子スペクトル，分子スペクトルによる影響があるので，十分に分解しておく。

(**b**) 噴霧する試料の酸の種類，濃度は規定のとおりとする。硫酸酸性溶液とすると粘性の増大及び硫酸塩による干渉が生じる懸念があるためである。**規格**の**5.3**又は**5.4**の方法で処理し，硫酸又は過塩素酸を使用した場合は**規格**の**5. 注**(7)に示すように，加熱して十分に白煙を発生させ，大部分の硫酸又は過塩素酸を除去する。また，**規格**の**5.1**又は**5.2**による場合も，前処理後の試料には，かなり高い濃度の酸を含むから，十分に希釈して試験に供するなど注意する。

(**3**) フレーム原子吸光法，ICP発光分光分析法で，溶媒抽出を行う場合は，化学反応を伴うから，前処理には，(1) 吸光光度法と同様の注意が必要である。その他 (1) 及び (2) を参照。

(**4**) 電気加熱原子吸光法の場合は，鉛，カドミウムなどの塩化物が加熱によって揮散しやすく，灰化の段階で損失するので，前処理に塩酸の使用は避ける。また，この方法は感度が高いから，前処理に使用する酸の品質に注意する。**規格**の**5. 注**(8)に示すように必ず高純度試薬を用いる。

(**5**) ICP質量分析法の場合，導入する試料溶液は，スペクトル干渉の少ない硝酸酸性がよい。この方法は極めて感度が高いから，前処理に使用する酸は，必ず高純度のものを用いる。

(**6**) 機器分析法を適用する場合に推奨される液性と濃度を表5.1に示す。

表 5.1 機器分析における液性

方　　法	液　性	濃度（mol/L）
フレーム原子吸光法（水溶液直接噴霧）	塩酸又は硝酸	0.1～1
ICP 発光分光分析法（水溶液直接噴霧）	塩酸又は硝酸	0.1～0.5
電気加熱原子吸光法＊	硝酸	0.1～1
ICP 質量分析法＊	硝酸	0.1～0.5＊＊

注＊　JIS 高純度試薬を用いるとよい。
＊＊　Sb，Sn，Mo，W を対象とする場合は，塩酸又は硝酸 1 ～ 1.5 mol/L。

参 考 文 献

1）　G. Middleton, R. E. Stuckey（1954）：Analyst, **79**, 138
2）　T. T. Gorsuch（1959）：Analyst, **84**, 135
3）　江崎武，神西幸治，玉奥克巳（1991）：分析化学，**40**，T157

6. 結 果 の 表 示

この JIS では試験方法が 2 種類以上規定されている項目が多い。その場合の試験方法は，原理，定量範囲，精度などが異なっているので，試験結果を表示するには，いずれの方法によったかを明記しておく必要がある。

7. 温　　度

7.1 気　　温

1. 器　具

（1） 気温の測定には，通常はガラス製棒状温度計（JIS B 7414：2018）を用いるが，古くなると正しい値を示さなくなることがある。正確な温度を測定するには，標準温度計を用いて検定しておくとよい。最高最低温度計は，ある期間内の最高，最低の温度の測定に広く用いられている。

2. 操　作

（1） 温度計に水分がついていると，その蒸発によって正しい値を示さなくなる。温度計は，よく乾いていることが大切で，このため気温測定専用とし，水温測定用と兼用しない方がよい。

7.2 水　　温

1. 器　具

（1） 水温の測定には，一般にガラス製棒状温度計又はペッテンコーヘル水温計が用いられている。最近はサーミスター温度計，金属抵抗温度計も広く用いられる。特にこれらの温度計は，上層から下層までの連続測定，記録計を付けての長期間連続の測定などができる特長がある。

（2） いずれの温度計も，正確を要するときは標準温度計を用いて検定し，補正しておくとよい。

2. 操　作

（1） 少量の水をくみ上げて測定すると，水温は容器の温度及び外気の温度の影響を受ける。棒状温度計を用いる場合は，温度計を直接現場の水に入れて測定するか，大きな容器に多量の試料を採取して測定する。また，少なくとも感温液の止まるところまで浸没させる。

（2） 深さごとに測定する場合は，サーミスター温度計，金属抵抗温度計などを用いるか，バンドーン式などの採水器で多量の水を採取して測定してもよい。

8. 外　　観

8.1 外　　観

ここでいう外観は，採取した試料について直ちに観察したものをいう。水の外観は，有色の溶存物質，懸濁物の種類，量によって変わるから，水の汚染状態の推定も可能である。古くは試料そのまま，及びpH 7としたものについて観察が行われていたが，極端に中性から外れる試料はほとんどないので，現在は試料そのものについてだけ行う。

1. 操　作

（1） 観察は，白紙又は黒紙上で透視するなど，見やすいような工夫をするとよい。

（2） 上澄み液，懸濁物の観察は，試料採取後約20分間試料を静置した後に行うとよい。

9. 透 視 度

9. 透視度 試料の透明の程度を示すもので，透視度計に試料を入れて上部から透視し，底部に置いた標識板の二重十字が初めて明らかに識別できるときの水層の高さをはかり，10 mm を 1 度として表す。

なお，**備考 2.**に示す方法は，1990 年に第 2 版として発行された **ISO 7027** との整合を図ったものである。

備考 この試験方法の対応国際規格を，次に示す。

なお，対応の程度を表す記号は，**ISO/IEC Guide 21-1** に基づき，IDT（一致している），MOD（修正している），NEQ（同等でない）とする。

ISO 7027:1990，Water quality－Determination of turbidity（MOD）

測定範囲：1～30 度

a) 器具 器具は，次による。

1) 透視度計 **図 9.1** に例を示す。標識板の上側から 50 mm の高さまでは 5 mm ごとに，50～300 mm までは 10 mm ごとに，目盛を施した下口付きのガラス製のもの。底部に**図 9.2** のような標識板を入れて用いる。

b) 操作 操作は，次による。

1) よく振り混ぜた試料を透視度計に満たし，上部から底部を透視し，標識板の二重十字が初めて明らかに識別できるまで，ゴム管のピンチコックをゆっくり緩めながら下口から試料を速やかに流出させたとき([1])の水面の目盛を読み取る。

2) **1)**の操作を 2，3 回繰り返し，水面の目盛を読み取り，平均値を求め，透視度として度で表す。

注([1]) 懸濁物の多い試料の場合には，これが透視度計の底部に沈積することがあり，誤差の原因となるので注意する。

備考 1. 同じ照度でも光源の違いによって彩度が異なる場合は，透視度が変わる。光源は昼光とし，直射日光を避ける。

備考 2. **図 9.2** に示す下口付きシリンダーのほかに，長さ 600±10 mm，内径 25±1 mm で，10 mm ごとに目盛を付けたものなどを用いてもよい。

参考 市販品には，材質がアクリル樹脂製のもの，長さが 1 m のものもある。

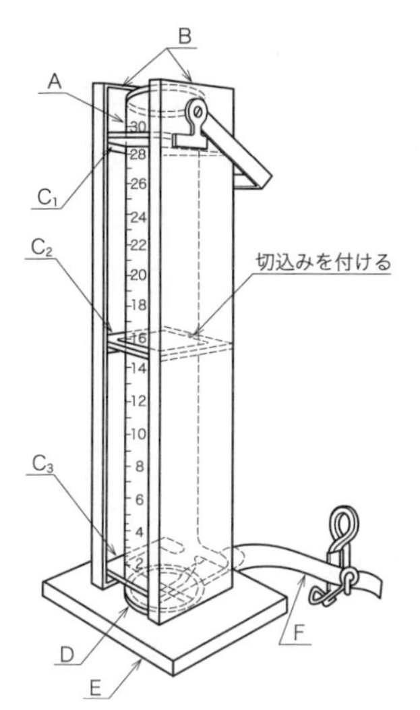

A：　下口付きシリンダー
B：　遮蔽用黒板
C_1～C_3：　シリンダー支持枠
D：　標識板
E：　台
F：　ピンチコック付きゴム管

図 9.1　透視度計の例

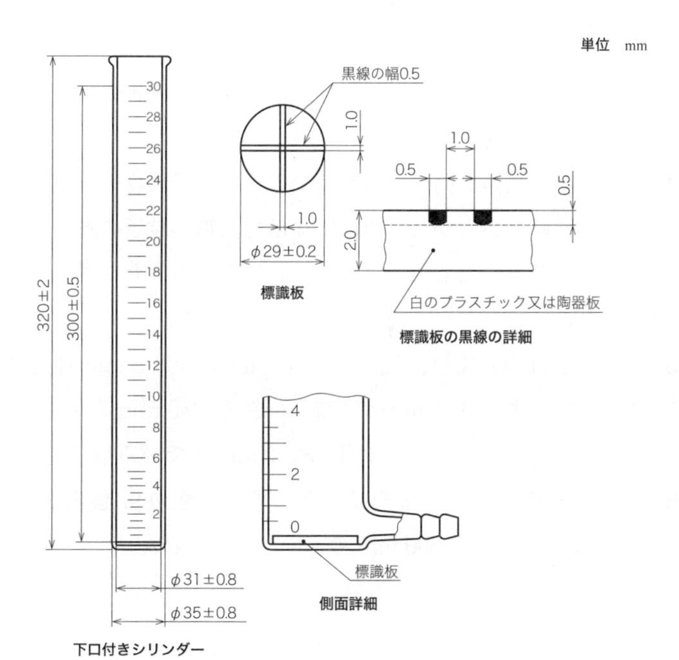

図 9.2　透視度計の詳細図

この試験は，水の透明の程度を表す方法の一つで，採取現場で極めて簡単な操作で測定できる特徴がある。比較的透明の程度の低い水に適用し，採取した水について試験する。水の透明の程度を表す方法には，規格の方法のほか，比較的濁りの少ない水に対しては濁りの程度を示す濁度の試験があり，湖沼，海洋などに対しては白色円板（透明度板，セッキー板）を用いる透明度の試験がある。

1.　器　具

（**1**）　**規格**の**図 9.1** に示すもので，市販されている。

2.　操　作

（**1**）　この試験は，試料採取の現場で行う。

（**2**）　試料採取にバケツなどを用いた場合は，透視度計に移す前に懸濁物が沈降する心配がある。よく混合しながら透視度計に入れる。また，懸濁物が多い場合は，透視度計中でもこれが沈降することがあるから，すばやく測定を行う。

（**3**）　測定は，直射を避けた昼光とする。夜間の測定の場合は，あらかじめ適当な照明方法を検討しておく。

（**4**）　懸濁物の種類が同一であれば，透視度と懸濁物の量とは逆相関をもつことが知られている。しかし，その関係は懸濁物の粒子の形，大きさなどによって異なるから普遍的なものではなく，透視度から直ちに懸濁物の量を求めることはできない。

（**5**）　透視度計の目盛は，底部から 50 mm までは 5 mm 目盛になっており，測定では目測によって 1 mm まで読み取る。50 mm から 300 mm までは 10 mm 目盛になっており，目測によって 2 mm まで読み取る。

（**6**）　2008 年の改正で，透視度計として，**規格**の **9. 備考 2.** に，ISO 7027 Section 2 による最大目盛 600 mm のものが追加された。

10. 臭気及び臭気強度（TON）

10.1 臭　　気

臭気の種類を表す試験であるが，数値で示すことはできないので，メロン臭，かび臭，魚臭など，ありふれた種類の臭いで表現する。

1. 操　作

（1） 河川水など通常の水の臭気は，有機物の腐敗による場合が普通で，土臭，かび臭，汚泥臭などが多い。

（2） 同一物質による臭気でも，濃度が異なると違った種類に感じることがあるから，試料を薄めたりしないで，規定どおり約 40℃として試験する。また，参考のため，試料採取現場での臭気も記録しておくとよい。

（3） 人の嗅覚は非常に鋭敏であるが，個人差及び健康状態による差などがあるから，数人で試験を行うとよい。

10.2 臭気強度（TON）[1)]

臭気の強さの表現方法に確定的なものはないが，臭気のない水に試料を加えて臭気の有無を判別し，初めて臭気が認められる濃度［検知いき（閾)］，及び初めて臭気の種類が判別できる濃度［認知いき］を求める方法がある。ここでの試験は前者の方法で，TON（Threshold Odor Number）として表示する。

試験は 40～50℃として行う。希釈のために用いた水を a(mL)，臭気を初めて感じるために添加した試料を V(mL) とすると，試料の臭気強度は $(a+V)/V$ となる。すなわち，臭気強度は，初めて臭気を感じる状態となったときの試料の希釈倍数の値であり，古くは臭気の希釈倍数値と呼んでいた。$a+V$ の値が変わると臭気強度の値が変わるから，これを一定に規定する必要があり，ここでは 200 mL としている。

一方，臭気に対する人の感覚度は，刺激の強さの対数に比例するとされており，これを臭気度（pO）として示すが，上の臭気強度（TON）との間には次の関係がある。

$$pO=\frac{1}{\log 2}\times\log TON=3.32\times\log TON$$

1.　操　作

（**1**）　臭気の試験と同様に，個人差，健康状態などを考慮して試験を行う。

（**2**）　臭気度（pO）は臭気強度（TON）から算出できるが，表10.1のような関係になる。

表10.1　臭気強度（*TON*）と臭気度（*pO*）との換算表

TON	*pO*	*TON*	*pO*	*TON*	*pO*
2	1.00	14	3.81	55	5.78
3	1.58	16	4.00	60	5.90
4	2.00	18	4.17	65	6.02
5	2.32	20	4.32	70	6.13
6	2.58	25	4.64	75	6.23
7	2.81	30	4.90	80	6.32
8	3.00	35	5.13	85	6.41
9	3.17	40	5.32	90	6.49
10	3.32	45	5.49	95	6.57
11	3.46	50	5.64	100	6.64

参 考 文 献

1）日本水道協会編（2011）：上水試験方法

11. 色　　度

試料の色は多様であるため，色の種類を示す色度座標 x，y 及び刺激値 Y によって色度として表示する方法，又は三波長を用いる方法で表示する。

11.1　刺激値及び色度座標を用いる方法

この色の表示方法は，1931 年，国際照明委員会（CIE）で定められたもので，わが国では JIS Z 8719（条件等色指数—照明光条件等色度の評価方法）及び JIS Z 8722（色の測定方法—反射及び透過物体色）で定められている。この操作は，2 度視野 XYZ 系［JIS Z 8701（色の表示方法—XYZ 表色系及び X_{10} Y_{10} Z_{10} 表色系)］によっている。2 度視野とは，測定者が 300 mm の位置で直径 10 mm の試料を観察し，色を判定する場合をいう。また，500 mm の位置では，直径 17 mm の試料を観察する場合に相当する。

2 度視野 XYZ 系による色度図を図 11.1 に示す。図 11.1 の波長目盛の入った曲線は，スペクトル軌跡であって，スペクトル軌跡の両端 380 nm（x＝0.174 1，y＝0.005 0）と 780 nm（x＝0.734 7，y＝0.265 3）を結ぶ直線を純紫軌跡と呼ぶ。点 C は，標準の光 C の色度座標（x＝0.310 1，y＝0.316 2）を示す。なお，白の定義に用いられる白色点は $x=y=1/3$ になる。

また，主波長と色相名の関係を表 11.1 に示す。

水を対照液として波長 400～700 nm の所定の波長における試料についての透過パーセントを測定し，その値から三刺激値 X，Y，Z を算出する。次に，色度座標 x，y を算出し，刺激値は Y を用いる。

三刺激値とは，色に対する視神経の感じ方が 3 種類あると考え，その 3 種類の視神経に対する刺激の混合の割合によって色に対する感じ方が変わるとし，それぞれの刺激を与える波長を種類別に X，Y，Z の系列にまとめ，透過パーセントを集計して求めた値である。

刺激値 Y は，目で見たときの色の明るさ（反射率）だけを表し，色度座標 x,

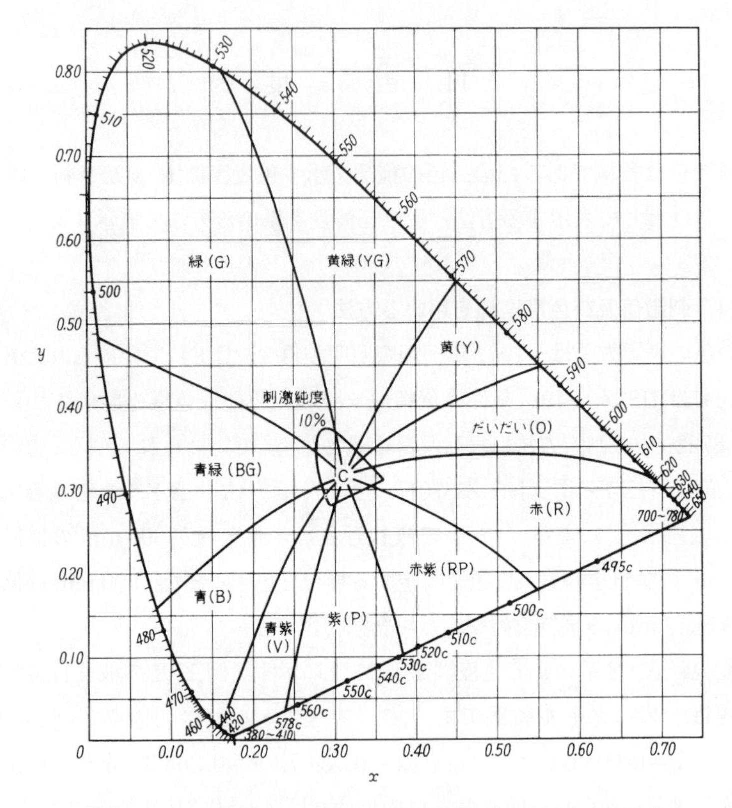

図 11.1　2 度視野 XYZ 系による色度図（主波長と色相名）

表 11.1　主波長と色相名

主波長　nm	色相名	略号	主波長　nm	色相名	略号
498 c～700～618	赤	R	498～482	青緑	BG
618～586	だいだい（橙）	O	482～435	青	B
586～571	黄色	Y	435～400～578 c	青紫	V
571～531	黄緑	YG	578 c～528 c	紫	P
531～498	緑	G	528 c～498 c	赤紫	RP

y の x の値が大きいことは赤が強いことを，また，y の値が大きいことは緑が強いことを示す。この方法によれば全ての色を表すことができる。

1. 試　薬

（1）　水は，JIS K 0557 に規定する種別 A 3 の水を孔径約 0.1 μm のろ過材でろ過したものを用いる。

2. 装　置

（1）　光度計は，光路長 100 mm の吸収セルが使用できるもので，波長間隔 10 nm 以下で可視部全域が測定できる分光光度計を用いる。又はこれと同等の性能をもつ色度計を用いてもよい。

3. 操　作

（1）　試料の濁りは測定に重大な影響を及ぼすので，ろ過するか，遠心分離を行って除去する。

（2）　X，Y，Z の各系列の透過パーセントの測定は，波長 400～700 nm の範囲を波長間隔 20 nm ごとに行う。各波長に対応する重価係数 f_x，f_y，f_z を相当する各波長の透過パーセントに乗じて X，Y，Z の各系列ごとに合計して刺激値 X，Y，Z を求める。刺激値 X，Y，Z を求めるには市販の色度計又は色差計を用いると便利である。これらにはコンピュータによる演算回路が組み込まれているので短時間で刺激値 X，Y，Z が求められる。

（3）　色を表す場合には，特に断らない限り刺激値 Y 及び色度座標 x，y によるが，場合によっては主波長 λ_d（又は補色主波長 λ_c）及び刺激純度 P_e で色度座標 x，y に代えてもよい（**規格**の **11. 備考 1.** 及び **2.** を参照）。

（4）　工場排水の汚染を受けていない天然水の色は，腐植質に起因する淡黄色～褐色を呈することが多い。この規格にはないが，呈色の程度を白金・コバルト色度標準液と比較して白金・コバルト色度として表す方法もある。白金・コバルト色度標準液の調製方法は，1892 年に A. Hazen が提案したもので，白金 1 mg 及びコバルト 0.5 mg を塩酸及び水に溶かして 1 L としたときの色を色度 1 度としている（JIS K 0101 10.1 参照）。日本，アメリカ，イギリス及び西欧諸国ではこれを採用しており，アメリカでは APHA Color Units，イギリス及び西欧諸国では Hazen Units（又は白金・コバルト法）として表示している。

JIS K 0101では，これを「白金・コバルトによる色度」として表示しているが，この規格で規定した色度とは異なるのでその取扱いに注意する。

（5） 河川，湖沼及び海域の表面の青い系統の色を表すには，Forel-Uleの水色標準液を用いて表す方法がある。

11.2 三波長を用いる方法

この方法は，三波長での吸光度を測定し，それぞれの吸収係数を求め，吸収係数で色を表示する。ISO 7887：1994のSection 3の方法である。

刺激値及び色度座表を用いる方法は，色の種類と純度，明るさが数値で表示できるが，測定操作が比較的煩雑である。この方法は，波長436 nm，525 nm及び620 nmの三つの波長だけの吸光度を測定して色を表すもので，それぞれの波長での吸収は，試料の黄色，赤紫，青の色に相当するから，それらの吸光度を示すことによって試料の色の種類と強さを推定することができる。

1. 試 薬

（1） 水は，JIS K 0557に規定する種別A 3又はA 4の水を孔径約0.1 μmのろ過材でろ過したものを用いる。

2. 装 置

（1） 光度計は，本書11.1の2.(1)の光度計と同じ。

3. 操 作

（1） 試料の濁りは，測定に重大な影響を及ぼすので，孔径0.45 μmのろ過材でろ過するか，遠心分離を行って除去する。

（2） 試料の色が濃い場合は，ろ過した試料を水で一定の倍数に薄めて試験する。

（3） ろ過した試料を吸収セルに移し，波長436 nm，525 nm及び620 nmでの吸光度を測定し，得られた吸光度をそれぞれの波長での光路長1 m当たりの吸光度に換算する。この値がそれぞれの波長での吸収係数$\alpha(\lambda)$になる。

（4） 試料の色が薄い場合には，**規格の11. 注**(6)に記述のように光路長10 mm以上のものを用いる。

参考文献

1）川上元郎（1987）：新版 色の常識，日本規格協会
2）ISO 7887：1994

12.　pH

12.1　ガラス電極法

工場排水のpH値測定には，ガラス電極pH計を用いる。pH値目盛の定義及びpH測定の詳細はJIS Z 8802（pH測定方法）に規定されているが，規格では排水のpH測定に必要な部分だけを引用，記載している。

JIS Z 8802におけるpH値は次のように定義されている（JIS Z 8802解説）。

同一温度の2種類の水溶液X及びSのそれぞれのpH値をpH(X)，pH(S)とすると，そのpH値の差は次の式で表される。

$$\mathrm{pH}(X)-\mathrm{pH}(S)=\frac{E_x-E_s}{\alpha}$$

ここに，E_x，E_s：水溶液X及びSそれぞれの溶液中で，ガラス電極と参照電極とを組み合わせた電池の起電力

α：比例定数

この式から，ある標準の水溶液のpH値を定めておけば，任意の水溶液のpH値が定まることは明らかである。この標準としては，しゅう酸塩pH標準液，フタル塩酸pH標準液，中性りん酸塩pH標準液など5種類の標準液が規定されている。

この定義によるpH値は，濃度0.1 mol/L以下，pH 3～10の緩衝液については水素イオン活量によって定義されるpH値と±0.02の範囲で一致するものと考えられている。すなわち

$$\mathrm{pH}=-\log \alpha_H \pm 0.02$$

1.　試　薬

（1）　pH標準液は，JIS Z 8802の引用による5種類の調製pH標準液と国家計量標準にトレーサブルな認証pH標準液第2種（6種類）を用いる。

これらのpH標準液の各温度におけるpH値として，**規格**の**12. 表12.1～表12.3**に示される値は，JIS Z 8802：2011による。

（2） pH 標準液は，上質のほうけい酸ガラス瓶又はポリエチレン瓶（気密性）に入れ，密栓して保存する。使用する場合は，小さい容器に必要量を移し，容器は直ちに密栓する。特に，ほう酸塩 pH 標準液及び炭酸塩 pH 標準液は空気中の二酸化炭素を吸収して変質しやすいので注意する。断るまでもないことであるが，取り分けた標準液は直ちに使用し，必ず廃棄する。野外測定などで，使用した標準液を元の容器に戻す事例を散見するが，これは絶対に慎むべきである。長期間保存した標準液の有効性は，新しく調製したものと比較して決定する。

2. 装　置

（1） ガラス電極は，ガラス薄膜の内部に pH値一定の内部液と内部電極（塩化銀電極）を納めた構造のものである。

ガラス薄膜を境にして 2 種類の水溶液が存在するとき，両液の pH値の差に応じた電位が生じる。しかし，両液の pH値が同じであっても，通常は僅かな電位を生じる。これはガラス薄膜の両面の状態の差によるもので，非対称電位といい，その値は，電極ごとに異なる。このため pH値の測定では標準液によって校正する。

（2） ガラス電極 pH 計は，上記のガラス電極を参照電極と組み合わせたもので，これを試料中に浸したとき生じる電位差を高入力抵抗の電位差計で測定する方式をとっている。そのほか，温度補償電極及び最近では各種の記憶，演算などの機能も加味したものが開発されている。

（3） **規格**の **12. 注**(2)に示すように，JIS Z 8802 では pH 計の種類はその繰返し性によって形式 0，Ⅰ，Ⅱ，Ⅲに区分されている。この規格では，通常は形式Ⅱのものを用いるが，現場での測定，水質の管理など，試験の目的によっては他の形式のものも使用できる。

3. 操　作

（1） ガラス電極 pH 計による pH値測定は，0～95℃の水溶液に適用する。

（2） 電極のガラス表面は，常に清浄を保つことが重要である。方法については，**規格**の **12. 注**(5)，**注**(6)及び**備考 4.** に示されている。洗剤は少量を使用する。また，エタノール，アセトンなどの有機溶媒を用いた場合には，電極を水に数時間浸し，ガラス表面が平衡に達してから再校正して使用する。**備考 4.** は ISO 10523：1994 の引用である。

（**3**） pH値 11 以上の測定では，アルカリ誤差が大きくなる。このような場合は，**規格**の **12. 備考 5.** によって測定する。

（**4**） 緩衝性の低い試料のpH値測定については，**規格**の **12. 注**(11)に示されている。

なお，**規格**の **12. 備考 6.** は ISO 10523：1994 の引用である。

（**5**） pH値測定での妨害については，**規格**の **12. 備考 8.** に，ISO 10523：1994 に記載の事項が引用されている。

13. 電気伝導率

13. 電気伝導率　電気伝導率は，溶液がもつ電気抵抗率（Ω·m）の逆数に相当し，（S/m）の単位で表す。また，電気伝導度は，溶液がもつ電気抵抗（Ω）の逆数に相当し，（S）の単位で表す。

水の試験では，25 ℃の値を用い（S/m）及び（S）の千分の一を単位とし，それぞれ（mS/m）([1])及び（mS）で表す([2])。

この試験は試料採取後，直ちに行う。直ちに行えない場合には，試料容器に満杯として密栓し，0〜10 ℃の暗所に保存し，できるだけ早く試験する。

なお，この試験方法は，1985 年に第 1 版として発行された **ISO 7888** との整合を図ったものである。

注([1])　mS/m は，ミリジーメンス毎メートルと読む。

([2])　従来の単位で表した 1 μS/cm は，SI 単位では 0.1 mS/m に相当（$1\ \mu S/cm = 1 \times 10^{-6}\ S/10^{-2}\ m = 1 \times 10^{-4}\ S/m = 0.1\ mS/m$）する。

備考 1.　この試験方法の対応国際規格を，次に示す。

なお，対応の程度を表す記号は，**ISO/IEC Guide 21-1** に基づき，IDT（一致している），MOD（修正している），NEQ（同等でない）とする。

ISO 7888:1985，Water quality－Determination of electrical conductivity（MOD）

2.　従来，水の試験では，電気伝導度及び電気伝導率の単位としてそれぞれ（μS）及び（μS/cm），また，セル定数の単位として（cm^{-1}）が用いられていた。

電気伝導度としては，（mS）の単位で表した数値を 1 000 倍すると（μS）の単位で表した数値となる。

電気伝導率としては，（mS/m）の単位で表した数値を 10 倍すると（μS/cm）の単位で表した数値となる。

また，セル定数としては，（m^{-1}）の単位で表した数値を 0.01 倍すると（cm^{-1}）の単位で表した数値となる。

a) 試薬　試薬は，次による。

1) 水　**JIS K 0557** に規定する **A2** 又は **A3** の水。ただし，電気伝導率 0.2 mS/m（2 μS/cm）（25 ℃）以下のもの。調製時に 20±2 ℃に調節して用いる。

2) 塩化カリウム　**JIS K 8121** に規定する塩化カリウム（電気伝導率測定用）をめのう乳鉢で粉末にし，500 ℃で約 4 時間加熱し，デシケーター中で放冷したもの。

3) 1 mol/kg 塩化カリウム標準液　**JIS K 0130** の **7.1**（塩化カリウム標準液の調製）による。

4) 0.1 mol/kg 塩化カリウム標準液　**JIS K 0130** の **7.1**（塩化カリウム標準液の調製）による。

5) 0.01 mol/kg 塩化カリウム標準液　**JIS K 0130** の **7.1**（塩化カリウム標準液の調製）による。

6) 0.001 mol/kg 塩化カリウム標準液　**JIS K 0130** の **7.1**（塩化カリウム標準液の調製）による。

これらの塩化カリウム標準液は，ポリエチレン瓶又はほうけい酸ガラス瓶に密栓して保存する。塩化カリウム標準液の電気伝導率を，**表 13.1** 及び**表 13.2** に示す。

なお，これらの塩化カリウム標準液は，市販されているものを用いてもよい。

7) 塩酸（1＋1）　**JIS K 8180** に規定する塩酸（特級）を用いて調製する。

8) 硫酸（1＋360）水 360 容をビーカーにとり，かき混ぜながら **JIS K 8951** に規定する硫酸 1 容を徐々に加える。

9) **電解液** **JIS K 8153** に規定するヘキサクロロ白金（IV）酸六水和物を 30 g 及び **JIS K 8374** に規定する酢酸鉛（II）三水和物を 0.25 g ひょう量し，**JIS K 0557** に規定する水 **A2**，**A3** 又は **A4** を用いて全量 1 L となるよう調製する。この溶液は必要なときに用いる。

表 13.1 塩化カリウム標準液の電気伝導率(3)

単位 mS/m

温度	電気伝導率の値及びその不確かさ						
	0.01 mol/kg 塩化カリウム標準液		0.1 mol/kg 塩化カリウム標準液		1 mol/kg 塩化カリウム標準液		CO_2 飽和水
℃	電気伝導率	$2u_c$	電気伝導率	$2u_c$	電気伝導率	$2u_c$	電気伝導率
0	77.292	0.023	711.685	0.285	6 348.8	2.5	0.058
5	89.096	0.027	818.370	0.327	7 203.0	2.9	0.068
10	101.395	0.030	929.172	0.372	8 084.4	3.2	0.079
15	114.145	0.034	1 043.71	0.42	8 990.0	3.6	0.089
18	121.993	0.037	1 114.06	0.45	—	—	0.095
20	127.303	0.038	1 161.59	0.46	9 917.0	4.0	0.099
25	140.823	0.042	1 282.46	0.51	10 862.0	4.3	0.110
30	154.663	0.046	1 405.92	0.56	11 824.0	4.7	0.120
35	168.779	0.051	1 531.60	0.61	12 797.0	5.1	0.130
40	183.127	0.055	1 659.10	0.66	13 781.0	5.5	0.140
45	197.662	0.059	1 788.06	0.72	14 772.0	5.9	0.151
50	212.343	0.064	1 918.09	0.77	15 767.0	6.3	0.161

注(3) 米国国立標準技術研究所（NIST）のデータ［*Pure Appl.Chem.*,vol 73,pp.1783（2001）$2u_c$ は拡張不確かさ］

表 13.2 0.001 mol/kg 塩化カリウム標準液の電気伝導率(4)

塩化カリウム標準液の濃度 mol/kg	温度 ℃	電気伝導率 mS/m
0.001 mol/kg	25	14.65

注(4) Shedlovsky のデータ及び密度データから計算で求め，4 桁表示した。［J.Am.Chem.Soc.,54,1411（1932）］

b) **器具及び装置** 器具及び装置は，次による。

1) **電気伝導度計** 検出部と指示部とから成るもの。検出部は，白金電極面に白金黒めっきを行った電極を組み入れたセルから成る。セルは，**表 13.3** に示したセル定数のものを用意する。指示部は，ホイートストンブリッジ回路などを組み入れたものを用いる。セルは，水中に保存する(5)。

2) **温度計** **JIS B 7414** に規定する一般用ガラス製棒状温度計の 50 度温度計

3) **恒温槽** 25±0.5 ℃に保つことができるもの。

注(5) セル定数を，**c) 2)**の方法で定期的に確認する。

c) **操作** 操作は，次による。

1) **試料の電気伝導率測定** 試料の電気伝導率測定は，次による。

1.1) あらかじめ電気伝導度計の電源を入れておく。試料の電気伝導率に応じて**表 13.3** に示すセル定数をもったセルを用い，水でセルを 2，3 回洗う。特に汚れている場合には，塩酸（1+100）［**JIS K 8180** に規定する塩酸（特級）を用いて調製する。］に浸し，更に流水で十分に洗い，最後に水で 2，3 回洗う。

1.2) このセルを試料で 2，3 回洗った後，試料を満たし，25±0.5 ℃(6)に保って電気伝導度(7) (8)の測定を行う。

測定値が±3 %(9)で一致するまで試料を入れ替えて測定を繰り返し，3 回の測定の平均値を電気伝導度とする。

1.3) 電気伝導度から次の式によって試料の電気伝導率（mS/m）（25 ℃）を算出する。

$$L = J \times L_x$$

ここに，　L：　試料の電気伝導率（mS/m）（25 ℃）
J：　セル定数（m^{-1}）
L_x：　測定した電気伝導度（mS）

注(6) 精度を特に必要としない場合には，温度補償回路を組み入れた電気伝導度計を用いるか，次の温度換算式［式(1)］を用いてもよい。電気伝導率は温度によって変化し，1 ℃の上昇で約 2 % 大きくなる。ただし，電気伝導率が 1 mS/m（10 μS/cm）以下になると，水の解離によって生じる水素イオン及び水酸化物イオンの影響が大きくなるので，この換算式は適用できない。

$$\kappa_{25} = \frac{\kappa_\theta}{1 + (\alpha/100)(\theta - 25)} \quad \cdots\cdots (1)$$

ここに，　κ_{25}：　25 ℃における電気伝導率（mS/m）
κ_θ：　測定温度 θ における電気伝導率（mS/m）
α：　電気伝導率の温度係数（%）
θ：　測定時の試料の温度（℃）

また，電気伝導率の温度係数（1 ℃当たりの電気伝導率の変化率）α の値は，実験的測定によって式(2)から求めることができる。

$$\alpha_{\theta,25} = \frac{1}{\kappa_{25}} \times \left(\frac{\kappa_\theta - \kappa_{25}}{\theta - 25} \right) \times 100 \quad \cdots\cdots (2)$$

ここに，　$\alpha_{\theta,25}$：　κ_θ を κ_{25} に換算するための電気伝導率の温度係数（%）
κ_{25}：　25 ℃における電気伝導率（mS/m）
κ_θ：　測定温度 θ における電気伝導率（mS/m）
θ：　測定時の試料の温度（℃）

注(7) 電気伝導度計の指示値が電気抵抗（Ω）の場合は，次の式(3)によって電気伝導率（mS/m）を計算する。

$$\kappa = \frac{J}{R_x} \times 10^3 \quad \cdots\cdots (3)$$

ここに，　κ：　試料の電気伝導率（mS/m）（25 ℃）
J：　セル定数（m^{-1}）。ただし，電気抵抗率（Ω·m）が直示される場合は 1 とする。
R_x：　測定した電気抵抗（Ω）

(8) 電気伝導度計の指示値が電気伝導度（μS）の場合には，次の式(4)によって電気伝導率を算出する。

$$\kappa = J' \times L_x' \times 0.1 \quad \cdots\cdots (4)$$

ここに，　κ：　試料の電気伝導率（mS/m）（25 ℃）
J'：　セル定数（cm^{-1}）
L_x'：　測定した電気伝導度（μS）

(9) 試料の電気伝導率が 1 mS/m（25 ℃）未満の場合には，±3 %で一致しないことがあるので，**JIS K 0552** に従って試験するか，又は流液形のセルを用いる。

表 13.3　セル定数及び測定範囲

単位　mS/m

区分	セル定数 m^{-1}	測定範囲 検出部材質 （白金黒）
交流 2 電極方式	0.1～1	0.005～100
	1～10	0.005～1 000
	10～100	0～10 000
	100～1 000	0～100 000
	1 000～5 000	0～500 000

2)　セル定数の測定又はセル定数の確認　セル定数の測定又はセル定数の確認は，試料を試験するたびに行う必要はないが，定期的に**表 13.1** の塩化カリウム標準液を用いてその数値を確かめる。操作は，次による。

2.1)　セルを水で 2，3 回洗う。次に，塩化カリウム標準液（セル定数に応じ，**表 13.3** の測定範囲に対応する塩化カリウム標準液を用いる。）で 2，3 回洗った後，その塩化カリウム標準液を満たす。このセルを 25±0.5 ℃に保ち，電気伝導度を測定する。同じ塩化カリウム標準液を数回入れ替えて測定を行い，測定値が±3 %で一致するまで繰り返す［±3 %で一致しない場合には，白金黒電極に，**3)**によって新たに白金黒めっきを行う。］。

2.2)　3 回の測定から求めた平均値から，次の式によってセル定数を算出する。

$$J = \frac{\kappa_{KCl} + \kappa_{H_2O}}{L_{XO}}$$

ここに，　J：　セル定数（m^{-1}）

L_{XO}：　測定した電気伝導度（mS）。ただし，電気伝導度の指示がμS になっているときは，$\mu S \times \frac{1}{1\,000}$ の値を用いる。

κ_{KCl}：　使用した塩化カリウム標準液のこの温度における電気伝導率（mS/m）

κ_{H_2O}：　塩化カリウム標準液の調製に用いた水のこの温度における電気伝導率（mS/m）

なお，電気伝導度が μS となっている場合でセル定数を cm^{-1} の単位で求めたいときは，次の式による。

$$J' = \frac{\kappa_{KCl}' + \kappa_{H_2O}'}{L_{XO}'}$$

ここに，　J'：　セル定数（cm^{-1}）

L_{XO}'：　測定した電気伝導度（μS）

κ_{KCl}'：　使用した塩化カリウム標準液のこの温度における電気伝導率（μS/cm）

κ_{H_2O}：　塩化カリウム標準液の調製に用いた水のこの温度における電気伝導率（μS/cm）

また，**表 13.1** 中で濃度の接近している 2 種類の塩化カリウム標準液を用いてセル定数を測定し，その値が±1 %で一致しないときは，**3)**によって，新たに白金黒めっきを行う。

3)　電極の白金黒めっきは，次による。

3.1)　白金黒を電極から取り除くために，塩酸（1+1）中で白金黒電極を陽極として電解する。

3.2)　この白金電極を **a) 9)**電解液に入れ，直流電圧約 6 V，電流密度 100～400 A/m^2 とし，適切な方法で電解液をかき混ぜながら，数回極性を切り替え，約 10 分間を通電する［35～140 kC/m^2］。

3.3) 次に，硫酸（1＋360）中で約30分間，ときどき電流の方向を変えて通電し，付着，吸蔵したヘキサクロロ白金（IV）酸及び塩素を除く。

電気伝導率は電気抵抗率の逆数に相当し，面積1 m^2，距離1 mの電極間に溶液があるときの電気伝導度となり，**規格**の**13.**ではmS/mの単位を用いる。

また，電気伝導度は電気抵抗の逆数に相当し，mSの単位を用いる。これらの単位は，国際単位系（SI）に整合している。

以前は，それぞれ，µS/cm及びµSが用いられていた。この場合，電気伝導率は，面積1 cm^2，距離1 cmの電極間に溶液があるときの電気伝導度となる。現在も各種の測定機器には，この単位が用いられている。このため，**規格**の**13.**では，旧規格の単位も参考として併記し，また，両単位の，換算の仕方を説明してある。

溶液の電気伝導は，その中のイオンの移動によるもので，水素イオン及び水酸化物イオンを除いては，同じ当量のイオンによる電気伝導率の値は大きな差はない。したがって，電気伝導率は，水中のイオンの全濃度の程度を表している。

わが国の，汚染のない大きな河川の水の電気伝導率は，約10 mS/m（100 µS/cm）程度で，これを蒸発したときの残留物は約80 mg/L程度である。流程の短い小河川で汚染のない場合は，6 mS/m（60 µS/cm）程度で，汚染のある河川では電気伝導率は増加し，70～80 mS/m（700～800 µS/cm）にもなる。また，海水の電気伝導率は，3 000 mS/m（30 000 µS/cm）以上ある。

1. 装　置

電気伝導度計には，基本的にはコールラウシュブリッジを用いる。その基本回路を図13.1に示す。この回路は，ホイートストンブリッジと同じもので，セル内での分極と電気分解とを防ぐため，電源に500～5 000 Hz程度の交流を用いたものである。示零器Gには通常は検流計が用いられている。

図13.1において，抵抗R_1とR_2の比を一定既知の値に固定し，可変抵抗R_3と可変容量Cを変えて示零器Gに電流の流れない平衡点を求める。このとき

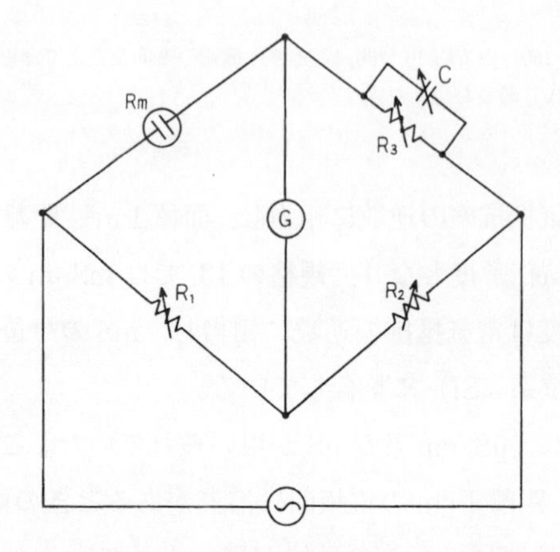

図 13.1　コールラウシュブリッジ

試料の抵抗 R_m との関係は次のようになり，R_1 と R_2 の比及び R_3 の値から R_m は求められる。

$$\frac{R_m}{R_3} = \frac{R_1}{R_2} \qquad R_m = \frac{R_1}{R_2} \times R_3$$

R_1 と R_2 の比を変えることによって，広い範囲にわたり R_m の測定ができる。

電気伝導度計では，指示値は抵抗 Ω 又は電気伝導度 S を示すようになっている。

もし，面積 1 cm²，距離 1 cm の電極間に溶液があるようなセルに試料を満たして電気伝導度を測定すれば，その値はそのまま μS/cm で示す電気伝導率（mS/m ではその 1/10 の値）となるが，実際の測定では，特定のセルに電気伝導率の分かっている標準液を入れて電気伝導度を測定し，そのセルを用いたときの溶液の電気伝導率と測定される電気伝導度との関係を求めておく，この関係を示すのがセル定数 J である。セル定数はセルの形，大きさで異なり，試料の電気伝導率によって使い分ける。

セルは，各種のものがあるが，広く使用されているセルの例を図 13.2 に示す。図（a）は最も一般的のもの，図（b）は流液形の例である。**規格の 13. 注**（⁹）に示すように，電気伝導率の小さい試料の場合は流液形のセルが適してい

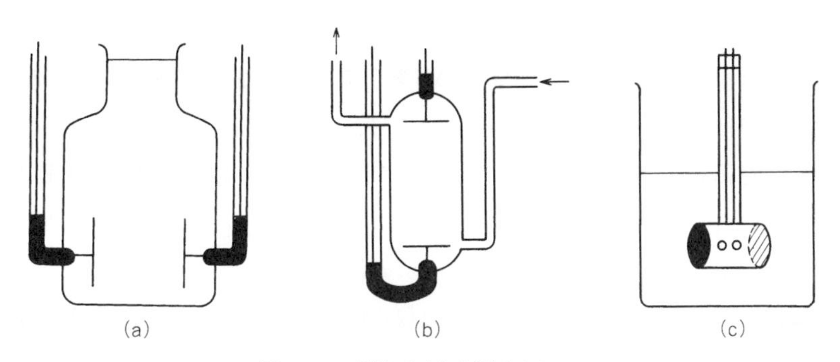

図 13.2　電気伝導率測定用セル

る。図（c）は浸没形のもので，これを試料中に浸して測定するので試料の量，試料容器の大きさなどを考える必要なく便利である。

いずれのセルでも，用いる電極は測定に際しての分極を小さくするため白金黒めっきがしてある。白金黒が悪くなると，分極のため平衡点が分かりにくくなるから，**規格**の **13. c) 3)** によって白金黒めっきをやり直す。

なお，近年は溶液に一定の微小電流を流し，電極間の電位差を測定して電気抵抗を求める方法も使われている。

2.　操　作

（1）　イオンの移動のしやすさは温度で変わる。測定は，基本的には試料を25±0.5℃として行うが，電気伝導度計には温度補償回路を組み入れたものが多く，これを用いてもよい。また，**規格**の **13. 注**(6) の次の温度換算式を用いてもよい。

$$\kappa_{25}=\frac{\kappa_\theta}{1+(\alpha/100)(\theta-25)}$$

ここに，κ_{25}：25℃における電気伝導率（mS/m）

κ_θ：測定温度 θ における電気伝導率（mS/m）

α：電気伝導率の温度係数（%）

θ：測定時の試料の温度（℃）

温度係数の α の値は，測定試料の1℃の変化に対する電気伝導率の変化（%）を示し，試料中に溶解している物質の種類，濃度で異なり，2～2.5であるが，通常の水では2.2が用いられている。

規格の**附属書1**(**参考**)**補足**I．には温度補正係数，$f_{\theta,25}$ の例が**附属書1表1**に示されている。

$$\kappa_{25} = \kappa_{\theta} \times f_{\theta,25}$$

附属書1表1は，ISO 7888：1985に記載されているもので，電気伝導率（25℃）が約6～100 mS/mの通常の天然水，表層水，井水に適用できるとしている。

なお，試料中のイオンが極めて少なく，電気伝導率が1 mS/m（10 μS/cm）以下の場合は，電気伝導率に対する温度の影響は，水の解離の変化によるものが大きくなる。この場合は，JIS K 0552（超純水の電気伝導率試験方法）に従い，イオンの電気伝導度と水の解離の両者に対する補償回路をもつ装置を用いるか，又は試料を25±0.5℃として測定する。

（**2**） 電気伝導度計には，セル定数補償用の目盛の付いたものもある。簡便にはこれを用いることができる。

（**3**） セルを使用しないときも，電極を水に浸した状態で保存する。また，汚濁した試料を測定した後は，塩酸（1+10）に浸した後，流水で洗浄する。

（**4**） **規格**の**13. a) 3)～6)** の塩化カリウム標準液の調製は，JIS K 0130 7.1の引用となっている。

参 考 文 献

1） 半谷高久，小倉紀雄（1985）：改訂2版 水質調査法，丸善
2） 鮫島実三郎（1970）：物理化学実験法（増補版），裳華房
3） 玉虫伶太（1991）：電気化学（第2版），東京化学同人
4） G. Jones, B. C. Bradshaw（1933）：J. Am. Chem. Soc., **55**, 1780
5） T. Shedlovsky（1932）：J. Am. Chem. Soc., **54**, 1411
6） ASTM D 1125：1995
7） JIS K 0130（電気伝導率測定方法通則）

14.　懸濁物質及び蒸発残留物

14. 懸濁物質及び蒸発残留物　水中に懸濁している物質及び水を蒸発したときの残留物質を，懸濁物質，全蒸発残留物，溶解性蒸発残留物，強熱残留物及び強熱減量に区分して試験する。

試験は，試料採取後，直ちに行う。直ちに行えない場合には，試料を 0〜10 ℃の暗所に保存し，できるだけ早く試験する。

ここで用いる用語の意味は，次による。

a) 懸濁物質　試料をろ過したとき，ろ過材上に残留する物質。

b) 全蒸発残留物　試料を蒸発乾固したときに残留する物質。

c) 溶解性蒸発残留物　懸濁物質をろ別したろ液を蒸発乾固したときに残留する物質。

d) 強熱残留物　懸濁物質，全蒸発残留物及び溶解性蒸発残留物のそれぞれを 600±25 ℃で 30 分間強熱したときの残留物で，それぞれの強熱残留物として示す。

e) 強熱減量　**d)**の測定時における減少量で，それぞれの強熱減量として示す。

14.1 懸濁物質　試料をろ過し，ろ過材上に残留した物質を 105〜110 ℃で乾燥し，その質量をはかる。

a) 器具　器具は，次による。

1) ろ過器（分離形）　図 **14.1** に，例を示す。

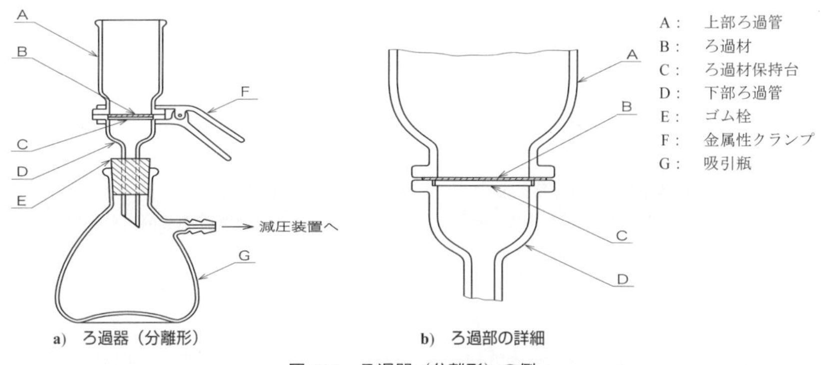

a) ろ過器（分離形）　　**b) ろ過部の詳細**

図 14.1　ろ過器（分離形）の例

2) ろ過材　ガラス繊維ろ紙，有機性ろ過膜又は金属性ろ過膜。孔径 1 μm で直径 25〜50 mm

備考 1.　ガラス繊維ろ紙は，目詰まりは少ないがガラス繊維が離脱するおそれがある。有機性ろ過膜は，種類によって耐薬品性及び耐熱性に差があるので，取扱いに注意する。

b) 操作　操作は，次による。

1) ガラス繊維ろ紙を用いる場合は，あらかじめろ過器に取り付け，水で十分に吸引洗浄した後([1])，このろ過材を，時計皿([2])上に置き，105〜110 ℃で約 1 時間加熱し([3])，デシケーター中で放冷した後，その質量をはかる。

2) ろ過材をろ過器に取り付け，試料([4])の適量([5])をろ過器に注ぎ入れて吸引ろ過する。試料容器及びろ過管の器壁に付着した物質は，水でろ過材上に洗い落とし，ろ過材上の残留物質に合わせ，これを水で数回洗浄する。

3) 残留物は，ろ過材とともにピンセットなどを用いてろ過器から注意して取り外し，**1)**で用いた時計皿上に移し，105～110 ℃で2時間加熱し，先のデシケーター中で放冷した後，その質量をはかる。

4) 次の式によって懸濁物質（mg/L）を算出する。

$$S = (a - b) \times \frac{1\,000}{V}$$

ここに，
S： 懸濁物質の濃度（mg/L）
a： 懸濁物質を含んだろ過材及び時計皿の質量（mg）
b： ろ過材及び時計皿の質量（mg）
V： 試料量（mL）

注(1) 合成樹脂によるバインダー処理を行ったガラス繊維ろ紙，有機性ろ過膜及び金属性ろ過膜は洗浄しなくてよい。

(2) なるべく軽い時計皿を用いるか，又はアルミニウムはくなどの軽い容器を用いる。

(3) 有機性ろ過膜では105～110 ℃で加熱すると，変形するものがある。この場合は，90 ℃で加熱する。

(4) 目開き2 mmのふるいを通過した試料を用い，十分に振り混ぜて懸濁物質が均一になってから，手早く採取する。

(5) 乾燥後の懸濁物質の量が2 mg以上になるように試料をとる。

備考 2. ろ過しにくい試料の場合には，適量をビーカーにとり，その都度よく振り混ぜて，液をろ過し終わる直前ごとに加え，ろ過速度が極めて遅くなったら試料の追加を止める。ビーカーの中の残量から試料の量を求める。

3. 試料容器に付着しやすい懸濁物質を含む場合は，適量の試料を採取して，その全量を用いて試験する。

採取した容器の器壁に付着した懸濁物質は，ポリスマン（ゴム管付きガラス棒）などで落として，ろ過材上に集める。

4. 懸濁物質中の強熱残留物を定量する場合には，有機性ろ過膜を用いる。

5. 油脂，グリース，ワックスなどを含む試料で，これらを除いた懸濁物質を測定する場合には，試料をろ過した後，ろ過材を取り外すことなく，ろ過管ごと乾燥し，再び吸引瓶に取り付けた後，**JIS K 8848**に規定するヘキサン10 mLずつを数回注ぎ入れ，油脂類を洗って除く。続いて**3)**の操作を行う。

14.1 懸濁物質 1)～4)

懸濁物質は，試料をろ過材を用いてろ過し，ろ過材上に残留した物質を105～110℃で2時間乾燥して測定する。ろ過材にはガラス繊維ろ紙（GFP），有機性ろ過膜（MF）又は金属製ろ過板，いずれも孔径1 μmのものを使用する。環境基準及び排水基準では浮遊物質と呼び，ろ過にはガラス繊維ろ紙を指定している。

1.　器　具

（1）　ろ過器は，分離形を使用して吸引瓶に取り付けて使用する。ろ過水量の多い場合には，釣鐘形の吸引容器を使用するとよい。ろ過材の取扱いには先端の薄く平らなピンセットを使用すると便利である。

（2）　ガラス繊維ろ紙は，孔径が不明確である。その状態を図 14.1 に示す。種類が多いので懸濁物質（浮遊物質）測定用として市販されているものを使用するとよい。ろ紙の単位面積当たりの質量と，ろ紙の厚み，ろ過速度がほぼ同じであれば，測定値の相違は少なくなる。

ガラス繊維ろ紙は，ろ過操作中に細かいガラス繊維が脱離し損失するおそれがある。樹脂加工したものはそのおそれは少ない。しかし，**規格**の **14.4.1** の懸濁物質の強熱残留物を測定する場合には，樹脂加工分（約 10%）の減量があるので，あらかじめ強熱減量を求めておく必要がある。

（3）　有機性ろ過膜は，フィルム状のろ過材で通称メンブレンフィルター（MF）と呼ばれている。このろ過膜は，孔径がほぼ一定している。その状態を図 14.2 に示す。このろ過材は質量の変動が少ない点で扱いやすいが，一方，ろ過に際して目詰まりを起こしやすい。材質は 105～110℃に耐えられることが望ましい。四ふっ化エチレン樹脂製などはこの温度に耐える。ニトロセルロース系及び酢酸セルロース系の製品は，105～110℃で 2 時間乾燥すると変質する

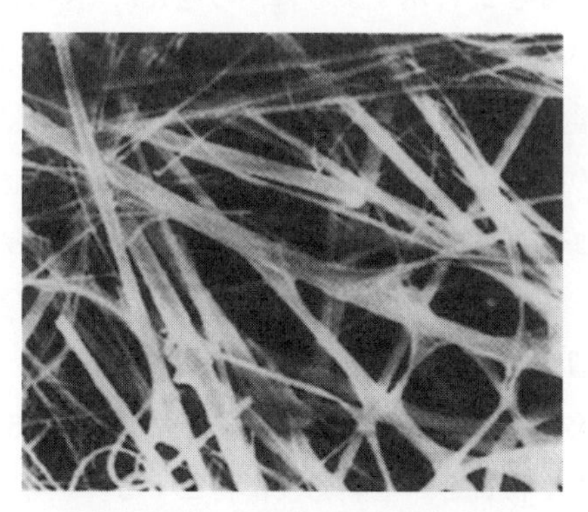

図 14.1　ガラス繊維ろ紙の電子顕微鏡写真（A 社製）

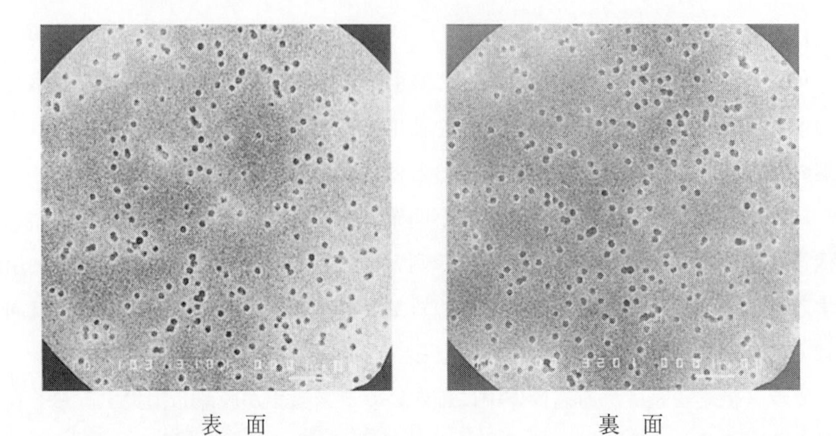

表　面　　　　　　　　　　　　裏　面

図 14.2　ろ過膜の電子顕微鏡写真（B 社製）

ので，**規格**の **14. 注**(3)に従い，90℃で乾燥する。

2.　操　作

（**1**）　**規格**の 14.1 b) 1) に示す水による洗浄操作は，細かいガラス繊維を流出させるためのもので，水の量は約 200 mL でよい。

（**2**）　懸濁物が捕集されるに従って，さらに小さい粒子も捕集されるようになり，捕集率が変化する。このため，捕集される懸濁物の量をなるべく一定にするとよい。通常，20～40 mg を捕集する。

（**3**）　**規格**の **14. 備考 2.** に示すように，ろ過しにくい試料は，振り混ぜながらろ過器に入れるが，目詰まりによって，急にろ過困難になることが多い。このため，試料は少量ずつをろ過器に加え，ろ過困難になったら添加を止める。

（**4**）　加熱乾燥の操作によって，懸濁物の一部が酸化されたり，揮散したりすることがある。したがって，乾燥条件は一定とする必要がある。

14.2　全蒸発残留物

試料を蒸発皿に入れ，加熱板上などで蒸発乾固させ，105～110℃で 2 時間乾燥したときに残留する物質を，全蒸発残留物とする。全蒸発残留物は，排水中の含有成分の全量を推定するのに用いられている。

1.　器　具

（1）　蒸発皿には，質量変化が少ない白金蒸発皿が多く使用されている。なるべく軽量のものを使用するのがよい。

2.　操　作

（1）　磁器蒸発皿を用いる場合は，ひょう量時の温度と湿度で質量が変動しやすいので注意する。

（2）　蒸発乾固後，高い温度に熱すると残留物が変質したり，結晶水又は有機物が揮散することがあるので，105～110℃，2時間を守るようにする。規定の乾燥操作でも，炭酸水素塩の一部は分解して炭酸塩になり，油脂類では酸化されたり揮散するものもある。

（3）　全蒸発残留物には，吸湿性のものも多いので，ひょう量は手早く行う。

14.3　溶解性蒸発残留物

試料中の懸濁物をろ過材を用いて除去し，このろ液を採取して，全蒸発残留物と同じ操作で溶解性蒸発残留物を測定する。

1.　操　作

（1）　懸濁物の除去は**規格**の **14.1** の操作に準じて行うが，ガラス繊維ろ紙を用いる場合は，予備水洗を十分に行って細かいガラス繊維を流出させ，さらに試料の一部を注入してろ紙を洗浄し，改めて試料をろ過するとよい。

（2）　試料の蒸発乾固，ひょう量などの操作については，本書 14.2 を参照。

14.4　強熱残留物

14.4.1　懸濁物質の強熱残留物

懸濁物質を白金るつぼなどに入れ，600±25℃で約 30 分間強熱して灰化し，残留物の質量を測定する。この方法では有機物は灰化し，無機物の多くは，酸化物，硫酸塩，炭酸塩などになり結晶水は揮散する。主に懸濁物中の有機物の含有量及び水分を測定するのに用いられている。

1. 操 作

（1） 強熱灰化には，質量変化の少ない白金るつぼが便利であるが，試料中に鉛，アンチモン及び多量のりん酸塩などが含まれている場合は，これらが有機物などによって還元されて，白金を損傷するので注意する。

（2） 強熱前の硝酸アンモニウム溶液の添加は，懸濁物中の有機物の完全な燃焼を目的とするが，ろ過材に有機性ろ過膜を用いる場合は，その不完全燃焼によって生じる炭素の酸化に役立つ。

（3） 電気炉での加熱は，徐々に行う。電気炉が600℃に加熱されている場合には，るつぼをバーナーなどで徐々に加熱して灰化した後，電気炉に入れる。

（4） ニトロセルロース系の有機性ろ過膜では，加熱すると急激に燃焼して懸濁物などを飛散させるおそれがあるため，そのような場合は2-プロパノールを滴加し，徐々に加熱して灰化した後，硝酸アンモニウム溶液を滴加し，電気炉に入れる。

14.4.2 全蒸発残留物の強熱残留物

全蒸発残留物を600±25℃で約30分間強熱して灰化し，残留物を測定する。この方法では，本書14.4.1と同様に，有機物は灰化し，無機物は，酸化物，硫酸塩，炭酸塩などになり，結晶水は揮散する。

14.4.3 溶解性蒸発残留物の強熱残留物

溶解性蒸発残留物を600±25℃で約30分間強熱して灰化し，残留物を測定する。この強熱残留物の測定は，全蒸発残留物の強熱残留物の操作に準じて行う。

14.5 強 熱 減 量

強熱減量は，主に有機物，水分などの含有量を推定するのに用いられ，懸濁物質，全蒸発残留物及び溶解性蒸発残留物の，それぞれの強熱残留物との差から求める。

参考文献

1）　戸張自然，小川良一郎（1975）：工業用水，No.**206**，45
2）　吉田政治ほか（1978）：公害と対策，**14**，790
3）　吉田政治ほか（1980）：公害と対策，**16**，797
4）　田中辰雄，松本昌志（1976）：ぶんせき，498

15. 酸 消 費 量

15.1 酸消費量（pH 4.8）

酸消費量は，アルカリ度と呼ばれることもある。試料を所定の pH まで中和するのに必要な酸の量を示すもので，規格では，所定の pH 値によって酸消費量（pH 4.8）及び酸消費量（pH 8.3）に分類し，それぞれ試料 1 L の中和に要する酸の mmol 数（mg 当量数）又はこれに相当する炭酸カルシウムの mg 数で表す。

河川，湖沼，海など，天然水には H_2CO_3, HCO_3^-，CO_3^{2-}が溶存している。その合量は，大気中の二酸化炭素の溶解による場合は，水 1 L 中数十 mg 程度であるが，温泉水などを起源とする場合は，1 L 中数 g を含むものもある。

水に対し酸消費量（pH 8.3）の試験を行うと，これら炭酸塩のうち，CO_3^{2-}は次のように反応して HCO_3^-となる。

$$CO_3^{2-} + H^+ \longrightarrow HCO_3^-$$

また，酸消費量（pH 4.8）の試験では，CO_3^{2-}及び HCO_3^-はそれぞれ次のように反応する。

$$CO_3^{2-} + 2H^+ \longrightarrow H_2CO_3 \longrightarrow H_2O + CO_2 \uparrow$$

$$HCO_3^- + H^+ \longrightarrow H_2CO_3 \longrightarrow H_2O + CO_2 \uparrow$$

このため，酸消費量（pH 8.3）及び酸消費量（pH 4.8）の測定は，天然水中の CO_3^{2-}，HCO_3^-の濃度を推定する方法としても用いられてきた。

しかし，工場排水及びその処理水，また，天然水でも特殊なものは炭酸塩以外にも各種のアルカリ成分を含むことがあり，金属の水酸化物及び炭酸塩の一部にも酸消費量として測定されるものがある。したがって，これらの水について酸消費量の値から直ちに炭酸塩の濃度を算出することはできない。

なお，水中の炭酸塩の濃度分布は pH によって定まり，pH 7～9 では大部分が HCO_3^-として存在し，pH が高いと CO_3^{2-}が増し，pH が低ければ H_2CO_3 が増す。詳細は，JIS K 0101（工業用水試験方法）の 25. を参照。

したがって，その総量が多くても，大部分が HCO_3^- として存在している水はほぼ中性を示している。このような水について酸消費量（pH 4.8）の試験を行えば，HCO_3^- は上式のように反応して酸を消費するから，大きな測定値を与える。すなわち，酸消費量の値が大きいことが直ちに水の pH 値の大きいことを示しているわけではない。

1. 試　薬

（1） 0.1 mol/L 塩酸の標定は，炭酸ナトリウムを標準物質とし，指示薬を用いて行うが，滴定終点に近づくと，生成した多量の炭酸の一部が解離して pH を低くするため，当量点以前で指示薬が変色する。このため，滴定終点近くに達したとき，一度煮沸して二酸化炭素を追い出した後，滴定を続ける。

2. 操　作

（1） 規格は，工場排水を対象とするため，着色した試料を配慮し，滴定終点の判別には pH 計を用いることとしている。試料に着色がなく滴定終点が判別しやすい場合は，メチルレッド-ブロモクレゾールグリーン混合溶液を指示薬として用いてもよい。

（2） この試験では，試料中の強アルカリ及び弱アルカリ成分の合量が測定されるが，含まれる弱アルカリ成分の種類によっては滴定終点での pH の変化が急激にならない。このため，pH 4.8 となったときを滴定終点とする。0.1 mol/L 塩酸の滴定 mL 数と pH 値との関係を示す滴定曲線を作成し，滴定終点を求めてもよい。

（3） 0.1 mol/L 塩酸の標定では，滴定終点付近に達したとき，溶液を煮沸して二酸化炭素を追い出した後，滴定終点を求めるが，試料の試験の場合は，この操作は行わない。炭酸塩が存在する場合も pH 4.8 になったとき，又はメチルレッド-ブロモクレゾールグリーン混合溶液による溶液の色が灰紫になったときを滴定終点とする。

（4） ISO 9963-1 では，pH 計又はブロモクレゾールグリーン-メチルレッド混合指示薬溶液を用い，pH 4.5 まで滴定し，全アルカリ度として表示している。

15.2　酸消費量（pH 8.3）

pH 8.3 以上を示す試料に適用し，そのアルカリ成分に相当する酸の量が求められる。この方法で測定されるアルカリ成分は，OH^-，CO_3^{2-} などで，CO_3^{2-} はその 1/2 当量分が測定される。本書 15.1 で述べたように，HCO_3^- で存在するものは，この測定値に加わらない。

1.　操　作

（**1**）　試験操作上の注意事項については，本書 15.1 の 2. を参照。

（**2**）　ISO 9963-1 では，**規格**の **15.2** と同様に pH 計又はフェノールフタレイン指示薬を用い，pH 8.3 まで滴定し，pH 8.3 混合アルカリ度（フェノールフタレインアルカリ度）と表示している。

16.　アルカリ消費量

16.1　アルカリ消費量（pH 8.3）

アルカリ消費量は，酸度と呼ばれることもある。試料を所定の pH まで中和するのに必要なアルカリの量を示すもので，規格では，所定の pH 値によってアルカリ消費量（pH 8.3），アルカリ消費量（pH 4.8）に，さらに，しゅう酸カリウムを添加し，鉄(Ⅲ)，アルミニウムイオンなどの影響を防いで測定するアルカリ消費量（遊離酸）に分類する。いずれの場合も，試料 1 L の中和に要したアルカリの mmol 数（mg 当量数）又はこれに相当する炭酸カルシウムの mg 数で表す。

天然水には，大気中の二酸化炭素が溶けているが，通常の水ではそのほとんどは HCO_3^- の形態で存在し，水は中性付近を示している。しかし，地下水などでは H_2CO_3 の形態を多く含むものもある。このような水は，僅かに酸性を示しており，アルカリ消費量（pH 4.8）は測定されないが，アルカリ消費量（pH 8.3）として測定される。

水に塩酸のような強酸と，電離定数が小さい弱酸とが共存するときは，アルカリによる pH 4.8 までの滴定で強酸が滴定され，それ以後 pH 8.3 までの滴定で弱酸が滴定される。したがって，アルカリ消費量（pH 4.8）は強酸の量に相当し，アルカリ消費量（pH 8.3）は，強酸と弱酸の合量に相当することになる。

しかし，弱酸でも電離定数の比較的大きいものでは，アルカリによる pH 4.8 までの滴定でその一部が滴定されるため，強酸との明瞭な区別はできない。また，この場合は，pH 4.8 付近での滴定曲線の飛躍は急激ではなく，中和点の判別が明瞭でなくなる。

試料の pH が低く金属イオンを含むときは，アルカリによる滴定で pH が高くなると金属水酸化物を生じることがある。特に，鉄(Ⅲ) 及びアルミニウムイオンは，酸性で溶存できるが，アルカリによる滴定で pH 4.8 になる以前に，ほとんど全て水酸化物となる。したがって，そのままの滴定では，これらはアルカリ消費量（pH 4.8）に含まれることとなる。このような試料に，あらかじめしゅう酸カリウムを添加してから滴定すると鉄(Ⅲ)，アルミニウムイオンは，しゅう酸イオンと結合しているため水酸化物を生成せず，添加したアルカリを消費しない。この結果，pH 飛躍点まで滴定すれば，試料中の強酸が滴定される。規格では，この方法によってアルカリ消費量（遊離酸）を測定する。

1. 試 薬

(1) この測定に用いる 0.1 mol/L 水酸化ナトリウム溶液は，炭酸塩を含んではならない。試薬の水酸化ナトリウムは，空気中の二酸化炭素を吸収して一部が炭酸ナトリウムとなっている。このため，水酸化ナトリウムの飽和溶液の上澄み液から調製するが，この水酸化ナトリウム濃厚液は，Sϕrensen の油状液として知られるもので，濃厚な水酸化ナトリウム溶液には炭酸ナトリウムがほとんど溶けないことを利用したものである。

(2) 調製した 0.1 mol/L 水酸化ナトリウム溶液は，空気からの二酸化炭素の混入を防止して，保存する。これには，ソーダ石灰管を付けた二連球式自動ビュレット（容器はポリエチレン瓶）が便利である。

2. 操 作

(1) この方法では，試料中の強酸，弱酸のほか，金属イオンも水酸化物となるため測定値に含まれる。ただし，カルシウム，マグネシウムイオンなどその水酸化物の溶解度積の大きいものは測定値に含まれない。

(2) 試料が着色していない場合は，フェノールフタレイン指示薬を用いてもよい。ただし，滴定終点の変色が明瞭に得られない場合は，pH 計を使用して，pH 8.3 になったときを終点とする。

16.2 アルカリ消費量（pH 4.8）

pH 4.8 以下を示す試料に適用し，その酸成分に相当するアルカリの量が求められる。この方法で求められる酸成分は，比較的強い酸が主であるが，鉄(Ⅲ)，及びアルミニウムイオンが存在すると，この pH までに完全に水酸化物となりアルカリを消費するため，この測定値に含まれる。そのほか，本書 16.1 を参照。

16.3　アルカリ消費量（遊離酸）

規格の **16.2** のアルカリ消費量（pH 4.8）の測定では，強酸のほか，鉄(Ⅲ)，アルミニウムなども測定値に加わるので，試料にあらかじめしゅう酸カリウムを加え，これらの金属をマスキングして滴定を行う。この方法では，塩酸，硫酸及び電離定数の大きい一部の有機酸が測定される。そのほか，本書 16.1 を参照。

1.　操　作

（**1**）　試料が有機酸を含む場合などは，急激な pH 飛躍が得られない。当量点に近づいたら 0.1 mol/L 水酸化ナトリウム溶液を少量ずつ加えて pH を測定して滴定曲線を作成し，終点を求める。

17.　100℃における過マンガン酸カリウムによる酸素消費量（COD_{Mn}）

17.　100 ℃における過マンガン酸カリウムによる酸素消費量（COD_{Mn}）　試料を硫酸酸性とし，酸化剤として過マンガン酸カリウムを加え，沸騰水浴中で 30 分間反応させ，そのとき消費した過マンガン酸の量を求め，相当する酸素の量（O mg/L）で表す。

この試験は試料採取後，直ちに行う。直ちに行えない場合には，**3.3** によって保存し，できるだけ早く試験する。

定量範囲：COD_{Mn} O 0.5～11 mg/L

a)　試薬　試薬は，次による。

1)　水　JIS K 0557 に規定する **A4** の水([1]) ([2])

2)　硫酸（1＋2）　水 2 容をビーカーにとり，これを冷却し，かき混ぜながら **JIS K 8951** に規定する硫酸 1 容を徐々に加えた後，うすい紅色を呈するまで過マンガン酸カリウム溶液（3 g/L）を加える。

3)　硝酸銀溶液（200 g/L）　JIS K 8550 に規定する硝酸銀 20 g を水に溶かして 100 mL とする。着色ガラス瓶に入れて保存する。

4)　しゅう酸ナトリウム溶液（12.5 mmol/L）　JIS K 8528 に規定するしゅう酸ナトリウム 1.8 g を水に溶かして 1 L とする。ただし，**5)**の 5 mmol/L 過マンガン酸カリウム溶液のモル濃度の 2.5 倍より僅かに高いモル濃度のものを調製する。

5)　5 mmol/L 過マンガン酸カリウム溶液　JIS K 8247 に規定する過マンガン酸カリウム 0.8 g を平底フラスコにとり，水 1 050～1 100 mL を加えて溶かす。これを 1～2 時間静かに煮沸した後，一夜放置する。

上澄み液を，ガラスろ過器 G4 を用いてろ過する（ろ過前後に水洗いしない）。ろ液は，約 30 分間水蒸気洗浄した着色ガラス瓶に入れて保存する。

標定　標定は，次による。

－　**JIS K 8005** に規定する容量分析用標準物質のしゅう酸ナトリウムをあらかじめ 200 ℃で約 1 時間加熱し，デシケーター中で放冷する。その約 0.42 g を 1 mg の桁まではかりとり，少量の水に溶かして，全量フラスコ 250 mL に移し入れ，水を標線まで加える。

－　この溶液 25 mL を三角フラスコ 300 mL にとり，水で約 100 mL とし，硫酸（1＋2）10 mL を加える。液温 25～30 ℃で，ビュレットでこの 5 mmol/L 過マンガン酸カリウム溶液約 22 mL を一度に加え，紅色が消えるまで放置する。

－　次に，50～60 ℃に加熱し，この 5 mmol/L 過マンガン酸カリウム溶液で滴定する。終点は微紅色を約 30 秒間保つときとする。

－　次の式によって，5 mmol/L 過マンガン酸カリウム溶液のファクター（f）([3])を算出する。

$$f = a \times \frac{b}{100} \times \frac{25}{250} \times \frac{1}{x \times 0.001\,675}$$

ここに，　a：　しゅう酸ナトリウムの質量（g）

b：　しゅう酸ナトリウムの純度（質量分率%）

x：　滴定に要した 5 mmol/L 過マンガン酸カリウム溶液量（mL）

0.001 675： 5 mmol/L 過マンガン酸カリウム溶液 1 mL に相当するしゅう酸ナトリウムの質量（g）

注(1) 水は COD_{Mn} 値を与える物質を含んでいてはならない。次のようにしてその適否を確認できる。

水 100 mL について **c) 1)～4)**を行う。このときの滴定に要した 5 mmol/L 過マンガン酸カリウム溶液の量を *a* mL とする。別に，水 100 mL について，加熱を除いた **c) 1)～4)**の操作を行う。このときの滴定に要した 5 mmol/L 過マンガン酸カリウム溶液の量を *b* mL とする。($a-b$) mL を求める。この値が 0.15～0.2 mL 程度であればよい。これ以上の場合は，水（又は試薬）に有機物が含まれていることが考えられ，使用に適しない。

(2) 水を蒸留精製する場合は，硫酸（1＋2）を加えて微酸性とし，これに過マンガン酸カリウム溶液（3 g/L）を加えて着色させた後，蒸留するとよい。ただし，蒸留の終わりまで過マンガン酸の着色している状態を保つ。

(3) ファクターは，なるべく 1 に近い（0.95～1.05）ものを使用する。

b) 器具 器具は，次による。

1) 水浴 試料を入れたとき，引き続いて沸騰状態を保てるような，熱容量及び加熱能力が大きなもの。三角フラスコ 300 mL が水浴の底に直接接触しないように，底から離して金網などを設ける。

c) 操作 操作は，次による。

1) 試料(4)の適量(5)を三角フラスコ 300 mL にとり，水を加えて 100 mL とし，硫酸（1＋2）10 mL を加え，振り混ぜながら硝酸銀溶液（200 g/L）5 mL(6) (7)を加える。

2) 5 mmol/L 過マンガン酸カリウム溶液 10 mL を加えて振り混ぜ，直ちに沸騰水浴中に入れ(8) (9)，30 分間加熱する(10)。

3) 水浴から取り出し，しゅう酸ナトリウム溶液（12.5 mmol/L）10 mL を加えて振り混ぜ，よく反応させる(11)。

4) 液温を 50～60 ℃で，5 mmol/L 過マンガン酸カリウム溶液で僅かに赤い色を呈するまで滴定する。

5) 別に，水 100 mL を三角フラスコ 300 mL にとり，**1)～4)**の操作を行う(12)。

6) 次の式によって COD_{Mn}（O mg/L）を算出する。

$$COD_{Mn} = (a-b) \times f \times \frac{1\,000}{V} \times 0.2$$

ここに， COD_{Mn}： 100 ℃における過マンガン酸カリウムによる酸素消費量（O mg/L）

a： 滴定に要した 5 mmol/L 過マンガン酸カリウム溶液量（mL）

b： 水を用いた試験の滴定に要した 5 mmol/L 過マンガン酸カリウム溶液量（mL）

f： 5 mmol/L 過マンガン酸カリウム溶液のファクター

V： 試料量（mL）

0.2： 5 mmol/L 過マンガン酸カリウム溶液 1 mL に相当する酸素の質量（mg）

注(4) 懸濁物を含む場合には，よく振り混ぜて均一にした後，手早く採取する。

(5) 30 分間加熱した後の 5 mmol/L 過マンガン酸カリウム溶液の残留量が 4.5～6.5 mL になるような量。ただし，試料の COD_{Mn} が O 11 mg/L 以下の場合には，100 mL とする。試料の適量は，**c)** の操作によって予備試験を行って決める。

COD_{Mn} の概略値が分かっている場合には，次の式によって試料の適量（*V* mL）を求めることができる。

$$V = 4.5\,(\text{又は}3.5 \sim 5.5) \times \frac{1\,000 \times 0.2}{E_{\mathrm{COD,Mn}}}$$

ここに，　$E_{\mathrm{COD,\,Mn}}$：　試料の $\mathrm{COD_{Mn}}$ 予想値（O mg/L）

V：　試料の採取量（mL）

4.5（又は 3.5～5.5）：　5 mmol/L 過マンガン酸カリウム溶液の反応予想量（mL）

0.2：　5 mmol/L 過マンガン酸カリウム溶液 1 mL に相当する酸素の質量（mg）

(6) 硝酸銀溶液（200 g/L）に代え，これに対応する硝酸銀の粉末を加えてもよい。

(7) 試料中に塩化物イオンが存在する場合は当量になるまで加え，更に 5 mL を加える。ただし，塩化物イオンが多く，硝酸銀溶液（200 g/L）10 mL 以上を必要とする場合には，硝酸銀溶液（500 g/L）を用いて当量よりも 2 mL 過剰に加えるか，又は粉末にした硝酸銀を当量よりも 1 g 過剰に加え，更に水 5 mL を加える。塩化物イオン 1 g に対する硝酸銀（$AgNO_3$）の当量は 4.8 g である。

通常の海水［塩化物イオン（18 g/L）］100 mL と当量の硝酸銀は 8.64 g で，添加量は 9.6 g となる。

(8) 多数の試料を一度に入れると，水浴の沸騰が止まるおそれがあるだけでなく，取り出したときのしゅう酸ナトリウム溶液（12.5 mmol/L）の添加操作の所要時間だけ加熱時間のずれが生じるおそれがある。その所要時間だけの間隔をおいて入れるとよい。

注(9) 三角フラスコが倒れないように，その首に鉛製，鉄製などのリング状のおもりを付ける。

(10) このとき，三角フラスコ 300 mL 中の試料の液面は，沸騰水浴の水面下になるように保つ。

(11) 塩化銀に酸化マンガン（IV）が混入し，反応にやや時間を要することがある。

(12) 塩化物イオンの多い試料に硝酸銀溶液（200 g/L）5 mL 以上を加えた場合も，この操作では，硝酸銀溶液（200 g/L）5 mL を用いる。

備考　硝酸銀溶液（200 g/L）5 mL に代え，めのう乳鉢でよくすり潰した硫酸銀（**JIS K 8965** に規定する。）の粉末 1 g を加えてもよい。ただし，**5)**でも **JIS K 8965** に規定する硫酸銀の粉末 1 g を用いる。塩化物イオンの多い試料では，塩化物イオンと当量よりも 10 %多い量に，更に 1 g を加えた量を加える。

塩化物イオン 1 g と当量の硫酸銀は 4.4 g であり，

硫酸銀添加量 :［塩化物イオン（g）×4.4×1.1＋1］(g) ＝［塩化物イオン（g）×4.84＋1］(g) となる。通常の海水［塩化物イオン（18 g/L）］100 mL では 9.7 g となる。

化学的酸素消費量（COD）は，試料に酸化剤を加え，一定条件の下で反応させ，そのとき消費した酸化剤の量を酸素の量に換算して表す試験である。使用する酸化剤の種類，液性，加熱温度，加熱時間及び酸化剤の定量方法などの組合せによって多くの方法が提案され，使われている。これらはいずれも水中の有機物による汚濁を表す指標とすることを目的としているが，それぞれの方法によって測定値は異なり，同一種類の水については相関が得られるが，多種類の水について普遍的な相関は得られない。

COD 試験のうち，排水については，過マンガン酸カリウムを酸化剤とし，酸性で反応させる方法，同じ酸化剤でアルカリ性で反応させる方法，及び二クロム酸カリウムを酸化剤とし，強酸性で反応させる方法が代表的で，わが国では本項の 100℃における過マンガン酸カリウムによる酸素消費量（COD_{Mn}）が主な方法として用いられている。

この方法は，試料に規定量の硫酸，硝酸銀又は硫酸銀，及び過マンガン酸カリウムを加え，一定の加熱条件の下で反応させ，そのとき消費した過マンガン酸カリウムの量を酸素に換算して表すものである。

反応した過マンガン酸カリウムの量を求めるには，30 分間加熱後の溶液に一定量のしゅう酸ナトリウム溶液を加えて残留する過マンガン酸カリウム［及び生成した酸化マンガン(Ⅳ)］と反応させ，次に，過剰のしゅう酸ナトリウムを過マンガン酸カリウム溶液で滴定する。

試料の酸化反応

$$MnO_4^- + 8H^+ + 5e \longrightarrow Mn^{2+} + 4H_2O$$

生じた Mn^{2+} は残っている MnO_4^- と次のように反応する。

$$3Mn^{2+} + 2MnO_4^- + 2H_2O \longrightarrow 5MnO_2 + 4H^+$$

滴定反応

$$2MnO_4^- + 5C_2O_4^{2-} + 16H^+ \longrightarrow 2Mn^{2+} + 10CO_2 + 8H_2O$$

$$MnO_2 + C_2O_4^{2-} + 4H^+ \longrightarrow Mn^{2+} + 2CO_2 + 2H_2O$$

過剰のしゅう酸を 5 mmol/L 過マンガン酸カリウム溶液で滴定する。

$$5C_2O_4^{2-} + 2MnO_4^- + 16H^+ \longrightarrow 2Mn^{2+} + 10CO_2 + 8H_2O$$

この方法での問題点は，反応時の条件が規定したものから僅かに外れても，測定結果が変わってくることである。したがって，正しい結果を得るには，試験における器具，試薬類及び反応時の条件などをどのように守ればよいかをよく理解しておくことが大切である。

1.　試　薬

（1）　この試験での試薬の調製，試験操作のいずれに用いる水も，COD_{Mn} 値を与えるような物質を含んでいてはならない。試験操作では試料についてのほか，試料と同量の水を用いた試験を行うが，この試験は使用する水のCOD_{Mn}値の補正にはならない。この水を試料に添加するのではないから，試験に用いる水に有機物などCOD_{Mn}値を与える物質が含まれると，試料のCOD_{Mn}値は低く計算される。試料のCOD_{Mn}値が高く，多量の水で希釈した後に試験する場合は，その影響の割合は小さくなるが，COD_{Mn}値の低い試料では影響は非常に大きくなる。

（**2**） 水は**規格**の**17. a) 1**）に示すように，JIS K 0557（用水・排水の試験に用いる水）に規定するＡ４の水としているが，一般的な調製方法としては，イオン交換水又は蒸留水に過マンガン酸カリウム溶液（３g/L）を加えて赤紫とし（少量の硫酸を加えて酸性とする方がよい）再蒸留する。

逆浸透，イオン交換などを組み合わせ，最終工程に限外ろ過を行ったものも使用できるようである。

イオン交換樹脂で精製した水は，有機物を含むから使用してはならない。蒸留後，イオン交換樹脂を通す方式で精製した水も同様に使用できない。また，イオン交換樹脂を通した水を蒸留しても有機物は完全には除かれないことがある。

（**3**） 使用する水の良否は必ず**規格**の**17. 注**(1)によって確認する。

水が有機物などを含まずこの試験の使用に適する場合は，**規格**の**17. 注**(1)での（a-b）の値は0.15～0.2 mL程度である。これより大きな値となる場合は，水又は試薬溶液中に有機物などが含まれている心配があり，検討が必要である。

（**4**） 硫酸銀を使用する場合は粉末として添加するが，塩化物イオンと反応しやすくするために，なるべく細かい粉末とする。また，すり潰すときに，有機物などの混入がないように注意する。

（**5**） 過マンガン酸カリウムは，水に溶かしただけでは，不純物として含まれる還元性物質（低い酸化数のマンガンなど）のため，保存中に濃度が減少しやすい。このため，**規格**の**17. a) 5**）の操作のようにあらかじめ加熱酸化し，生じた酸化マンガン(Ⅳ）はろ過除去する。ろ過には小さいガラスろ過器Ｇ４を用い，ゆっくりとろ過する。

ろ過器に還元性物質が付着していてはならないから，十分に洗浄しておく。専用のものをきめておくことが望ましく，使用後は少量の過酸化水素水を添加した希硫酸で，付着した酸化マンガン(Ⅳ) を溶かし，多量の水で十分に洗浄しておく。

調製した5 mmol/L 過マンガン酸カリウム溶液のファクターは1よりも著しく外れてはならない。0.95～1.05の範囲が望まれる。

また，調製した5 mmol/L 過マンガン酸カリウム溶液も長期間には徐々に濃度が減少するから，約1週間程度の間隔でファクターを測定するようにする。

（**6**）　しゅう酸ナトリウム溶液（12.5 mmol/L）は，正確な濃度を求めておく必要はない。この溶液は試験に際して逆滴定の操作に使用するため，5 mmol/L 過マンガン酸カリウム溶液の2.5倍よりも僅かに高いモル濃度であることが必要である。具体的には，本書の17.の3.(7)においての滴定値が0.5～1.5 mL程度になるような濃度が適当であろう。

2.　装　置

（**1**）　加熱条件はCOD_{Mn}値に大きく影響するので，水浴は試料を入れたとき沸騰が止まらないような能力をもっていなければならない。加熱方式は，ガス式，電熱式いずれでもよいが，複数の試料を扱うには大きな加熱能力が必要で，一般にはガス式が用いられている。水浴の形の規定はないが，図17.1の例に示すように，金網などで通水性のよい棚を設けて三角フラスコの底が水浴に

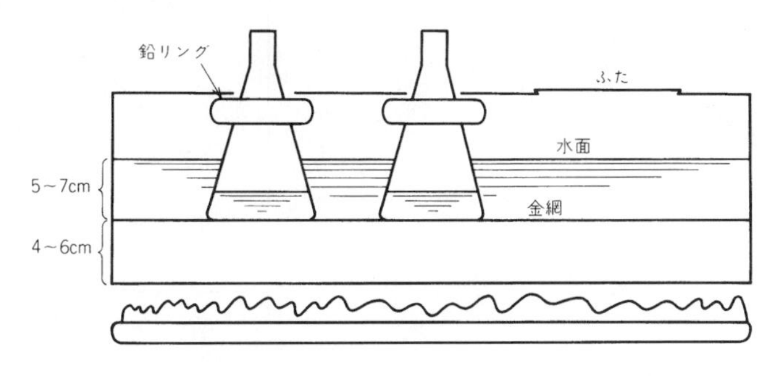

図17.1　水浴の例

直接に接しないようにする。

蒸発による水浴の水の減少に対して，これを自動的に補給する構造のものはよくない。局部的に温度が低くなるので水を補給する場合は別に沸騰させた水を用いる。

また，水の蒸発を防ぐため水浴上部は三角フラスコが入るだけの穴をあけた覆いを付け，使わないものは蓋をしておく。小規模の測定では大形なべを用い，熱源として家庭用ガスコンロなどを利用することもできる。

なお，規定された能力をもつ水浴の目安としては，水 125 mL を入れた三角フラスコを浸したとき，内部の水の温度は 4～5 分間で 90℃，7～10 分間で 95℃以上となる。ただし，これはサーミスター温度計を用いる測定によるもので，全浸没形棒状温度計の先端を差し入れてはかると上記より数℃低く測定される。

3. 操作

（**1**） COD_{Mn} の試験では試薬濃度，反応温度などの条件が COD_{Mn} 値に大きく影響する。その状態，程度は試料の性質によって異なるが，その一例を図 17.2～図 17.4 に示す。

（**2**） 試料の COD_{Mn} 値が高い（O 11 mg/L 以上）場合は，30 分間加熱反応

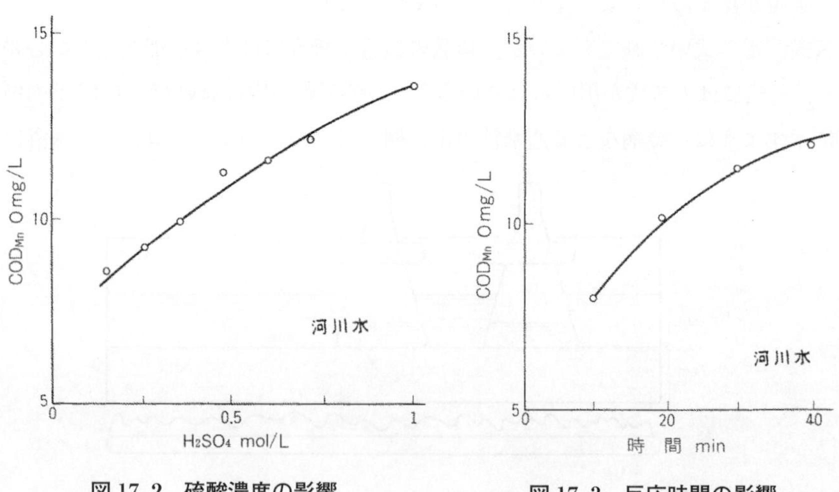

図 17.2　硫酸濃度の影響　　図 17.3　反応時間の影響

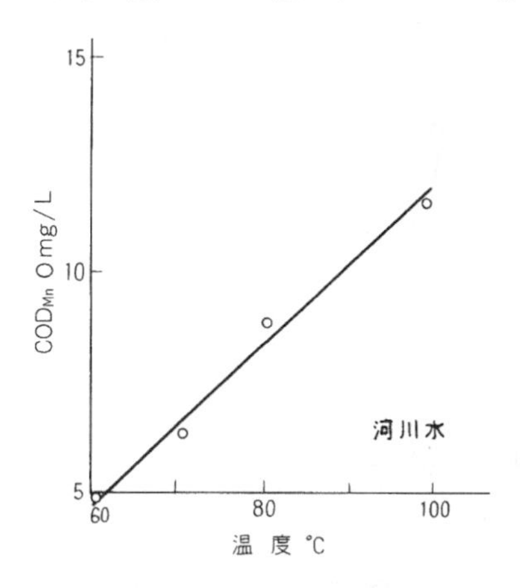

図 17.4　水浴温度の影響

後，5 mmol/L 過マンガン酸カリウムの 4.5～6.5 mL が残るように試料をとる。

COD_{Mn} の反応が，初めに示した反応式のように進むと考えると，MnO_4^- は有機物を酸化して MnO_2 になる。この場合の反応量は，Mn^{2+} まで反応した場合の 60％である。いい換えると，見掛け上は，添加した 5 mmol/L 過マンガン酸カリウム溶液 10 mL のうち，6 mL までが正常な COD_{Mn} の反応をすると考えた方が安全である。

このことから，COD_{Mn} 値の高い試料の場合の試料の希釈は，5 mmol/L 過マンガン酸カリウム溶液 10 mL のうち，4.5 mL 以上が残るようにすることとされた。また，その残留量の多少によって反応中の過マンガン酸カリウムの濃度が変わり，酸化率が変化することを考慮し，4.5～6.5 mL が残るように規定された。

なお，**規格**の **17. c**）の操作での試料についての 5 mmol/L 過マンガン酸カリウム溶液の滴定値を a mL 及び水についての試験の滴定値を b mL とするとき，30 分間後に反応せずに残った 5 mmol/L 過マンガン酸カリウムの溶液の mL 数はほぼ次のようにして計算できる。

$$残留 5 mmol/L 過マンガン酸カリウム溶液 = 10 - (a - b)\ (\mathrm{mL})$$

また，COD_{Mn} の値が O 11 mg/L 以下の試料の場合は，試料 100 mL をとっ

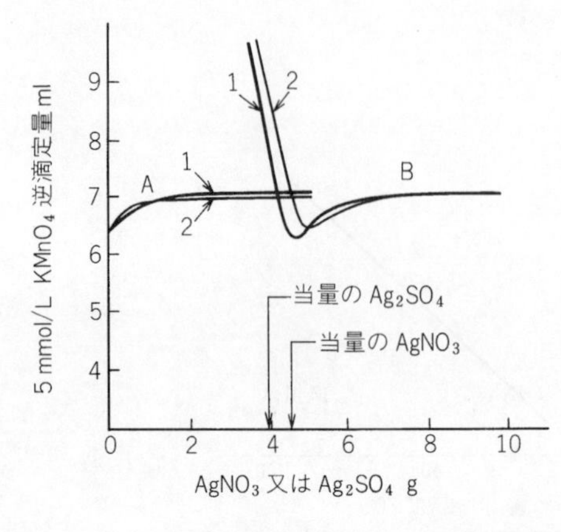

図 17.5　銀塩の影響

て試験操作を行う。

（**3**）　銀塩は塩化物イオンの妨害を防ぐほか，COD_{Mn} の反応で触媒作用を示す。その例を図 17.5 に示す。

硝酸銀と硫酸銀は同じ質量では，銀の量は前者が幾分（約 9%）少ない。しかし，塩化物イオンを含む試料では，図 17.5 の例のように，同じ質量の添加で同じ結果が得られる。触媒作用は試料によって異なるから，銀塩は一定量を添加する必要があるが，塩化物イオン 20～30 mg 程度であれば，いずれも 1 g の添加でよい。

塩化物イオンを多量に含む試料の場合，硝酸銀はこれと当量の添加で妨害は除かれるので，当量より 1 g 過剰に加えればよい。

一方，硫酸銀の場合は，添加した粉末の表面が塩化銀で覆われ，内部まで反応しにくくなるので，当量からの計算量よりも多く加える必要がある。

このため，塩化物イオンの妨害除去として当量よりも 10% を増加した量を考え，さらに，これに 1 g を増した量を添加量とする。その計算は，**規格**の **17. 備考**のようになる。海水（塩化物イオン，約 18 g/L）100 mL に対する硫酸銀の当量は 7.9 g で，上の計算での添加量は 9.7 g となる。一般に，10 g の添加が行われる。

（4） 硝酸銀は200 g/L溶液として，通常は5 mLを添加する。塩化物イオンが多い場合は，当量より5 mLを余分に加えればよいが，10 mL以上を必要とする場合は，溶液体積の大きな増加を避けるため，500 g/L溶液を用いるか，固体を添加する。

また，塩化物イオンの多い試料について当量を求める方法として，試料をかき混ぜながら，ピペット又はビュレットから硝酸銀溶液を滴加すると，当量になると生じた塩化銀が凝集するので判別できる。

（5） 加熱時間は，正しく守る必要がある。複数の試料を扱う場合，水浴に多数の試料を一度に入れると30分間経過後に取り出すとき，しゅう酸ナトリウム溶液（12.5 mmol/L）の添加操作のため時間のずれを生じる。このため，複数の試料の場合は，この時間のずれを考慮した時間間隔をおいて順次水浴に入れるようにする。また，多数の試料を一度に水浴に入れることは，水浴の沸騰状態を保てなくなる心配もある。

なお，試料を入れたときに沸騰状態を続けるには，加熱を強くする必要があるが，強い加熱によって水浴の水が蒸発減少するから，試料を入れてから数分間経過したら通常の加熱にする。

（6） しゅう酸ナトリウム溶液（12.5 mmol/L）の添加は，加熱30分間経過，沸騰水浴から取り出した後，直ちに行う。このとき溶液は，急速に無色となるが，さらに数分間以上放置して反応させる。また，試料によっては酸化マンガン(Ⅳ)の吸着によって塩化銀が褐色を帯びていることがある。この場合は，しゅう酸と酸化マンガン(Ⅳ)の反応は遅いから，さらに時間をおき，必要なら試料を少し加熱して沈殿が完全に白色となるまで反応させる。

なお，三角フラスコを水浴から取り出したときの試料の状態を観察しておくと参考になる。このとき，試料中に過マンガン酸イオンの色が強く残っている場合は，COD_{Mn}値が低いことを示し，希釈しすぎの心配もある。また，酸化マンガン(Ⅳ)が多量に生じ，過マンガン酸イオンの色がない場合は希釈不足で正しい結果は得られない。

（7） 使用する水100 mLについての試験での5 mmol/L過マンガン酸カリ

ウム溶液の滴定値は，調製した 5 mmol/L 過マンガン酸カリウム溶液としゅう酸ナトリウム溶液（12.5 mmol/L）との当量濃度差に相当するものが大部分で，これと，30 分間加熱による過マンガン酸カリウムの自己分解に相当するものとの和である。

この値が特に小さくなるようにする必要はない。これについては，本書 17. の 1.(6)を参照。

（8）［**COD_{Mn} 標準試料液による試験**］[8]　COD_{Mn} 試験での標準試料として，下記のものが提案されている。

L-グルタミン酸（105℃，3 時間乾燥）0.600 g を約 60℃の水約 300 mL に溶かし，冷却後，ラクトース一水和物（80℃，3 時間乾燥）0.120 g を溶かし，水で 1 000 mL とし，これを標準原液とする。この標準原液 100 mL を水で 1 000 mL として COD_{Mn} 標準試料液として用いる。この溶液の COD_{Mn} 値は O 10±0.5 mg/L である。

この溶液は COD_{Mn} の測定値が，試験条件の変化に対して実際の試料と類似の影響を受ける。

この溶液の調製に用いる水は COD_{Mn} 値を含んではならないことはいうまでもない。また，この溶液をさらに 2 倍に薄めても，COD_{Mn} 値は O 5 mg/L にはならない。

希釈した場合は，反応量が少なくなり，反応途中に残っている過マンガン酸イオンの濃度が高くなるから，酸化率が幾分大きくなるためである。これについて検討した例を表 17.1 に示す。

表 17.1　COD_{Mn} 標準試料液（O 10 mg/L）を希釈した場合の COD_{Mn} 値[7]

O mg/L	標準試料液使用量 mL			
	100	75	50	25
COD_{Mn} の平均値 a)	10.25	8.00	5.66	2.84
COD_{Mn} の補正後の値 b)	10.00	7.78	5.51	2.77

a)　同一 3 試料ずつ 5 回，計 15 回の測定の平均。
b)　試料 100 mL の COD_{Mn} 値を 10.00 として，計算して比較。

なお，COD_{Mn} 標準試料として，グルコース，酒石酸などが使われたことがあるが，これらは，試験条件が変わっても，酸化率がほとんど変化しないので，標準試料としては使用できない。

（9）［**銀塩の回収**］ 試験後の廃液には多量の銀塩が含まれている。その回収には次の方法が比較的簡単である。

廃液に塩化ナトリウム溶液を過剰に加え，銀を塩化銀として沈殿させる。上澄み液を捨て，ブフナー漏斗を用いて吸引ろ過し沈殿を十分に水洗する。この沈殿をビーカーに移し，2～3倍量の水を加える。溶液100 mLについて塩酸（1+1）5～10 mLを加える。これに棒状（又は粒状）亜鉛を加えてかき混ぜる。このとき灰色の銀が析出し，終わりには塩化銀の白い沈殿がなくなり，溶液は透明となる。上澄み液を捨て，亜鉛を取り除いた後，ブフナー漏斗を使って吸引ろ過し，温水で洗浄し，乾燥する。粒状亜鉛を用いたときは，少量の塩酸を加えて亜鉛を完全に溶かしてからろ過するとよい。

得られた銀に，少量のほう酸ナトリウムを加え，るつぼ中で加熱融解し，水中に流し込めば粒状の銀が得られる。また，硝酸に溶かした後，蒸発乾固すれば硝酸銀が得られる。このとき，乾固後加熱を続けて少量の黒い酸化銀を生じさせた後，水に溶かしてろ過すれば，不純物として含まれる他の金属類は水酸化物として除去される。ろ液を蒸発乾固すれば純度の高い硝酸銀が得られる。

参 考 文 献

1） 伏脇裕一ほか（1979）：工業用水，No.**253**，20
2） 田中義治ほか（1978）：全国公害研会誌，**3**，45
3） 山内陽子（1981）：用水と廃水，**23**，676
4） 並木博，中村栄子，勝俣仁（1978）：工業用水，No.**242**，25
5） L. Moore（1976）：Water Pollut. Contr. Fed., **48**, 2327
6） 並木博，梅崎芳美（1982）：実務者のための COD_{Mn} 試験方法マニュアル，日本環境測定分析協会
7） 並木博，長島珍男，倉田朋幸（1997）：工業用水，No.**469**，22
8） 標準物質によるCOD計の信頼性を確保するための調査報告（1983）（機械電子検査検定協会）

19.　アルカリ性過マンガン酸カリウムによる酸素消費量（COD_{OH}）

19.　アルカリ性過マンガン酸カリウムによる酸素消費量（COD_{OH}）　試料をアルカリ性とし，酸化剤として過マンガン酸カリウムを加え，沸騰水浴中で20分間反応させ，そのとき消費した過マンガン酸カリウムの量を求め，相当する酸素の量（O mg/L）で表す。

この試験は，試料採取後，直ちに行う。直ちに行えない場合は，**3.3** によって保存し，できるだけ早く試験する。

a)　試薬　試薬は，次による。

1)　水　**JIS K 0557** に規定する **A4** の水

2)　水酸化ナトリウム溶液（100 g/L）　**JIS K 8576** に規定する水酸化ナトリウムを用いて調製する。

3)　硫酸（2＋1）　水1容をビーカーにとり，これを冷却し，かき混ぜながら **JIS K 8951** に規定する硫酸2容を徐々に加える。

4)　アジ化ナトリウム溶液（40 g/L）　**JIS K 9501** に規定するアジ化ナトリウム4 gを水に溶かして100 mLとする。

5)　でんぷん溶液（10 g/L）　**JIS K 8659** に規定するでんぷん（溶性）1 gを水約10 mLと混ぜ，次に，熱水100 mL中によくかき混ぜながら加え，約1分間煮沸した後，放冷する。使用時に調製する。

6)　よう化カリウム溶液（100 g/L）　**JIS K 8913** に規定するよう化カリウム10 gを水に溶かして100 mLとする。使用時に調製する。

7)　過マンガン酸カリウム溶液（2 mmol/L）　**JIS K 8247** に規定する過マンガン酸カリウム0.32 gを平底フラスコにとり，水1 050〜1 100 mLを加えて溶かす。これを1〜2時間静かに煮沸した後，16時間以上放置する。上澄み液をガラスろ過器（17G4又は25G4）を用いてろ過する（ろ過前後に水洗いしない。）。ろ液は，約30分間水蒸気洗浄した着色ガラス瓶に入れて保存する。

8)　0.1 mol/L チオ硫酸ナトリウム溶液　**JIS K 8637** に規定するチオ硫酸ナトリウム五水和物26 g及び **JIS K 8625** に規定する炭酸ナトリウム0.2 gを **2. n) 1)** の溶存酸素を含まない水に溶かして1 Lとし，気密容器に入れて少なくとも2日間放置する。標定は使用時に行う。

標定　標定は，次による。

－　**JIS K 8005** に規定する容量分析用標準物質のよう素酸カリウムを130 ℃で約2時間加熱し，デシケーター中で放冷する。その約0.72 gを1 mgの桁まではかりとり，少量の水に溶かし，全量フラスコ200 mLに移し入れ，水を標線まで加える。

－　この20 mLを共栓三角フラスコ300 mLにとり，**JIS K 8913** に規定するよう化カリウム2 g及び硫酸（1＋5）（**JIS K 8951** に規定する硫酸を用いて調製する。）5 mLを加え，直ちに密栓して静かに混ぜ，暗所に約5分間放置する。

－　水約100 mLを加えた後，遊離したよう素をこのチオ硫酸ナトリウム溶液で滴定し，溶液の黄色が薄くなってから指示薬としてでんぷん溶液（10 g/L）1 mLを加え，生じたよう素でんぷんの青い色が消えるまで滴定する。

－　別に，水について同条件で空試験を行って補正したmL数から，次の式によって0.1 mol/L チオ硫酸ナトリウム溶液のファクター（*f*）を算出する。

$$f = a \times \frac{b}{100} \times \frac{20}{200} \times \frac{1}{x \times 0.003\,567}$$

ここに，　a：　よう素酸カリウムの質量（g）
b：　よう素酸カリウムの純度（質量分率%）
x：　滴定に要した 0.1 mol/L チオ硫酸ナトリウム溶液量（補正した値）（mL）
0.003 567：　0.1 mol/L チオ硫酸ナトリウム溶液 1 mL に相当するよう素酸カリウムの質量（g）

9) **10 mmol/L チオ硫酸ナトリウム溶液**　0.1 mol/L チオ硫酸ナトリウム溶液 25 mL を全量フラスコ 250 mL にとり，**2. n) 1)**の溶存酸素を含まない水を標線まで加える。この溶液は使用時に調製し，12 時間以上経過したものは使用しない。

b) **器具**　器具は，次による。

1) **共栓三角フラスコ**　200 mL

2) **水浴**　試料を入れたとき，引き続いて沸騰状態を保つことができる熱容量及び加熱能力が大きなもの。

c) **操作**　操作は，次による。

1) 試料([1])の適量([2])を共栓三角フラスコ 200 mL にとり，水を加えて 50 mL とし，水酸化ナトリウム溶液（100 g/L）1 mL を加える。

2) 過マンガン酸カリウム溶液（2 mmol/L）10 mL を加えて振り混ぜ，直ちに沸騰水浴中に入れ，20 分間加熱する。このときフラスコ中の試料の液面は沸騰水浴の水面下で，かつ，共栓三角フラスコが水浴の底に直接接しないように保つ。

3) 水浴から取り出し，冷水で室温まで冷却した後，アジ化ナトリウム溶液（40 g/L）1 mL を加えて振り混ぜる。

4) よう化カリウム溶液（100 g/L）1 mL 及び硫酸（2＋1）0.5 mL を加え([3])，栓をして振り混ぜ，暗所に約 5 分間放置する。

5) 遊離したよう素を，10 mmol/L チオ硫酸ナトリウム溶液で滴定し，溶液の色がうすい黄色になったら，指示薬としてでんぷん溶液（10 g/L）1 mL を加え，生じたよう素でんぷんの青い色が消えるまで滴定する。

6) 別に，水 50 mL を共栓三角フラスコ 200 mL にとり，水酸化ナトリウム溶液（100 g/L）1 mL を加え，**2)**～**5)**の操作を行う。

7) 次の式によって COD_{OH}（O mg/L）を算出する。

$$COD_{OH} = (b - a) \times f \times \frac{1\,000}{V} \times 0.08$$

ここに，　COD_{OH}：　アルカリ性過マンガン酸カリウムによる酸素消費量（O mg/L）
a：　滴定に要した 10 mmol/L チオ硫酸ナトリウム溶液量（mL）
b：　水を用いた試験に要した 10 mmol/L チオ硫酸ナトリウム溶液量（mL）
f：　10 mmol/L チオ硫酸ナトリウム溶液のファクター([4])
0.08：　10 mmol/L チオ硫酸ナトリウム溶液 1 mL に相当する酸素の質量（mg）
V：　試料量（mL）

注(1) 懸濁物を含む場合は，よく振り混ぜて均一にした後，採取する。

(2) 20分間加熱したときに最初に加えた過マンガン酸カリウム溶液（2 mmol/L）の約1/2が残るような量。ただし，アルカリ性過マンガン酸カリウムによる酸素消費量が8 mg/L以下の場合には，50 mLとする。

試料の適量は，**c)**の操作によって予備試験を行って決める。

COD_{OH}の概略値が分かっている場合には，次の式によって試料の適量（V mL）を求めることができる。

$$V = 5 \times \frac{1\,000 \times 0.08}{E_{\mathrm{COD,OH}}}$$

ここに，$E_{\mathrm{COD,OH}}$：試料のCOD_{OH}予想値（O mg/L）

V：試料の採取量（mL）

5：過マンガン酸カリウム溶液（2 mmol/L）の反応予想量（mL）

0.08：過マンガン酸カリウム溶液（2 mmol/L）1 mLに相当する酸素の質量（mg）

(3) 鉄を含むときは，硫酸（2+1）の添加前にふっ化カリウム溶液（300 g/L）（**JIS K 8815**に規定するふっ化カリウムを用いて調製する。）1 mLを加える。

(4) **a) 8)**の0.1 mol/Lチオ硫酸ナトリウム溶液のファクターを用いる。

この方法は，試料をアルカリ性として過マンガン酸カリウムによる酸化反応を行わせるため，酸性で反応させるCOD_{Mn}のように銀塩を添加しなくても塩化物イオンは反応しない。このため，環境庁告示にみられるように特定の海域の水の有機物汚濁の指標として用いられている。

また，普通の海域では有機物汚濁は，工場の排水，河川水及び，湖沼水ほど大きくないため，過マンガン酸カリウム溶液は，2 mmol/Lのものを用いる。

なお，本書17.でも述べたように，多種類の水について本法と他の化学的酸素消費量との普遍的相関は得られない。

1. 試　薬

（1） よう化カリウム溶液（100 g/L）は，空気酸化されていない無色の結晶を用いて調製する。

（2） でんぷん溶液は，長期間保存すると腐敗して変色が明瞭でなくなるから，なるべく使用時に調製する。

2. 器　具

（1） 水浴については本書17.の2.を参照。

3.　操　作

（**1**）　**規格**の **19. c**) **4**) によってよう化カリウム溶液を加えた後，酸性とすると，残留する過マンガン酸イオン及び酸化マンガン(Ⅳ) によって，よう化物イオンが酸化され，当量の I_3^- イオンを生じ，溶液は黄褐色となる。この黄色がほとんど消えるまで 10 mmol/L チオ硫酸ナトリウム溶液で滴定した後に指示薬のでんぷん溶液を加えるようにする。

滴定終点が近づいたら，かき混ぜを止めてから 10 mmol/L チオ硫酸ナトリウム溶液 1 滴を滴加し，滴下した場所の変色の有無を判別すると当量点を判定しやすい。なお，当量点に到達した後，長くかき混ぜを行うと，空気の混入によって再び着色することがある。初めに溶液の青い色の消えたときを終点とする。

（**2**）　この方法では，過マンガン酸カリウムは酸化反応後には，酸化マンガン(Ⅳ) になる。

$$MnO_4^- + 4H^+ + 3e \longrightarrow MnO_2 + 2H_2O$$

規格では 20 分間加熱後の過マンガン酸カリウム溶液（2 mmol/L）の残存量が約 1/2，すなわち約 5 mL が残るような試料の量を採取することとなっているが，上の反応式は残留量が 4 mL 以下になった場合は，MnO_4^-が全く残っていないことを示しており，異常な結果となるから注意が必要である。

なお，20 分間加熱後の過マンガン酸カリウム溶液の残留量（mL）は次の式で示される。

$$過マンガン酸カリウム溶液(2\ mmol/L)残留量 = 10 - (b - a)\ (mL)$$

ただし，a 及び b は**規格**の **19. c**) **7**) に示す a（試料においての滴定値）及び b（水を用いた試験においての滴定値）を示す。

（**3**）　試料中に鉄(Ⅲ) イオンが存在すると，加熱操作後，試料を硫酸酸性としたときによう化物イオンを酸化するため妨害となる。このため，よう化カリウムの添加に先立ってふっ化カリウムを加え，フルオロ錯イオンとしてマスキングする。ふっ化カリウム溶液（300 g/L）1 mL の添加で鉄(Ⅲ) イオン約 90 mg がマスキングされる。

（**4**） 鉄(Ⅱ) イオンは，還元剤であるからCOD_{OH}値に含めて考える。過マンガン酸によって酸化されて生じた鉄(Ⅲ) は，加熱後試料を酸性としたときによう化物イオンを酸化して再び鉄(Ⅱ) となる。この反応を防ぐため，試料に鉄(Ⅱ) イオンが存在する場合もふっ化カリウムを添加しておく。

（**5**） 亜硝酸イオンは，アルカリ性では過マンガン酸によって酸化されず，酸性としたときによう化カリウムを酸化する（過マンガン酸によって酸化される反応も考えられる）が，アジ化ナトリウムを加えておくことによって分解され，影響しない。

参 考 文 献

1） 向井徹雄，横畑明，津田覚（1976）：分析化学，**25**，219
2） 向井徹雄，津田覚（1977）：分析化学，**26**，484

20.　二クロム酸カリウムによる酸素消費量（COD_{Cr}）

試料に，一定量の二クロム酸カリウム溶液，硫酸水銀(Ⅱ)，及び硫酸酸性硫酸銀溶液を加え，2時間加熱分解し，試料中の有機物の酸化分解に消費された二クロム酸カリウムの量を酸素に換算して表す方法である。

2016年の改正で，反応容器に容量250～300 mLの丸底フラスコ又は三角フラスコを用い，還流煮沸で酸化分解して，残留する二クロム酸カリウム量を滴定法で求める従来の方法が，**規格**の**20.1**［滴定法による酸素消費量（COD_{Cr})］とされ，反応容器に蓋付き試験管を用い，ブロックヒーターによる加熱で酸化分解して，残留する二クロム酸カリウム量を吸光度測定で求める方法が，新たに**規格**の**20.2**（蓋付き試験管を用いた吸光光度法によるCOD_{Cr}測定法）として追加された。

二クロム酸イオンによる試料中の有機物の酸化反応は，次の式で示される。

$$CrO_4^{2-} + 14\,H^+ + 6\,e \longrightarrow 2\,Cr^{3+} + 7\,H_2O$$

これらの方法は，規格での化学的酸素消費量の試験のうち，有機物に対する酸化力が最も強く，芳香族炭化水素. 環式窒素化合物を除いては80%以上の高い酸化率が得られる。このため，他の化学的酸素消費量の試験と異なり，水中の全有機物の指標とする目的で用いることが多い。

なお，本書の17.で述べたように，多種類の水について，この方法の値と他の化学的酸素消費量の値とに普遍的な相関は得られない。

以下，**規格**の**20.1**と**20.2**の反応原理，操作，注意点を記載する。

20.1　滴定法による酸素消費量（COD_{Cr}）

従来の**規格**の**20.**の方法である。

試料中の有機物の酸化分解に消費された二クロム酸カリウムの量は，残存する二クロム酸カリウムの量を硫酸アンモニウム鉄(Ⅱ) 溶液で滴定して求める。

滴定反応は，次の式で示される。

$$Cr_2O_7^{2-} + 6\,Fe^{2+} + 14\,H^+ \longrightarrow 2\,Cr^{3+} + 6\,Fe^{3+} + 7\,H_2O$$

1.　操　作

（**1**）　通常，この方法は有機物の多い試料に用いられる。**規格の 20. 注**(4) に示すように，反応後，二クロム酸カリウム溶液（1/240 mol/L）の約 1/2 量が残るような試料の量を用いるが，試料 20 mL を用いて二クロム酸カリウム溶液（1/240 mol/L）の 1/2 が残った場合は，COD_{Cr} O 50 mg/L に相当する。これ以上の COD_{Cr} 値の試料の場合は，20 mL に薄めたとき O 50 mg/L の近くになるように試料をとる。また，COD_{Cr} 値が約 O 50 mg/L より著しく小さい試料の場合は，二クロム酸カリウム溶液（1/240 mol/L）の反応量を増加させるため，20 mL 以上の試料を用いて試験を行ってもよい。この方法は，他の化学的酸素消費量の試験と異なり，酸化反応が完結近く進むため，反応条件の僅かな変化は測定値に大きくは影響しない。しかし，試験条件をなるべく同一とするため，試料 20 mL 以上を用いた場合は，添加する試薬の量も，試料に比例して増加させる。

（**2**）　この方法では反応時の硫酸の濃度が非常に高いため，煮沸によって溶液の温度が非常に高くなり，これが有機物に対して高い酸化率を得る大きな一因となっている。反応時の溶液中の硫酸の濃度を低くすると，酸化率が低下することがある。

（**3**）　この方法は試料中の有機物に対し，なるべく高い酸化率が得られるように定められている。試験操作で加える硫酸銀は，酸化反応に対する触媒作用を利用したものである。

（**4**）　塩化物イオンは二クロム酸と反応して妨害する。その妨害の除去に銀塩は効果がなく，硫酸水銀(Ⅱ）を添加するが，完全なマスキングは困難である。

塩化物イオンに対する硫酸水銀(Ⅱ）のマスキング効果は，試料の COD_{Cr} 値によって差があり，試料の COD_{Cr} 値が高い場合は塩化物イオンによる COD_{Cr} 値は小さく，試料の COD_{Cr} 値が低い場合は，塩化物イオンによる COD_{Cr} 値が大きくなることが報告されている。

このため，試料の COD_{Cr} 値が高く，COD_{Cr} 値が約 50 mg O/L になるように希釈して試験する場合は，塩化物イオンの濃度がある程度高くても，測定結果に大きくは影響しない。これに反し，COD_{Cr} 値の低い（20 mg O/L 以下）試料では，塩化物イオンの濃度が低くても結果に大きく影響する。

また，有機物が全く存在しない水では，塩化物イオンによる COD_{Cr} 値は当然大きくなる。なお，塩化物イオンの多い試料の場合に，硫酸水銀(Ⅱ）の添加量を増すことは，多量の水銀塩の使用は好ましくないこと，及び多量に添加しても塩化物イオンの影響を完全には防げないことから，添加量の増加は行わない。塩化物の多い試料に，この方法は適用しない。

（**5**） 25 mmol/L 硫酸アンモニウム鉄(Ⅱ）溶液による滴定では，硫酸の濃度が高すぎると，1, 10－フェナントロリン鉄(Ⅱ）溶液による終点の変色が鋭敏でなくなるので，水で約 140 mL に希釈してから滴定する。

20.2　蓋付き試験管を用いた吸光光度法による COD_{Cr} 測定法

この方法は二クロム酸カリウム溶液，硫酸水銀(Ⅱ）溶液，硫酸銀−硫酸溶液の入った蓋付き試験管に試料を入れ，150±5 ℃で 2 時間加熱した後，波長 600 nm 付近の吸光度を測定し，COD_{Cr} の濃度を求めるものである。定量範囲は，COD_{Cr} 150～1 000 mg/L であるが，150 mg/L 以下の場合は**規格**の **20.2 備考 1.** に規定された 0.015 mol/L の二クロム酸カリウム溶液を用い，波長 440 nm で測定する。

フタル酸水素カリウム溶液を用いて，吸光度と COD_{Cr} との検量線を作成し，試料の COD_{Cr} を求める。

二クロム酸イオンによる試料中の有機物の酸化反応は，**規格**の **20.1** と同様である。

COD_{Cr} 濃度 1 000 mg/L 及び 100 mg/L のフタル酸水素カリウム溶液を用いて本試験法を行った溶液の吸収スペクトルを図 20.1 に示す。測定に適した吸収極大波長が，前者の場合 660 nm 付近，後者の場合に 440 nm 付近にあることがわかる。

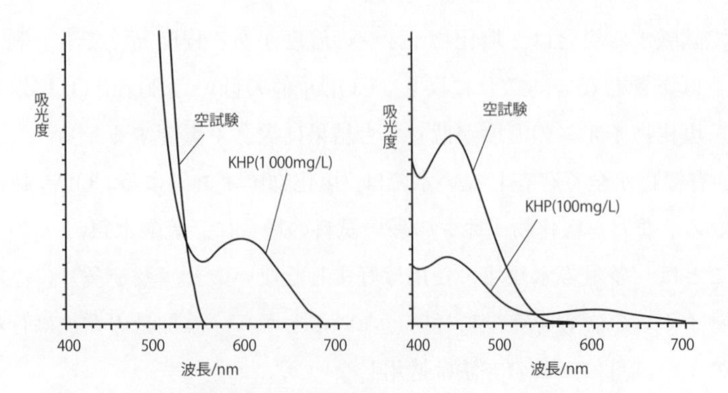

図 20.1　フタル酸水素カリウム溶液（KHP）の濃度の違いによる COD_{Cr} 測定での吸収スペクトル

1.　操　作

（**1**）　用いる試料量が 2 mL と少量のため，濁りがあるような試料の場合は，ホモジナイザー又はミキサーを用いて懸濁物質を均一化する。

（**2**）　塩化物イオンが 1 000 mg/L 以上の試料では，硫酸水銀(Ⅱ）による完全なマスキングができないため，本法を適用できない。

（**3**）　試料にマンガンが多量に存在すると，着色，沈殿生成が起こるために，本法を適用できない。

（**4**）　分解後の溶液に，着色，濁りがある場合には，**規格**の **20.1** を適用する。

（**5**）　ブロックヒーターは，ヒーターの壁が蓋付き試験管に密着し，試験管の内容物を加熱するのに十分な深さのものを用いる。

（**6**）　分解中の蓋付き試験管の万が一の破損などを考え，十分に注意をする。

（**7**）　分解後の蓋付き試験管を取り出す際には，十分に注意をする。

（**8**）　吸光度の測定は，蓋付き試験管内の溶液が室温付近まで冷却後に行う。

（**9**）　分解用試薬が入った蓋付き試験管が市販されている。例えば，外径 14 mm，厚さ 1 mm，高さ 185 mm のものがある。

規格の **20.1** と **20.2** での試料中の有機物酸化時の条件などを表 20.1 に示した。**規格**の **20.2** は試料量，試薬量，排液量が**規格**の **20.1** に比べて少なく，環境に配慮した方法といえる。

表 20.1　規格 20.1 と 20.2 の試薬量などの比較

	20.1 滴定法	20.2 蓋付試験管による吸光光度法	
定量範囲	1 mg/L 以上	150～1 000 mg/L	30～150 mg/L
試料量 /mL	20	2	2
二クロム酸カリウム量 /mg	12.3	14.7	2.2
硫酸 /mL	30	2.6	2.6
硫酸水銀(Ⅱ)/mg	400	80	80
硫酸銀 /mg	330	27.5	27.5
加熱温度 /℃	煮沸	150	150
加熱時間 / 時間	2	2	2
残留二クロム酸カリウム検出法	硫酸アンモニウム鉄(Ⅱ)溶液で滴定	波長 600 nm 付近の吸光度測定	波長 440 nm 付近の吸光度測定

参 考 文 献

1） W. A. Moore, R. C. Kroner, C. C. Ruchhoft（1949）：Anal. Chem., **21**, 953

2） W. A. Moore, R. C. Kroner, C. C. Ruchhoft（1951）：Anal. Chem., **23**, 1297

3） R. A. Dobbs. R. T. Williams（1963）：Anal. Chem., **35**, 1064

4） J. M. Foulds, J. V. Lunsford（1968）：Water and Sewage Works, **115**, 112

5） 横畑明，向井徹雄，津田覚（1975）：分析化学，**24**，610

6） E. R. Burns, C. Marshall（1965）：J. Water Pollut. Contr. Fed., **37**, 1716

7） ISO 15705(2002): Determination of the chemical oxygen demand index(ST-COD) Small-scale sealed-tube method

8） 北見秀明，石原良美（2008）：環境と測定技術，**35**，30

21.　生物化学的酸素消費量（BOD）

21. 生物化学的酸素消費量（BOD）　生物化学的酸素消費量とは，水中の好気性微生物によって消費される溶存酸素の量をいう。試料を希釈水で希釈し，20 ℃で 5 日間放置したとき消費された溶存酸素の量（O mg/mL）から求める。

この試験は試料採取後，直ちに行う。直ちに行えない場合には，**3.3** によって保存し，できるだけ早く試験する。

a)　試薬　試薬は，次による。

1)　水　**JIS K 0557** に規定する **A3** の水([1])

2)　塩酸（1+11）　**JIS K 8180** に規定する塩酸を用いて調製する。

3)　水酸化ナトリウム溶液（40 g/L）　**JIS K 8576** に規定する水酸化ナトリウム 4 g を水に溶かして 100 mL とする。

4)　緩衝液（pH7.2）（A 液）　**JIS K 9017** に規定するりん酸水素二カリウム 21.75 g，**JIS K 9007** に規定するりん酸二水素カリウム 8.5 g，**JIS K 9019** に規定するりん酸水素二ナトリウム・12 水 44.6 g 及び **JIS K 8116** に規定する塩化アンモニウム 1.7 g を水に溶かして 1 L とする。この緩衝液の pH は 7.2 である。

5)　硫酸マグネシウム溶液（B 液）　**JIS K 8995** に規定する硫酸マグネシウム七水和物 22.5 g を水に溶かして 1 L とする。

6)　塩化カルシウム溶液（C 液）　**JIS K 8123** に規定する塩化カルシウム 27.5 g を水に溶かして 1 L とする。

7)　塩化鉄（III）溶液（D 液）　**JIS K 8142** に規定する塩化鉄（III）六水和物 0.25 g を水に溶かして 1 L とする。使用時に調製する。

8)　亜硫酸ナトリウム溶液（12.5 mmol/L）　**JIS K 8061** に規定する亜硫酸ナトリウム 1.6 g を水に溶かして 1 L とする。使用時に調製する。

9)　よう化カリウム　**JIS K 8913** に規定するもの。

10)　希釈水　水温を 20 ℃近くに調節し，ばっ気して溶存酸素を飽和させた水([2]) 1 L に対して，A 液，B 液，C 液及び D 液をそれぞれ 1 mL ずつ加える。この溶液の pH は 7.2 である［pH7.2 を示さないときは，塩酸（1+11）又は水酸化ナトリウム溶液（40 g/L）で pH7.2 に調節する。］。希釈水は，培養瓶に詰めて 20 ℃の恒温槽に 5 日間放置したとき，初めの溶存酸素の量と 5 日間後の溶存酸素の量との差が O 0.2 mg/L 以下であることをあらかじめ確認しておく([3])。

11)　植種液　下水の上澄み液([4]) ([5])，河川水([6])，土壌抽出液([7])などを用いる。

12)　植種希釈水([8])　試験に際し，植種液の適量([9])を希釈水に加えて，植種希釈液を調製する。

注([1])　石英ガラス又はほうけい酸ガラス−1 製の蒸留器で精製したもの。又は，同等のもの。

([2])　洗浄して汚染物質を除いた空気を通して，溶存酸素を飽和させるとよい。空気の洗浄は，次による。

空気を活性炭ろ過器［例えば，粒状活性炭をガス乾燥塔（300 mm）に充塡する。］でろ過し，次に，硫酸酸性にした過マンガン酸カリウム溶液（5 g/L）（**JIS K 8247** に規定する過マンガン酸カリウム溶液を用いて調製する。）で洗い，更に水酸化カリウム溶液（250 g/L）（**JIS K 8574** に規定する水酸化カリウム溶液を用いて調製する。）で洗う。

(3) 生物化学反応は，含まれている有機物の濃度及び微生物の種類によって異なるため，希釈水について空試験を行って補正することは困難である。このため，希釈水は，5 日間の酸素消費量が O 0.2 mg/L 以下のものを用いる。

(4) 植種液には，家庭生下水がよく用いられる。新鮮な生下水を 20 ℃（又は室温）で 24～36 時間放置後，その上澄み液を用いる。下水中に硝化生物（アンモニウムイオン及び亜硝酸イオンを酸化する生物）の多いもの及び十分な生物化学的平衡に達していない新鮮な下水は好ましくない。

(5) 植種液として下水を用いた場合に，正常な BOD を示さない試料には，植種液として土壌抽出液を用いるか，又は試験室でこの試料にならした微生物を培養し，この培養液を用いる。

(6) 常時この試料の放流を受けている河川の放流地点から 500～1 000 m 下流の水を植種に用いると良好な結果を得ることがある。試料中に生物化学的反応に有害な物質が共存しても，その試料の放流を受けている河川，湖沼などには，耐性をもった生物相が発達していることが多いからである。

(7) 土壌（植物の生育している土壌）約 200 g を水 2 L 中に加えてかき混ぜた後，その上澄み液を用いる。

(8) 試料中に好気性の微生物及び細菌が存在しない場合，又はその数が不足している場合に，植種希釈水を用いる。

試料の BOD の試験に植種希釈水を用いるときは，次の操作によって植種希釈水の調製に用いた植種液についての補正（植種補正）を行う。

植種液を希釈水で適切に希釈して数段階の希釈した植種液を調製し，希釈試料と並行して測定する。

希釈した植種液の培養前の溶存酸素の量を B_1，5 日間放置後の溶存酸素の量を B_2 とするとき $\frac{(B_1 - B_2)}{B_1} \times 100$ が 40～70 %の範囲内にあるものを選び，植種補正値として $(B_1 - B_2) \times f$ を用いる［**d) 4)**の BOD の算出式を参照］。植種希釈水の 5 日間の溶存酸素の消費量を求めて補正を行ってはならない。

(9) 微生物が正常な活動をするために，植種希釈水の BOD が O 0.6～1 mg/L になるように加える。通常，希釈水 1 L に対し，下水の上澄み液では 5～10 mL，河川水では 10～50 mL，土壌抽出液では 20～30 mL 程度である。

b)　器具及び装置　器具及び装置は，次による。

1)　培養瓶　正確に容量の分かっている細口共栓ガラス瓶（100～300 mL）で，共栓は斜めに切り落としたもの。図 **21.1** に例を示す。

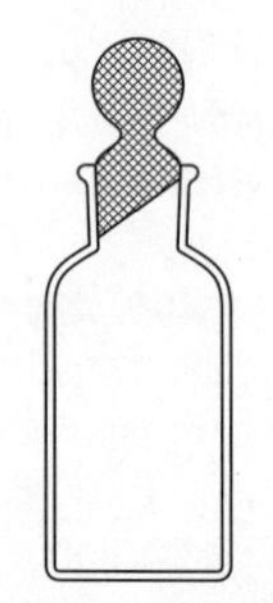

図 21.1　培養瓶の例

2) **恒温器**　恒温器は，温度を 20±1 ℃に調節できるものを用いる。希釈試料中の藻類による二酸化炭素同化作用（炭酸同化作用）を防ぐために，光を遮断しておく。同様な仕様の恒温水槽を用いてもよい。

c) **試料の前処理**　試料の前処理は，次による。

試料に酸，アルカリ，残留塩素などの酸化性物質，過飽和の溶存酸素又は溶存気体が含まれている場合には，次の前処理を行う。また，前処理によって液量が増加する場合には，増加分について結果を補正する。

1) **アルカリ又は酸を含む試料**　塩酸（1＋11）又は水酸化ナトリウム溶液（40 g/L）を加えて試料の pH を約 7 にする。

2) **残留塩素などの酸化性物質を含む試料**　あらかじめ試料 100 mL に **JIS K 9501** に規定するアジ化ナトリウム 0.1 g とよう化カリウム 1 g とを加えて振り混ぜた後，塩酸（1＋1）（**JIS K 8180** に規定する塩酸を用いて調製する。）を加えて pH を約 1 とし，暗所に数分間放置する。遊離したよう素をでんぷん溶液を指示薬として亜硫酸ナトリウム溶液（12.5 mmol/L）でよう素でんぷんの青い色が消えるまで滴定する。別に，同量の試料をとり，先の滴定値から求めた計算量の亜硫酸ナトリウム溶液（12.5 mmol/L）を加えて残留塩素を還元した後，必要ならば水酸化ナトリウム溶液（40 g/L）又は塩酸（1＋11）を用いて pH 約 7 とする。

3) **溶存酸素又は溶存気体が過飽和の試料**　冬季に採取した処理水，河川水などの試料の温度が 20 ℃以下のときは，20 ℃にしたときに溶存酸素及び溶存気体が過飽和になりやすい。また，緑藻類の多い河川水及び湖沼水では，二酸化炭素同化作用によって酸素が発生するので，溶存酸素が過飽和になりやすい。これらの試料では，BOD 測定中に溶存酸素が気体となり，培養瓶外に散逸し，結果が不正確になるから，あらかじめかき混ぜるか，ばっ気するなどの方法によって溶存酸素及び溶存気体を 20 ℃の飽和量近くに減少させておく。

備考 1.　生物化学的処理が済んだ試料には，炭素質の有機物を分解する好気性細菌のほかにアンモニアなどの窒素化合物を酸化（硝化）する硝化細菌が繁殖していることがある。このような試料では，有機物の酸化分解に消費される酸素と，アンモニアなどの窒素化合物の硝化に消費される酸素との合量が測定される。この硝化による酸素の消費量は，試料中の窒素化合物の量に対応するものではなく，硝化細菌の数によって変化する。

硝化作用を抑制した状態の生物化学的酸素消費量を測定するには，次の操作を行う。

d) **1)**の希釈試料の調製時に，希釈試料 1 L について *N*-（2-プロペニル）チオ尿素 2 mg(*)

又は 2-クロロ-6-(トリクロロメチル) ピリジンの粉末 10 mg(**)が含まれるように添加する。

注(*) *N*-（2-プロペニル）チオ尿素（*N*-アリルチオ尿素）溶液（1 mg/mL）[*N*-（2-プロペニル）チオ尿素 0.1 g を水に溶かして 100 mL とする。0～10 ℃の暗所に保存する。] 2 mL を加える。

(**) 2-クロロ-6-（トリクロロメチル）ピリジンは，水に溶けにくいので粉末で加える。添加した後も完全には溶けず一部は浮上することがあるので，培養瓶に移す場合など注意する。水に溶けやすいように，他の試薬と混合したものがあり，これを用いてもよい。

d) 操作　操作は，次による。

1) 希釈試料の調製　希釈試料の調製は，次による。

- サイホンを用い，泡が入らないように注意して希釈水又は植種希釈水をメスシリンダー（有栓形）1 000 mL [培養瓶が 200 mL 以上の場合には，メスシリンダー（有栓形）2 000 mL を用いる。] に約半分までとる。
- 次に，前処理を行った試料の適量([10]) ([11]) ([12])を加え，希釈水又は植種希釈水を 1 000 mL の標線 [メスシリンダー（有栓形）2 000 mL の場合には，2 000 mL の標線] まで加える。栓をして静かに混ぜ合わせる。
- この溶液を希釈水あるいは植種希釈水で希釈するか又は試料の量を変えて同じ操作を行い，段階的に希釈倍数の異なる希釈試料 4，5 種類を調製する([13]) ([14]) ([15])。
- 調製したそれぞれの希釈試料について，培養瓶 2～4 本を用意し，これらにサイホンを用いて希釈試料を移し入れ，十分にあふれさせた後，密栓する。
- 希釈倍数の異なる各組の培養瓶のうち 1 本は，培養前の溶存酸素の定量に用い，ほかは 20±1 ℃に調節した恒温器に入れて 5 日間培養する([16]) ([17])。

2) 培養前の希釈試料の溶存酸素量の測定　希釈試料を調製後 15 分間放置し([18])，溶存酸素を **32.1**, **32.2**, **32.3** 又は **32.4** によって定量する。**32.2**，**32.3** 又は **32.4** による場合は，メスシリンダー中に残った希釈試料を用いて溶存酸素の量を測定してもよい。

3) 培養後の溶存酸素の測定　恒温器の中に 5 日間培養した希釈試料の溶存酸素の量を **2)**と同じ方法で測定する。

4) BOD の算出　培養前後の溶存酸素の量から，次の式によって試料の *BOD*（O mg/L）を算出する([19])。

4.1)　植種を行わない場合

$$BOD = \frac{(D_1 - D_2)}{P}$$

ここに，BOD：　生物化学的酸素消費量（O mg/L）
D_1：　希釈試料を調製してから 15 分間後の溶存酸素の濃度（O mg/L）
D_2：　培養後の希釈試料の溶存酸素の濃度（O mg/L）([20])
P：　希釈試料中の試料の占める割合（試料／希釈試料）

4.2)　植種希釈水を用いた場合([19])

$$BOD = \frac{(D_1 - D_2) - (B_1 - B_2) \times f}{P}$$

ここに，BOD：　生物化学的酸素消費量（O mg/L）
D_1：　希釈試料を調製してから 15 分間後の溶存酸素の濃度（O mg/L）
D_2：　培養後の希釈試料の溶存酸素の濃度（O mg/L）([20])

P： 希釈試料中の試料の占める割合（試料／希釈試料）

B_1： 植種液の BOD を測定する場合の希釈した植種液の培養前の溶存酸素の濃度（O mg/L）

B_2： 植種液の BOD を測定する場合の希釈した植種液の培養後の溶存酸素の濃度（O mg/L）

f： $\dfrac{x}{y}$

x：試料の BOD を測定する場合の希釈試料中の植種液（%）

y：植種液の BOD を測定する場合の希釈した植種液中の植種液（%）

注(10) 試料の正常なBODを得るための希釈試料の溶存酸素の消費量（D_1-D_2）は，O　3.6〜6.4 mg/Lの範囲である。希釈不足のため残留する溶存酸素の量がO 1 mg/L以下である，又は逆に希釈し過ぎて溶存酸素の消費量がO 2 mg/L以下となる場合には，正常なBODを得にくい。

(11) 試料のBODが，経験その他で予想できれば，採取する試料の量は，次のようにして求める。

例えば，20 ℃における溶存酸素の飽和量は，O 9.09 mg/Lであり，これの40 %は約O 3.6 mg/L，70 %は約O 6.4 mg/Lであるから，希釈水と試料とを合わせて1 Lにする場合には，採取する試料の量（V mL）は，次の式で得られる。

$$V=\frac{(3.6\sim 6.4)\times 1\,000}{E_{\mathrm{BOD}}}$$

ここに，　E_{BOD}： 試料の BOD 予想値（O mg/L）

V： 試料の採取量（mL）

3.6： 20 ℃における溶存酸素の飽和量（O 9.09 mg/L）の40 %相当量

6.4： 20 ℃における溶存酸素の飽和量（O 9.09 mg/L）の70 %相当量

試料のBODがO 5 mg/L以下の場合には，試料の採取量は800 mL以上とする。また，溶存酸素が十分に含まれていない場合には，ばっ気した後，試験する。

(12) 懸濁物を含む試料の場合には，懸濁物が均一になるように混ぜ合わせた後，適量をとる。

(13) メスシリンダー中に残っている希釈試料を基にして，順次，希釈倍数の高い希釈試料を調製し続けると，労力及び時間を節約することができる。

(14) 100倍以上に希釈する場合には，一度に希釈せずに，あらかじめ他のメスシリンダー（有栓形）1 000 mLに試料50〜100 mLをとり，希釈水又は植種希釈水を標線まで加える。この希釈した試料を用いて**1)**の希釈試料を調製する。

(15) BODがO 100 mg/L以下の試料の場合には，次の方法によって培養瓶で直接希釈してもよい。

容量の正確に分かっている培養瓶4本を用意し，それぞれにあらかじめ約半量の希釈水又は植種希釈水を入れておき，次に，希釈倍数に応じて瓶の容量に対する計算量の試料を加え，更に，瓶内の空間を希釈水又は植種希釈水で満たす。この操作中，泡が入らないように注意する。

(16) 恒温水槽を使用する場合には，培養瓶全体を水に浸す。

注(17) 培養瓶を水封して恒温器中におく場合には，水封水が蒸発するから，ときどき補充する。

(18) 硫化物，亜硫酸塩，鉄(II)などの還元性物質が共存する場合には，15分間の酸素消費量（Immediate Dissolved Oxygen Demand，以下，IDODと略記する。）とBODとを区別する。IDODを求めるには，次のように操作する。

あらかじめ試料と希釈水との溶存酸素を測定した後，一定の割合で試料を希釈水で薄め，15分間放置した後，溶存酸素（D_1）をはかる。初めに測定した試料と希釈水それぞれの溶存酸素（O mg/L）とから希釈試料の溶存酸素（D_c）を算出し，次の式によって試料の $IDOD$（O mg/L）

を算出する。

$$IDOD = \frac{D_c - D_1}{P}$$

ここに，　$IDOD$：　15 分間の酸素消費量（O mg/L）

D_c：　培養前の希釈試料水の溶存酸素の濃度（O mg/L）＝$(S \times P) + (D_o \times p)$

S：　試料の溶存酸素の濃度（O mg/L）

D_o：　希釈水の溶存酸素の濃度（O mg/L）

p：　希釈試料中の希釈水の占める割合（希釈水／希釈試料）

P：　希釈試料中の試料の占める割合（試料／希釈試料）

D_1：　希釈試料を調製してから 15 分間放置後の溶存酸素の濃度（O mg/L）

([19]) 次のような方法で算出してもよい。

$$BOD = (D_1 - D_2) \times n_1 - (B_1 - B_2) \times n_2 \times \frac{V(n_1 - 1)}{100}$$

ここに，　D_1：　希釈試料を調製してから 15 分間後の溶存酸素の濃度（O mg/L）

D_2：　培養後の希釈試料の溶存酸素の濃度（O mg/L）

n_1：　希釈試料の希釈倍数 $\left[\frac{\text{希釈試料}}{\text{試料}}\right]$

n_2：　植種液の BOD 測定時の希釈倍数

$\left[\frac{\text{植種液の}BOD\text{測定における希釈した植種液（mL）}}{\text{植種液の}BOD\text{測定における植種液（mL）}}\right]$

B_1：　植種液の BOD 測定における培養前の希釈した植種液の溶存酸素の濃度（O mg/L）

B_2：　植種液の BOD 測定における培養後の希釈した植種液の溶存酸素の濃度（O mg/L）

V：　植種希釈水中に含まれる植種液の体積百分率（%）

通常 $V > \frac{0.6 \times 100}{(B_1 - B_2) \times n_2}$ になるようにする。

([20]) 5 日間の溶存酸素の消費量（$D_1 - D_2$）が O 3.6～6.4 mg/L 以内，$\frac{D_1 - D_2}{D_1} \times 100 = 40 \sim 70$ %の範囲内の値のものをとり，BOD を算出する。この条件の中央値付近になるのが最も望ましい。ただし，試料の BOD が O 3.6 mg/L 以下のときは，希釈しない場合でも 5 日間の溶存酸素の消費量は，溶存酸素の飽和量の 40 %以上にならない。このような場合には，その値から算出する。

備考 2.　植種液の調製方法　微生物を試料にならすための培養は，次の方法で行うとよい。

1)　ガラス水槽（約 6 L）に試料 5 L を入れ，塩酸（1＋11）又は水酸化ナトリウム溶液（40 g/L）を用いて pH 約 7 としておく。微生物が豊富に存在する下水，河川水などを植種液とし，その 100～300 mL 及び緩衝液（A 液）10～50 mL を加える。よくかき混ぜた後，その一部をとり，COD_{Mn} 又は有機体炭素の量を測定しておく。

2)　次に，24～48 時間連続ばっ気した後，再びその一部をとり，COD_{Mn} 又は有機体炭素の量を測定する。前後の測定値に顕著な変化がある場合には，試料中に生物化学反応が進行しているものと判定し，更にばっ気を続けて試料に適応する生物を繁殖させる。

3)　もし，顕著な変化が生じない場合には，別に試料をとり，希釈水で適切に希釈した後，前記と同様に植種を行い，24～48 時間連続ばっ気し，COD_{Mn} 又は有機体炭素の量の変化，懸濁物の量の変化などを試験する。その結果，これらに顕著な変化がある場合には，生物化学反応が活発になっていることの現れである。試料中の有機物の組成によっては，このような操作を 1 週間以上試みる必要がある。

4) また，試料を希釈水で 10 倍以上に希釈して上記の操作を行った場合，COD_{Mn} 又は有機体炭素の量に顕著な変化を生じたら，徐々に試料の比率を増加してみることも必要である。このように試料に適応する微生物を培養し，植種液として用いる。

備考 3. **試料操作の確認の方法** 植種液，植種希釈水などの使用の適否，又は試験操作を確認するために，次の方法を推奨する。

グルコース-グルタミン酸混合標準液［**JIS K 8824** に規定する D（＋）-グルコース 150 mg 及び **JIS K 9047** に規定する L-グルタミン酸 150 mg をとり，水に溶かして全量フラスコ 1 000 mL に移し入れ，水を標線まで加える。］5～10 mL を容量の正確に分かった培養瓶 300 mL（培養瓶が 100 mL の場合には，前記の 1/3 量を用いる。）にとり，植種希釈水を満たして密栓し，BOD を測定する。この標準液の BOD は，O 220±10 mg/L である。もし，この値からの偏差が著しい場合には，希釈水の水質，植種液の活性度などに疑問がある。

4. 試料中に銅，クロム，水銀，銀，ひ素などの重金属元素が溶存していると正しい測定値が得られないことがある。このような場合には，これらの重金属元素によくならした植種液を**備考 2.**によって培養しておく。

この規格でいう生物化学的酸素消費量（BOD）は，水中の好気性微生物によって消費される酸素の量を示し，試料を希釈水で希釈し，20℃で 5 日間培養したとき消費された溶存酸素の量から求める。

BOD に関係する物質は，次の三つに大別することができる。

（**1**） 炭素系有機物で，好気性微生物によって分解されるもの。

（**2**） 窒素化合物で，特殊な微生物（ニトロソモナス，ニトロバクターなどの硝化細菌）によって分解されるもの，例えば，有機窒素化合物，アンモニウムイオン，亜硝酸イオンなど。

（**3**） 水中の溶存酸素を化学的に消費する被酸化性物質，例えば，亜硫酸イオン，硫化物，鉄(Ⅱ）など。

一般に，水中には好気性の微生物及び細菌が存在しており，BOD の試験はその活動によって行われる。また，これらが存在しない水の場合は，これらを植種して試験が行われるので，通常の水についての BOD 値は主として炭素系の有機物に関係した値となる。

しかし，生物化学的処理を行った水などでは硝化細菌が繁殖していることがあり，この場合は，窒素系の有機物の分解（硝化）のための酸素量も関係してくる。水質試験の目的によってはこれらを区別して測定することも行われているが，規格では両者を含む場合もそのままBOD値として表すようになっている。しかし，硝化による酸素の消費は水中の窒素化合物の量に対応せず，硝化細菌の量によって変化することもあり，特別の目的で区別する必要がある場合を想定し，**規格**の**21. 備考1.**に，その方法を記載してある。

また，化学的反応によって酸素を消費する亜硫酸イオンなどは15分間の酸素消費量（Immediate Dissolved Oxygen Demand, IDOD）として区別して測定する方法がとられ，**規格**の**21. 注**(18)で詳細に述べてある。

BODの測定の基本的な操作は次のように行う。試料を希釈水又は植種希釈水で適切な倍数に希釈し，その一部で溶存酸素を定量し，残りは培養瓶に入れて密栓する。これを20℃で5日間培養した後，溶存酸素を定量する。培養の前後の溶存酸素の量の差と希釈倍数とからBOD値を算出する。

この試験においては，好気性の微生物及び細菌が正常に増殖，活動することが大切で，このためには，5日間の培養によって消費される溶存酸素の量が，培養前の量の40～70％になるようにする。試験の操作としては，希釈倍数の異なった数種の希釈試料を調製して培養し，溶存酸素の消費量が適切な範囲内に入ったものだけの結果を使ってBOD値を算出する。

そのほか，この試験は生物化学的な反応に基づいていることから，反応の進行状態及び反応条件の影響などは化学反応による試験と著しく異なっており，化学反応による場合と違った考え方並びに取扱い方が必要である。

1.　試　薬

（1）　この試験での，試薬の調製及び操作に用いる水には，有機物を含んではならない。**規格**の**21. a) 1)** に規定された水を用いる。

（2）　希釈水の調製に当たって，ばっ気に用いる空気には，ほこりなどの有機物を含むことが多いので，**規格**の**21. 注**(2)に示すような方法で精製する。

なお，20℃ 5日間での溶存酸素の消費量がO 0.2 mg/L以下にならない場合は，通気した空気のほか，水の精製，保存についても検討してみる。この値の大きい水を用い，化学分析の場合と同じ考え方で空試験値として補正してはならない。

（3） 植種希釈水を用いる場合には，**規格**の **21. 注**(8)に示すように試料と並行して植種液の BOD を測定して植種補正を行う。化学分析の場合と同じ考え方で，試料の希釈に用いた植種希釈水の BOD を測定し，空試験値として補正してはならない。

（4） 試料によっては，通常の植種液を植種しても正常な生物化学反応が進みにくく，正しい BOD 値が得られない場合がある。これは，微生物がこの試料に順化していないために起こる現象である。このような場合には，**規格**の **21. 注**(6)のような植種液を用いるか，**規格**の **21. 備考 2.** で調製した植種液を用いる。

2.　器具及び装置

（1） 恒温器は，光を完全に遮断できる方式のものを用いる。光を遮断しないと二酸化炭素同化作用（炭酸同化作用）によって，溶存酸素を生じ負の誤差となることがある。

3.　試料の前処理

（1） 試料が中性でない場合，酸化性物質を含む場合，溶存気体が過飽和の場合は，**規格**の **21. c) 1)～3)** の試料の前処理を行った後，試験する。そのほか，前処理とは異なるが，銅，クロムなどの金属元素を含む場合は，**規格**の **21. 備考 2.** によって順化した植種液を用いる。また，硫化物などの還元性物質を含む場合は，**規格**の **21. 注**(18)によって IDOD を測定する。

4.　操　作

（1） 予想 BOD 値と試料の採取量の関係は，**規格**の **21. 注**(11)によって求めるが，表 21.1 から求めることもできる。いずれの場合もこの採取量を中心に段階的に 4～5 個の試料をとり，希釈試料を調製する。

なお，BOD 値が不明の場合には，TOC 値などを参考にして大略の BOD 値を予想するとよい。

表 21.1　予想 BOD と試料採取量の関係

BOD（O mg/L）	試料の採取量（mL）*	BOD（O mg/L）	試料の採取量（mL）*
2	800 又は溶存酸素が十分ならそのまま	80	45 ～77
5	700 ～1 000	100	35 ～60
10	350 ～620	150	24 ～40
15	235 ～410	200	17.5 ～30
20	175 ～310	500	7 ～12
30	120 ～205	800	4.5 ～ 7.5
50	70 ～125	1 000	3.5 ～ 6.2

* 最終体積を 1 L とする場合の採取量。

（**2**）　溶存酸素の測定については，本書 32. を参照。

（**3**）　植種希釈水を用いて希釈試料を調製した場合には，植種補正を行う。この場合は，本書 21. の 1.(3) でも述べたように，使用した植種希釈水を培養し，その前後の溶存酸素を測定して，この値から補正値を算出してはならない。この方法では，有機物が希薄な状態であるので，生物化学反応が正常に進行せず，試料中に加えた場合と同じ酸素消費量にはならない。

（**4**）　植種希釈水によって希釈試料を調製して試験した場合の BOD 値の算出は，**規格**の **21. d**) **4**) **4.2**) に示す式によって行うが，この式は次のようにして成り立っている。

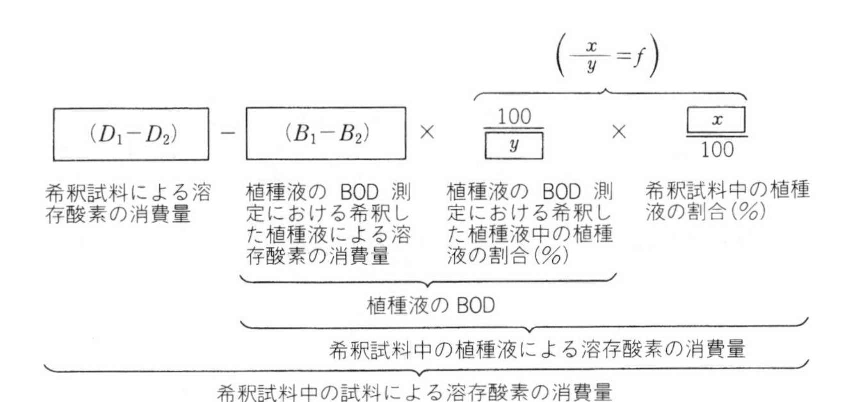

したがって，この値に試料の希釈倍数（$1/P$）を乗じれば試料のBOD値となる。

（**5**） 実際に植種希釈水によって希釈試料を調製して試験した場合の計算の例を次に示す。

植種液：生下水の上澄み液

植種液のBODの測定

この植種液を希釈水で40倍に希釈

$$\left(y = \frac{1}{40} \times 100\% = 2.5\% \right)$$

培養前の溶存酸素(B_1)：O 8.2 mg/L

培養後の溶存酸素(B_2)：O 4.2 mg/L

植種希釈水：植種液を希釈水で100倍に希釈

$$\left(\frac{\text{植種希釈水中の植種液}}{\text{植種希釈水}} = \frac{1}{100} \times 100\% = 1\% \right)$$

希釈試料：試料を植種希釈水で10倍に希釈

$$\left(P = \frac{1}{10} \right),\ \left(x = \frac{9}{10} \times \frac{1}{100} \times 100\% = 0.9\% \right)$$

培養前の溶存酸素(D_1)：O 8.6 mg/L

培養後の溶存酸素(D_2)：O 3.6 mg/L

この例の場合のBOD値の計算は次のようになる。

$$BOD\ (\mathrm{O\ mg/L}) = \frac{(8.6-3.6)-(8.2-4.2) \times \dfrac{0.9}{2.5}}{\left(\dfrac{1}{10}\right)} = 35.6$$

また，**規格の21. 注**(19)の計算式を用いる場合には，次のように算出すればよい。

$$n_1 : 10,\ \left(\frac{1\,000}{100} \right) \qquad n_2 : 40,\ \ V : 1, \left(\frac{10}{1\,000} \times 100 \right)$$

$$BOD = (D_1 - D_2) \times n_1 - (B_1 - B_2) \times n_2 \times \frac{V \times (n_1 - 1)}{100}$$

$$=(8.6-3.6)\times 10-(8.2-4.2)\times 40\times \frac{1\times(10-1)}{100}=35.6$$

参 考 文 献

1）G. E. Phillips, W. D. Hatfield（1941）：Water Works and Sewerage, **285**

2）H. Heukelekian, M. C. Rand（1955）：Sewage and Industrial Wastes., **27**, 1040

3）三沢静雄，加藤繁雄（1981）：環境技術，**10**，143

4）永山敏広，萩原耕一（1979）：水処理技術，**20**，323

5）J. C. Young（1973）：J. Water Pollut. Contr, Fed., **45**, 637

6）深瀬哲朗，宮地有正（1976）：用水と廃水，**18**，592

7）R. E. Dague（1981）：J. Water Pollut. Contr. Fed., **53**, 1738

8）萩原耕一（1977）：新版　B.O.D 試験法解説，績文堂

9）佐藤正光，萩原耕一（1988）：水処理技術，**29**，655

22. 有機体炭素（TOC）

22. 有機体炭素（TOC） 有機体炭素とは，水中に存在する有機物中の炭素をいう。これの定量には，燃焼酸化-赤外線式 TOC 分析法又は燃焼酸化-赤外線式 TOC 自動計測法を適用する。

この試験は，試料採取後，直ちに行う。直ちに行えない場合には，**3.3** によって保存し，できるだけ早く試験する。

試料中に元素状態で存在する炭素の粒子（すす），炭化物，シアン化物イオン，シアン酸イオン及びチオシアン酸イオンが存在する場合には，有機体炭素として定量される。

なお，有機体炭素（TOC）の定量は，1999 年に第 2 版として発行された **ISO 8245** との整合を図ったものである。

備考 − この試験方法の対応国際規格を，次に示す。

なお，対応の程度を表す記号は，**ISO/IEC Guide 21-1** に基づき，IDT（一致している），MOD（修正している），NEQ（同等でない）とする。

ISO 8245:1999，Water quality－Guidelines for the determination of total organic carbon（TOC）and dissolved organic carbon（DOC）（MOD）

− 全炭素（TC），無機体炭素（TIC）及び有機体炭素（TOC）の定義は，次による。

1) 全炭素（TC） 水中に存在する有機的に結合した炭素と，無機的に結合した炭素（元素状の炭素を含む。）との合量。

2) 無機体炭素（TIC） 水中に存在する無機体の炭素の合量。すなわち，元素状，全二酸化炭素，一酸化炭素，シアン化物イオン，シアン酸イオン及びチオシアン酸イオン(*)中の炭素の合量。

3) 有機体炭素（TOC） 水中に存在する有機的に結合した炭素の合量。すなわち，溶存及び懸濁状で存在する物質中の有機的に結合した炭素，シアン酸イオン，チオシアン酸イオン中の炭素の合量。

注(*) TOC 分析計で，TIC を二酸化炭素として測定する場合，そのほとんどは炭酸水素イオン及び炭酸イオンだけに起因するとしている。

22.1 燃焼酸化-赤外線式 TOC 分析法 少量の試料を二酸化炭素を除去した空気又は酸素とともに高温の全炭素測定管に送り込み，有機物中の炭素及び無機物［無機体炭素（主として炭酸塩類）］中の炭素を二酸化炭素とした後，その濃度を非分散形赤外線ガス分析計で測定して全炭素（TC）の量を求める。

別に，試料を有機物が分解されない温度に保った無機体炭素測定管に送り込み，生成した二酸化炭素を測定し，無機体炭素（TIC）の量を求める。

全炭素の量から無機体炭素の量を差し引いて有機体炭素（TOC）の量を算出する。

定量範囲 : C 0.5～25 mg/L，20～100 mg/L，繰返し精度 : 3～10 %（装置及び測定条件によって異なる。）

a) 試薬 試薬は，次による。

1) 水 **JIS K 0557** に規定する **A3** 又は **A4** の水([1]) ([2]) ([3])で，二酸化炭素を含まない水([4])を用いる。試薬の調製及び操作には，この水を用いる。**e)**によって空試験を行い，使用の適否を確認しておく。

2) TOC 標準液（C 1 mg/mL） **JIS K 8005** に規定する容量分析用標準物質のフタル酸水素カリウムを 120 ℃で約 1 時間加熱し，デシケーター中で放冷する。その 2.125 g をとり，少量の水に溶かして全量フラスコ 1 000 mL に移し入れ，水を標線まで加える。

3) TOC 標準液（C 0.1 mg/mL） TOC 標準液（C 1 mg/mL）10 mL を全量フラスコ 100 mL にとり，水を標線まで加える。

4) 無機体炭素標準液（C 1 mg/mL） **JIS K 8622** に規定する炭酸水素ナトリウムをデシケーター中で約 3 時間放置し，その 3.497 g をとる。別に，**JIS K 8005** に規定する容量分析用標準物質の炭酸ナトリウムを，あらかじめ 600 ℃で約 1 時間加熱し，デシケーター中で放冷し，その 4.412 g をとる。両者を少量の水に溶かして全量フラスコ 1 000 mL に移し入れ，水を標線まで加える。

5) 無機体炭素標準液（C 0.1 mg/mL） 無機体炭素標準液（C 1 mg/mL）10 mL を全量フラスコ 100 mL にとり，水を標線まで加える。

6) 全炭素測定管 全炭素定量用触媒を充塡したもの。

7) 無機体炭素測定管 無機体炭素定量用触媒を充塡したもの。

8) キャリヤーガス 二酸化炭素を除去した空気又は **JIS K 1101** に規定する酸素。

注(1) TOC の濃度をできるだけ低くした水を用いる。精製した水は，容器に入れて保存すると徐々に汚染されて TOC の濃度が高くなることがあるので，精製後は早く使用することが望ましい。

(2) TOC の濃度をできるだけ低くするには，**A2** 又は **A3** の水を蒸留フラスコにとり，過マンガン酸カリウム溶液（3 g/L）（**JIS K 8247** に規定する過マンガン酸カリウムを用いて調製する。）を着色するまで滴加し，水 1 000 mL につき硫酸（1＋1）［**5.4 a) 2)**による。］2〜3 mL を加えて蒸留する（蒸留が終わるまで過マンガン酸カリウムによる着色が残るようにする。）。初留分（蒸留フラスコ中の水量の約 1/5 に相当する。）を捨て，中間の約 1/3 に相当する留分を採取する。

注(3) イオン交換法，蒸留法，逆浸透法，紫外線照射法，活性炭吸着ろ過法，限外ろ過法，精密ろ過法などを，適宜，組み合わせて精製した水も使用できる。

(4) **2. n) 2)**によって精製する。

b) 器具及び装置 器具及び装置は，次による。

1) マイクロシリンジ 20〜150 µL 又は自動注入装置

2) TOC 分析装置

3) ホモジナイザー又はミキサー 分散した物質の均質化に十分な能力をもつもの。超音波装置，マグネチックスターラーなど。

c) 準備操作 準備操作は，次による。

1) TOC 分析装置を作動できる状態にする。

2) TOC 標準液（C 1 mg/mL）又は TOC 標準液（C 0.1 mg/mL）の一定量(5)（例えば，20 µL）をマイクロシリンジで TOC 分析装置の全炭素測定管に注入し，指示値（ピーク高さ又はピーク面積）を読み取る。

3) **2)**の操作を 5〜7 回繰り返して指示値が一定になることを確かめる。

4) 試料をよく振り混ぜて均一にした後，**2)**と同量をマイクロシリンジで全炭素測定管に注入して，指示値を読み取り，**2)**と比較して試料中の概略の全炭素の濃度（C mg/L）を求める。

注(5) 試料の炭素の濃度が低い場合には，注入量は 100〜150 µL とし，炭素の濃度が高い場合には，注入量を少なくするか，又は一定の倍数に薄める。

d) 検量線 検量線の作成は，次による。

1) **c) 4)**で求めた試料の概略の炭素の濃度がほぼ中央になるように TOC 標準液（C 1 mg/mL）又は TOC 標準液（C 0.1 mg/mL）を全量フラスコ 100 mL に段階的にとり，水を標線まで加える。

2) **1)**で調製したTOC標準液の最高濃度のものの一定量［例えば，**c) 2)**と同量］をマイクロシリンジで全炭素測定管に注入して指示値が最大目盛値の約80 %になるようにTOC分析装置の感度及び標準液の注入量を調節する。

3) **1)**で調製した各濃度のTOC標準液の一定量［**2)**で定めた量］を，順次，マイクロシリンジで全炭素測定管に注入して指示値を読み取る。

4) 空試験として，**3)**と同量の水をマイクロシリンジで全炭素測定管に注入して，指示値を読み取り，**3)**の結果を補正し，有機体炭素の量と指示値との関係線を作成して，これを全炭素の検量線とする。

5) 無機体炭素標準液（C 1 mg/mL）又は無機体炭素標準液（C 0.1 mg/mL）を用いて，**1)**で段階的に調製したTOC標準液と同量の炭素を含むように無機体炭素標準液を段階的に調製する。

6) **5)**で調製した各濃度の無機体炭素標準液の一定量［**2)**で定めた量］を，順次，マイクロシリンジで無機体炭素測定管に注入し，指示値を読み取る。

7) 空試験として**6)**と同量の水をマイクロシリンジで無機体炭素測定管に注入して，指示値を読み取り，**6)**の結果を補正し，無機体炭素の量と指示値との関係線を作成して，これを無機体炭素の検量線とする。

e) **操作**　操作は，次による。

1) 試料に懸濁物が含まれている場合には，ホモジナイザー又はミキサーでよくかき混ぜてこれらを均一に分散させる。

2) 試料の一定量([5])［例えば，**d) 2)**と同量］をマイクロシリンジで全炭素測定管に注入し，指示値を読み取る。

3) 試料の一定量［例えば，**d) 6)**と同量］をマイクロシリンジで無機体炭素測定管に注入し，指示値を読み取る。

4) 試料を薄めた場合には，**2)**及び**3)**の空試験としてそれぞれ同量の水をマイクロシリンジでとり，**2)**及び**3)**の操作を行って試料について得た結果を補正する。

5) あらかじめ作成した全炭素及び無機体炭素の検量線から注入した試料中の全炭素及び無機体炭素の量を求め，それぞれの濃度（C mg/L）を算出する。

6) 次の式によって試料の全有機体炭素（*TOC*）の濃度（C mg/L）を算出する。

$$TOC=(C_t-C_i)\times d$$

ここに，　TOC：　有機体炭素の濃度（C mg/L）
C_t：　注入試料中の全炭素の濃度（C mg/L）
C_i：　無機体炭素の濃度（C mg/L）
d：　注入試料の希釈倍数

備考 1. この方法では，有機体炭素が少なく無機体炭素の多い試料では，誤差が大きくなる。この測定方法のほか，あらかじめ試料に塩酸を加えてpH 2以下にし，**JIS K 1107**に規定する窒素2級を通気して無機体炭素を除去した後，その少量を高温の全炭素測定管に送り込み，炭素の定量を行ってこれを有機体炭素の量とする方法がある。その方法は，有機体炭素に比べて無機体炭素が多い試料の場合に優れている。ただし，揮発性の有機物を含む場合には誤差が大きい。

2. TOC分析装置で有機体炭素を二酸化炭素とする方式には，燃焼酸化法のほかに，高温湿式酸化法，紫外線酸化法，光触媒酸化法など湿式の酸化法がある。

生成した二酸化炭素の定量には，赤外線分析法のほかに熱伝導度測定法又はガス透過膜式電気伝導率測定法が用いられる。

3.　検出率の確認の方法　次のいずれかの試薬を調製し，測定範囲の 80 %近くなるように希釈して測定し，TOC の検出率を確認する方法を推奨する。

1)　フタロシアニン四スルホン酸銅（II）四ナトリウム塩 0.256 g をとり，水 700 mL に溶かして全量フラスコ 1 000 mL に移し入れ，水を標線まで加える。この標準液の TOC は，100 mg/L である。

2)　**JIS K 8532** に規定する L(＋)-酒石酸を **JIS K 8228** に規定する過塩素酸マグネシウム（乾燥用）を入れたデシケーター中で 18 時間以上放置し，その 0.312 5 g をとり，水に溶かして全量フラスコ 1 000 mL に移し入れ，水を標線まで加える。この標準液の TOC は，100 mg/L である。

3)　**JIS K 8789** に規定する 1,10-フェナントロリン一水和物 0.137 6 g をとり，水に溶かして全量フラスコ 1 000 mL に移し入れ，水を標線まで加える。この標準液の TOC は，100 mg/L である。

4)　**JIS K 9047** に規定する L-グルタミン酸を約 80 ℃で約 3 時間乾燥し，デシケーター中で放冷し，その 0.245 g をとり，水に溶かして全量フラスコ 1 000 mL に移し入れ，水を標線まで加える。この標準液の TOC は，100 mg/L である。

5)　全量フラスコ 50 mL に水約 30 mL を入れ，密栓してその質量を測定する。これに **JIS K 8839** に規定する 2-プロパノールの約 10.6 mL を速やかに加えて密栓し，その質量を測定する。次いで水を標線まで加える。この溶液の濃度は，前後の質量の差から求める［2-プロパノール 1 g は，炭素（C）0.599 g に相当する。］。

この溶液 1 mL を全量フラスコ 1 000 mL に移し入れ，水を標線まで加える。

22.2　燃焼酸化-赤外線式 TOC 自動計測法　計測器に供給した試料に酸を加えて pH を 2 以下にし，通気して無機体炭素を除去した後，その一定量をキャリヤーガスとともに高温の全炭素測定管に送り込み，有機物中の炭素を二酸化炭素とし，その濃度を非分散形赤外線ガス分析計で測定して有機体炭素（TOC）の濃度を求める。

定量範囲：C 0.05～150 mg/L，繰返し精度：3～10 %（装置及び測定条件によって異なる。）

a)　試薬　試薬は，次による。

1)　水　**22.1 a) 1)**による。

2)　TOC 標準液（C 1 mg/mL）　**22.1 a) 2)**による。

3)　TOC 標準液（C 0.1 mg/mL）　**22.1 a) 3)**による。

4)　ゼロ校正液　**1)**の水を用いる。

5)　スパン校正液　TOC 標準液（C 0.1 mg/mL）［又は TOC 標準液（C 1 mg/mL）］の適量を全量フラスコにとり，水を標線まで加える。同じ操作で計測器の測定範囲の約 80 %に相当する TOC の濃度になるように調製する。使用時に調製する。

6)　酸溶液　**JIS K 9005** に規定するりん酸，**JIS K 8180** に規定する塩酸又は **JIS K 8951** に規定する硫酸で TOC の濃度のできるだけ少ないものを用い，所定の濃度に調製する。

7)　キャリヤーガス　**22.1 a) 8)**による。

b)　装置　装置は，次による。

1)　TOC 自動計測器　**JIS K 0805** に規定する測定範囲が C 1 000 μg/L 以下又は C 1 mg/L 以上の燃焼酸化-赤外線式 TOC 自動計測器

c)　準備操作　準備操作は，次による。

1) 酸溶液及びキャリヤーガスを，計測器に供給する。

2) 計測器の暖機運転を行い，各部の機能及び指示記録部を安定させる。

3) ゼロ校正液及びスパン校正液を用いて計測器を校正する。

d) **操作** 操作は，次による。

1) 試料を，計測器に供給して指示値が安定したことを確認する。

2) 指示値から試料中の有機体炭素（TOC）の濃度（C mg/L）を求める。

備考 4. TOC 自動計測器で有機体炭素を二酸化炭素とする方式には，燃焼酸化方式のほかに酸化剤を添加して高圧高温下で湿式酸化分解する方式がある。この方式には，試料の pH を 2 以下の酸性とし，ばっ気して無機体炭素を除去した後測定する方式と，試料を酸性にし酸化剤を加えて全炭素を定量し，別に，試料を酸性にし有機物が分解されない温度（約 130 ℃）で無機体炭素を定量して，全炭素の量から無機体炭素の量を差し引いて有機体炭素の量を求める方式とがある。

5. **備考 3.**による。

22.1 燃焼酸化-赤外線式 TOC 分析法

まず試料を高温（650～950℃）の燃焼管（全炭素測定管）中に注入して，有機物を燃焼させ，炭酸塩も分解させて二酸化炭素とし，赤外線ガス分析計で測定して試料中の全炭素（TC）を求める。次に試料を約 150℃の加熱管（無機体炭素測定管）中に注入し，試料中の炭酸塩を分解させて二酸化炭素とし，これを測定して無機体炭素（IC）を求める。全炭素量から無機体炭素量を差し引き有機体炭素（TOC）を求める。この方式を 2 チャンネル方式ともいっている。

この方式のほか試料を酸性としてばっ気し，無機体炭素を除去した後，高温の燃焼管に注入して有機体炭素を定量する方式も用いられ，1 チャンネル方式ともいう。また，有機物の酸化方法としては，**規格**の **22. 備考 2.** に述べられるような湿式酸化法もあり，生成した二酸化炭素の定量方法には，熱伝導度測定法又はガス透過膜式電気伝導率測定法もある。

1. 試　薬

（1） TOC 標準液の調製には，酢酸，フタル酸水素カリウム及びしゅう酸ナトリウムなどが用いられているが，規格では，一般的なフタル酸水素カリウムを規定している。有機体炭素 1 g に対するフタル酸水素カリウム量は 2.125 g になる。

規格の **22. 備考 3.** に示すように，性質の異なる物質を選択して標準液を調製し，検出率を確認するとよい。

2.　器具及び装置

（1）　TOC 分析装置には各種の方式があるので，使用の目的，試料の特徴に応じて選定する。

3.　操　作

（1）　TOC の定量範囲は，TOC 分析装置の感度と試料の注入量によって異なるので，あらかじめ準備操作を行って試料中の全炭素濃度に合わせた感度と注入量を設定する。

（2）　試料の注入量は，通常は 20 μL であるが，全炭素が微量の場合には注入量を増加する。しかし，注入量の過度の増加は，指示値の安定に時間を要し，燃焼管内の温度低下及び燃焼時の圧力増加で燃焼管を損傷することがある。

（3）　検量線は，多少変動するので測定時に作成する。また，全炭素の検量線と無機体炭素の検量線は一致しないので個別に作成する。試料中の全炭素の濃度と無機体炭素の濃度が大きく異なる場合には，TOC 分析装置の感度と試料の注入量をそれぞれの測定別に設定して，検量線を作成する。検量線は計器

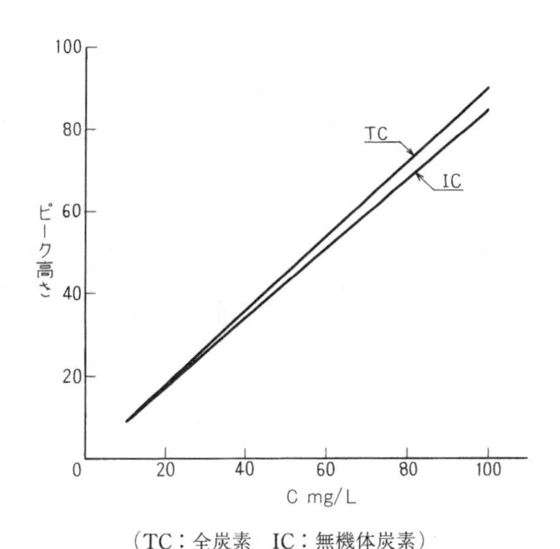

（TC：全炭素　IC：無機体炭素）

図 22.1　TOC（2 チャンネル方式）の検量線

の最大目盛値の10～90％の範囲がよい。図22.1に検量線の一例を示す。

(4) 試料の測定は，検量線作成時の設定条件に合わせて行う。

(5) 全炭素と無機体炭素の燃焼温度，キャリヤーガスの流量条件などが異なると，酸化分解率が変動してピーク高さが不安定になる。また，マイクロシリンジによる注入は，個人差を生じやすいので注意する。

(6) 共存塩類の影響は少ないが，塩類濃度が高いと，全炭素測定管内の触媒が劣化しやすくなる。シアン化合物の炭素は有機体炭素として測定される。

(7) 全炭素と無機体炭素の差から求める方式では，その差が小さい試料では誤差が大きくなる。また，酸性ばっ気で無機体炭素を除去後，定量する方式では，ばっ気によって揮発性有機体炭素も幾分揮散するので，測定値が低くなることがある（表22.1）。

表22.1　酸性ばっ気処理後の有機体炭素の回収率 [2)]

物質名	添加濃度 (C mg/L)	回収濃度 (C mg/L)	回収率 (%)
ホルムアルデヒド	99	96.7（±0.7）	97.7
アセトアルデヒド	99	80.9（±0.9）	81.7
メタノール	97	93.6（±0.4）	96.5
エタノール	98	95.7（±0.3）	97.7
アセトン	97	82.5（±0.5）	85.1
ベンゼン	99	0.0（±0.5）	0.0
トルエン	98	2.4（±0.3）	2.5
シクロヘキサン	45	1.8（±0.8）	4.0
フェノール	100	99.7（±0.2）	99.7
酢酸	100	99.9（±0.3）	99.9
ぎ酸	96	96.3（±0.7）	100.3
安息香酸	100	100.2（±0.7）	100.2
酪酸	102	101.4（±0.6）	99.4

ばっ気条件：試料50 mL，HCl添加pH 2に調節，N_2 400 mL/minで5 min，25℃，回収濃度は4回の測定値の平均値。

22.2 燃焼酸化-赤外線式TOC自動計測法

主な方式は，試料を酸性にしてばっ気した後，高温の燃焼管に送って有機体炭素を二酸化炭素として定量するもので，自動化によって連続測定ができる。また，2チャンネル方式を自動化したものもある。

試薬，操作などの留意点については。本書 22.1 を参照。

参 考 文 献

1) C. E. Van Hall, V. A. Stenger（1967）：Anal. Chem., **39**, 503

2) C. E. Van Hall, Dennis Barth, V. A. Stenger（1965）：Anal. Chem., **37,** 769

3) 米倉茂男（1978）：環境と測定技術，**5**（5），23

4) 吉見洋ほか（1975）：下水道協会誌，**12**，No. 130，22

23.　全酸素消費量（TOD）

全酸素消費量は，有機物の構成元素である炭素，水素，窒素，硫黄，りんなどが燃焼するときに消費される酸素量を測定する方法で，排水中の有機物の濃度を推定するのに用いられている。

全酸素消費量の定量には，主に燃焼-酸素検出法が用いられている。この方法では，約900℃の燃焼管中に一定濃度の酸素を含む窒素を送り込み，この燃焼管中に試料を注入して有機物を燃焼させ，そのとき消費された酸素量を求めて全酸素消費量とする。

1.　試　薬

（**1**）　TOD標準液の調製には，フタル酸水素カリウムが用いられる。酸素1gに対するフタル酸水素カリウムの量は0.851 gになる。調製に用いる水には，有機物又は溶存酸素を含んではならない。

$$2\,C_6H_4(COOK)COOH + 15\,O_2 \longrightarrow K_2O + 16\,CO_2 + 5\,H_2O$$

2.　器具及び装置

（**1**）　TOD分析装置には，燃焼-酸素検出計方式のほか燃焼-水素検出計方式などの装置もある。また，酸素検出計には白金-鉛燃料電池方式，固形電解質方式などもある。

（**2**）　TOD分析装置には，試料をマイクロシリンジで注入するもの，連続的に一定量を注入するものなどがある。

3.　操　作

（**1**）　TODの定量範囲は，装置の感度と試料の注入量によって異なるので，あらかじめ準備操作を行って試料の全酸素消費量に合わせて感度と注入量を設定する。

（**2**）　試料の注入量は通常は20 µLであるが，試料の注入量を過度に増加させると，燃焼管内の温度低下又は燃焼時の圧力の急上昇で燃焼管を損傷することがあるので注意する。

（3）　検量線は，多少変動するので測定時に作成する。検量線は計器の最大目盛値の10～90%の範囲がよい。図23.1に検量線の一例を示す。

（4）　試料の測定は，検量線作成時の設定条件に合わせて行う。マイクロシリンジでの注入は個人差を生じやすいので注意する。

（5）　溶存酸素の影響に対しては，溶存酸素の濃度を測定して補正する。又は試料に窒素を3分間程度通気して溶存酸素を除去する方法もある。

硝酸イオンと亜硝酸イオンは酸素を生じるので負の誤差を与える。その程度は硝酸イオンの方が大きい。

$$4\,NaNO_3 \longrightarrow 2\,Na_2O + 4\,NO + 3\,O_2$$

$$2\,NaNO_3 \longrightarrow Na_2O + N_2O + 2\,O_2$$

$$4\,NaNO_2 \longrightarrow 2\,Na_2O + 4\,NO + O_2$$

$$2\,NaNO_2 \longrightarrow Na_2O + N_2O + O_2$$

アンモニウムイオンは，高温で酸化されるため正の誤差を与えるが，酸化率は一定でなくNOとN_2Oまでの酸化と考えられている。

$$4\,NH_4Cl + 5\,O_2 \longrightarrow 4\,NO + 6\,H_2O + 4\,HCl$$

$$2\,NH_4Cl + 2\,O_2 \longrightarrow N_2O + 3\,H_2O + 2\,HCl$$

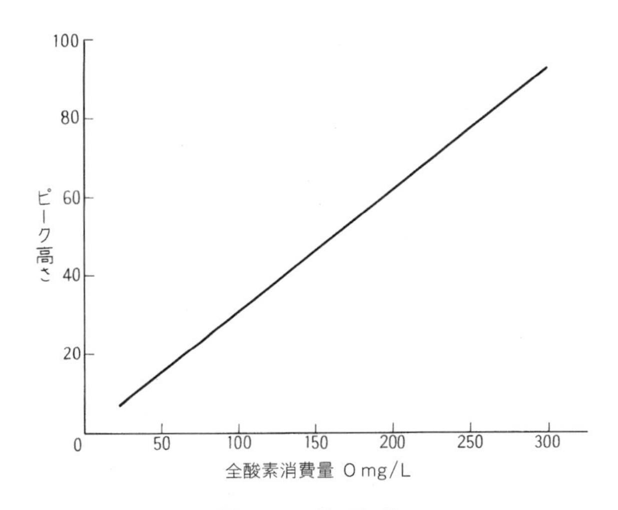

図23.1　検 量 線

参 考 文 献

1) 福永勲，小田国雄，宇野源太（1977）：水処理技術，**18**，551
2) 吉見洋ほか（1975）：下水道協会誌，**12**，No. 130，22
3) 米倉茂男（1978）：環境と測定技術，**5**（5），23

24.　ヘキサン抽出物質

24. ヘキサン抽出物質　ヘキサン（*n*-ヘキサン）抽出物質とは試料を微酸性とし，ヘキサン抽出を行った後，約 80 ℃でヘキサンを揮散させたときに残留する物質をいう。

この試験は，主として揮散しにくい鉱物油及び動植物油脂類の定量を目的とするが，これらのほかヘキサンに抽出された揮散しにくいものは，定量値に含まれる。

この試験は，抽出法，抽出容器による抽出法又は捕集濃縮・抽出法を適用する。

24.1　試料採取　試料の採取は，次による。

a)　試薬　試薬は，次による。

1)　塩酸（1＋1）　JIS K 8180 に規定する塩酸を用いて調製する。

2)　メチルオレンジ溶液（1 g/L）JIS K 8893 に規定するメチルオレンジ 0.1 g を熱水 100 mL に溶かす。

b)　器具　器具は，次による。

1)　試料容器　表層の水及び落下する水の場合は，共栓広口ガラス瓶 1～2 L。下層の水の場合には，採水器に装着できる共栓ガラス瓶 1～2 L。いずれも使用前にヘキサンでよく洗っておく。

2)　採水器　ハイロート採水器又はこれに類する適切な採水器

c)　採取方法　採取方法は，次による。

1)　落下している水の採取　水路，せき，溝，管などから落下している場合には，試料を直接試料容器([1])に受け，適切な空間が残る程度に採取をとどめる。

2)　通水状態の配管装置などからの採取　配管，装置などが通水状態の場合には，試料採取弁を開き，試料採取配管内に滞留している水の約 5 倍量を約 1 L/min の割合で流出させてから試料容器([1])に受け，適切な空間が残る程度に採取をとどめる([2]) ([3]) ([4])。

3)　深い水路及び水槽からの採取　深い水路及び水槽の水を採取する場合には，全層試料を採取できる採水器を使用し，全層の試料を採取する。ハイロート採水器では，採水器の枠に試料容器を取り付けて，底部近くに降ろし，採水しながら一定速度で採水器を引き上げ，水面に達したとき適切な空間が残るように採取する([5])。

4)　貯水池，湖沼，河川などからの採取　試料容器を取り付けた採水器を用い，任意の深さの試料を採取するか，又は試験目的によって **3)**に準じて採取する。

注([1])　この場合は，試料容器を試料で洗わない。

([2])　高温高圧又は負圧状態にある配管装置などから試料採取する場合には，次による。

高温水の場合は，冷却器を試料採取管に設けて室温以下に冷却する。高圧水（圧力が 1.96 MPa 以上）の場合には，減圧器を設けて減圧した後に採取し，高温であれば冷却器を通して室温以下に冷却する。負圧水の場合には，昇圧器で大気圧にしてから採取する（負圧水で高温の場合は，昇圧器の前に冷却器を設けて室温にしてから大気圧にする。）［**JIS K 0094** の **4.3**（採取弁を用いる採取）を参照］。

([3])　装置などが停止状態にあるときは，油状物質が配管及び装置中で水と分離していることが多いため，通水速度及び通水時間によって油状物質の濃度に変動が生じる。試料採取弁及び配管中に油状物質が付着しているおそれがある場合には，試料採取弁を全開して約 10 分間通水してから，約 1 L/min の割合で，更に約 10 分間通水する。この操作を繰り返して洗浄する。

(4) 試料採取直前に流量を変更してはならない。

(5) **JIS K 2251** に規定する全層試料に準じて採取する。

d) 試料の取扱い 試料の取扱いは，次による。

1) **c)**によって採取した試料は，他の容器に移し替えたり一部を採取してはならない。試験には全量を用いる。

2) 試料の量は，試料を入れた容器の質量から試料容器の質量を差し引いて求めるか，又は試料を採取したときに試料容器の水面の位置に印を付けておき，試験終了時に印のところまで水を入れてその水の体積を試料の量とする。

3) 試料を保存したり運搬する必要がある場合には，指示薬としてメチルオレンジ溶液（1 g/L）5～7 滴を加え，溶液の色が赤くなるまで塩酸（1＋1）を加えて密栓する(6)。

注(6) 油状物質が浮上している場合には，油状物質が運搬中の振動でにじみやすいので，取扱いに注意する。

24.2 抽出法 試料を pH4 以下の塩酸酸性にして，ヘキサンで抽出を行い，80 ℃でヘキサンを揮散させて残留する物質の質量をはかってヘキサン抽出物質を定量する。

定量範囲：5～500 mg，繰返し精度：10～20 %

a) 試薬 試薬は，次による。

1) **水** **JIS K 0557** に規定する **A3** の水

2) **塩酸（1＋1）** **JIS K 8180** に規定する塩酸を用いて調製する。

3) **硫酸ナトリウム** **JIS K 8987** に規定するもの。

4) **メチルオレンジ溶液（1 g/L）** **24.1 a) 2)**による。

5) **ヘキサン** **JIS K 8848** に規定するもの。

b) 器具及び装置 器具及び装置は，次による。

1) **分液漏斗** 200 mL 及び 1 000～3 000 mL で脚部の短いもの。使用前にヘキサンで洗う。コックにワセリンなどの滑剤を塗布しない。

2) **乾燥器** 80±5 ℃に温度調節できるもの。

3) **加熱板又はマントルヒーター** 80±5 ℃に温度調節できるもの。又は温度調節ができる水浴を用いてもよい。

4) **蒸留装置** 共通すり合わせで，蒸留フラスコ（容量 50～100 mL），トの字形連結管及びリービッヒ冷却器（長さ 300 mm）とを接続できるものを用いる。いずれも使用前にヘキサンでよく洗っておく。

5) **蒸発容器** アルミニウムはく皿，白金皿又はビーカー。容量 50～100 mL で，できるだけ質量の小さいもの。いずれも使用前にヘキサンでよく洗い，80±5 ℃で約 30 分間加熱し，デシケーター中で放冷した後，質量を 0.1 mg の桁まで求めておく。

c) 操作 操作は，次による。

1) **24.1** で採取した試料(7)を分液漏斗 1 000～3 000 mL (8)に移し，指示薬としてメチルオレンジ溶液（1 g/L）2，3 滴を加え，溶液の色が赤に変わるまで塩酸（1＋1）を滴加する。

2) 試料容器をヘキサン約 20 mL ずつで 2 回洗い，洗液を分液漏斗 1 000～3 000 mL に加える。約 2 分間激しく振り混ぜ，放置する(9)。

3) 水層は，試料容器に戻し，更に分液漏斗 1 000～3 000 mL を静かに揺り動かして，残った水層をできるだけ分離して(10)試料容器に戻す。ヘキサン層は分液漏斗 200 mL に移す。

4) 試料容器の水層を **1)**で使用した分液漏斗 1 000～3 000 mL に入れ，再び **2)**及び **3)**の操作を行ってヘキサン層と水層とを分離し，ヘキサン層を分液漏斗 200 mL に合わせる。

5) 分液漏斗 1 000～3 000 mL を少量のヘキサンで洗い，洗液を分液漏斗 200 mL に合わせる。

6) 分液漏斗 200 mL を静かに揺り動かして静置し，ヘキサンを損失しないように注意しながら混入した水分を十分に分離除去する(10)。

7) ヘキサン層に水約 20 mL を加えて約 1 分間振り混ぜて放置し，水層を捨てる。この洗浄操作を洗液がメチルオレンジに対して黄色になるまで数回繰り返す。できるだけ水層を除去する。

8) ヘキサン層に硫酸ナトリウム 3～5 g を加えて振り混ぜ，水分を除く(11)。

9) 分液漏斗 200 mL の脚部を乾いたろ紙(12)で拭き取り，脱脂綿又はろ紙(12)を用いてヘキサン層をろ過し，蒸留装置の蒸留フラスコに移し入れる(13)。

10) 分液漏斗 200 mL を少量のヘキサンで洗い，この洗液も **9)**と同じ操作でろ過し，蒸留装置の蒸留フラスコに移し入れる。使用した脱脂綿又はろ紙は，ヘキサン約 5 mL ずつで 2 回洗い，この洗液も蒸留フラスコに移し入れる。

11) 蒸留フラスコをマントルヒーターに入れ，トの字形連結管及びリービッヒ冷却器を接続して，マントルヒーターの温度を約 80 ℃に調節し，ヘキサンを毎秒約 1 滴の留出速度で蒸留し，留出するヘキサンを受器に受ける(14)。蒸留は，蒸留フラスコ内の液量が約 2 mL になるまで続ける。

12) 蒸留フラスコの残留液を質量既知の蒸発容器に移し入れる。蒸留フラスコを少量のヘキサンで 3 回洗い，この洗液も蒸発容器に加える。蒸発容器を約 80 ℃に保った加熱板の上又はマントルヒーターの中に置いてヘキサンを揮散させる(15)。

13) 蒸発容器の外側を湿った清浄な布などで拭い，次に，乾いた清浄な布などで拭って，80±5 ℃に調節した乾燥器中に移し，約 30 分間加熱する。蒸発容器をデシケーター中で約 30 分間放冷した後，その質量を 0.1 mg の桁まではかり，蒸発容器の質量を差し引き，ヘキサン抽出物質の質量（mg）を求める。

14) 空試験として，この試験に使用した全ヘキサンと同量のヘキサンを蒸留フラスコにとり(13)，**11)**～**13)**の操作を行って残留物質の質量（mg）を求める。

15) 次の式によって試料中のヘキサン抽出物質の濃度（mg/L）を算出する。

$$P=(a-b)\times\frac{1\,000}{V}$$

ここに，　P：　ヘキサン抽出物質の濃度（mg/L）
　　　　　a：　試験におけるヘキサン抽出物質の質量（mg）
　　　　　b：　空試験における残留物質の質量（mg）
　　　　　V：　試料量（mL）

注(7)　試料は通常約 1 L でよいが，ヘキサン抽出物質が 5～500 mg になるように試料を採取し，全量を用いる。

(8)　試料の量に応じて適切な大きさの分液漏斗を選ぶ。

(9)　試料の性質によっては，エマルションが生成したり，ヘキサン層が濁ったりすることがある。このような試料では，分液漏斗中の水層をできるだけ元の試料容器に戻し，**JIS K 8150** に規定する塩化ナトリウム又は **JIS K 8960** に規定する硫酸アンモニウム約 10 g（ヘキサンに溶ける物質を含まないもの）を加え，分液漏斗の口に約 300 mm の共通すり合わせリービッヒ冷却器又はジムロート冷却器を取り付け，約 80 ℃に保った恒温水浴中に分液漏斗を浸し，約 10 分間ヘキサンを還流させるとエマルションがなくなることがある。この加熱還流のほか，分液漏斗中のヘキサン層及びエマルション層に **JIS K 8150** に規定する塩化ナトリウム又は **JIS K 8960** に規定する硫酸アンモニウム約 10 g を加えて振り混ぜた後，少量の水で遠心分離管に移し，8 000 min^{-1} 以上で約 5 分間遠心分離すると，エマルション層は僅かになり，ヘキサン層の分離を容易にすることができる。これを分液漏斗に戻し，**3)**以降の操作に移る。

(10) 分離する水層が約 1 mL 以下になるまで続ける。試料が多量のグリース類又は固体油脂を含む場合には，水層を分離する前にヘキサンを追加する。

(11) ヘキサン層が濁っていることがある。このような場合には，水層をできるだけ分離した後，硫酸ナトリウムを加えて脱水すると透明になることがある。**JIS K 8150** に規定する塩化ナトリウム又は **JIS K 8960** に規定する硫酸アンモニウムを使用するほうが効果的な場合もある。ただし，ヘキサンに溶ける物質を含む試薬は使用しない。

(12) ヘキサンで十分に洗って抽出物質を除いたもので，ろ過のときにはあらかじめ少量のヘキサンで潤しておく。

注(13) 蒸留フラスコに一度に入りきらないときは，2，3 回に分割してヘキサンを留出させる。

(14) 蒸留によって留出したヘキサンは，再蒸留すれば，再使用できる。

(15) 引火しないように十分に注意をする。溶媒は揮散廃棄せずにできるだけ回収する。ヘキサンを揮散後，蒸発容器中に水分が認められる場合には，アセトンを加えて蒸発を繰り返すと水分は除去できる。水分中に塩類が残留すると誤差になるので注意する。もし，塩類が残留する場合には **13)**の操作を行い，ヘキサン抽出物質の質量（mg）を求めた後，ヘキサン抽出物質を少量のヘキサンを加えて溶かし，分離除去する。この操作を繰り返し行い，ヘキサン抽出物質を除去した後，**13)**の操作を行って残留物質の質量（mg）を求めて補正する。

備考 濁りが著しい試料又はエマルションが生成しやすい試料の場合は，次のソックスレー抽出法を適用するとよい。

1) 試料に指示薬としてメチルオレンジ溶液（1 g/L）2，3 滴を加え，液の色が赤に変わるまで塩酸（1＋1）を加えて pH を 4 以下に調節する。

2) 次に，ブフナー漏斗にろ紙 5 種 A 2 枚を重ねて敷き，これにけい藻土懸濁液（10 g/L）100 mL を加えて吸引ろ過し，けい藻土を減圧状態で水約 1 L で洗う。

3) このろ過材に酸性にした試料を加えて吸引ろ過し，十分に吸引した後，ろ過材をろ紙ごと巻いて円筒ろ紙に移し，漏斗の壁，容器，かき混ぜ棒などをヘキサンで洗ったろ紙で拭き取り，同じ円筒ろ紙に入れて 80±5 ℃の乾燥器中で約 30 分間加熱する。

4) 円筒ろ紙をソックスレー抽出器に移す。試料容器は十分に乾燥した後，ヘキサン約 20 mL ずつで 2 回洗い，洗液を円筒ろ紙に注ぐ。次に，抽出操作に移り，抽出を約 20 回繰り返す。

5) 抽出液を蒸留フラスコに移し入れ，以下，**24.2 c) 11)～15)**の操作を行って試料中のヘキサン抽出物質の濃度（mg/L）を算出する。

24.3 抽出容器による抽出法 試料を抽出容器に移し，pH4 以下の塩酸酸性にしてヘキサンを加え，かき混ぜ機によってヘキサン抽出を行い，80 ℃でヘキサンを揮散させ，残留する物質の質量をはかってヘキサン抽出物質を定量する。

定量範囲：5～200 mg，繰返し精度：10～20 %

a) 試薬 試薬は，次による。

1) 水 **JIS K 0557** に規定する **A3** の水

2) 塩酸（1＋1） **JIS K 8180** に規定する塩酸を用いて調製する。

3) **硫酸ナトリウム**　**JIS K 8987** に規定するもの。

4) **メチルオレンジ溶液（1 g/L）**　**24.1 a) 2)**による。

5) **ヘキサン**　**JIS K 8848** に規定するもの。

b) **器具及び装置**　器具及び装置は，次による。

1) **試料容器**　**24.1 b) 1)**による。ただし，容量 1～5 L

2) **抽出容器**　三角フラスコ 3 000～5 000 mL。共通すり合わせのもの。

3) **分液漏斗**　200～500 mL で脚部の短いもの。使用前にヘキサンで洗う。コックにワセリンなどの滑剤を塗布しない。

4) **乾燥器**　**24.2 b) 2)**による。

5) **加熱板又はマントルヒーター**　**24.2 b) 3)**による。

6) **蒸留装置**　**24.2 b) 4)**による。

7) **蒸発容器**　**24.2 b) 5)**による。

8) **かき混ぜ機**　マグネチックスターラー又はかき混ぜ機

c) **操作**　操作は，次による。

1) **24.1** によって試料容器（1～5 L）に採取した試料(**16**)を抽出容器(**17**)に移し，指示薬としてメチルオレンジ溶液（1 g/L）2，3 滴を加え，溶液の色が赤に変わるまで塩酸（1＋1）を滴加する。

2) 試料容器をヘキサン 25～50 mL(**18**)ずつで 2 回洗い，洗液を抽出容器に入れる。

3) 内容物をかき混ぜ機で約 10 分間かき混ぜた後，かき混ぜ機を取り除き，静置してヘキサン層を分離する(**19**)。

4) 抽出容器の底部にサイホン管を挿入(**20**)し，水層の大部分を元の試料容器(**21**)に抜き出す。残ったヘキサン層と少量の水とを分液漏斗 200～500 mL に移す。

5) 試料容器の水層を再び抽出容器に移し，試料容器をヘキサン 25～50 mL ずつで 2 回洗い，洗液を抽出容器に合わせ，再び **3)**及び **4)**の操作を行ってヘキサン層と少量の水とを先の分液漏斗 200～500 mL に合わせる。

6) 分液漏斗 200～500 mL を静かに揺り動かし，ヘキサンが損失しないように注意しながら混入した水分を十分に分離除去する(**10**)。

7) 以下，**24.2 c) 7)～15)**の操作を行い，試料中のヘキサン抽出物質の濃度（mg/L）を求める。

注(**16**) 試料はヘキサン抽出物質の量が 5 mg 以上となるように採取し，その全量を用いる。

(**17**) 抽出容器は試料の量に応じて適切な大きさのものを選ぶ。試料容器はそのまま抽出容器として用いてもよいが，ガラス瓶の底が平でないため，マグネチックスターラーの回転子がうまく回転しないことがある。

(**18**) 試料の量に応じて適切にヘキサンの量を変える。

(**19**) かき混ぜると白濁し，2 層に分離した後も水層が澄明にならないことがある。この場合は，**JIS K 8150** に規定する塩化ナトリウム及び **JIS K 8987** に規定する硫酸ナトリウムを添加すると多少改善される［注(**9**)参照］。水層がほぼ澄明になり，ヘキサン層，エマルション層及び水層に分離できればよい。

(**20**) 下口ガラスコック付き抽出容器を用いると便利である。

(**21**) 試料容器を抽出容器とする場合は，別の容器を用意する。

24.4 **捕集濃縮・抽出法**　試料に捕集剤として塩化鉄（III）を加え，炭酸ナトリウムで水酸化鉄（III）の沈殿を生成させ，この沈殿にヘキサン抽出物質を捕集濃縮する。水層を捨て，塩酸を加えて沈殿を溶かし，ヘキサン抽出を行い, 80 ℃でヘキサンを揮散させて残留する物質の質量をはかってヘキサン抽出物質を定量する。

定量範囲：2～200 mg, 繰返し精度：10～30 %

a) 試薬 試薬は, 次による。

1) 水 JIS K 0557 に規定する **A3** の水

2) 塩酸（1+1） 24.3 a) 2)による。

3) 炭酸ナトリウム溶液（200 g/L） JIS K 8625 に規定する炭酸ナトリウム 20 g を水に溶かして 100 mL とする。

4) 塩化鉄（III）溶液[22] **JIS K 8142** に規定する塩化鉄（III）六水和物 30 g を塩酸（1+11）［**21. a) 2)** による。］に溶かして 100 mL とする。

5) ヘキサン JIS K 8848 に規定するもの。

注[22] 塩化マグネシウム溶液｛**JIS K 8159** に規定する塩化マグネシウム六水和物 40 g を塩酸（1+11）［**21. a) 2)**による。］に溶かして 100 mL にする。｝又は塩化亜鉛溶液［**JIS K 8111** に規定する塩化亜鉛 20 g を塩酸（1+11）に溶かして 100 mL にする。］に代えてもよい。用いる捕集剤中のヘキサン抽出物質の量が 10 mg/L 以上のものを使用してはならない。

硫酸アルミニウム, ポリ塩化水酸化アルミニウムなどを用いると, 生成したフロックが塩酸に溶けにくくなることがある。

b) 器具及び装置 器具及び装置は, 次による。

1) 試料容器 24.1 b) 1)による。ただし, 容量 5 L

2) 分液漏斗 200～500 mL で脚部の短いもの。使用前にヘキサンで洗う。コックにワセリンなどの滑剤を塗布しない。

3) 乾燥器 24.2 b) 2)による。

4) 加熱板又はマントルヒーター 24.2 b) 3)による。

5) 蒸留装置 24.2 b) 4)による。

6) 蒸発容器 24.2 b) 5)による。

7) かき混ぜ機 24.3 b) 8)による。

c) 操作 操作は, 次による。

1) 24.1 によって試料容器（5 L）に試料約 4 L[23]を採取し, 試料容器に捕集剤として塩化鉄（III）溶液 4 mL を加え, 試料容器にかき混ぜ機を入れ, 試料をかき混ぜながら, 炭酸ナトリウム溶液（200 g/L）を加えて pH7～9[24]とする。

2) 約 5 分間激しくかき混ぜた後, かき混ぜ機を取り除き, 沈殿が沈降して完全な澄明層が得られるまで静置する[25]。

3) 試料容器にサイホン管又は吸引管を挿入し, 沈殿を損失しないように上澄み液を抜き出して捨てる。

4) 残った沈殿層に塩酸（1+1）を加えて pH を約 1 として沈殿を溶かし, 分液漏斗 200～500 mL に移す。

5) 試料容器をヘキサン約 20 mL ずつで 2 回洗い, 洗液を分液漏斗 200～500 mL に加える。

6) 分液漏斗 200～500 mL を約 2 分間激しく振り混ぜ, 静置してヘキサン層と水層とを分離する[9]。

7) 水層は試料容器に戻し, 更に分液漏斗 200～500 mL を静かに振り動かして残った水層をできるだけ分離して, 試料容器に戻す。ヘキサン層は, 分液漏斗 200 mL に移す。

8) 試料容器の水層を再び分液漏斗 200～500 mL に移し, 再び **5)～7)**の操作を行い, ヘキサン層を先の分液漏斗 200 mL に合わせる。

9) 分液漏斗 200〜500 mL を少量のヘキサンで洗い，洗液を分液漏斗 200 mL に合わせる。

10) 分液漏斗 200 mL を静かに振り動かし，ヘキサンを損失しないように注意しながら混入した水分を十分に分離する([10])。

11) 次に，**24.2 c) 7)〜15)**の操作を行い，試料中のヘキサン抽出物質の濃度（mg/L）を求める。

注([23]) 試料がアルカリ性の場合には，あらかじめ中和しておく。

([24]) 捕集剤の種類によっては沈殿の生成する pH が異なる。

([25]) 沈殿物の層が全液量の 1/10 以下，通常 10〜200 mL になるように捕集剤の添加量を調節するとよい。

ヘキサン抽出物質は，ヘキサンによって抽出され，80±5℃，30 分間の乾燥で揮散しない炭化水素，動植物油脂，グリースなどの不揮発性油分を対象としているが，炭化水素誘導体，脂肪酸類，エステル類，アミン類，フェノール類，界面活性剤などもヘキサンによって抽出されるため，これらもヘキサン抽出物質に含まれる。

24.1　試 料 採 取

排水中のヘキサン抽出物質は，排水中に均一に分散している例は少ないので，一定の採取条件に従って試料を採取する。

1.　器　具

（1）　試料容器は，表層の水の採取では共栓広口ガラス瓶を，また，中層，下層などの水の採取でハイロート採水器を用いる場合は，共栓ガラス瓶を用いる。試料は，本書 24.1 の 2.(2) に示す量を採取する。通常は，抽出法では 1 L，抽出容器による抽出法では 1〜5 L，捕集濃縮・抽出法では約 4 L である。試料容器はこれに応じた容量のものを用いる。

2.　操　作

（1）　排水中の油分などは，表面に浮遊している例が多いため，表面水を採取すると必然的に油分の偏在する試料を採取することになる。それを避けるために，**規格**の **24.1 c) 1)** 及び **2)** のように，十分に混合された水を採取するか，**3)** のように，全層の水を採取する。また，深度の大きい場合は各層別の水を採取する。

（2） 試料の採取量はヘキサン抽出物質が各試験方法に示すようになる量とし，試料容器の容量の20～30%が空間として残るようにする。試料容器に試料を満水にすると採取時に浮上した油分が流出したり，栓をした後，毛管作用で油分がにじみ出るおそれがある。

（3） 採取した試料を分取したり，他の容器に移してから試験を行うと，油分の浮上，容器への付着などで濃度が変わるから1回の測定に全量を使用する。

24.2 抽 出 法

試料をpH 4以下の塩酸酸性とし，ヘキサンを加えて抽出した後，ヘキサン抽出液を約80℃に加熱してヘキサンを揮散させ80±5℃で約30分間乾燥した後，残留物の質量をはかる。この方法は分液漏斗1～3 Lで抽出を行う。試料1～3 L中にヘキサン抽出物質5～500 mgを含む場合に適用する。

1. 試 薬

水は，JIS K 0557に規定するA 3の水としている。蒸留によるもの又はこれと同等のものがよい。イオン交換水にはアミン類などが含まれていることもありヘキサンに抽出されるため使用しない。

2. 器 具

（1） 分液漏斗は，脚部の短いものが操作しやすい。

（2） 分液漏斗のコックには，滑剤は使用しない。コックのすり合わせのよいものを選択する。テフロン製コックが使いやすい。

3. 操 作

（1） ヘキサン蒸発容器はできるだけ軽いものを用いる。蒸留フラスコはヘキサンを回収する操作に用いる。大部分のヘキサンを蒸留回収した後，残りのヘキサン液を軽い蒸発容器に移し，再び揮散後，残留物の質量を測定する方法を適用する。

（2） 懸濁物の多い試料では，ヘキサン抽出層に懸濁物が入り込み，**規格**の**24.2 c) 9)** のろ過を行っても，完全に除去できない場合がある。この場合は，**規格**の**24. 備考**のソックスレー抽出法を適用するとよい。

（3）　試料中にエマルションがある場合も，塩酸酸性で抽出すれば，通常は分離されるが，試料によってはヘキサン層に安定なエマルションができるものがある。この場合は，**規格**の **24. 注**(9)のように操作するが，多量の界面活性剤が存在する試料では，この方法によっても分離が困難なものがある。懸濁物が多い場合と同様に，**規格**の **24. 備考**に示すソックスレー抽出法を適用するとよい。

（4）　試料中の塩類濃度が高い場合又はヘキサン層の濁りを分離する目的で**規格**の **24. 注**(11)によって塩化ナトリウム又は硫酸アンモニウムなどを添加した場合には，ヘキサン層の水洗を十分に行う必要がある。水洗でヘキサン層が再び濁る場合には，硫酸ナトリウム溶液（飽和）で洗浄し，できるだけ水層を残さずに分離した後，硫酸ナトリウムを多めに添加してヘキサン層の脱水を行うとよい。

24.3　抽出容器による抽出法

試料を抽出容器に移し，pH 4 以下の塩酸酸性とした後，ヘキサンを加え，かき混ぜ機で混合し，油分を抽出する。次に，抽出容器の底部からサイホン管などで水層部分を抜き出し，ヘキサン層を残った少量の水層とともに分液漏斗に移す。水層には再びヘキサンを加えて抽出操作を行い，ヘキサン層は，前のヘキサン層に合わせる。**規格**の **24.2** と同じ操作でヘキサン層を分離し，80℃でヘキサンを揮発させ，80±5℃で約 30 分間加熱した後，残留物の質量をはかる。

この方法は，試料 1～5 L 中にヘキサン抽出物質 5～200 mg を含む場合に適用するが，通常は試料の量が多い場合に用いる。

1.　器　具

（1）　抽出容器は，かき混ぜ機が使用できるガラス容器であればよい。下口瓶を使用する場合は，ゴム栓は使用しない。試料容器を用いてもよい。

2.　操　作

（1）　**規格**の **24.3 c) 3)** で，エマルションが残る場合は，**規格**の **24. 注**(19)

に従ってエマルション層をできるだけ少なくし，分液漏斗にヘキサン層とともに移し，さらに，**規格**の**24.注**(9)の操作を行う。

（**2**） ヘキサン層を分液漏斗に移した後は，**規格**の**24.2 c**)に従って操作するが，この方法ではヘキサンの使用量が多くなるため，ヘキサンの純度，ヘキサンの揮散操作には特に注意する。

24.4 捕集濃縮・抽出法

試料4Lを採取し，これに塩化鉄(Ⅲ) 又は塩化マグネシウムなどを加え，炭酸ナトリウム溶液でpHを7～9に調節し，生成した凝集物によって試料中の油分を吸着捕集させ沈殿分離する。沈降後上澄み部分の水層を捨て，液量を少なくしてから塩酸(1+1) を加えて沈殿物を溶かし，分液漏斗に移し，**規格**の**24.2 c**)と同じ操作でヘキサンを加えて油分を抽出し，ヘキサン層を分離し，約80℃でヘキサンを揮散させ，80±5℃で約30分間加熱した後，残留物の質量をはかる。この方法では抽出法よりも界面活性剤の抽出量は少なくなる。

この方法は，試料約4L中にヘキサン抽出物質2～200 mgを含む場合に適用する。

1. 操　作

（**1**） 捕集剤に，塩化鉄(Ⅲ) に代えて塩化マグネシウム又は塩化亜鉛を用いる場合は，炭酸ナトリウム溶液（200 g/L）を加えてpHを9～10に調節する。pH調節に水酸化ナトリウム溶液（200 g/L）を併用しても差し支えない。硫酸アルミニウム又はポリ塩化アルミニウムを使用する場合は，水酸化ナトリウム溶液（200 g/L）を使用し，pHを7～8に調節する。

28. フェノール類

28. フェノール類　フェノール類と *p*-クレゾール類とに区分する。

28.1 フェノール類　フェノール類の試験は，試料を **28.1.1** に示す前処理（蒸留法）後，**28.1.2** に示す 4-アミノアンチピリン吸光光度法又は **28.1.3** の 4-アミノアンチピリン発色フローインジェクション分析法（FIA 法）を適用し，フェノール標準液を用いて定量した値で表す，又は流れの中で連続的に蒸留前処理及び 4-アミノアンチピリン発色吸光光度法を行う **28.1.3** の連続流れ分析法（CFA 法）を適用する。

フェノール類は，フェノール分解菌によって分解されやすい。酸化性物質，還元性物質，アルカリなどの影響も受けやすいので，試験は試料採取後，直ちに行う。直ちに行えない場合は，**3.3** によって保存し，できるだけ早く試験する。

この試験で，対象となるフェノール類は，ベンゼン及びその類似体のヒドロキシ誘導体で，規定の方法によって 4-アミノアンチピリンと反応して着色化合物を生成するものをいう。

なお，**28.1.1** 及び **28.1.2** に示す方法は，1990 年に第 2 版として発行された **ISO 6439**，流れ分析法は，1999 年に第 1 版として発行された **ISO 14402** との整合を図ったものである。

備考　この試験方法の対応国際規格を，次に示す。

なお，対応の程度を表す記号は，**ISO/IEC Guide 21-1** に基づき，IDT（一致している），MOD（修正している），NEQ（同等でない）とする。

ISO 6439:1990，Water quality－Determination of phenol index－4-Aminoantipyrine spectrometric methods after distillation（MOD）

ISO 14402:1999，Water quality－Determination of phenol index by flow analysis (FIA and CFA)（MOD）

この試験で求める“フェノール類”は，**ISO 6439** によって定義される“フェノール指標”に相当する。

28.1.1 前処理（蒸留法）　りん酸酸性（pH 約 4）で，硫酸銅（II）の存在の下で加熱蒸留してフェノール類を留出分離する。

a) 試薬　試薬は，次による。

1) **水**　**JIS K 0557** に規定する **A3** の水。ほうけい酸ガラス瓶に保存する。

2) **りん酸（1+9）**　**JIS K 9005** に規定するりん酸を用いて調製する。

3) **硫酸銅（II）溶液**　**JIS K 8983** に規定する硫酸銅（II）五水和物 10 g を水に溶かして 100 mL とする。

4) **メチルオレンジ溶液（1 g/L）**　**24.1 a) 2)**による。

b) 装置　装置は，次による。

1) **蒸留装置**　**38.1.1.2 b) 1)**による。

c) 蒸留操作　蒸留操作は，次による。ただし，試料に色又は濁りがなく，4-アミノアンチピリン吸光光度法の妨害となる物質を含まない場合には，前処理（蒸留法）を省略できる。この場合は，**3.3** の試料の保存処理は行わず，試料採取後，直ちに試験する。

なお，試料に一定量のフェノール標準液を添加して，**備考 2.**又は**備考 3.**の蒸留操作による回収率試験を行い，回収率が 80～120 %であることを確認した場合は，**備考 2.**又は**備考 3.**によってもよい。**備考 2.**又は**備考 3.**による留出液は，**28.1.2.1**，**28.1.2.3**，及び **28.1.3** の FIA 法に適用する。

1) 試料 250 mL 又は試料中のフェノール濃度が 50 mg/L 以上の場合には，その適量をとり，水を加えて 250 mL にしたものを蒸留フラスコ 500 mL にとり，メチルオレンジ溶液（1 g/L）5～7 滴を加え，メチルオレンジが変色するまでりん酸（1＋9）を加えて pH を約 4 にした後，硫酸銅（II）溶液 2.5 mL を加える。ただし，試料中のフェノール濃度が 25 μg/L 以下の場合は，試料 500 mL を蒸留フラスコ 1 000 mL にとり，硫酸銅（II）溶液 5 mL を加え，**2)**の受器の容量，**3)**の留出液量，**4)**の水の量及び全留出液量を 2 倍とする。試料の保存にりん酸及び硫酸銅（II）五水和物の添加を行った場合は，これらの添加は省略する。

2) 沸騰石（粒径 2～3 mm）を加えた後，蒸留フラスコを蒸留装置に取り付け，受器に容量 250 mL のメスシリンダー（有栓形）を用いて蒸留する。

3) メスシリンダー中の留出液が 225 mL になったとき，一旦加熱を止める。

4) 蒸留フラスコ中の試料の沸騰がやんだ後，蒸留フラスコに水 25 mL を加え，再び蒸留を続けて更に 25 mL を留出させ，全留出液量を 250 mL とする。留出液が白濁している場合は，留出液に再びりん酸（1＋9）を加えて pH を約 4 とし，硫酸銅（II）溶液 2.5 mL を加え，蒸留操作を繰り返す。再蒸留を行っても白濁が消えない場合には，**備考 1. 4)**によって処理する。

備考 1. 試料の保存においてりん酸及び硫酸銅（II）五水和物を添加することによって，フェノール類の生物化学的分解が抑制される。4-アミノアンチピリン吸光光度法の試験では，酸化性物質，還元性物質，金属イオン，芳香族アミン類，油分，タール類などは妨害となる。大部分は蒸留操作で取り除くことができるが，酸化性物質，還元性物質，硫黄化合物，油分及びタール類が試料中に含まれる場合には，次のように処理する。

1) **酸化性物質** 残留塩素のような酸化性物質が含まれている場合，又は試料に酸性でよう化カリウムを加えるとよう素が遊離する場合は，試料採取直後に，**JIS K 9502** に規定する L(+)-アスコルビン酸の小過剰又は **JIS K 8978** に規定する硫酸鉄（II）七水和物の小過剰量を加える。試料の保存には，これにりん酸を加えて pH 約 4 とし，試料 1 L につき **JIS K 8983** に規定する硫酸銅（II）五水和物 1 g を加える。

2) **還元性物質** 還元性物質が存在する場合には，**JIS K 8801** に規定するヘキサシアノ鉄（III）酸カリウムを過剰に加える。試料の保存には，**JIS K 9005** に規定するりん酸を加えて pH 約 4 とし，試料 1 L につき **JIS K 8983** に規定する硫酸銅（II）五水和物 1 g を加える。

3) **硫黄化合物** 硫化水素及び亜硫酸イオンが含まれている場合には，試料採取直後にりん酸を加えて pH 約 4 とし，注意して試料に空気を吹き込むか，又はかき混ぜて，硫化水素及び二酸化硫黄を追い出した後，硫酸銅（II）溶液を試料 1 L につき 10 mL 加える。又は，硫酸銅（II）溶液を過剰に加えて硫化銅（I）の沈殿とした後，りん酸を加えて pH 約 4 とする。

4) **油分及びタール類** 油分及びタール類が含まれている場合には，次のいずれかの方法によるとよい。

4.1) 試料採取直後に硫酸銅（II）溶液を加えずに，水酸化ナトリウム溶液（100 g/L）［**19. a) 2)**による。］を加えて pH12～12.5 とし，分液漏斗に移して **JIS K 8322** に規定するクロロホルムを加え，油分及びタール類を抽出して，クロロホルム層を捨てる。水層は，沸騰水浴上で加熱して，残留するクロロホルムを除去する。試料の保存には，これに，りん酸を加えて pH 約 4 とし，試料 1 L につき硫酸銅（II）五水和物 1 g を加える。

4.2) 蒸留に当たって，試料 250 mL をとり，メチルオレンジ溶液（1 g/L）数滴を加え，硫酸

（0.5 mol/L）（**JIS K 8951** に規定する硫酸を用いて調製する。）で酸性とする。分液漏斗に移し，**JIS K 8150** に規定する塩化ナトリウム 75 g を加える。クロロホルムを，最初は 20 mL で，以後 12.5 mL ずつで 4 回抽出分離する。クロロホルム層を集めて別の分液漏斗に入れ，水酸化ナトリウム溶液（100 g/L）[**19. a) 2)**による。]を，最初は 2.0 mL，以後 1.5 mL ずつで 2 回逆抽出する。水層を集め，水浴上でクロロホルムがなくなるまで加熱する。冷却し，水で 250 mL として **c)**の蒸留操作を行う。

5)　**アミン類**　特定の反応条件下では，ある種のアミン類はフェノールとして測定される。この妨害は，pH0.5 未満で蒸留することによって最小限に抑えられる。

備考 2.　蒸留フラスコに 100 mL 又は 200 mL のものを用いてもよい。この場合の蒸留操作は，次による。

なお，蒸留フラスコ 200 mL を用いる場合は，試料量，硫酸銅（II）溶液の添加量，受器の容量及び留出液量はそれぞれ 2 倍とする。

1)　蒸留フラスコ 100 mL に試料 50 mL 及び水 5 mL をとり，メチルオレンジ溶液（1 g/L）1，2 滴を加え，メチルオレンジが変色するまでりん酸（1＋9）を加えて pH を約 4 にした後，硫酸銅（II）溶液 0.5 mL を加える。

2)　沸騰石（粒径 2～3 mm）を加えた後，蒸留フラスコを蒸留装置に取り付ける。受器に容量 50 mL のメスシリンダー（有栓形）などを用い，蒸留する。

3)　留出液が受器の容量（50 mL）になるまで蒸留を続ける。

3.　小型蒸留装置を用いる蒸留操作は，次による。小型蒸留装置の例を**図 28.1** に示す。

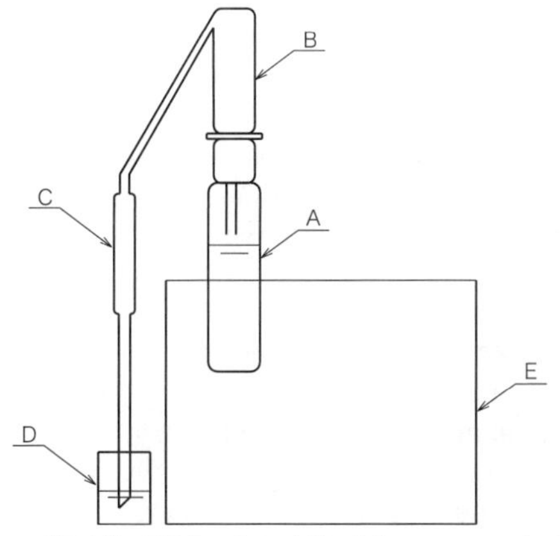

A：蒸留容器（耐熱性のガラス容器で容量 50～80 mL のもの）
B：蒸留管（気液分離が可能なもの）
C：冷却器
D：受器（容量 50 mL の有栓形メスシリンダーなど）
E：加熱器（150～210 ℃の設定が可能なもの）

図 28.1　小型蒸留装置の例

1)　試料 50 mL を蒸留容器にとり，メチルオレンジ溶液（1 g/L）1，2 滴を加え，メチルオレンジが変色するまで，りん酸（1+9）を加えて pH を約 4 にした後，硫酸銅（II）溶液 0.5 mL を加える。

2) 沸騰石（粒径 2〜3 mm）を加えた後，蒸留容器に蒸留管を取り付け，これを加熱器へセットする。受器に容量 50 mL のメスシリンダー（有栓形）などを用いて蒸留する。

3) 試料の体積の 90 %が留出したら，蒸留容器を加熱器から外し，冷却器内を水で洗い，洗液も受器に加えた後，更に水を 50 mL の標線まで加える。

28.1.2 4-アミノアンチピリン吸光光度法 試料の pH を約 10 に調節し，これに 4-アミノアンチピリン（4-アミノ-1,2-ジヒドロ-1,5-ジメチル-2-フェニル-3*H*-ピラゾール-3-オン）溶液とヘキサシアノ鉄（III）酸カリウム溶液とを加えて，生成する赤い色のアンチピリン色素の吸光度を波長 510 nm 付近で測定し，フェノール標準液による検量線によってフェノール類を定量する（直接法）。発色の程度が弱い場合は，発色後の溶液をクロロホルム又は安息香酸メチルで抽出する溶媒抽出法によって定量する（溶媒抽出法）。又は，試料中のフェノール類を同様な原理で発色後，疎水性のカラムによる固相抽出法によって定量する（固相抽出法）。

これらの方法では，フェノール（C_6H_5OH）のほか *o*-，*m*-位置に置換基があるフェノール誘導体及び多環式化合物にヒドロキシル基が置換したものも 4-アミノアンチピリンと反応してアンチピリン色素を生成して定量される。*p*-位置に置換基があるフェノール誘導体は，4-アミノアンチピリンと反応しにくいため，ほとんど発色しない。アンチピリン色素の発色の強さは，置換基の種類，位置，数などによって差がある。

定量範囲：直接法　C_6H_5OH 50〜500 µg，繰返し精度：3〜10 %
　　　　　溶媒抽出法　C_6H_5OH 2.5〜50 µg，繰返し精度：3〜10 %
　　　　　固相抽出法　C_6H_5OH 0.2〜15 µg，繰返し精度：3〜10 %

28.1.2.1 直接法 水溶液中で発色生成させた赤い色のアンチピリン色素の発色の強さを測定して定量する。

a) 試薬 試薬は，次による。

1) 水 **28.1.1 a) 1)**による。

2) 塩化アンモニウム-アンモニア緩衝液（pH10） **JIS K 8116** に規定する塩化アンモニウム 67.5 g を **JIS K 8085** に規定するアンモニア水 570 mL に溶かし，水で 1 L とする。

3) ヘキサシアノ鉄（III）酸カリウム溶液 **JIS K 8801** に規定するヘキサシアノ鉄（III）酸カリウムの大きな結晶 9 g をとり，少量の水で表面を洗った後，水に溶かして 100 mL とし，必要がある場合，ろ過する。1 週間ごとに調製するが，1 週間以内でも色が暗い赤に変わったものは使用しない。

4) 4-アミノアンチピリン溶液（20 g/L） **JIS K 8048** に規定する 4-アミノアンチピリン 2.0 g を水に溶かして 100 mL とする。使用時に調製する。

5) フェノール標準液（C_6H_5OH 1 mg/mL） **JIS K 8798** に規定するフェノール 1.00 g を水に溶かして全量フラスコ 1 000 mL に移し入れ，水を標線まで加え，0〜10 ℃の暗所に保存する。

6) フェノール標準液（C_6H_5OH 10 µg/mL） フェノール標準液（C_6H_5OH 1 mg/mL）10 mL を全量フラスコ 1 000 mL にとり，水を標線まで加える。使用時に調製する。

b) 装置 装置は，次による。

1) 光度計 分光光度計又は光電光度計

c) 操作 操作は，次による。

1) **28.1.1** の前処理（蒸留法）を行った試料，又は前処理（蒸留法）を必要としない試料の適量（C_6H_5OH として 50〜500 µg を含む。）をメスシリンダー（有栓形）100 mL にとり，水を 100 mL の標線まで加える。ただし，**備考 2.**及び**備考 3.**の操作で，留出液の全量が 50 mL の場合には，試料の適量（C_6H_5OH

として 25～250 μg を含む。）をメスシリンダー（有栓形）50 mL にとり，水を 50 mL の標線まで加える。メスシリンダー（有栓形）50 mL を用いた場合の操作では，**2)**及び **3)**の試薬の添加量を 1/2 にし，**4)**の空試験を水 50 mL で行う。

2) 次に，塩化アンモニウム-アンモニア緩衝液（pH10）3 mL を加えて振り混ぜ，pH10±0.2 に調節する。

3) 4-アミノアンチピリン溶液（20 g/L）2 mL を加えて振り混ぜ，ヘキサシアノ鉄（III）酸カリウム溶液 2 mL を加えて十分に振り混ぜた後，約 3 分間放置する。

4) 別に，空試験として水 100 mL について **2)**及び **3)**の操作を行う。

5) 空試験の溶液を対照液として波長 510 nm 付近の吸光度を測定する。

6) 検量線からフェノールに相当する量を求め，試料中のフェノール類の濃度（C_6H_5OH mg/L）を算出する。

d) 検量線　検量線の作成は，次による。

1) フェノール標準液（C_6H_5OH 10 μg/mL）5～50 mL をメスシリンダー（有栓形）100 mL に段階的にとり，水を 100 mL の標線まで加える。**c) 1)**での発色前の試料量が 50 mL の場合は，フェノール標準液（C_6H_5OH 10 μg/mL）2.5～25 mL をメスシリンダー（有栓形）50 mL に段階的にとり，水を 50 mL の標線まで加える。

2) **c)**の **2)**～**5)**の操作を行ってフェノールの量と吸光度との関係線を作成する。

28.1.2.2 溶媒抽出法　水溶液中で発色生成させたアンチピリン色素の発色が弱い場合は，これをクロロホルム又は安息香酸メチルに抽出して，有機層の吸光度を測定して定量する。ただし，**備考 2.**及び**備考 3.**による留出液には適用しない。

a) 試薬　試薬は，次による。

1) 水　**28.1.1 a) 1)**による。

2) 塩化アンモニウム-アンモニア緩衝液（pH10）　**28.1.2.1 a) 2)**による。

3) ヘキサシアノ鉄（III）酸カリウム溶液　**28.1.2.1 a) 3)**による。

4) 4-アミノアンチピリン溶液（20 g/L）　**28.1.2.1 a) 4)**による。

5) フェノール標準液（C_6H_5OH 1 μg/mL）　**28.1.2.1 a) 6)**のフェノール標準液（C_6H_5OH 10 μg/mL）50 mL を全量フラスコ 500 mL にとり，水を標線まで加える。使用時に調製する。

6) クロロホルム　**JIS K 8322** に規定するもの。

7) 安息香酸メチル

8) 硫酸ナトリウム　**JIS K 8987** に規定するもの。

b) 器具及び装置　器具及び装置は，次による。

1) 光度計　分光光度計又は光電光度計

2) 分液漏斗　200 mL

c) 操作　操作は，次による。

1) **28.1.2.1 c) 3)**で得た発色溶液の全量を分液漏斗 200 mL に移し，クロロホルム又は安息香酸メチル 10 mL を加えて 1～2 分間激しく振り混ぜた後放置する。ただし，**28.1.2.1 c) 1)**で試料量 50 mL で操作したものには適用しない。

2) クロロホルム層又は安息香酸メチル層を分離し，乾いたろ紙でろ過するか，又はビーカーに移した後，硫酸ナトリウム約 1 g を加えて脱水する。

3) 別に，空試験として水 100 mL について **28.1.2.1 c)**の **2)**及び **3)**の操作を行った後，**1)**及び **2)**の操作を行う。

4) 空試験のクロロホルム層又は安息香酸メチル層を対照液とし，**2)**のクロロホルム層の波長 460 nm 付近の吸光度又は安息香酸メチル層の波長 465 nm 付近の吸光度を測定する。

5) 検量線からフェノールに相当する量を求め，試料中のフェノール類の濃度（C_6H_5OH mg/L）を算出する。

d) 検量線 検量線の作成は，次による。

1) フェノール標準液（C_6H_5OH 1 μg/mL）2.5～50 mL をメスシリンダー（有栓形）100 mL に段階的にとり，水を 100 mL の標線まで加える。

2) **28.1.2.1 c)**の **2)**及び **3)**，並びに **c)**の **1)**～**4)**の操作を行い，フェノールの量と吸光度との関係線を作成する。

備考 4. **28.1.1 c)**で試料 500 mL を用いた場合には，次の操作によって定量してもよい。

1) 前処理で得た留出液 500 mL を分液漏斗 1 000 mL にとり，塩化アンモニウム-アンモニア緩衝液（pH10）10 mL を加えて振り混ぜ，pH 10±0.2 とする。

2) 4-アミノアンチピリン溶液（20 g/L）3 mL，ヘキサシアノ鉄（III）酸カリウム溶液 3 mL を加え，十分に振り混ぜ，約 3 分間放置した後，クロロホルム 20 mL を加えて約 1 分間激しく振り混ぜる。

3) クロロホルム層を分離し，乾いたろ紙でろ過するか，ビーカーに移した後，硫酸ナトリウム約 1 g を加えて脱水する。

4) 別に，空試験として水 500 mL について，**1)**～**3)**の操作を行う。

5) 空試験のクロロホルム層を対照液とし，**3)**のクロロホルム層の波長 460 nm 付近の吸光度を測定する。

6) 検量線からフェノールに相当する量を求め，試料中のフェノール類の濃度（C_6H_5OH mg/L）を算出する。検量線は，フェノール標準液（C_6H_5OH 1 μg/mL）2.5～50 mL を分液漏斗 1 000 mL に段階的にとり，水を加えて 500 mL とし，以下，試料の場合と同様に操作して作成したものを用いる。

28.1.2.3 固相抽出法 水溶液中で発色生成させたアンチピリン色素を疎水性の固相カラムに捕集した後，アセトニトリルで溶出させて，アセトニトリル層の吸光度を測定して定量する。

a) 試薬 試薬は，次による。

1) **水** **28.1.1 a)1)**による。

2) **塩化アンモニウム-アンモニア緩衝液（pH10）** **28.1.2.1 a) 2)**による。

3) **ヘキサシアノ鉄（III）酸カリウム溶液** **28.1.2.1 a) 3)**による。

4) **4-アミノアンチピリン溶液（20 g/L）** **28.1.2.1 a) 4)**による。

5) **フェノール標準液（C_6H_5OH 1 μg/mL）** **28.1.2.2 a) 5)**による。

6) **フェノール標準液（C_6H_5OH 0.1 μg/mL）** **28.1.2.1 a) 6)**のフェノール標準液（C_6H_5OH 10 μg/mL）5 mL を全量フラスコ 500 mL にとり，水を標線まで加える。使用時に調製する。

7) **アセトニトリル** **JIS K 8032** に規定するもの。

b) 器具及び装置 器具及び装置は，次による。

1) **光度計** 分光光度計又は光電光度計

2) **固相カラム** 市販のジビニルベンゼン共重合体充塡カラム又は ODS カラム。

c) 操作 操作は，次による。

1) **28.1.1** の前処理を行った試料，又は前処理を必要としない試料の適量（C_6H_5OH として 0.2～15 μg

を含む。）をメスシリンダー（有栓形）50 mL にとり，水を 50 mL の標線まで加える。

2) 塩化アンモニウム-アンモニア緩衝液（pH10）1.5 mL を加えて振り混ぜ，pH10±0.2 に調節する。

3) 4-アミノアンチピリン溶液（20 g/L）1 mL を加えて振り混ぜ，ヘキサシアノ鉄（III）酸カリウム溶液 1 mL を加えて十分に振り混ぜた後，約 10 分間放置して，アンチピリン色素を生成させる。

4) 疎水性カラムにアセトニトリル 10 mL，水 10 mL を流して洗浄・コンディショニングを行った後，**3)**の発色溶液を 10 mL/min の流量で通液する。

5) 約 5 分間通気してカラムを乾燥する。

6) アセトニトリル 5 mL をカラムに流し，アンチピリン色素を溶出させる。

7) 別に，空試験として水 50 mL について **2)**～**6)**の操作を行う。

8) 空試験のアセトニトリル溶出液を対照液とし，**6)**のアセトニトリル溶出液の波長 475 nm 付近の吸光度を測定する。

9) 検量線からフェノールに相当する量を求め，試料中のフェノール類の濃度（C_6H_5OH mg/L）を算出する。

d) **検量線**　検量線の作成は，次による。

1) フェノールが 0.2～15 μg となるように，フェノール標準液（C_6H_5OH 0.1 μg/mL）又はフェノール標準液（C_6H_5OH 1 μg/mL）をメスシリンダー（有線形）50 mL に段階的にとり，水を 50 mL の標線まで加える。

2) **c)**の **2)**～**8)**の操作を行ってフェノールの量と吸光度との関係線を作成する。

備考 5. フェノール標準液（C_6H_5OH 10 μg/mL）を用いて **28.1.1 c)**，及び **28.1.2.1 c)**，**28.1.2.2 c)**又は **28.1.2.3 c)**のいずれかの操作を行い，フェノールの回収率が十分であることを確かめておくとよい。

28.1.3　流れ分析法　試料中のフェノール類を，**28.1.1** 及び **28.1.2.1** と同様な原理で蒸留，発色させる CFA 法又は **28.1.1** の前処理（蒸留法）後の留出液について **28.1.2.1** と同様な原理で発色させる FIA 法によって定量する。フェノールの種類によっては，生成したアンチピリン色素が水相で時間とともに退色する場合がある。このため，**JIS K 0170-5** の試薬濃度，流量等の条件が **28.1.2.1** で行った場合と比較し，整合していることを確認して，その条件で定量する。

定量範囲：C_6H_5OH：0.01～1 mg/L，繰返し精度：10 %以下

試験操作などは，**JIS K 0170-5** による。ただし，**JIS K 0170-5** の **6.3.2**（4-アミノアンチピリン発色 FIA 法）は **28.1.1** の前処理（蒸留法）後の留出液に適用し，**6.3.4**（くえん酸蒸留・4-アミノアンチピリン発色 CFA 法）の方法は除く。

28.2　*p*-クレゾール類

28.2.1　*p*-ヒドラジノベンゼンスルホン酸吸光光度法　フェノール類を pH8.0 でギブス試薬と反応させてインドフェノールに変え，アスコルビン酸酸性で水蒸気蒸留して，ギブス試薬と反応しない *p*-クレゾール類を留出させる。留出した *p*-クレゾール類に，*p*-ヒドラジノベンゼンスルホン酸と亜硝酸とから生成するジアゾ化合物，*p*-スルホンベンゼンジアゾニウム塩をカップリングさせて生じるアゾ色素の赤い色の吸光度を測定して *p*-クレゾール類を定量する。

定量範囲：*p*-$CH_3C_6H_4OH$ 10～150 μg，繰返し精度：3～10 %

a) **試薬**　試薬は，次による。

1) **水**　**JIS K 0557** に規定する **A3** の水。ほうけい酸ガラス瓶に保存する。

2) **硫酸（1＋17）**　水 17 容をビーカーにとり，これを冷却し，かき混ぜながら **JIS K 8951** に規定する

硫酸 1 容を徐々に加える。

3) 水酸化ナトリウム溶液（100 g/L） **JIS K 8576** に規定する水酸化ナトリウム 10 g を水に溶かして 100 mL とする。

4) 炭酸ナトリウム **JIS K 8625** に規定するもの。

5) 塩化ナトリウム **JIS K 8150** に規定するもの。

6) メチルオレンジ溶液（1 g/L） **24.1 a) 2)**による。

7) クロロホルム又はジエチルエーテル **JIS K 8322** に規定するクロロホルム又は **JIS K 8103** に規定するジエチルエーテル

8) ギブス試薬 **JIS K 8491** に規定する 2,6-ジブロモ-*N*-クロロ-*p*-ベンゾキノンモノイミン（2,6-ジブロモキノンクロロイミド）0.5 g を **JIS K 8102** に規定するエタノール（95）50 mL に溶かす。使用時に調製する。

9) L（＋）-アスコルビン酸 **JIS K 9502** に規定するもの。

10) アンモニア水（1＋7） **JIS K 8085** に規定するアンモニア水を用いて調製する。

11) *p*-ヒドラジノベンゼンスルホン酸溶液 次の操作によって，調製する。

— **A 液** *p*-ヒドラジノベンゼンスルホン酸 0.5 水和物 1 g と **JIS K 8625** に規定する炭酸ナトリウム 0.3 g とを水 80 mL に加え，沸騰水浴中で加熱して溶かし，これに **JIS K 8180** に規定する塩酸 9 mL を加え，更に水を加えて 100 mL とする。室温では結晶が析出するので，約 37 ℃の恒温槽中に保存する。1 週間以上経過したものは使用しない。

— **B 液** A 液 4 mL を全量フラスコ 100 mL にとり，約 10 ℃に冷却した後，亜硝酸ナトリウム溶液（10 g/L）（**JIS K 8019** に規定する亜硝酸ナトリウム 1 g を水に溶かして 100 mL とする。）5 mL を加えて約 10 ℃で 3〜5 分間放置する。これに，あらかじめ約 10 ℃に冷却した水を標線まで加える。使用時に調製する。

12) *p*-クレゾール標準液（*p*-$CH_3C_6H_4OH$ 1 mg/mL） **JIS K 8306** に規定する *p*-クレゾール（*p*-$CH_3C_6H_4OH$）1.00 g をとり，少量の水に溶かして全量フラスコ 1 000 mL に移し入れ，水を標線まで加える。

13) *p*-クレゾール標準液（*p*-$CH_3C_6H_4OH$ 0.1 mg/mL） *p*-クレゾール標準液（*p*-$CH_3C_6H_4OH$ 1 mg/mL）20 mL を全量フラスコ 200 mL にとり，水を標線まで加える。

b) 装置 装置は，次による。

1) 水蒸気蒸留装置 小形，すり合わせのもの。

2) 光度計 分光光度計又は光電光度計

c) 操作 操作は，次による。

1) 試料 500 mL（*p*-$CH_3C_6H_4OH$ として 0.1〜1.5 mg を含む。）を分液漏斗 1 000 mL にとり，指示薬としてメチルオレンジ溶液（1 g/L）2，3 滴を加え，溶液の色が赤になるまで硫酸（1＋17）を滴加して酸性［試料が酸性の場合は，水酸化ナトリウム溶液（100 g/L）で溶液の色が黄色になるまで中和した後，硫酸（1＋17）を滴加して再び酸性にする。］とし，これに，塩化ナトリウム 150 g とクロロホルム(6) 40 mL とを加え，激しく振り混ぜて抽出し，クロロホルム層を別の分液漏斗 200 mL に移す。

2) さらに，クロロホルム 25 mL ずつを用いて **1)**と同様の抽出操作を 4 回繰り返し，クロロホルム層を先の分液漏斗に合わせる。

3) このクロロホルム層に水酸化ナトリウム溶液（100 g/L）4 mL を加えて逆抽出し，更に 3 mL ずつで逆抽出を 2 回繰り返して，逆抽出液を合わせる。

4) この逆抽出液を沸騰水浴上で加熱して，溶けているクロロホルムを揮散させた後，放冷する。

5) 水約 20 mL で全量フラスコ 100 mL に移し入れる。次に，炭酸ナトリウム 2 g を加え，硫酸（1＋17）を滴加して pH8 とし，水約 20 mL とギブス試薬 5 mL とを加えて約 24 時間放置する（フェノール類が共存すれば溶液の色は青になる。）。

6) L（＋）-アスコルビン酸 1 g を加え，水を標線まで加える。

7) この溶液 10 mL を蒸留フラスコにとり，水蒸気蒸留を行い，メスシリンダー（有栓形）50 mL に 30 mL を留出させる。

8) 留出液を水で約 40 mL に薄めた後，*p*-ヒドラジノベンゼンスルホン酸溶液の B 液 5 mL を加えて振り混ぜ，次に，アンモニア水（1＋7）1 mL を加え，水を 50 mL の標線まで加えて再び振り混ぜ，約 5 分間放置する。

9) 溶液の一部を吸収セルに移し，波長 495 nm 付近の吸光度を測定する。

10) 空試験として水 40 mL をとり，**8)**及び **9)**の操作を行って吸光度を求め，試料について得た吸光度を補正する。

11) 検量線から *p*-クレゾール類の量を求め，試料中の *p*-クレゾール類の濃度（p-$CH_3C_6H_4OH$ mg/L）を算出する。

注(6) クロロホルムの代わりに **JIS K 8103** に規定するジエチルエーテルを用いてもよい。この場合には，塩化ナトリウムを加える必要はない。

d)　検量線　検量線の作成は，次による。

1) *p*-クレゾール標準液（p-$CH_3C_6H_4OH$ 0.1 mg/mL）1～15 mL を全量フラスコ 100 mL に段階的にとり，それぞれに硫酸（1＋17）を滴加して pH8 とし，水約 20 mL とギブス試薬 5 mL とを加えて約 24 時間放置し（フェノール類が共存すれば溶液の色は青になる。），引き続き **c) 6)**の操作を行う。

2) この溶液 10 mL を蒸留フラスコにとり，水蒸気蒸留を行って留出液 30 mL を得た後，水で約 40 mL に薄める。次に，*p*-ヒドラジノベンゼンスルホン酸の B 液 5 mL を加え，**c) 8)**～**10)**の操作を行って *p*-クレゾール（p-$CH_3C_6H_4OH$）の量と吸光度との関係線を作成する。

フェノール類は，フェノール類と *p*-クレゾール類に区分して試験する。

ここでいうフェノール類とは，ベンゼン及びその類似体のヒドロキシ誘導体で，規格に規定する方法によって着色化合物を生成するものと定義している。フェノールの *o*-，*m*-位置（2-，3-）に置換基のあるフェノール誘導体も含まれる。しかし，*p*-位置（4-）に置換基のあるクレゾール類は 4-アミノアンチピリンとはほとんど呈色を示さない。そのため *p*-クレゾール類には *p*-ヒドラジノベンゼンスルホン酸吸光光度法を適用する。

フェノール類は通常の天然水中には存在しないが，ガス工場排水，製鉄工場排水などに存在する。

フェノール類は，フェノール分解菌などによって生物化学的に，また，酸化性物質，還元性物質，アルカリなどによって化学的に変化しやすいので，試料の取扱いについては，**規格**の **3.3 b) 6)** 及び**規格**の **28. 備考 1.** に示す注意事項に留意する。

28.1 フェノール類

フェノール類を 4-アミノアンチピリン吸光光度法又は 4-アミノアンチピリン発色による流れ分析法によって定量する，酸化性物質，還元性物質，重金属元素，芳香族アミン類，油分，タール類などが共存すると妨害になるので，前処理（蒸留）を行ってフェノール類をこれらの妨害物質から分離しておく。

2013 年の改正では，**規格**の **28.1.2**（4-アミノアンチピリン吸光光度法）での発色強度が弱い場合に行う溶媒抽出法の溶媒として安息香酸メチルを用いる方法が**備考 4.** に，生成したアミノアンチピリン色素を固相抽出する方法が**備考 5.** に追加された。

2019 年の追補改正では，**備考 4.** を**規格**の **28.1.2.2** の溶媒抽出法，**備考 5.** を**規格**の **28.1.2.3** の固相抽出法とし，従来の**規格**の **28.1.2** の本文部分を**規格**の **28.1.2.1** の直接法と修正した。なお，**規格**の **28.1.2.2** の溶媒抽出法には，従来の**備考 2.** のクロロホルム抽出法を含み，**備考 3.** の試料 500 mL を用いてクロロホルムで抽出する方法は，この細分箇条の**備考 4.** に記載された。また，**規格**の **28.1.1** の前処理（蒸留法）には，小型の蒸留フラスコを用いる方法が**備考 2.** に，小型蒸留装置を用いる方法が**備考 3.** に追加された。これに伴い，備考番号が 2019 年の追補改正版と 2013 年版及び 2016 年版とでは異なっていることに注意してほしい。さらに，追補改正版では旧規格で注として記載されていた多くのものが本文への記載になっているので，この点にも注意を払うようにしてほしい。

28.1.1 前処理（蒸留法）

りん酸酸性（pH 約 4）で硫酸銅(Ⅱ）の共存の下で蒸留してフェノール類を留出分離する。

従来の大型蒸留フラスコ（500 mL）を用いる方法のほか，小型の蒸留フラスコ（100 mL 及び 200 mL）を用いる方法及び容量 50～80 mL の蒸留管とブロックヒーターを組み合わせた小型蒸留装置を用いる方法が**規格**の**備考 2.** と**備考 3.** に追加された。これらによる蒸留は，蒸留する試料量が 50 mL，100 mL となり，加える試薬量も大型蒸留フラスコを用いる方法に比べて少なくなる。

1.　装　置

蒸留装置には，**規格**の **38. 図 38.2** に示すものを用いるとよい。

規格の**備考 3.** の小型蒸留装置を用いる場合の装置は，**規格**の**図 28.1** に示すものを参考にするとよい。

2.　操　作

（1）　フェノール類を蒸留する場合，フェノール類の留出は，図 28.1 に示すように比較的緩やかである。このため，留出液の量が約 90％（225 mL）になったときに加熱をやめ，しばらく冷却してから，10％に相当する水（25 mL）を加え，再び蒸留を続けて留出液を 250 mL とする。

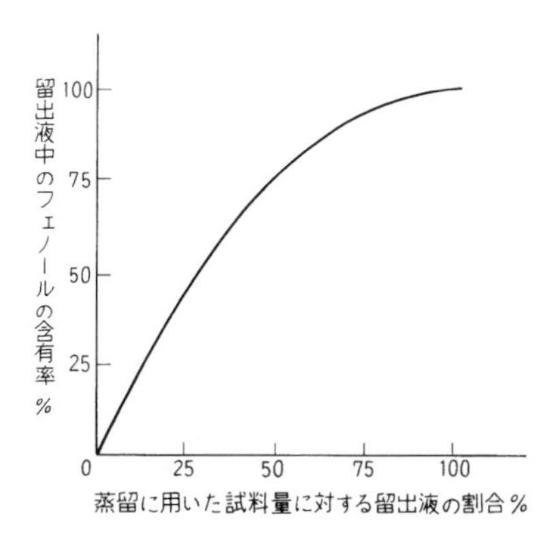

図 28.1　フェノール溶液を蒸留したときのフェノールの留出状態

（2）　蒸留する場合，りん酸を加えるのは，フェノール類の分解を防ぐためで，また，硫酸銅(Ⅱ）を加えるのは硫化水素の発生を防ぐためである。

（3）　留出液が白く濁るのは，試料中の油分，タール類などの共存によることが多いので，この場合は，**規格**の **28.1.1 c) 4)** 及び**備考 1.4)** に従って操作してみるとよい。

（4） **規格**の **28. 備考 1.4**）の **4.1**）の操作は従来から用いられたものである。**4.2**）の操作は，ISO 6439：1990 の操作を引用したものである。これに準じた操作は，**規格**の **28.2** の *p*-クレゾール類を試験するする場合に，*p*-クレゾール類とフェノール類とを妨害物質から分離するときに用いられている。

（5） **規格**の**備考 2.** は，小型の蒸留フラスコ 100 mL 又は 200 mL を用いる方法で，試料量は最大で前者で 50 mL，後者で 100 mL であり，試料量の 10% に相当する量の水を加える。大型蒸留フラスコの場合と同様にメチルオレンジ溶液を添加し，溶液が変色するまでりん酸（1＋9）を添加して pH を約 4 にした後，硫酸銅溶液を加え，留出液量が試料量と同じになるまで蒸留を行う。大型蒸留フラスコ方法の場合は，留出液量が試料量の約 90% になったところで加熱を止め，冷却して試料量の 10% に相当する水を加えて，再び蒸留を開始し，全留出液量が試料量と同じになるまで蒸留するが，本方法では，最初に試料量の 10% に相当する水を加えて，試料量と同じ留出液量を得ており，操作が簡便となる。この方法を採用するに当たり，行った検証実験の概要と得られた結果の一部をそれぞれ図 28.2 と表 28.1 に示す。大型蒸留フラスコの場合でも小型蒸留フラスコの場合でも，試料量の 10% に当たる量の水を試料に加えて，試料量と同量の留出液を得れば，フェノールの回収率がほぼ 100% となることが分かった。

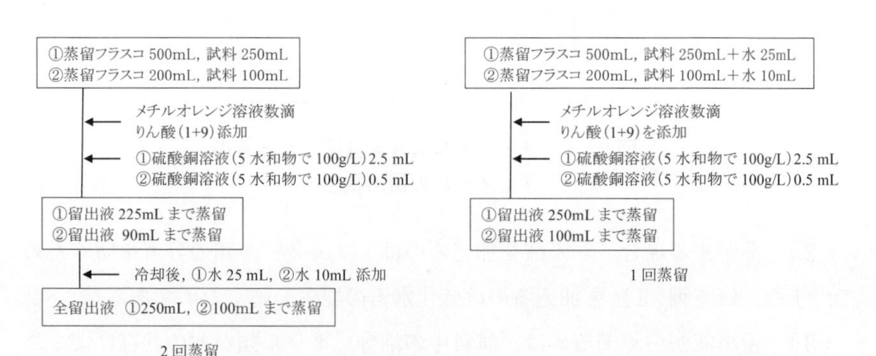

図 28.2 大型蒸留フラスコ・小型蒸留フラスコでの検証実験の操作

表 28.1　小型蒸留フラスコ・大型蒸留フラスコを用いての検証実験

試料	フェノール添加量 μg	蒸留フラスコ容量 mL	試料量 mL	全留出液量 mL	途中で加熱を止め水添加	留出液 50 mL の測定値 μg	回収率 %
蒸留水	100	200	100	100	水 10 mL	51.5	103.1
	100	200	100	100	水 10 mL	51.5	103.1
	100	200	110	100	無	53.4	106.7
	100	200	110	100	無	48.8	97.6
	100	200	110	100	無	54.3	108.5
蒸留水	500	500	250	250	水 25 mL	100.3	100.3
	500	500	250	250	水 25 mL	97.5	97.5
	500	500	275	250	無	98.8	98.8
	500	500	275	250	無	97.2	97.2
	500	500	275	250	無	97.9	97.9
池の水	0	500	275	250	無	2.4	—
	500	500	275	250	無	99.0	96.6
	500	500	275	250	無	97.8	95.4

一般社団法人産業環境管理協会（2018）：経済産業省委託　平成 29 年度高機能 JIS 等整備事業　安全・安心な社会形成に資する JIS 開発　新技術導入のための工場排水試験法に関する JIS 開発成果報告書 p. 9 ～ p. 12 のデータを基に作成。

2019 年の追補改正版の大型蒸留フラスコを用いる方法は，旧規格と同じ操作になっているが，これは測定値の継続性を考慮したものと考えられる。

（6）**規格の備考 3.** は，試験管型の容量 50～80 mL の蒸留管とブロックヒーターを組み合わせた小型蒸留装置を用いる方法である。**規格の備考 2.** と同様にりん酸（1+9）で pH を約 4 とし，硫酸銅溶液を加え，試料量の 90%の留出液量が得られるまで蒸留する。この方法を採用するに当たり，行った検証実験の結果の一部を表 28.2 に示す。小型蒸留装置で蒸留後，留出液を FIA 法で測定した場合と旧規格の大型蒸留装置を用いて蒸留し，留出液をバッチ法で測定した場合とで，同様な結果が得られている。

表 28.2　小型蒸留装置・FIA と大型蒸留・バッチ吸光光度法での定量値

試料	添加濃度 mg/L	各方法での定量値　mg/L 小型蒸留装置・FIA 分析機関 A	小型蒸留装置・FIA 分析機関 B	大型蒸留・バッチ法 分析機関 C
河川水	0.5	0.51	0.50	0.51
	5.0	5.03	5.09	4.97
工場排水	0.5	0.43	0.41	0.38
	5.0	4.39	4.45	4.17
中間工程水	0.5	0.50	0.50	0.49
	5.0	5.09	5.07	4.98

河川水は 5 回のほかは 3 回の測定値の平均値。

一般社団法人産業環境管理協会（2016）：経済産業省委託　平成 27 年度高機能 JIS 等整備事業　安全・安心な社会形成に資する JIS 開発　新技術導入のための工場排水試験法に関する JIS 開発成果報告書　p. 12 及び p. 15 のデータを基に作成。

28.1.2　4-アミノアンチピリン吸光光度法 [1)～9)]

前処理（蒸留）した試料の pH を約 10 に調節し，4-アミノアンチピリンとヘキサシアノ鉄(Ⅲ) 酸カリウムとを加えてフェノール類と反応させ，生成したアンチピリン色素の呈色の強さをフェノール標準液による呈色の強さと比較してフェノール類として表す。

アンチピリン色素の呈色が十分に認められる場合は，**規格**の **28.1.2.1** の直接法に従って操作し，波長 510 nm 付近の吸光度を測定してフェノール類を定量する。また，試料中のフェノール類の濃度が低く（C_6H_5OH 0.5 mg/L 以下），呈色が薄い場合には，**規格**の **28.1.2.2** の溶媒抽出法に従ってアンチピリン色素をクロロホルムに抽出して 460 nm 付近の吸光度を測定するか，又は，安息香酸メチルに抽出して 465 nm 付近の吸光度を測定して定量してもよい。また，**規格**の **28.1.2.3** の固相抽出法に従ってアンチピリン色素を固相カラムで抽出し，アセトニトリルで溶出し，475 nm 付近の吸光度を測定して定量してもよい。

アンチピリン色素の生成反応は，次のような機構である。

C_6H_5
N
H_3C-N　　C=O
H_3C-C ＝ $C-NH_2$
+ OH
$K_3Fe(CN)_6$
（酸化剤）
pH約10
C_6H_5
N
H_3C-N　　C=O
H_3C-C ＝ C-N＝　＝O
アンチピリン色素

1.　試　薬

（1）　JIS K 8798 に規定するフェノールの純度は高い（> 99%）ので，標準液は，その質量をはかって調製する。フェノールの純度の測定が必要な場合は，**規格**の**附属書 1**(**参考**)**補足Ⅲ**. に記載してある。

2.　操　作

（1）　前処理で大部分の妨害を除去することができるが，その種類によって**規格**の **28. 備考 1.1**）～ **5**）の方法に従って処理しておく。

（2）　アンチピリン色素は，pH 9.8～10.2 の範囲で最高に発色する。この範囲外では発色は急激に低下する。また，アンチピリン色素は，時間の経過とともに少しずつ退色し，その程度は，フェノール類の種類によって異なる。そのため，吸光度を測定するまでの放置時間は，規定の時間を守る。検量線作成時も同じにする。

なお，この退色は，標準液に用いるフェノールについては僅かである。

（3）　**規格**の **28.1.2.2** の溶媒抽出法は，フェノールの濃度が低い場合に，生成したアンチピリン色素をクロロホルムあるいは安息香酸メチルに抽出濃縮して定量する方法である。安息香酸メチルを用いる方法は，有害性のあるクロロホルムに代わる方法として 2013 年の改正において**規格**の **28.1.2 備考 4.** として追加されたが，2019 年の追補改正版では，**旧規格**の溶媒抽出に係る**備考 2.**，**備考 3.** をまとめて **28.1.2.2**（溶媒抽出法）とし，試料 500 mL を用いるクロロホルム抽出法は，この細分箇条の**備考 4.** に記述されている。

安息香酸メチルによるアンチピリン色素の抽出率は，クロロホルムと大差はなく，多くのフェノール類について，1 回の抽出で，約 85% 以上の抽出率が得られる[8)]。また，振り混ぜ時間 1 分間以上で一定の吸光度が得られる。

（4）　**規格**の **28.1.2.3** は，固相抽出法によって，アンチピリン色素を抽出濃縮する方法である。固相抽出カラムとしては，無極性相（逆相）のスチレンジビニルベンゼン共重合体充填カラム（又は ODS カラム）を用いる。カラムはあらかじめ溶離液のアセトニトリルで洗浄，続いてアセトニトリルを水で洗浄して使用できる状態にする（コンディショニング）。

（**5**） アンチピリン色素を生成した溶液を固相カラムに流し，次いで，吸着したアンチピリン色素をアセトニトリルで溶離し，475 nm 付近の吸光度を測定する。

（**6**） アンチピリン色素の発色の強さは，置換基の種類，位置，数及び反応条件などによって異なる。数種類のフェノール類に抽出法を適用した場合の発色の強さの比較を表 28.3 に示す。

表 28.3　フェノール類の発色の比較
（クロロホルム抽出法）

化　　合　　物	発色（強度）の割合*
フェノール	100
o-クレゾール	77
m-クレゾール	66
p-クレゾール	2
8-キノリノール	42

* フェノールを 100 とする。

（**7**） 試験操作を確認する場合は，フェノール標準液を用いて**規格**の **28. 備考 5.** の操作を行うとよい。

（**8**） **規格**の **28.1.2.1** の直接法の吸収曲線と検量線の一例を図 28.3，図

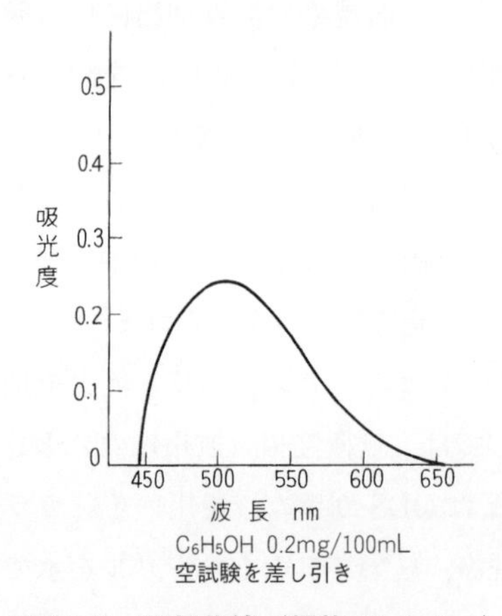

図 28.3　吸収曲線（**規格 28.1.2.1**）

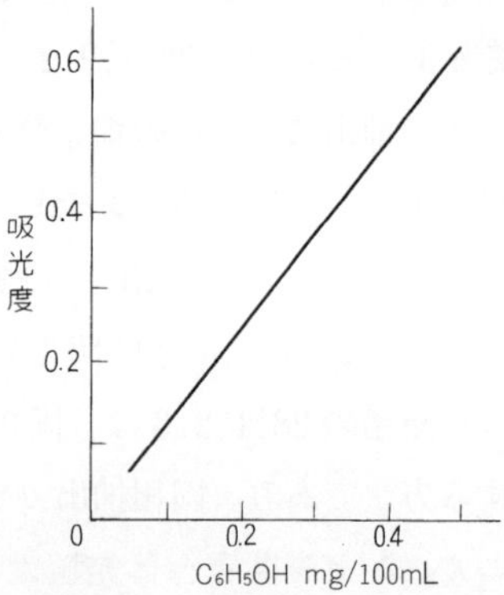

図 28.4　検 量 線（**規格 28.1.2.1**）

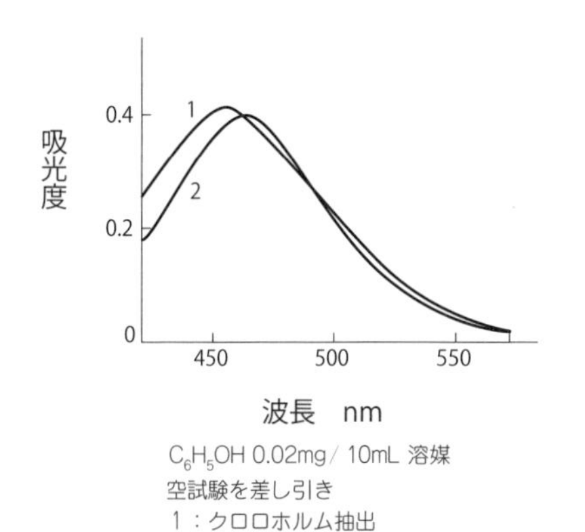

図 28.5　吸収曲線（規格 28.1.2.2）

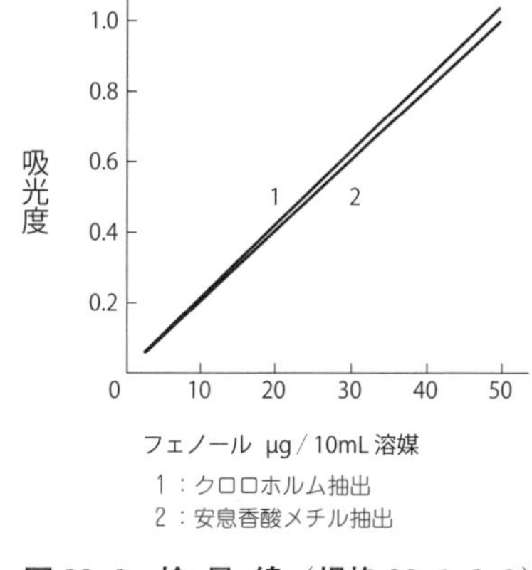

図 28.6　検 量 線（規格 28.1.2.2）

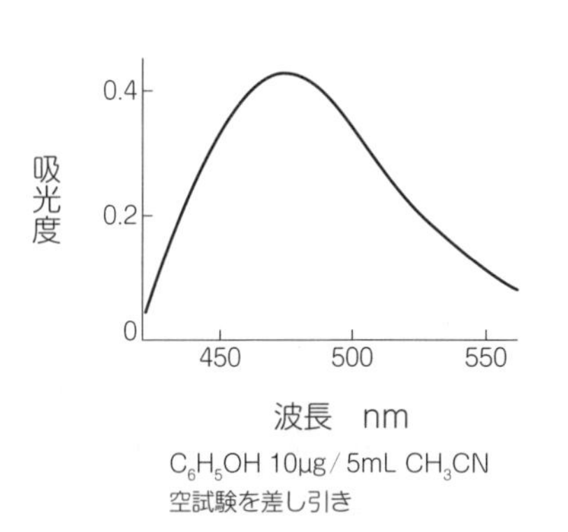

図 28.7　吸収曲線（規格 28.1.2.3）
（固相抽出）

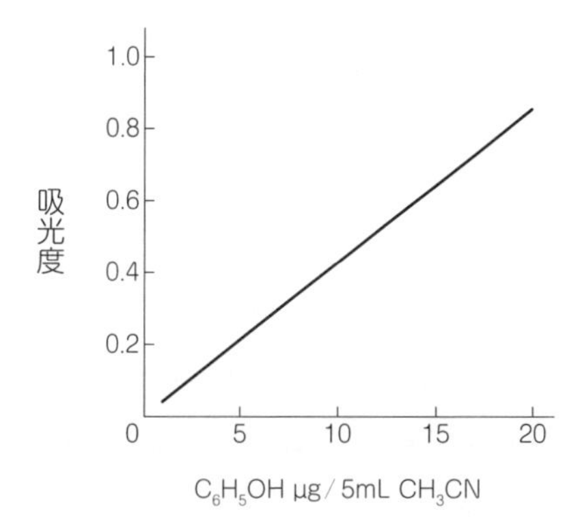

図 28.8　検 量 線（規格 28.1.2.3）

28.4 に，**規格**の **28.1.2.2** による溶媒抽出法の吸収曲線と検量線の一例を図 28.5，図 28.6 に，また，**規格**の **28.1.2.3** による固相抽出法の吸収曲線及び検量線の一例を図 28.7 及び図 28.8 に示す。**規格**の **28.1.2.2** の**備考 4.** による吸収曲線及び検量線は，図 28.5 及び図 28.6 を参照。

28.1.3　流れ分析法 [10)～15)]

JIS K 0170-5 から引用する FIA の 1 方法及び CFA の 1 方法を用いる。

1. JIS K 0170：2011（流れ分析による水質試験方法）の概要

流れ分析の全般ついては，JIS K 0126：2019（流れ分析通則）があり，用語についても定義しているが，JIS K 0170では，フローインジェクション分析法にFIA法，連続流れ分析法にCFA法の用語を用いることとしている。ここでは，JIS K 0170に従う。

FIA法は，試料と試薬との反応が完結する必要がなく，意図的に反応の進行中の状態で測定をする。測定時の溶液は均一でなく，試料，試薬とも濃度勾配をもつが，反応状態を一定に制御することによって再現性のよい結果が得られる。

一方，CFA法は，流路中の溶液を気泡（通常，空気）で分節し，分節（セグメント）中で試料と試薬を完全混合し，反応を完結させて測定する。また，試料と試料間に水（洗浄水）を導入することによって，試料相互の混入が防がれる。

両方法とも，短時間で多試料の測定ができる。また，少量の試料，試薬で測定できる。測定の自動化，省力化ができる。人為的な誤りが少なく高度の熟練を必要としないなど多くの特長がある。

JIS K 0170は，部編成により第1部から第9部に区分されている。第1部：アンモニア体窒素，第2部：亜硝酸体窒素及び硝酸体窒素，第3部：全窒素，第4部：りん酸イオン及び全りん，第5部：フェノール類，第6部：ふっ素化合物，第7部：クロム（Ⅵ），第8部：陰イオン界面活性剤，第9部：シアン化合物。

どの部にもFIA，CFAの両方法が規定されており，いずれも発色反応によるもので，検出器には吸光光度検出器（分光光度検出器）が用いられている。

また，この規格は，ISO規格及びJIS K 0102（及びJIS K 0101）との整合を配慮しており，ISO規格に基づく方法，及び発色反応の原理がJIS K 0102に基づく方法が規定されている（全窒素，ふっ素化合物についてはISOに流れ分析法の規格がないため，ISOに基づく方法はない）。

したがって，発色の基本的な諸条件，妨害物質などのへの注意事項は，JIS K 0102及び本書の該当する吸光光度法が参考になる。ただし，流れ分析法では，試薬濃度を変えたり，反応を速めるために温度を高めるなど，流れ分析に適切な測定条件を設定している。

JIS K 0170では，測定精度を確保するための操作として，ベースラインの安定性，ノイズレベルの確認，検出性能の確認などの方法が，各部に共通して規定されている。その主なものを下記に示す。

（1）　測定の準備：ベースラインのドリフトが支障ないこと。CFA法では気泡の間隔が乱れていないこと。十分なS/N比を得ること。

（2）　繰返し性の確認：検量線の中間濃度について繰り返し5回以上測定し，繰返し性（相対標準偏差，%）が10%以下であること。

（3）　検量線の作成：検量線の作成は試料測定時に行い，試料測定と同じ分析条件とする。

（4）　試料の測定：測定の妥当性を確認するため，10～20試料の測定ごとに検量線の最低濃度及び最高濃度の標準液を測定し，検量線作成時の応答と比較して測定の結果に支障を与えないこと。また，各試料のピークの形状に異常がなく，ベースラインの変動が測定結果に支障を与えないこと。

また，上記とは別に，各部に共通して適用範囲が次のように示されている。適用範囲：工業用水，工場排水などで，表層水，地下水，浸出水などにも適用できる。ホモジナイザーなどを用いて懸濁物を砕き，流路を塞がない程度にすることが可能なことから，2019年の改正では，懸濁物の多い試料には適用しないは削除された。また，2019年の改正では，FIA法とCFA法との測定法についてそれぞれの特色がわかるように，別々に記載された。

2.　JIS K 0170-5引用によるフェノール類の定量

（1）　4-アミノアンチピリン発色FIA法

(a)　2019年のJIS K 0170の改正で追加された方法である。キャリヤー液（水）に試料を注入し，4-アミノアンチピリン溶液及びヘキサシアノ鉄(Ⅲ)酸カリウム溶液とを混合し，生じた赤のアンチピリン色素の510 nm付近の吸光度を測定する。

(b)　システム例を図28.9に示す。このシステム例の図は，規格に引用されたJIS K 0170の代表として記載した。他の試験項目の大部分では省略する。

(c)　アンチピリン色素は試薬添加後直ちに生成し発色するが，一部のフェ

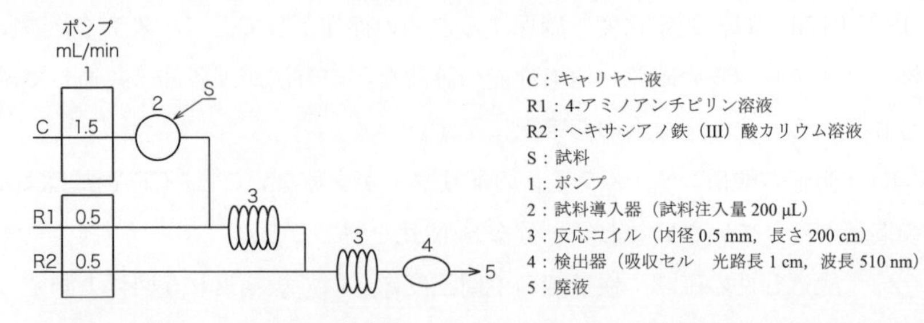

注記　装置によってはエア混入防止のため，検出器の後に背圧コイルを設置する場合もある。

図 28.9　4-アミノアンチピリン発色 FIA 法のシステム例（JIS K 0170-5：2019）

ノール類（クレゾール類）では徐々に退色する。本書 28.1.2 の 2（2）参照。このため，**規格**の **28.1.2** の方法では，試薬添加 3 分間後に吸光度を測定することを規定している。**規格**の **28.1.3** では，**規格**の **28.1.2** の方法と整合する結果が得られることを確認することとしている。

なお，**規格**の **28.1.2** に該当する ISO 6439-1990 の方法では，15 分間後に測定することとしている。

この方法は，**規格**の **28.1.1** の前処理（蒸留法）で蒸留した留出液に適用する。

(**d**)　そのほかは，本書 28.1.2 を参照。

（2）りん酸蒸留・4-アミノアンチピリン発色 CFA 法

(**a**)　ISO 14402 に基づく方法である。試料及び水（洗浄水）をセグメントガス（空気）で分節し，蒸留試薬溶液を導入して（1）と同様に蒸留を行い，留分について，赤のアンチピリン色素を生成させ，510 nm 付近の吸光度を測定する。

(**b**)　システム例を図 28.10 に示す。

(**c**) 4-アミノアンチピリン溶液にはポリオキシエチレンドデシルエーテルを添加する。分節（セグメント）の移動を円滑にするためで，他の項目の CFA 法でも同じ目的で，溶液に界面活性剤を添加している。その他の試薬は（1）の(**a**) と同じ。

(**d**)（1）の(**c**) 及び (**d**) を参照。

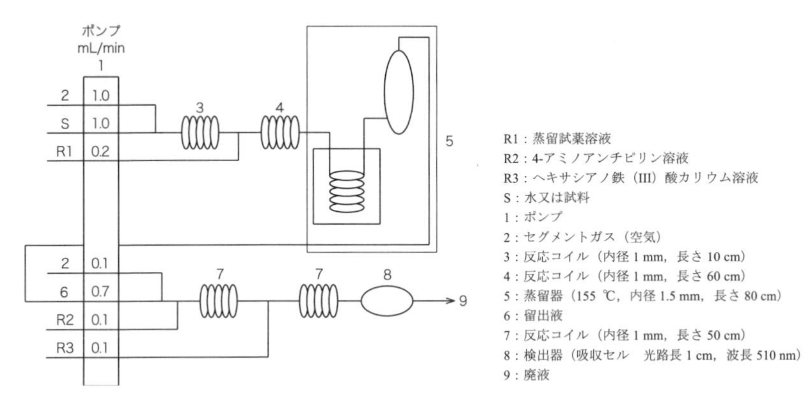

図 28.10　りん酸蒸留・4-アミノアンチピリン発色 CFA 法のシステム例（JIS K 0170-5：2019）

28.2　*p*-クレゾール類[16)～18)]

28.2.1　*p*-ヒドラジノベンゼンスルホン酸吸光光度法

p-クレゾール類は，4-アミノアンチピリンとはほとんど呈色しないため，これらに対しては *p*-ヒドラジノベンゼンスルホン酸吸光光度法を適用する。

この方法は，フェノール類及び *p*-クレゾール類をクロロホルム又はジエチルエーテルで抽出し，水酸化ナトリウム溶液で逆抽出した後，フェノール類を pH 8.0 でギブス試薬と反応させてインドフェノールに変えておき，アスコルビン酸酸性で水蒸気蒸留して，*p*-クレゾール類だけを留出させる。

この *p*-クレゾール類に，*p*-ヒドラジノベンゼンスルホン酸と亜硝酸から生成する *p*-スルホンベンゼンジアゾニウム塩とをカップリングさせて生じるアゾ化合物の赤い色の吸光度を測定して *p*-クレゾール類を定量する。

OH　+　Br　O　Br　NCl　—pH8 緩衝液→　O^-　N　Br　Br　O

フェノール　　ギブス試薬（2,6-ジブロモキノン-4-クロロイミド）　　2,6-ジブロモインドフェノールギブス試薬とフェノール類は，上のように反応して，インドフェノールを生成するが，*p*-クレゾール類は反応しない。これを蒸留すると，*p*-クレゾール類だけが留出，分離される。留出分離した*p*-クレゾールの発色反応は，次のような機構による。

$$HO_3S{-}C_6H_4{-}NHNH_2 + HNO_2 \xrightarrow[10^\circ C]{\text{塩酸}} {}^-O_3S{-}C_6H_4{-}N{\equiv}N$$

p-ヒドラジノベンゼンスルホン酸　　*p*-スルホンベンゼンジアゾニウム

ジアゾ化反応

$$HO{-}C_6H_4{-}CH_3 + {}^-O_3S{-}C_6H_4{-}\overset{+}{N}{\equiv}N \xrightarrow[\text{pH約10}]{\text{アンモニア水}} CH_3{-}C_6H_3(OH){-}N{=}N{-}C_6H_4{-}SO_3NH_4$$

アゾ化合物 (赤)

カップリング反応

1. 装　置

（1） 水蒸気蒸留装置は図 28.11 に示すようなものを用いるとよい。

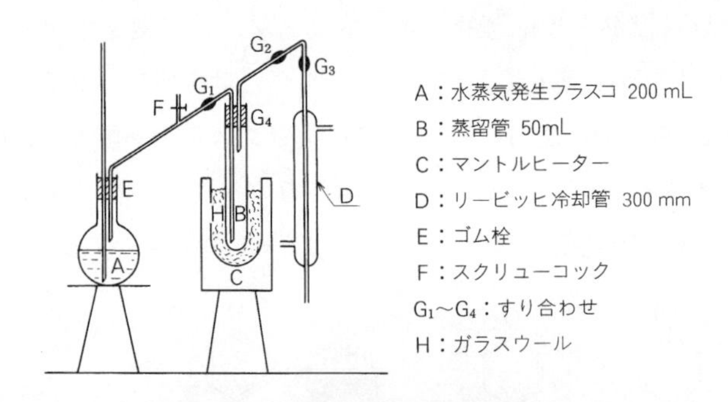

図 28.11　水蒸気蒸留装置の一例

2. 操　作

（1） ギブス試薬とフェノール類の反応は，非常に緩慢なので反応の完結には長時間を必要とする。**規格**の **28.2.1 c) 5)** では約 24 時間放置することとしている。

(**2**)　水蒸気蒸留は 10 mL をとって行うので，蒸留器及び水蒸気発生用フラスコは小形のものを用いる。蒸留器を加熱して，沸騰状態が保たれるようにすると同時に，水蒸気発生用フラスコから適量の水蒸気を送る。水蒸気の量が過剰になると *p*-クレゾール類が完全に留出しないことがあるので注意する。

(**3**)　*p*-ヒドラジノベンゼンスルホン酸溶液の B 液は，使用の約 10 分間前に調製する。

(**4**)　溶液は，pH 9.9～10.3 の範囲で最高に発色する。また，呈色は発色後 5 分間～数時間は安定である。

(**5**)　検量線の作成に当たって，**規格**の **28.2.1 c) 5)** 以降を行った場合と，**規格**の **28.2.1 c) 8)** 及び **9)** だけによった場合とでは，前者は後者の約 50% 程度の吸光度を示すにすぎない。したがって，検量線の作成には，**規格**の **28.2.1 c) 5)** の pH 8.0 に調節する以降の操作を行う。

(**6**)　吸収曲線と検量線の一例を図 28.12 及び図 28.13 に示す。

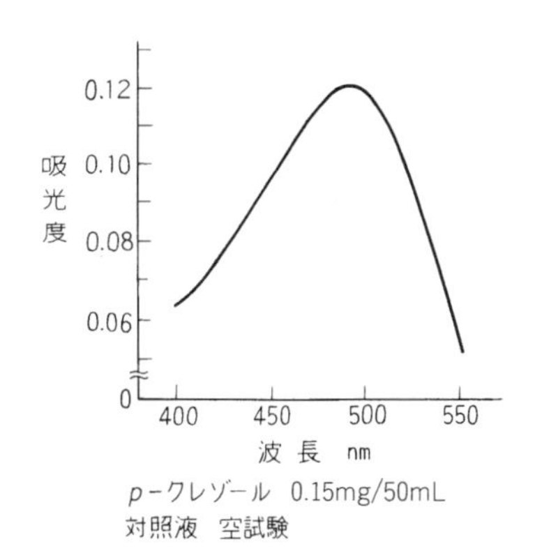

図 28.12　吸収曲線

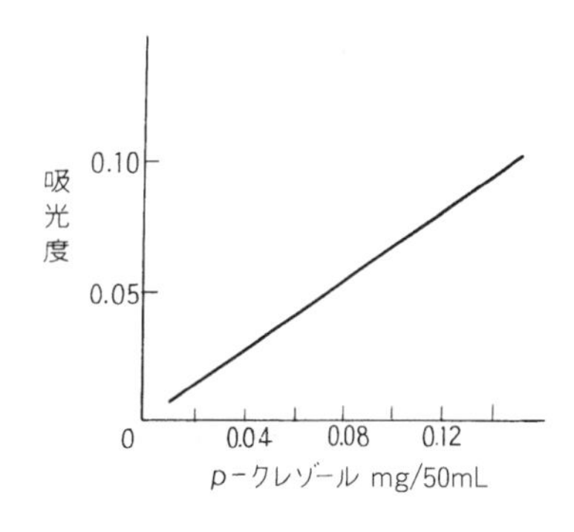

図 28.13　検 量 線

参 考 文 献

1) E. F. Mohler, L. N. Jacob (1957): Anal. Chem., **29**, 1369
2) E. Emerson (1943): J. Org. Chem., **8**, 417
3) M. B. Ettinger, C. C. Ruchhoft, R. J. Lishka (1951): Anal. Chem., **23**, 1783
4) M. Dannis (1951): Sewage and Ind. Wastes, **23**, 1516
5) ASTM D 1783: 1991
6) 用水・排水試験方法の国際規格との一体化に関する標準化調査研究（2005）:（日本工業用水協会）
7) 村井幸男（2001）: 環境と測定技術 , **28**, No.**1**, 46
8) 森田絵美，中村栄子（2010）: 分析化学，**59**, 917
9) 酒井忠雄ほか（2000）: 分析化学, **49**, 677
10) 北見秀明，石原良美，高野二郎（2011）: 分析化学，**60**, 445
11) 黒田六郎，小熊幸一，中村洋："フローインジェクション分析法"（1990）（共立出版）
12) 小熊幸一，本水昌二，酒井忠雄監修：日本分析化学会フローインジェクション懇談会："役に立つフローインジェクション分析"（2009）（みみずく舎）
13) ビーエルテック社編著"連続流れ分析法"（2009）（環境新聞社）
14) 樋口慶郎（2003）: 工業用水，No.**541**, 31
15) 本水昌二，大島光子，樋口慶郎（1998）: 環境と測定技術，**25**, No.**2**, 40
16) G. R. Tallon, R. D. Hepner (1958): Anal. Chem., **30**, 1521
17) J. A. Shaw (1929): Ind. Eng. Chem., Anal. Ed., **1**, 118
18) APHA, AWWA, WPCF (1960): Standard Methods for the Examination of Water and Wastewater, 11th Ed., 411

30. 界 面 活 性 剤

30. 界面活性剤　界面活性剤は，陰イオン界面活性剤と非イオン界面活性剤とに区分する。

界面活性剤は，微生物によって容易に分解されるため，試験は，試料採取後，直ちに行う。直ちに試験が行えない場合は，**3.3** によって保存し，できるだけ早く試験する。

30.1 陰イオン界面活性剤

30.1 陰イオン界面活性剤　陰イオン界面活性剤の定量には，メチレンブルー吸光光度法，エチルバイオレット吸光光度法，溶媒抽出-フレーム原子吸光法又はメチレンブルー発色による流れ分析法を適用する。

陰イオン界面活性剤には，高級アルコール硫酸エステル類，脂肪酸硫酸エステル類及びスルホン酸形陰イオン界面活性剤｛アルキルアリールスルホン酸塩類［直鎖アルキルベンゼンスルホン酸塩類（LAS)］，アルキルスルホン酸塩類，アルケンスルホン酸塩類など｝などがある。

なお，メチレンブルー発色による流れ分析法は，2009 年に第 1 版として発行された **ISO 16265** との整合を図ったものである。

備考　この試験方法の対応国際規格を，次に示す。

なお，対応の程度を表す記号は，**ISO/IEC Guide 21-1** に基づき，IDT（一致している），MOD（修正している），NEQ（同等でない）とする。

ISO 16265:2009，Water quality－Determination of the methylene blue active substances (MBAS) index －Method using continuous flow analysis (CFA)（MOD）

30.1.1 メチレンブルー吸光光度法　陰イオン界面活性剤がメチレンブルー［3,7-ビス(ジメチルアミノ)フェノチアジン-5-イウムクロリド］と反応して生じるイオン対をクロロホルムで抽出して，その吸光度を測定し，ドデシル硫酸ナトリウムとして表す。

定量範囲：陰イオン界面活性剤［$NaO_3SO(CH_2)_{11}CH_3$］2～50 μg，繰返し精度：5～10 %

a) 試薬　試薬は，次による。

1) **水**　**JIS K 0557** に規定する **A3** の水
2) **硫酸（1＋35）**　水 35 容をビーカーにとり，これを冷却し，かき混ぜながら **JIS K 8951** に規定する硫酸 1 容を徐々に加える。
3) **水酸化ナトリウム溶液（40 g/L）**　**21. a) 3)**による。
4) **アルカリ性四ほう酸ナトリウム溶液**　**JIS K 8866** に規定する四ほう酸ナトリウム十水和物 9.54 g を水に溶かした後，水で 500 mL とし，これに水酸化ナトリウム溶液（40 g/L）50 mL を加え，水で全量を 1 L とする。
5) **メチレンブルー溶液（0.25 g/L）**　**JIS K 8897** に規定するメチレンブルー0.3 g を水に溶かして 1 L とする。
6) **脱脂綿**
7) **クロロホルム**　**JIS K 8322** に規定するもの。
8) **陰イオン界面活性剤標準液［$NaO_3SO(CH_2)_{11}CH_3$ 1 mg/mL］**　ドデシル硫酸ナトリウム［$NaO_3SO(CH_2)_{11}CH_3$］([1])をその 100 %に対して 1.00 g をとり，水に溶かして全量フラスコ 1 000 mL に移し入れ，水を標線まで加える。
9) **陰イオン界面活性剤標準液［$NaO_3SO(CH_2)_{11}CH_3$ 10 μg/mL］**　陰イオン界面活性剤標準液［$NaO_3SO(CH_2)_{11}CH_3$ 1 mg/mL］10 mL を全量フラスコ 1 000 mL にとり，水を標線まで加える。使用時に調製する。

注([1]) 純度及び平均分子量の分かった試薬を用いる。

b) 器具及び装置 器具及び装置は，次による。

1) 分液漏斗 200 mL

2) 光度計 分光光度計又は光電光度計

c) 準備操作 準備操作は，次による。

1) 分液漏斗（A）に水 50 mL，アルカリ性四ほう酸ナトリウム溶液 10 mL 及びメチレンブルー溶液（0.25 g/L）5 mL を入れる。

分液漏斗（B）に水 100 mL，アルカリ性四ほう酸ナトリウム溶液 10 mL 及びメチレンブルー溶液（0.25 g/L）5 mL を入れる。

2) それぞれにクロロホルム 10 mL を加え，約 30 秒間激しく振り混ぜた後，放置してクロロホルム層を捨てる。この操作を更に 1 回繰り返す。

3) それぞれの水層にクロロホルム 2～3 mL を加え，緩やかに振り混ぜた後，放置してクロロホルム層を捨てる。この操作をクロロホルム層が無色になるまで繰り返して水層中の着色物を除去する。

4) クロロホルムで洗い終わった分液漏斗（B）中の水層に，硫酸（1＋35）3 mL を加える。

なお，分液漏斗（A）及び分液漏斗（B）の脚部がぬれているときには，ろ紙などで拭き取る。

d) 操作 操作は，次による。

1) **c)**の準備操作を行った分液漏斗（A）中の水層に，試料([2])の適量［$NaO_3SO(CH_2)_{11}CH_3$ として 2～50 μg を含む。］を加える。ただし，全量が 100 mL を超えないようにする。

2) クロロホルム 10 mL を加えて，緩やかに約 1 分間振り混ぜて放置し，クロロホルム層を **c)**の準備操作を行った分液漏斗（B）に移し入れる。

3) 分液漏斗（B）を緩やかに約 1 分間振り混ぜた後放置する。分液漏斗の脚部に脱脂綿を詰め，クロロホルム層を全量フラスコ 25 mL に移し入れる。

4) 再び分液漏斗（A）にクロロホルム 10 mL を加えて，**2)**及び **3)**の操作を繰り返して抽出を行い，クロロホルム層を **3)**と同様に先の全量フラスコ 25 mL に合わせ，クロロホルムを標線まで加える。

5) これを吸収セル([3])に移し，クロロホルムを対照液として波長 650 nm 付近の吸光度を測定する。

6) 空試験として水 50 mL を用い，あらかじめ **c)**の準備操作を行った分液漏斗（A）に入れ，**2)**～**5)**の操作を行って吸光度を測定し，試料について得た吸光度を補正する。

7) 検量線から陰イオン界面活性剤の量を求め，試料中の陰イオン界面活性剤の濃度［$NaO_3SO(CH_2)_{11}CH_3$ mg/L］を算出する。

注([2]) 酸性の場合には，pH 計を用いて水酸化ナトリウム溶液（40 g/L）で，また，アルカリ性の場合には，硫酸（1＋35）で pH 約 7 とする。

([3]) 吸収セル 50 mm を用いると 0.4～10 μg の陰イオン界面活性剤が定量できる。

e) 検量線 検量線の作成は，次による。

1) 陰イオン界面活性剤標準液［$NaO_3SO(CH_2)_{11}CH_3$ 10 μg/mL］0.2～5 mL を段階的にとり，あらかじめ **c)**の準備操作を行った分液漏斗に入れ，水で全量を約 100 mL とする。

2) **d) 2)**～**6)**の操作を行って陰イオン界面活性剤［$NaO_3SO(CH_2)_{11}CH_3$］の量と吸光度との関係線を作成する。

備考 1. 硝酸，シアン化物，チオシアン酸などのイオンが多量に存在すると定量を妨害する。

陽イオン界面活性剤は，陰イオン界面活性剤と強く結合するため，その共存量に応じて負の誤差を与える。しかし，通常の水ではその量は，陰イオン界面活性剤と比較して非常に少ない。

2. ミズミミズ，イトミミズなどがいる底泥付近の水では，正の誤差が生じやすい。

3. スルホン酸形陰イオン界面活性剤（LAS など）を定量するには，次の操作によってアルコール系などの陰イオン界面活性剤を加水分解し，残ったスルホン酸形陰イオン界面活性剤を **d)** の操作で定量して，ドデシル硫酸ナトリウムとして表す。

1) 試料の適量［$NaO_3SO(CH_2)_{11}CH_3$ として 4～100 μg を含む。］をすり合わせ三角フラスコにとり，**JIS K 8180** に規定する塩酸 25 mL 及び沸騰石 5～7 個を加え，水で液量を約 50 mL とした後，還流冷却器を付けて約 2 時間静かに煮沸する。

2) 放冷後，指示薬としてフェノールフタレイン溶液（5 g/L）［**15.**の**備考 2.**による。］5～7 滴を加え，溶液の色が微紅色になるまで，初めは水酸化ナトリウム溶液（400 g/L）を，中和点近くなってからは水酸化ナトリウム溶液（40 g/L）［**21. a) 3)**による。］を加えて中和し，水で 100 mL とする。

3) 以下，**c)**及び **d)**の操作を行ってスルホン酸形陰イオン界面活性剤の量を求め，試料中のスルホン酸形陰イオン界面活性剤の濃度［$NaO_3SO(CH_2)_{11}CH_3$ mg/L］を算出する。

30.1.2　エチルバイオレット吸光光度法　陰イオン界面活性剤がエチルバイオレット【*N*-［4-{ビス[4-(ジエチルアミノ)フェニル]メチレン}-2,5-シクロヘキサジエン-1-イリデン］-*N*-エチルエタンアミンイウムクロリド】と反応して生じるイオン対をトルエンに抽出して，その吸光度を測定し，ドデシル硫酸ナトリウムとして表す。

定量範囲：陰イオン界面活性剤［$NaO_3SO(CH_2)_{11}CH_3$］0.5～12.5 μg，繰返し精度：5～10 %

a)　試薬　試薬は，次による。

1)　水　JIS K 0557 に規定する **A3** の水

2)　硫酸ナトリウム溶液（1 mol/L）　JIS K 8987 に規定する硫酸ナトリウム 142 g を水に溶かして 1 L とする。

3)　酢酸-EDTA 緩衝液（pH5）　JIS K 8107 に規定するエチレンジアミン四酢酸二水素二ナトリウム二水和物 7.5 g を水に溶かして約 700 mL とする。これに **JIS K 8355** に規定する酢酸 12.5 mL を加え，pH 計を用いて pH5 になるまで水酸化ナトリウム溶液（2 mol/L）を加えた後，水を加えて 1 L とする。

4)　エチルバイオレット溶液（1 mmol/L）　エチルバイオレット(4) 0.280 g を水に溶かして 500 mL とする。

5)　トルエン　JIS K 8680 に規定するもの。

6)　陰イオン界面活性剤標準液［$NaO_3SO(CH_2)_{11}CH_3$ 1 mg/mL］　30.1.1 a) 8)による。

7)　陰イオン界面活性剤標準液［$NaO_3SO(CH_2)_{11}CH_3$ 10 μg/mL］　30.1.1 a) 9)による。

8)　陰イオン界面活性剤標準液［$NaO_3SO(CH_2)_{11}CH_3$ 0.5 μg/mL］　陰イオン界面活性剤標準液［$NaO_3SO(CH_2)_{11}CH_3$ 10μg/mL］10 mL を全量フラスコ 200 mL にとり，水を標線まで加える。使用時に調製する。

注(4)　エチルバイオレットは，塩化亜鉛 $\frac{1}{2}$ モルが付加した複塩を用いる。この複塩以外を用いる場合には，その濃度が 1 mmol/L になる量をとって調製する。また，**c) 7)**の空試験の操作を行ったときの吸光度の値が大きい（0.04 程度以上）場合には，別のロットのエチルバイオレットを用いて調製し直す。

b) 器具及び装置　器具及び装置は，次による。

1) 分液漏斗　200 mL

2) 光度計　分光光度計又は光電光度計

c) 操作　操作は，次による。

1) 試料の適量［$NaO_3SO(CH_2)_{11}CH_3$ として 0.5〜12.5 µg を含む。］を分液漏斗にとり，水を加えて 100 mL とする。

2) これに硫酸ナトリウム溶液（1 mol/L）5 mL，酢酸-EDTA 緩衝液（pH5）5 mL 及びエチルバイオレット溶液（1 mmol/L）2 mL を加える。

3) トルエン 5 mL（又は 10 mL）を加え，約 10 分間振り混ぜる([5])。

4) 静置し，水層約 100 mL を捨てる。

5) 更に静置し，トルエン層が完全に分離したら水層を捨てる。

6) トルエン層を吸収セルに移し，トルエンを対照液として波長 611 nm 付近の吸光度を測定する。

7) 空試験として水 100 mL を用い，**2)**〜**6)**の操作を行って吸光度を測定し，試料について得た吸光度を補正する。

8) 検量線から陰イオン界面活性剤の量を求め，試料中の陰イオン界面活性剤の濃度［$NaO_3SO(CH_2)_{11}CH_3$ mg/L］を算出する。

注([5])　振り混ぜ時間が 5 分間程度だと吸光度が幾分低くなるので，振り混ぜ時間約 10 分間を守る。

d) 検量線　検量線の作成は，次による。

1) 陰イオン界面活性剤［$NaO_3SO(CH_2)_{11}CH_3$ 0.5 µg/mL］1〜25 mL を段階的に分液漏斗にとり，水を加えて 100 mL とする。

2) **c) 2)**〜**7)**の操作を行って，陰イオン界面活性剤［$NaO_3SO(CH_2)_{11}CH_3$］の量と吸光度との関係線を作成する。

備考 4.　海水，又は海水が混入した試料のように多量の塩化物イオンが共存すると，その一部がエチルバイオレットとイオン対を生成し，トルエンに抽出されて吸光度を増加させる。このような試料の場合は，**c) 4)**及び **5)**の操作を行った後も，器壁に付着物が残るが，トルエン層を小形の分液漏斗に移し入れ，エチルバイオレット－硫酸ナトリウム溶液［エチルバイオレット溶液（1 mmol/L）7.5 mL をとり，**JIS K 8987** に規定する硫酸ナトリウム 5 g を加え，水で 500 mL とする。］20 mL を加え，約 1 分間振り混ぜる。放置した後，水層の大部分を捨て，再び静置してトルエン層が完全に分離したら水層を捨てる。次に，**c) 6)**〜**8)**の操作を行う。

5.　硝酸イオンは，NO_3^- 1 mg/L 程度までは妨害しないが，それ以上共存すると正の誤差を与える。

通常の河川水などに含まれるその他のイオンは妨害しない。

陽イオン界面活性剤は，陰イオン界面活性剤と強く結合するため，その共存量に応じて負の誤差を与える。しかし，通常の水ではその量は，陰イオン界面活性剤と比較して非常に少ない。

30.1.3 溶媒抽出-フレーム原子吸光法　陰イオン界面活性剤を，カリウムを取り込んだジベンゾ-18-クラウン-6 とイオン対とし，これを 4-メチル-2-ペンタノンに抽出し，抽出溶液中のカリウムをフレーム原子吸光法で定量し，ドデシル硫酸ナトリウムとして表示する。

定量範囲：陰イオン界面活性剤［$NaO_3SO(CH_2)_{11}CH_3$］2.5〜50 µg，繰返し精度：2〜10 %

a) 試薬　試薬は，次による。

1) **水**　**JIS K 0557** に規定する **A3** の水

2) **硫酸カリウム（20 mmol/L）-酢酸アンモニウム（50 mmol/L）混合溶液**　**JIS K 8962** に規定する硫酸カリウム3.5 gと **JIS K 8359** に規定する酢酸アンモニウム3.9 gとを水に溶かして約700 mLとし，pH計を用いて硫酸（1＋35）［**30.1.1 a**］　**2**］による。］を加えpH5として水で1 Lとする。

3) **硫酸カリウム（4 mmol/L）-酢酸アンモニウム（10 mmol/L）混合溶液**　硫酸カリウム（20 mmol/L）-酢酸アンモニウム（50 mmol/L）混合溶液200 mLを水で薄めて1 Lとする。

4) **ジベンゾ-18-クラウン-6の4-メチル-2-ペンタノン溶液（0.5 mmol/L）**　精製したジベンゾ-18-クラウン-6 (6) 90 mgを **JIS K 8903** に規定する4-メチル-2-ペンタノン500 mLに溶かす。

5) **陰イオン界面活性剤標準液［$NaO_3SO(CH_2)_{11}CH_3$ 1 mg/mL］**　**30.1.1 a) 8)** による。

6) **陰イオン界面活性剤標準液［$NaO_3SO(CH_2)_{11}CH_3$ 5 μg/mL］**　陰イオン界面活性剤標準液［$NaO_3SO(CH_2)_{11}CH_3$ 1 mg/mL］5 mLを全量フラスコ1 000 mLにとり，水を標線まで加える。使用時に調製する。

注(6)　ジベンゾ-18-クラウン-6の精製は，次による。

ジベンゾ-18-クラウン-6約2.5 gを **JIS K 8858** に規定するベンゼン約200 mL中に加え，水浴上で加熱して溶かす。これをガラスろ過器（1G3）で吸引ろ過する。ろ液が冷えると直ちに結晶が生成するが，再び水浴上で加熱して溶かし，吸引ろ過する。この操作を結晶が白くなるまで行った（2，3回）後，ろ液を冷却し，吸引ろ過する。

b) **器具及び装置**　器具及び装置は，次による。

1) **分液漏斗**　100 mL

2) **フレーム原子吸光分析装置**　**JIS K 0121** に規定するフレーム原子吸光分析装置で，測定対象元素用の光源を備えたもの。

c) **操作**　操作は，次による。

1) 試料の適量［$NaO_3SO(CH_2)_{11}CH_3$ として2.5〜50 μgを含む。］を分液漏斗100 mLにとり，硫酸カリウム（20 mmol/L）-酢酸アンモニウム（50 mmol/L）混合溶液10 mLを加え，水で液量を50 mLとする。

2) ジベンゾ-18-クラウン-6の4-メチル-2-ペンタノン溶液（0.5 mmol/L）10 mLを加え，約1分間振り混ぜる。

3) 静置後水層を捨て，硫酸カリウム（4 mmol/L）-酢酸アンモニウム（10 mmol/L）混合溶液25 mLを加えて振り混ぜ，静置し，水層を捨てる。

4) 4-メチル-2-ペンタノン層をアセチレン-空気フレーム中に導入し，波長766.5 nmの指示値(7)を読み取る。

5) 検量線から陰イオン界面活性剤の量を求め，試料中の陰イオン界面活性剤の濃度［$NaO_3SO(CH_2)_{11}CH_3$ mg/L］を算出する。

注(7)　吸光度又はその比例値。

d) **検量線**　検量線の作成は，次による。

1) 陰イオン界面活性剤［$NaO_3SO(CH_2)_{11}CH_3$ 5 μg/mL］0.5〜10 mLを分液漏斗に段階的にとる。

2) **c) 1)**〜**4)** の操作を行って陰イオン界面活性剤［$NaO_3SO(CH_2)_{11}CH_3$］の量と指示値との関係線を作成する。検量線の作成は，試料測定時に行う。

備考 6.　カルシウム及びマグネシウムは，それぞれ500 mg程度まで共存しても影響しない。ナトリウムは50〜70 mgの共存でも，一部がジベンゾ-18-クラウン-6に取り込まれ，陰イオン界面活性剤とイオン対を作って抽出され，そのまま噴霧すると負の誤差を生じるが，抽出分離後の溶媒層を **c) 3)**の硫酸カリウム（4 mmol/L）-酢酸アンモニウム（10 mmol/L）混合溶液と振り混ぜることによって，ナトリウムはカリウムに置換され，妨害は除かれる。

陽イオン界面活性剤は，陰イオン界面活性剤と強く結合するため，その共存量に応じて負の誤差を生じる。しかし，通常の水ではその量は，陰イオン界面活性剤と比較して非常に少ない。非イオン界面活性剤は 400 μg 程度共存しても妨害しない。

30.1.4 流れ分析法 試料中の陰イオン界面活性剤を，**30.1.1** と同様な原理で発色させる流れ分析法によって定量する。

定量範囲：陰イオン界面活性剤［$NaO_3SO(CH_2)_{11}CH_3$］0.02～5 mg/L

試験操作などは，**JIS K 0170-8** による。ただし，**JIS K 0170-8** の **6.3.2**（1,2-ジクロロエタン抽出 FIA 法）の方法は除く。

30.2 非イオン界面活性剤 非イオン界面活性剤には，ポリオキシエチレンアルキルエーテル類，ポリオキシエチレンアルキルフェノールエーテル類，ポリオキシエチレンアルキルエステル類，ポリオキシエチレンソルビタンアルキルエステル類などがある。

非イオン界面活性剤の定量には，前処理（イオン交換分離）を行った試料について，テトラチオシアナトコバルト（II）酸吸光光度法又はチオシアン酸鉄（III）吸光光度法を適用する。

30.2.1 テトラチオシアナトコバルト（II）酸吸光光度法 非イオン界面活性剤とテトラチオシアナトコバルト（II）酸アンモニウムとの錯体をベンゼンで抽出して，紫外部の吸光度を測定し，ヘプタオキシエチレンドデシルエーテルとして表示する。

定量範囲：非イオン界面活性剤［$CH_3(CH_2)_{11}O(CH_2CH_2O)_7H$］0.1～2 mg，繰返し精度：3～10 %

a) 試薬 試薬は，次による。

1) 水 **JIS K 0557** に規定する **A3** の水

2) 塩酸（1＋11） **JIS K 8180** に規定する塩酸を用いて調製する。

3) 水酸化ナトリウム溶液（40 g/L） **21. a) 3)**による。

4) テトラチオシアナトコバルト（II）酸アンモニウム溶液 **JIS K 9000** に規定するチオシアン酸アンモニウム 310 g と **JIS K 8552** に規定する硝酸コバルト(II) 六水和物 140 g とを水に溶かして 500 mL とする。空試験値が高い場合は，これを分液漏斗 1 000 mL に移し，**JIS K 8858** に規定するベンゼン 50 mL を加えて激しく振り混ぜて放置する。ベンゼン層を捨て，再びベンゼン 50 mL を加えて振り混ぜ，放置する。ベンゼン層を捨て，水層を乾いたろ紙でろ過し，ベンゼンの小滴を除く。

5) 塩化ナトリウム **JIS K 8150** に規定するもの。

6) 硫酸ナトリウム **JIS K 8987** に規定するもの。

7) エタノール（95） **JIS K 8102** に規定するもの。

8) エタノール［体積分率 50 %］ 水 1 容に，エタノール（95）1 容を加えて調製する。

9) ベンゼン **JIS K 8858** に規定するもの。

10) 強酸性陽イオン交換樹脂 低架橋度（ジビニルベンゼン含量 4～6 %）で粒子径 300～1 180 μm のもの。$R\text{-}Na^+$形。次のように精製して用いる。

— 強酸性陽イオン交換樹脂 250 mL を，内径 40～50 mm，高さ約 1 000 mm のカラム（ガラス製又はアクリル樹脂製）に水とともに流し入れ，気泡が混入しないように充塡する。

— 塩酸（1＋11）2 L を約 5 L/(L-樹脂·h)（約 20 mL/min）([8])で流した後，水 1 L を同様に流して洗浄する。

－　次に，水酸化ナトリウム溶液（40 g/L）1 L を約 5 L/(L-樹脂·h)（約 20 mL/min）([8])で流し，水 1 L を同様に流して洗浄する。

－　さらに，塩酸（1＋11）1 L と水酸化ナトリウム溶液（40 g/L）1 L とを同様に流して洗浄する。

－　次に，フェノールフタレイン溶液（5 g/L）（**15.**の**備考 2.**による。）の紅色がほとんど認められなくなるまで水で洗浄する［約 20 L/(L-樹脂·h)（約 80 mL/min）([8])で流す。］。

11) **強塩基性陰イオン交換樹脂（I 形）**　低架橋度（ジビニルベンゼン含量 4～6 %）で粒子径 300～1 180 μm のもの。R-Cl⁻形。次のように精製して用いる。

－　強塩基性陰イオン交換樹脂（I 形）500 mL を，内径 40～50 mm，高さ約 1 000 mm のカラム（ガラス製又はアクリル樹脂製）に水とともに流し入れ，気泡が混入しないように充填する。

－　水酸化ナトリウム溶液（40 g/L）2 L を約 5 L/(L-樹脂·h)（約 40 mL/min）([8])で流した後，水約 2 L を同様に流して洗浄する。

－　次に，塩酸（1＋11）2 L を約 5 L/(L-樹脂·h)（約 40 mL/min）で流した後，水約 2 L を同様に流して洗浄する。

－　さらに，水酸化ナトリウム溶液（40 g/L）2 L と塩酸（1＋11）2 L とを同様に流して洗浄する。

－　次に，メチルレッド-ブロモクレゾールグリーン混合溶液［**15.**の**注**([1])による。］に対して青い色になるまで水で洗浄する［約 20 L/(L-樹脂·h)（約 160 mL/min）([8])で流す。］。

12) **非イオン界面活性剤標準液［$CH_3(CH_2)_{11}O(CH_2CH_2O)_7H$ 0.1 mg/mL］**　ヘプタオキシエチレンドデシルエーテル([9])をその 100 %に対して 0.100 g をはかりとり，水に溶かして全量フラスコ 1 000 mL に移し入れ，水を標線まで加える。使用時に調製する。

注([8])　このカラムを用いたときの流量。

([9])　品質を確認する場合には，日本油化学協会で定めた試験方法による。

b) **器具及び装置**　器具及び装置は，次による。

1) **分液漏斗**　200 mL

2) **イオン交換樹脂カラム**　**図 30.1** に例を示す。

2.1) **イオン交換樹脂カラムの作り方**　イオン交換樹脂カラムの作り方は，次による。

－　強酸性陽イオン交換樹脂と強塩基性陰イオン交換樹脂（I 形）とを体積比で 1：2 になるようにとる。

－　水を加えてよく混合しながら，気泡が混入しないように**図 30.1** のガラス管に充填し，イオン交換樹脂柱の高さを約 200 mm に調節する。

－　エタノール［体積分率 50 %］100 mL を流す。

－　このイオン交換樹脂カラムは，数回繰り返し使用してもよい。

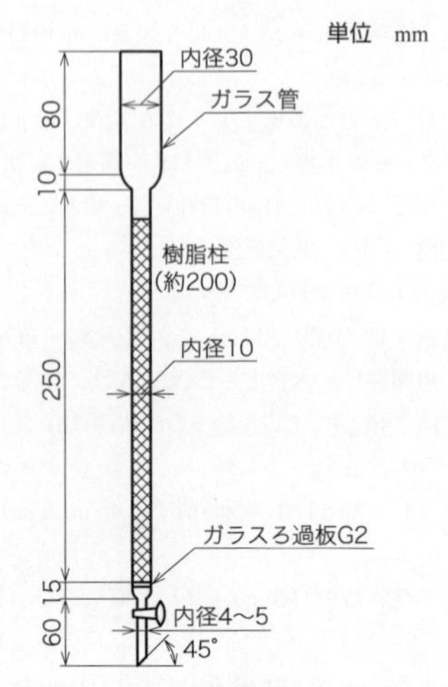

図 30.1　イオン交換樹脂カラムの例

3) **光度計**　分光光度計

4) **吸収セル**　石英ガラス製又はこれと同等の品質のもの。

c) **前処理**　前処理は，次による。

1) 試料([10]) 100 mL をとり，エタノール（95）100 mL を加えて振り混ぜる。

2) この溶液をイオン交換樹脂カラムに 10～15 L/(L-樹脂·h)（2.6～3.9 mL/min）で流し，流出液をビーカー500 mL に受ける。

3) イオン交換樹脂カラムのイオン交換樹脂柱の上部に液面が近づいたら，エタノール［体積分率 50 %］100 mL を少量ずつ加え，イオン交換樹脂カラム内の試料を流出させる。流出液は **2)**のビーカー500 mL に合わせる。

4) 流出液を沸騰水浴上で約 30 mL になるまで濃縮する。

5) 放冷後，この溶液を全量フラスコ 100 mL に移し入れ，水を標線まで加える。

注([10]) 酸性の場合には，水酸化ナトリウム溶液（40 g/L）で，また，アルカリ性の場合には，塩酸（1＋11）で pH 計を用いて pH 約 7 とする。

d) **操作**　操作は，次による。

1) **c) 5)**の溶液の適量［$CH_3(CH_2)_{11}O(CH_2CH_2O)_7H$ として 0.1～2 mg を含む。］を分液漏斗 200 mL にとり，水で 100 mL とする。

2) テトラチオシアナトコバルト（II）酸アンモニウム溶液 15 mL と塩化ナトリウム([11]) 35 g とを加えて約 1 分間振り混ぜた後，約 15 分間放置する。

3) ベンゼン([12]) 25 mL を加えて約 3 分間激しく振り混ぜ，放置する。

4) 水層を捨て，ベンゼン層をビーカーに移し，硫酸ナトリウム約 5 g を加えて振り混ぜ，脱水する。

5) これを吸収セルに移し，水 100 mL について，**2)**～**4)**の操作を行ったベンゼンを対照液とし，波長 322 nm 付近の吸光度を測定する。

6) 空試験として **1)**と同量の **c) 5)**の溶液を分液漏斗 200 mL にとり，水で 100 mL とし，**2)**のテトラチオシアナトコバルト（II）酸アンモニウム溶液 15 mL の代わりに水 15 mL を用い，**2)**～**4)**の操作を行った後，ベンゼンを対照液として波長 322 nm 付近の吸光度を求め，試料について得た吸光度を補正する。

7) 検量線から非イオン界面活性剤の量を求め，試料中の非イオン界面活性剤の濃度［$CH_3(CH_2)_{11}O(CH_2CH_2O)_7H$ mg/L］を算出する。

注(11) 塩化カリウムを用いてもよい。

(12) 1,2-ジクロロエタン又はトルエンを用いてもよい。また，抽出に用いるベンゼン，1,2-ジクロロエタン及びトルエンの量を 10 mL にしてもよい。ただし，これらの溶媒による場合は，**a) 4)**のテトラチオシアナトコバルト（II）酸アンモニウム溶液の処理にベンゼンの代わりにこれらを用いる。

e) 検量線 検量線の作成は，次による。

1) 非イオン界面活性剤標準液［$CH_3(CH_2)_{11}O(CH_2CH_2O)_7H$ 0.1 mg/mL］1～20 mL を分液漏斗 200 mL に段階的にとり，水を加えて 100 mL とする。

2) **d) 2)～5)**の操作を行って非イオン界面活性剤［$CH_3(CH_2)_{11}O(CH_2CH_2O)_7H$］の量と吸光度との関係線を作成する。

備考 7. ポリエチレングリコールが共存すると非イオン界面活性剤として定量値に含まれて誤差となるので，**JIS K 8810** に規定する 1-ブタノール又は **JIS K 8900** に規定する 2-ブタノン（エチルメチルケトン）であらかじめ抽出除去した後，**c)**の前処理を行う。

備考 8. 陰イオン界面活性剤及び陽イオン界面活性剤が共存しない場合には，**c)**の前処理を省略することができる。

9. 非イオン界面活性剤の濃度が $CH_3(CH_2)_{11}O(CH_2CH_2O)_7H$ 1 mg/L 以下の場合には，次のように濃縮した後，操作する。

1) 試料 500 mL につき塩化ナトリウム 50 g と **JIS K 8625** に規定する炭酸ナトリウム 2.5 g とを加えて溶かし，分液漏斗 1 000 mL に移し，**JIS K 8361** に規定する酢酸エチル 25 mL を加えて約 2 分間激しく振り混ぜて放置する。

2) 分離した酢酸エチル層をビーカーに移し，水層には酢酸エチル 25 mL を加えて再び抽出を繰り返す。分離した酢酸エチル層を先のビーカーに合わせる。

3) 酢酸エチル層を水浴上で加熱して酢酸エチルを揮発除去し，少量のメタノールを加えて溶かし，水を加えて一定体積とした後，**c)**の前処理を行って定量する。

30.2.2 チオシアン酸鉄（III）吸光光度法 非イオン界面活性剤を塩化ナトリウムの共存下でトルエンに抽出した後，トルエン層に塩化鉄（III）溶液とチオシアン酸カリウム溶液とを加えて生成する非イオン界面活性剤とチオシアン酸鉄（III）カリウムとの錯体の吸光度を測定し，ヘプタオキシエチレンドデシルエーテルとして表示する。

定量範囲：非イオン界面活性剤［$CH_3(CH_2)_{11}O(CH_2CH_2O)_7H$］0.02～0.2 mg，繰返し精度：3～10 %

a) 試薬 試薬は，次による。

1) 水 **JIS K 0557** に規定する **A3** の水

2) 塩化鉄（III）溶液（1 mol/L） **JIS K 8142** に規定する塩化鉄（III）六水和物 27 g を水に溶かし，水を加えて全量を 100 mL とする。

3) チオシアン酸カリウム溶液（8 mol/L） **JIS K 9001** に規定するチオシアン酸カリウム 77.7 g を水に溶かし，水を加えて全量を 100 mL とする。

4) 塩化ナトリウム溶液（2 mol/L） **JIS K 8150** に規定する塩化ナトリウム 11.7 g を水に溶かし，水を加えて全量を 100 mL とする。

5) **非イオン界面活性剤標準液［$CH_3(CH_2)_{11}O(CH_2CH_2O)_7H$ 0.01 mg/mL］** **30.2.1** の **a) 12)**の非イオン界面活性剤標準液［$CH_3(CH_2)_{11}O(CH_2CH_2O)_7H$ 0.1 mg/mL］10 mL を全量フラスコ 100 mL にとり，水を標線まで加える。使用時に調製する。

6) **トルエン** **JIS K 8680** に規定するもの。

b) **器具及び装置** 器具及び装置は，**30.2.1 b)**による。

c) **前処理** 前処理は，**30.2.1 c)**による。

d) **操作** 操作は，次による。

1) **c)** の前処理後の溶液の適量［$CH_3(CH_2)_{11}O(CH_2CH_2O)_7H$ として 0.02〜0.2 mg を含む。］を分液漏斗 200 mL にとり，水で 100 mL とする。

2) 塩化ナトリウム溶液（2 mol/L）5 mL とトルエン 10 mL とを加えて約 2 分間振り混ぜた後，約 30 分間放置する。このとき，エマルションなどが生じ，トルエン層と水層との分離が悪い場合は，固体の塩化ナトリウムを添加する。

3) 水層を捨て，トルエン層にチオシアン酸カリウム溶液（8 mol/L）5 mL，塩化鉄（III）溶液（1 mol/L）5 mL，塩化ナトリウム溶液（2 mol/L）1 mL とを加えて，約 2 分間振り混ぜる。約 10 分間放置した後，水層を捨てる。

4) トルエン層を吸収セルに移し，水 100 mL について，**2)**〜**3)**の操作を行ったトルエンを対照液とし，波長 510 nm 付近の吸光度を測定する。

5) 検量線から非イオン界面活性剤の量を求め，試料中の非イオン界面活性剤の濃度［$CH_3(CH_2)_{11}O(CH_2CH_2O)_7H$ mg/L］を算出する。

e) **検量線** 検量線の作成は，次による。

1) 非イオン界面活性剤標準液［$CH_3(CH_2)_{11}O(CH_2CH_2O)_7H$ 0.01 mg/mL］2〜20 mL を分液漏斗 200 mL に段階的にとり，水を加えて 100 mL とする。

2) **d) 2)**〜**4)**の操作を行って，非イオン界面活性剤［$CH_3(CH_2)_{11}O(CH_2CH_2O)_7H$］の量と吸光度との関係線を作成する。

備考 10. ポリエチレングリコールが共存する場合は，**備考 7.**による。

11. 陰イオン界面活性剤及び陽イオン界面活性剤が共存しない場合は，**備考 8.**による。

界面活性剤には，極めて多くの種類があり，水溶液中で親水基が解離して生じるイオンの種類によって，陽イオン界面活性剤，陰イオン界面活性剤，両性イオン界面活性剤及び解離しない非イオン界面活性剤に大別している。

これらの界面活性剤は，洗剤及び乳化剤のほか，多くの用途があり，工業用又は家庭用に広く用いられている。2016 年の界面活性剤の生産量の 54.4%が非イオン界面活性剤で，陰イオン界面活性剤は 37.1%である[1)]。

規格では，陰イオン界面活性剤，非イオン界面活性剤の試験方法について規定している。なお，**規格**の**附属書 1**(**参考**)**補足 V.** として，陽イオン界面活性剤の試験方法が記載されている。

30.1　陰イオン界面活性剤[2)～9)]

30.1.1　メチレンブルー吸光光度法[2),3)]

陰イオン界面活性剤は，陽イオン性の色素とイオン会合体を生成してクロロホルムなどの有機溶媒に抽出される。この性質を利用して，陽イオン性の色素であるメチレンブルーを用い，クロロホルムで抽出定量する。

1.　試　薬

（1）　メチレンブルーは，図 30.1 に示す化合物で，不純物（酸化生成物）としてメチレンアズールA及びBを含み，そのままでは空試験値を与える。このため，試験操作の初めに，アルカリ性四ほう酸ナトリウム溶液にメチレンブルー溶液（0.25 g/L）を加え，クロロホルム層が着色しなくなるまでクロロホルムで洗浄し，メチレンブルー中の不純物及び試薬溶液中の空試験値を与える物質を除去する。なお，JIS K 8897 に規定するメチレンブルーは三水和物であり，その 0.3 g を水に溶解して 1 L とすると規定濃度（0.25 g/L）となる。

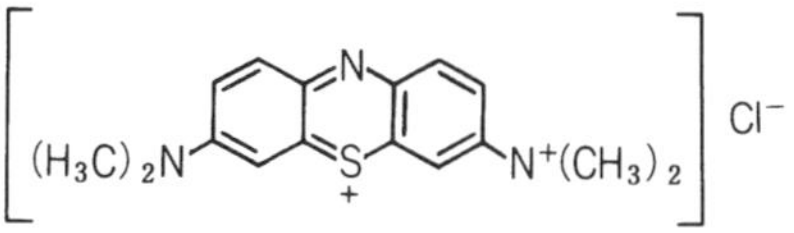

$(H_3C)_2N$　N　S^+　$N^+(CH_3)_2$　Cl^-

図 30.1　メチレンブルー

（2）　陰イオン界面活性剤標準液に用いるドデシル硫酸ナトリウムは，1998 年までの規格では純度及び平均分子量の確認をする場合の方法について規定されていたが，それらの分かった試薬が入手できるので削除された。**規格の附属書 1（参考）補足Ⅳ.** にその方法が残されている。

2.　操　作

（1）　クロロホルムには通常，安定剤としてエタノール約 0.3～1 vol%が添加されているが，エタノールの含有量が変わると（2 vol%までは影響しない），イオン会合体の抽出率が変わることがあるので，クロロホルムのロットが変わった場合には，検量線を再確認する。

（2）　この方法は抽出率が十分に大きくないため，抽出を 2 回行う必要があり，最終のクロロホルムの体積が大きくなる。また，使用する試料の量を大きくできないこともあり，試料についての定量下限濃度は低くない，**規格**の**30.1.1**～**30.1.3**の各方法の操作の条件と，定量される濃度範囲を表30.1に示す。

表30.1　試験方法の定量範囲の比較[5]（流れ分析法を除く）

試験方法	定量範囲 μg	試　料 mL	抽出溶媒 mL	感　度	
				溶媒中 mg/L	試料中 mg/L
MB	2　～50	35	25	0.08～2.0	0.057～1.43
EV	0.5～12.5	100	5	0.10～2.5	0.005～0.125
抽出-AAS	2.5～50	40	10*	0.25～5.0	0.063～1.25

*相互溶解により体積が減少する。

（**3**）　メチレンブルーと結合してクロロホルムに抽出されるものに，シアン化物イオン，チオシアン酸イオン及び硝酸イオンがある。しかし，これらは，**規格**の**30.1.1 d)2)**及び**3)**による操作で酸洗浄が行われることによって除去される。

（**4**）　残留塩素などの酸化性物質は，負の誤差を与えるので，あらかじめ，亜硫酸ナトリウム溶液（10 g/L）を当量になるように加えて還元する。また，硫化物イオンなどの還元性物質に対しては，過酸化水素（1+100）を当量まで加えて酸化する。

（**5**）　陽イオン界面活性剤は，陰イオン界面活性剤と安定なイオン会合体をつくるため妨害する。検討例を図30.2に示す。ただし，通常の試料では共存量は少ないので，**規格**の**30.**では，その除去操作は行っていない。

（**6**）　フェノール類，ペンタクロロフェノール，その他芳香族スルホン酸塩類などは妨害する。

（**7**）　河床近くの水又は河床の泥を多量に含む水の場合は，イトミミズ，ミズミミズなどがもつ物質の混入によって正の誤差が生じることがある。

（**8**）　抽出操作でエマルションが生成し，クロロホルムの層の分離ができないことがある。このような場合には，エマルションの部分をクロロホルム層とともに遠心沈殿管50 mLに移し，遠心分離（約2 000 min^{-1}で約5分間）してクロロホルム層を分離する。

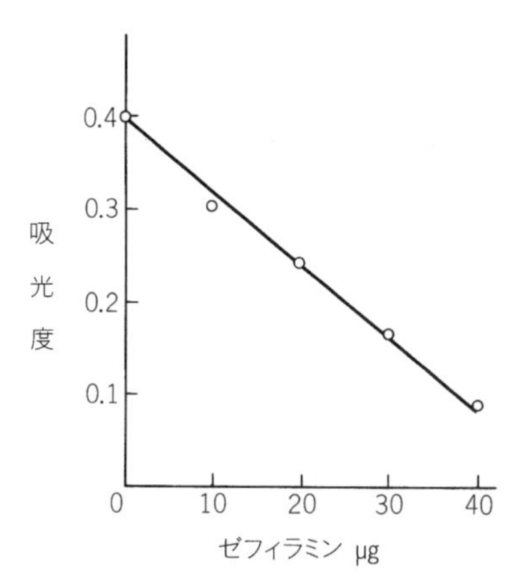

図 30.2　陽イオン界面活性剤の影響

（9）　アルコール系及び硫酸エステル系などの陰イオン界面活性剤は加水分解できるので，**規格の 30. 備考 3.** によって，加水分解後，定量すれば，スルホン酸形陰イオン界面活性剤が定量できる。

（10）　吸収曲線と検量線の一例を図 30.3 及び図 30.4 に示す。

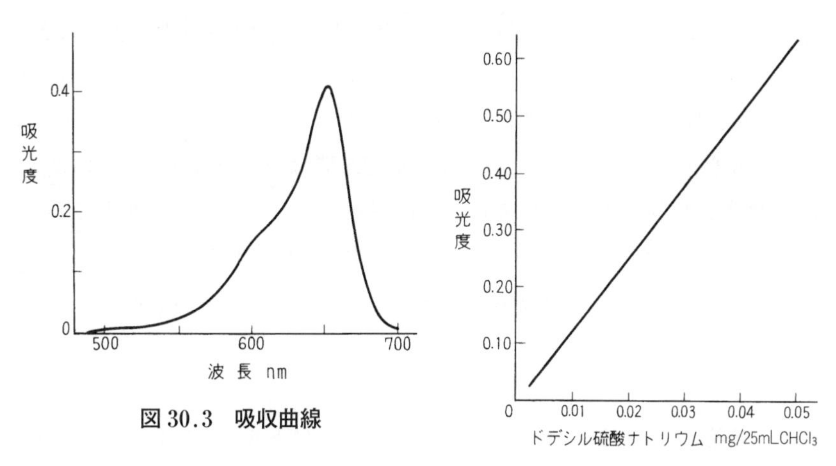

図 30.3　吸収曲線

図 30.4　検 量 線

30.1.2　エチルバイオレット吸光光度法[6)～8)]

陰イオン界面活性剤と陽イオン性色素であるエチルバイオレットとで生じるイオン会合体をトルエンで抽出して吸光光度定量する。

1.　試　薬

（**1**）　エチルバイオレットは図 30.5 の構造をもち，通常は，塩化亜鉛 1/2 モルを付加した複塩として市販されている。

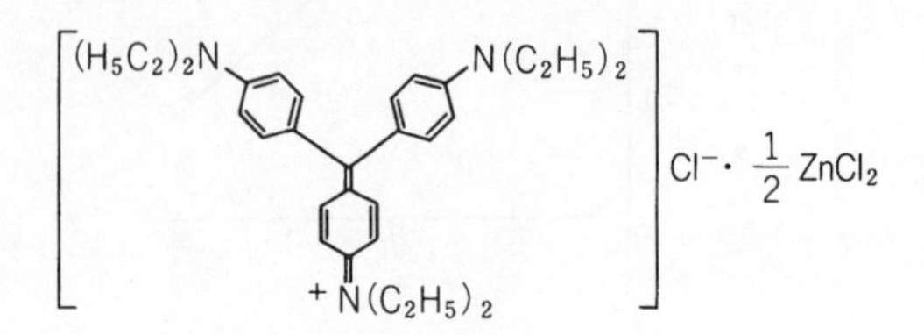

図 30.5　エチルバイオレット

2.　操　作

（**1**）　エチルバイオレットは精製の必要はなく，市販品を水に溶かして使用する。その場合の空試験での吸光度は小さく 0.01～0.02 程度である。空試験値が 0.04 以上の場合は，別のロットの試薬を使う。

（**2**）　この方法は抽出率が高いので，多量の試料から少量のトルエンに抽出でき，濃縮率が高くなる。また，エチルバイオレットのモル吸光係数も大きいので，表 30.1 に示すように高い感度が得られる。

（**3**）　抽出時の溶液の pH 3.5～6.5 で一定の吸光度が得られ，pH 5.0 の酢酸塩緩衝液を用いる。抽出のための振り混ぜ時間は約 5 分間以上ならばよい。EDTA は水酸化物を生じる金属元素が存在する場合を考慮して加えている。硫酸ナトリウムは水層と有機層の分離をよくするために加える。

（**4**）　抽出時の溶液中のエチルバイオレットの濃度は約 20 μmol/L となる。これ以上でもよいが，濃度を高くすると塩化物イオンの影響除去の操作が行いにくくなる。

（**5**）　**規格**の **30.1.2 c**) 4) 及び **5**) に示すようにトルエンに抽出，静置後，水層の大部分を捨てた後，さらに静置し，再び水層を捨てる。1 回目の分離操作では，分液漏斗の器壁に水滴が残るので，できるだけこれを除く操作である。1回目の分離操作後，水層を渦巻くようにすると水滴が集まりやすい。

（**6**）　通常の水に含まれるほとんどのイオンは妨害しないが，硝酸イオン 20 μmol/L (約 1 mg/L) 以上では僅かに吸光度の増加がみられる。また，海水のように塩化物イオン濃度の高い場合は，その一部がエチルバイオレットとイオン会合体をつくって抽出され吸光度を与える。この場合は，**規格**の **30. 備考 4.** に示すように，抽出分離後のトルエン層をエチルバイオレット（15 μmol/L)-硫酸ナトリウム（10 g/L）の溶液で洗浄する。ただし，そのような試料では，**規格**の **30.1.2 c**) **4**) 及び **5**) の操作によって水層を捨てた後も分液漏斗の器壁には多量の付着物が残り，これにエチルバイオレットと塩化物イオンが含まれるため，残ったトルエン層を直接洗浄しても好結果は得られない。このため，水層を捨てたら，トルエン層を別の小形の分液漏斗に移してからエチルバイオレット（15 μmol/L)-硫酸ナトリウム（10 g/L）の溶液で洗浄する。この洗浄による塩化物イオンの妨害除去の検討例を図 30.6 に示す。

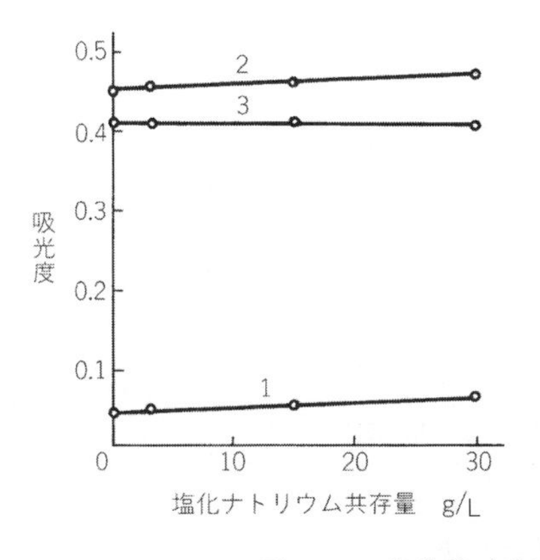

図 30.6　塩化物イオンの影響 [8)]

この洗浄で，硝酸イオンによる妨害も除かれると考えられるが，陽イオン界面活性剤の妨害は，本書 30.1.1 の 2.(5) で述べたメチレンブルー吸光光度法の場合と同様に除去できない。

（**7**） 吸収曲線と検量線の一例を図 30.7 及び図 30.8 に示す。

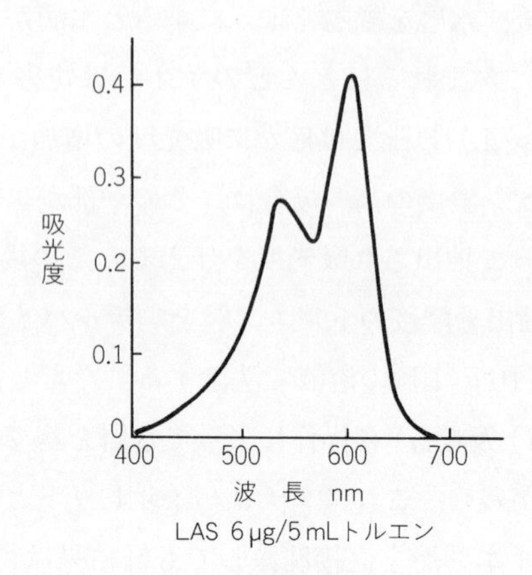

図 30.7 吸収曲線 [8)]

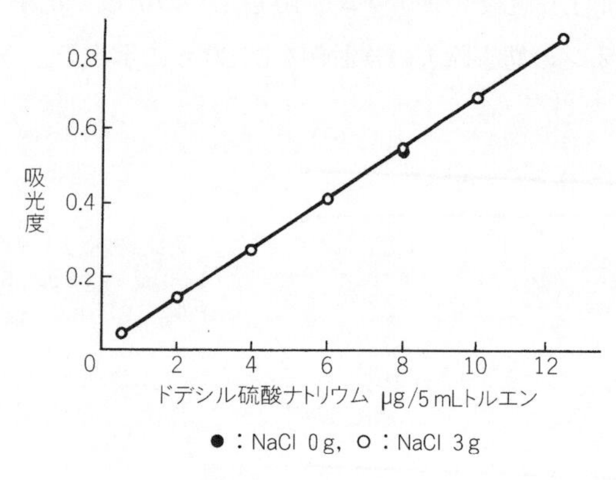

図 30.8 検 量 線 [8)]

30.1.3 溶媒抽出-フレーム原子吸光法 [9)]

陰イオン界面活性剤を，カリウムを取り込んだジベンゾ-18-クラウン-6（以下，DBC-6 という）とのイオン会合体として 4-メチル-2-ペンタノンで抽出し，フレーム中に噴霧してカリウムを原子吸光定量して陰イオン界面活性剤の濃度を求める。

1.　試　薬

（1）　DBC-6は図30.9に示すクラウンエーテルである。クラウンエーテルは，そのポリエーテル環の大きさに合った陽イオンを選択的に取り込み，陰イオンとイオン会合体をつくって有機溶媒に可溶となる。

DBC-6の空孔内径は0.26～0.32 nm，カリウムイオンの直径は0.266 nmで空孔に適合する。ちなみに，リチウムイオン，ナトリウムイオンの直径は，それぞれ0.120 nm，0.190 nmである。

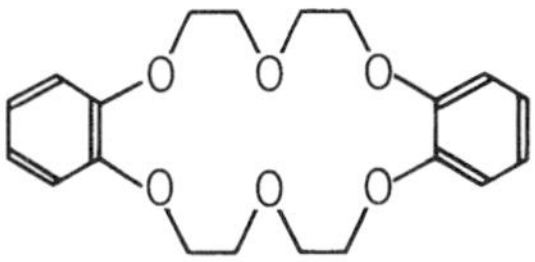

$C_{20}H_{24}O_6 = 360.41$

図30.9　ジベンゾ-18-クラウン-6

DBC-6は白い結晶であるが，試薬が着色している場合は，**規格**の**30.注**(6)に示すように，DBC-6のベンゼンに対する溶解度が温度によって著しく異なることを利用して精製する。

2.　操　作

（1）　抽出時の溶液のpH 4～7で一定の吸光度（指示値）が得られる。緩衝作用をもたせるための酢酸アンモニウム溶液の添加によってpHは約5となる。**規格**の**30.1.3 c**）の操作としては，カリウム源としての硫酸カリウムと酢酸アンモニウムの混合溶液として添加する。

また，このときのカリウムイオンは20 mmol/Lの溶液5 mL（カリウムイオンとして約8 mg）以上の添加で一定の吸光度が得られる。**規格**の**30.1.3 c**)**1**）の操作ではこの濃度の溶液10 mLが添加されるようになる。

（2）　振り混ぜは30秒間で十分で，1回の抽出で陰イオン界面活性剤はほぼ完全に抽出される。また，液層の分離は良好で，1分間の静置でよい。

（3）　4-メチル-2-ペンタノンは水と相互溶解する。このため，抽出後の4-メチル-2-ペンタノン層の体積は減少する。したがって，抽出操作時には，試料の体積を一定にしておく必要がある。分液漏斗に印を付けておくなどする。

抽出後の4-メチル-2-ペンタノン層を一定体積とする方法，あらかじめ試料に4-メチル-2-ペンタノンを飽和させておくなどの方法も考えられるが，操作を簡便とするため，規格ではその方法は用いられていない。

（**4**） ナトリウムイオン（及びリチウムイオン）が共存すると，その一部がDBC-6に取り込まれ，これが陰イオン界面活性剤とイオン会合体をつくって4-メチル-2-ペンタノン層に抽出される。この結果，これに対応する量だけ負の誤差となる。

この妨害を除くため，**規格**の**30.1.3**の操作では，抽出後の4-メチル-2-ペンタノン層を低い濃度の硫酸カリウム-酢酸アンモニウム混合溶液で洗浄し，抽出されたDBC-6中のナトリウムイオン（又は，リチウムイオン）をカリウムイオンに置換する。

ナトリウムイオン及びリチウムイオンの妨害と，その除去についての検討結果を図30.10に示す。

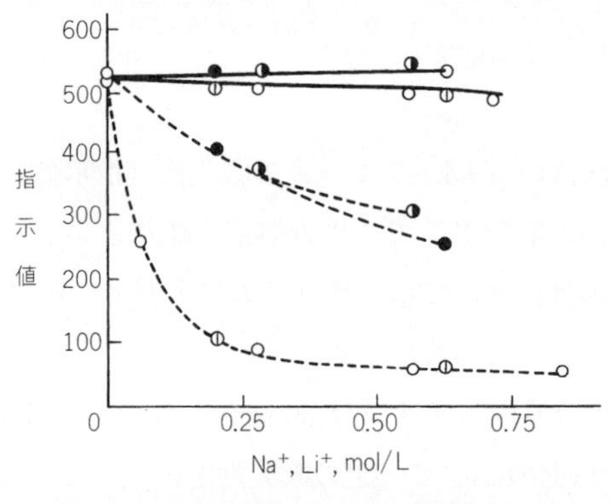

図 30.10　ナトリウムイオン，リチウムイオンの妨害とその除去 [9)]

ナトリウムイオンが共存しない場合はこの洗浄は必要としないが，この洗浄操作によって，4-メチル-2-ペンタノン層の体積が異なってくること，ナトリウムイオンの存在の有無の確認は面倒であることから，**規格**の **30.1.3 c**）の操作としては，常に洗浄を行うこととしている。

ナトリウム以外で，通常の水中に存在するイオンは妨害しない。

カルシウム，マグネシウムは 500 mg の存在で妨害しない。また，通常の陰イオンの妨害はない。

そのほか，陽イオン界面活性剤の妨害は，本書 30.1 で述べたように，メチレンブルー吸光光度法及びエチルバイオレット吸光光度法と同様である。

なお，上述のように，妨害除去の操作を行わない場合は，塩化ナトリウムは，溶媒抽出-原子吸光法では負の誤差となるが，エチルバイオレット吸光光度法では逆に正の誤差を与えることに注意する。

（**5**）　ドデシル硫酸ナトリウム以外に，ドデシルベンゼンスルホン酸ナトリウム，ポリオキシアルキル硫酸エステルナトリウム，α-オレフィンスルホン酸ナトリウムなどについても，同じモル濃度について同じ指示値が得られている。その例を図 30.11 に示す。

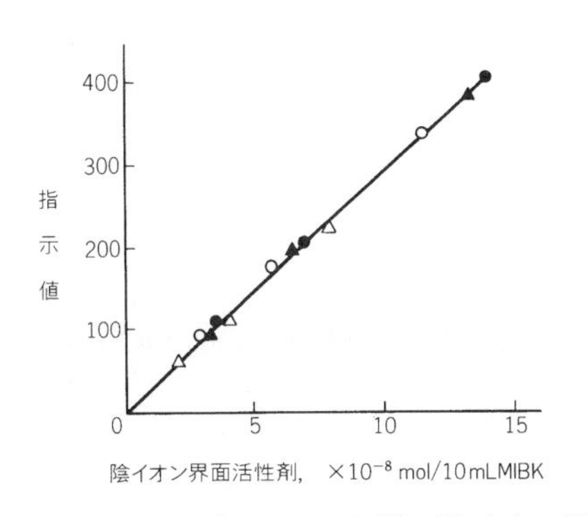

○：ドデシルベンゼンスルホン酸ナトリウム
●：ドデシル硫酸ナトリウム
▲：α－オレフィンスルホン酸ナトリウム
△：ポリオキシアルキル硫酸エステルナトリウム

図 30.11　各種の陰イオン界面活性剤による指示値 [9]

30.1.4　流れ分析法 [10),11)]

JIS K 0170-8 から引用する CFA の 2 方法を用いる。

1. 非分節形クロロホルム抽出 CFA 法

（1） ISO 16265 に基づく方法である。クロロホルム抽出液［非イオン界面活性剤（ポリオキシエチレンドデシルエーテル）を含む］の流れにアルカリ性メチレンブルー溶液を導入し，これに，水を合流させて希釈した試料を導入する。抽出コイルで混合し，陰イオン界面活性剤とメチレンブルーのイオン対をクロロホルム層に抽出し，次に，相分離器で分離する。分離したクロロホルム層に酸性メチレンブルー溶液を導入，混合して，同時に抽出された妨害イオンを水層に除去し，クロロホルム層の 650 nm 付近の吸光度を測定する。

（2） システムの例を図 30.12 に示す。

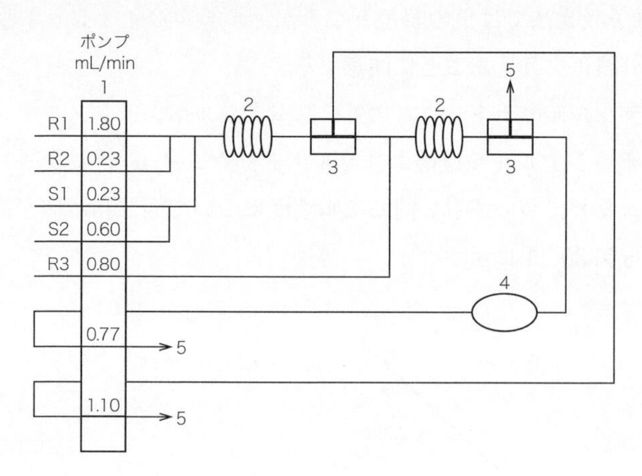

R1：クロロホルム抽出液
R2：アルカリ性メチレンブルー溶液
R3：酸性メチレンブルー溶液
S1，S2：試料又は水［試料濃度 0.05～0.5 mg/L の場合（S1 水，S2 試料），試料濃度 0.5～5 mg/L の場合（S1 試料，S2 水）］
1：ポンプ
2：抽出コイル（内径 1.5 mm，長さ 3 m）
3：相分離器
4：検出器（吸収セル　光路長 5 cm，波長 650 nm ）
5：廃液

図 30.12　非分節形クロロホルム抽出 CFA 法のシステム例
（JIS K 0170-8：2019）

（3） 図 30.12 に示されるように，試料の希釈倍数を変えることによって定量範囲を変更できる。

（**4**）　相分離器で，水層はクロロホルム層の一部とともに連続的に除去される。

（**5**）　アルカリ性メチレンブルー溶液との反応で，硝酸イオン，シアン化物イオン，チオシアン酸イオンはメチレンブルーとイオン対をつくり，クロロホルムに抽出される。また，多量の塩化物イオンが共存すると，一部が同様に抽出されるおそれがある。これらは，続いての酸性のメチレンブルー溶液による洗浄で除去される。本書 30.1.1 の 2.(3) 参照。

（**6**）　**規格**の **30.1.1**～**30.1.3** の方法と同様に，陽イオン界面活性剤が共存すると，陰イオン界面活性剤はイオン対をつくり，メチレンブルーとは反応しなくなる。

2.　クロロホルム抽出 CFA 法

（**1**）　CFA システムに試料及び水（洗浄水）を導入し，空気で分節する。続いてアルカリ性メチレンブルー溶液とクロロホルムを導入し，陰イオン界面活性剤とメチレンブルーとのイオン対を生成させ，クロロホルム層に抽出する。相分離器でクロロホルム層を分離し，酸性メチレンブルー溶液を導入して洗浄する。クロロホルム層を分離し，650 nm 付近の吸光度を測定する。

（**2**）　このシステムでは，1. の方法と同様に，アルカリ性で抽出したクロロホルム層を酸性のメチレンブルー溶液で洗浄するので，同時抽出された硝酸イオン，シアン化物イオンなどのイオン対は除去され，妨害は除かれる。1. の (5) 参照。

30.2　非イオン界面活性剤[12)～20)]

非イオン界面活性剤の生産量は飛躍的に増加し，界面活性剤の 50% を超えており，その定量の必要性は増している。

非イオン界面活性剤には，次のものなどがある。

ポリオキシアルキレン（エチレン）縮合物［R–O–$(CH_2CH_2O)_nH$］,

脂肪酸アルキルアミド類 $\left[RCON\lessdot{}^{CH_2CH_2OH}_{CH_2CH_2OH}\right]$,

アミンオキシド類 $\left[\begin{array}{c} R_2 \\ | \\ R_1-N\rightarrow O \\ | \\ R_3 \end{array}\right]$,

多価アルコール脂肪酸エステル類 $\left[\begin{array}{l} CH_2-OCOR \\ | \\ CH-OH \\ | \\ CH_2OH \end{array}\right]$,

ポリグリセリン類 $\left[\begin{array}{lll} CH_2OH & & CH_2OH \\ | & & | \\ CHOH & & CHOH \\ | & & | \\ CH_2 & -O- & CH_2 \end{array}\right]$(ジグリセリン)

これらのうちで，最も多量に生産されているものはポリオキシアルキレン(エチレン) 縮合物である。その定量にはテトラチオシアナトコバルト(Ⅱ) 酸吸光光度法，及びチオシアン酸鉄(Ⅲ) 吸光光度法を用いる。

30.2.1 テトラチオシアナトコバルト(Ⅱ)酸吸光光度法 [12)～17)]

この方法は，イオン交換樹脂カラムによって陰イオン界面活性剤及び陽イオン界面活性剤を除去した後，非イオン界面活性剤とテトラチオシアナトコバルト(Ⅱ)酸アンモニウム［チオシアン酸コバルト(Ⅱ) アンモニウム］との錯体を生成させ，ベンゼンで抽出し，紫外部の吸光度を測定し，ヘプタオキシエチレンドデシルエーテル相当量として表示する方法である。

1. 試 薬

(**1**) 分子量の大きなイオンのイオン交換には，低架橋度のイオン交換樹脂が優れている。このための強酸性陽イオン交換樹脂としては，例えば，アンバーリスト(31)(wet)，ダイヤイオン SK106，PK208，Dowex 50W×4 などがある。

また，強塩基性陰イオン交換樹脂（Ⅰ形）には，アンバーライト IRA404 JCl，ダイヤイオン SA11A，又は PA312，Dowex 1×4 などがある。

(**2**) ヘプタオキシエチレンドデシルエーテルは水質試験用として市販され

ている。純度を確認する方法として，ガスクロマトグラフ法によってヘプタオキシエチレン以外のオキシエチレン化合物の有無を調べる方法がある。

2.　操　作

（**1**）　アミノ酸，アミン類，糖類，ポリビニルアルコール，ポリアクリル酸，ポリアクリルアミド，鉄(Ⅲ) などが妨害する。

（**2**）　河川水，湖沼水などには，多くの場合陰イオン界面活性剤が共存しているので，必ずイオン交換樹脂カラムによる前処理を行う。

（**3**）　**規格**の **30. 注**（[12]）に示すように，抽出には，ベンゼンに代え，1,2-ジクロロエタン又はトルエンを用いてもよい。また，これらの 10 mL を用いて抽出してもよいが，試料溶液及び溶媒の体積は一定にするなど抽出条件に注意する。

（**4**）　規格にはないが，非イオン界面活性剤をベンゼンに直接抽出し，小体積のチオシアン酸アンモニウム・硝酸コバルトの混合溶液と反応させる方法も報告[17]されている。

（**5**）　吸収曲線と検量線の一例を図 30.13 及び図 30.14 に示す。

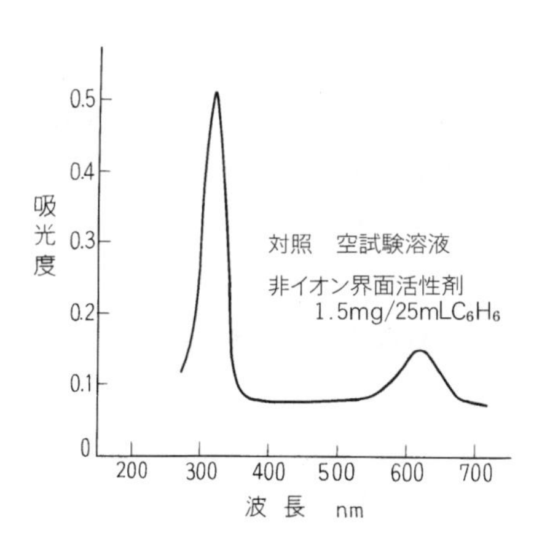

図 30.13　吸収曲線

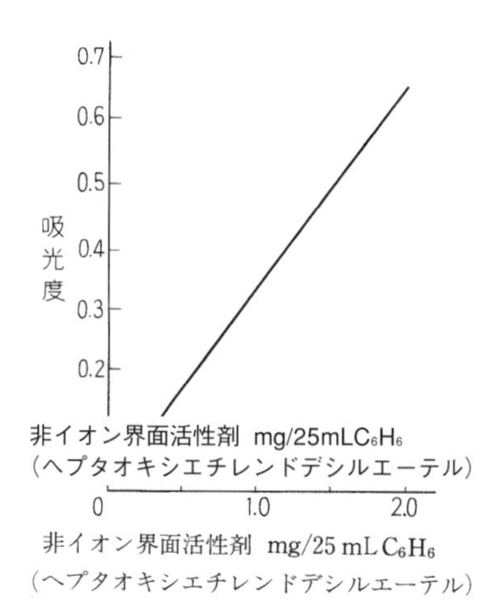

図 30.14　検 量 線

30.2.2 チオシアン酸鉄（Ⅲ）吸光光度法[18)～20)]

従来は，**規格**の**30.2.1**のテトラチオシアナトコバルト（Ⅱ）酸吸光光度法だけが規定されていたが，有害なベンゼンを用いず，簡便で，試薬量も少ない方法として，この方法が2013年の改正で追加された。

非イオン界面活性剤とチオシアン酸コバルト（Ⅱ）あるいはチオシアン酸鉄（Ⅲ）との反応には，高い試薬濃度が必要とされる。このため，30.2.1のように試薬を試料へ添加する方法では多量の試薬が必要となるが，この30.2.2の方法では，あらかじめ非イオン界面活性剤をトルエンに抽出し，少量の高濃度試薬溶液と反応させることによって，試薬の使用量を少なくしている。

1．試　薬

（**1**）非イオン界面活性剤標準液に用いる試薬，ヘプタオキシエチレンドデシルエーテル（以下，7OE12E）は，**規格**の**30.2.1 a) 12**）と同じもので，水質試験用として市販されている。

2．操　作

（**1**）　水層からの7OE12Eのトルエンへの抽出後，塩化ナトリウム0.5gの添加，30分間以上放置で良好な相分離となる。

（**2**）　オキシエチレンの付加数7，6及び5の7OE12E，6OE12E，5OE12Eについて，水層からトルエンへの抽出率はおよそ95%であった[19)]。

（**3**）　非イオン界面活性剤による吸光度はオキシエチレンの付加数によって異なり，付加数3，4，5，7ではその順で大きくなるが，7以上では順に小さくなる[18)～20)]（図30.15）。付加数が大きいものは親水性のため抽出されにくくなるためと考えられる。

（**4**）　非イオン活性剤が存在する試料には，通常は，陰イオン界面活性剤，陽イオン界面活性剤が共存する。陰イオン界面活性剤は吸光度に影響しないが共存量が多いと相分離が悪くなる。陽イオン界面活性剤は単独で共存することは少ないが，陰イオン界面活性剤と共存する場合のいずれも吸光度を増加して妨害となる。これらの妨害を避けるため，**規格**の**30.2.1.c**）の前処理を行う。

（**5**）　吸収曲線と検量線の一例を図30.16及び図30.17に示す。

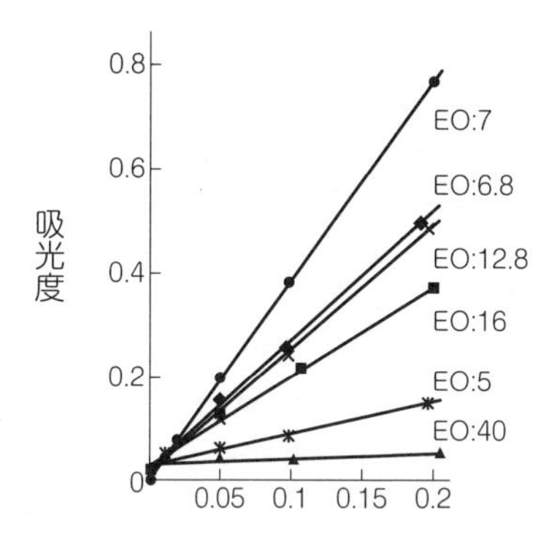

図 30.15　非イオン界面活性剤のオキシエチレン（EO）付加数による吸光度の差

［a）参考文献 20）から換算］

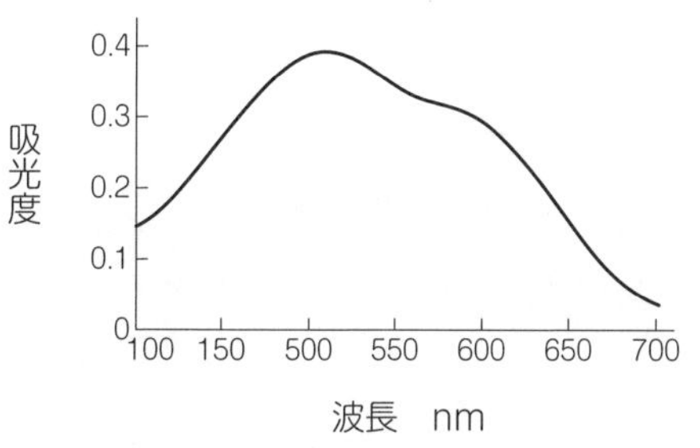

図 30.16　吸収曲線

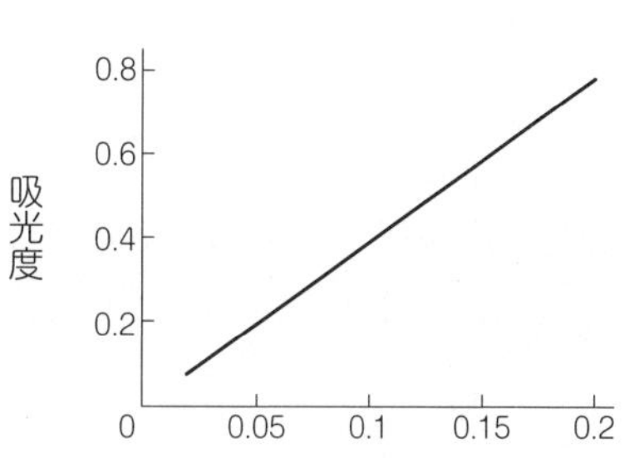

図 30.17　検 量 線

参 考 文 献

1）日本界面活性剤工業会ウェブサイト　www.jp-surfactant.jp
2）D. C. Abbott（1962）：Analyst, **87**, 286
3）J. Longwell, W. D. Maniece（1955）：Analyst, **80**, 167
4）界面活性剤分析研究会編（1975）：界面活性剤分析法，幸書房
5）並木博（1992）：工業用水，No.**405**. 32
6）S. Motomizu, S. Fujiwara, K. Toei（1982）：Anal. Chem., **54**. 392
7）K. Yamamoto, S. Motomizu（1987）：Analyst, **112**, 1405
8）中村栄子，露崎直子，並木博（1993）：工業用水 . No.**421**, 21
9）中村栄子，藤沢いづみ，並木博（1983）：分析化学 , **32**, 332
10）28. の参考文献 10）～15）
11）S. Motomizu, M. Oshima, T. Kuroda（1988）：Analyst, **113**, 747
12）前川勉ほか（1979）：水質汚濁研究，**2**，223
13）蔵多正雄（1955）：油脂化学協会誌，**4**，293
14）N. T. Crabb, H. E. Hayes（1964）：J. Am. Oil Chem. Soc., **41**, 752
15）浅原照三ほか（1972）：油化学，**21**，33
16）R. A. Greff, E. A. Setzkorn, W. D. Leslie（1965）：J. Am. Oil Chem. Soc., **42**, 180
17）三浦恭之ほか（1989）分析化学，**38**，T15
18）村井省二（1984）分析化学，**33**，T18
19）中村栄子，二木亜樹（2000）工業用水，No.**505**, 17
20）岡部俊明，横山幸男，佐藤寿邦（2000）分析化学 , **49**, 1003

31. 農　　薬

農薬には，極めて多くの種類があるが，規格では，有機りん系及び有機塩素系の代表的な農薬として，有機りん農薬，ペンタクロロフェノール（PCP）及びエジフェンホス（EDDP）に区分し，その試験方法を規定している。

このうち，有機りん農薬として区分されるものは，いずれもホスホルチオエート基と，*p*-ニトロフェニル基をもつもので，パラチオン，メチルパラチオン及びEPNを指す。これらのうちパラチオン及びメチルパラチオンは，わが国では製造・販売・使用が禁止されている。

これらの化合物名（IUPAC）及び化学構造は，次のようになる。

パラチオン：ホスホルチオ酸 *O*, *O*-ジエチル *O*-(4-ニトロフェニル) エステル

メチルパラチオン：ホスホルチオ酸 *O*, *O*-ジメチル *O*-(4-ニトロフェニル) エステル

EPN：フェニルホスホノチオ酸 *O*-エチル *O*-(4-ニトロフェニル) エステル

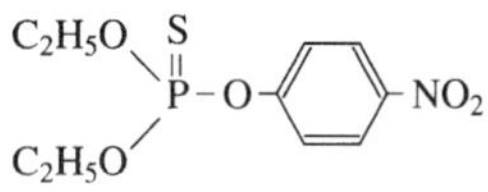

C_2H_5O, S, P, O, NO_2, C_2H_5O
パラチオン

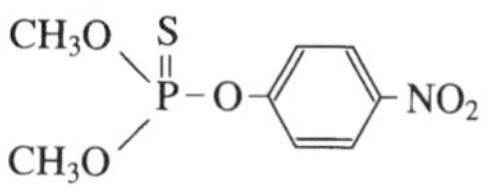

CH_3O, S, P, O, NO_2, CH_3O
メチルパラチオン

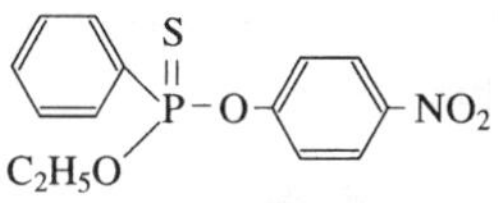

S, P, O, NO_2, C_2H_5O
EPN

なお，エジフェンホスは，ホスホルジチオエート基をもつもので，その化合物名（IUPAC）及び化学構造は次のようになる。

エジフェンホス：ホスホロジチオ酸 *O*-エチル *S*, *S*-ジフェニルエステル

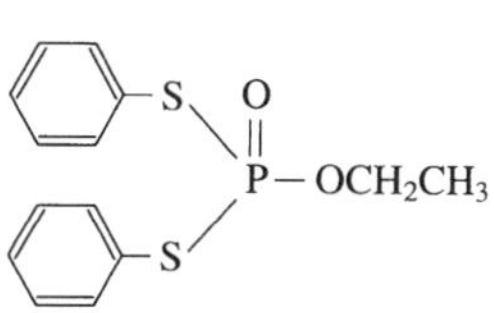

S, O, P, OCH_2CH_3, S

31.1 有機りん農薬

有機りん農薬（パラチオン，メチルパラチオン及びEPN）の定量には，ガスクロマトグラフ法，ナフチルエチレンジアミン吸光光度法及び*p*-ニトロフェノール吸光光度法を適用するが，いずれの方法の場合も試料中の共存物質からの分離と濃縮が必要である。

また，ナフチルエチレンジアミン吸光光度法と*p*-ニトロフェノール吸光光度法では，パラチオン，メチルパラチオン及びEPNがいずれも同様の反応をするため，これらを区分するには，あらかじめ分離しておかなければならない。

31.1.1 前 処 理

試料を塩酸酸性としてヘキサンを加えて有機りん農薬を抽出し，試料中の大部分の共存物質から分離した後，ヘキサンを揮散させ濃縮する。次に，これを少量のヘキサンに溶かし，二酸化けい素・けい藻土を充塡したクロマトグラフ管に流し，ヘキサンに抽出された妨害物質と分離するとともに，EPNとパラチオンを含む画分と，メチルパラチオンを含む画分とに分離する。

なお，クロマトグラフ分離に代え，シリカゲルを用いる薄層クロマトグラフ分離を行ってもよい。

1. 抽 出 操 作

（1） ヘキサンによる抽出操作で，エマルションが生じて分離が困難な場合は，**規格**の**24. 注**(9)及び(10)を参照してヘキサン層を分離する。

2. 分 離 操 作

（1） 二酸化けい素及びけい藻土の品質によって，クロマトグラフ管による分離でのパラチオンとEPNとの混合物の流出状態及びメチルパラチオンの流出状態が幾分異なる。したがって，EPN標準液及びメチルパラチオン標準液を用いて確認しておくとよい。

なお，このカラムクロマトグラフ分離ではパラチオンとEPNとの分離はできない。

（2） カラムクロマトグラフ分離の代わりに，**規格**の**31. 備考1.** の薄層クロマトグラフ分離を行ってもよい。

31.1.2 ガスクロマトグラフ法[1)]

前処理した試料についてパラチオン，メチルパラチオン及びEPNをガスクロマトグラフ法によって定量するものである。

1. 操　作

（1） ガスクロマトグラムの保持時間は，メチルパラチオン，パラチオン及びEPNの順に長くなる。

（2） EPNは，沸点が高く保持時間が長いが，EPNの保持時間を短くするためカラム槽温度を高めると，メチルパラチオンとパラチオンとの分離が不完全になるので，その分離を損なわないような温度に調節する。

（3） ガスクロマトグラムの一例を図31.1に，また，検量線の一例を図31.2に示す。

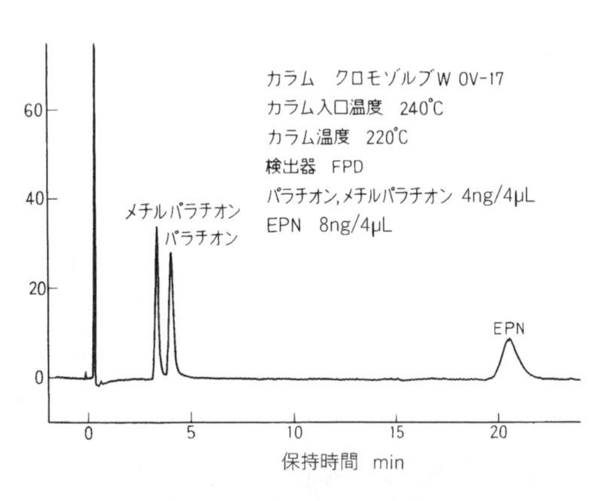

図31.1　ガスクロマトグラム

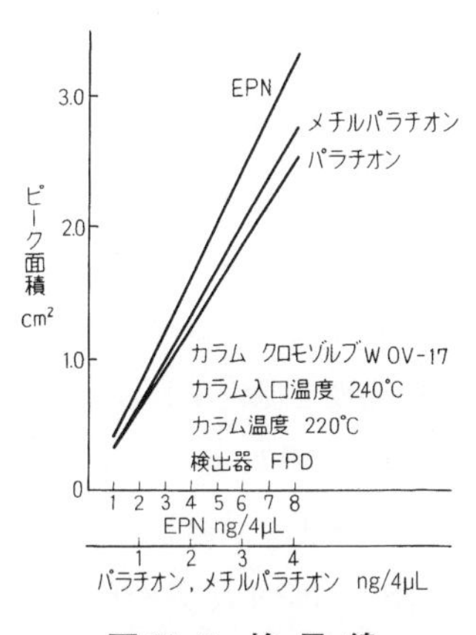

図31.2　検量線

31.1.3 ナフチルエチレンジアミン吸光光度法（アベレル-ノリス法）[2)]

パラチオン，メチルパラチオン及びEPNのニトロ基を還元して，亜硝酸でジアゾ化し，*N*-1-ナフチルエチレンジアンモニウムを加えてカップリングさせ，生じる赤紫のアゾ化合物の吸光度を測定して定量する。EPNを例としてこの反応の機構を示す。

$$C_2H_5O(S{=})P(C_6H_5)\text{-}O\text{-}C_6H_4\text{-}NO_2 + H_2\,(Zn + HCl) \rightarrow C_2H_5O(S{=})P(C_6H_5)\text{-}O\text{-}C_6H_4\text{-}NH_2$$

$$C_2H_5O(S{=})P(C_6H_5)\text{-}O\text{-}C_6H_4\text{-}NH_2 + HNO_2 \rightarrow C_2H_5O(S{=})P(C_6H_5)\text{-}O\text{-}C_6H_4\text{-}N{\equiv}N^+$$

（ジアゾ化合物）

$$C_2H_5O(S{=})P(C_6H_5)\text{-}O\text{-}C_6H_4\text{-}N{\equiv}N^+ + C_{10}H_7\text{-}NHCH_2CH_2NH_2 \rightarrow C_2H_5O(S{=})P(C_6H_5)\text{-}O\text{-}C_6H_4\text{-}N{=}N\text{-}C_{10}H_6\text{-}NHCH_2CH_2NH_2$$

(*N*-1- ナフチルエチレンジアンモニウム)

カップリング反応

アゾ化合物
（アゼンタ色素）

1. 操　作

（**1**） 芳香族ニトロ化合物及び芳香族アミノ化合物は，有機りん農薬（EPNなど）と同様に挙動するため，これらが多量に共存すると，ヘキサン抽出，カラムクロマトグラフ分離を行っても除去されず正の誤差を生じる。

（**2**） 亜鉛末によるニトロ基の還元は，約5分間で完全に行われる。

（**3**） 呈色は，約4時間は安定である。一方，多量の*p*-ニトロフェノールが共存すると，アゾ化合物を生じ，吸収極大585 nmの赤い色を示すが，その発色の速度は遅い。*N*-1-ナフチルエチレンジアンモニウムを加え，約20分間後の吸光度を測定すれば，ほとんど妨害しない。

（**4**） *N*-1-ナフチルエチレンジアンモニウムによるカップリング反応は，pH 0.6～1.0が適している。

（**5**） EPN及びメチルパラチオンの吸収曲線の一例を図31.3に，EPN及びメチルパラチオンの検量線の一例を図31.4及び図31.5に示す。

31.1.4　*p*-ニトロフェノール吸光光度法[1),3)]

パラチオン，メチルパラチオン及びEPNをアルカリ性で加熱すると，加水分解して黄色の*p*-ニトロフェノキシド（*p*-ニトロフェノール）を生成する。

$$C_2H_5O(S{=})P(C_6H_5)\text{-}O\text{-}C_6H_4\text{-}NO_2 + 2KOH \rightarrow KO\text{-}C_6H_4\text{-}NO_2 + C_2H_3O(S{=})P(C_6H_5)\text{-}OK + H_2O$$

p-ニトロフェノキシド

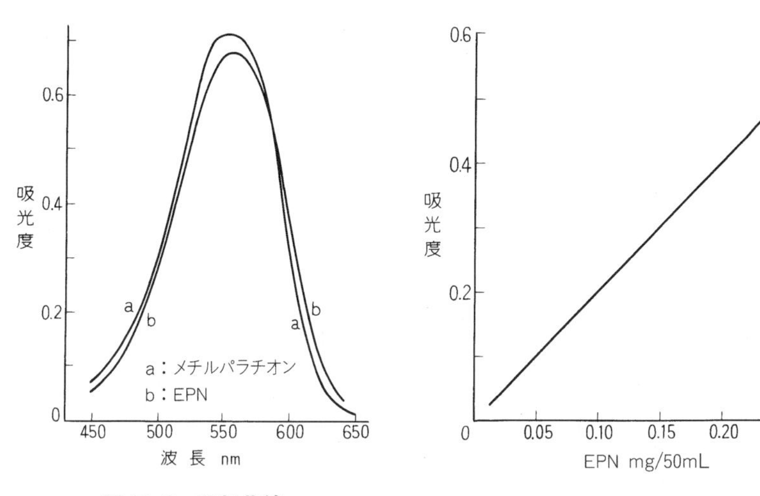

図 31.3　吸収曲線

図 31.4　EPN の検量線

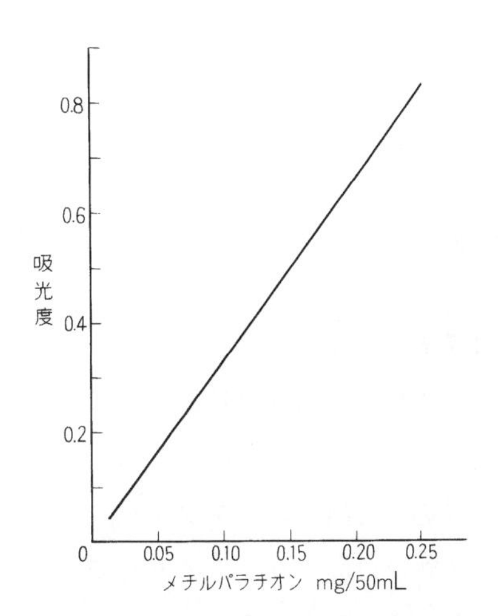

図 31.5　メチルパラチオンの検量線

これを塩酸酸性として，ジエチルエーテルに抽出し，次に，炭酸ナトリウム溶液で水層に逆抽出して精製し，その吸光度を測定して定量する。

1.　操　作

（1）　芳香族ニトロ化合物は，ヘキサン抽出，カラムクロマトグラフ分離の前処理によって完全には分離できないため，*p*-ニトロフェノールが共存すると正の誤差を生じる。

（**2**） *p*-ニトロフェノールの吸収曲線の一例を図 31.6 に，また，*p*-ニトロフェノール標準液を用いた検量線の一例を図 31.7 に示す。

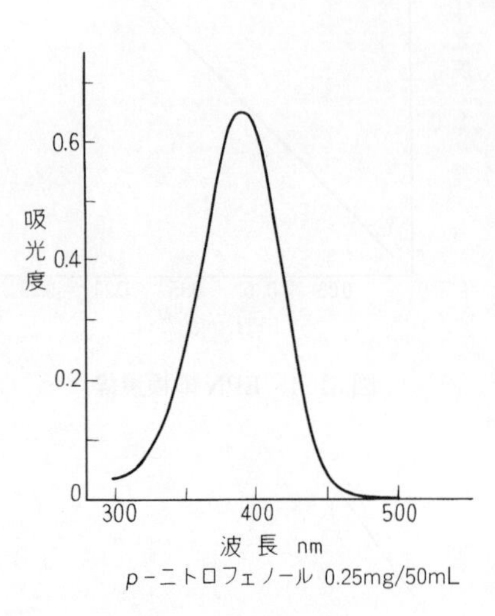

図 31.6 吸収曲線

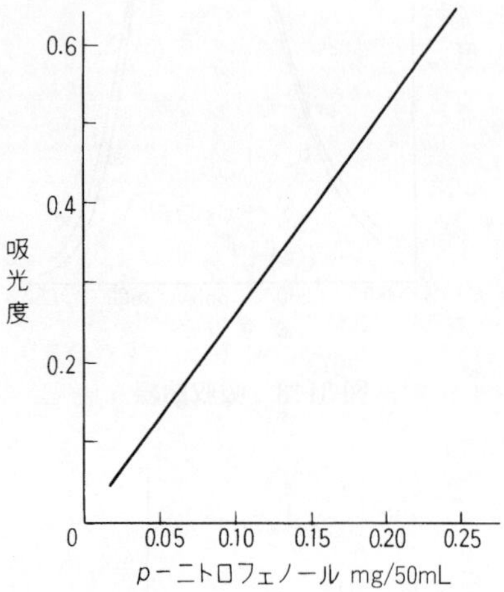

0.6
0.4
吸光度
0.2
0
0.05 0.10 0.15 0.20 0.25
p－ニトロフェノール mg/50mL

図 31.7 検 量 線

31.2 ペンタクロロフェノール[4)]

31.2.1 4-アミノアンチピリン吸光光度法

フェノール類の試験における前処理と同様に試料をりん酸酸性とし，硫酸銅（Ⅱ）を共存させて蒸留する。留出したペンタクロロフェノールをキシレンに抽出した後，ヘキサシアノ鉄(Ⅲ)酸カリウムの共存で，4-アミノアンチピリンによってアンチピリン色素を発色させ，その吸光度を測定して定量する。

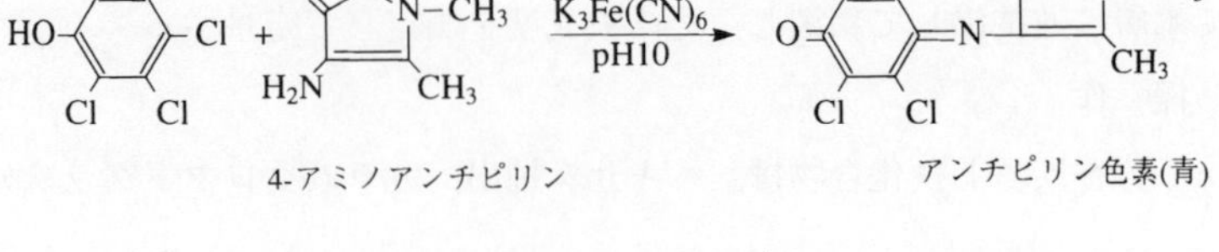

HO–C$_6$Cl$_5$ ＋ 4-アミノアンチピリン（C_6H_5, O, N, N–CH_3, H_2N, CH_3） $\xrightarrow[\text{pH10}]{K_3Fe(CN)_6}$ アンチピリン色素(青)（O=C$_6$Cl$_4$=N–, C_6H_5, N–CH_3, CH_3）

4-アミノアンチピリン　　アンチピリン色素(青)

1. 操　作

(**1**)　ペンタクロロフェノール以外のフェノール類は，大きな妨害はない。

2-ニトロフェノール（*o*-ニトロフェノール）及び1-ナフトールがそれぞれ50 μg共存する場合，それぞれペンタクロロフェノール約7 μg，4 μgに相当する吸光度を示す。

2-ナフトール，2-メチルフェノール（*o*-クレゾール），4-メチルフェノール（*p*-クレゾール），1, 3-ベンゼンジオール（レゾルシノール），1, 2, 3-ベンゼントリオール（ピロガロール）などは，波長574 nmでの吸光度は小さく無視できる程度である。

(**2**)　還元性の有機化合物のうち2, 5-シクロヘキサジエン-1, 4-ジオン（キンヒドロン），4-(メチルアミノ）フェノール硫酸塩（メトール），プロパナール（プロピオンアルデヒド）など及びオレイン酸，ベンゼンメタノール（ベンジルアルコール）なども青い色を呈するが，ペンタクロロフェノールの10倍量程度共存してもほとんど影響しない。

(**3**)　クロロフェノール類の4-アミノアンチピリンによる呈色と吸収極大波長を表31.1に示す。

表31.1　クロロフェノール類の4-アミノアンチピリンによる呈色の吸収極大波長

物　質　名	吸収極大波長（nm）
フェノール	460
4-クロロフェノール	—
2, 4-ジクロロフェノール	462
2, 6-ジクロロフェノール	462
2, 4, 5-トリクロロフェノール	452
2, 4, 6-トリクロロフェノール	452
2, 3, 4, 6-テトラクロロフェノール	490
ペンタクロロフェノール	574

(**4**)　アンチピリン色素の発色は，pH 8.0～10.5で最高で，pH 11を超えると急激に低下する。

(**5**) キシレンに抽出後のアンチピリン色素の発色操作で，試薬の添加順序を変えると呈色の強さが変わるので注意する。

(**6**) ヘキサシアノ鉄(Ⅲ)酸カリウム溶液を加えてからの振り混ぜは，激しく十分に行う必要がある。振り混ぜ機を用いて少なくとも3分間は振り混ぜる。

(**7**) 呈色は，10～60分間は安定である。

(**8**) 吸収曲線と検量線の一例を図31.8及び図31.9に示す。

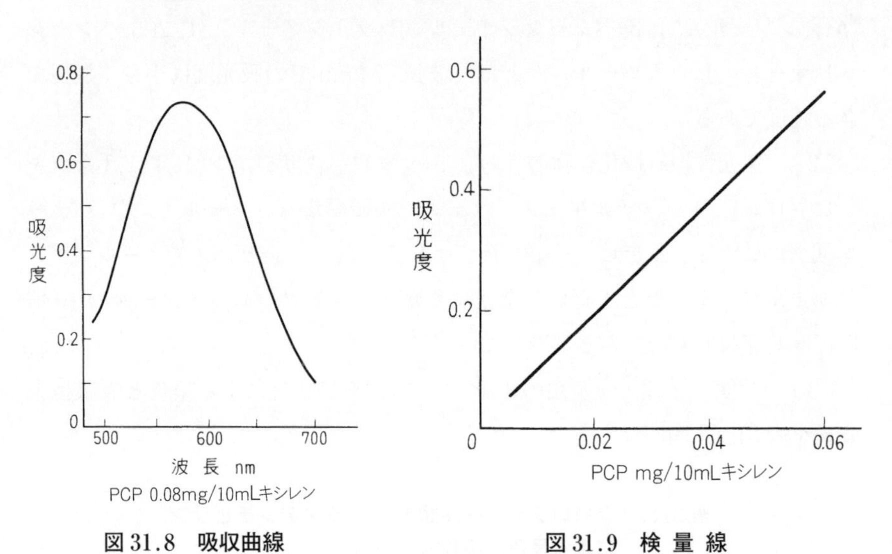

図31.8 吸収曲線　　**図31.9 検 量 線**

31.3 エジフェンホス（EDDP）

エジフェンホス（EDDP）（ホスホロジチオ酸*O*-エチル*S*, *S*-ジフェニルエステル）の定量は，JIS K 0128の19.［エジフェンホス（EDDP)］による。

参 考 文 献

1） 環境庁告示第64号（昭和49年）
2） P. R. Averell, M. V. Norris（1948）：Anal. Chem., **20**, 753
3） J. A. A. Ketelaar, J. E. Hellingman（1951）：Anal. Chem., **23**, 646
4） 後藤真康，川原哲城，佐藤六郎（1963）：農薬検査所報告，第6号，19

32. 溶存酸素

32. 溶存酸素 溶存酸素の定量には，よう素滴定法，ミラー変法，隔膜電極法又は光学式センサ法を適用する。この試験は，試料採取後，直ちに行う。

なお，よう素滴定法は，1983年に第1版として発行された**ISO 5813**，隔膜電極法は，2012年に第3版として発行された**ISO 5814**との整合を図ったものである。また，光学式センサ法は，2014年に第1版として発行された**ISO 17289**との整合を図ったものである。

備考 この試験方法の対応国際規格を，次に示す。

なお，対応の程度を表す記号は，**ISO/IEC Guide 21-1**に基づき，IDT（一致している），MOD（修正している），NEQ（同等でない）とする。

ISO 5813:1983，Water quality－Determination of dissolved oxygen－Iodometric method（MOD）

ISO 5814:2012，Water quality－Determination of dissolved oxygen－Electrochemical probe method（MOD）

ISO 17289:2014，Water quality－Determination of dissolved oxygen－Optical sensor method（MOD）

32.1 よう素滴定法 硫酸マンガン（II）とアルカリ性よう化カリウム-アジ化ナトリウム溶液とを加えて生成した水酸化マンガン（II）は，溶存酸素によって酸化されて水酸化マンガン（III）となる。次に，硫酸を加えて水酸化マンガン（III）の沈殿を溶かし，遊離したよう素をチオ硫酸ナトリウム溶液で滴定して溶存酸素を定量する。

定量範囲：O 0.5 mg/L以上

参考 この方法は，“ウインクラー-アジ化ナトリウム変法”とも呼ばれていた。

a) 試薬 試薬は，次による。

1) **硫酸** **JIS K 8951**に規定するもの。

2) **アルカリ性よう化カリウム-アジ化ナトリウム溶液** **JIS K 8574**に規定する水酸化カリウム350 g（又は**JIS K 8576**に規定する水酸化ナトリウム250 g）と**JIS K 8913**に規定するよう化カリウム75 gとをそれぞれ水に溶かし，これを混合し，水を加えて500 mLとする。別に，**JIS K 9501**に規定するアジ化ナトリウム5 gを水20 mLに溶かし，これも混合する。遮光したポリエチレン瓶に入れて暗所に保存する。

3) **硫酸マンガン（II）溶液** **JIS K 8997**に規定する硫酸マンガン（II）五水和物240 gを水に溶かして500 mLとする。

4) **でんぷん溶液（10 g/L）** **19. a) 5)**による。

5) **25 mmol/L チオ硫酸ナトリウム溶液(1)** **19. a) 8)**の0.1 mol/Lチオ硫酸ナトリウム溶液50 mLを全量フラスコ200 mLにとり，水を標線まで加える。この溶液は使用時に調製し，12時間以上経過したものは使用しない。

注(1) **d)**の滴定に10 mmol/Lチオ硫酸ナトリウム溶液を用いる場合は，**19. a) 9)**による。

b) 器具 器具は，次による。

1) **溶存酸素測定瓶** **21. b) 1)**の培養瓶を用いる。

c) 試料採取 試料採取は，次のいずれかによって行い，引き続き，採取現地において**d)**の操作を行う。ただし，試料が著しく着色したり，濁りがあったりする場合は，**備考1.**によって採取する。

1) **直接採取する場合**　河川，水路，貯水槽などの表面水を溶存酸素測定瓶で直接採取するには，まず，試料で溶存酸素測定瓶をよく洗い，溶存酸素測定瓶を水面下に入れ，満水するまで静かに試料を流し込んで気泡が残らないように密栓する。ばけつなどで採取した場合も，同じ操作で流し入れて密栓する。

2) **採水器を使用する場合**　バンドーン採水器，絶縁採水器などを用いる場合は，採水器の取出口に軟質塩化ビニル管を接続し，この軟質塩化ビニル管の先端を溶存酸素測定瓶の底まで入れ，気泡が生じないように注意して試料を溶存酸素測定瓶に 1/3 ほど手早く流し込み，溶存酸素測定瓶を洗う。同じ操作で改めて試料を溶存酸素測定瓶に流し入れ，瓶の容量の 25～50 %の試料をあふれさせてから，静かに軟質塩化ビニル管を取り出し，気泡が残らないように密栓する。

3) **配管及び装置類から採取する場合**　配管及び装置類に取り付けてある試料採取弁に軟質塩化ビニル管を接続し，約 1 L/min で連続的に通水する。軟質塩化ビニル管の先端を溶存酸素測定瓶の底部まで入れ，溶存酸素測定瓶の容量の約 5 倍量の試料をあふれさせてから，軟質塩化ビニル管を取り出し，気泡が残らないように密栓する。

d) **操作**　操作は，次による。

1) 溶存酸素測定瓶の栓を取り，これに試料 100 mL について硫酸マンガン（II）溶液 1 mL とアルカリ性よう化カリウム-アジ化ナトリウム溶液 1 mL とをそれぞれピペットの先端を試料中に挿入して手早く加え，溶存酸素測定瓶中に空気が残らないように密栓する。

2) 約 1 分間転倒を繰り返し，生成した沈殿が瓶の全体に広がるように十分に混ぜ合わせる。

3) しばらく静置し，沈殿が沈降したら再び **2)**の操作を行った後，静置する([2])。

4) 沈殿が沈降し，上澄み液が瓶全体の 1/2 程度になったら静かに開栓し，瓶の首に沿ってピペットで試料 100 mL について硫酸 1 mL を加え，再び密栓して数回転倒して沈殿を溶かす。

5) この溶液の適量（全量でもよい。）を分取し，三角フラスコに入れる。

6) 25 mmol/L チオ硫酸ナトリウム溶液([3])で滴定し，溶液の黄色がうすくなってから指示薬としてでんぷん溶液（10 g/L）1 mL を加え，生じたよう素でんぷんの青い色が消えるまで滴定する。

7) 次の式によって試料中の溶存酸素の濃度（O mg/L）を算出する([4])。

$$O = a \times f \times \frac{V_1}{V_2} \times \frac{1\,000}{V_1 - v} \times 0.200$$

ここに，　O：　溶存酸素の濃度（O mg/L）

a：　滴定に要した 25 mmol/L チオ硫酸ナトリウム溶液量（mL）

V_1：　共栓を施したときの溶存酸素測定瓶の容量（mL）

V_2：　滴定のため溶存酸素測定瓶から分取した試料量（mL）

v：　加えたアルカリ性よう化カリウム-アジ化ナトリウム溶液と硫酸マンガン（II）溶液の合計量（mL）

f：　25 mmol/L チオ硫酸ナトリウム溶液のファクター([5])

0.200：　25 mmol/L チオ硫酸ナトリウム溶液 1 mL に相当する酸素の質量（mg）

注([2])　**3)**までの操作を“溶存酸素の固定”と呼ぶ。この固定までの操作を採取した現地で行い，遮光し，試験室に持ち帰ってもよい。次に，**4)**以降の操作を行ってよい。この場合もなるべく早く試験する。

([3])　25 mmol/L チオ硫酸ナトリウム溶液に代え，**注**([1])によって調製した，10 mmol/L チオ硫酸ナトリウム溶液を用いて滴定してもよい。

([4])　**注**([3])によって滴定した場合は，a には滴定に要した 10 mmol/L チオ硫酸ナトリウム溶液量（mL）

を，また，その 1 mL に相当する酸素の質量には 0.08（mg）を用いる。

(5) **19. a) 8)**の 0.1 mol/L チオ硫酸ナトリウム溶液のファクターを用いる。

備考 1. **著しく着色又は濁りがある試料の採取**　**c)**の操作に準じて試料を共栓ガラス瓶 1 L に採取し，硫酸カリウムアルミニウム溶液（**JIS K 8255** に規定する硫酸カリウムアルミニウム・12 水 10 g を水に溶かし，水を加えて 100 mL とする。）10 mL と **JIS K 8085** に規定するアンモニア水 1～2 mL とを，ピペットを試料中に挿入して加え，直ちに密栓して転倒させながら約 1 分間混合し，静置する。懸濁物が沈降した後，上澄み液を静かに溶存酸素測定瓶に流し入れて満水とし，気泡が残らないように密栓する。

2. **酸化性物質又は還元性物質の確認**　試料 50 mL に，硫酸（1＋5）（**JIS K 8951** に規定する硫酸を用いて調製する。）1 mL，**JIS K 8913** に規定するよう化カリウム（又はよう化ナトリウム）約 0.5 g 及びでんぷん溶液（10 g/L）2，3 滴を加える。

溶液の色が青に変化したら，酸化性物質が存在する。この場合には，**備考 3.**の操作を行って測定結果を補正する。

溶液が無色のままなら，更によう素溶液（0.005 mol/L）（**JIS K 8913** に規定するよう化カリウム又はよう化ナトリウム 4～5 g を少量の水に溶かし，**JIS K 8920** に規定するよう素約 130 mg を加える。よう素が溶けた後，水で 100 mL とする。）0.2 mL を加え，振り混ぜる。30 秒間放置後，無色ならば還元生物質が存在する。この場合には**備考 4.**の操作によって溶存酸素の濃度を測定する。

3. **酸化性物質を含む試料の試験**　空試験として別の溶存酸素測定瓶を用い，**c)**の操作によって試料を採取し，これにアルカリ性よう化カリウム-アジ化ナトリウム溶液 1 mL と硫酸 1 mL とをピペットを挿入して加えて密栓し，転倒を繰り返して混合し，次に，硫酸マンガン（II）溶液 1 mL をピペットを挿入して加えて密栓し，転倒を繰り返して混合する。これについて **d) 5)**～**6)**の操作を行って滴定し，**7)**の式によって酸化性物質に相当する溶存酸素の濃度を求め，試料中の溶存酸素の濃度を補正する。

4. **還元性物質を含む試料の試験**　**c)**の操作によって試料を採取し，この試料について，アルカリ性よう化カリウム-アジ化ナトリウム溶液の代わりに，よう素-アルカリ性よう化カリウム溶液を用いて **d)**の操作を行い，溶存酸素の濃度を算出する。別に空試験として，試料を別の溶存酸素測定瓶にとり，よう素-アルカリ性よう化カリウム溶液と硫酸とを加え，次に硫酸マンガン（II）溶液を加えた後滴定し，**7)**の式によって相当する溶存酸素の濃度を求め，試料中の溶存酸素の濃度を補正する。

よう素-アルカリ性よう化カリウム溶液の調製方法

アルカリ性よう化カリウム溶液（**JIS K 8574** に規定する水酸化カリウム 350 g と **JIS K 8913** に規定するよう化カリウム 75 g とをそれぞれ水に溶かし，これらを混合し，水を加えて 500 mL とする。遮光したポリエチレン瓶に入れて保存する。）約 125 mL を全量フラスコ 250 mL にとり，よう素溶液（50 mmol/L）（**JIS K 8913** に規定するよう化カリウム 20 g を少量の水に溶かし，これに **JIS K 8920** に規定するよう素 6.4 g を加えて溶かし，水を加えて 500 mL とする。）10 mL を加えた後，アルカリ性よう化カリウム溶液を標線まで加える。使用時に調製する。

この溶液 1 mL は，硫化物イオン 0.064 mg 又は亜硫酸イオン 0.16 mg と反応する。必要があれば亜硫酸イオン，硫化物イオンなどの還元性物質の量を求め，相当するよう素溶液

（50 mmol/L）の量を算出して添加量を求める。

備考 5.　海水試料の試験　海水は微生物を含む場合が多いから，反応を速めて手早く試験する。反応促進のためにアルカリ性よう化カリウム-アジ化ナトリウム溶液と硫酸マンガン（II）溶液とをそれぞれ 2 倍量添加し，次に，硫酸を 2 倍量加える。

6.　鉄（III）が共存する試料の試験　硫酸の添加前に，試料 100 mL についてふっ化カリウム溶液（300 g/L）［**19.**の注(3)による。］1 mL を加えれば，鉄（III）100〜200 mg/L が含まれていても妨害しない。

32.2　ミラー変法　流動パラフィンで試料を空気と遮断し，酒石酸ナトリウムカリウム-水酸化ナトリウム溶液と 3,7-ビス（ジメチルアミノ）フェノチアジン-5-イウムクロリド（メチレンブルー）溶液とを加え，硫酸アンモニウム鉄（II）溶液で滴定し，溶存酸素を定量する。

定量範囲：O 1 mg/L 以上

a)　試薬　試薬は，次による。

1)　酒石酸ナトリウムカリウム-水酸化ナトリウム溶液　**JIS K 8536** に規定する（＋）-酒石酸ナトリウムカリウム四水和物 350 g 及び **JIS K 8576** に規定する水酸化ナトリウム 100 g を水に溶かして，1 L とする。

2)　メチレンブルー溶液　**JIS K 8897** に規定するメチレンブルー0.1 g を水 100 mL に溶かす。

3)　流動パラフィン　**JIS K 9003** に規定するもの。

4)　硫酸アンモニウム鉄（II）溶液　**JIS K 8951** に規定する硫酸 5 mL を水 100 mL に加え，これに **JIS K 8979** に規定する硫酸アンモニウム鉄（II）六水和物 5.4 g を加えて溶かし，**2. n) 1)**の溶存酸素を含まない水を加えて 1 L とする。

標定　標定は，次による。

この溶液の溶存酸素相当量は **32.1** で溶存酸素の濃度を求めた水を標準とし，**c)**の操作によってこの溶液で滴定し，次の式によって算出する。この標定は，使用時に行う。

$$f = a \times \frac{50}{1\,000} \times \frac{1}{b}$$

ここに，　f：　硫酸アンモニウム鉄（II）溶液 1 mL に相当する溶存酸素の質量（O mg）

a：　使用した水の溶存酸素の濃度（O mg/L）

b：　滴定に要した硫酸アンモニウム鉄（II）溶液量（mL）

b)　器具　器具は，次による。

1)　試料採取器　注射筒 50 mL の先端に内径約 1.5 mm，長さ 250〜300 mm のガラス管をすり合わせ又はゴム管で接続したもの。

2)　溶存酸素測定用試験管　外径約 30 mm，高さ約 200 mm の試験管

3)　かき混ぜ棒　直径約 3 mm，全長約 250 mm のガラス棒で，下部を約 10 mm 折り曲げたもの又は下部をらせん状にしたもの。

4)　足長ビュレット　容量 5〜10 mL のもので，足の先端が試験管の下部に達するもの。

c)　操作　操作は，次による。

1)　溶存酸素測定用試験管に，メチレンブルー溶液 2 滴，酒石酸ナトリウムカリウム-水酸化ナトリウム溶液 5 mL 及び流動パラフィン約 5 mL を加える。

2)　試料採取器に試料を吸引して 2 回洗った後，気泡が入らないように徐々に吸引して試料 50 mL を採取する。このときガラス管部分に試料が満たされた状態に保つ。

3) 試料採取器のガラス管の先端を静かに流動パラフィン層の下の水層に入れ，流動パラフィン層が乱れないように注意しながら，試料 50 mL を注入する。

4) かき混ぜ棒を静かに入れ，足長ビュレットの先端を水層に入れる。

5) 足長ビュレットから硫酸アンモニウム鉄（II）溶液を少量ずつ加え，そのたびにかき混ぜ棒で静かにかき混ぜ，メチレンブルーの青い色が消えるまで滴定する。

6) 次の式によって試料中の溶存酸素の濃度（O mg/L）を算出する。

$$O = a \times f \times \frac{1\,000}{50}$$

ここに，　O： 溶存酸素の濃度（O mg/L）

a： 滴定に要した硫酸アンモニウム鉄（II）溶液量（mL）

f： 硫酸アンモニウム鉄（II）溶液 1 mL に相当する溶存酸素の質量（mg）

32.3　隔膜電極法　隔膜電極を試料に浸せき（漬）して溶存酸素濃度を測定する。隔膜電極は酸素透過性のある隔膜，作用電極，対極，電解液などから構成され，隔膜を透過した酸素が還元されて生じる電流を測定する。この電流が試料中の溶存酸素量と比例することを利用し，定量する。

定量範囲：O 0.5 mg/L 以上，繰返し精度：2～10 %

a)　試薬　試薬は，次による。

1)　亜硫酸ナトリウム溶液　**JIS K 8061** に規定する亜硫酸ナトリウム約 1 g を水に溶かし，水を加えて 500 mL とする。使用時に調製する。この溶液は，ゼロ調節に用いる。

2)　溶存酸素飽和水(6)　水酸化カリウム溶液（250 g/L）（**JIS K 8574** に規定する水酸化カリウムを用いて調製する。）で洗浄した空気を，約 1 L/min の流量で球形又は板状のガラスろ過器を用いて水に通気(7)し，溶存酸素を飽和させる。スパン調節操作を行う直前に調製する。

注(6)　溶存酸素飽和水は，試料の温度と ±0.5 ℃で一致する温度のものを調製する。この溶液の溶存酸素の濃度は，**表 32.1** から求めるか，又は **32.1** によって溶存酸素の濃度を確認する。また，塩類の濃度の高い試料の溶存酸素の濃度を測定する場合には，試料の塩類のモル濃度に合わせた量の **JIS K 8150** に規定する塩化ナトリウムを添加した溶存酸素飽和水を調製する。

(7)　通常，水 200 mL の場合には 5～10 分間，500 mL の場合には 10～20 分間通気する。

b)　器具及び装置　器具及び装置は，次による。

1)　溶存酸素測定容器　ガラス容器 100～300 mL にゴム栓を付け，栓に試料を採取するための注入管及び排出するための排出管を取り付けたもの(8)。**図 32.1** に例を示す。

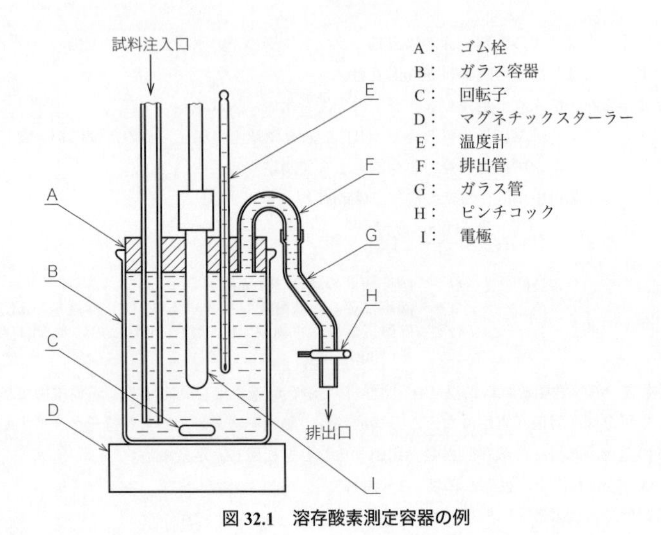

図 32.1　溶存酸素測定容器の例

2)　**温度計**　**JIS B 7414** に規定する一般用ガラス製棒状温度計の 50 度温度計

3)　**溶存酸素計**　温度補償回路を組み入れたもの。

4)　**マグネチックスターラー**

注([8])　溶存酸素測定瓶を用いてもよい。

c)　**準備操作**　準備操作は，次による。

1)　溶存酸素計の電極を接続し，約 30 分間通電しておく。

2)　溶存酸素測定容器に試料と同じ温度にした亜硫酸ナトリウム溶液を注入し，マグネチックスターラーで静かにかき混ぜながら電極を挿入し，指示値が安定してから([9])ゼロ点を確認する。可能であれば，指示値をゼロに合わせる。

3)　電極及び温度計を取り出し，水でよく洗い([10])，別の溶存酸素測定容器に挿入する。

4)　注入管の一端から溶存酸素測定容器の底部に静かに溶存酸素飽和水([11])を注入し，溶存酸素測定容器の容量の 25～50 %を流出させた後，排出管の先端を閉じる。

5)　マグネチックスターラーでかき混ぜ([12])ながら，溶存酸素計の指示値が安定するのを待ち，注入した溶存酸素飽和水の温度と一致していることを確かめ，対応する飽和溶存酸素量を求め，指示値を合わせる([13])。

6)　**2)**～**5)**の操作を 2 回又は 3 回繰り返して，指示値がそれぞれゼロ及び飽和溶存酸素量に合致していることを確かめる。

注([9])　通常 2～5 分間を要する。

([10])　準備操作 **2)**から **3)**に移るときには，電極を特によく洗浄する。

([11])　容器内で通気して溶存酸素飽和水を調製してもよい。

([12])　かき混ぜ速度によって指示値に差が生じるので，できるだけ同じ条件に保つ。

([13])　試料温度と気温が同じ場合には，簡易方法として水蒸気飽和させた空気中での校正が可能な計器もある。

備考 7. 隔膜電極の扱いについて，使用前及び測定時には，次の事項に注意する。

1) 隔膜の表面に指を触れない。

2) 電解液及び隔膜を交換した場合，又は隔膜を乾燥させてしまった場合は，隔膜を水で湿らせ，**c)**の操作を行う前に指示値が安定するように時間をおく。

3) 試料に浸したときに気泡が電極に付着していないことを確認する。

4) 酸素が常に供給されるように，試料は隔膜上を絶えず流れていることが必要である。また，指示値の振れが生じない程度の流量であることを確かめる。

d) **操作**　操作は，次による。

1) **c) 4)**に準じて，試料を溶存酸素測定容器の底部に，気泡が入らないように静かに注入する([14])。

2) マグネチックスターラーでかき混ぜ([12])ながら温度計の目盛を確認し，次に，溶存酸素計の指示値が安定するのを待って溶存酸素の濃度（O mg/L）を読み取る。測定値に影響を与える試料温度，大気圧，塩濃度（実用塩分）などを確認する([15])。

注([14]) 溶存酸素測定瓶，培養瓶などを測定容器として用いる場合には，サイホンを用いて静かに試料を容器にとり，直ちに電極及び温度計を挿入して測定する。

([15]) 計器によっては，大気圧，塩濃度（実用塩分）などを入力し，濃度計算に反映させる機能をもつもの，又は，それらを自動で補正する機能をもつものもある。このような自動機能をもたない計器を使用する場合は，大気圧，塩濃度の影響を**附属書 1 表 6**，**附属書 1 表 7** 及び**表 32.1** を用いて補正する必要がある。

32.4　光学式センサ法　光学式センサを試料に浸せき（漬）して溶存酸素濃度を測定する。光学式センサは蛍光物質，りん（燐）光物質などを塗布したセンサキャップ，励起光源，光検出部等から構成され，試料中で励起された蛍光物質，りん（燐）物質などが発する光を測定する。試料中に酸素が存在すると消光作用によって発光量が減少するが，この消光作用は溶存酸素量に比例する。光学式センサは発光の位相差や持続時間等から酸素による消光作用を測定し，溶存酸素濃度を定量する。

定量範囲：O 0.5 mg/L 以上，繰返し精度：2～10 %

a) **試薬**　試薬は，次による。

1) **亜硫酸ナトリウム溶液**　**32.3 a) 1)** による。この溶液はゼロ調節に用いる。

備考 8. ゼロ調節には次の溶液を用いてもよい。蓋付き容器に水 85 mL をとり，**JIS K 9502** に規定するL(＋)-アスコルビン酸 2 g を溶かす。これに水酸化ナトリウム溶液（40 g/L）（**JIS K 8576** に規定する水酸化ナトリウムを用いて調製する。）25 mL を加え，静かにかくはんする。使用前に 3 分間待つ。

9. 水蒸気飽和させた **JIS K 1107** に規定する窒素雰囲気中でゼロ調節を行ってもよい。

2) **溶存酸素飽和水**　**32.3 a) 2)** による。

b) **器具及び装置**　器具及び装置は，次による。

1) **溶存酸素測定容器**　**32.3 b) 1)** による。

2) **光学式センサ溶存酸素計**　表示・操作部及びプローブから構成される（**図 32.2** 参照）。表示・操作部は溶存酸素の濃度を mg/L 単位で，及び／又は酸素の飽和百分率を%単位で表示できるもの。

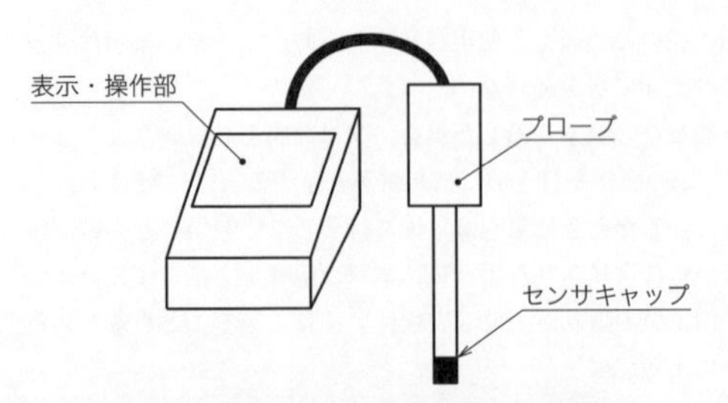

図 32.2　光学式センサ溶存酸素計の構成例

3) **温度計**　**JIS B 7414** に規定する一般用ガラス製棒状温度計の 50 度温度計([16])。

4) **気圧計**　1 hPa 単位のもの([17])。

注([16]) 通常，溶存酸素計には温度補償回路が組み入れられている。

([17]) 装置に気圧計が組み込まれた計器もある。

5) **マグネチックスターラー**

c) **準備操作**　準備操作は，次による。

1) **32.3 c) 2)**から **5)** による([18])。

注([18]) プローブは 1～2 分間で安定な指示を得る。プローブが異なると安定するまでの時間が異なる場合があるので，応答時間が最短化されるようにかくはんする。その際，大気から酸素が混入しないよう注意する。

備考 10. 計器が校正不能となった場合，応答が不安定又は遅くなった場合などは，センサキャップを交換する。また，交換は製造業者の取扱説明書を参照して行う。

d) **操作**　操作は，次による。

1) **32.3 c) 4)** に準じて，試料を溶存酸素測定容器の底部に，気泡が入らないように静かに注入する([19])。

2) マグネチックスターラーでかき混ぜ([12])ながら温度計の目盛を確認し，次に，溶存酸素計の指示値が安定するのを待って溶存酸素の濃度（O mg/L）を読み取る。測定値に影響を与える試料温度，大気圧，塩濃度（実用塩分）などを確認する([15])。

注([19]) 溶存酸素測定瓶，培養瓶などを測定容器として用いる場合には，サイホンを用いて静かに試料を容器にとり，直ちにプローブを挿入して測定する。

表 32.1　水中の飽和溶存酸素量（1013 hPa）

単位　mg/L

温度	塩濃度（実用塩分　Salinity）([20])				
℃	0	9	18	27	36
0	14.62	13.73	12.89	12.11	11.37
1	14.22	13.36	12.55	11.79	11.08
2	13.83	13.00	12.22	11.49	10.80
3	13.46	12.66	11.91	11.20	10.54
4	13.11	12.34	11.61	10.93	10.28
5	12.77	12.03	11.33	10.66	10.04
6	12.45	11.73	11.05	10.41	9.81
7	12.14	11.44	10.79	10.17	9.58
8	11.84	11.17	10.54	9.94	9.37

表 32.1 水中の飽和溶存酸素量（1013 hPa）（続き）

単位 mg/L

温度	塩濃度（実用塩分 Salinity）([20])				
℃	0	9	18	27	36
9	11.56	10.91	10.29	9.71	9.16
10	11.29	10.66	10.06	9.50	8.97
11	11.03	10.42	9.84	9.29	8.78
12	10.78	10.19	9.63	9.09	8.59
13	10.54	9.96	9.42	8.90	8.42
14	10.31	9.75	9.22	8.72	8.25
15	10.08	9.54	9.03	8.55	8.09
16	9.87	9.35	8.85	8.38	7.93
17	9.67	9.15	8.67	8.21	7.78
18	9.47	8.97	8.50	8.05	7.63
19	9.28	8.79	8.34	7.90	7.49
20	9.09	8.62	8.18	7.75	7.35
21	8.92	8.46	8.02	7.61	7.22
22	8.74	8.30	7.88	7.47	7.09
23	8.58	8.14	7.73	7.34	6.97
24	8.42	8.00	7.59	7.21	6.85
25	8.26	7.85	7.46	7.09	6.73
26	8.11	7.71	7.33	6.97	6.62
27	7.97	7.58	7.20	6.85	6.51
28	7.83	7.45	7.08	6.73	6.40
29	7.69	7.32	6.96	6.62	6.30
30	7.56	7.20	6.85	6.52	6.20
31	7.43	7.07	6.74	6.41	6.10
32	7.31	6.96	6.63	6.31	6.01
33	7.18	6.84	6.52	6.21	5.92
34	7.07	6.73	6.42	6.11	5.83
35	6.95	6.63	6.32	6.02	5.74
36	6.84	6.52	6.22	5.93	5.65
37	6.73	6.42	6.12	5.84	5.57
38	6.62	6.32	6.03	5.75	5.48
39	6.52	6.22	5.93	5.66	5.40
40	6.41	6.12	5.84	5.58	5.32
41	6.31	6.03	5.75	5.50	5.25
42	6.21	5.94	5.67	5.41	5.17
43	6.12	5.84	5.58	5.33	5.09
44	6.02	5.75	5.50	5.25	5.02
45	5.93	5.67	5.42	5.18	4.95

注([20]) **表 32.1** の実用塩分（Salinity）は，電気伝導率によって定義される値である。1 気圧，15 ℃において，1 kg 中に 32.435 6 g の塩化カリウムを含む溶液と電気伝導率が等しい海水の塩分を 35 と定義している（UNESCO,1981）。

溶存酸素は，水の自浄作用に重要であり，その値は水域の汚染指標として使用され，また，排水の生物処理における管理指標及び生物化学的酸素消費量

(BOD) においても定量される。

水に対する酸素の溶解量は，ヘンリーの法則に従い水温と酸素の分圧によって定まり，水に含まれる塩類濃度によって変わる。

溶存酸素の定量には，一般によう素滴定法（ウインクラー-アジ化ナトリウム変法）が標準的な試験方法として用いられているが，酸化還元性物質，懸濁物，着色物などの影響を受けやすい欠点がある。ミラー変法は，簡便法として従来から使用されているが，これも酸化還元性物質の影響を受けやすい。隔膜電極法は酸化還元性物質の影響が少なく，測定も容易であるが，指示値が安定しにくいことがある。

2016 年の改正では，**規格**の **32.4** として光学式センサ法が新しく追加された。この方法は，プローブの蛍光物質の劣化が測定値にほとんど影響しないため，隔膜交換を必要とする隔膜式に比べてメンテナンスが容易であり，安定性にも優れている。また，この改正では，ISO との整合をはかるため，**旧規格**の**表 32.1** の飽和溶存酸素量の値を，Truesdale et al., (1955)[1]の値から Benson et al., (1984)[2]の値へと移行している。さらに，**旧規格**の**表 32.1** の塩化物イオン濃度を，Salinity（実用塩分）に変更している。これに伴い，電気伝導率から Salinity を算出するため，20℃における各電気伝導率に対応する Salinity を**規格**の**附属書 1 表** 4 に掲載している。Salinity は 1 気圧，15℃において 1 kg中に 32.435 6 g の塩化カリウムを含む溶液と電気伝導率が等しい海水の塩分濃度を 35 として定義したものである[3]。

32.1　よう素滴定法[4)〜6)]

この方法名は，ISO 5813 に整合する。旧規格（1998）では“ウインクラー-アジ化ナトリウム変法”の名称が用いられていた。

試料に硫酸マンガン(Ⅱ) とアルカリ性のよう化カリウム溶液を加え，水中の溶存酸素の作用によって水酸化マンガン(Ⅲ) を生成させる。

$$2\,KOH + MnSO_4 \longrightarrow Mn(OH)_2 + K_2SO_4$$

$$4\,Mn(OH)_2 + O_2 + 2\,H_2O \longrightarrow 4\,Mn(OH)_3$$

又は

$$2\,Mn(OH)_2 + O_2 \longrightarrow 2\,MnO(OH)_2$$

硫酸を加えると沈殿は溶け，よう素が遊離してくるので，これをチオ硫酸ナトリウム溶液で滴定する。

$$2\,Mn(OH)_3 + 2\,KI + 3\,H_2SO_4 \longrightarrow I_2 + 2\,MnSO_4 + K_2SO_4 + 6\,H_2O$$

又は

$$MnO(OH)_2 + 2\,KI + 2\,H_2SO_4 \longrightarrow I_2 + MnSO_4 + K_2SO_4 + 3\,H_2O$$

$$I_2 + 2\,Na_2S_2O_3 \longrightarrow 2\,NaI + Na_2S_4O_6$$

亜硝酸イオンは，よう素を遊離させるので妨害となる。

$$2\,HNO_2 + 2\,HI \longrightarrow I_2 + 2\,H_2O + 2\,NO$$

このため，アジ化ナトリウムを添加してこれを分解除去しておく。

$$HNO_2 + NaN_3 \longrightarrow N_2 + N_2O + NaOH$$

1.　試　薬

（**1**）　アルカリ性よう化カリウム-アジ化ナトリウム溶液，硫酸マンガン（Ⅱ）溶液は，いずれも硫酸酸性としたとき，よう素を遊離してはならない。

（**2**）　でんぷん溶液は，腐敗しやすいため使用時に調製する。サリチル酸などの滅菌剤を添加する方法もあるが，あまり長くは保存できない。

2.　器　具

溶存酸素測定瓶は培養瓶（100～300 mL）のほか市販品（容量 100 mL で共栓の先端を斜めに切り落とし，空気抜きを容易にした瓶）を用いてもよい。

3.　操　作

（**1**）　溶存酸素は，水温，気圧，共存物などの影響を受けて容易に濃度が変化するから，試料採取後，直ちに試験する。

（**2**）　試料は，通常は表面水を溶存酸素測定瓶に直接採取する。瓶中に気泡が残らないように注意する。

（**3**）　硫酸マンガン（Ⅱ）溶液，アルカリ性よう化カリウム-アジ化ナトリウム溶液及び硫酸の各溶液の添加に使用するピペット（駒込ピペットなど）は，それぞれ専用にする。

（**4**） 各溶液の添加のときは，生成した水酸化マンガンの沈殿が流出しないように注意する。ピペットの先端を試料の下部まで挿入して加える。

（**5**） **規格**の **32. 注**(2)に示すように，試料採取現場で水酸化マンガンの沈殿生成の“溶存酸素の固定”までを行い，持ち帰って試験してもよい。冷暗容器に入れて運搬すれば多少の保存が可能である。なお，水酸化マンガン(Ⅱ）は白，水酸化マンガン(Ⅲ）は褐色であるので，生じた沈殿の色を観察すると，溶存酸素濃度の大小が推定できる。

（**6**） 滴定では，でんぷん溶液を初めから添加すると，よう素を消費するおそれがあるので，溶液の黄色が薄くなるまで滴定してから加える。滴定終点は，よう素でんぷんによる溶液の青い色が消えた点とする。一度消失してから再び青く呈色しても滴定はしない。

（**7**） 溶存酸素の濃度が低い（2 mg/L 以下程度）試料の場合は，**規格**の **32. 注**(3)に示すように，10 mmol/L チオ硫酸ナトリウム溶液で滴定するとよい。

（**8**） 着色物及び濁りなどは，**規格**の **32. 備考 1.** による硫酸カリウムアルミニウムによる凝集沈殿法で除去できる。

（**9**） 試料に酸化性物質又は還元性物質が存在するときは，**規格**の **32. 備考 3.** 又は **4.** によって処理する。それらの存在の有無を，**規格**の **32. 備考 2.** の操作（ISO 5813 の引用）によって確認できる。

（**10**） 酸化性物質又は還元性物質が共存する試料では，測定誤差が大きくなるのでその影響のない隔膜電極法によって測定するとよい。

32.2 ミラー変法 [7),8)]

アルカリ性溶液で酒石酸塩の存在で鉄(Ⅱ）が溶存酸素によって容易に酸化されて，鉄(Ⅲ）になる反応を利用した方法で，メチレンブルー溶液を指示薬として硫酸アンモニウム鉄(Ⅱ）溶液で滴定する。妨害物質が多く，酸化還元性物質，カルシウム，マグネシウム及び各種の重金属元素及び塩化物イオンなども妨害するので，比較的清浄な水の試験に用いる。

1. 試 薬

（1） 硫酸アンモニウム鉄(Ⅱ) 溶液の溶存酸素対応量は，よう素滴定法で溶存酸素濃度を求めた水を標準として求める。水中の溶存酸素の飽和量の表から求める簡便法もある。なお，この溶存酸素飽和量は気圧によって変わるので正しい値を得るには，気圧補正する。本書 32.3 を参照。

2. 器 具

（1） 試料採取器（注射筒 50 mL)，溶存酸素測定用試験管，かき混ぜ棒，足長ビュレットなどの一例を図 32.1 に示す。

自動ビュレットを使用する場合には，硫酸アンモニウム鉄(Ⅱ) 溶液の空気酸化を防止するため，アルカリ性ピロガロール溶液を入れたガス洗浄瓶を取り付けるとよい。

3. 操 作

（1） 注射筒での試料採取では，ゆっくりと吸引しないと減圧になり，溶存酸素が分離するので注意する。滴定中は，かき混ぜ棒を回転させてかき混ぜる。上下のかき混ぜは空気が混入するので行ってはならない。流動パラフィンを巻

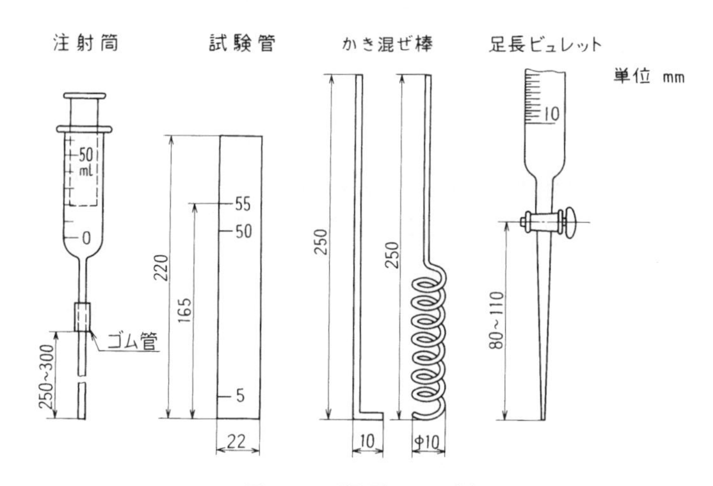

図 32.1 器具の一例

き込まないようにする。

32.3 隔膜電極法[9)]

ポリエチレン又は四ふっ化エチレン樹脂（テフロン）の隔膜を利用して，試料中の溶存酸素だけを透過させ，この溶存酸素と金属電極とによって発生する電流値から，溶存酸素の濃度を測定する。

隔膜電極法による溶存酸素計には，ガルバニ電池方式とポーラログラフ方式とがある。

ガルバニ電池方式は，金，銀など不活性な貴金属と鉛，亜鉛などの，卑金属とを組み合わせ，電解質溶液（塩化カリウム又は水酸化カリウムの溶液）に浸すと，卑金属は溶解し，酸素が還元されて電極間に電流が流れることによる。酸素がない場合は電池の分極作用で電流は流れない。

負極　$2\,Pb + 8\,OH^- \longrightarrow 2\,Pb(OH)_4{}^{2-} + 4\,e$

正極　$O_2 + 2\,H_2O + 4\,e \longrightarrow 4\,OH^-$

ポーラログラフ方式では，銀などを陽極，金，白金などを陰極として，電解質溶液（塩化カリウム溶液など）に浸し，電極間に−0.5〜−0.8 V の電圧をかけると，溶存酸素が還元される。この還元電流量から溶存酸素濃度を測定する。

陽極　$4\,Cl^- + 4\,Ag \longrightarrow 4\,AgCl + 4\,e$

陰極　$O_2 + 2\,H_2O + 4\,e \longrightarrow 4\,OH^-$

いずれの方式も隔膜の酸素拡散係数，電解質溶液の種類，反応速度などによって測定感度及び再現性が異なる。特に温度の影響は大きい。また，試料中の塩類濃度が海水のように高い場合には，その影響を受けるので，**規格の 32. 注**(6)による。

隔膜電極は，温度の影響が大きい。市販の溶存酸素計は，温度補償回路を組み込んでいるが，低温の場合には，温度補償が不十分になる例がある。このような場合は，試料と同じ温度で溶存酸素計のスパン調節を行うとよい。

1. 試　薬

(1)　亜硫酸ナトリウム溶液は，調製後数分間で溶存酸素は還元除去される

(コバルト塩又は銅塩を微量添加すると還元反応は促進される)。この溶液は密閉容器に入れれば約2日間保存できるが，使用時に調製するのがよい。

(**2**)　ゼロ調節に使う水として，窒素などでばっ気して溶存酸素を除去する方法もあるが，窒素中に酸素が含まれている場合もあるので，亜硫酸ナトリウム溶液を使用する方が安全である。

(**3**)　溶存酸素の飽和量は気圧によっても変わる。溶存酸素飽和水について気圧補正を行うには，水温を測定し，**規格**の**表32.1**によってその水温の溶存酸素飽和量(DO_T)を求め，そのときの気圧(B kPa)とから，次の式で溶存酸素飽和量を求める。

$$溶存酸素飽和量 = DO_T \times \frac{B}{101.325}$$

気圧の旧単位，B (mmHg) によるときは，

$$溶存酸素飽和量 = DO_T \times \frac{B}{760}$$

なお，2016年の改正では，各温度における気圧と飽和溶存酸素量との関係が**規格**の**附属書1表6**(低気圧側のデータ)及び**表7**(高気圧側のデータ)に記載されており，これらの表を用いての気圧の補正も可能である。

表32.1　水の溶存酸素飽和量の比較

単位 mg/L

温度(℃)	Truesdale (K 0102採用)	Standard Methods (20th Ed.)	ASTM D 888-92	Winkler (titri-metric)	Winkler (gaso-metric)	Roscoe & Lunt	Jacobsen	Bohr & Bock
0	14.16	14.62	14.6	14.56	14.55	—	14.30	14.79
5	12.37	12.77	12.8	12.72	12.73	12.41	12.48	13.02
10	10.92	11.29	11.3	11.27	11.24	11.11	11.01	11.58
15	9.76	10.08	10.1	10.09	10.06	9.98	9.85	10.32
20	8.84	9.09	9.1	9.10	9.10	8.96	8.91	9.30
25	8.11	8.26	8.3	8.29	8.24	8.25	8.16	8.46
30	7.53	7.56	7.5	7.53	7.52	—	—	7.71
35	7.04	6.95	7.0	—	—	—	—	7.08

(**4**)　G. A. Truesdale et al. の飽和溶存酸素量は1気圧での溶存酸素濃度の式を用いて求めたものであり，一方，B. B. Benson et al. の値は圧力を考慮した

溶存酸素濃度の式を用いて求めたものである。引用している式の違いから，両者の間には最大で3％の誤差があるが，後者がISO やStandard Methods（20th Ed.）などで世界的に使用されていることから，JIS でも後者の値に移行された。これらの値を含む各測定者による飽和溶存酸素量を，参考として表32.1に示す。この表には，温度0から35℃の5℃ごとの塩化物イオン濃度0 mg/Lでの値が記載されており，左から2列目のStandard Methods（20th Ed.）の値が2016年改正値である。

2.　器具及び装置

（**1**）　測定容器は，溶存酸素計に付属している容器を使用してもよいが，**規格**の **32.3 b) 1**）に例示した容器を使用するとよい。

（**2**）　溶存酸素計は，隔膜の取付け，電解液の入替え，電極の消耗による取替えなどの方法が計測器によって異なる。特に隔膜の取付けは，測定に大きな影響を与えるので注意する。取扱説明書に従って正しく行う。

3.　準備操作

（**1**）　酸素の拡散速度は酸素分圧に対応している。同じ分圧であっても塩類濃度が高いと質量濃度は同一でない。塩類を含まない溶存酸素飽和水でスパン調節をした溶存酸素計で塩類を含む試料の溶存酸素を測定すると異常な値となる。塩類濃度の高い試料では，**規格**の **32. 注**(6)に示すように，試料と同じモル濃度の塩化ナトリウムを加えた溶存酸素飽和水を調製して用いる。その溶存酸素濃度は，表32.1による。

（**2**）　溶存酸素飽和水の溶存酸素量は，**規格**の **32.1** のよう素滴定法で求めてもよい。特に塩類濃度の高い溶存酸素飽和水を調製した場合は，その方法で確認するのがよい。

（**3**）　マグネチックスターラーによるかき混ぜ速度は，電極への溶存酸素の供給速度に関係し，かき混ぜ速度が小さいと指示値が小さくなる。指示値が安定する速度に設定し，常に一定にする。

4.　操　作

（**1**）　溶存酸素の測定は，試料採取時に行う。

（**2**）　測定操作は，準備操作（校正操作）と同じ操作条件で行う。温度補償回路があっても大きな温度差は好ましくない。

（**3**）**規格**の **32.3**（隔膜電極法）及び**規格の 32.4**（光学式センサ法）での電極の校正に，次のような簡易校正法が紹介されている。試料温度が気温と同じである場合には，簡易方法として，水蒸気を飽和させた空気中での校正が可能な計器もある。

（**4**）溶存酸素計には，大気圧，塩濃度（実用塩分）などを入力し，濃度計算に反映させる機能をもつもの，自動的にこれらが補正される機能をもつものがある。これらを有しない場合に補正が可能となるように，**規格**の**附属書 1 表** 4 に電気伝導率と Salinity，**表 5** に標高と気圧，**表 6** 及び**表 7** に気圧と飽和溶存酸素量が記載されている。これらのデータは，2014 年に発行された ISO 17289：2014（Water quality − Determination of dissolved oxygen − Optical sensor method）を参考にしたものである。

使用する電気伝導率計で塩濃度を測定できない場合は，**規格**の**附属書 1 表** 4 を用いる。電気伝導率計を使用して 20℃における電気伝導率を測定し，次に**規格**の**附属書 1 表** 4 を用いて塩濃度を整数値で求める。20℃における電気伝導率への換算機能をもたない電気伝導率計を使用する場合は，**規格**の **13. 注**(4)に従い，実験的測定によって求めた電気伝導率の温度係数（1℃当たりの電気伝導率の変化率；α）を用いて，20℃の電気伝導率に換算する。

32.4　光学式センサ法

近年，蛍光式の溶存酸素センサが下水処理場等のプロセス監視用として使用されており[10)]，この方法は隔膜電極法に比べ，保守性や指示値の安定性に優れることから，ISO でも 2014 年に ISO 17289 として規格化されている[11)]。

蛍光物質に励起光を照射すると，蛍光物質は基底状態から励起状態に遷移し，励起された物質は，励起光量と蛍光物質量に比例した蛍光を放射しながら基底状態に戻る。蛍光物質の周囲に酸素分子等の他の分子が存在すると，励起エネルギーが酸素分子等に奪われ，蛍光強度が減少する。本法では，図 32.2 のプロ

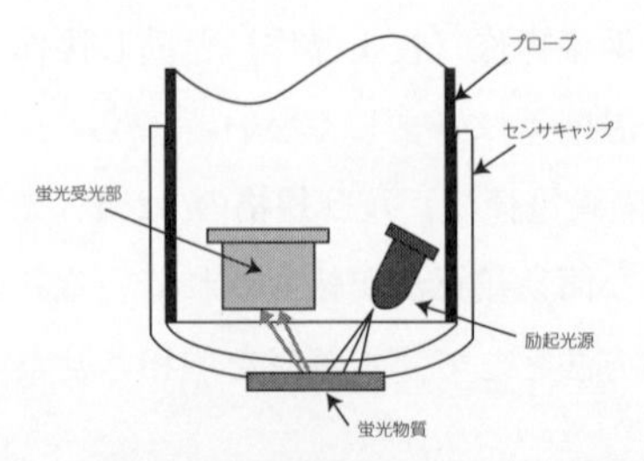

図 32.2　光学式酸素濃度計のプローブの模式図

一般社団法人産業環境管理協会（2010）：平成 21 年度社会環境整備・産業競争力強化型規格開発事業 - 工場排水試験法等の体系的な JIS 見直しと改正 - 成果報告書，p. 46 図 15

ーブの模式図に示すように，試料水中に置かれたプローブの蛍光物質に LED 光源からの励起光を照射すると，酸素分子が存在しない場合は蛍光を照射しながらその蛍光物質は基底状態に戻るが，酸素分子が存在すると励起光照射から蛍光が消えるまでの時間（消光時間）や励起光と蛍光の位相のずれが生じる。これらを利用して溶存酸素量を求める。消光時間と酸素濃度との関連を模式的に示したものを図 32.3 に示す。

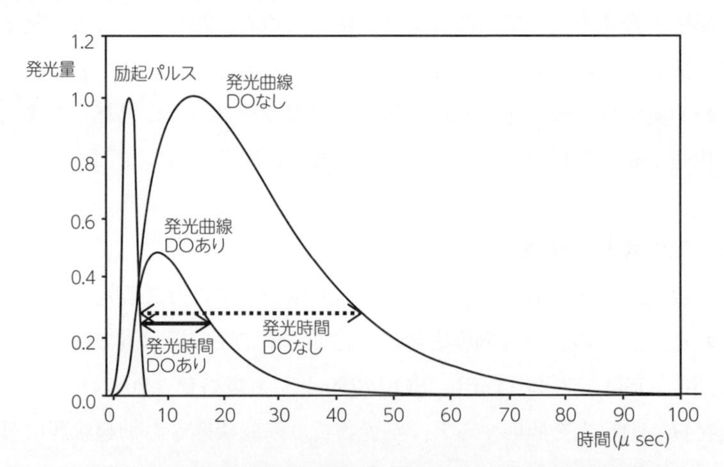

図 32.3　光学式酸素濃度計の酸素濃度と発光時間との模式図

一般社団法人産業環境管理協会（2010）：平成 21 年度社会環境整備・産業競争力強化型規格開発事業―工場排水試験法等の体系的な JIS 見直しと改正成果報告書，p.46 図 16

光学式センサ法では，隔膜式に比べ，流量の影響が少ないとされており，純水に空気を飽和させた試料でかき混ぜ速度を変化させた場合の様子を図 32.4 に示す。なお，SS が多い試料等で，光学式センサ法の応答が遅いこともみられることから，規格ではこの方法でもかき混ぜながら測定することになっている。

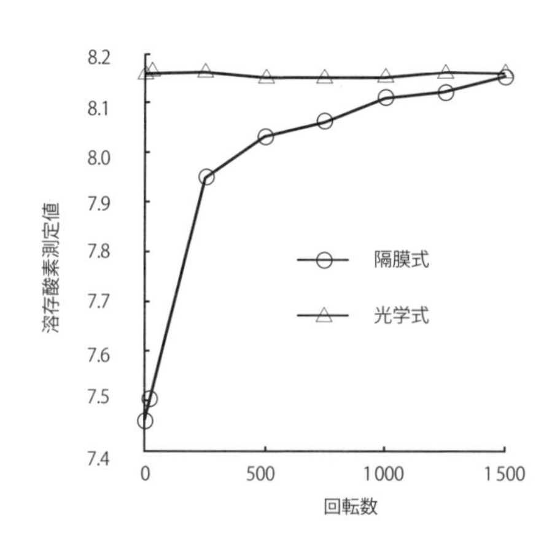

図 32.4　試料のかき混ぜの影響

一般社団法人産業管理協会（2015）：経済産業省委託 平成 26 年度高機能 JIS 等整備事業：安全・安心な社会形成に資する JIS 開発 環境負荷低減のための工場排水試験法に関する JIS 開発 成果報告書の資料編別添 1「平成 26 年度溶存酸素検証試験結果報告①」p. 1 の図を改変

1.　試　薬

溶存酸素計のゼロ調整用の亜硫酸ナトリウム溶液及び飽和濃度調整用の溶存酸素飽和水は**規格**の **32.3** と同じものを用いる。

2.　準備操作

規格の **32.3** と同様である。プローブは 1～2 分間で安定になるが，プローブが異なると安定するまでの時間が異なるので，応答時間が最短化されるように試料溶液をかき混ぜる。

3.　操　作

規格の **32.3** と同様である。

4.　測 定 例

下水処理場の試料水を用いて隔膜電極法と光学式センサ法で測定した結果の一例を図 32.5 に示す。両者が良い相関をもっている。

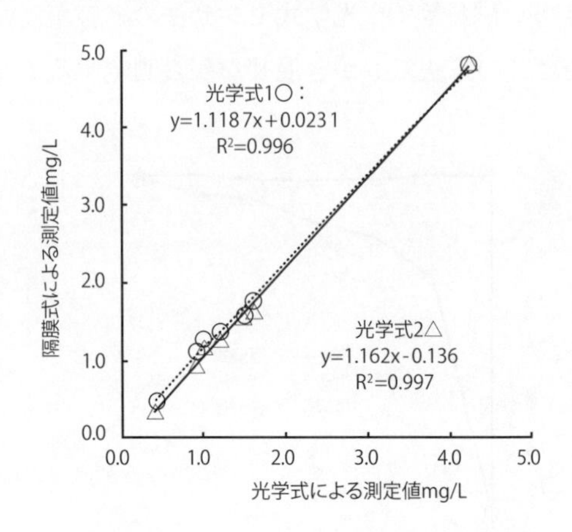

図 32.5　活性汚泥層における測定値

5.　隔膜電極法と光学式センサ法での測定値の継続性等

光学式センサ溶存酸素計はほとんどが海外で生産されており，ISO の飽和溶存酸素量の表を用いた校正が行われている。一方，隔膜電極を用いる溶存酸素計は旧規格の JIS の飽和溶存酸素量の表を用いたものが多い。ISO 表を用いて校正した場合の測定値と旧規格の JIS 表を用いて校正した場合の測定値との継続性を確保するために，旧規格の飽和溶存酸素量の表を**規格**の**附属書 1 表 8** に掲載し，換算が必要な場合は，これらの表を基にユーザーが換算係数を算出し，実測値と換算係数から値を算出することとなっている。

旧規格（2013 年版）の**表 32.1** で校正された溶存酸素計で測定した値を 2016 年改正規格に対応した値に変更する場合は，次の式を用いる。

[**規格**の**表 32.1** の飽和溶存酸素量（mg/L）/ **旧規格**（2013 年）**表 32.1** の飽和溶存酸素量（mg/L）]×実測値

参 考 文 献

1） G. A. Truesdale, A. L. Downing, G. F. Lowden（1955）: J. Appl. Chem., **5**, (No. 2), 53
2） B. B. Benson, D. Krause Jr.（1984）：Limnol. Oceanogr., **29**, 620
3） UNESCO, Institute of Oceanographic Sciences（1981）: International Oceanographic tables,
4） L. W. Winkler（1888）：Ber. Deut. Ges., **21**, 2843
5） G. Alsterberg（1925）：Biochem. Z., **159**, 36
6） O. R. Placak, C. C. Ruchhoft（1941）：Ind. Eng. Chem., Anal. Ed., **13**, 12
7） 柴田三郎（1934）：水道協会雑誌，**17**, 40
8） 森鎰男，後藤一男，石原豊（1964）：名工試報告 **13**, 109；(1969)：工業用水, No.**127**, 54；(1969)：No.**134**, 31
9） 荒木峻，高橋昭共編（1976）：水質汚濁の自動分析，29, 化学同人
10） 日本下水道協会：下水道施設計画・設計指針と解説 2009 年版 Vol. 1
11） ISO 17289(2014):Determination of dissolved oxygen - Optical sensor method

33. 残 留 塩 素

33. 残留塩素 残留塩素とは，塩素剤が水に溶けて生成する次亜塩素酸及びこれがアンモニアと結合して生じるクロロアミンをいい，前者を遊離残留塩素，後者を結合残留塩素，両者を合わせて残留塩素という。

残留塩素の定量には，濃度が低い場合には *o*-トリジン比色法，ジエチル-*p*-フェニレンジアンモニウム（DPD）比色法又はジエチル-*p*-フェニレンジアンモニウム（DPD）吸光光度法を適用し，濃度が比較的高い場合には，よう素滴定法を適用する。

この試験は，試料採取後，直ちに行う。

なお，ジエチル-*p*-フェニレンジアンモニウム（DPD）比色法は，2017 年に第 2 版として発行された **ISO 7393-2**，よう素滴定法は，1990 年に第 2 版として発行された **ISO 7393-3** との整合を図ったものである。

備考 この試験方法の対応国際規格を，次に示す。

なお，対応の程度を表す記号は，**ISO/IEC Guide 21-1** に基づき，IDT（一致している），MOD（修正している），NEQ（同等でない）とする。

ISO 7393-2:2017，Water quality－Determination of free chlorine and total chlorine－Part 2: Colorimetric method using *N*,*N*-diethyl-1,4-phenylenediamine, for routine control purposes（MOD）

ISO 7393-3:1990，Water quality－Determination of free chlorine and total chlorine－Part 3: Iodometric titration method for the determination of total chlorine（MOD）

33.1 *o*-トリジン比色法 試料に 3,3'-ジメチルベンジジン（*o*-トリジン）溶液を加え，残留塩素との反応で生じる黄色を，残留塩素標準比色液と比較して残留塩素を定量する方法である。亜ひ酸ナトリウム溶液で処理し，残留塩素，遊離残留塩素及び結合残留塩素の三つに区別することができる。

定量範囲：Cl 0.01～2.0 mg/L，繰返し精度：5～10 %

a) 試薬 試薬は，次による。

1) **水** **JIS K 0557** に規定する **A3** の水([1])

2) ***o*-トリジン溶液** 二塩化 3,3'-ジメチルベンジジニウム（*o*-トリジン二塩酸塩）0.14 g を水 50 mL に溶かし，塩酸（3＋7）（**JIS K 8180** に規定する塩酸を用いて調製する。）50 mL 中にかき混ぜながら加える。着色瓶に入れて保存する。6 か月以上経過したものは使用しない。

3) **りん酸塩緩衝液（pH6.5）** **JIS K 9020** に規定するりん酸水素二ナトリウムを 110 ℃で約 2 時間加熱し，デシケーター中で放冷した後，その 22.86 g と，**JIS K 9007** に規定するりん酸二水素カリウム 46.14 g とを水に溶かして 1 L とする。沈殿が生じた場合には，ろ別する。この溶液 200 mL をとり水で 1 L とする。

4) **クロム酸カリウム-二クロム酸カリウム溶液** **JIS K 8312** に規定するクロム酸カリウム 3.63 g と **JIS K 8517** に規定する二クロム酸カリウム 1.21 g とをりん酸塩緩衝液（pH6.5）に溶かし，全量フラスコ 1 000 mL に移し入れ，りん酸塩緩衝液（pH6.5）を標線まで加える。

5) **残留塩素標準比色液** 相当する残留塩素の濃度（Cl mg/L）に応じ，クロム酸カリウム-二クロム酸カリウム溶液及びりん酸塩緩衝液（pH6.5）を**表 33.1** に示す割合に比色管 100 mL にとり，混ぜ合わせる。暗所に保存する。沈殿が生じた場合には使用しない。

6) **亜ひ酸ナトリウム溶液（5 g/L）** メタ亜ひ酸ナトリウム 0.5 g を水に溶かして 100 mL とする。

注([1]) この試験に用いる水は，残留塩素が存在しないこと及び塩素を消費しないことを，**備考 3.**によ

って確かめておく。

b) 器具 器具は，次による。

1) 比色管 100 mL 底部から 200±1.5 mm の高さに 100 mL の標線を付けた平底のもの。

2) 比色管立 100 mL 用 底部及び側面に乳白板を付けたもの。

表 33.1 残留塩素標準比色液（液層 200 mm 用）

残留塩素 Cl mg/L	クロム酸カリウム-二クロム酸カリウム溶液 mL	りん酸塩緩衝液 pH6.5 mL	残留塩素 Cl mg/L	クロム酸カリウム-二クロム酸カリウム溶液 mL	りん酸塩緩衝液 pH6.5 mL
0.01	0.18	99.82	0.70	7.48	92.52
0.02	0.28	99.72	0.80	8.54	91.46
0.05	0.61	99.39	0.90	9.60	90.40
0.07	0.82	99.18	1.00	10.66	89.34
0.10	1.13	98.87	1.10	12.22	87.78
0.15	1.66	98.34	1.20	13.35	86.65
0.20	2.19	97.81	1.30	14.48	85.52
0.25	2.72	97.28	1.40	15.60	84.40
0.30	3.25	96.75	1.50	16.75	83.25
0.35	3.78	96.22	1.60	17.84	82.16
0.40	4.31	95.69	1.70	18.97	81.03
0.45	4.84	95.16	1.80	20.09	79.91
0.50	5.37	94.63	1.90	21.22	78.78
0.60	6.42	93.58	2.00	22.34	77.66

c) 操作 操作は，次による。

1) 比色管に *o*-トリジン溶液 5 mL をとり，これに試料(2)の適量（残留塩素 0.2 mg 以下を含む。）を加え，更に水を 100 mL の標線まで加え，手早く栓をして振り混ぜる。

2) 5 分間(3)暗所に放置する。

3) 上方から透視して残留塩素標準比色液と比較し，該当する残留塩素標準比色液を求め，これに相当する残留塩素の濃度 a（Cl mg/L）を記録する。

4) 別の比色管に *o*-トリジン溶液 5 mL をとり，これに **1)**の操作と同量の試料を加え，手早く栓をして振り混ぜる。

5) 5 秒間以内に亜ひ酸ナトリウム溶液（5 g/L）5 mL を加えて振り混ぜ，更に，水を 100 mL の標線まで加えて振り混ぜる。

6) 残留塩素標準比色液と比較し，該当する残留塩素標準比色液を求め，これに相当する残留塩素の濃度 b（Cl mg/L）を記録する。

7) 空試験として比色管 100 mL に亜ひ酸ナトリウム溶液（5 g/L）5 mL をとり，これに **1)**の操作と同量の試料を加えて振り混ぜる。

8) *o*-トリジン溶液 5 mL を加えて振り混ぜ，更に水を 100 mL の標線まで加えて振り混ぜる。

9) 5 秒間以内に残留塩素標準比色液と比較し，該当する残留塩素標準比色液を求め，これに相当する残留塩素の濃度 c_1（Cl mg/L）を記録する。

10) さらに，5 分間暗所に放置後，残留塩素標準比色液と比較し，該当する残留塩素標準比色液を求め，これに相当する残留塩素の濃度 c_2（Cl mg/L）を記録する。

11) 次の式によって残留塩素，遊離残留塩素及び結合残留塩素の濃度を算出する。

$$A = (a - c_2) \times \frac{100}{V}$$

$$B = (b - c_1) \times \frac{100}{V}$$

$$C = A - B$$

ここに，　A：　残留塩素の濃度（Cl mg/L）
　　　　　a：　**3)**で求めた残留塩素の濃度（Cl mg/L）
　　　　　c_2：　**10)**で求めた残留塩素の濃度（Cl mg/L）
　　　　　V：　試料量（mL）
　　　　　B：　遊離残留塩素の濃度（Cl mg/L）
　　　　　b：　**6)**で求めた残留塩素の濃度（Cl mg/L）
　　　　　c_1：　**9)**で求めた残留塩素の濃度（Cl mg/L）
　　　　　C：　結合残留塩素の濃度（Cl mg/L）

注([2]) 試料がアルカリ性の場合には，pH 計を用い，塩酸（1＋5）を加えて pH を約 7 にする。また，発色時の pH は常に 1.3 以下とする。

([3]) 残留塩素のうち結合残留塩素は，最高発色に達するのに 0 ℃で 6 分間，20 ℃で 3 分間，25 ℃で 2 分 30 秒間が必要である。

備考 1. 空試験を行わない場合には，鉄 0.3 mg/L 以上，マンガン 10 μg/L 以上又は亜硝酸イオン 0.3 mg/L 以上が含まれていると妨害する。鉄及びマンガンの妨害を防ぐには，試料 100 mL につき 1,2-シクロヘキサンジアミン四酢酸溶液（10 g/L）（*trans*-1,2-シクロヘキサンジアミン四酢酸一水和物 1.05 g を水に溶かして 100 mL とする。）3 mL を添加する。

2. 市販の残留塩素測定器を用いる場合には，あらかじめ残留塩素標準比色液と比較して，誤りのないことを確認しておく。

備考 3. 試験に用いる水に残留塩素が存在しないこと及び塩素を消費しないことを確認する方法は，次のいずれかによる。

1) **残留塩素が存在しないことの確認**　水[**a) 1)**]約 45 mL を比色管 50 mL にとり，**JIS K 8913** に規定するよう化カリウム約 0.5 g を加えて振り混ぜ，約 1 分間後，りん酸塩緩衝液（pH6.5）[**33.2 a) 4)**による。] 2 mL，DPD 希釈粉末 [**33.2 a) 3)**による。] 0.5 g を加えて振り混ぜる。発色が認められないことを確認する。又は **33.1 c)**の **1)**及び **2)**の操作を行って発色が認められないことを確認する。

2) **塩素を消費しないことの確認**　水 [**a) 1)**] 約 45 mL を比色管 50 mL にとり，次亜塩素酸ナトリウム溶液（有効塩素 0.1 g/L）[**42.2 a) 4)**の次亜塩素酸ナトリウム溶液（有効塩素 10 g/L）を 100 倍に薄めて調製する。] 1，2 滴を加えて振り混ぜ，約 2 分間放置する。その後，**1)**のりん酸塩緩衝液（pH6.5）以降の操作を行って発色が認められることを確認する。

33.2 ジエチル-*p*-フェニレンジアンモニウム（DPD）比色法　硫酸 *N*,*N*-ジエチル-*p*-フェニレンジアンモニウム（DPD）を比色管にとり，これに試料を加え，残留塩素との反応で生じる桃色から桃紅色を，残留塩素標準比色液と比較して定量する。

定量範囲：Cl 0.05～2 mg/L，繰返し精度：5～10 %

a) 試薬　試薬は，次による。

1) 水　**33.1 a) 1)**による。

2) **よう化カリウム** **JIS K 8913** に規定するもの。

3) **DPD 希釈粉末** 硫酸 *N,N*-ジエチル-*p*-フェニレンジアンモニウム（*N,N*-ジエチル-*p*-フェニレンジアミン硫酸塩）1.0 g をめのう乳鉢中で粉砕する。これに **JIS K 8987** に規定する硫酸ナトリウム 24 g を加えてよく混合し，着色ガラス瓶に入れ，湿気を避けて，0～10 ℃の暗所に保存する。着色したものは使用しない。

4) **りん酸塩緩衝液（pH6.5）** りん酸二水素カリウム溶液（0.2 mol/L）（**JIS K 9007** に規定するりん酸二水素カリウム 27.2 g を水に溶かして 1 L とする。）100 mL をとり，水酸化ナトリウム溶液（0.2 mol/L）（**JIS K 8576** に規定する水酸化ナトリウム 8 g を水に溶かして 1 L とする。）を pH 計を用いて pH6.5 になるまで加え，これに *trans*-1,2-シクロヘキサンジアミン四酢酸一水和物 0.13 g を加えて溶かす。

5) **C. I. Acid Red 265 溶液** C. I. Acid Red 265［1-(4-メチルベンゼンスルホンアミド)-7-(2-メチルフェニルアゾ)-8-ヒドロキシ-3,6-ナフタレンジスルホン酸二ナトリウム］を 105～110 ℃で 3～4 時間加熱し，デシケーター中で放冷する。その 0.329 g を 1 mg の桁まではかりとり，少量の水に溶かして全量フラスコ 1 000 mL に移し入れ，水を標線まで加える。この溶液 50 mL を全量フラスコ 500 mL にとり，水を標線まで加える。0～10 ℃の暗所に保存し，6 か月間以上経過したものは使用しない。

6) **DPD 残留塩素標準比色液** C. I. Acid Red 265 溶液を**表 33.2** によって全量フラスコ 50 mL にとり，水を標線まで加える。これを比色管 50 mL にそれぞれ移す。密栓して 0～10 ℃の暗所に保存する。6 か月間以上経過したものは使用しない。

表 33.2　DPD 残留塩素標準比色液（50 mL 中）

残留塩素 Cl mg/L	C. I. Acid Red 265 溶液 mL
0.05	0.5
0.1	1.0
0.2	2.0
0.3	3.0
0.4	4.0
0.5	5.0
0.6	6.0
0.7	7.0
0.8	8.0
0.9	9.0
1.0	10.0
1.2	12.0
1.4	14.0
1.6	16.0
1.8	18.0
2.0	20.0

b) **器具** 器具は，次による。

1) **比色管** 50 mL 底部から 150±1 mm の高さに 50 mL の標線を付けた平底のもの。

2) **比色管立** 50 mL 用 底部及び側面に乳白板を付けたもの。

c) **操作** 操作は，次による。

1) りん酸塩緩衝液（pH6.5）2.5 mL を比色管 50 mL にとり，これに DPD 希釈粉末 0.5 g を加える。次に，試料([4])の適量（残留塩素 0.1 mg 以下を含む。）を加え，更に水を標線まで加える。

2) 栓をしてよく振り混ぜ，1 分間([5])以内にその発色を側面から透視して，DPD 残留塩素標準比色液と比較する。該当するDPD残留塩素標準比色液から，これに相当する残留塩素の濃度（Cl mg/L）を求め，これを遊離残留塩素として，試料中の遊離残留塩素の濃度（Cl mg/L）を算出する。

3) **2)**の操作が終了したら，よう化カリウム約0.5 gを加え，栓をして振り混ぜて溶かし，約2分間放置後，その発色を**2)**と同様に残留塩素標準比色液と比較する。該当する残留塩素標準比色液からこれに相当する残留塩素の濃度（Cl mg/L）を求め，試料中の残留塩素の濃度を算出する。

4) 結合残留塩素の濃度（Cl mg/L）は，次の式によって算出する。

結合残留塩素の濃度（Cl mg/L）＝残留塩素（Cl mg/L）－遊離残留塩素（Cl mg/L）

注(4) 試料の酸性又はアルカリ性が強い場合には，炭酸ナトリウム溶液（50 g/L）（**JIS K 8625**に規定する炭酸ナトリウムを用いて調製する。）又は塩酸（1＋11）［**21. a) 2)**による。］を用いてpHを約6.5に調節する。

(5) 振り混ぜ時間を含める。DPD希釈粉末中の硫酸ナトリウムは完全には溶けなくてもよい。

備考**4.** 市販の残留塩素測定器又はガラス色標準スケールを用いる場合には，あらかじめDPD残留塩素標準比色液と比較して，誤りのないことを確認しておく。

5. 試料中のマンガン酸化物による妨害の補正方法は，次による。

1) 試料100 mLをとり，メタ亜ひ酸ナトリウム溶液（2 g/L）（メタ亜ひ酸ナトリウムを用いて調製する。）又はチオアセトアミド（エタンチオアミド）溶液（2.5 g/L）1 mLを加え，振り混ぜる。

2) この溶液を用いて，**c)**の**1)**及び**2)**の操作を行い，マンガン酸化物による発色を残留塩素の濃度として求める。

3) 得られた値を用いて，遊離残留塩素の濃度及び残留塩素の濃度を補正する。

備考**6.** 二酸化塩素（IV）は，残留塩素及び遊離残留塩素の値に含まれる。

7. DPDの酸化は，塩素化合物によるものだけではない。反応は，他の酸化剤によっても生じる。これには臭素，よう素，ブロモアミン類，ヨードアミン類，オゾン，過酸化水素，クロム酸塩，マンガン酸化物，亜硝酸塩，鉄（III）イオン及び銅イオンが挙げられる。ただし，この方法では，銅イオン2 mg/L，鉄（II）イオン3 mg/L，アルミニウム4 mg/L及び亜硝酸イオン4 mg/Lまではそれぞれ妨害しない。

8. 試料が海水の場合，一部の微細藻類等がDPDを発色させる場合がある。これを防止するには，ガラス繊維又は有機高分子製のろ過材（孔径100 μm以下）を用い，自然ろ過又は加圧ろ過によって試料をろ過し，そのろ液の適量をとり，**c) 1)**以降の操作を行う。ろ過操作前にはろ過材及び器具を試料で共洗いし，接液面での残留塩素の損失を防ぐ。ろ過材及び器具はあらかじめ，残留塩素の濃度を変化させないことを確認しておく。

9. **c) 1)**の操作後は日射によって発色が進むことがあるため，日射を当てないようにする。

33.3 よう素滴定法 残留塩素とよう化カリウムとが反応して遊離するよう素をチオ硫酸ナトリウム溶液で滴定し，残留塩素を定量する。よう素を遊離させる酸化性物質が共存すると，残留塩素として定量される。

定量範囲：Cl 0.1 mg以上

a) 試薬 試薬は，次による。

1) 水 **33.1 a) 1)**による。

2) よう化カリウム **33.2 a) 2)**による。

3) 酢酸（1＋1） **JIS K 8355**に規定する酢酸を用いて調製する。

4)　**でんぷん溶液（10 g/L）　19. a) 5)**による。

5)　**10 mmol/L チオ硫酸ナトリウム溶液　19. a) 9)**による。

b)　**操作**　操作は，次による。

1)　試料(2)の適量（Cl として 0.1～7 mg を含む。）を共栓三角フラスコ 500 mL にとり，水を加えて約 300 mL とし，よう化カリウム 1 g 及び酢酸（1＋1）5 mL を加える。

2)　栓をして振り混ぜ，暗所に約 5 分間放置する。

3)　遊離したよう素を，10 mmol/L チオ硫酸ナトリウム溶液で滴定し，溶液の黄色が薄くなってから，指示薬としてでんぷん溶液（10 g/L）1 mL を加え，生じたよう素でんぷんの青い色が消えるまで滴定する。

4)　空試験として水 100 mL をとり，**1)**～**3)**の操作を行う。

5)　次の式によって試料中の残留塩素の濃度（Cl mg/L）を算出する。

$$A=\left(a-b\right)\times f\times \frac{1\,000}{V}\times 0.354\,5$$

ここに，　A：　残留塩素の濃度（Cl mg/L）
a：　滴定に要した 10 mmol/L チオ硫酸ナトリウム溶液量（mL）
b：　空試験に要した 10 mmol/L チオ硫酸ナトリウム溶液量（mL）
f：　10 mmol/L チオ硫酸ナトリウム溶液のファクター
V：　試料量（mL）
0.354 5：　10 mmol/L チオ硫酸ナトリウム溶液 1 mL に相当する残留塩素の質量（mg）

備考 10. 試料の着色又は濁りが著しく試験が困難な場合には，次の方法で残留塩素を分離し測定してもよい。

1)　試料の適量（Cl として 2 mg 以上を含む。）を**図 33.1** の蒸留フラスコ 200 mL にとり，硫酸（1＋15）を加えて pH を 0.9～1.0 に調節し，水で約 80 mL とし，蒸留装置に接続する。

2)　10 mmol/L チオ硫酸ナトリウム溶液を，ガス洗浄瓶（H）には 20 mL，ガス洗浄瓶（I）には 5 mL を加え，それぞれ水を加えて 50 mL とし，更に酢酸緩衝液（pH3.5）［**JIS K 8371** に規定する酢酸ナトリウム三水和物 240 g を水約 300 mL に溶かし，酢酸 460 mL を加えた後，水で 1 L とする。］4 mL とよう化カリウム 0.1 g とを加えて振り混ぜる。

3)　蒸留フラスコを 40 ℃の恒温槽中（J）に入れ，緩やかに約 40 分間通気する。ガス洗浄瓶中の溶液を三角フラスコ 300 mL に移し，水でガス洗浄瓶の内部を洗い洗液を前の溶液に合わせる。これに，よう素溶液（**JIS K 8913** に規定するよう化カリウム 12 g を少量の水に溶かし，**JIS K 8920** に規定するよう素 4 g を加えて溶かし，水を加えて 1 L とする。）10 mL を加える。

4)　過剰のよう素を 10 mmol/L チオ硫酸ナトリウム溶液で滴定し，溶液の黄色が薄くなったら指示薬としてでんぷん溶液（10 g/L）1 mL を加え，生じたよう素でんぷんの青い色が消えるまで滴定する。

5)　空試験として 10 mmol/L チオ硫酸ナトリウム溶液 25 mL を三角フラスコ 300 mL にとり，酢酸塩緩衝液（pH3.5）8 mL，よう化カリウム 0.2 g 及び水約 120 mL を加えて振り混ぜ，これによう素溶液 10 mL を加え，試料と同様に 10 mmol/L チオ硫酸ナトリウム溶液で滴定する。試料中の残留塩素の濃度（Cl mg/L）は，**b) 5)**の式によって算出する。

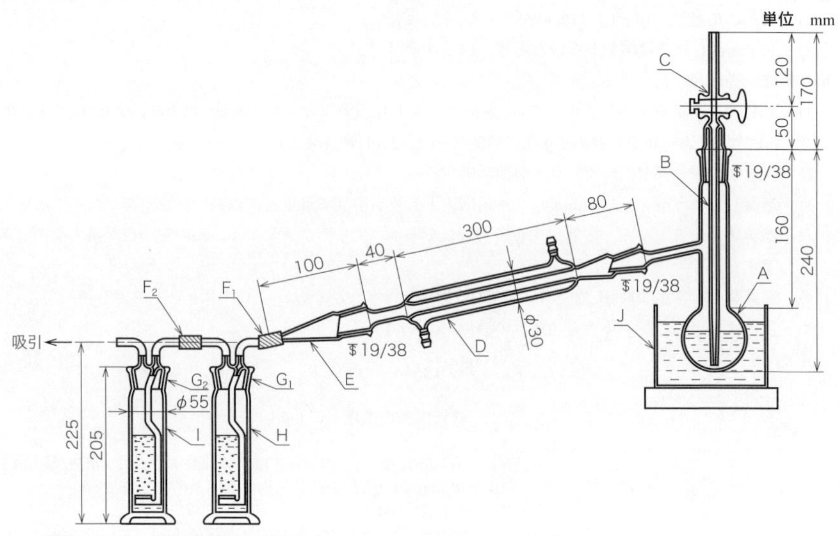

A：	蒸留フラスコ（共通すり合わせ枝付き）200 mL	F_1，F_2：	ゴム管
B：	中管（先端の内径約 1 mm）	G_1，G_2：	共通すり合わせ
C：	一方コック	H，I：	共通すり合わせろ過板付きガス洗浄瓶（250 mL）
D：	共通すり合わせリービッヒ冷却器（200～300 mm）		
E：	共通すり合わせアダプター	J：	恒温槽

図 33.1　蒸留装置（共通すり合わせ）の例

33.4　ジエチル-*p*-フェニレンジアンモニウム（DPD）吸光光度法　試料に硫酸 *N*,*N*-ジエチル-*p*-フェニレンジアンモニウム（DPD）を加え，残留塩素との反応で生じる桃色から桃紅色を，波長 510 nm（又は 555 nm）付近の吸光度を測定して定量する。

定量範囲：Cl 2.5～150 μg，繰返し精度：5～10 %

a)　試薬　試薬は，次による。

1)　水　**33.1 a) 1)**による。

2)　希釈水　水 1 L に対し塩素水（濃度約 50 mg/L）約 3 mL を加え 1 時間放置した後，煮沸するか又は紫外線を照射して残留塩素を除く。

3)　よう化カリウム　**33.2 a) 2)**による。

4)　DPD 希釈粉末　**33.2 a) 3)**による。

5)　りん酸塩緩衝液（pH6.5）　**33.2 a) 4)**による。

6)　0.1 mol/L チオ硫酸ナトリウム溶液　**19. a) 8)**による。

7)　10 mmol/L チオ硫酸ナトリウム溶液　**19. a) 9)**による。ファクターは，**19. a) 8)**の 0.1 mol/L チオ硫酸ナトリウム溶液のものを用いる。12 時間以上経過したものは使用しない。

8)　でんぷん溶液（10 g/L）　**19. a) 5)**による。

9)　塩素標準液　塩素水の調製，有効塩素濃度の測定及び塩素標準液の調製は，次による。

塩素標準液は，使用の都度その有効塩素濃度を測定する。

9.1)　**塩素水の調製**　次亜塩素酸ナトリウム溶液［有効塩素 7～12 %（質量百分率)］を水に溶かす。又は，他の方法によって塩素水を調製してもよい。

9.2)　**有効塩素濃度の測定**

9.2.1)　**9.1)**で調製した塩素水 100 mL を共栓三角フラスコ 200 mL にとり，よう化カリウム 1 g 及び酢酸（1＋1）（**JIS K 8355** に規定する酢酸を用いて調製する。）5 mL を加える。

9.2.2)　栓をして振り混ぜ，暗所に 5 分間放置する。

9.2.3)　遊離したよう素を，0.1 mol/L チオ硫酸ナトリウム溶液で滴定し，溶液の黄色が薄くなってから，指示薬としてでんぷん溶液（10 g/L）1 mL を加え，生じた青い色が消えるまで滴定する。

9.2.4)　次の式によって，塩素水に含まれる有効塩素の濃度（Cl mg/L）を算出する。

$$C = a \times f_1 \times \frac{1\,000}{V} \times 3.545$$

ここに，　C：　有効塩素の濃度（Cl mg/L）
a：　滴定に要した 0.1 mol/L チオ硫酸ナトリウム溶液量（mL）
f_1：　0.1 mol/L チオ硫酸ナトリウム溶液のファクター
V：　**9.2.1)**で用いた塩素水（mL）
3.545：　0.1 mol/L チオ硫酸ナトリウム溶液 1 mL に相当する塩素の質量（mg）

9.3)　**塩素標準液（Cl 50 μg/mL）**　塩素 25 mg に相当するように **9.2)**で有効塩素の濃度を定量した塩素水を全量フラスコ 500 mL にとり，希釈水を標線まで加える。正確な濃度の標定は，次による。

この溶液 100 mL をとり，**9.2.1)**～**9.2.3)**の操作を行う。ただし，滴定には 10 mmol/L チオ硫酸ナトリウム溶液を用いる。次の式によって，塩素標準液（Cl 50 μg/mL）の正確な濃度を算出する。

$$C = a \times f_1 \times \frac{1\,000}{V} \times 0.354\,5$$

ここに，　C：　有効塩素の濃度（Cl mg/L）
a：　滴定に要した 10 mmol/L チオ硫酸ナトリウム溶液量（mL）
f_1：　10 mmol/L チオ硫酸ナトリウム溶液のファクター
V：　滴定に用いた塩素標準液（Cl 0.05 mg/mL）量（mL）
0.354 5：　10 mmol/L チオ硫酸ナトリウム溶液 1 mL に相当する塩素の質量（mg）

9.4)　**塩素標準液（Cl 5 μg/mL）**　塩素標準液（Cl 50 μg/mL）20 mL を全量フラスコ 200 mL にとり，希釈水を標線まで加える。この溶液は，使用時に調製する。

b)　**装置**　装置は，次による。

1)　**光度計**　分光光度計又は光電光度計

c)　**操作**　操作は，次による。

1)　試料([4])の適量について，**33.2 c) 1)**の操作を行う。

2)　栓をしてよく振り混ぜ，1 分間([5])以内に，この溶液の一部を吸収セルにとり，水を対照液として波長 510 nm（又は 555 nm）付近の吸光度を測定する。

3)　検量線から塩素の量（Cl μg）を求め，これを遊離残留塩素として試料中の遊離残留塩素の濃度（Cl mg/L）を算出する。

4)　引き続き **2)**の残りの溶液によう化カリウム約 0.5 g を加え，栓をして振り混ぜて溶かす。約 2 分間放置した後，この溶液の一部を吸収セルにとり，水を対照液として波長 510 nm（又は 555 nm）付近の吸光度を測定する。

5)　検量線から塩素の量（Cl μg）を求め，これを残留塩素として試料中の残留塩素の濃度（Cl mg/L）

を算出する。

6) **33.2 c) 4)**によって結合残留塩素の濃度（Cl mg/L）を算出する。

d) 検量線 検量線の作成は，次による。

1) 塩素標準液（Cl 5 μg/mL）0.5～30 mL について，**c)**の **1)**及び **2)**の操作を行い，吸光度を測定し，塩素（Cl）の量と吸光度との関係線を作成する。

備考 11. 備考 8.による。

12. 備考 9.による。

塩素は水に溶けて次亜塩素酸塩を生じるが，これがアンモニア，アミン類，アミノ酸などと反応するとクロロアミンとなる。規格では，前者を遊離残留塩素，後者を結合残留塩素，その全部を残留塩素と呼ぶ。遊離残留塩素と結合残留塩素の殺菌力は差があり，後者は前者に比べて著しく弱い。

残留塩素の定量には，*o*-トリジン比色法，ジエチル-*p*-フェニレンジアンモニウム（DPD）比色法，よう素滴定法及びジエチル-*p*-フェニレンジアンモニウム（DPD）吸光光度法を用いるが，よう素滴定法を除いた他の３種の方法はいずれも残留塩素との反応速度の差を利用し，遊離残留塩素と結合残留塩素を区別して定量できる。

33.1 *o*-トリジン比色法

o-トリジン比色法は，塩酸酸性溶液で *o*-トリジンが残留塩素と反応して黄色を呈することに基づいている。

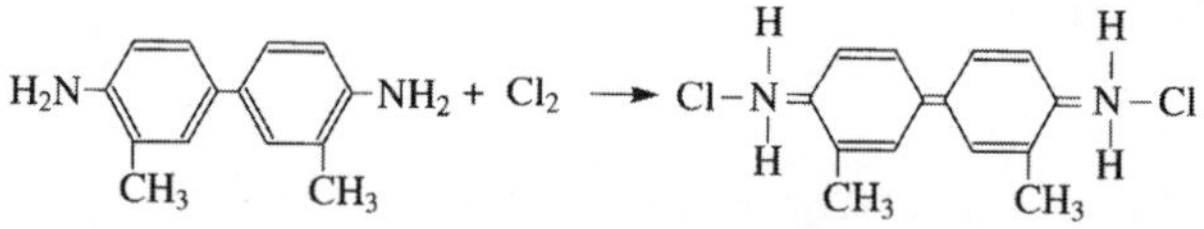

o-トリジン　　　黄色ホロキノン

o-トリジンによる微量の残留塩素の比色定量法は古くから用いられてきた。しかし，*o*-トリジンは発がん性をもち，労働安全衛生法による特定化学物質（第１類物質）に指定されているので，水質試験では使用されなくなってきた。一方，この方法は，水質規制の法規に引用されていることから，2016 年の改正，

2019年の追補でも記載されている。

1.　試　薬

（1）　水　試薬の調製，試料の希釈などに用いる水は塩素などの酸化性物質又は塩素と反応するような還元性物質を含んではならない。その確認をする方法として，**規格**の**33. 備考3.** にISO 7393-2（DPD比色法）による方法が記載されている。

（2）　残留塩素標準比色液の色調は，pHによって変化する。調製後のpHが6.5±0.5になるようにする。

2.　操　作

（1）　**規格**の**33.1 c) 1)～3)** の5分間の反応によって，遊離残留塩素及び結合残留塩素の両者が*o*-トリジンと反応して発色し，定量される。また，**規格**の**33.1 c) 4)～6)** の5秒間の反応では，遊離残留塩素だけが反応し，反応速度の小さい結合残留塩素は，*o*-トリジンとほとんど反応しない状態で，亜ひ酸ナトリウムによって還元される。なお，**1)～3)** の操作の途中，*o*-トリジン溶液に試料を加えてから1分間以内に残留塩素標準比色液と比較することによって，遊離残留塩素の大体の量が求められる。

（2）　黄色ホロキノンの生成には，pH 0.5～1.3が適当であり，*o*-トリジンが残留塩素に対し不足すると赤色ホロキノンが生成する。また，pH 2以上の場合は青い色のメリキノンを生じ，これは簡単に黄色ホロキノンには変化しない。なお，メリキノンは弱い酸化剤との反応によっても生じる。

H_2N–(o-トリジン; CH_3, CH_3)–NH_2 + $3Cl_2$ ⟶ Cl–N=(キノイド構造; CH_3, CH_3)=N–Cl + $4HCl$

赤色ホロキノン

（3）　**規格**の**33.1 c) 1)** の試薬の添加順を変えると，pH及び試薬濃度が局部的に異常となり，赤色ホロキノン又はメリキノンが生じることがある。*o*-トリジン溶液を入れた後に試料を加えるようにする。

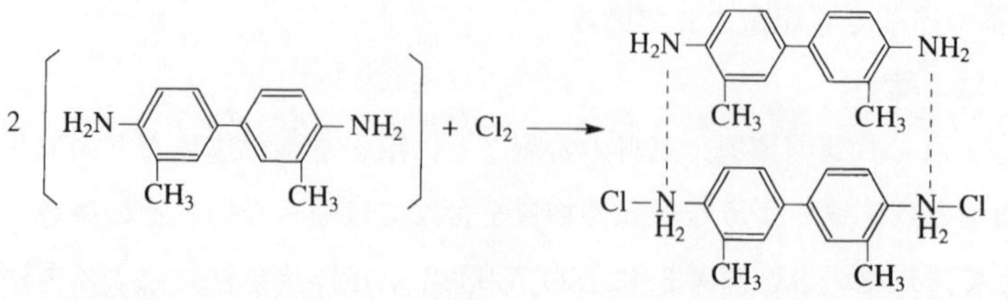

$$2\left[H_2N\text{-}C_6H_3(CH_3)\text{-}C_6H_3(CH_3)\text{-}NH_2\right] + Cl_2 \longrightarrow$$

メリキノン

（4） 試料が僅かに着色している場合及び僅かの懸濁物を含む場合は，比色管に試料を入れ，残留塩素標準比色液を入れた比色管と重ねて，試料の発色液と比色することができる。

33.2 ジエチル-*p*-フェニレンジアンモニウム（DPD）比色法 [1)～5)]

ジエチル-*p*-フェニレンジアンモニウム（DPD）が残留塩素によって酸化されて赤い色を呈することに基づいている。類似の色を示す色素，1-(4-メチルベンゼンスルホンアミド)-7-(2-メチルフェニルアゾ)-8-ヒドロキシ-3, 6-ナフタレンジスルホン酸二ナトリウム（C. I. Acid Red 265）を用いて調製した標準液の列と比較して残留塩素の濃度を求める。

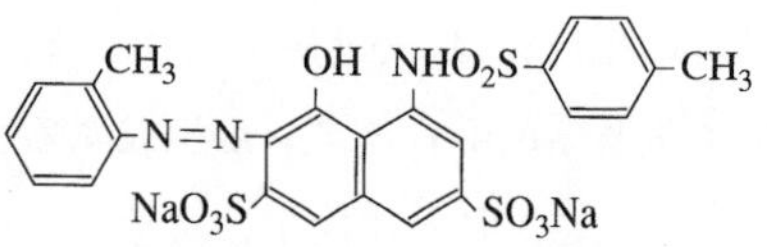

C.I. Acid Red 265

この反応は次のように考えられている。

$$\text{DPD} \xrightarrow{\text{酸化}} N,N\text{-ジエチルセミキノンジイミン}$$

DPD　　*N,N*-ジエチルセミキノンジイミン

1. 試　薬

（1） DPD は微酸性の溶液として用いる方法もあるが，長期間安定とする

ため硫酸ナトリウムとの混合粉末として用いる。

（**2**）　DPDと塩素による呈色は，510 nm及び555 nm付近に吸収極大をもつ。残留塩素標準比色液として用いるC. I. Acid Red 265は，1985年に『上水試験方法』に採用するに当たって，これと類似の色を示す安定な色素として調査されたもので，その吸収曲線はDPDによる発色とよく似ている（図33.1参照）。

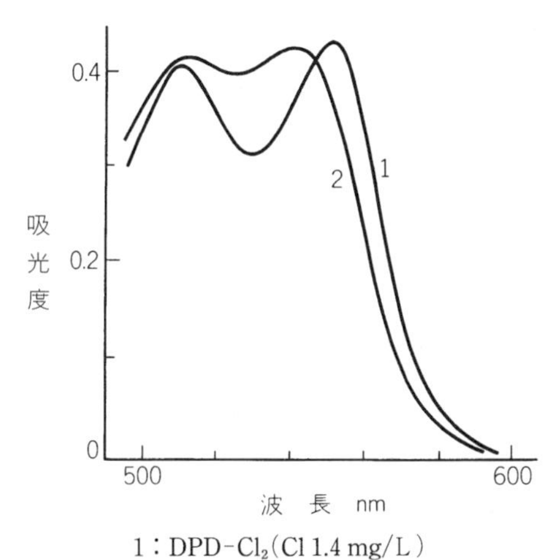

1：DPD-Cl_2(Cl 1.4 mg/L）
2：標準比色液(Cl 1.4 mg/L 相当）

図33.1　DPDによる発色及びDPD残留塩素標準比色液の吸収曲線

2.　操　作

（**1**）　DPDは遊離残留塩素とは速やかに反応するが，結合残留塩素との反応は遅いため，試薬添加後1分間以内に比色する操作によって遊離残留塩素だけが定量される。その後よう化カリウムを加えると，よう化物イオンが触媒となり，結合残留塩素によっても発色する。

（**2**）　発色には，試薬，試料の添加順を守る必要がある。添加順が変わると正常な発色の強さが得られない。

（**3**）　pHの影響の検討例では，pH 3.1～7.35において1～4分間はほぼ一定の呈色を示すが，5 分間以上経過すると pH 3.1 では減少，7.35 では増加，5.85 と 6.60 の間は安定している。このため緩衝液は pH 6.5 を用いる。

（**4**） 発色時の温度は 4～35℃でほとんど影響ない。

（**5**） 塩素処理が行われている発電所の冷却水を外部に排出する際には，塩素濃度をゼロにする必要があり，排出水の残留塩素濃度がモニタリングされ，DPD 法が用いられている。しかし，塩素を含まない試料において DPD で発色する場合があり，その原因が 100 μm 程度の大きさの大型の植物プランクトンであることが電力中央研究所の研究により判明している[6)]。このプランクトンを取り除くために複数のメーカーのろ過材を用い，共洗いをした場合としない場合との比較試験が実施されている[7)]。試験の結果から，**規格**の **33.2**（DPD 比色法）及び**規格**の **33.4**（DPD 吸光光度法）に，それぞれ**備考 8.** 及び**備考 11.**（**備考 8.** の引用）として次のような記載が追加された。

試料が海水の場合，一部の微細藻類等が DPD を発色させる場合がある。これを防止するには，ガラス繊維又は有機高分子製のろ過材（孔径 100 μm 以下）を用い，自然ろ過又は加圧ろ過によって試料をろ過し，そのろ液の適量をとり，DPD 発色操作を行う。ろ過操作前にはろ過材及び器具を試料で共洗いし，接液面での残留塩素の損失を防ぐ。ろ過材及び器具はあらかじめ，残留塩素の濃度を変化させないことを確認しておく。

また，直射日光が DPD の発色を引き起こすため，日射を当てないことが**規格**の **33.2 備考 9.** として，**規格**の **33.4 備考 12.**（**備考 9.** の引用）として追記された。

33.3 よう素滴定法

残留塩素をよう化カリウムと反応させてよう素を遊離させ，これをチオ硫酸ナトリウム溶液で滴定して定量する。

$$3I^- + Cl_2 \longrightarrow I_3^- + 2Cl^-$$

$$I_3^- + 2S_2O_3^{2-} \longrightarrow 3I^- + S_4O_6^{2-}$$

この方法は，DPD 比色法などに比べて定量下限値が高いので，比較的残留塩素の濃度の高い試料に適用する。遊離残留塩素と結合残留塩素との区別はできない。また，残留塩素以外でも，酸化性物質が存在するとよう素を遊離させるため妨害する。

1.　操　作

（1）　遊離したよう素を 10 mmol/L チオ硫酸ナトリウム溶液で滴定するときは，I_3^-の黄色が薄くなってからでんぷん溶液を加える。滴定終点は，溶液のかき混ぜをやめて 10 mmol/L チオ硫酸ナトリウム溶液の 1 滴を加え，変色の有無を判別すると分かりやすい。

（2）　懸濁物，着色物が多量に存在して滴定終点の判別を困難にする場合，鉄(Ⅲ)，亜硝酸イオンなど，よう素を遊離させる物質が共存する場合は，通気法によって，残留塩素を分離してから定量する。この通気法は**規格**の **33. 備考 10.** に示されており pH 0.9 ～ 1.0，水浴温度 40℃で行うので，この条件としたとき，残留塩素と反応する物質が共存する試料には適用できない。

33.4　ジエチル-*p*-フェニレンジアンモニウム（DPD）吸光光度法

規格の **33.2** のジエチル-*p*-フェニレンジアンモニウム（DPD）比色法と同じ条件で発色させ，吸光光度法で定量する。

1.　試　薬

（1）　水　本書 33.1 の 1.(1)参照。

（2）　塩素標準液（Cl 5 μg/mL）は使用時に調製する。その調製に用いる塩素標準液（Cl 50 μg/mL）の濃度はそのときに測定するとよい。

2.　操　作

本書 33.2 を参照。

3.　検 量 線

検量線の例を図 33.2 に示す。吸収曲線は図 33.1 を参照。

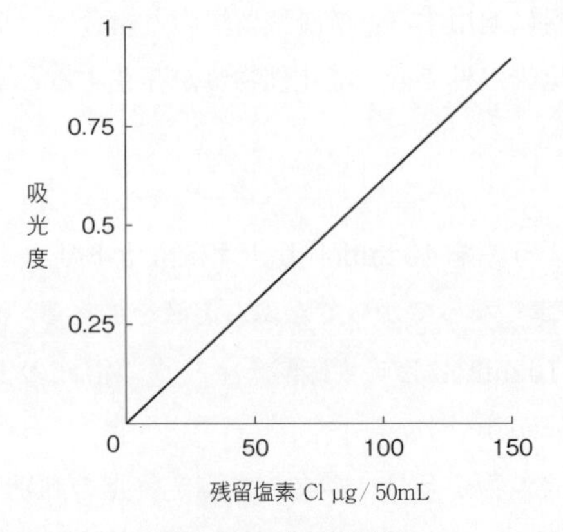

図 33.2 検 量 線

参 考 文 献

1） A. T. Palin（1957）：J. Am. Water Works Assoc., **49**, 873
2） A. T. Palin（1967）：Journal of the Institution of Water Engineers, **21**, 537
3） J. G. Bjorklund, M. C. Rand（1968）：J. Am. Water Works Assoc., **60**, 608
4） 関秀行（1980）：流体工学，**16**, 415
5） 日本水道協会（2001）：上水試験方法
6） 中本郁子ら（2016）：火力原子力発電，**67**，728
7） 芳村毅ら（2016）：Sessile Organisms，**33**，38
8） 一般社団法人産業環境管理協会（2018）：経済産業省委託平成 29 年度 高機能 JIS 等整備事業安全・安心な社会形成等に資する JIS 開発 - 新技術導入のための工場排水試験法に関する JIS 開発 - 成果報告書 p.39-41

34.　ふっ素化合物

34.　ふっ素化合物　ふっ素化合物は，ふっ化物イオン，金属ふっ化物などの総称であり，ふっ化物イオンとして表す。ふっ化物イオンの定量には，ランタン-アリザリンコンプレキソン吸光光度法，イオン電極法，イオンクロマトグラフ法又はランタン-アリザリンコンプレキソン発色流れ分析法を適用する。

なお，蒸留操作は，1992年に第1版として発行された**ISO 10359-1**，イオン電極法は，1994年に第1版として発行された**ISO 10359-2**，イオンクロマトグラフ法は，2007年に第2版として発行された**ISO 10304-1**との整合を図ったものである。

備考　この試験方法の対応国際規格を，次に示す。

なお，対応の程度を表す記号は，**ISO/IEC Guide 21-1**に基づき，IDT（一致している），MOD（修正している），NEQ（同等でない）とする。

ISO 10359-1:1992，Water quality－Determination of fluoride－Part 1: Electrochemical probe method for potable and lightly polluted water（MOD）

ISO 10359-2:1994，Water quality－Determination of fluoride－Part 2: Determination of inorganically bound total fluoride after digestion and distillation（MOD）

ISO 10304-1:2007, Water quality－Determination of dissolved anions by liquid chromatography of ions －Part 1: Determination of bromide, chloride, fluoride, nitrate, nitrite, phosphate and sulfate（MOD）

34.1　ランタン-アリザリンコンプレキソン吸光光度法　ふっ素化合物を蒸留分離し，ランタン（III）とアリザリンコンプレキソンとの錯体を加え，これがふっ化物イオンと反応して生じる青い色の複合錯体の吸光度を測定して，ふっ化物イオンを定量し，ふっ素化合物とする。

34.1.1　前処理（蒸留法）　水蒸気蒸留による前処理を行い，ふっ素化合物をふっ化物イオンとして分離する。

a)　試薬　試薬は，次による。

1) **過塩素酸**　**JIS K 8223**に規定するものを，加熱して白煙を発生させた後，放冷したもの。
2) **硫酸**　**JIS K 8951**に規定するものを，加熱して白煙を発生させた後，放冷したもの。
3) **りん酸**　**JIS K 9005**に規定するもの。
4) **水酸化ナトリウム溶液（100 g/L）**　**28.2.1 a) 3)**による。
5) **二酸化けい素**　**JIS K 8885**に規定する二酸化けい素([1])
6) **フェノールフタレイン溶液（5 g/L）**　**15.**の**備考 2.**による。

注([1])　結晶質のもので粒径100～150 µm程度のものを用いる。品質が分からない場合には，白金るつぼ中で1 150 ℃以上で約1時間加熱し，デシケーター中で放冷したものを用いる。この場合，ふっ化物イオン標準液（F^- 2 µg/mL）50 mLをとり，**c)**の**2)**～**5)**及び**34.1.2 c)**の**1)**～**5)**を行って回収率を確認する。

b)　装置　装置は，次による。

1) **蒸留装置**　**図34.1**に例を示す。

c)　蒸留操作　蒸留操作は，次による。

なお，試料に一定量のふっ化物イオン標準液を添加して，**備考 1.**の蒸留操作による回収率試験を行い，回収率が 80〜120 %であることを確認した場合は，**備考 1.**によってもよい。

1) 試料の適量（F^-として 30 µg 以上を含む。）を磁器蒸発皿，ビーカーなどにとり，フェノールフタレイン溶液（5 g/L）2，3 滴を加え，水酸化ナトリウム溶液（100 g/L）を滴加して微アルカリ性とした後，加熱して約 30 mL に濃縮する。

なお，溶存のふっ素化合物を試験するときは，**3.2** でろ過した試料を用いる。

2) **図 34.1** の蒸留フラスコ中に水約 10 mL で洗い移す。次に，二酸化けい素約 1 g，りん酸 1 mL 及び過塩素酸 40 mL 又は硫酸 30 mL 及び沸騰石（粒径 2〜3 mm）を加える。受器の全量フラスコ 250 mL には水 20 mL(2)を加え，逆流止めの先端は水面下に保つ。

3) 蒸留フラスコを直接加熱し，蒸留フラスコ内の液温が約 140 ℃に達してから，水蒸気を通す。

4) 蒸留温度を 145±5 ℃，留出速度を 3〜5 mL/min に調節し，受器の液量が約 220 mL になるまで蒸留を続ける。

5) 冷却器及び逆流止めを取り外し，冷却器の内管及び逆流止めの内外を少量の水で洗い，洗液も受器に加え，更に水を標線まで加える。

注(2) 試料中にふっ化物イオン以外のハロゲン化物が多量に含まれる場合には，水酸化ナトリウム溶液（40 g/L）［**21. a) 3)**による。］4〜5 滴とフェノールフタレイン溶液（5 g/L）2〜3 滴とを加えておく。受器中の溶液は，蒸留が終わるまで微紅色を保つように，必要に応じて水酸化ナトリウム溶液（40 g/L）を滴加する。

なお，この場合は蒸留が終わった後，留出液に硫酸（1＋35）［**30.1.1 a) 2)**による。］を微紅色が消えるまで滴加し，その後，**5)**の操作を行う。

備考 1. 小型蒸留装置を用いる蒸留操作は，次による。小型蒸留装置の例を**図 34.2** に示す。ただし，この場合の留出液は，**34.2**（イオン電極法）には適用しない。

1) 試料の適量（F^-として 30 µg 以上を含む。蒸留後に流れ分析法を適用する場合には 10 µg 以上を含む。）を磁器蒸発皿，ビーカーなどにとり，フェノールフタレイン溶液（5 g/L）2，3 滴を加え，水酸化ナトリウム溶液（100 g/L）を滴加して微アルカリ性とした後，加熱して約 5〜10 mL に濃縮する。

2) 濃縮した試料を**図 34.2** の蒸留容器中に少量の水で洗い流し，液量を 10〜15 mL にする。次に，二酸化けい素約 0.25 g，りん酸 0.5 mL 及び過塩素酸 12 mL，又はりん酸 0.5 mL 及び硫酸 8 mL を静かに加える。蒸留容器に蒸留管及び冷却器をセットする。過塩素酸を加えた場合には，容量 100 mL の目盛付共栓付受器に水 20 mL，水酸化ナトリウム溶液及びフェノールフタレイン溶液を数滴加え，冷却器の先端部を水面下に保つ。

なお，硫酸を加えた場合には，容量 50 mL の目盛付共栓付受器を用い，加える水の量を 5 mL とする。また，受器中の溶液は，蒸留が終わるまで微紅色を保つように，必要に応じて水酸化ナトリウム溶液を滴加する。

3) 蒸留容器と水蒸気発生用容器とをあらかじめ 170〜210 ℃に加熱した加熱器（装置によって最適温度は異なる。）に設置し，蒸留容器内に水蒸気を安定的に供給するために，水蒸気発生用容器に空気を 0.1〜0.5 L/min で通す。

4) 留出速度 1.0〜1.6 mL/min で，受器の液量が約 70 mL になるまで蒸留を続ける。

なお，硫酸を加えた場合には，受器の液量が約 45 mL になるまで蒸留を行う。

5) 蒸留後，冷却器などを取り外し，冷却器の内管を少量の水で洗い，洗液も受器に加え，水を加えて全量を 100 mL とする。

なお，硫酸を加えた場合には，全量を 50 mL とする。

単位　mm

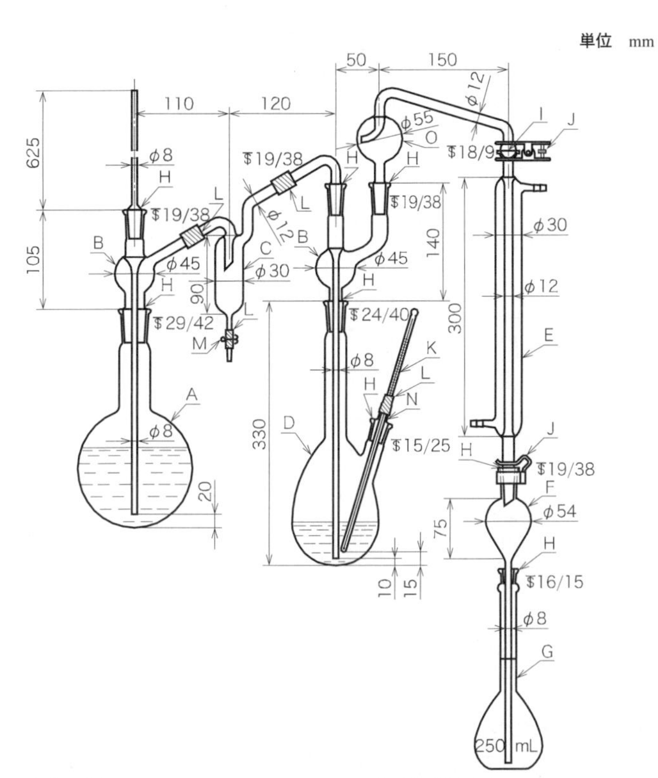

A：　水蒸気発生フラスコ 1 000 mL
B：　連結導入管
C：　トラップ
D：　蒸留フラスコ 500 mL
E：　リービッヒ冷却器 300 mm
F：　逆流止め（約 50 mL）
G：　受器（全量フラスコ 250 mL）
H：　共通すり合わせ
I：　共通球面すり合わせ
J：　押さえばね
K：　温度計 200 ℃
L：　ゴム管
M：　ピンチコック
N：　温度計差し込み栓
O：　トラップ球（ケルダール球）

図 34.1　蒸留装置の例

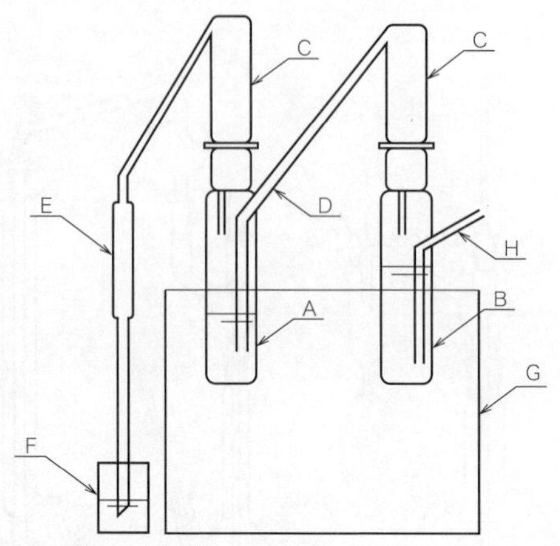

A：蒸留容器（耐熱性のガラス容器で容量 50～80 mL のもの）
B：水蒸気発生用容器（容量 50～80 mL のもの）
C：蒸留管（気液分離が可能なもの）
D：接続管（蒸留容器に水蒸気を供給できるもの）
E：冷却器
F：受器（有栓形メスシリンダー 50 mL など）
G：加熱器（170～210 ℃の設定が可能なもの）
H：空気導入口

図 34.2　小型蒸留装置の例

34.1.2　ランタン-アリザリンコンプレキソン発色による定量法　**34.1.1** で得られた留出液中のふっ化物イオンをランタン-アリザリンコンプレキソン吸光光度法によって定量する。この方法は，陰イオンの妨害は少ないが，陽イオンによる妨害を受けやすい。特に，アルミニウム，カドミウム，コバルト，鉄，ニッケル，ベリリウム及び鉛などが妨害するので，あらかじめ蒸留してふっ化物イオンを分離する。

定量範囲：F^- 4～50 μg，繰返し精度：3～10 %

a)　試薬　試薬は，次による。

1)　ランタン-アリザリンコンプレキソン溶液(3)　調製は，次による。

- アリザリンコンプレキソン（1,2-ジヒドロキシアントラキノン-3-イルメチルアミン-*N*,*N*-二酢酸二水和物）0.192 g を，アンモニア水（1＋10）（**JIS K 8085** に規定するアンモニア水を用いて調製する。）4 mL 及び酢酸アンモニウム溶液（200 g/L）（**JIS K 8359** に規定する酢酸アンモニウムを用いて調製する。）4 mL に溶かす。
- これを酢酸ナトリウム溶液（**JIS K 8371** に規定する酢酸ナトリウム三水和物 41 g を水 400 mL に溶かし，**JIS K 8355** に規定する酢酸 24 mL を加えたもの。）中にかき混ぜながら加える。
- この溶液をかき混ぜながら **JIS K 8034** に規定するアセトン 400 mL を徐々に加え，更にランタン溶液［酸化ランタン（III）0.163 g を塩酸（1＋5）（**JIS K 8180** に規定する塩酸を用いて調製する。）10 mL に加え，加熱して溶かしたもの。］を加えてかき混ぜる。放冷後，酢酸又は **JIS K 8085** に規定するアンモニア水で pH 計を用いて pH を約 4.7 に調節した後，水を加えて 1 L とする。

2)　ふっ化物イオン標準液（F^-　100 mg/L）　**JIS K 8005** に規定する容量分析用標準物質のふっ化ナトリ

ウムを白金皿にとり，500 ℃で約1時間加熱し，デシケーター中で放冷する。NaF 100 %に対してその0.221 gをとり，少量の水に溶かし，全量フラスコ1 000 mLに移し入れ，水を標線まで加える。ポリエチレン瓶に入れて保存する。

3) **ふっ化物イオン標準液（F^- 2 μg/mL）** ふっ化物イオン標準液（F^- 100 mg/L）10 mLを全量フラスコ500 mLにとり，水を標線まで加える。標準液は，ポリエチレン瓶に貯蔵し，1か月間は使用できる。

注(3) 市販品を用いてもよい。市販のアルフッソンを用いる場合は，その2.5 gを水に溶かして50 mLとする。使用時に調製する。

参考 アルフッソン（商品名）は，この規格の利用者の便宜を図って記載するもので，この製品を推奨するものではない。

b) **装置** 装置は，次による。

1) **光度計** 分光光度計又は光電光度計

c) **定量操作** 定量操作は，次による。

1) **34.1.1 c)**の蒸留操作で得た留出液から30 mL以下の適量（F^-として4〜50 μgを含む。）を全量フラスコ50 mLにとる。

2) ランタン-アリザリンコンプレキソン溶液(4) 20 mLを加え，更に水を標線まで加えて振り混ぜ，約1時間放置する。

3) 別に，水30 mLを全量フラスコ50 mLにとり，**2)**の操作を行う。

4) 試料について**2)**で得た溶液の一部を吸収セルに移し，**3)**の溶液を対照液として波長620 nm付近の吸光度を測定する。

5) 検量線からふっ化物イオンの量を求め，試料中のふっ化物イオンの濃度（F^- mg/L）を算出する。

注(4) 注(3)で調製したアルフッソン溶液を用いる場合には，その5 mLと**JIS K 8034**に規定するアセトン10 mLとを**1)**の溶液に加えた後，水を標線まで加える。

d) **検量線** 検量線の作成は，次による。

1) ふっ化物イオン標準液（F^- 2 μg/mL）2〜25 mLを全量フラスコ50 mLに段階的にとる。

2) **c)**の **2)**〜**4)**の操作を行って吸光度を測定し，ふっ化物イオン（F^-）の量と吸光度との関係線を作成する。

34.2 **イオン電極法** ふっ素化合物を前処理して蒸留分離し，緩衝液（イオン強度調節液）を加えてpHを5.2±0.2 に調節し，ふっ化物イオン電極を指示電極として電位を測定し，ふっ化物イオンを定量する。ただし，**備考 1.**による留出液には適用しない。

備考 2. 妨害物質を含まない清浄な試料中の溶存ふっ化物イオンを定量する場合は，蒸留に代え，試料をろ過し，**備考 3.**の操作で定量することができる。ただし，この方法では，溶存のふっ化物イオン及び容易にふっ化物イオンとなる錯イオンが定量される。また，この前処理方法は，汚濁のある排水には適用できない。

定量範囲：F^- 0.1〜100 mg/L，繰返し精度：5〜20 %

a) **試薬** 試薬は，次による。

1) **緩衝液（pH5.2）** **JIS K 8150**に規定する塩化ナトリウム58 gと**JIS K 8284**に規定するくえん酸水素二アンモニウム1 gとを水500 mLに加えて溶かし，**JIS K 8355**に規定する酢酸50 mLを加え，水酸化ナトリウム溶液（200 g/L）（**JIS K 8576**に規定する水酸化ナトリウムを用いて調製する。）を滴加して，pH計を用いてpHを5.2に調節した後，水を加えて1 Lとする。

2) **ふっ化物イオン標準液（F^- 100 mg/L）** **34.1.2 a) 2)**による。標準液は，プラスチック製容器で貯蔵し，1か月間は使用できる。

3) **ふっ化物イオン標準液（F^- 10 mg/L）** ふっ化物イオン標準液（F^- 100 mg/L）20 mL を全量フラスコ 200 mL にとり，水を標線まで加える。使用時に調製する。

4) **ふっ化物イオン標準液（F^- 1 mg/L）** ふっ化物イオン標準液（F^- 10 mg/L）20 mL を全量フラスコ 200 mL にとり，水を標線まで加える。使用時に調製する。

5) **ふっ化物イオン標準液（F^- 0.1 mg/L）** ふっ化物イオン標準液（F^- 1 mg/L）20 mL を全量フラスコ 200 mL にとり，水を標線まで加える。使用時に調製する。

b) **器具及び装置** 器具及び装置は，次による。

1) **電位差計** 0.1 mV 又はそれ以下の電位差を読み取れるもの。高入力抵抗電位差計（例えば，デジタル式 pH-mV 計，拡大スパン付き pH-mV 計，イオン電極用電位差計など）

2) **指示電極** ふっ化物イオン電極，標準液を用いた起電力の応答は，25 ℃におけるふっ化物イオン濃度の 10 倍濃度変化当たり 55 mV 以上のもの([5])。

3) **参照電極** 銀-塩化銀電極を用いる([6])。

4) **測定容器** 試料 100 mL で扱えるもの。ポリプロピレン製で，恒温ジャケットが取り付けられているもの。

5) **恒温槽** 測定容器のジャケットに水温 25±0.2 ℃の水を供給できるもの。

6) **マグネチックスターラー** 四ふっ化エチレン樹脂（PTFE）で被覆した回転子付きのものを用いる。

注([5]) 使用時に電極をふっ化物イオン標準液（F^- 0.1 mg/L）に浸し，指示値が安定してから使用する。指示電極の感応膜にきずがつくと，検量線の勾配（電位勾配）が小さくなり，応答速度も遅くなるので注意する。また，指示電極の感応膜が汚れると，応答速度が遅くなるので，エタノール（95）を含ませた脱脂綿又は柔らかい紙で汚れを拭き取り，水で洗浄する。

([6]) 参照電極は，抵抗の小さいものを選ぶ。一般に液間電位差の小さい単一液絡形のスリーブ形又はセラミックス形を用いる。スリーブ形は，抵抗も小さく最適であるが，スリーブを締め過ぎると抵抗が大きくなり，緩すぎると液の流出が多くなるため，適度の締付けが必要である。セラミックス形は抵抗の大きい製品もあるため，イオン電極用を用いる。セラミックス形は乾燥したり，汚れると抵抗が大きくなるため注意する。これらの電極は，内部液と同じ溶液中に浸しておく。参照電極の内部液に塩化カリウム溶液（飽和）を使用する場合には，液温が低下すると塩化カリウムの結晶が析出し，固着して抵抗が大きくなることがあるため注意する。

c) **検量線** 検量線の作成は，次による。

なお，測定する濃度によっては，次に記載する濃度以外の適切な濃度範囲のふっ化物イオン標準液を用いる。

1) ふっ化物イオン標準液（F^- 0.1 mg/L）100 mL を測定容器にとり，緩衝液（pH5.2）10 mL を加える([7])。

2) 恒温槽から水を送り，この測定容器の溶液を 25±0.5 ℃に保つ。

3) 指示電極と参照電極とを浸し固定した後，回転子を入れ，マグネチックスターラー([8])を用いて，泡が電極に触れない程度に強くかき混ぜる([9])。

4) 液温を確認し，電位差計で電位を測定する([10])。

5) ふっ化物イオン標準液（F^- 1 mg/L），ふっ化物イオン標準液（F^- 10 mg/L）及びふっ化物イオン標準液（F^- 100 mg/L）のそれぞれ 100 mL を測定容器にとり，それぞれに緩衝液（pH5.2）10 mL を加える([7])。

6) **2)**～**4)**の操作を行って，それぞれのふっ化物イオン標準液の電位を測定する([11])([12])。

7) 横軸にふっ化物イオンの濃度の対数を，縦軸に電位をとり，ふっ化物イオンの濃度（mg/L）と電位との関係線を作成する([11])。

注([7]) 緩衝液（pH5.2）の添加によって pH5.2±0.2 に調節し，イオン強度を一定にする。

([8]) マグネチックスターラーを長時間使用すると，発熱して液温に変化を与えることがあるので，液温の変化に注意する。

([9]) かき混ぜ速度で電位差計の指示が不安定になる場合には，参照電極の抵抗が大きくなっていることが多い。

かき混ぜ速度は，約 180～200 min^{-1} に調節するとよい。

([10]) ふっ化物イオン電極の応答時間は，液温 10～30 ℃の場合には，ふっ化物イオンの濃度が 0.1 mg/L で約 1 分間，1 mg/L 以上では約 30 秒間である。

セルの電位が，5 分間で 0.5 mV 以上変わらなくなったら，マグネチックスターラーのスイッチを切る。少なくとも 15 秒間後に得られた値を記録する。

([11]) ふっ化物イオン標準液（F^- 1 mg/L）とふっ化物イオン標準液（F^- 100 mg/L）との電位の差は，110～120 mV（25 ℃）の範囲に入り，ふっ化物イオンの濃度 F^- 0.1～100 mg/L の間の検量線は直線になる。

([12]) 次の測定を開始する前に，回転子，電極などを，次に測定する溶液ですすぐ。測定は，濃度の薄いものから順に行う。高濃度の試料を測定した場合は，**注**([5])の操作を行った後，測定を続ける。

d) **操作**　操作は，次による。

1) **34.1.1 c)**の蒸留操作で得た留出液から 100 mL を測定容器にとり，緩衝液（pH5.2）10 mL を加える([7])。

2) **c)**の **2)**～**4)**の操作を行って([12])，検量線からふっ化物イオンの濃度を求め，試料中のふっ化物イオンの濃度（F^- mg/L）を算出する。

備考 3. 蒸留操作を行わず，ろ過による処理で測定する場合は，**3.2** に従って試料をろ過する。緩衝液（pH5.2）（TISAB）25 mL を測定容器にとり，ろ過した試料 25 mL を加える。次に，**d) 2)**の操作を行う。検量線は，同じ操作で作成する。

緩衝液（pH5.2）（TISAB）　**JIS K 8150** に規定する塩化ナトリウム 58 g 及び **JIS K 8355** に規定する酢酸 57 mL を，水 500 mL を入れたビーカー1 000 mL に加える。溶けるまでかき混ぜる。水酸化ナトリウム溶液（5 mol/L）（**JIS K 8576** に規定する水酸化ナトリウムを用いて調製する。）150 mL と *trans*-1,2-シクロヘキサンジアミン四酢酸一水和物 4 g とを加える。固形物が全て溶けるまでかき混ぜ，pH 計を用い，溶液を水酸化ナトリウム溶液（5 mol/L）で pH5.2 に調節する。

4. イオン濃度計の場合には，ふっ化物イオン標準液（F^- 1 mg/L）と，ふっ化物イオン標準液（F^- 100 mg/L）とを用い，**c)**の **2)**及び **3)**の操作を行ってイオン濃度計の指示値を 1 mg/L 及び 100 mg/L になるように調節する。さらに，ふっ化物イオン標準液（F^- 0.1 mg/L）とふっ化物イオン標準液（F^- 10 mg/L）とを用いてイオン濃度計の指示値を確認する。

5. イオン電極法では，ふっ化物イオンだけが測定できるので，あらかじめふっ素化合物を蒸留操作で全てふっ化物イオンにしてから測定する。

主な共存物質の許容限度を最大比率で次に示す。

HCO_3^-, Cl^-, NO_3^-, I^-, Br^-, HPO_4^{2-} : 10^3

SO_4^{2-} : 10^4

水酸化物イオン，アルミニウムイオン及び鉄（III）イオンは，いずれも測定を妨害するが，蒸留分離によって除去されるため影響はない。

備考 6. **ふっ化物イオン電極による電位差滴定法**　**34.1.1 c)**の蒸留操作で得た留出液から 100 mL をビーカーにとり，**c)**の **2)**〜**4)**の操作に準じて電位を測定しながら $\frac{1}{300}$〜$\frac{1}{30}$ mol/L の硝酸ランタン（III）溶液で滴定して滴定曲線を作図し，滴定終点を求め，ふっ化物イオンの量を算出する。$\frac{1}{30}$ mol/L 硝酸ランタン（III）溶液 1 mL は，F^- 1.899 mg に相当する。

34.3　イオンクロマトグラフ法　試料をろ過した後，試料中のふっ化物イオンをイオンクロマトグラフ法によって定量する。この方法を用いる場合には，試料採取後直ちに試験する。直ちに行えない場合には，0〜10 ℃の暗所に保存し，できるだけ早く試験する。この方法は，清浄な試料に適用する。溶存のふっ化物イオン及び容易にふっ化物イオンとなる錯イオンが定量される。

備考 7. 試料に妨害物質が含まれる場合は，**34.1.1 c)**の蒸留操作を行った後に適用する。また，ハロゲン化物が多量に含まれる場合は，**注**([2])第 3 文（なお書きの部分）を除いた **34.1.1 c)**の蒸留操作を行った後に適用し，留出液の液性の判定は，フェノールフタレイン溶液（5 g/L）の添加によってではなく，pH 試験紙によって行う。

蒸留操作を行った場合は，試料中のふっ素化合物が定量される。

試験操作などは，**35.3** による。

34.4　流れ分析法　試料中のふっ素化合物を，**34.1.2** と同様な原理で発色させる流れ分析法によって定量する。

定量範囲：F^- 0.08〜10 mg/L，繰返し精度：10 %以下

試験操作などは，**JIS K 0170-6** による。ただし，**JIS K 0170-6** の **6.3.2**（ランタン-アリザリンコンプレキソン発色 FIA 法）による場合は，**34.1.1 c)**の蒸留操作を行った後に適用する。発色試薬にアルフッソンを用いる場合には，蒸留終了後の留出液の中和に，塩酸（1＋11）［**21. a) 2)**による。］を用いてもよい。

備考 8. 妨害物質，ハロゲン化物又はハロゲン化水素などが多量に含まれる試料に，**JIS K 0170-6** の **6.3.3**（蒸留・ランタン-アリザリンコンプレキソン発色 CFA 法）を適用する場合は，試料に一定量のふっ化物イオンを添加して試験操作を行ったときに得られる指示値の増加分と，同量のふっ化物イオンを含む検量線用標準液について同様の操作を行ったときに得られる指示値とを比較することによって回収率を求め，その値が 80〜120 %の間にあることを確認し，試料の分析値を回収率で補正する。回収率がこの範囲の外にある場合は，適用できない。

水中のふっ素化合物の形態は複雑で，イオン状のほか，鉄，アルミニウムなどの金属元素とはフルオロ錯体を形成し，アルカリ土類金属及び希土類元素とはふっ化物の懸濁又は沈殿の状態で存在している。したがって，ふっ素化合物を定量するには，前処理を行ってこれらをふっ化物イオンに変えた後，ランタン-アリザリンコンプレキソン吸光光度法，イオン電極法，イオンクロマトグラフ法又は流れ分析法を適用する。このうち，イオン電極法及びイオンクロマト

グラフ法では，清浄で妨害物質を含まない試料について，溶存のふっ化物イオンを定量する場合は，蒸留操作を省略できる。

2013年の改正では，**規格**の**34.4**に流れ分析法が追加され，2019年の追補改正版では**規格**の**34.1**のランタン–アリザリンコンプレキソン吸光光度法が，**規格**の**34.1.1**前処理（蒸留法）と**規格**の**34.1.2**ランタン–アリザリンコンプレキソン発色による定量法に分けて記述され，また，**規格**の**34.1.1**前処理（蒸留法）には，小型蒸留装置を用いる方法が**備考1.**に追加された。さらに，追補改正版では旧規格で注として記載されていたものの多くが本文へ移行されている。これらに伴い，備考番号や注番号が2019年の追補改正版と2013年版及び2016年版とでは異なっているので注意してほしい。

34.1　ランタン–アリザリンコンプレキソン吸光光度法

34.1.1　前処理（蒸留法）

規格の**図34.1**に示される従来の大型蒸留フラスコ500 mL，水蒸気発生フラスコ1 000 mLを用いる方法に加え，**規格**の**図34.2**に示される容量50～80 mLの蒸留容器，容量50～80 mLの水蒸気発生用容器，ブロックヒーターなどを組み合わせた小型蒸留装置を用いる方法が**規格**の**備考1.**に追加された。

1.　従来の大型蒸留フラスコを用いる方法：　34.1.1前処理（蒸留法）

（1）装置及び器具

蒸留装置の例として，**規格**の**図34.1**に示すもののほか，1998年までの規格では二重管形の蒸留フラスコを用いてもよいとしていた。しかし，その蒸留フラスコは全体の温度を一定に保てることで優れているが，外筒に入れる1, 1, 2, 2-テトラクロロエタンが有害であること及び装置が高価であることから，規格では記載が削除された。

（2）蒸留操作

①　試料の入った蒸留フラスコ中に過塩素酸又は硫酸を一度に加えると，激しく発熱する。特に硫酸は静かに加えなければならない。

②　アルミニウム，ジルコニウムなどが共存すると，ふっ素化合物は留出し

にくいが，りん酸を加えておくと留出しやすくなる。また，二酸化けい素は粉末にしたものを加える。二酸化けい素は，蒸留する場合にヘキサフルオロけい酸の生成を促進するために加えるが，その品質によっては蒸留による留出が妨害されることがある。**規格**の **34. 注**(1)に記述したように結晶質のものを選択し，品質が明らかでないときは回収率を確認する。

③ 蒸留フラスコ中の液温が，140℃に達してから水蒸気を導入する。液温が低いと水蒸気が凝縮して液量が増加し，酸濃度が低下するため，ふっ素化合物の留出ができなくなる。

④ 蒸留の初期は，留出が早くなりがちなので，注意して水蒸気の導入を調節（3～5 mL/min）する。

⑤ 留出液が 100～150 mL に達すれば，ふっ素化合物は約 90％留出する。ふっ素化合物が少なくなると留出しにくくなるが，留出液が約 200 mL に達すれば，全量が留出したと認められる。蒸留は約 50 分間で終了する。

⑥ 試料中に塩化物イオンが共存すると，塩酸となって留出するので，**規格**の **34. 注**(2)で記述のように，受器中の溶液に水酸化ナトリウム溶液を添加しておく。規格に規定はないが，塩化物の留出を抑制するために，硫酸銀又は過塩素酸銀を加えて塩化銀として固定する方法もある。塩化物イオン 100 mg の当量は，硫酸銀 440 mg，過塩素酸銀 585 mg である。

2.　小型蒸留装置を用いる方法：　34.1.1 前処理（蒸留法）の備考 1.

耐熱性の試験管型で容量 50～80 mL の蒸留容器，この蒸留容器に付随する気液分離管，冷却管，容量 50～80 mL の水蒸気発生用容器，ブロックヒーターなどを組み合わせた小型蒸留装置を用いる方法である。

（1）装置及び器具

規格の**備考 1.** に示す小型蒸留装置については，**規格**の**図 34.2** に示すものを参考にするとよい。なお，この装置には水蒸気発生用容器に空気の導入管が挿入されており，これにより蒸留容器内に一定流量で水蒸気を送ることができる。

（2）蒸留操作

① 操作は 1. の（2）に準じているが，蒸留容器の容量のダウンサイズ化に

伴い，試料量や加える試薬量が少量となり，試料量 10～15 mL，二酸化けい素 0.25 g，りん酸 0.5 mL 及び過塩素酸 12 mL あるいはりん酸 0.5 mL 及び硫酸 8 mL の条件で蒸留を行う。

② 試料及び蒸留用試薬が加えられた蒸留容器に気液分離が可能な蒸留管とそれに接続する冷却管及び水蒸気発生用容器からの水蒸気導入管を接続する。また，冷却管の先端が受器（目盛付共栓付試験管）の捕集液の水面下になるように設置する。なお，受器の容量及び捕集(水)液量は，過塩素酸を用いた場合は 100 mL と 20 mL，硫酸を用いた場合は 50 mL と 5 mL とし，これらの捕集液には水酸化ナトリウム溶液とフェノールフタレイン溶液を数滴加える。蒸留容器及び水蒸気発生容器をあらかじめ 170～210℃に加熱したブロックヒーターなどの加熱器に設置する。水蒸気発生用容器内に空気を 0.1～0.5 L/min で通して発生した水蒸気を蒸留容器内に送る。

③ 留出速度 1～1.6 L/min で，受器の液量が，過塩素酸を用いた場合は約 70 mL，硫酸を用いた場合は約 45 mL になるまで蒸留を行う。なお，受器の溶液の赤色が消失した場合は，水酸化ナトリウム溶液を滴下し，蒸留が終わるまで赤色を保つ。

④ 蒸留後，冷却管を取り外し，この内外を少量の水で洗浄して受器に加えた後，水で定容する。

⑤ 蒸留時の注意などは，1. の(2)の記載に準じる。

小型蒸留装置の蒸留条件をまとめたものを表 34.1，ふっ素化合物の蒸留結果を表 34.2 にそれぞれ示す。

表 34.1　小型蒸留装置での蒸留条件

	試料 mL	SiO_2 g	硫酸 mL	過塩素酸 mL	りん酸 mL	捕集液 mL	留出液 mL	定容 mL
硫酸・りん酸蒸留	10～15	0.2	8		0.5	5	40	50
過塩素酸・りん酸蒸留	10～15	0.2		12	0.5	20	50	100

表 34.2　小型蒸留装置での蒸留

		硫酸・りん酸蒸留			過塩素酸・りん酸蒸留		
	F 添加量 μg	留出液 F mg/L	F 定量値 μg	回収率 %	留出液 F mg/L	F 定量値 μg	回収率 %
NaF	50	0.981	49.1	98	0.493	49.3	99
Na_2SiF_6	50	0.990	49.5	99	0.517	51.7	103
KBF_4	50	0.955	47.8	96	0.519	51.9	104

34.1.2　ランタン–アリザリンコンプレキソン発色による定量法

アリザリンコンプレキソン（1, 2–ジヒドロキシアントラキノン–3–イルメチルアミン–*N*, *N*–二酢酸二水和物）は，四塩基酸であり，pH 4.3 ～ 4.6 の水溶液は黄色を呈し，420 nm 付近に吸収極大を示す。これがランタンと反応すると，520 nm 付近に吸収極大をもつ赤い色のキレートを生成する。さらに，このキレートにふっ化物イオンが反応すると，565 nm 付近に吸収極大をもつ青い色の複合錯体を生成する[6)]。

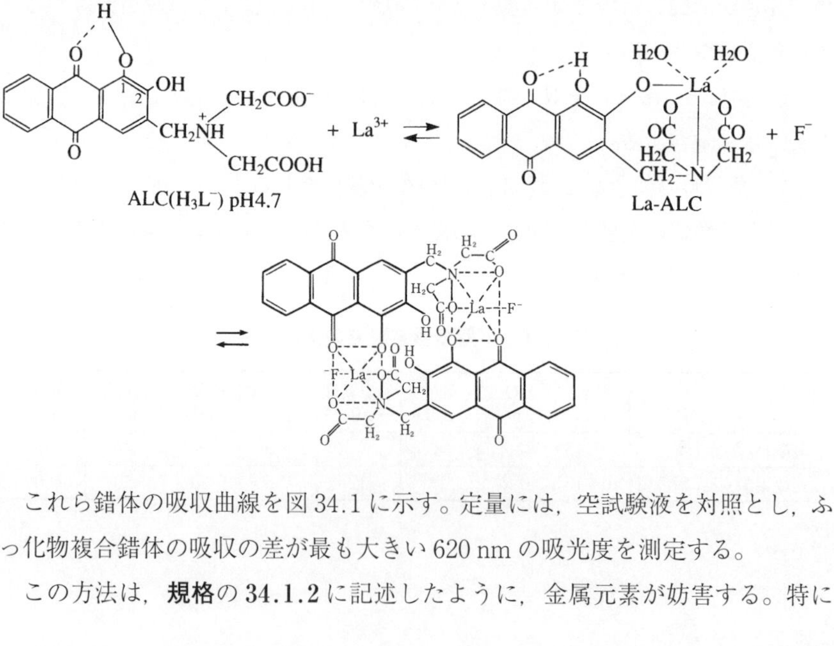

ALC(H_3L^-) pH4.7

La-ALC

これら錯体の吸収曲線を図 34.1 に示す。定量には，空試験液を対照とし，ふっ化物複合錯体の吸収の差が最も大きい 620 nm の吸光度を測定する。

この方法は，**規格**の **34.1.2** に記述したように，金属元素が妨害する。特に，アルミニウムは数μgでも妨害する。このため，過塩素酸–りん酸溶液又は硫酸–りん酸溶液から水蒸気蒸留を行い，ふっ化物イオンを分離して定量する。

発色時の試薬濃度は，ランタン，アリザリンコンプレキソンともに0.2～0.4 mmol/Lで，ランタンとアリザリンコンプレキソンとのモル比は1:1が最も感度がよい。2:1，2.5:1のモル比のものは多少感度は低下するが，通常の試料の場合はあまり問題とはならない。

1.　試　薬

（1）　ランタン–アリザリンコンプレキソン溶液はランタンとアリザリンコンプレキソンとのモル比が約2:1になるように調製している。なお，ランタン–アリザリンコンプレキソン溶液の代わりに，**規格**の**34. 注**(3)に示したように市販のアルフッソンを用いてもよい。これはモル比1:1である。これを用いる場合の発色操作は，**規格**の**34. 注**(4)による。

アルフッソン溶液は緩衝能力が十分で発色時のpHは約5.1になる。使用の都度溶かして調製するが，冷暗所に保存すれば数日間は安定である。また，試薬のロットが変わると検量線の傾斜が多少変動することがあるので，検量線はロットごとに作成する。

2.　定量操作

（1）　対照液に用いる空試験の溶液は，吸光度を測定する波長で大きな吸収をもつから，発色時のランタン–アリザリンコンプレキソン溶液の濃度は必要以上に高くしない方がよい。また，正しく一定量を添加する。

（2）　ランタン–アリザリンコンプレキソン錯体及びふっ素複合錯体とも，pHが高くなるとともに吸光度も増大する。pHは一定に保つようにする。

（3）　この発色反応は遅く，**規格**の**34.1.2 c) 2)** では1時間放置後に定量するが，その後も徐々に吸光度が増加する。

（4）　ランタン–アリザリンコンプレキソン溶液に添加するアセトンは，感度の増加と検量線の直線性の改良を目的としているが，その効果は大きくはない。

（5）　ふっ素化合物の定量に蒸留分離を行わず直接発色させる方法もあるが，試料の組成，妨害物質などに制限があるので，**規格**の**34.1**には採用されていない。

なお，溶存のふっ化物イオンを定量する場合は，**規格**の **34.1.1 c) 1)** に記載したように，**規格**の **3.2** でろ過した試料を用いる。

（**6**） 吸収曲線と検量線の一例を図 34.1 及び図 34.2 に示す。

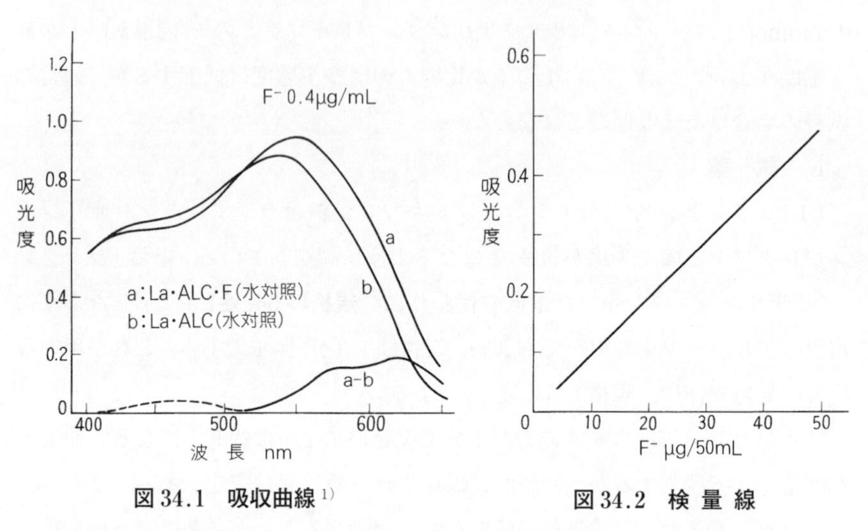

図 34.1　吸収曲線 [1)]　　**図 34.2　検 量 線**

34.2　イオン電極法 [8)]

蒸留分離で得たヘキサフルオロけい酸を加水分解してふっ化物イオンとし，ふっ化物イオン電極を用いるイオン電極法で定量する。

妨害物質を含まない試料で，溶存のふっ化物イオンを定量する場合は，蒸留に代え，ろ過によることができる。

1.　イオン電極法の概要

この規格で，イオン電極による定量は，ふっ化物イオンのほか，陰イオンとして，塩化物イオン及びシアン化物イオンに，陽イオンとして，アンモニウムイオンに用いられている。また，ナトリウムイオンについて，**規格**の**附属書 1**（**参考**）**補足Ⅻ.** に記載がある。塩化物イオン及びナトリウムイオンについての方法は，一般に濃度が高く共存イオンの影響が少ないので直接適用する。シアン化物イオン及びアンモニウムイオンの場合は，共存イオンの影響があるため蒸留分離した後，適用する。ただし，アンモニウムイオンの場合は，電位応答を妨害する物質が共存しなければ，蒸留を省略できる（**規格**の **42.4** 参照）。

これらの試験での試薬，器具，装置，操作，注意点などは共通するので，規格ではこの項に代表して述べられている。

これに従って，イオン電極法の基本と，一般的な操作上の注意などについて解説する。

（**1**）　イオン電極は溶液中のイオン濃度に選択的に感応する電極で，測定対象イオンを含む溶液にこの電極と参照電極とを入れて両電極間の電位差を測定する。このとき測定される相対電位を応答電位（E）といい，ネルンストの式（1）に従った関係がある。

$$E = E_0 + \left[\frac{2.303RT}{zF}\right] \times \log a \qquad (1)$$

a は測定対象イオンの活量，z はそのイオンが電極反応に関与する電子数である。R，T，F は，それぞれ気体定数，絶対温度，ファラデー定数である。E_0 はこの測定系の基準電位で，このイオン電極と参照電極によって定まる。

イオン活量は，モル濃度と活量係数との積であり，さらに，活量係数は溶液のイオン強度で定まるから，イオン強度を同一とした溶液で，測定対象イオンの標準液による電位差と，試料による電位差とを比較すれば，試料中のイオンのモル濃度が求められる。

イオン強度は溶液中の全イオンのイオン価と濃度できまるので，標準液及び試料に，圧倒的に多量の強電解質の塩の一定量を添加すれば，両溶液のイオン強度は同一，一定になる。

なお，2 種の標準液の濃度が 1 桁異なる場合に測定される電位差（mV/10 倍濃度変化）を応答勾配といい，式(1)から計算される理論応答勾配は，例えば，25℃では 1 価のイオンで 59.16 mV，2 価のイオンで 29.58 mV である。理論応答勾配は温度によって変わる。これを表 34.3 に示す。

表 34.3 温度と理論応答勾配の関係（JIS K 0122：1997）

単位 mV/10 倍濃度変化

温度 ℃	10	20	25	30	40	50
1 価イオン	56.18	58.16	59.16	60.15	62.13	64.11
2 価イオン	28.09	29.08	29.58	30.07	31.07	32.06

（**2**） イオン電極法については，JIS K 0122（イオン電極測定方法通則）があり，概要，装置，性能試験，特性，測定などが詳しく述べられ，解説も行われているので，詳細はこれを参照する。

JIS K 0122 では，イオン電極は，ガラス膜電極，固体膜電極，液体膜電極，隔膜形電極（ガス透過膜電極）の 4 種に分類している。

この規格で測定対象とする，ふっ化物イオン，塩化物イオン，シアン化物イオンなど陰イオンについては固体膜電極及び液体膜電極が適用できるが，取扱いやすさなどから主に前者が用いられている。ナトリウムイオンはガラス膜電極による。また，アンモニウムイオンはアンモニアの形態とし，隔膜形電極を適用する。

参照電極は，銀-塩化銀電極が用いられる。この規格では塩化物イオンの測定以外は単一液絡形のスリーブ形のものが望ましいとしている。

なお，二重液絡形のものは内筒が参照電極となっており，外筒との間に外筒液を入れたもので，試料と内筒液が直接接触しないので汚染されるおそれが少ない。外筒液としては，通常は内筒液と同じ濃度の塩化カリウム溶液が用いられるが，塩化物イオンの測定の場合は，外筒液からの塩化物イオンの試料への混入を防ぐため，同じ濃度の硝酸カリウム溶液を用いる。

イオン電極及び参照電極の取扱い，保存などについては，JIS K 0122 を参照する。

（**3**） イオン電極法での定量下限は感応素子，測定対象イオンによって異なるが，1～10 μmol/L（10^{-6}～10^{-5} mol/L）程度である。

測定される電位は，濃度の対数値に比例するため定量範囲は広く，この規格では 0.1～100 mg/L などとしているが，反面，高い精度を得にくいこととなる。

このため，電位差計は微少の電位を測定できることが必要で，規格では 1 mV 以下の桁まで読み取ることのできる高入力抵抗［JIS K 0122 では 1 TΩ（10^{12} Ω）以上］のものを指定している。

（4）　測定電位は，溶液の温度，pH，かき混ぜ状態などが影響するから，これらは一定に保たなければならない。

（5）　そのほか，イオン電極法に共通する注意が，**規格**の **34. 注**(5)～(12)及び**備考 4.** 及び **5.** に詳しく述べられている。ふっ化物イオン以外の場合も，JIS K 0122 とともに参照する。

2.　試　薬

（1）　緩衝液（pH 5.2）は試料の pH を一定に保つだけでなく，多量に加えられている塩化ナトリウムによって，イオン強度を一定にする。

3.　装置及び器具

（1）　ふっ化物イオン電極は，ふっ化ランタン(Ⅲ)の単結晶膜を感応膜とした固定膜電極である。

（2）　**規格**の **34.2 b) 1)** の電位差計は，0.1 mV 又はそれ以下の電位が読み取れるものとなっているが，ISO 10359-1：1992 から引用したものである。

（3）　測定容器及び恒温槽も，ISO 10359-1：1992 から引用したものである。

4.　検量線の作成及び操作

（1）　**規格**の **34. 注**(5)～(12)及び**備考 4.**～**6.** に詳しく述べられているので参照する。

（2）　**規格**の **34. 備考 2.** の清浄な試料の溶存ふっ化物イオンを定量する場合には，**備考 3.** によるが，この場合は，**備考 3.** に記載されている緩衝液（pH 5.2）（TISAB）（Total Ionic Strength Adjustment Buffer，全イオン強度調節緩衝液）を用いて操作する。この緩衝液中の *trans*-1, 2-シクロヘキサンジアミン四酢酸は，強力な錯化剤で，試料中の金属イオンを錯イオンとする。

（3）　ふっ化物イオンの検量線の一例を図 34.3 に示す。また，**規格**の **34. 備考 6.** によって，ふっ化物イオン電極を用い，硝酸ランタン(Ⅲ)溶液で滴定したときの，滴定曲線の一例を図 34.4 及び図 34.5 に示す。

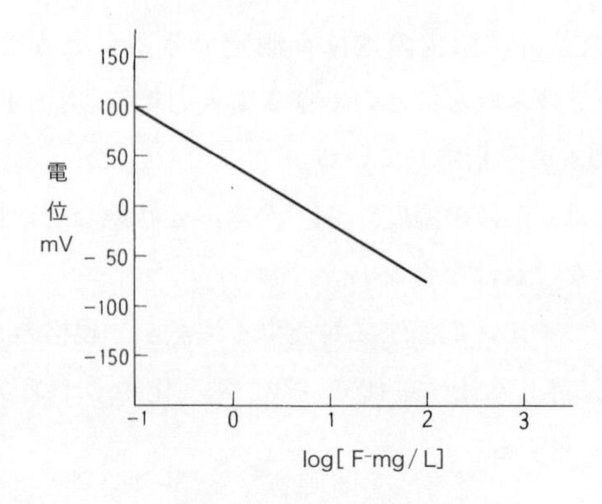

図 34.3　検 量 線

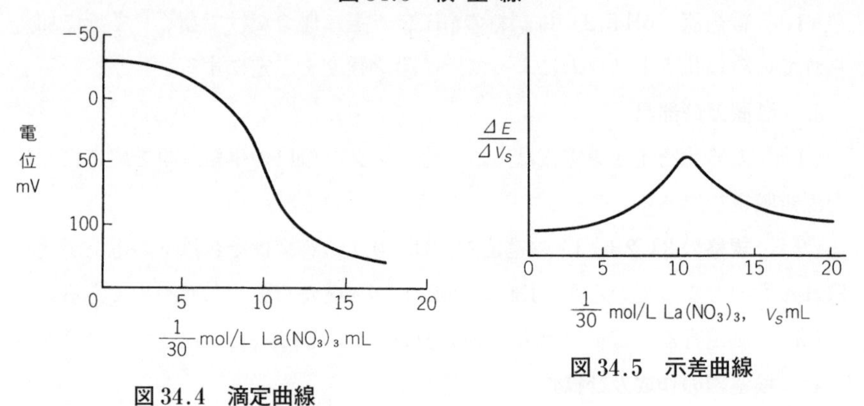

図 34.4　滴定曲線

図 34.5　示差曲線

34.3　イオンクロマトグラフ法

定量操作は，**規格**の **35.3** と同じ。ただし，定量範囲：F^- 0.05 ～ 20 mg/L (サプレッサーなし 0.1～20 mg/L)。本書 35.3 を参照。

規格の **34. 備考 2.** の清浄な試料の溶存ふっ化物イオンを定量する場合には，**規格**の **3.2** によってろ過した試料について試験する。また，蒸留による前処理を行った試料についてこの方法を適用するとふっ素化合物が定量できる。この場合は，ほかの陰イオンとの同時定量はできない。

34.4　流れ分析法[9),10)]

JIS K 0170-6 から引用する FIA の 1 方法及び CFA の 1 方法を用いる。

1.　ランタン–アリザリンコンプレキソン発色 FIA 法

この方法は，あらかじめ**規格**の **34.1** によって蒸留した試料を用いる。

（**1**）　キャリヤー液（水）に蒸留した試料を注入し，次いでランタン–アリザリンコンプレキソン溶液と合流させ，恒温槽（60～70℃）で反応させ，620 nm 付近の吸光度を測定する。

キャリヤー液と試料溶液とで，定量目的成分以外の成分（塩類など）の濃度差が大きい場合には，濃度差による屈折率の違いから正及び負一対のピーク（ゴーストピーク）が出現して定量を妨害する（シュリーレン効果）。この対策として，JIS K 0170-6 の 6.3.2.1.2 試薬溶液の調製 a) キャリヤー液にシュリーレン効果によってゴーストピークが現れる場合には，キャリヤー液（水）に塩化ナトリウムを添加して，試料溶液の塩濃度と同程度になるように調製するが追加された。

（**2**）　前処理の蒸留については種々の注意が大切である。本書 34.1.1 の（**2**）蒸留操作を参照。

（**3**）　ふっ化物イオンとランタン–アリザリンコンプレキソンとの反応は遅く，**規格**の **34.1** の方法では 1 時間放置している。FIA 法では，反応を速めるため，60～70℃に加熱する。

（**4**）　ランタン–アリザリンコンプレキソンと発色液（ふっ素複合錯体）とは類似の吸収スペクトルをもつため，ベースラインが高く，ノイズが大きくなる。しかし，発色試薬を低濃度とし過ぎるとふっ素複合錯体の生成が悪くなる。ふっ化物イオン標準液により，適切な条件を確認して用いるとよい。

（**5**）　ランタン–アリザリンコンプレキソン溶液は**規格**の **34.1.2** の a) **1**）と同じ調製方法によっている。

ランタン–アリザリンコンプレキソン溶液の代わりに用いるアルフッソン溶液として以下の 2 種類の溶液が記載されている。

アルフッソン溶液 A：アルフッソン 1.2 g を少量の水に溶かした後，アセトン 90 mL を加え混合し，さらに酢酸溶液（2 mol/L）を加えて pH を約 4.7 に合わせた後，水を加えて 300 mL とする。

アルフッソン溶液 B：アルフッソン 0.6 g を水に溶解し，ふっ化物イオン標準液（10 mg/L）6 mL を加え，酢酸溶液（2 mol/L）を加えて pH を約 4.7 に合わせた後，水で 100 mL とする。

これらの溶液を用いた場合の試料注入量と定量範囲を以下に示す。

アルフッソン溶液 A：試料注入量 10 ～ 20 μL（定量範囲 0.08 ～ 10 mg/L）
試料注入量 150 ～ 250 μL（定量範囲 0.08 ～ 2 mg/L）

アルフッソン溶液 B：試料注入量 10 ～ 20μL（定量範囲 0.2 ～ 10 mg/L）
試料注入量 150 ～ 250μL（定量範囲 0.08 ～ 1.5 mg/L）

（6） 発色条件などについては本書 34.1.2 を参照。

2. 蒸留・ランタン–アリザリンコンプレキソン発色 CFA 法

（1） 硫酸–りん酸混合液（蒸留試薬溶液）をセグメントガス（空気）で分節し，試料及び水を導入する。反応コイルで混合し，蒸留ユニットで加熱蒸留する。蒸留残留液は排出し，留分は捕集溶液［少量のポリオキシエチレンオクチルフェニルエーテル（界面活性剤）を含む水］に捕集する。捕集した溶液（留出液）の一部（余剰分は排出）を，空気で分節したランタン–アリザリンコンプレキソン溶液に導入して発色させ，気泡を脱気し，波長 620 nm の吸光度を測定する。

（2） システム例を図 34.6 に示す。

（3） 図 34.6 に示すように，導入する試料と水の流量の比率を変えることによって定量範囲を変更できる。

（4） この方法で用いるランタン–アリザリンコンプレキソン溶液には微量のふっ化物イオンを含ませており，その存在によってふっ化物イオンの低濃度まで，良好な検量線が得られる。

（5） 多量のハロゲン化物が存在する試料では，蒸留によってハロゲン化水素が留出し影響する。このため**規格**の **34. 備考 8.** では，標準液による回収率を求めて補正をすることが示されている。

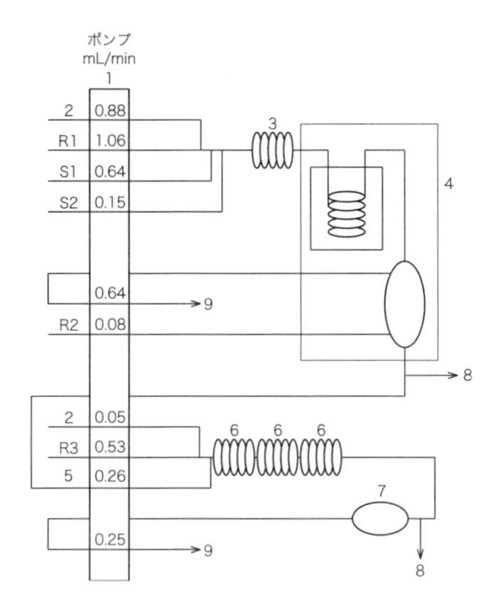

R1：蒸留試薬溶液
R2：捕集液
R3：ランタン-アリザリンコンプレキソン溶液（B 液）
S1，S2：水又は試料［試料濃度 F：0.08～2 mg/L の場合（S1 試料，S2 水），試料濃度 F：0.4～10 mg/L の場合（S1 水，S2 試料）］
1：ポンプ
2：セグメントガス（空気）
3：反応コイル（内径 1 mm，長さ 50 cm）
4：蒸留器（145 ℃，内径 2 mm，長さ 152 cm）
5：留出液
6：反応コイル（内径 1 mm，長さ 300 cm）
7：検出器（吸収セル　光路長 3 cm，波長 620 nm）
8：空気泡
9：廃液

注記　アルフッソンを用いて調製するランタン-アリザリンコンプレキソン溶液（B 液）を用いる場合は，6 の反応コイル 3 個の後に流量 0.08 mL/min のアルミニウム溶液，又は水のラインを追加してもよい。その場合は検出器に至る前に，反応コイルを追加してアルミニウム溶液，又は水と試薬とを混合させるようにするとよい。

図 34.6　蒸留･ランタン－アリザリンコンプレキソン発色 CFA 法のシステム例
（JIS K 0170-6：2019）

なお，妨害物質として，ハロゲン化合物又はハロゲン化水素などが多量に含まれる試料では，ふっ化物イオン濃度として 0.2 mg/L 以下の低濃度での回収率が著しく低下することがある。その場合は，蒸留試薬溶液として水約 200 mL にりん酸 40 mL とグリセリン 250 mL とを加え，水で 1 000 mL としたものか，又は水約 200 mL に硫酸 10 mL，りん酸 60 mL，塩化ナトリウム

10 g，及びグリセリン 250 mL を加え，水で 1 000 mL としたものを用いるとよい。後者の蒸留試薬溶液を用い，CFA 法用のアルフッソン溶液（JIS K 0170-6 の 6.3.3.1.2 試薬溶液の調製の注記 1.）で発色させる場合には本書の図 34.6 に示すように，ランタン–アリザリンコンプレキソン溶液の後ろにアルミニウム溶液を混合する。また，本書の図 34.6 は 2019 年に改正された JIS K 0170-6 の図 2 による。

参 考 文 献

1） R. Greenhalgh, J. P. Riley（1961）: Anal. Chim. Acta, **25**, 179
2） 村上敏治，上杉勝弥（1965）：分析化学，**14**，235
3） 岡田實ほか（1987）：日化，1095
4） 岡田實ほか（1991）：日化，973
5） 輿水敏子ほか（1973）：安全工学，**12**（3），187
6） E. B. Sandell, H. Onishi（1978）: Photometric determination of traces of metals, Part I, p. 310, Wiley Interscience
7） 橋谷博（1965）：工業用水，No.**85**，23
8） 石橋信彦，城昭典（1978）：ぶんせき，**4**，210
9） 28. の参考文献 10）～15）
10） 大崎真理子ほか（2012）：J. Flow Injection Anal., **29**, 17

35.　塩化物イオン（Cl^-）

35.　塩化物イオン（Cl^-）　塩化物イオンの定量には，硝酸銀滴定法，イオン電極法又はイオンクロマトグラフ法を適用する。

なお，硝酸銀滴定法は，1989 年に第 1 版として発行された **ISO 9297**，イオンクロマトグラフ法は，1992 に第 1 版として発行された **ISO 10304-1** 及び 1995 年に第 1 版として発行された **ISO 10304-2** との整合を図ったものである。

備考　この試験方法の対応国際規格を，次に示す。

なお，対応の程度を表す記号は，**ISO/IEC Guide 21-1** に基づき，IDT（一致している），MOD（修正している），NEQ（同等でない）とする。

ISO 9297:1989, Water quality－Determination of chloride－Silver nitrate titration with chromate indicator（Mohr's method）（MOD）

ISO 10304-1:1992 , Water quality － Determination of dissolved fluoride, chloride, nitrite, orthophosphate, bromide, nitrate and sulfate ions, using liquid chromatography of ions－Part 1: Method for water with low contamination（MOD）

ISO 10304-2:1995, Water quality－Determination of dissolved anions by liquid chromatography of ions－Part 2: Determination of bromide, chloride, nitrate, nitrite, orthophosphate and sulfate in waste water（MOD）

35.1　硝酸銀滴定法　試料の pH を約 7 に調節し，2′,7′-ジクロロフルオレセイン二ナトリウム［9-（2-カルボキシフェニル）-2,7-ジクロロ-6-ヒドロキシ-3*H*-キサンテン-3-オン二ナトリウム塩］又はウラニン（フルオレセインナトリウム）溶液を指示薬として，硝酸銀溶液で滴定して塩化物イオンを定量する。

定量範囲：Cl^- 5 mg 以上

備考 1.　臭化物イオン，よう化物イオン，シアン化物イオンなどが共存すると，塩化物イオンとして定量される。亜硫酸イオン，チオ硫酸イオン及び硫化物イオンのいずれも妨害するが，あらかじめ過酸化水素で酸化しておけば妨害しない。

a)　試薬　試薬は，次による。

1) **硝酸（1＋65）**　**JIS K 8541** に規定する硝酸を用いて調製する。

2) **炭酸ナトリウム溶液（50 g/L）**　**JIS K 8625** に規定する炭酸ナトリウム 5 g を水に溶かして 100 mL とする。

3) **ジクロロフルオレセインナトリウム溶液（2 g/L）**　2′,7′-ジクロロフルオレセイン二ナトリウム 0.2 g を水に溶かして 100 mL とする(1)。

4) **デキストリン溶液**　**JIS K 8646** に規定するデキストリン水和物 2 g を水に溶かして 100 mL とする。使用時に調製する。

5) **40 mmol/L 硝酸銀溶液**　**JIS K 8550** に規定する硝酸銀 6.8 g を水に溶かして 1 L とし，着色ガラス瓶に保存する。

標定　標定は，次による。

－ **JIS K 8005** に規定する容量分析用標準物質の塩化ナトリウムをあらかじめ 600 ℃で約 1 時間加熱し，デシケーター中で放冷する。NaCl 100 %に対してその 0.47 g を 1 mg の桁まではかりとり，少量の水に溶かし，全量フラスコ 200 mL に移し入れ，水を標線まで加える。

― この 20 mL をビーカーにとり，水を加えて液量を約 50 mL とし，これにデキストリン溶液 5 mL とジクロロフルオレセインナトリウム溶液（2 g/L）1，2 滴とを加え，静かにかき混ぜながらこの硝酸銀溶液で滴定する。黄緑の蛍光が消失して僅かに赤くなったときを終点とする。次の式によって 40 mmol/L 硝酸銀溶液のファクター（f）を算出する。

$$f = a \times \frac{b}{100} \times \frac{20}{200} \times \frac{1}{x \times 0.002\,337\,7}$$

ここに，　a：　塩化ナトリウムの質量（g）

b：　塩化ナトリウムの純度（質量分率%）

x：　滴定に要した 40 mmol/L 硝酸銀溶液量（mL）

0.002 337 7：　40 mmol/L 硝酸銀溶液 1 mL に相当する塩化ナトリウムの質量（g）

注([1]) ジクロロフルオレセインナトリウム溶液（2 g/L）に代えて，**JIS K 8830** に規定するウラニン（フルオレセインナトリウム）［9-（2-カルボキシフェニル）-6-ヒドロキシ-3*H*-キサンテン-3-オン二ナトリウム］を用い，0.2 g を水 100 mL に溶かしたものを用いてもよい。

b) **器具**　器具は，次による。

1) **ビュレット**　10～50 mL の適切な容量のものを用いる。

2) **ビーカー又は磁器皿**　50～100 mL の適切な容量のものを用いる。磁器皿を用いる場合は，白い色のものを用いる。

c) **操作**　操作は，次による。

1) 試料([2]) 50 mL（Cl^- 20 mg 以上を含む場合には適量をとり，水を加えて 50 mL とする。）をビーカー又は磁器皿にとる。

2) 試料が酸性の場合には，炭酸ナトリウム溶液（50 g/L）で，また，アルカリ性の場合には，硝酸（1＋65）を用いて pH を約 7 に調節する。

3) デキストリン溶液 5 mL 及びジクロロフルオレセインナトリウム溶液（2 g/L）([1]) 1，2 滴を加えてかき混ぜる。

4) 静かにかき混ぜながら 40 mmol/L 硝酸銀溶液で滴定する。黄緑の蛍光が消失して僅かに赤くなったときを終点とする。

5) 次の式によって試料中の塩化物イオンの濃度（Cl^- mg/L）を算出する。

$$C = a \times f \times \frac{1\,000}{V} \times 1.418$$

ここに，　C：　塩化物イオンの濃度（Cl^- mg/L）

a：　滴定に要した 40 mmol/L 硝酸銀溶液量（mL）

f：　40 mmol/L 硝酸銀溶液のファクター

V：　試料量（mL）

1.418：　40 mmol/L 硝酸銀溶液 1 mL に相当する塩化物イオンの質量（mg）

注([2]) 試料に著しい濁りが認められる場合は，ろ紙 5 種 C（又はろ紙 6 種）でろ過し，初めのろ液約 50 mL を捨てた後，その後のろ液 50 mL をとる。

備考 2. 塩化物イオンの濃度が低い場合には，試料中の塩化物イオン濃度が 5 mg（50 mL 中）以上となるように **35.2 a) 2)**の塩化物イオン標準液（Cl^- 1 000 mg/L）（例えば，5 mL）を試料 50 mL に加え，滴定すると終点がより明瞭になる。この場合，水について空試験を行って滴定値を補正する。

35.2 イオン電極法 試料に酢酸塩緩衝液を加えて pH 約 5 に調節し，塩化物イオン電極を指示電極として電位を測定し，塩化物イオンを定量する。

備考 3. この方法では，硫化物イオンなどが妨害する。

定量範囲：Cl^- 5～1 000 mg/L，繰返し精度：5～20 %

a) 試薬 試薬は，次による。

1) **酢酸塩緩衝液(pH5)** **JIS K 8548** に規定する硝酸カリウム 100 g と **JIS K 8355** に規定する酢酸 50 mL とを水 500 mL に加えて溶かし，これに水酸化ナトリウム溶液（100 g/L）［**19. a) 2)**による。］を加えて，pH 計を用いて pH5 に調節し，水を加えて 1 L とする。

2) **塩化物イオン標準液（Cl^- 1 000 mg/L）** **JIS K 8005** に規定する容量分析用標準物質の塩化ナトリウムをあらかじめ 600 ℃で約 1 時間加熱し，デシケーター中で放冷する。NaCl 100 %に対してその 1.648 g をとり，少量の水に溶かし，全量フラスコ 1 000 mL に移し入れ，水を標線まで加える。

3) **塩化物イオン標準液（Cl^- 100 mg/L）** 塩化物イオン標準液（Cl^- 1 000 mg/L）20 mL を全量フラスコ 200 mL にとり，水を標線まで加える。

4) **塩化物イオン標準液（Cl^- 10 mg/L）** 塩化物イオン標準液（Cl^- 100 mg/L）20 mL を全量フラスコ 200 mL にとり，水を標線まで加える。使用時に調製する。

5) **塩化物イオン標準液（Cl^- 5 mg/L）** 塩化物イオン標準液（Cl^- 100 mg/L）10 mL を全量フラスコ 200 mL にとり，水を標線まで加える。使用時に調製する。

b) 器具及び装置 器具及び装置は，次による。

1) **電位差計** **34.2 b) 1)**による。

2) **指示電極** 塩化物イオン電極

3) **参照電極** **34.2 b) 3)**による。ただし，二重液絡形のもので，外筒液には硝酸カリウム溶液（100 g/L）（**JIS K 8548** に規定する硝酸カリウムを用いて調製する。）を用いる。

4) **測定容器** **34.2 b) 4)**による。ただし，ガラス製のものでよい。

5) **恒温槽** **34.2 b) 5)**による。

6) **マグネチックスターラー** **34.2 b) 6)**による。ただし，回転子は，ガラス被覆のものでもよい。

c) 検量線 検量線の作成は，次による。

1) 塩化物イオン標準液（Cl^- 5 mg/L）100 mL を測定容器 200 mL にとり，酢酸塩緩衝液（pH5）10 mL(**3**) を加える。

2) 恒温水槽から水を送り，測定容器の溶液を 25±0.5 ℃にする。

3) 指示電極(**4**) (**5**)と参照電極(**6**) (**7**) (**8**)とを浸し，固定した後，回転子を入れ，マグネチックスターラー(**9**)で泡が電極に触れない程度に強くかき混ぜる(**10**)。

4) 液温を確認し，電位差計で電位を測定する(**11**)。

5) 塩化物イオン標準液（Cl^- 10 mg/L）100 mL，塩化物イオン標準液（Cl^- 100 mg/L）100 mL 及び塩化物イオン標準液（Cl^- 1 000 mg/L）100 mL をそれぞれ測定容器にとり，これに酢酸塩緩衝液（pH5）10 mL(**3**)を加える。

6) **2)**～**4)**の操作を行う(**12**) (**13**)。

7) 横軸に塩化物イオンの濃度の対数を，縦軸に電位をとり，塩化物イオンの濃度（Cl^- mg/L）と電位との関係線を作成する(**12**)。

注(**3**) 酢酸塩緩衝液（pH5）の添加によって，pH 約 5 に調節し，イオン強度を一定にする。

(**4**) 指示電極（塩化物イオン電極）は，使用時に塩化物イオン標準液（Cl^- 5 mg/L）に浸し，指示値が安定してから使用する。

(5) **34.**の**注**(5)による。

(6) **34.**の**注**(6)による。

(7) 内筒液に塩化カリウム溶液（飽和）を用いる場合には，液温の低下で塩化カリウムの結晶が析出し，固着して電気抵抗が大きくなることがあるので注意する。

(8) 外筒液の硝酸カリウム溶液（100 g/L）に内筒液の塩化カリウム溶液が混入してくるので，外筒液も定期的に取り替える。

(9) **34.**の**注**(8)による。

(10) **34.**の**注**(9)による。

(11) **34.**の**注**(10)による。また，塩化物イオン電極の応答時間は，液温 10～30 ℃の場合，塩化物イオンの濃度が Cl^- 5 mg/L 以上ならば 1 分間以内である。

(12) 塩化物イオン標準液（Cl^- 10 mg/L）と塩化物イオン標準液（Cl^- 1 000 mg/L）との電位の差は，110～120 mV (25 ℃) の範囲に入り，塩化物イオンの濃度 Cl^- 5～1 000 mg/L の間の検量線は，直線になる。

(13) **34.**の**注**(12)による。

d) 操作　操作は，次による。

1) 試料 100 mL(14) (15)を測定容器にとり，酢酸塩緩衝液(pH5) 10 mL を加え，液温を **c) 4)**の液温の±1 ℃に調節する。

2) **c) 2)**～**4)**の操作を行って(13)，検量線から塩化物イオンの濃度を求め，試料中の塩化物イオンの濃度（Cl^- mg/L）を算出する。

注(14) 試料が酸性の場合には，水酸化ナトリウム溶液（40 g/L）[**21. a) 3)**による。]，アルカリ性の場合には，酢酸（1＋10）（**JIS K 8355** に規定する酢酸を用いて調製する。）で，あらかじめ pH 約 5 に調節する。

注(15) 試料に硫化物イオンが含まれている場合には，あらかじめ，酢酸亜鉛溶液（100 g/L）（**JIS K 8356** に規定する酢酸亜鉛二水和物 12 g を水に溶かして 100 mL とする。）を加え，硫化物イオンを固定してろ紙でろ過し，ろ液の pH を約 5 に調節する。

備考 4. イオン濃度計の場合には，塩化物イオン標準液（Cl^- 10 mg/L）と塩化物イオン標準液（Cl^- 1 000 mg/L）とを用い，**c) 2)**及び **3)**の操作を行ってイオン濃度計の指示値を Cl^- 10 mg/L 及び Cl^- 1 000 mg/L になるように調節する。さらに，その他の塩化物イオン標準液（Cl^- 5 mg/L）と塩化物イオン標準液（Cl^- 100 mg/L）とを用いて，イオン濃度計の指示値を確認する。

5. 主な共存物質の許容限度を最大比率で次に示す。

NO_3^-，SO_4^{2-}，PO_4^{3-} :　10^4

F^- :　10^2

Br^- :　10^{-2}

I^-，CN^-，S^{2-} :　10^{-3}

6. イオン電極による電位差滴定法　試料 100 mL をビーカーにとり，試料の pH を約 7 に調節し，塩化物イオン電極又は銀イオン電極を用い，**c) 2)**～**4)**の操作に従って電位を測定しながら 10～100 mmol/L 硝酸銀溶液で滴定し，滴定曲線を作図して終点を求める。ハロゲン化物イオンが共存するとき滴定曲線の変曲点は，よう化物イオン，臭化物イオン及び塩化物イオンの順になる。それぞれの変曲点から終点を求め，各イオンの濃度を算出することができる。10

mmol/L 硝酸銀溶液 1 mL はよう化物イオン 1.269 mg，臭化物イオン 0.799 mg 又は塩化物イオン 0.354 5 mg に相当する。

35.3　イオンクロマトグラフ法　試料中の塩化物イオンをイオンクロマトグラフ法によって定量する。この方法によって，ふっ化物イオン，亜硝酸イオン，硝酸イオン，りん酸イオン，臭化物イオン及び硫酸イオンも同時に又は単独に定量できる。ただし，亜硝酸イオン，硝酸イオン，りん酸イオン又は臭化物イオンを定量する場合には，試料採取後，**3.3** の保存処理を行わず，試験は直ちに行う。直ちに行えない場合には，0～10 ℃の暗所に保存し，できるだけ早く試験する。

試料マトリックスの影響によって，測定の正確さ及び精度は，イオン種ごとに異なるのが普通である。この確認には，標準液を添加し，回収率を測定するとよい。

表 35.1　イオンクロマトグラフ法による陰イオンの定量範囲の例

陰イオン		サプレッサーあり mg/L	サプレッサーなし mg/L
塩化物	(Cl^-)	0.1～25	0.5～25
ふっ化物	(F^-)	0.05～20	0.1～20
亜硝酸	(NO_2^-)	0.1～25	0.5～25
硝酸	(NO_3^-)	0.1～50	0.5～50
りん酸	(PO_4^{3-})	0.1～50	0.5～50
臭化物	(Br^-)	0.1～50	0.5～50
硫酸	(SO_4^{2-})	0.2～100	1～100

備考　測定範囲は，検出器，試料注入量，カラムの交換容量などによって変わる。

a)　試薬　試薬は，次による。

1)　水　**JIS K 0557** に規定する **A2** 又は **A3** の水

2)　溶離液　溶離液([16])は，装置の種類及び分離カラムに充塡した陰イオン交換体の種類によって異なるので，あらかじめふっ化物イオン，塩化物イオン，亜硝酸イオン，硝酸イオン，りん酸イオン，臭化物イオン及び硫酸イオンのそれぞれが分離度 1.3 以上で分離できるものを用いる。分離度の確認は，**備考 7.**による。

溶離液は，脱気するか，又は脱気した水を用いて調製するとよい。操作中，溶離液に新たな気体が溶け込むのを避けるための対策を講じる。

3)　再生液　再生液([17])は，サプレッサーを用いる場合に使用するが，装置の種類及びサプレッサーの種類によって異なる。あらかじめ分離カラムと組み合わせて**備考 7.**の操作を行い，再生液の性能を確認する。

4)　塩化物イオン標準液（Cl^- 1 mg/mL）　**35.2 a) 2)**による。

5)　塩化物イオン標準液（Cl^- 0.1 mg/mL）　塩化物イオン標準液（Cl^- 1 mg/mL）10 mL を全量フラスコ 100 mL にとり，水を標線まで加える。

6)　ふっ化物イオン標準液（F^- 1 mg/mL）　**JIS K 8005** に規定する容量分析用標準物質のふっ化ナトリウムを白金皿にとり，500 ℃で約 1 時間加熱し，デシケーター中で放冷する。NaF 100 %に対してその 2.210 g をとり，少量の水に溶かし，全量フラスコ 1 000 mL に移し入れ，水を標線まで加える。ポリエチレン瓶に入れて保存する。

7)　ふっ化物イオン標準液（F^- 0.01 mg/mL）　ふっ化物イオン標準液（F^- 1 mg/mL）1 mL を全量フラスコ 100 mL にとり，水を標線まで加える。

8)　亜硝酸イオン標準液（NO_2^- 1 mg/mL）　**JIS K 8019** に規定する亜硝酸ナトリウムを 105～110 ℃で

約 4 時間加熱し，デシケーター中で放冷した後，亜硝酸ナトリウムの純度を求める([18])。$NaNO_2$ 100 % に対して 1.500 g に相当する亜硝酸ナトリウムをとり，少量の水に溶かして，全量フラスコ 1 000 mL に移し入れ，水を標線まで加える。使用時に調製する。

9) **亜硝酸イオン標準液（NO_2^- 0.1 mg/mL）** 亜硝酸イオン標準液（NO_2^- 1 mg/mL）10 mL を全量フラスコ 100 mL にとり，水を標線まで加える。使用時に調製する。

10) **硝酸イオン標準液（NO_3^- 1 mg/mL）** **JIS K 8548** に規定する硝酸カリウムをあらかじめ 105±2 ℃で約 2 時間加熱し，デシケーター中で放冷する。その 1.631 g をとり，少量の水に溶かして全量フラスコ 1 000 mL に移し入れ，水を標線まで加える。0〜10 ℃の暗所に保存する。

11) **硝酸イオン標準液（NO_3^- 0.1 mg/mL）** 硝酸イオン標準液（NO_3^- 1 mg/mL）10 mL を全量フラスコ 100 mL にとり，水を標線まで加える。使用時に調製する。

12) **りん酸イオン標準液（PO_4^{3-} 1 mg/mL）** **JIS K 9007** に規定するりん酸二水素カリウム（pH 標準液用）を 105±2 ℃で約 2 時間加熱し，デシケーター中で放冷する。その 1.433 g をとり，水に溶かし，全量フラスコ 1 000 mL に移し入れ，水を標線まで加え，0〜10 ℃の暗所に保存する。

13) **りん酸イオン標準液（PO_4^{3-} 0.1 mg/mL）** りん酸イオン標準液（PO_4^{3-} 1 mg/mL）10 mL を全量フラスコ 100 mL にとり，水を標線まで加える。

14) **臭化物イオン標準液（Br^- 1 mg/mL）** **JIS K 8506** に規定する臭化カリウムを 105 ℃で約 4 時間加熱し，デシケーター中で放冷する。その 1.489 g（臭素として 1.00 g）をとり，少量の水に溶かし，全量フラスコ 1 000 mL に移し入れ，水を標線まで加える。

15) **臭化物イオン標準液（Br^- 0.1 mg/mL）** 臭化物イオン標準液（Br^- 1 mg/mL）10 mL を全量フラスコ 100 mL にとり，水を標線まで加える。この溶液は使用時に調製する。

16) **硫酸イオン標準液（SO_4^{2-} 1 mg/mL）** **JIS K 8962** に規定する硫酸カリウムをあらかじめ約 700 ℃で約 30 分間加熱し，デシケーター中で放冷する。その 1.815 g をとり，少量の水に溶かして全量フラスコ 1 000 mL に移し入れ，水を標線まで加える。

17) **硫酸イオン標準液（SO_4^{2-} 0.1 mg/mL）** 硫酸イオン標準液（SO_4^{2-} 1 mg/mL）10 mL を全量フラスコ 100 mL にとり，水を標線まで加える。使用時に調製する。

注([16]) 紫外吸収検出器を用いる場合には，紫外部に吸収のないものを用いる。ただし，サプレッサーを用いる方式では，炭酸塩系の溶離液も使用できる。

([17]) 例として，硫酸（12.5 mmol/L）［硫酸（0.5 mmol/L）（**JIS K 8951** に規定する硫酸 30 mL を少量ずつ水 500 mL 中に加え，冷却した後，水で 1 L とする。）25 mL を水で 1 L とする。］を用いる。

([18]) 純度の求め方は，**JIS K 8019** による。

b) **器具及び装置** 器具及び装置は，次による。

1) **イオンクロマトグラフ** イオンクロマトグラフには，分離カラムとサプレッサー([19])とを組み合わせた方式のもの，分離カラム単独の方式のものいずれでもよいが，次に掲げる条件を満たすもので，ふっ化物イオン，塩化物イオン，亜硝酸イオン，硝酸イオン，りん酸イオン，臭化物イオン，硫酸イオンなどが分離定量できるもの。

1.1) **分離カラム** ステンレス鋼製又は合成樹脂製([20])のものに，強塩基性陰イオン交換体（表層被覆形，全多孔性シリカ形など）を充塡したもの([21])。

1.2) **検出器** 電気伝導率検出器又は紫外吸収検出器。ただし，紫外吸収検出器は，亜硝酸イオン，硝酸イオン及び臭化物イオンの個別又は同時測定において用いる。

1.3) **データ処理部** **JIS K 0127** による。

2) **マイクロシリンジ** 50～200 µL の適切なもの。又は自動注入装置。

注(19) 溶離液中の陽イオンを水素イオンに変換するためのもので，溶離液中の陽イオンの濃度に対して十分なイオン交換容量をもつ陽イオン交換膜（膜形及び電気透析形がある。）又は同様な性能をもった陽イオン交換体を充塡したもの。再生液と組み合わせて用いる。ただし，電気透析形の場合は，再生液として検出器からの流出液（検出器から排出される溶液）を用いる。

注(20) 例えば，四ふっ化エチレン樹脂製，ポリエーテルエーテルケトン製などがある。

(21) **備考 7.**による。

備考 7. イオンクロマトグラフの性能として分離度（R）は 1.3 以上なければならない。定期的に確認するとよい。分離度を求めるには，溶離液を一定の流量（例えば，1～2 mL/min）で流す。クロマトグラムのピーク高さがほぼ同程度となるような濃度の陰イオン混合溶液を調製して，クロマトグラムを作成し，次の式によって算出する。

$$R=\frac{2\times(t_{R2}-t_{R1})}{W_1+W_2}$$

ここに，　t_{R1}： 第 1 ピークの保持時間（s）

t_{R2}： 第 2 ピークの保持時間（s）

W_1： 第 1 ピークのピーク幅（s）

W_2： 第 2 ピークのピーク幅（s）

c) **準備操作** 準備操作は，次による。

1) 試料を孔径 0.45 µm 以下のフィルターによってろ過する。

2) 試料の電気伝導率が 10 mS/m（100 µS/cm）（25 ℃）以上の場合には，電気伝導率が 10 mS/m 以下になるように，水で一定の割合に薄める。

d) **操作** 操作は，次による。

1) イオンクロマトグラフを作動できる状態にし，分離カラムに溶離液を一定の流量（例えば，1～2 mL/min）で流しておく。サプレッサーを必要とする装置では，再生液を一定の流量で流しておく。

2) **c)**の準備操作を行った試料の一定量（例えば，50～200 µL の一定量）を，マイクロシリンジ(22)を用いてイオンクロマトグラフに注入してクロマトグラムを記録する。

3) クロマトグラム上の定量対象の各イオンに相当するピーク(23)について，指示値(24)を読み取る。

4) 試料を薄めた場合には，空試験として試料及び同量の水について，**1)**～**3)**の操作を行って試料について得た指示値(24)を補正する。

5) 検量線から各イオンの量を求め，試料中の各イオンの濃度（mg/L）を算出する。

注(22) 検量線作成時と同じものを用いる。

(23) 陰イオン混合標準液［例えば（F^- 5 µg，Cl^- 10 µg，NO_2^- 10 µg，NO_3^- 10 µg，PO_4^{3-} 10 µg，Br^- 10 µg 及び SO_4^{2-} 10 µg）/mL］の一定量（50～200 µL）を用いて，クロマトグラムを記録し，各イオンの保持時間に相当するピークの位置を確認しておく。

(24) ピーク高さ又はピーク面積。

e) **検量線** 検量線の作成は，次による。

1) **a) 4)**～**17)**からそれぞれ適切な量をとり，測定対象とするイオンを含み，測定濃度範囲よりも高い濃度の混合希釈標準液を調製する(25)。

2) この混合希釈標準液を 4～5 段階に希釈し，検量線作成用の混合希釈標準液を調製する。

3) 各種検量線作成用の混合希釈標準液について **d) 1)**～**4)**の操作を行い，それぞれの各イオンに相当するピークについて指示値(24)を読み取る(26)。

4) 別に，空試験として水について **d) 1)～4)**の操作を行ってそれぞれの各イオンに相当する指示値を補正した後，各イオンについて横軸にそのイオンの濃度，縦軸にそのイオンの指示値をとり，関係線を作成する(27)。

注(25) 単独のイオンの測定又は限られた複数のイオンだけの測定の場合は，必要な混合標準液と必要な陰イオンを含む混合標準液とを調製するとよい。

(26) 各イオンにおけるそれぞれの妨害イオンの許容割合の例は，**表 35.2** による。

(27) 溶離液の組成及び測定対象イオン種によって検量線は，必ずしも直線関係を示さない。

備考 8. **妨害物質**

a) モノカルボン酸，ジカルボン酸などの有機酸は，無機陰イオンの定量を妨害することがある。

b) 緩衝性溶離液（例えば，炭酸塩／炭酸水素塩）を用いれば，試料の pH が 2～9 の範囲の場合は影響されない。

c) 陰イオン（ふっ化物イオン，塩化物イオン，亜硝酸イオン，硝酸イオン，りん酸イオン，臭化物イオン及び硫酸イオン）間の濃度の大きな相違があると，不完全分離による典型的な交差感度妨害を引き起こすことがある。塩化物イオンの定量は，ふっ化物イオンの濃度が高いと妨害を受けやすい。

d) **各イオンに対する共存イオンの影響**

1) 塩化物イオンの濃度が 1 mg/L のとき，亜硝酸イオンは 200 mg/L 以下ならば妨害しない。

2) 亜硝酸イオンの濃度が 1 mg/L のとき，塩化物イオンは 50 mg/L 以下，臭化物イオン 200 mg/L 以下及び硫酸イオン 500 mg/L 以下ならば妨害しない。

3) 硝酸イオンの濃度が 1 mg/L のとき，臭化物イオン 200 mg/L 以下及び硫酸イオン 500 mg/L 以下ならば妨害しない。

4) 臭化物イオンの濃度が 1 mg/L のとき，亜硝酸イオンは 200 mg/L 以下ならば妨害しない。

5) 硫酸イオンの濃度が 1 mg/L のとき，臭化物イオン 200 mg/L 以下及び硝酸イオン 400 mg/L 以下ならば妨害しない。

e) 硫酸イオンの定量は，高濃度のよう化物イオン又はチオ硫酸イオンによって妨害されやすい。

f) 硫化物イオンは，硫酸イオンの定量誤差の原因になるので，酢酸亜鉛溶液を加えて沈殿させ，ろ別する。

備考 9. 分離カラムは，使用を続けると性能が低下するので，定期的に**備考 7.**の操作を行って確認する。

性能が低下した場合，溶離液の約 10 倍の濃度のものを調製し，分離カラムに注入して洗浄した後，**備考 7.**の操作で確認し，性能が回復しない場合には，新品と取り替える。

試料中の懸濁物，有機物（たん白質，油類，界面活性剤など）などによって汚染され性能が徐々に低下するので，懸濁物を含む試料は **c)**の準備操作で除去した後に試験する。また，有機物を含む試料は限外ろ過膜でろ過し，有機物をできるだけ除去した後，試験する。

試料中に分離カラムの充填剤と親和力の強い陰イオン（例えば，よう化物イオン，クロム酸イオンなど）が存在すると，これらが充填剤に吸着され，分離性能が徐々に低下するので，溶離液の 5～10 倍の濃度のものを調製し，試料と同様に分離カラムに注入し洗浄する。

その他酸化性物質又は還元性物質が共存すると，分離カラムの分離性能を低下させる。このような場合には，試料を水で一定の割合に薄めて試験すれば，ある程度は影響を防ぐことができる。

10. 亜硝酸イオン，硝酸イオン及びりん酸イオンの濃度を，亜硝酸体窒素，硝酸体窒素及びりん酸体りんで表示する場合は，次の換算式を用いる。

a) 亜硝酸体窒素（NO_2^--N mg/L）＝亜硝酸イオン（NO_2^- mg/L）×0.304 5

b) 硝酸体窒素（NO_3^--N mg/L）＝硝酸イオン（NO_3^- mg/L）×0.225 9

c) りん酸体りん（PO_4^{3-}-P mg/L）＝りん酸イオン（PO_4^{3-} mg/L）×0.326 1

表 35.2　陰イオンの感度交差の例

［検出：電気伝導率（CD）及び直接紫外吸光］

質量濃度比 溶質／妨害イオン		妨害イオンの 最大許容濃度* mg/L	
Br^-/Cl^-	1 :　500	Cl^-	500
Br^-/PO_4^{3-}	1 :　100	PO_4^{3-}	100
Br^-/NO_3^-	1 :　50	NO_3^-	100
Br^-/SO_4^{2-}	1 :　500	SO_4^{2-}	500
Br^-/SO_3^{2-}	1 :　50		
Cl^-/NO_2^-	1 :　50	NO_2^-	5
Cl^-/NO_3^-	1 :　500	NO_3^-	500
Cl^-/SO_4^{2-}	1 :　500	SO_4^{2-}	500
NO_3^-/Br^-	1 :　100	Br^-	100
NO_3^-/Cl^-	1 :　500（CD）	Cl^-	500
	1 :　2 000（UV）	Cl^-	500
NO_3-/SO_4^{2-}	1 :　500（CD）	SO_4^{2-}	500
	1 :　1 000（UV）	SO_4^{2-}	500
NO_3-/SO_3^{2-}	1 :　50		
NO_2^-/Cl^-	1 :　250（CD）	Cl^-（CD）	100
	1 :　10 000（UV）	Cl^-（UV）	500
NO_2^-/PO_4^{3-}	1 :　50	PO_4^{3-}	20
NO_2^-/NO_3^-	1 :　500	NO_3^-	500
NO_2^-/SO_4^{2-}	1 :　500（CD）	SO_4^{2-}	500
	1 :　1 000（UV）	SO_4^{2-}	500
PO_4^{3-}/Br^-	1 :　100	Br^-	100
PO_4^{3-}/Cl^-	1 :　500	Cl^-	500
PO_4^{3-}/NO^{3-}	1 :　500	NO_3^-	400
PO_4^{3-}/NO^{2-}	1 :　100	NO_2^-	100
PO_4^{3-}/SO_4^{2-}	1 :　100	SO_4^{2-}	500
PO_4^{3-}/SO_3^{2-}	1 :　50 **		
SO_4^{2-}/Cl^-	1 :　500	Cl^-	500
SO_4^{2-}/NO_3^-	1 :　500	NO_3^-	400
SO_4^{2-}/SO_3^{2-}	1 :　50 **		
$SO_4^{2-}/S_2O_3^{2-}$	1 :　500		
SO_4^{2-}/I^-	1 :　500		

注*　妨害物質の濃度が限度を超えるときは，試料を薄める。

**　SO_3^{2-}は，存在すると常に妨害する。

35.1　硝酸銀滴定法[1)]

終点の判別に吸着指示薬として，2′,7′-ジクロロフルオレセイン二ナトリウム又はフルオレセインナトリウム（ウラニン）を用いる硝酸銀滴定法である。一般に，溶液中の沈殿は，その成分と同じイオンを吸着する傾向がある。塩化物イオンを硝酸銀溶液で滴定するとき，滴定当量点以前では，生成した塩化銀は残留する塩化物イオンを吸着して，負に荷電し，コロイド状となる。

当量点では，塩化銀との共通イオンがなくなるため，電荷が失われて沈殿は凝結するが，当量点を過ぎると溶液中に過剰になった銀イオンを沈殿が吸着して正に荷電し，コロイド状になる。

一方，上記の指示薬は，溶液中で陰イオンとして存在し，黄緑の蛍光を発しているが，塩化銀が正に荷電すると，これに吸着され塩化銀を白から，鮮やかな淡桃色に変化させる。この終点判定は，非常に明瞭で滴定量の僅かな差も判別できるが，変色にはある程度の量の塩化銀の存在が必要なため，定量下限は 5 mg（100 mg/L）程度となる。塩化物イオンの濃度がこれ以下の場合は，試料に一定量の塩化銀を存在させて滴定を行う。

1.　操　作

（1）　滴定は，pH 約 7 で行う。溶液が酸性になると，これらの指示薬は陰イオンにならないので，滴定終点で変色しなくなる。

試料が中性でない場合は，**規格**の **35.1 c) 2)** に示すように，pH が約 7 になるように中和する。このとき，pH 計を用いる場合に参照電極又は銀-塩化銀電極を直接試料中に入れると，この電極から塩化物イオンが試料中に混入し，正しい結果が得られなくなる。硝酸カリウム（130 g/L）の寒天（40 g/L）橋を用い，これらの電極と試料が直接接しないようにするとよい。

（2）　滴定時の塩化物イオンの濃度は，10 mmol/L 程度が適している。濃度が高すぎると，当量点で凝結した塩化銀が，当量点を過ぎてもコロイド状となりにくく，このため指示薬の吸着による変化が明瞭でなくなる。

（3）　デキストリン溶液は，塩化銀の保護コロイドとして加える。

（4）　滴定終点の判別は吸着指示薬で行うため，塩化銀の存在が微少であると判別困難になる。このため，定量範囲の下限は Cl 5 mg になっている。これ以上存在する場合は，2 mg 程度の差で定量できる。これ以下の測定の場合は，**規格**の **35. 備考 2.** による方法で，試料中に一定適量の塩化銀を生成させて滴定を行うとよい。

（**5**）　試料中に他の塩類が多量に共存すると，塩化銀への指示薬の吸着が妨害されて，終点の判定が不明瞭になることがある。その場合は，希釈して滴定するとよい。

（**6**）　指示薬は，感光色素で塩化銀の感光性を増進させる傾向があり，この滴定操作は直射日光を避け，できるだけ短時間に行う。

35.2　イオン電極法

定量操作は**規格**の **34.2** と同じ。ただし，定量範囲：Cl^- 5 ～1 000 mg/L。試料に，酢酸塩緩衝液を加えて，pH を約 5 に調節するとともに，イオン強度を一定にした後，塩化物イオン電極を指示電極として電位を測定し，検量線から塩化物イオンの濃度を求める。

1.　装置及び器具

（**1**）　塩化物イオン電極を用いる。塩化物イオン電極は固体膜電極で，硫化銀と塩化銀との粉末を成形した固体膜が多く用いられる。固体膜電極及びその取扱い，保存などについては，本書 34.2 を参照。

（**2**）　参照電極の外筒液には，硝酸カリウム溶液（100 g/L）を用いる。参照電極及びその取扱いについては，本書 34.2 を参照。

（**3**）　電位差計は，本書 34.2 を参照。

（**4**）　マグネチックスターラーは，**規格**の **34. 注**(8)を参照。

2.　操　作

（**1**）　測定時の pH 及び温度の影響並びに一般的事項については，本書 34.2 を参照。

（**2**）　検量線の一例を図 35.1 に示す。

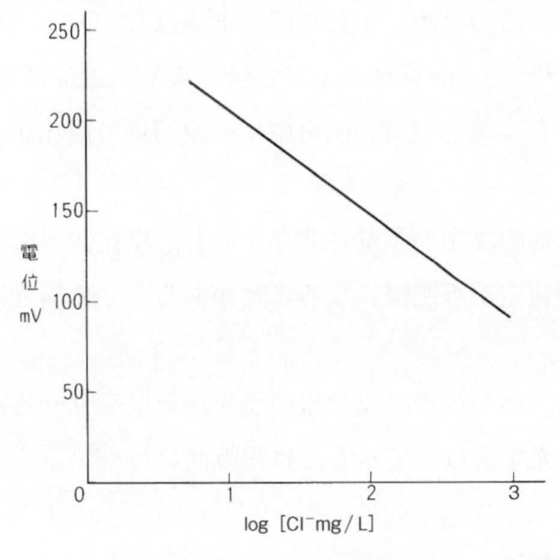

図 35.1　検量線

35.3　イオンクロマトグラフ法[2),3)]

試料中の塩化物イオンをイオンクロマトグラフ法によって定量する。

この規格では，陰イオンとして塩化物イオンのほか，ふっ化物イオン，臭化物イオン，亜硝酸イオン，硝酸イオン，りん酸イオン及び硫酸イオンに，陽イオンとして，アンモニウムイオン，ナトリウム，カリウム，カルシウム及びマグネシウムにもイオンクロマトグラフ法を適用し，それぞれ同時の定量又は単独定量を行う。このときの測定条件，測定操作は，陰イオン，陽イオンそれぞれで同じであるので，**規格**の **35.3** 及び **48.3** にまとめて，試薬，装置，操作の詳細が述べられている。したがって，ここでも，他の項目でのイオンクロマトグラフ法のものを含め，その一般を解説する。

1.　イオンクロマトグラフ

イオンクロマトグラフは，固定相にイオン交換体などを，移動相に溶離液を用いるクロマトグラフである。その構成を図 35.2 に示す。

装置に一定条件で溶離液を流しておき，試料を注入すると，試料中のイオンは，分離カラム中のイオン交換体との親和力の違いによって分離され，検出器によって検出，定量される。検出器には，主に電気伝導率検出器が用いられる。

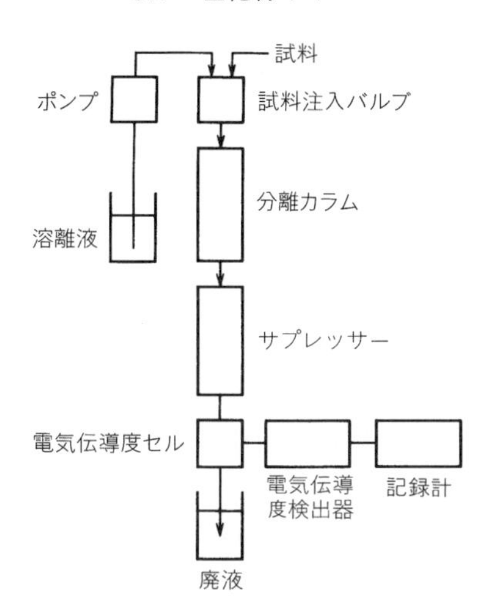

図 35.2　イオンクロマトグラフの構成

イオンクロマトグラフには，カラム部として分離カラムとサプレッサーとを組み合わせた方式（ダブルカラム方式）のものと，分離カラムだけの方式（シングルカラム方式）のものとがある。

陰イオンの定量でのサプレッサーは，イオン交換膜及びイオン交換樹脂を用いて流出液中の陽イオンを水素イオンに交換するもので，溶離液に炭酸塩など弱酸の塩を用いると，これがサプレッサーのイオン交換作用によって解離しにくい弱酸に変わるため，バックグラウンド値が極めて小さくなる。また，測定する陰イオンの対イオンが，極限モル伝導率（当量電気伝導度）の大きい水素イオンに変わる。このため高い定量感度が得られる。

サプレッサーをもたない方式では，溶離液の電解質として，一般に大きなイオンの塩を用いる。これによって電気伝導率を小さくし，バックグラウンド値を小さくするとともに，測定イオンとによる電気伝導率との差を大きくする。

通常，サプレッサーをもつ方式の定量感度は高く，もたない方式の 1/5 程度の濃度が定量できる。

なお，検出器には，電気伝導率検出器のほか，紫外吸光検出器及び電気化学検出器も用いられる。また，流出液に試薬を注入し，発色させてその吸収を測定することなども行われる。

2. 試　薬

（**1**）　溶離液は装置，充塡剤の種類によって異なる。**規格**の**附属書 1**(**参考**)**補足Ⅶ.** に代表的な例が挙げられている。これ以外のものを用いてもよい。

一般に，サプレッサーを用いる方式では，弱酸の塩として，炭酸塩が用いられる。また，サプレッサーをもたない方式では，ほう酸塩-グルコン酸塩などが用いられる。

（**2**）　再生液についても溶離液と同様で，代表的な例が**規格**の **35. 注**([17])に挙げられている。

（**3**）　溶離液，再生液，操作条件などは，あらかじめ分離状態を検討し，分離度 1.3 程度の分離ができるものを用いることとされている。

この分離度は，次のようにして求めることができる。

陰イオン 2 成分について得られたクロマトグラムについて，図 35.3 のように作図すると，分離度 R は次のようになる。

$$R=\frac{2\times(t_{R2}-t_{R1})}{W_1+W_2}$$

ここに，t_{R1}：最初のピークの保持時間（s）

t_{R2}：二番目のピークの保持時間（s）

W_1：最初のピークのピーク幅（s）

W_2：二番目のピークのピーク幅（s）

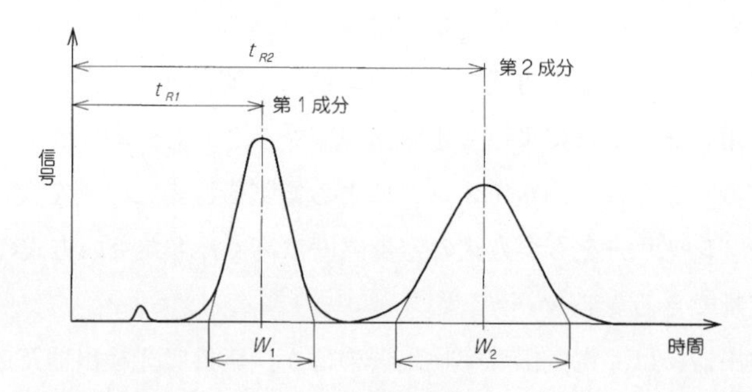

図 35.3　クロマトグラフ分離の模式図（JIS K 0127：2013）

3. 装　置

（1） 分離カラムの充塡剤としてのイオン交換体は多種類のものがある。一般的なものは，表面機能形と多孔性機能形の2種類である。表面機能形には，表面被覆形と表面薄膜形とがある。充塡剤の例を表35.1に示す。

表35.1　充塡剤の例（JIS K 0127：2001 解説）

種　類	イオン交換基	交換容量 meq/g	分離機構	測定イオン種
表面被覆形	$-SO_3H$	0.001～0.5	イオン交換	Na^+，K^+，NH_4^+，Ca^{2+}，Mg^{2+}，Sr^{2+}，Ba^{2+}
表面被覆形	$-N^+R_3$	0.001～0.5	イオン交換	F^-，Cl^-，NO_2^-，Br^-，NO_3^-，SO_4^{2-}，PO_4^{3-}，I^-，$S_2O_3^{2-}$，SCN^-，CO_3^{2-}，BrO_3^-，ClO_4^-，ClO_4^-，ClO_2^-，ぎ酸，酢酸，しゅう酸
表面薄膜形	$-SO_3H$	0.001～0.5	イオン交換	Na^+，K^+，NH_4^+，Ca^{2+}，Mg^{2+}，Sr^{2+}，Ba^{2+}
多孔性化学結合形	$-SO_3H$	0.001～0.5	イオン交換	Na^+，K^+，NH_4^+，Ca^{2+}，Mg^{2+}，Sr^{2+}，Ba^{2+}
多孔性化学結合形	$-N^+R_3$	0.001～0.5	イオン交換	F^-，Cl^-，NO_2^-，Br^-，NO_3^-，SO_4^{2-}，PO_4^{3-}，I^-，$S_2O_3^{2-}$，SCN^-，CO_3^{2-}，BrO_3^-，ClO_4^-，ClO_4^-，ClO_2^-，ぎ酸，酢酸，しゅう酸
多孔性化学結合形	$-SO_3H$	2～5	イオン交換	ぎ酸，酢酸，しゅう酸，マロン酸，りんご酸，酒石酸，くえん酸，亜ひ酸
多孔性被覆形	$-COOH$	0.05～2	イオン交換	Na^+，K^+，NH_4^+，Ca^{2+}，Mg^{2+}，Sr^{2+}，Ba^{2+}
逆相形	中性	—	逆相イオンペア	F^-，Cl^-，NO_2^-，Br^-，NO_3^-，SO_4^{2-}，PO_4^{3-}

分離カラムの取扱いについては，**規格**の**35. 備考9.** 及び**48. 備考4.** に記述してある。

（2） サプレッサーには，流出液中の陽イオンに対して十分なイオン交換容量をもつ強酸性陽イオン交換膜又は強酸性陽イオン交換樹脂が用いられる。

（3） この規格では，対象とするどのイオンにも電気伝導率検出器を用いるが，臭化物イオン，亜硝酸イオン及び硝酸イオンは紫外部に強い吸収をもつので，紫外吸光検出器を用いてもよいとしている。

（4） 記録部としては，クロマトグラム，保持時間，ピーク面積，定量値などを表示できるデータ処理装置によるものが多い。

4. 操　作

（1） 試料中の懸濁物及び有機物は孔径0.45 μmのろ過膜によるろ過又は

限外ろ過によって除去した後，試験するが，分離カラムの性能の劣化を防ぐには，これらをほとんど含まない試料に適用するのが望ましい。また，共存塩類の濃度が高いと分離が悪くなることが多い。したがって，そのような試料では希釈してから試験する。電気伝導率の値を希釈の目安とすると便利である。**規格**の **35.3 c**）では，10 mS/m（25℃）以下になるように一定の倍数に薄めることとしている。

（**2**） 分離カラムの温度，溶離液の流量は，クロマトグラムの保持時間，ピーク高さ，分離度に影響する。また，電気伝導率は温度の影響を受け，サプレッサーをもたない方式の場合はこの影響が特に大きい。操作では，これらを一定に保つ必要があり，検量線は，試験ごとに作成する。

（**3**） 一般に，溶離液の濃度が高いと保持時間は短くなる。

（**4**） イオンクロマトグラムの一例を図 35.4 に示す。

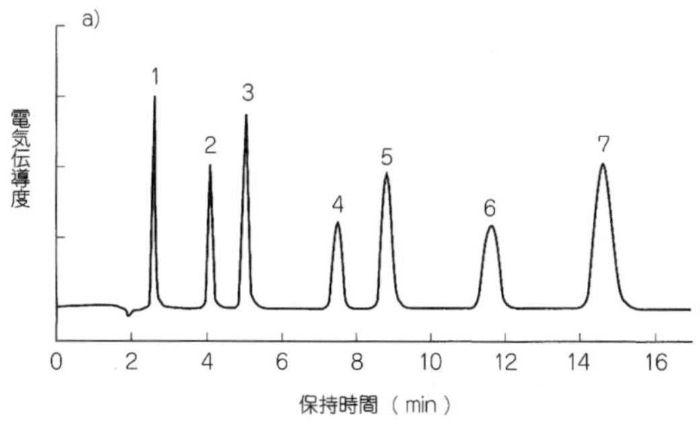

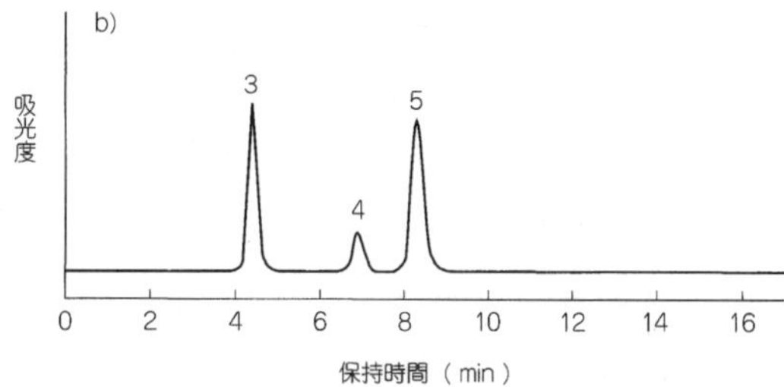

試料濃度（mg/L）：1. F^-（2），2. Cl^-（3），3. NO_2^-（5），4. Br^-（10），
5. NO_3^-（10），6. HPO_4^{2-}（15），7. SO_4^{2-}（15）
カラム：IonPack AG12A（4.0 mm × 50 mm）
IonPack AS12A（4.0 mm × 250 mm）
移動相（溶離液）：Na_2CO_3（2.5 mmol/L）-$NaHCO_3$（0.3 mmol/L）
流速：1.2 mL/min，カラム温度：室温，注入量：50 μL
検出器：a）電気伝導度（サプレッサー：ASRS リサイクルモード）
b）分光光度（紫外吸収）（波長 210 nm）
注：分光光度検出器は電気伝導度検出器の上流に直列に接続。
したがって，保持時間が異なる。

図 35.4　陰イオンのクロマトグラムの一例
（JIS K 0127:2001 解説，編者一部改変）

参 考 文 献

1） K. Fajans, O. Hassel（1923）：Z. Elektrochem., **29**, 495
2） H. Small, T. S. Stevens, W. C. Bauman（1975）：Anal. Chem., **47**, 1801
3） D. T. Gjerde, J. S. Fritz, G. Schmuckler（1979）：J. Chromatogr., **186**, 509

36.　よう化物イオン（I^-）

よう化物イオンの定量には，よう素抽出吸光光度法又はよう素滴定法を適用する。

36.1　よう素抽出吸光光度法

試料を硫酸で微酸性にした後，小過剰になるように亜硝酸ナトリウムを加えてよう化物イオンを酸化し，よう素を遊離させる。

$$2\,HI + 2\,NaNO_2 + H_2SO_4 \longrightarrow I_2 + 2\,NO + Na_2SO_4 + 2\,H_2O$$

引き続きクロロホルムでよう素を抽出する。抽出したクロロホルム層は，薄い尿素溶液で洗浄して混入のおそれのある亜硝酸を分解する。

$$2\,NaNO_2 + (NH_2)_2CO + H_2SO_4 \longrightarrow 2\,N_2 + CO_2 + Na_2SO_4 + 3\,H_2O$$

クロロホルム層は，硫酸ナトリウムで脱水して，よう素自体の呈する赤紫の吸光度を測定する。

1.　試　薬

（1）　クロロホルムは，ホルムアルデヒドなどよう素を消費する還元性の不純物（よう素消費物質）を含むことがあるので注意する。クロロホルム 25 mL を試験管（共栓付き）にとり，50 mmol/L よう素溶液 0.05 mL を加えて激しく振り混ぜる。30 分間放置した後，よう素の赤紫の呈色が消失してはならない。

精製するには，クロロホルムに硫酸を加えて振り混ぜ，抽出する。硫酸層が着色しなくなるまで，この操作を繰り返す。次に，水で洗液が中性になるまで洗浄する。次に，酸化カルシウムを加えて振り混ぜた後，酸化カルシウムの存在のままで蒸留して，61℃の留分を用いる。安定剤としてエタノール(99.5) を 0.3～0.5%（体積百分率）になるように加える。

2.　操　作

（1）　よう素を遊離する場合の溶液の硫酸の濃度は 0.4 mol/L 程度が適し

ている。また，温度は20℃以上がよい。

（**2**）　よう素酸イオンが共存する場合は，**規格**の**36. 備考1.** に示すように酸性にしたとき，よう化物イオンと反応して，よう素を遊離し，結果が大きくなる。よう化物イオンが存在せず，よう素酸だけの場合には，この反応は生じない。

$$5I^- + IO_3^- + 6H^+ \longrightarrow 3I_2 + 3H_2O$$

（**3**）吸収曲線と検量線の一例を図36.1及び図36.2に示す。

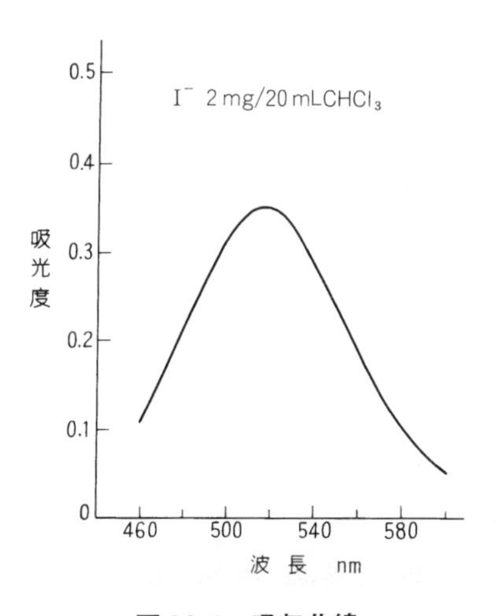

図36.1　吸収曲線

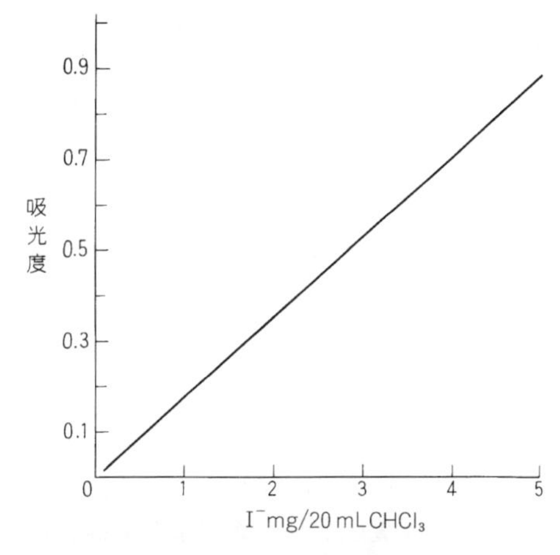

図36.2　検量線

36.2　よう素滴定法 [1),2)]

よう化物イオンをpH1.3～2.0の溶液中で，次亜塩素酸ナトリウムで酸化すると，よう素酸イオンを生成する。

$$HI + 3NaClO \longrightarrow HIO_3 + 3NaCl$$

次に，pHを3～7に調節した後，過剰の次亜塩素酸をぎ酸ナトリウムで分解除去する。

$$NaClO + HCOONa + HCl \longrightarrow 2NaCl + CO_2 + H_2O$$

この溶液に，よう化カリウムを加えてよう素を遊離させる。

$$HIO_3 + 5\,KI + 5\,HCl \longrightarrow 3\,I_2 + 5\,KCl + 3\,H_2O$$

遊離したよう素をチオ硫酸ナトリウム溶液で滴定する。

$$I_2 + 2\,Na_2S_2O_3 \longrightarrow 2\,NaI + Na_2S_4O_6$$

なお，臭化物イオンが共存しても pH 1.3～2.0 の範囲では，臭素酸イオンまでは酸化されないので，遊離の臭素となり，加熱によって揮散する。

1. 試　薬

（**1**）　次亜塩素酸ナトリウム溶液（有効塩素 35 g/L）は，不安定で保存できない。使用時に調製する。

市販の次亜塩素酸ナトリウム溶液は，通常，有効塩素 10% 前後を含むので，調製時にその純度を求めた後，水で薄める。

なお，水酸化ナトリウム溶液（100 g/L）を氷で冷却し，0℃付近に保ち，塩素を徐々に通じて，有効塩素約 35 g/L 溶液を調製する方法もある。この場合も，よう素滴定法で有効塩素の濃度を標定し，濃度が高い場合は，水で薄める。

2. 操　作

（**1**）　次亜塩素酸ナトリウムによる酸化時の pH が 2 以上では，臭化物イオンが一部臭素酸イオンまで酸化される。**規格**の **36.2 b**）**1**）及び **2**）の操作に従えば，pH 約 1.5 になる。

（**2**）　ぎ酸ナトリウムによる過剰の次亜塩素酸の分解は，**規格**の **36. 注**(4)に示すように pH 3 ～ 7 で行う。**規格**の **36.2 b**）**3**）の操作に従えば，pH 約 5.4 になる。

参 考 文 献

1）　太秦康光，西村雅吉，那須義和（1959）：分析化学，**8**，231
2）　内海喩ほか（1963）：分析化学，**12**，951

37.　臭化物イオン（Br^-）

臭化物イオンの定量には，よう素滴定法又はイオンクロマトグラフ法を適用する。

37.1　よう素滴定法[1)～3)]

臭化物イオンを pH 6.5～8.0 の溶液中で次亜塩素酸ナトリウムで酸化すると，次の反応によって臭素酸イオンを生成する。

$$HBr + 3\,NaClO \longrightarrow HBrO_3 + 3\,NaCl$$

次に，溶液の pH を 3～7 に調節した後，過剰分の次亜塩素酸を，ぎ酸ナトリウムと反応させて分解する（本書 36.2 参照）。さらに，よう化カリウムを加えて臭素酸イオンと反応させ，よう素を遊離させる。

$$HBrO_3 + 6\,KI + 5\,HCl \longrightarrow 3\,I_2 + 5\,KCl + KBr + 3\,H_2O$$

この遊離したよう素を，チオ硫酸ナトリウム溶液で滴定する。

試料によう化物イオンが共存する場合，よう素と臭素の合量が定量される。別に，よう化物イオンを定量して差し引く。

1.　試　薬

（**1**）　りん酸二水素ナトリウム溶液（500 g/L）以外の他の全ての試薬は，**規格**の **36.2 a**）の試薬と同じ。次亜塩素酸ナトリウム溶液（有効塩素 35 g/L）については，本書 36.2 の 1.(1) を参照。

2.　操　作

（**1**）　次亜塩素酸ナトリウムによる酸化の場合の最適な pH 範囲は，りん酸二水素ナトリウムを加えない場合は，pH 7～8 であり，これを加えた場合は，pH 6.5～8.0 になる。よう化物イオンとは異なり，酸化には約 10 分間の煮沸が必要である。

（**2**）　そのほかについては，本書 36.2 の 2. を参照。

なお，過剰分の次亜塩素酸の分解に用いるぎ酸ナトリウム溶液（400 g/L）

は，よう化物イオンの場合とは異なり，3 mL を用いるが，この場合には，溶液の pH は約 5 となる。

37.2　イオンクロマトグラフ法

定量操作は，**規格**の **35.3** と同じ。定量範囲：Br^- 0.1～50 mg/L（サプレッサーなし 0.5～50 mg/L）。試薬，装置，操作などの共通する事項は，本書 35.3 を参照。

電気伝導率検出器のほかに，紫外吸光検出器を用いることができる。この場合は，亜硝酸イオン及び硝酸イオンとの同時又は単独の定量ができる。

参 考 文 献

1）　H. H. Willard, A. H. A. Heyn（1943）：Ind. Eng. Chem., Anal. Ed., **15**, 321
2）　太秦康光，西村雅吉，那須義和（1959）：分析化学，**8**，231
3）　内海喩ほか（1963）：分析化学，**12**，951

38.　シアン化合物

38. シアン化合物　シアン化合物は，水中のシアン化物イオン，シアノ錯体などを総称し，シアン化物イオンと全シアンとに区分する。

シアン化合物は，前処理でシアン化物イオンとし，定量には，ピリジン-ピラゾロン吸光光度法，4-ピリジンカルボン酸-ピラゾロン吸光光度法，イオン電極法又は 4-ピリジンカルボン酸-ピラゾロン発色流れ分析法を適用する。

シアン化合物は変化しやすいので，試験は試料採取後，直ちに行う。直ちに行えない場合には，**3.3** によって保存し，できるだけ早く試験する。

なお，流れ分析法は，2002 年に第 1 版として発行された **ISO 14403** との整合を図ったものである。

備考　この試験方法の対応国際規格を，次に示す。

なお，対応の程度を表す記号は，**ISO/IEC Guide 21-1** に基づき，IDT（一致している），MOD（修正している），NEQ（同等でない）とする。

ISO 14403:2002，Water quality－Determination of total cyanide and free cyanide by continuous flow analysis（MOD）

38.1　前処理　試料を微酸性として通気又は加熱蒸留し，発生するシアン化水素を捕集する。

38.1.1　シアン化物　この前処理ではシアン化物イオン及び錯生成定数の小さい亜鉛，カドミウムなどのシアノ錯体からはほぼ完全に，また，ニッケル，銅などのシアノ錯体からは一部シアン化水素を発生する。鉄（II）及び鉄（III）のシアノ錯体からは，シアン化水素は発生しない。

38.1.1.1　通気法（pH5.0 で発生するシアン化水素）　試料の pH を 5.0 に調節し，恒温水槽で 40 ℃に保持しながら，約 1.2 L/min で通気し，発生したシアン化水素を水酸化ナトリウム溶液に捕集する。

a)　試薬　試薬は，次による。

1) **酢酸（1＋1）　JIS K 8355** に規定する酢酸を用いて調製する。
2) **酢酸（1＋49）　JIS K 8355** に規定する酢酸を用いて調製する。
3) **水酸化ナトリウム溶液（200 g/L）　JIS K 8576** に規定する水酸化ナトリウム 20 g を水に溶かして 100 mL とする。
4) **水酸化ナトリウム溶液（20 g/L）**　水酸化ナトリウム溶液（200 g/L）を水で 10 倍に薄める。

b)　装置　装置は，次による。

1) **通気装置　図 38.1** に例を示す。

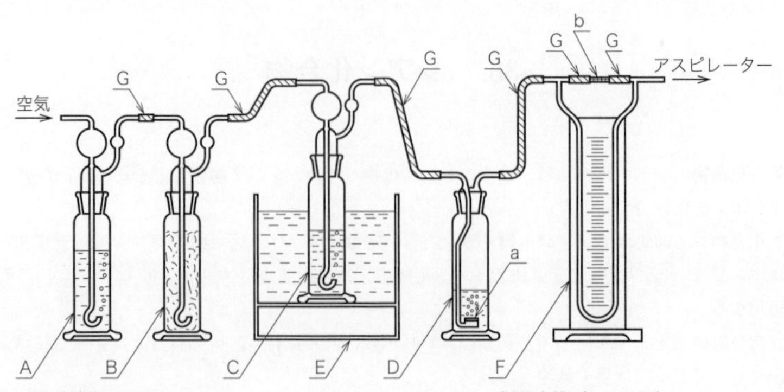

A： ガス洗浄瓶 250 mL
水酸化ナトリウム溶液（200 g/L）100 mL を入れる。
B： ガス洗浄瓶 250 mL
ガラスウールを軽く詰めておく。
C： ガス洗浄瓶 250 mL（試料用）
D： ろ過板付きガス洗浄瓶 250 mL（シアン化水素吸収用）
E： 恒温水槽（40±2 ℃）
F： 流量計
G： 軟質塩化ビニル管又はシリコーンゴム管
a： ガラスろ過板 G2
b： 毛管

図 38.1　通気装置の例

c)　通気操作　通気操作は，次による。

1)　通気装置を**図 38.1** のように組み立て，ろ過板付きガス洗浄瓶（D）には，シアン化水素吸収用として水 40 mL と水酸化ナトリウム溶液（20 g/L）20 mL とを入れる。

2)　試料 100 mL 又は適量をビーカー300 mL にとり，pH 計を用いて pH5.0±0.2 になるまで酢酸（1＋1）及び酢酸（1＋49）又は水酸化ナトリウム溶液（20 g/L）を滴加し，その量を求める。試料の適量は，**38.2**～**38.4** のそれぞれの方法に規定した定量範囲から求めた最適量で，100 mL 以下とする。

3)　ガス洗浄瓶（C）に **2)**と同量の試料を入れ，水を加えて 100 mL にした後，**2)**の操作で求めた，酢酸（1＋1）及び酢酸（1＋49）又は水酸化ナトリウム溶液（20 g/L）の量を加え，**図 38.1** のように連結する。試料中に，油脂類，残留塩素などの酸化性物質，又は硫化物などの還元性物質が含まれている場合には，あらかじめ**備考 1.**～**備考 3.**に示す方法によって除去する。

4)　恒温水槽を 40±2 ℃に保持して，約 1.2 L/min で 1 時間通気する。

5)　通気後ろ過板付きガス洗浄瓶（D）の中の水酸化ナトリウム溶液（吸収液）を全量フラスコ 100 mL に移し入れ，ろ過板付きガス洗浄瓶（D）を水で洗い，洗液も移し入れて水を標線まで加える。

備考 1.　試料中に多量の油脂類が含まれている場合には，あらかじめ酢酸又は水酸化ナトリウムを加えて pH を 6～7 に調節し，分液漏斗に移し入れる。試料の体積百分率約 2 %量のヘキサンを加えて，静かに振り混ぜ，放置して油脂類を分離した後，**38.1.1.1** の操作を行う。

2.　試料中に残留塩素などの酸化性物質が含まれている場合には，L(+)-アスコルビン酸溶液（100 g/L）［**JIS K 9502** に規定する L(+)-アスコルビン酸 10 g を水に溶かして 100 mL とする。］を加えて還元する。

3.　硫化物が含まれている場合には，あらかじめ酢酸亜鉛溶液（100 g/L）［**38.1.1.2 a) 4)**による。］2 mL を加える。酢酸亜鉛溶液（100 g/L）1 mL は，硫化物イオン約 14 mg に相当する。

38.1.1.2　加熱蒸留法（pH5.5 で酢酸亜鉛の存在下で発生するシアン化水素）　試料に酢酸亜鉛を加え，pH5.5 に調節して加熱蒸留し，発生するシアン化水素を水酸化ナトリウム溶液に捕集する。

a)　試薬　試薬は，次による。

1)　酢酸（1＋1）　38.1.1.1 a) 1)による。

2)　酢酸（1＋49）　38.1.1.1 a) 2)による。

3)　水酸化ナトリウム溶液（20 g/L）　38.1.1.1 a) 4)による。

4)　酢酸亜鉛溶液（100 g/L）　JIS K 8356 に規定する酢酸亜鉛二水和物 12 g を水に溶かして 100 mL とする。

b)　装置　装置は，次による。

1)　蒸留装置　図 38.2 に例を示す。

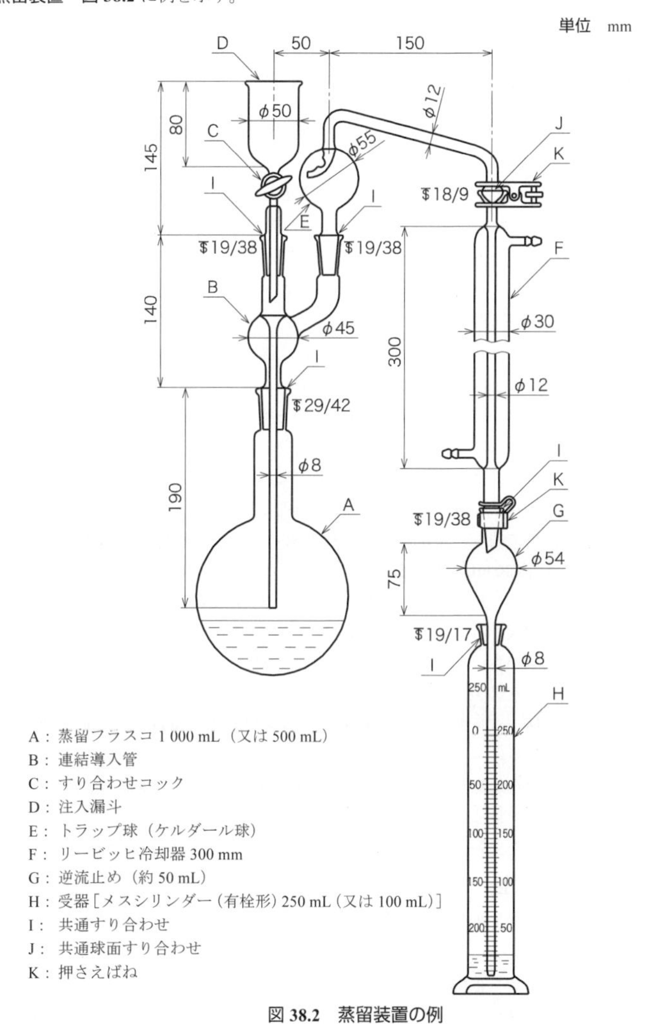

図 38.2　蒸留装置の例

c) 蒸留操作　蒸留操作は，次による。

1) 試料 500 mL 又は適量をビーカー1 000 mL にとり，酢酸（1＋1）を滴加し，pH 計を用いて pH 約 7 とし，この中和に必要な添加量を求める。試料の適量は，**38.2**～**38.4** のそれぞれの方法に規定した定量範囲から求めた最適量で，500 mL 以下とする。

2) これに酢酸亜鉛溶液（100 g/L）20 mL を加え，再び酢酸（1＋49）を滴加し，pH 計を用いて pH5.5 に調節する。この酢酸（1＋49）の添加量を求める。

3) 蒸留フラスコ 1 000 mL に **2)**と同量の試料をとり，水で 500 mL とした後，沸騰石（粒径 2～3 mm）を入れる。

4) これに **1)**で求めた酢酸（1＋1）を加え，蒸留フラスコを**図 38.2** のように蒸留装置に接続する。

5) 蒸留装置の受器には，メスシリンダー（有栓形）250 mL を用い，これに水酸化ナトリウム溶液（20 g/L）20 mL を入れ，受器を**図 38.2** のように接続する。

6) 次に，注入漏斗から，酢酸亜鉛溶液（100 g/L）20 mL を加え，更に **2)**で求めた酢酸（1＋49）を加える。

7) 蒸留フラスコを加熱し，留出速度を 2～3 mL/min に調節し，3 mL/min 以上にしない。受器の液量が約 230 mL になるまで蒸留する。蒸留中は，逆流止めの先端を，常に受器の液面下約 15 mm を保つように，メスシリンダー（有栓形）250 mL の高さを調節する。

8) 冷却器及び逆流止めを取り外し，冷却器の内管及び逆流止めの内外を少量の水で洗い，洗液も受器に加え，更に水を 250 mL の標線まで加える。

備考 4. 試料中に多量の油脂類が含まれている場合には，**備考 1.**と同じ操作を行う。

5. 試料中に残留塩素などの酸化性物質が含まれている場合には，**備考 2.**と同じ操作を行う。

6. 試料中に硫化物などの還元性物質が含まれている場合には，**c)**の **1)**～**7)**を行って得た，留出液に対し，次のような酸化処理を行った後，再び蒸留操作を行って除去する。

－ 蒸留操作を行った受器中の留出液と洗液とを再び蒸留フラスコに移し，指示薬としてフェノールフタレイン溶液（5 g/L）［**15.**の**備考 2.**による。］2，3 滴を加え，酢酸（1＋1）で中和し，更に硝酸（50 mmol/L）（**JIS K 8541** に規定する硝酸 3.8 mL を水に溶かして 1 L とする。）約 30 mL を加える。

－ 次に，過マンガン酸カリウム溶液（3 g/L）（**JIS K 8247** に規定する過マンガン酸カリウムを用いて調製する。）を滴加し，過マンガン酸の微紅色になる点又は酸化マンガン（IV）の褐色の濁りが生成した点から更に過剰に 1 mL を加え，水を加えて約 300 mL とする。

－ 蒸留フラスコを**図 38.2** のように蒸留装置に接続し，受器にはメスシリンダー（有栓形）100 mL を用い，これに水酸化ナトリウム溶液（20 g/L）20 mL を入れ，受器を**図 38.2** のように接続する。

－ 蒸留フラスコを加熱し，留出速度を 2～3 mL/min に調節し，受器の液量が約 90 mL になったら蒸留を止める。冷却器及び逆流止めを取り外し，冷却器の内管及び逆流止めの内外を少量の水で洗い，洗液も受器中に加えた後，水を 100 mL の標線まで加える。

38.1.2　全シアン（pH2 以下で発生するシアン化水素）　試料にりん酸を加えて pH2 以下にし，エチレンジアミン四酢酸二水素二ナトリウムを加えて加熱蒸留し，発生したシアン化水素を水酸化ナトリウム溶液に捕集する。

備考 7. 前処理によってシアン化物イオン及びほとんどのシアノ錯体中のシアンは，留出する。酸化性物質が共存する状態で蒸留すると，チオシアン酸，2-プロペンニトリル（アクリロニトリル）などが分解してシアン化水素が発生するので，あらかじめ酸化性物質を還元しておく。

a) 試薬 試薬は，次による。

1) フェノールフタレイン溶液（5 g/L） 15.の**備考 2.**による。

2) 水酸化ナトリウム溶液（20 g/L） 38.1.1.1 a) 4)による。

3) 水酸化ナトリウム溶液（40 g/L） 21. a) 3)による。

4) アミド硫酸アンモニウム溶液（100 g/L） JIS K 8588 に規定するアミド硫酸アンモニウム 10 g を水に溶かして 100 mL とする。

5) EDTA 溶液 JIS K 8107 に規定するエチレンジアミン四酢酸二水素二ナトリウム二水和物 10 g を水に溶かし，水酸化ナトリウム溶液（20 g/L）5～7 滴を加えて微アルカリ性とし，水を加えて 100 mL とする。

6) りん酸 JIS K 9005 に規定するもの。

b) 装置 装置は，次による。

1) 蒸留装置 図 38.2 に例を示す。

c) 蒸留操作 蒸留操作は，次による。

なお，試料に一定量のシアン化物イオン標準液を添加して，**備考 11.**の蒸留操作による回収率試験を行い，回収率が 80～120 %であることを確認した場合は，**備考 11.**によってもよい。

1) 試料 50 mL を蒸留フラスコ 500 mL にとり，水を加えて約 250 mL とする。沸騰石（粒径 2～3 mm）を加える。指示薬としてフェノールフタレイン溶液（5 g/L）1 滴を加える。

2) アルカリ性の場合には，溶液の紅色が消えるまで，りん酸を滴加し，溶液を弱酸性にする。

3) 次に，アミド硫酸アンモニウム溶液（100 g/L）1 mL (1)を加える。

4) 蒸留フラスコを**図 38.2** のように接続し，受器にはメスシリンダー（有栓形）100 mL を用い，これに水酸化ナトリウム溶液（20 g/L）20 mL を入れ，**図 38.2** のように接続する。

5) 注入漏斗から蒸留フラスコにりん酸 10 mL を加え，次に，EDTA 溶液 10 mL を加え，少量の水で注入漏斗を洗い，洗液を蒸留フラスコに加える。

6) 数分間放置した後，蒸留フラスコを加熱し，留出速度 2～3 mL/min で受器の液量が約 90 mL になるまで蒸留する。留出速度は 3 mL/min 以上にしない。蒸留中は，逆流止めの先端を，常に受器の液面下約 15 mm を保つように，メスシリンダー（有栓形）100 mL の高さを調節する。

7) 冷却器及び逆流止めを取り外し，冷却器の内管及び逆流止めの内外を少量の水で洗い，洗液も受器に加えた後，更に水を 100 mL の標線まで加える。

注(1) アミド硫酸アンモニウム溶液（100 g/L）は，試料中の亜硝酸イオンの妨害を除くために加える。これを加えない場合には，亜硝酸イオンが存在すると，加熱蒸留時に EDTA と反応してシアン化水素を生成する。アミド硫酸アンモニウム溶液（100 g/L）1 mL は，亜硝酸イオン約 40 mg に相当する。亜硝酸イオンが 40 mg 以上共存する場合には，その量に応じて添加量を増加する。

特殊な試料では，亜硝酸イオン以外にも EDTA との反応によってシアン化水素を生成し，アミド硫酸アンモニウム溶液（100 g/L）の添加によってもその妨害を除けないものもある。添加した EDTA が関与すると考えられる場合は，EDTA 溶液の添加を除いて **1)～7)**の操作を行う。

なお，EDTA 以外に類似の反応をする有機物もある。

備考 8. 油脂類の除去は，**備考 1.**の操作を行う。

9. 試料中に残留塩素などの酸化性物質が含まれている場合には，**備考 2.**の操作を行う。

10. 試料中に硫化物などの還元性物質が含まれている場合には，全シアンの蒸留操作を行って得た留出液について**備考 6.**の操作を行う。

11. **図 28.1** の小型蒸留装置を用いる蒸留操作は，次による。

1) 試料 25 mL を蒸留容器にとり，水を加えて全量を約 50 mL とする。沸騰石（粒径 2～3 mm）を加える。指示薬としてフェノールフタレイン溶液（5 g/L）1 滴を加え，溶液の赤い色が消えるまで，りん酸を滴加する。次に，アミド硫酸アンモニウム溶液（100 g/L）0.5 mL(*) を加える。

2) 蒸留容器の上部からりん酸及び EDTA 溶液 2 mL ずつを加え，直ちに蒸留容器に蒸留管，冷却器をセットする。これを加熱器に取り付ける。受器にメスシリンダー（有栓形）50 mL などを用い，これに水酸化ナトリウム溶液（40 g/L）5 mL を入れる。

3) 留出速度 0.3～0.7 mL/min で，受器の液量が約 30 mL になるまで蒸留する。

なお，蒸留中は冷却器に接続された逆流止めの先端が受器中の溶液に浸かっているようにする。

4) 冷却器を装置から外し，冷却器内を少量の水で洗い，洗液も受器に加えた後，更に水を 50 mL の標線まで加える。

注(*) 注([1])による。

38.2 ピリジン-ピラゾロン吸光光度法 **38.1** で前処理して得られたシアン化物イオン溶液の一部をとり，酢酸で中和した後，クロラミン T 溶液を加えて塩化シアンとし，これにピリジン-ピラゾロン溶液を加える。このとき生じる青い色の吸光度を測定してシアン化物イオンを定量する。

定量範囲：CN^- 0.5～9 µg，繰返し精度：2～10 %

a) 試薬 試薬は，次による。

1) 酢酸（1+8） **JIS K 8355** に規定する酢酸を用いて調製する。

2) フェノールフタレイン溶液（5 g/L） **15.**の**備考 2.**による。

3) りん酸塩緩衝液（pH6.8） **JIS K 9007** に規定するりん酸二水素カリウム 17.0 g と **JIS K 9020** に規定するりん酸水素二ナトリウム 17.8 g とを水に溶かして 500 mL とする。

4) クロラミン T 溶液（10 g/L） **JIS K 8318** に規定する *p*-トルエンスルホンクロロアミドナトリウム三水和物（クロラミン T）0.62 g を水に溶かして 50 mL とする。使用時に調製する。

5) ピリジン-ピラゾロン溶液 **JIS K 9548** に規定する 3-メチル-1-フェニル-5-ピラゾロン 0.25 g を **JIS K 8777** に規定するピリジン 20 mL に溶かし，これに **JIS K 9545** に規定するビス（3-メチル-1-フェニル-5-ピラゾロン）20 mg を溶かし，更に水 100 mL を加えて混ぜる。10 ℃以下であれば，1 週間は使用できる。

6) 0.1 mol/L 硝酸銀溶液 **JIS K 8550** に規定する硝酸銀 17 g を水に溶かして 1 L とする。着色ガラス瓶に保存する。

標定 標定は，次による。

― **JIS K 8005** に規定する容量分析用標準物質の塩化ナトリウムを 600 ℃で約 1 時間加熱し，デシケーター中で放冷する。NaCl 100 %に対してその 1.17 g を 1 mg の桁まではかりとり，少量の水に溶かして全量フラスコ 200 mL に移し入れ，水を標線まで加える。

― この 20 mL をとり，水を加えて液量を約 50 mL とし，デキストリン溶液［**35.1 a) 4)**による。］5 mL 及び指示薬としてジクロロフルオレセインナトリウム溶液（2 g/L）［**35.1 a) 3)**による。］3，4 滴を加え，0.1 mol/L 硝酸銀溶液で滴定し，黄緑の蛍光が消え，僅かに赤くなるときを終点とする。次の式によって 0.1 mol/L 硝酸銀溶液のファクター（*f*）を算出する。

$$f = a \times \frac{b}{100} \times \frac{20}{200} \times \frac{1}{x \times 0.005\,844}$$

ここに，　a：　塩化ナトリウムの量（g）
b：　塩化ナトリウムの純度（%）
x：　滴定に要した 0.1 mol/L 硝酸銀溶液（mL）
0.005 844：　0.1 mol/L 硝酸銀溶液 1 mL の塩化ナトリウム相当量（g）

7) **シアン化物イオン標準液（CN⁻ 1 mg/mL）** **JIS K 8443** に規定するシアン化カリウム 0.63 g を少量の水に溶かし，水酸化ナトリウム溶液（20 g/L）2.5 mL を加え，水で 250 mL とする。この溶液は，使用時に調製し，その濃度は，次の方法で求める。

この溶液 100 mL をとり，指示薬として 5-（4-ジメチルアミノベンジリデン）ロダニンのアセトン溶液（0.2 g/L）［**JIS K 8495** に規定する 5-（4-ジメチルアミノベンジリデン）ロダニン 20 mg を **JIS K 8034** に規定するアセトン 100 mL に溶かす。］0.5 mL を加え，0.1 mol/L 硝酸銀溶液で滴定し，溶液の色が黄色から赤になったときを終点とする。次の式によってシアン化物イオン標準液の濃度（CN^- mg/mL）を算出する。

$$C = a \times f \times 5.204 \times \frac{1}{100}$$

ここに，　C：　シアン化物イオン標準液（CN^- mg/mL）
a：　滴定に要した 0.1 mol/L 硝酸銀溶液（mL）
f：　0.1 mol/L 硝酸銀溶液のファクター
5.204：　0.1 mol/L 硝酸銀溶液 1 mL のシアン化物イオン相当量（mg）

8) **シアン化物イオン標準液（CN⁻ 1 μg/mL）**　シアン化物イオン標準液（CN^- 1 mg/mL）10 mL を全量フラスコ 1 000 mL にとり，水酸化ナトリウム溶液（20 g/L）100 mL を加えた後，水を標線まで加える。その 10 mL を全量フラスコ 100 mL にとり，水を標線まで加える。使用時に調製する。この溶液の濃度は，シアン化物イオン標準液（CN^- 1 mg/mL）の濃度から算出する。

b) **装置**　装置は，次による。

1) **光度計**　分光光度計又は光電光度計

c) **操作**　操作は，次による。

1) **38.1** の前処理で得られたシアン化物イオン溶液から 10 mL（CN^-として 0.5〜9 μg を含む。）を全量フラスコ 50 mL にとる。

2) 指示薬としてフェノールフタレイン溶液（5 g/L）1 滴を加え，静かに振り混ぜながら溶液の紅色が消えるまで酢酸（1+8）を滴加する。

3) りん酸塩緩衝液（pH6.8）10 mL を加え，pH を 6.8 とした後，密栓して静かに振り混ぜる。

4) これにクロラミン T 溶液（10 g/L）0.25 mL を加え，直ちに密栓して静かに振り混ぜ，約 5 分間放置する。

5) ピリジン-ピラゾロン溶液 15 mL を加え，更に水を標線まで加え，密栓して静かに振り混ぜる。

6) 約 25 ℃の水浴中に約 30 分間浸し，溶液の色がうすい紅から紫を経て安定な青になるまで発色させる。

7) 発色後 1 時間以内に溶液の一部を吸収セルに移し，波長 620 nm 付近の吸光度を測定する。

8) 空試験として水 10 mL を全量フラスコ 50 mL にとり，**3)**〜**7)**の操作を行って吸光度を測定し，試料について得た吸光度を補正する。

9) 検量線からシアン化物イオンの量を求め，試料中のシアン化物イオンの濃度（CN^- mg/L）を算出する。

d) 検量線 検量線の作成は，次による。

1) シアン化物イオン標準液（CN^- 1 μg/mL）0.5～9 mL を全量フラスコ 50 mL に段階的にとり，水を加えて約 10 mL とする。

2) c)の 2)～8)の操作を行ってシアン化物イオン（CN^-）の量と吸光度との関係線を作成する。

38.3 4-ピリジンカルボン酸-ピラゾロン吸光光度法 **38.1** の前処理で得られたシアン化物イオン溶液の一部をとり，酢酸で中和した後，クロラミン T 溶液を加えて塩化シアンとし，これに 4-ピリジンカルボン酸-ピラゾロン溶液を加え，生成する青い色の吸光度を測定してシアン化物イオンを定量する。

定量範囲：CN^- 0.5～9 μg，繰返し精度：2～10 %

a) 試薬 試薬は，次による。

1) **酢酸（1＋8）** **38.2 a) 1)**による。

2) **フェノールフタレイン溶液（5 g/L）** **15.**の**備考 2.**による。

3) **りん酸塩緩衝液（pH7.2）** **JIS K 9020** に規定するりん酸水素二ナトリウム 17.8 g を水約 300 mL に溶かし，りん酸二水素カリウム溶液（200 g/L）（**JIS K 9007** に規定するりん酸二水素カリウムを用いて調製する。）を pH7.2 になるまで加え，水で 500 mL とする。

4) **クロラミン T 溶液（10 g/L）** **38.2 a) 4)**による。

5) **4-ピリジンカルボン酸-ピラゾロン溶液** **JIS K 9548** に規定する 3-メチル-1-フェニル-5-ピラゾロン 0.3 g を，**JIS K 8500** に規定する *N*, *N*-ジメチルホルムアミド 20 mL に溶かす。別に，4-ピリジンカルボン酸 1.5 g を水酸化ナトリウム溶液（40 g/L）［**21. a) 3)**による。］約 20 mL に溶かし，塩酸（1＋10）（**JIS K 8180** に規定する塩酸を用いて調製する。）を滴加して pH を約 7 とする。この溶液に代え，4-ピリジンカルボン酸ナトリウム 1.8 g を水約 50 mL に溶かした溶液を用いることもできる。ピラゾロン溶液と 4-ピリジンカルボン酸溶液とを合わせ，水を加えて 100 mL とする。この溶液は，10 ℃以下の暗所に保存し，20 日間以上経過したものは使用しない。

6) **シアン化物イオン標準液（CN^- 1 μg/mL）** **38.2 a) 8)**による。

b) 装置 装置は，次による。

1) **光度計** 分光光度計又は光電光度計

c) 操作 操作は，次による。

1) **38.1** の前処理で得られたシアン化物イオン溶液から 10 mL（CN^-として 0.5～9 μg を含む。）を全量フラスコ 50 mL にとる。

2) 指示薬としてフェノールフタレイン溶液（5 g/L）1 滴を加え，静かに振り混ぜながら酢酸（1＋8）を滴加して中和した後，りん酸塩緩衝液（pH7.2）10 mL を加え，pH を 7～8 にする。

3) クロラミン T 溶液（10 g/L）0.5 mL を加え，約 25 ℃の水浴中に約 5 分間放置する。

4) 4-ピリジンカルボン酸-ピラゾロン溶液 10 mL を加え，更に水を標線まで加え，密栓して静かに振り混ぜた後，約 25 ℃の水浴中で約 30 分間放置する。

5) 発色後 1 時間以内に溶液の一部を吸収セルに移し，波長 638 nm 付近の吸光度を測定する。

6) 空試験として水 10 mL を全量フラスコ 50 mL にとり，りん酸塩緩衝液（pH7.2）10 mL を加えた後，**3)**～**5)**の操作を行って吸光度を測定し，試料について得た吸光度を補正する。

7) 検量線からシアン化物イオンの量を求め，試料中のシアン化物イオンの濃度（CN^- mg/L）を算出する。

d) 検量線 検量線の作成は，次による。

1) シアン化物イオン標準液（CN^- 1 μg/mL）0.5～9 mL を全量フラスコ 50 mL に段階的にとり，水を加えて約 10 mL とする。

2)　**c)**の **2)**～**6)**の操作を行ってシアン化物イオン（CN^-）の量と吸光度との関係線を作成する。

38.5　流れ分析法　試料中のシアン化物イオンを，**38.3** と同様な原理で発色させる流れ分析法によって定量する。試料を，**38.1.1.1**，**38.1.1.2** 又は **38.1.2** の操作で前処理した後に適用する。この場合は，試料中に懸濁物が含まれても，蒸留前処理で除去可能である。

定量範囲：CN^- 0.01～1 mg/L，繰返し精度：10 %以下

試験操作などは，**JIS K 0170-9**（シアン化物）による。ただし，**7.3.5**［蒸留（pH3.8）－4-ピリジンカルボン酸・ジメチルバルビツール酸発色 CFA 法］及び **7.3.6**［ガス拡散（pH3.8）－4-ピリジンカルボン酸・ジメチルバルビツール酸発色 CFA 法］の方法は除く。

シアン化合物は種類も多く，その性質も異なるが，規格では容易にシアン化水素を発生するシアン化物と，全シアンに区分している。シアン化物又は全シアンとして分離したシアン化物イオンは，ピリジン-ピラゾロン吸光光度法，4-ピリジンカルボン酸-ピラゾロン吸光光度法，イオン電極法又は流れ分析法によって定量する。

試料中のシアン化物イオンは，中性付近でも容易にシアン化水素になって揮散するので，pH 12 以上のアルカリ性にして冷暗所に保存する。この保存を行って 1 週間程度安定した例もあるが，2 日間程度で急激に減少した例もあるので，アルカリ性で保存しても早く試験する必要がある。

シアン化合物含有排水は，一般にアルカリ性で次亜塩素酸塩による酸化処理をするため排水に残留塩素が共存する例が多い。この残留塩素などの酸化性物質の共存でアルカリ性保存を行うと，保存中にシアン化物イオンが酸化されて一部がシアン酸イオンになるおそれがある。また，アンモニウムイオン，ホルムアルデヒド，残留塩素の共存溶液からシアン化物イオンが検出されたり，チオシアン酸イオンなどが残留塩素によって酸化されて，シアン化物イオンを生成する例などもある。このため，残留塩素を含む場合は，**規格**の **38. 備考 2.** に示すように，試料採取時に還元処理を行う。

還元処理には，亜硫酸塩が使用されたことがあるが，過剰に添加するとシアン化物イオンの定量の際に妨害となるので，L-アスコルビン酸を使用する。**規格**の **3.3 b) 5)** も参照。

38.1 前　処　理[1)～9),15)～18)]

前処理によって，シアン化合物をシアン化物と全シアンに分類して試験する。

38.1.1 シアン化物

通気法（pH 5.0 で発生するシアン化水素）及び加熱蒸留法（pH 5.5 で酢酸亜鉛の存在下で発生するシアン化水素）の 2 方法がある。

1. 操　作

（1） **規格**の **38.1.1.1** に示すように，通気法ではニッケルシアノ錯体からは一部のシアン化水素が発生するが，pH がこの発生量に影響する。したがって，pH，通気時間は正しく守る。

（2） **規格**の **38.1.1.2** の pH 5.5 での加熱蒸留で，酢酸亜鉛を添加すると，ヘキサシアノ鉄(Ⅱ) 酸イオンからのシアン化水素の発生は抑制される。酢酸鉛を添加する方法もあるが，抑制には酢酸亜鉛が優れている。

また，蒸留速度は 2～3 mL/min，留出量は 230 mL でシアン化物イオンの回収率は 98%以上になる。

（3） この蒸留法では，硫化物などの還元性物質が共存すると，これが留出してシアン化物イオンの定量に妨害を与えることがあるので，**規格**の **38. 備考 6.** の処理を行う。この処理でシアン化物を損失することはない。

38.1.2 全シアン（pH 2 以下で発生するシアン化水素）[7),15)～18)]

りん酸酸性で EDTA の存在の下で，加熱蒸留し，各種のシアン化合物からシアン化水素を発生させる。

1. 操　作

（1） この方法では，シアン酸イオン，チオシアン酸イオンからはシアン化水素は発生しないが，各種の金属シアノ錯体からはほとんど全部のシアンが留出する。

（2） **規格**の **38. 注**(1)のアミド硫酸アンモニウムの添加をしない場合は，試料中に亜硝酸イオンが共存すると EDTA と反応してシアン化水素を生成する。ただし，この添加によって亜硝酸イオンは迅速に分解され，その影響は完全に除去できる。

$$NH_2SO_2ONH_4 + HNO_2 \longrightarrow NH_4HSO_4 + N_2 + H_2O$$

しかし，**規格**の **38. 注**(1)に述べられるように亜硝酸イオン以外の物質で，アミド硫酸アンモニウムが添加してあっても，加熱蒸留時にEDTAと反応してシアン化水素を生成するような物質もあり，そのような事例も多く報告されている。この場合，EDTAはシアン化水素の炭素源となるが，EDTA以外の有機物でも炭素源となり得る。検討例を表38.1に示す。

このような試料について対策は示されていない。ただし，**規格**の **38. 注**(1)に

表 38.1　加熱蒸留時のシアン化水素の生成

炭素化合物	(g)	窒素化合物	(g)	酸化剤	(g)	NH_2SO_3H(g)	CN^-(μg)
EDTA	0.25	$NaNO_2$	0.1	—		0	90
	0.25			—		0.33	0
	1.0			—		0	205
	1.0			—		0.33	0
EDTA	0.25	NH_2OHHCl	0.1	$K_2S_2O_8$	0.14	0	1 656
					0.14	1.0	790
					0.27	0	3 400
					0.27	0.1	4 000
					0.27	0.4	2 000
					0.27	0.87	1 870
$C_6H_4(COO)_2HK$	0.17	$NaNO_2$	0.9	—		0	4
				—		1.3	0
		NH_2OHHCl	0.1	$K_2S_2O_8$	0.14	0	39
			0.1		0.14	1.3	19
			0.9		2.43	0	960
			0.9		2.43	1.3	336

表 38.2　$Fe_3[Fe(CN)_6]_2$ からの CN^- 回収量 [9)]

留出液 (mL)	$Fe_3[Fe(CN)_6]_2$ (CNとして mg/L)							
	9.5		19.0		28.5		47.5	
	CN^- の回収量							
	mg/L	%	mg/L	%	mg/L	%	mg/L	%
100	6.3	66.3	9.9	52.1	11.9	41.8	12.8	27.0
100	2.7	28.4	5.0	26.3	6.4	22.5	10.0	21.1
100	—	—	2.9	15.3	3.7	13.0	6.3	13.3
計 300	9.0	94.7	17.8	93.7	22.0	77.3	29.1	61.4

上記のような試料があること及び「添加したEDTAが関与すると考えられる場合はEDTAの添加を除いて蒸留操作を行う」との記述がある。

なお，この場合，試料にシアン化物イオン標準液の一定量を添加し，EDTAを添加しないで蒸留を行って回収率の確認も行うとよい。

（**3**） ヘキサシアノ鉄(Ⅲ)酸鉄(Ⅱ)からのシアン化水素の発生は完全でない(表38.2)。

（**4**） 硫化物などを含む場合は，**規格**の**38.** **備考10.** に示すように，**規格**の**38.** **備考6.** による過マンガン酸カリウム処理を行う。

なお，硫化物イオンが多い試料については，試料に酢酸亜鉛-アンモニア溶液（酢酸亜鉛二水和物20 gとアンモニア水35 mLとを溶かし水で100 mLとする）10 mLを加え，水酸化ナトリウム溶液（200 g/L）でpH約13に調節し，約30分間よくかき混ぜて硫化亜鉛を生成させ，ガラスろ過器G 4などでろ過して除去し，ろ液を蒸留する方法がある。硫化物イオン800 mg/Lがあっても，前記の操作で1～10 mg/LのCN^-が97～98%回収される。

（**5**） ホルムアルデヒドが共存すると，シアン化物イオンはホルムアルデヒドシアンヒドリンとなり，蒸留時に分解されて定量されない。その対策の報告[17)]はあるが，規格では規定されていない。

2.　小型蒸留装置を用いる蒸留操作

規格の**38.1.2 c**)の蒸留操作では，試料50 mLを蒸留フラスコ500 mLにとり，水を加えて250 mLにした後，りん酸，EDTA溶液，アミド硫酸溶液などを加えて留出液約70 mLが得られるまで蒸留を行う。これを100 mLに定容した後，**規格**の**38.2**～**38.5**の方法でシアン化物イオンを定量するが，1回の定量に必要な量は**規格**の**38.3**及び**38.4**で10 mL，**規格**の**38.5**では0.2～数mLである。これらのことを考え，蒸留時のダウンサイズ化が検討され，2019年の追補改正により，**規格**の**38.1.2 c**)に「なお，試料に一定量のシアン化物イオン標準液を添加して，**備考11.** の蒸留操作による回収率試験を行い，回収率が80～120%であることを確認した場合は，**備考11.** によってもよい。」が追記された。

この装置には，大型蒸留フラスコの場合のような注入ロートがないので**規格**の **38. 備考 11. 2**）のりん酸などの添加は素早く行う。

シアン化物イオンの回収率に及ぼす加熱温度・時間の影響を図 38.1 に示す。温度 140℃，150℃では 20 分間～40 分間の加熱でいずれも 100％の回収率が得られている。また，本蒸留操作でシアン化カリウム，ペンタシアノ鉄(Ⅱ)酸カリウム，ペンタシアノ鉄(Ⅲ)酸カリウム，チオシアン酸カリウムを用いての回収率を検討した結果の例を表 38.3 に示す。ペンタシアノ鉄(Ⅱ)酸カリウム，ペンタシアノ鉄(Ⅲ)酸カリウムは 100％回収され，チオシアン酸カリウムはほとんど留出してこないことが確認されている。

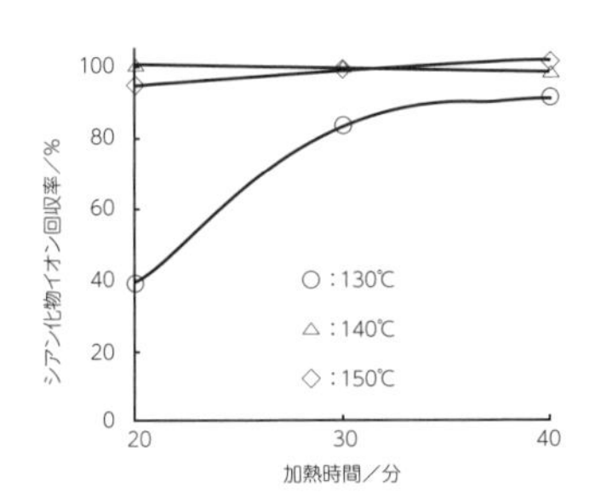

図 38.1　加熱温度・時間と回収率

表 38.3　小型蒸留装置での回収率

	CN 採取量 /μg	CN 測定量 /μg	回収率 /%
KCN	5	5	100
$K_4[Fe(CN)_6]$	5	5.1	102
$K_4[Fe(CN)_6]$	5	4.95	99
KSCN	5	不検出	—
	50	0.055	0.11

大型蒸留フラスコを用いた場合と小型蒸留装置を用いた場合の試料量，試薬量などの比較を表 38.4 に示す。**規格**の **38.4**（イオン電極法）以外の定量法に適用可能な小型蒸留装置による蒸留操作は，試料量，試薬量，排液量を少なくできるなど利点がある。

表 38.4　試料量，試薬量，留出液量等の比較

	大型蒸留フラスコ	小型蒸留装置
蒸留容器容量	500 mL	50～80 mL
最大試料採取量	50 mL	25 mL
蒸留時試料液量	250 mL	50 mL
りん酸	10 mL	2 mL
アミド硫酸アンモニウム溶液	1 mL	0.5 mL
EDTA 溶液	10 mL	2 mL
留出液量	約 70 mL	約 30 mL
定容液量	100 mL	50 mL

なお，シアン化合物でも**規格**の **28.**（フェノール類）と同様に小型の蒸留フラスコを用いる方法も検討されたが，検討が不十分なことから，2019 年の追補改正では採用されていない。

38.2　ピリジン-ピラゾロン吸光光度法 [10),11)]

分離したシアン化物イオン溶液を酢酸で中和し，クロラミン T を加えて塩化シアンを生成させ，ピリジン-ピラゾロン溶液を加えて発色させ吸光度を測定する。

1.　操　作

（**1**）　発色の最適 pH 範囲は pH 5～8 である。ここでは緩衝液を加えて pH 6.8 に調節する。

（**2**）　クロラミン T 溶液（10 g/L）の添加量が 0.3 mL 以上になると発色強度が低下する。

（**3**）　液温 25℃で発色後 1 時間程度は安定している。

（**4**）　吸収曲線と検量線の一例を図 38.2 及び図 38.3 に示す。

38.3　4-ピリジンカルボン酸-ピラゾロン吸光光度法 [12)～14)]

分離したシアン化物イオン溶液を酢酸で中和し，クロラミン T を加え塩化シアンを生成させ，4-ピリジンカルボン酸-ピラゾロン溶液を加えて発色させ吸光度を測定する。

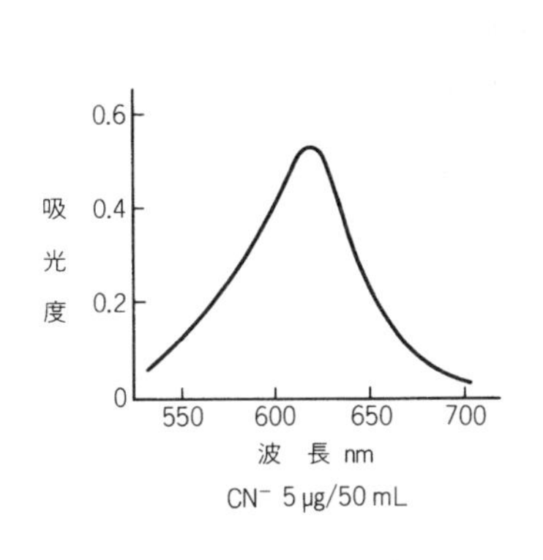

図 38.2　吸収曲線

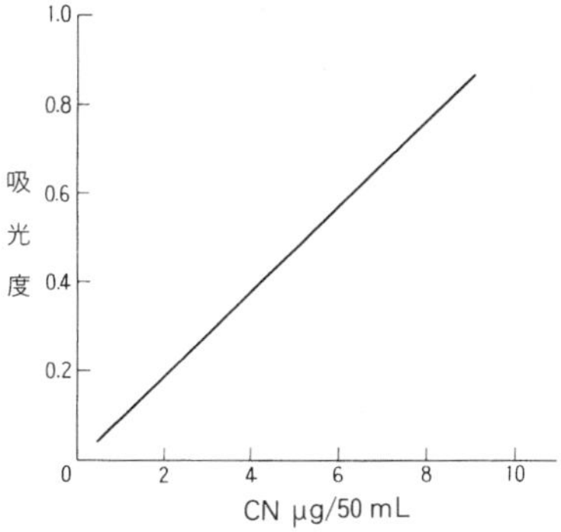

図 38.3　検 量 線

1.　操　作

（**1**）　4-ピリジンカルボン酸は水に溶けにくいので，水酸化ナトリウム溶液に溶かすが，水に溶けやすいナトリウム塩を用いる場合は水に溶かす。

（**2**）　発色試薬である 4-ピリジンカルボン酸-ピラゾロン溶液のそれぞれの試薬濃度が発色の速さ，安定性に影響する（図 38.4）。試薬濃度は正しく調製する。

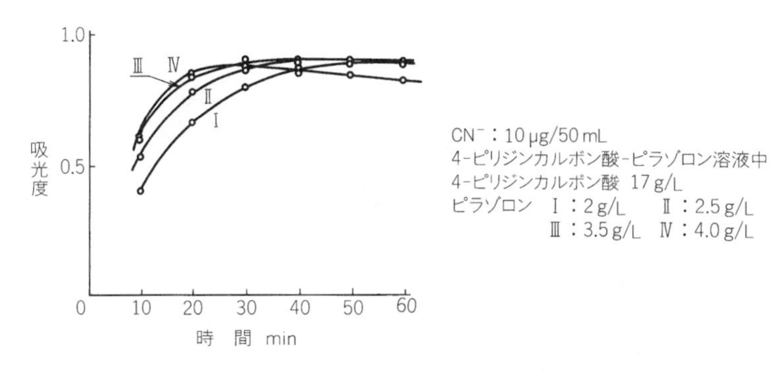

図 38.4　4-ピリジンカルボン酸-ピラゾロン溶液中のピラゾロンの濃度と発色速度 [14)]

（**3**）　この発色試薬溶液は悪臭がなく，かなり長期間安定に使用できるが，発色の最適 pH 範囲は，pH 7～8 とやや狭いため中和操作に注意する。

（**4**）　クロラミン T は多少は過剰に添加しても問題はない。

（**5**） 液温 25 ℃で発色させれば発色後 1 時間は安定している（図 38.5）。

（**6**） 吸収曲線と検量線の一例を図 38.6 及び図 38.7 に示す。

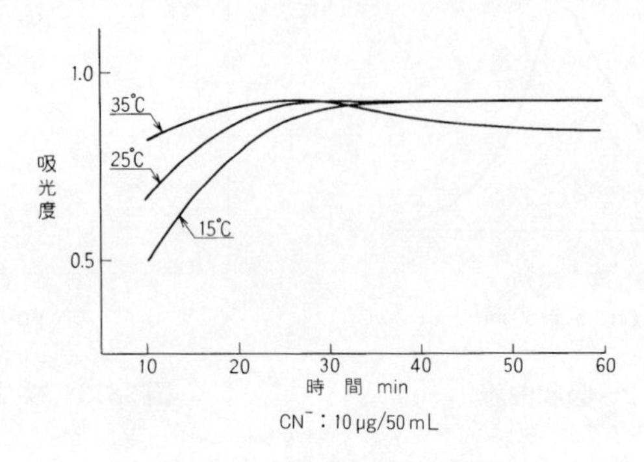

図 38.5 温度と発色時間 [14)]

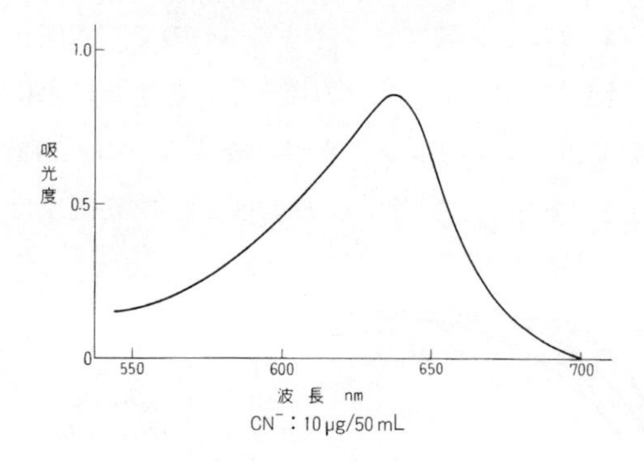

図 38.6 吸収曲線

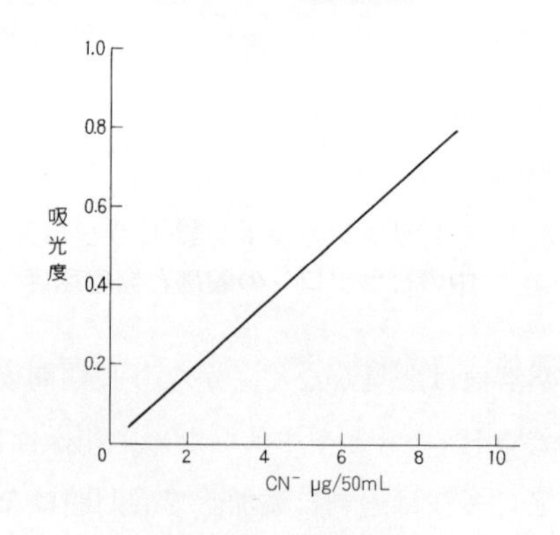

図 38.7 検 量 線

38.4　イオン電極法

定量操作は，**規格**の**34.2**及び本書34.2参照。定量範囲：CN^- 0.1～100 mg/L，前処理（蒸留）で得たアルカリ性の試料について，シアン化物イオン電極を指示電極として電位を測定し，検量線からシアン化物イオンの濃度を求める。イオン電極法による電位差滴定によってシアン化物イオンを0.1～0.001 mol/Lの硝酸銀溶液で滴定することもできる。

1.　装　置

（1）　シアン化物イオン電極は，よう化銀固体膜電極が多く使用されている。参照電極は銀-塩化銀電極を使用する。

2.　操　作

（1）　電極の感応膜の汚れ及び消耗によって検量線が変化するので，測定時に検量線の確認を行う。シアン化物イオン電極では液温1℃の変化で電位勾配［log(CN^-)の変化1.0についての電位変化］は約0.2 mV変化する。

（2）　硫化物イオンの妨害は大きく，亜硫酸イオン，チオ硫酸イオンの妨害は小さい。

（3）　シアン化物イオンの濃度が1 mg/L以下では，検量線が曲がることがある。一般に測定時のpHは11以上であればよいが，1 mg/L以下ではpH 12程度に調節する方がよい。

（4）　その他，イオン電極法の概要については，本書34.2の1.を参照。

（5）　検量線の一例を図38.8に示す。

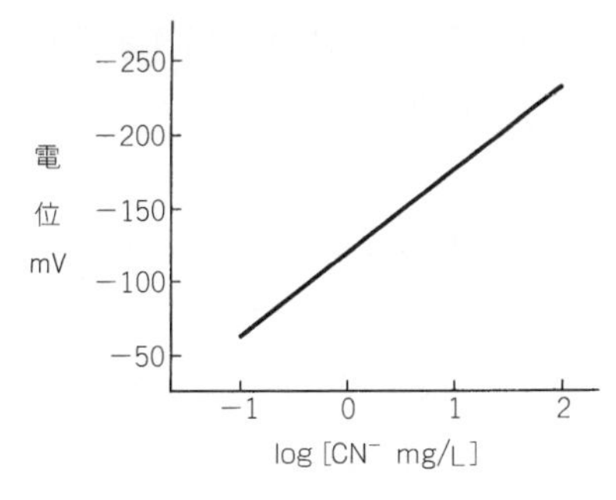

図38.8　検量線

（**6**） 電位差滴定法は，JIS K 0113（電位差・電流・電量・カールフィッシャー滴定方法通則）によって行うとよい。

電位差滴定法では，シアン化物イオン電極を用いるよりも銀イオン電極を用いる方が滴定曲線が明瞭になる。硫化物イオンが共存しても，その量が少なければ電位差滴定を適用できる。

38.5 流れ分析法[19)]

シアン化合物は**規格**の**38.1**に従い，前処理の方法で区分する。すなわち，**規格**の**38.1.1.1**（通気法），**38.1.1.2**（加熱蒸留法）又は**38.1.2 全シアン**（pH 2以下で発生するシアン化水素）の前処理操作によって区分し，シアン化水素として捕集した溶液について，流れ分析法によってシアン化物イオンを定量する。定量にはJIS K 0170-9の箇条7から引用するFIAの1方法及びCFAの1方法を用いる。試料中に懸濁物が含まれても，蒸留前処理で除去される。

1. 4-ピリジンカルボン酸・ピラゾロン発色FIA法

（**1**） キャリヤー溶液（りん酸塩緩衝液）に前処理した試料を注入し，次いでクロラミンT溶液を導入し，恒温槽（40℃）で反応させ，シアン化物イオンを塩化シアンとする。続いて4-ピリジンカルボン酸-ピラゾロン溶液を導入，恒温槽（100℃）によって加熱，反応させ，生じた青の化合物の638 nm付近の吸光度を測定する。

（**2**） シアン化合物の試験では，全シアンの定量が最も大切である。全シアンを区分するための前処理は**規格**の**38.1.2**に規定されているが，その形態，共存物質の挙動によって各種の重要な問題がある。これらの詳細は本書38.1.2を参照。

2. 4-ピリジンカルボン酸・ピラゾロン発色CFA法

（**1**） 発色用緩衝液（pH 7.2）（りん酸塩，ポリオキシエチレンドデシルエーテル）をセグメントガス（空気）で分節し，試料及び水（洗浄水）を導入する。以下，クロラミンT溶液，4-ピリジンカルボン酸・ピラゾロン溶液を加え，恒温槽（60℃）で発色させ，638 nm付近の吸光度を測定する。

（**2**） 前処理，発色については，1.の（2）を参照。

参考文献

1）田中龍彦，本田武志，吉森孝良（1975）：分析化学，**24**，133
2）西山誠二郎，孤塚寛（1954）：公衆衛生年報 **2**，［2］37
3）井川清，三宅伸治（1976）：水道協会雑誌，**498**，50
4）並木博，松本美貴子（1967）：工業用水，No.**106**，73
5）阿座上信治，岩倉昴，佐々木留吉（1965）：工業用水，No.**77**，17
6）田中忠義，藤井久継（1965）：工業用水，No.**77**，24
7）J. M. Kruse, M. G. Mellon（1953）：Anal. Chem., **25**, 446
8）樋口育子ほか（1974）：東京都立衛生研究所研究年報，**25**，417
9）氷上澄子（1973）：工業用水，No.**174**，35
10）J. Epstein（1947）：Anal. Chem., **19**, 272
11）I. Nusbaum, P. Skupeko（1951）：Sewage and Ind. Wastes, **23**, 875
12）石井恵一郎，岩本武治，山西一彦（1973）：分析化学，**22**，448
13）渡辺章，伊東一洋，平古場朗（1977）：分析化学，**26**，505
14）中村栄子，三上智子，並木博（1978）：工業用水，No.**238**，44
15）野々村誠（1990）：環境と測定技術，**17**（No.**1**），30；**17**（No.**2**），15；**17**（No.**3**），36
16）小倉久子（1992）：全国公害研会誌，**17**，No.**1**，7
17）中村栄子，国保実穂，並木博（1992）：分析化学，**41**，T131
18）並木博ほか（1995）：工業用水，No.**445**，9
19）28.の参考文献 10)～15)

39.　硫化物イオン（S^{2-}）

水中の硫化物は，H_2S，HS^-，S^{2-}などの溶存状態のもののほか，金属硫化物としての懸濁状態のものがあり，ここでいう硫化物イオンは，これら全部を含めている。定量には，硫化物イオンが微量の場合はメチレンブルー吸光光度法，比較的多量の場合は，よう素滴定法を適用する。

39.1　メチレンブルー吸光光度法[1),2)]

メチレンブルー吸光光度法は，*N,N'*-ジメチル-*p*-フェニレンジアンモニウムが，鉄(Ⅲ）の存在の下で硫化物イオンと反応してメチレンブルーを生成することに基づいている。

$$(CH_3)_2N\text{-}C_6H_4\text{-}NH_2 \xrightarrow[\text{酸化}]{FeCl_3} \left[(CH_3)_2\overset{+}{N}=C_6H_4=N\text{-}C_6H_4\text{-}N(CH_3)_2\cdot HCl\right]Cl^-$$

$$\xrightarrow[\text{還元}]{H_2S} \left[(CH_3)_2N\text{-}C_{12}H_6N\overset{+}{S}\text{-}N(CH_3)_2\right]Cl^-$$

メチレンブルー

1.　試　薬

（1）　硫化物イオン標準液の標定はよう素滴定によって行うが，塩酸酸性としたよう素溶液に硫化物標準液を加える。硫化物標準液を先にとり，これに塩酸を加えると硫化水素として損失する。

2.　操　作

（1）　硫化物イオンは不安定であるから，試料採取後，直ちに試験することが望ましい。止むを得ず保存する場合は，**規格**の **3.3 b) 5)** に従い pH 12 以上のアルカリ性とするか，硫化亜鉛として固定し（**規格**の **39. 備考 2.**），冷暗所に保存する。しかし，いずれにしても完全に安定とすることはできないので，できるだけ早く試験に供する。

（**2**）　この方法は，妨害物質が比較的少ない。亜硫酸イオン，チオ硫酸イオンは 10 mg/L 以上で妨害するが，塩化鉄(Ⅲ) 溶液の添加量を増せば，40 mg/L までは妨害が除かれる。硫化物イオンを硫化亜鉛として固定後ろ過すれば，亜硫酸，チオ硫酸，チオシアン酸などのイオンは除去される。

（**3**）　硫化物イオンが安定な金属硫化物になっている場合は，そのままでは定量されない。金属硫化物から分離するには，**規格**の **39.2 c**）の分離操作に従い，試料を硫酸酸性として約 50℃で窒素又は二酸化炭素を通気し，硫化水素として発生させ捕集する。又は硫化亜鉛として固定後，同様に通気して分離捕集する［**規格**の **39. 注**(6)］。ただし，引き続いてメチレンブルーを発色させるため，硫化水素吸収液としては水酸化ナトリウム溶液（20 mmol/L）を用いる［**規格**の **39. 注**(6)］。

（**4**）　**規格**の **39. 備考 3.** の **2**）及び **3**）のろ過操作は，ISO 10530：1992, Water quality — Determination of dissolved sulfide — Photometric method using methylene blue による。硫化物イオンは空気によって酸化しやすいから，ろ過は空気との接触を避け，手早く行うことが望ましい。**規格**の **39. 備考 3.** の **2**）はピストンシリンジによる方法で，ろ過しやすい試料に用いる。**3**）はろ過しにくい試料に用いる。

（**5**）　吸収曲線と検量線の一例を図 39.1 及び図 39.2 に示す。

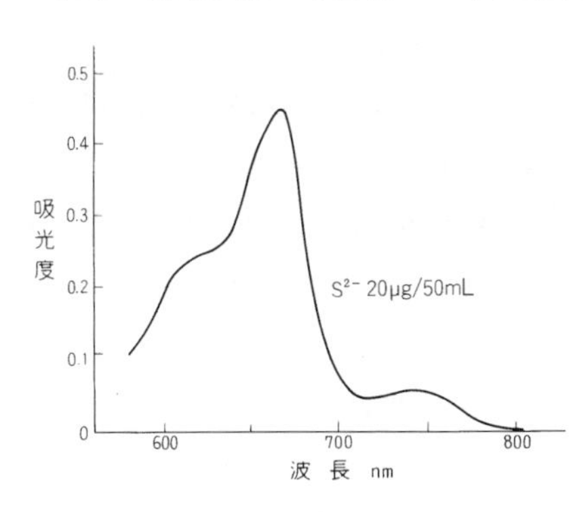

図 39.1　吸収曲線

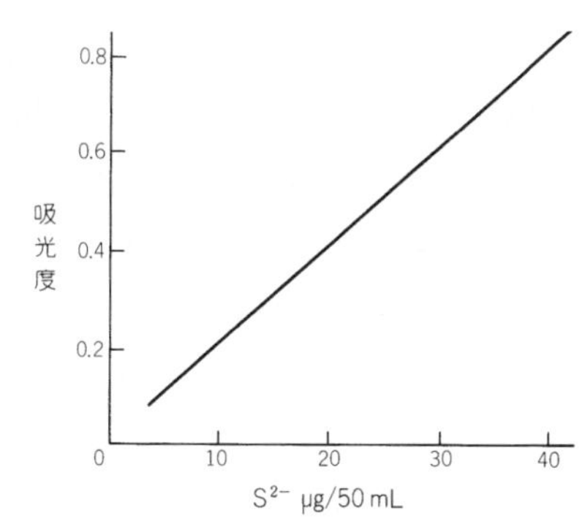

図 39.2　検 量 線

39.2　よう素滴定法

試料を硫酸酸性とし，約 50 ℃で窒素又は二酸化炭素を通気して硫化物イオンを硫化水素として発生させ，これを硫化亜鉛として捕集した後，一定量のよう素と塩酸を加え，過剰のよう素をでんぷんを指示薬としてチオ硫酸ナトリウム溶液で滴定する。

$$ZnS + I_2 \longrightarrow Zn^{2+} + S + 2I^-$$

$$I_2 + 2S_2O_3^{2-} \longrightarrow 2I^- + S_4O_6^{2-}$$

硫化物イオンを含む試料には，亜硫酸イオン，チオ硫酸イオンなど，よう素を還元する物質を含むことが多く，分離操作なしで滴定するとこれらも滴定値に含まれる。また，安定な硫化物を生成するような金属類が共存すると，滴定反応の進行が遅くなり妨害する。これらの理由によってこの滴定法では，硫化物イオンをあらかじめ分離した後，定量操作を行う。

1.　操　作

（1）　硫化物イオンを硫化水素として発生させる分離操作によって大部分の共存物から分離できるが，亜硫酸イオンの分離は完全ではなく，滴定値に加わる。一方，硫化物イオンを硫化亜鉛として固定し，これをろ過又は遠心分離した後，硫化水素を発生させる場合［**規格**の **39. 注**(9)］は，亜硫酸，チオ硫酸などのイオンは分離される。

したがって，亜硫酸イオンを含まない試料では，直接硫化水素とする分離操作を適用するとよい。硫化亜鉛として固定した場合も適用できる。

亜硫酸イオンを含む試料では，硫化亜鉛とし，ろ過又は遠心分離した後，適用するとよい。硫化亜鉛として固定した沈殿が白い場合は，滴定の妨害となる金属類は含まれないと考えられるから，**規格**の **39. 備考 8.** に示すようにこの沈殿を三角フラスコに移し，引き続いてよう素滴定の操作を行うことができる。固定した硫化物が強く着色している場合は，金属類の共存が考えられるから，分離した硫化物の沈殿について塩酸酸性での通気［**規格**の **39. 注**(9)］を行って硫化水素を発生させ，捕集する。なお，この操作では，硫化水素発生の丸底フラスコは，小形のものを用いるとよい。

妨害物質が共存せず，硫化物イオンの濃度の高い試料では，直接よう素滴定を行って硫化物イオンを定量できるが，通常の試料の場合は，亜硫酸イオン，チオ硫酸イオンなどが共存するので，直接よう素滴定を行った場合は“よう素消費量”として扱われている。また，妨害物質がほとんど考えられない試料でも，硫化物イオンの濃度が低い場合は，その濃縮のため，通気による分離操作又は硫化亜鉛として固定後の分離操作が必要である。

（**2**） 滴定操作において捕集した硫化亜鉛によう素溶液を加え，塩酸酸性とすると，硫化亜鉛は溶解するが，硫黄の生成によって溶液は白濁する。この白濁は，滴定反応の妨害にはならない。

（**3**） よう素滴定の終点判別などの操作については，本書 19. の 3.(1)を参照。

参 考 文 献

1） M. S. Budd, H. A. Bewick（1952）：Anal. Chem., **24**, 1536
2） C. M. Johnson, H. Nishita（1952）：Anal. Chem., **24**, 736

40.　亜硫酸イオン（SO_3^{2-}）

40.1　よう素滴定法

一定量のよう素溶液に試料を加えて亜硫酸イオンを反応させ，過剰のよう素を，でんぷん溶液を指示薬として，チオ硫酸ナトリウム溶液で逆滴定する方法である。

$$I_2 + SO_3^{2-} + H_2O \longrightarrow 2I^- + SO_4^{2-} + 2H^+$$

$$I_2 + 2S_2O_3^{2-} \longrightarrow 2I^- + S_4O_6^{2-}$$

よう素に酸化されるような還元性物質は，亜硫酸イオンと同様に反応して妨害する。また，鉄(Ⅲ)，銅(Ⅱ) は，よう化物イオンを酸化してよう素とするので妨害となる。このため，試験の操作では，煮沸して亜硫酸イオンを追い出した試料について空試験を行い，これらの影響を補正する。しかし，硫化物イオンは煮沸によって硫化水素として追い出され，この方法では補正されないので，**規格**の **39. 備考 2.** によって硫化亜鉛として固定し，ろ過分離する必要がある。

水中の微量の亜硫酸イオンの定量には，ロザニリン-ホルムアルデヒド吸光光度法などがあるが，よう素滴定法も比較的低濃度の定量ができることと，工場排水を対象とすることから，規格ではこの方法だけとなっている。よう素溶液（5 mmol/L）及び 10 mmol/L チオ硫酸ナトリウム溶液は，いずれも**規格**の **39.2** 硫化物イオンのよう素滴定法と共通に使用できる。

なお，亜硫酸イオンは空気酸化を受けたり，大気中に逸散したりするので，試料採取後，直ちに定量する必要がある。大気との接触を避けて試料を採取し，定量するための器具，方法もあるが，その利用頻度が少ないことから規格では規定されていない。必要な場合は，JIS K 0101（工業用水試験方法）の 41. 亜硫酸イオン，備考 3. を参照。

41. 硫酸イオン（SO_4^{2-}）

41. 硫酸イオン（SO_4^{2-}） 硫酸イオンの定量には，クロム酸バリウム吸光光度法，重量法又はイオンクロマトグラフ法を適用する。

41.1 クロム酸バリウム吸光光度法 試料にクロム酸バリウムの酸懸濁液を加えて硫酸バリウムを沈殿させ，次に，カルシウムイオンを含むアンモニア水とエタノールとを加え，過剰のクロム酸バリウムを沈殿させ，遠心分離する。

硫酸イオンと置換して生じたクロム酸イオンの黄色の吸光度を測定して硫酸イオンを定量する。

定量範囲：SO_4^{2-} 50～500 μg，繰返し精度：3～10 %

a) 試薬 試薬は，次による。

1) クロム酸バリウムの酸懸濁液 クロム酸バリウム 2.5 g を，酢酸（1＋15）（**JIS K 8355** に規定する酢酸を用いて調製する。）100 mL と塩酸（1＋500）（**JIS K 8180** に規定する塩酸を用いて調製する。）100 mL との混合溶液 200 mL に加え，よく振り混ぜて懸濁液を作り，ポリエチレン瓶に保存する。

クロム酸バリウムは，次の方法で調製する。

- **JIS K 8312** に規定するクロム酸カリウム 8 g を水約 800 mL に溶かし，酢酸（6 mol/L）（**JIS K 8355** に規定する酢酸 35 mL を水に溶かして 100 mL とする。）10 mL を加えて約 70 ℃に温める。
- この溶液を激しくかき混ぜながら，約 70 ℃に温めた塩化バリウム溶液（**JIS K 8155** に規定する塩化バリウム二水和物 10 g を水に溶かして 100 mL とする。）100 mL を滴加してクロム酸バリウムを沈殿させ，放置する。上澄み液を捨て，温水約 500 mL ずつで 4 回デカンテーションする。
- 沈殿を遠沈管に移し，遠心分離によって冷水で 2，3 回洗浄する。この沈殿をガラスろ過器に移して吸引ろ過し，105～110 ℃で約 1 時間加熱し，デシケーター中で放冷した後，めのう乳鉢ですり潰す。

2) カルシウムを含むアンモニア水 **JIS K 8122** に規定する塩化カルシウム二水和物 1.85 g を，アンモニア水（3＋4）（**JIS K 8085** に規定するアンモニア水を用いて調製する。）500 mL に溶かし，ポリエチレン瓶に入れ，空気中の二酸化炭素が入らないような方法で保存する。**図 41.1** のように保存すると便利である。

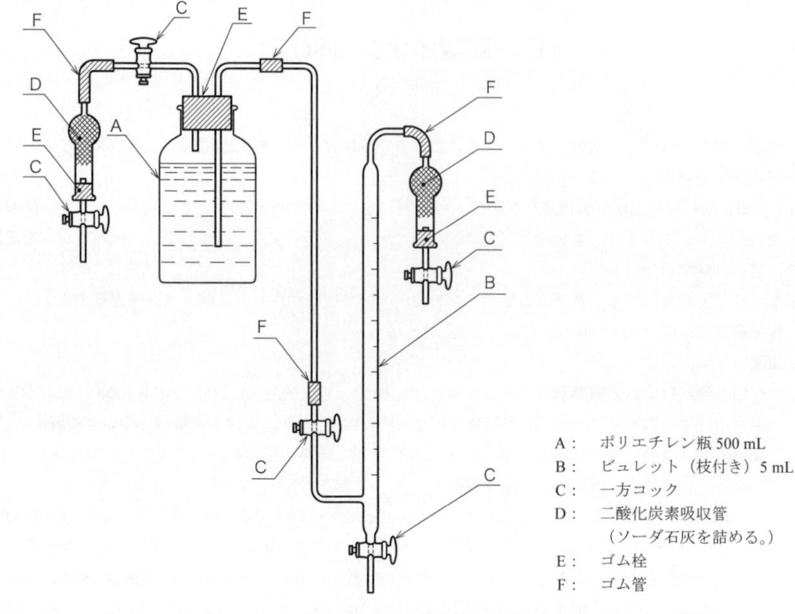

図 41.1 カルシウムを含むアンモニア水の保存の例

3) **エタノール（95） JIS K 8102** に規定するもの。

4) **硫酸イオン標準液（SO_4^{2-} 1 mg/mL） 35.3 a) 16)**による。

5) **硫酸イオン標準液（SO_4^{2-} 0.1 mg/mL）** 硫酸イオン標準液（SO_4^{2-} 1 mg/mL）10 mL をとり，全量フラスコ 100 mL に入れ，水を標線まで加える。使用時に調製する。

b) **器具及び装置** 器具及び装置は，次による。

1) **遠心分離器**

2) **遠沈管** 共栓付き 20～30 mL

3) **光度計** 分光光度計又は光電光度計

c) **操作** 操作は，次による。

1) 試料の適量（SO_4^{2-}として 50～500 μg を含む。）を遠沈管にとり，水で 10 mL とし，20～30 ℃([1])に保つ。これに 20～30 ℃に保ったクロム酸バリウムの酸懸濁液 4 mL を加えて振り混ぜ，2～3 分間放置する。

2) カルシウムを含むアンモニア水の上澄み液 1 mL を**図 41.1** のビュレット又はピペットで静かに加えて混ぜ，更にエタノール（95）10 mL を加えて 1 分間振り混ぜた後，約 10 分間放置する。

3) これを遠心分離して，その上澄み液を吸収セルにとり，波長 370 nm 付近の吸光度を測定する。

4) 空試験として水 10 mL をとり，**1)～3)**の操作を行って吸光度を測定し，試料について得た吸光度を補正する。

5) 検量線から硫酸イオンの量を求め，試料中の硫酸イオンの濃度（SO_4^{2-} mg/L）を算出する。

注([1]) 反応時の液温が 20～30 ℃の範囲で同一の検量線が得られる。

d)　検量線　検量線の作成は，次による。

1)　硫酸イオン標準液（SO_4^{2-} 0.1 mg/mL）0.5～5 mL を遠沈管に段階的にとる。

2)　水で 10 mL とした後，**c) 1)**～**4)**の操作を行って硫酸イオン（SO_4^{2-}）の量と吸光度との関係線を作成する。

備考 1.　硝酸，炭酸及び炭酸水素の各イオンは，それぞれ 50 mg/L 以上共存すると妨害する。りん酸，ひ酸，セレン酸及びバナジン酸の各イオン並びに鉛は，微量でも妨害する。

炭酸イオン及び炭酸水素イオンの除去は，塩酸を加えて煮沸して行う。あらかじめ，試料の一部をとり，メチルレッド-ブロモクレゾールグリーン混合液を指示薬として，塩酸（1＋100）（**JIS K 8180** に規定する塩酸を用いて調製する。）で中和して中和に必要な塩酸（1＋100）の量を求め，試料に同量の塩酸（1＋100）を加える。塩酸が過剰にならないようにする。

りん酸イオンを含む場合には，試料 10 mL に，塩化カルシウム溶液（11 g/L）（**JIS K 8123** に規定する塩化カルシウムを用いて調製する。）2 mL を加える。次に水酸化ナトリウム溶液（10 g/L）（**JIS K 8576** に規定する水酸化ナトリウムを用いて調製する。）と炭酸ナトリウム溶液（13 g/L）（**JIS K 8625** に規定する炭酸ナトリウムを用いて調製する。）との等体積混合液 1 mL を加える。約 10 分間放置後，遠心分離し，その上澄み液の一定量をとり，塩酸（1＋100）で中和した後，沸騰水浴中で 10 分間加熱して二酸化炭素を除く。冷却後，水で 20 mL に薄め，その 10 mL をとり，**c)**の操作によって硫酸イオンを定量する。このりん酸イオンの除去操作を行った場合の検量線は，硫酸イオン標準液について同様に操作して作成する。

41.2　重量法　硫酸イオンを硫酸バリウムとして沈殿させ，その質量をはかって硫酸イオンを定量する。

定量範囲：SO_4^{2-} 10 mg 以上，繰返し精度：2 %

a)　試薬　試薬は，次による。

1)　**塩酸**　**JIS K 8180** に規定するもの。

2)　**塩酸（1＋50）**　**JIS K 8180** に規定する塩酸を用いて調製する。

3)　**塩化バリウム溶液（100 g/L）**　**JIS K 8155** に規定する塩化バリウム二水和物 11.7 g を水に溶かして 100 mL とする。

4)　**硝酸銀溶液（10 g/L）**　**JIS K 8550** に規定する硝酸銀 1 g を水に溶かして 100 mL とする。

b)　操作　操作は，次による。

1)　試料の適量（SO_4^{2-}として 10 mg 以上を含む。）を磁器蒸発皿にとり，塩酸 3 mL を加えた後，沸騰水浴上で蒸発乾固し，更に約 20 分間加熱する。

2)　放冷後，塩酸 2 mL で湿らせ，次に，温水 20～30 mL を加え，数分間加熱した後，ろ紙 5 種 B でろ過し，塩酸（1＋50）で数回洗う。

3)　ろ液に水を加えて 100 mL とし，沸騰水浴上で加熱し，絶えずかき混ぜながら，これに温塩化バリウム溶液（100 g/L）を滴加し，沈殿が生じなくなったら，更に添加量の 20～50 %を過剰に加える。

4)　沸騰水浴上で 20～30 分間加熱した後，3～4 時間放置する。

5)　ろ紙 5 種 C（又は 6 種）を用いてろ過し，ろ液に塩化物イオンの反応を認めなくなるまで水で洗う［硝酸銀溶液（10 g/L）で確かめる。］。

6)　沈殿はろ紙とともに，あらかじめ 800 ℃で恒量とした磁器るつぼに入れ，乾燥後，徐々に加熱してろ紙を一旦炭化した後，灰化する。

7)　引き続き，約 800 ℃で約 30 分間加熱し，デシケーター中で放冷した後，その質量をはかる。

8)　**7)**の操作を繰り返して恒量とする。

9) 次の式によって試料中の硫酸イオンの濃度（SO_4^{2-} mg/L）を算出する。

$$S = a \times \frac{1\,000}{V} \times 0.411\,6$$

ここに，　S：　硫酸イオンの濃度（SO_4^{2-} mg/L）
a：　硫酸バリウムの質量（mg）
V：　試料量（mL）
0.411 6：　硫酸バリウム 1 mg に相当する硫酸イオンの質量（mg）

硫酸イオンの定量には，クロム酸バリウム吸光光度法，重量法，又はイオンクロマトグラフ法を用いる。このほか微量の硫酸イオンの定量法としては，クロム酸バリウム-ジフェニルカルバジド法が JIS K 0101（工業用水試験方法）に規定されているが，工場排水ではほとんど必要としないため，規格では上記３方法だけが規定されている。

41.1　クロム酸バリウム吸光光度法 [1)]

クロム酸バリウム吸光光度法は，試料にクロム酸バリウム-酸懸濁液を加え，遠心分離後，硫酸イオンとの置換で生じたクロム酸イオンの黄色の吸光度を測定して硫酸イオンを定量する方法である。

$$BaCrO_4 + SO_4^{2-} \longrightarrow BaSO_4 + CrO_4^{2-}$$

クロム酸バリウム，硫酸バリウムの溶解度積はほとんど同じであるが，クロム酸バリウムを酸懸濁液として加えることによって反応時の pH を低くすると，クロム酸バリウムは溶解度が増加するため，上記の反応は完結する。反応完結後，クロム酸バリウムを完全に沈殿させるため，カルシウムを含むアンモニア水を加えて pH を高くし，さらに溶解度を減少させるためエタノールを添加する。

1.　試　薬

（**1**）　カルシウムを含むアンモニア水は，空気中の二酸化炭素との接触を防いで保存，使用する。その方法の一例が**規格**の**図 41.1** に示されているが，このほか，二連球式の自動ビュレット，分注器などに二酸化炭素吸収管を付けて二酸化炭素を遮断すれば，いずれも利用できる。

2. 操 作

（1） この反応には酸濃度が大きく影響する。試料が中性でない場合は必ず中和してから操作を行う。

（2） この定量範囲では液温 10～30℃で同一の検量線が得られる。しかし，温度が低い場合は，硫酸イオン濃度が高くなると置換反応が遅くなり検量線が湾曲するので，安全のため 20～30℃で発色させる。

（3） **規格**の **41.1 c) 3)** の遠心分離後の溶液の pH は，約 10 になる。このときの pH が高くなりすぎると，空気中の二酸化炭素との反応によって炭酸カルシウムの白濁を生じることがある。

（4） 妨害イオン及びその除去については**規格**の **41. 備考 1.** に示されているが，硫酸イオンの濃度が十分に高い場合は，これらの妨害の少ない**規格**の **41.2** の重量法を適用するとよい。

（5） 吸収曲線と検量線の一例を図 41.1 及び図 41.2 に示す。

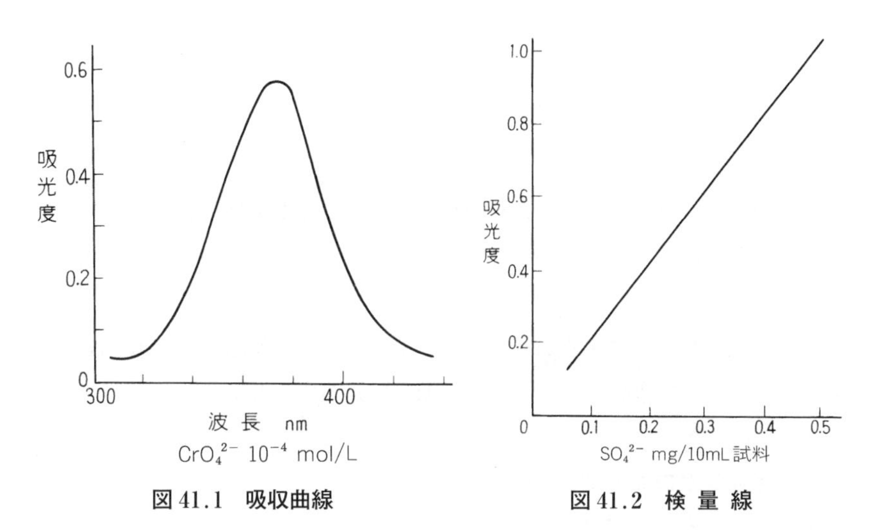

図 41.1 吸収曲線　　**図 41.2 検 量 線**

41.2 重 量 法

酸性とした試料に塩化バリウム溶液を加え，硫酸イオンを硫酸バリウムとして沈殿させ，ろ過後，焼いてその質量を測定する方法である。

$$SO_4^{2-} + Ba^{2+} \longrightarrow BaSO_4$$

微量の硫酸イオンの定量は困難であるが，共存物質の影響が少ない特長がある。しかし，硫酸バリウムはろ過しにくい微細な沈殿となりやすく，また，共存物質を共沈しやすい欠点がある。これを防ぎ，なるべくきれいで大きな粒子として沈殿させるには，沈殿生成の操作条件を適切にすることが大切である。

1. 操　作

（1） 硫酸バリウムを大きな粒子とするには，定量に差し支えない範囲で，硫酸バリウムの溶解度を大きくすること，溶液濃度を低くすることが必要である。**規格**の **41.2 b) 2)** での塩酸の添加，**3)** の水による希釈などの操作は全てこのことに関連している。したがって，例えば，**3)** の操作において，ろ液に温塩化バリウム溶液を加えてから水で希釈したり，加熱せずに塩化バリウム溶液を加え，その後で加熱したりすると，大きな粒子は得にくい。また，**4)**の沈殿の熟成の操作は，微細な粒子をなくし，形の整ったきれいな粒子とするために必要である。

（2） **規格**の **41.2 b) 6)** では，ろ紙が灰化するまでは弱い熱で焼く。ろ紙が灰化する前に強熱すると，ろ紙の不完全燃焼で生じた炭素によって硫酸バリウムの一部が還元されて硫化バリウムとなる。また，この硫化バリウムがアルカリ性のため，るつぼが侵される。硫酸バリウムの一部が硫化バリウムとなった懸念があるときは，冷却後，硫酸 1 滴を加え，加熱して硫酸を追い出した後，強熱すればよい。

なお，硫酸バリウムの沈殿が多量の場合は，ろ紙ごと乾燥し，ろ紙と沈殿を分離し，ろ紙だけを灰化した後，沈殿を加えて強熱するとよい。

41.3 イオンクロマトグラフ法

定量操作は，**規格**の **35.3** と同じ。定量範囲：SO_4^{2-} 0.2～100 mg/L（サプレッサーなし 1～100 mg/L）。試薬，装置，操作などの共通する事項は，本書 35.3 を参照。

参 考 文 献

1)　岩崎岩次ほか（1958）：日本化學雜誌，**79**，32，38

42.　アンモニウムイオン（NH_4^+）

42. アンモニウムイオン（NH_4^+）　アンモニウムイオンの定量には，インドフェノール青吸光光度法，中和滴定法，イオン電極法，イオンクロマトグラフ法，インドフェノール青発色流れ分析法又はサリチル酸-インドフェノール青吸光光度法を適用する。

アンモニウムイオンは変化しやすいから，試験は試料採取後，直ちに行う。直ちに行えない場合には，**3.3** によって保存し，できるだけ早く試験する。

なお，蒸留法及び中和滴定法は，1984 年に第 1 版として発行された **ISO 5664**，サリチル酸-インドフェノール青吸光光度法は，1984 年に第 1 版として発行された **ISO 7150-1**，イオン電極法は，1984 年に第 1 版として発行された **ISO 6778**, イオンクロマトグラフ法は, 1998 年に第 1 版として発行された **ISO 14911**，流れ分析法は，2005 年に第 2 版として発行された **ISO 11732** との整合を図ったものである。

備考　この試験方法の対応国際規格を，次に示す。

なお，対応の程度を表す記号は，**ISO/IEC Guide 21-1** に基づき，IDT（一致している），MOD（修正している），NEQ（同等でない）とする。

ISO 5664:1984，Water quality－Determination of ammonium－Distillation and titration method（MOD）

ISO 7150-1:1984，Water quality－Determination of ammonium－Part 1: Manual spectrometric method（MOD）

ISO 6778:1984，Water quality－Determination of ammonium－Potentiometric method（MOD）

ISO 14911:1998，Water quality－Determination of dissolved Li^+，Na^+，NH_4^+，K^+，Mn^{2+}，Ca^{2+}，Mg^{2+}，Sr^{2+} and Ba^{2+} using ion chromatography－Method for water and waste water（MOD）

ISO 11732:2005，Water quality－Determination of ammonium nitrogen－Method by flow analysis (CFA and FIA) and spectrometric detection（MOD）

備考 1.　インドフェノール青吸光光度法，中和滴定法，イオン電極法，インドフェノール青発色流れ分析法及びサリチル酸-インドフェノール青吸光光度法は，試料を蒸留処理してアンモニウムイオンを共存物から分離した後，適用する。イオン電極法及びインドフェノール青発色流れ分析法では，妨害物質を含まない試料の場合は，蒸留処理を省略できる。また，イオンクロマトグラフ法は，妨害物質を含まない試料に適用し，**3.3** の試料の保存処理及び **42.1** の前処理（蒸留法）は行わず，試料採取後，直ちに試験する。

42.1　前処理（蒸留法）　試料に酸化マグネシウムを加えて弱いアルカリ性とし，蒸留を行い，留出したアンモニアを硫酸（25 mmol/L）に吸収捕集する。

a)　試薬　試薬は，次による。

1)　水　JIS K 0557 に規定する **A3** の水

2)　硫酸（25 mmol/L）　JIS K 8951 に規定する硫酸約 1.4 mL をあらかじめ水 100 mL を入れたビーカーに加えてよくかき混ぜ，水を加えて 1 L とする。

3)　硫酸（1＋35）　30.1.1 a) 2)による。

4)　水酸化ナトリウム溶液（40 g/L）　21. a) 3)による。

5)　酸化マグネシウム　JIS K 8432 に規定する酸化マグネシウムを使用前に 600 ℃で約 30 分間加熱し，

デシケーター中で放冷する。

6)　ブロモチモールブルー溶液（1 g/L）　16.1 の注([1])による。

b)　装置　装置は，次による。

1)　蒸留装置　図 42.1 に例を示す。ガラス器具類は，使用前に水でよく洗う。

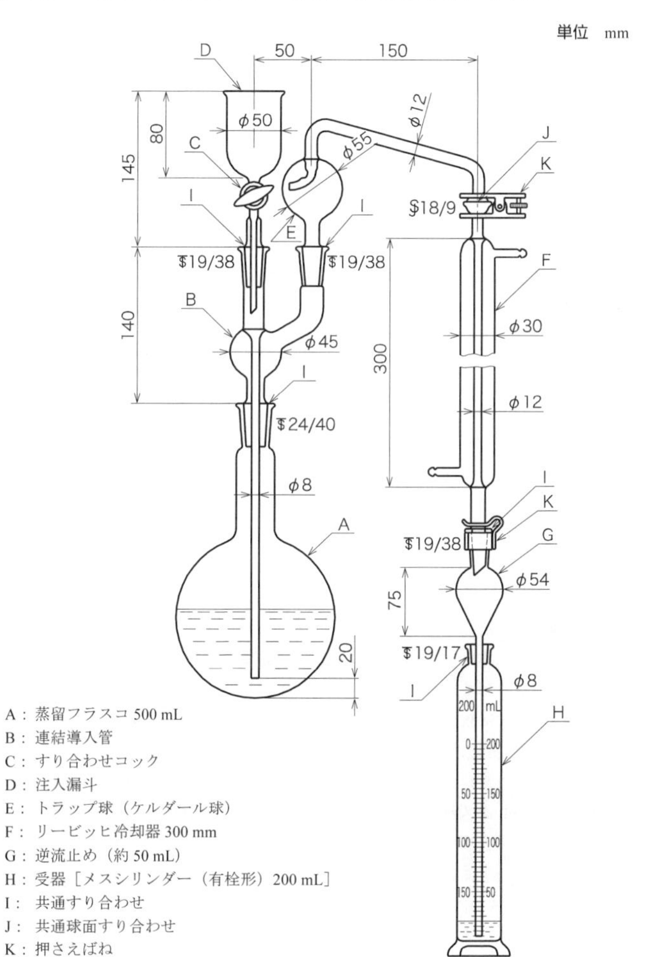

図 42.1　蒸留装置の例

c)　蒸留操作　蒸留操作は，次による。

なお，試料に一定量のアンモニウムイオン標準液を添加して，**備考 2.**又は**備考 3.**の蒸留操作による回収率試験を行い，回収率が 80～120 %であることを確認した場合は，**備考 2.**又は**備考 3.**によってもよい。ただし，**備考 2.**又は**備考 3.**の蒸留操作は，**42.3**（中和滴定法）及び **42.4**（イオン電極法）には適用しない。

1) 試料の適量をとり，中性でない場合には，ブロモチモールブルー溶液（1 g/L）5～7 滴を加え，水酸化ナトリウム溶液（40 g/L）又は硫酸（1＋35）で pH を 6.0（黄色）～7.4（青）に調節する。試料の採取量は定量方法によって異なり，NH_4^+として，インドフェノール青吸光光度法の場合には 40 μg 以上，中和滴定法の場合には 0.3～40 mg，イオン電極法の場合には 40 μg 以上，流れ分析法の場合には 12 μg 以上，サリチル酸-インドフェノール青吸光光度法では 10 μg 以上を含むようにとる。

なお，試料中に残留塩素が存在するときは，蒸留操作の前に，チオ硫酸ナトリウムの小結晶を加えて除去する。

2) 蒸留フラスコに移し入れ，酸化マグネシウム 0.25 g，沸騰石（粒径 2～3 mm）及び水を加えて液量を約 350 mL とする。

3) 蒸留装置を**図 42.1** のように組み立て，受器のメスシリンダー（有栓形）200 mL に硫酸（25 mmol/L）50 mL を入れる。

なお，留出液を中和滴定法に用いる場合には，受器には三角フラスコ 500 mL を用い，これに硫酸（25 mmol/L）50 mL を正しく加え，指示薬としてメチルレッド-ブロモクレゾールグリーン混合溶液［**15.**の**注**(1)による。］5～7 滴を加える。

4) 蒸留フラスコを加熱し，留出速度 5～7 mL/min で蒸留を行う。冷却器の管の先端を，常に受器の液面下約 15 mm を保つようにする。

5) 受器の液量が約 190 mL になるまで蒸留を続ける。

6) 冷却器及び逆流止めを外し，冷却器の内管及び逆流止めの内外を少量の水で洗う。洗液は，受器のメスシリンダー（有栓形）200 mL に入れ，水を 200 mL の標線まで加える。留出液を中和滴定法に用いる場合には，冷却器の内管及び逆流止めの内外の洗液は，三角フラスコ 500 mL に合わせ，全量を滴定に用いる。

備考 2. 小型の蒸留フラスコを用いる蒸留操作は，次による。

1) 試料の適量を蒸留フラスコ 200 mL にとり，**c) 1)**と同様に pH を 6.0～7.4 に調節する。酸化マグネシウム 0.11 g，沸騰石（粒径 2～3 mm）及び水を加えて液量を約 150 mL とする。試料の採取量としては，**c) 1)**に記載したNH_4^+量の 1/2 が含まれるようにする。

なお，試料中に残留塩素が存在するときは，蒸留操作の前に，チオ硫酸ナトリウムの小結晶を加えて除去する。

2) 蒸留フラスコを蒸留装置に取り付け，受器のメスシリンダー（有栓形）100 mL に硫酸（25 mmol/L）25 mL を入れる。

3) 蒸留フラスコを加熱し，留出速度 2～3 mL/min で蒸留を行う。蒸留中は冷却器の管の先端が受器の液面下にあるようにする。

4) 受器の液量が 85～95 mL になるまで蒸留を続ける。

5) 冷却器及び逆流止めを外し，冷却器の内管及び逆流止めの内外を少量の水で洗う。洗液は，受器のメスシリンダー（有栓形）100 mL に入れ，水を 100 mL の標線まで加える。

3. **図 28.1** の小型蒸留装置を用いる蒸留操作は，次による。

1) 試料の適量を蒸留容器にとり，**c) 1)**と同様に pH を 6.0～7.4 に調節する。酸化マグネシウム 0.03～0.04 g，沸騰石（粒径 2～3 mm）及び水を加えて液量を約 50 mL とする。試料の採取量としては，**c) 1)**に記載したNH_4^+量の 1/4 が含まれるようにする。

なお，試料中に残留塩素が存在するときは，蒸留操作の前に，チオ硫酸ナトリウムの小結晶を加えて除去する。

2) 受器に容量 50 mL のメスシリンダー（有栓形）などを用い，これに硫酸（62.5 mmol/L）（**JIS K 8951** に規定する硫酸約 3.5 mL をあらかじめ水 100 mL を入れたビーカーに加えてよくかき混ぜ，水を加えて 1 L とする。）5 mL を入れる。

3) 蒸留容器に蒸留管及び冷却器を取り付け，これを加熱器にセットする。

4) 留出速度約 0.5～1 mL/min で蒸留を行う。

なお，蒸留中は冷却器の管の先端が受器の液面下にあるようにする。

5) 受器の液量が約 45 mL になるまで蒸留を続ける。

6) 蒸留管及び冷却器を外し，それらの内管を少量の水で洗う。洗液も受器に加えた後，更に水を 50 mL の標線まで加える。

備考 4. 蒸留法として水蒸気蒸留法を用いてもよい。この場合は，**図 42.1** の蒸留フラスコに水蒸気を送るように装置を組み立て，蒸留フラスコを加熱する。沸騰し始めたら，水蒸気を蒸留フラスコに送り，留出速度 3～5 mL/min で蒸留し，受器の液量が約 190 mL になるまで蒸留を続ける。

5. 妨害物質 蒸留法においても，脂肪族アミン，芳香族アミン類なども留出するので，これらの共存は妨害となる。

尿素，アセトアミド，ペプトン，アスパラギンなどの窒素を含む有機化合物は，蒸留するとその一部が加水分解してアンモニアとなり正の誤差を生じる。その程度は，蒸留時の pH が高くなるほど大きくなる。

42.2 インドフェノール青吸光光度法 アンモニウムイオンが次亜塩素酸イオンの共存のもとで，フェノールと反応して，生じるインドフェノール青の吸光度を測定してアンモニウムイオンを定量する。

定量範囲：NH_4^+ 5～100 μg，繰返し精度：2～10 %

a) 試薬 試薬は，次による。

1) 水 **JIS K 0557** に規定する **A3** の水

2) 水酸化ナトリウム溶液（200 g/L） **38.1.1.1 a) 3)**による。使用時に調製する。

3) ナトリウムフェノキシド溶液 水酸化ナトリウム溶液（200 g/L）55 mL をビーカーにとり，冷水中で冷却しながら **JIS K 8798** に規定するフェノール 25 g を少量ずつ加えて溶かす。放冷後，**JIS K 8034** に規定するアセトン 6 mL を加え，水で 200 mL とする。10 ℃以下の暗所に保存し，5 日間以上経過したものは使用しない。

4) 次亜塩素酸ナトリウム溶液（有効塩素 10 g/L） 次亜塩素酸ナトリウム溶液（有効塩素 7～12 %）の有効塩素の濃度を **36.**の**注**(3)によって求め，有効塩素が約 10 g/L になるように水で薄める。使用時に調製する。

5) アンモニウムイオン標準液（NH_4^+ 1 000 mg/L） 国家計量標準にトレーサブルなアンモニウムイオン標準液（NH_4^+）1 000 mg/L を使用するか，又は次による。**JIS K 8116** に規定する塩化アンモニウムをデシケーター［**JIS K 8228** に規定する過塩素酸マグネシウム（乾燥用）を入れたもの。］中に 16 時間以上放置し，その 2.97 g をとり，水に溶かして全量フラスコ 1 000 mL に移し入れ，水を標線まで加える。

6) アンモニウムイオン標準液（NH_4^+ 10 μg/mL） アンモニウムイオン標準液（NH_4^+ 1 000 mg/L）10 mL を全量フラスコ 1 000 mL にとり，水を標線まで加える。使用時に調製する。

b) 器具及び装置 器具及び装置は，次による。

1) **ガラス器具類** 使用前に水でよく洗う。

2) **光度計** 分光光度計又は光電光度計

c) **操作** 操作は，次による。

1) **42.1** の留出液の適量（NH_4^+として 5～100 µg を含む。25 mL 以下）を全量フラスコ 50 mL にとり，水を加えて約 25 mL とする。

2) ナトリウムフェノキシド溶液 10 mL を加えて振り混ぜる。

3) 次亜塩素酸ナトリウム溶液（有効塩素 10 g/L）5 mL を加え，水を標線まで加えた後，栓をして振り混ぜる。

4) 液温を 20～25 ℃に保って，約 30 分間放置して発色させる。

5) 発色後約 30 分間以内に，この溶液の一部を吸収セルに移し，波長 630 nm 付近の吸光度を測定する。

6) 空試験として水 25 mL をとり，**2)**～**5)**の操作を行って吸光度を測定し，試料について得た吸光度を補正する。

7) 検量線からアンモニウムイオンの量を求め，試料中のアンモニウムイオンの濃度（NH_4^+ mg/L）を算出する。

d) **検量線** 検量線の作成は，次による。

1) アンモニウムイオン標準液（NH_4^+ 10 µg/mL）0.5～10 mL を段階的に全量フラスコ 50 mL にとり，水を加えて約 25 mL とする。

2) **c)**の **2)**～**6)**の操作を行って吸光度を測定し，アンモニウムイオン（NH_4^+）の量と吸光度との関係線を作成する。

備考 6. 微量のアンモニウムイオンを定量する場合には，**c) 2)**の操作でナトリウムフェノキシド溶液 10 mL に続き，ペンタシアノニトロシル鉄（III）酸ナトリウム溶液［**JIS K 8722** に規定するペンタシアノニトロシル鉄（III）酸ナトリウム二水和物 0.15 g を水に溶かして 100 mL とする。］1 mL を加えてもよい。

この場合の定量範囲は，NH_4^+として 2.5～50 µg となる。検量線は，同一操作で作成する。

7. アンモニア体窒素で表示する場合は，次の換算式を用いる。

アンモニア体窒素（NH_4^+-N mg/L）＝アンモニウムイオン（NH_4^+ mg/L）×0.776 6

また，アンモニアへの換算は，次の換算式を用いる。

アンモニア（NH_3 mg/L）＝アンモニウムイオン（NH_4^+ mg/L）×0.944 1

8. 脂肪族アミン類は妨害しないが，芳香族アミン類の一部は，次亜塩素酸塩によって酸化されて着色物質を生じるので妨害する。*p*-アミノフェノールのような物質は，アルカリ性溶液中でフェノールと反応してインドフェノール青を生じるので妨害する。*p*-ヒドロキノンは，妨害しない。ヒドロキシルアミンも妨害するが，**JIS K 8230** に規定する過酸化水素の当量を加えて酸化すれば，妨害を除くことができる。

42.3 **中和滴定法** **42.1** に規定する前処理（蒸留法）（ただし，**備考 2.**及び**備考 3.**は除く。）を行って留出したアンモニアを一定量の硫酸（25 mmol/L）中に吸収させた溶液について，50 mmol/L 水酸化ナトリウム溶液で，残った硫酸を滴定してアンモニウムイオンを定量する。

定量範囲：NH_4^+ 0.3～40 mg，繰返し精度：3～10 %

a) **試薬** 試薬は，次による。

1) **水** **JIS K 0557** に規定する **A3** の水

2) **硫酸（25 mmol/L）** **42.1 a) 2)**による。

3) メチルレッド-ブロモクレゾールグリーン混合溶液 **15.**の注([1])による。

4) 50 mmol/L 水酸化ナトリウム溶液 水約 30 mL をポリエチレン瓶にとり，冷却しながら **JIS K 8576** に規定する水酸化ナトリウム約 35 g を少量ずつ加えて溶かし，密栓して 4〜5 日間放置する。その上澄み液 2.5 mL をポリエチレン製の気密容器 1 L にとり，**2. n) 2)**の二酸化炭素を含まない水を加えて 1 L とし，混合した後，二酸化炭素を遮断して保存する。

4.1) 標定 標定は，次による。

- **JIS K 8005** に規定する容量分析用標準物質のアミド硫酸を，上口デシケーター中に圧力 2 kPa 以下で約 48 時間放置して乾燥する。その約 1 g を 1 mg の桁まではかりとり，少量の水に溶かして全量フラスコ 200 mL に移し入れ，水を標線まで加える。
- その 20 mL を三角フラスコ 300 mL にとり，指示薬としてブロモチモールブルー溶液（1 g/L）［**16.** の**注**([1])による。］2，3 滴を加え，この 50 mmol/L 水酸化ナトリウム溶液で滴定し，溶液の色が緑になったときを終点とする。
- 次の式によって 50 mmol/L 水酸化ナトリウム溶液のファクター（f）を算出する。

$$f = a \times \frac{b}{100} \times \frac{20}{200} \times \frac{1}{x \times 0.004\,855}$$

ここに，
a： アミド硫酸の量（g）
b： アミド硫酸の純度（%）
x： 滴定に要した 50 mmol/L 水酸化ナトリウム溶液（mL）
0.004 855： 50 mmol/L 水酸化ナトリウム溶液 1 mL のアミド硫酸相当量（g）

b) 操作 操作は，次による。

1) **42.1 c)**の前処理で得た留出液の全量を用い，50 mmol/L 水酸化ナトリウム溶液で溶液の色が灰紫（pH4.8）になるまで滴定する。

2) 別に，硫酸（25 mmol/L）50 mL を正しく三角フラスコ 500 mL にとり，メチルレッド-ブロモクレゾールグリーン混合溶液 5〜7 滴を加え，50 mmol/L 水酸化ナトリウム溶液で溶液の色が灰紫（pH4.8）になるまで滴定し，硫酸（25 mmol/L）50 mL に相当する 50 mmol/L 水酸化ナトリウム溶液の mL 数を求める。

3) 次の式によって試料中のアンモニウムイオンの濃度（NH_4^+ mg/L）を算出する。

$$A = (b - a) \times f \times \frac{1\,000}{V} \times 0.902$$

ここに，
A： アンモニウムイオン（NH_4^+ mg/L）
b： 硫酸（25 mmol/L）50 mL に相当する 50 mmol/L 水酸化ナトリウム溶液（mL）
a： 滴定に要した 50 mmol/L 水酸化ナトリウム溶液（mL）
f： 50 mmol/L 水酸化ナトリウム溶液のファクター
V： 試料（mL）
0.902： 50 mmol/L 水酸化ナトリウム溶液 1 mL のアンモニウムイオン相当量（mg）

備考 9. **42.1 c) 3)**の硫酸（25 mmol/L）の代わりに，ほう酸溶液（20 g/L）を用いてもよい。この場合は，次のように操作する。

1) 三角フラスコ 500 mL にほう酸溶液（20 g/L）（**JIS K 8863** に規定するほう酸を用いて調製する。）50 mL を加え，指示薬としてメチルレッド-ブロモクレゾールグリーン混合溶液 5〜7 滴を加え，**42.1 c) 4)**〜**6)**の操作を行う。

2) 次に，25 mmol/L 硫酸(*)で溶液の色が灰紫（pH4.8）になるまで滴定する。

3) 別に，空試験としてほう酸溶液（20 g/L）50 mL を三角フラスコ 500 mL にとり，水 150 mL を加え，指示薬としてメチルレッド-ブロモクレゾールグリーン混合溶液 5～7 滴を加える。次に，試料の場合と同様に滴定を行う。

4) 次の式によって試料中のアンモニウムイオンの濃度（NH_4^+ mg/L）を算出する。

$$A = (a - b) \times f \times \frac{1\,000}{V} \times 0.902$$

ここに，　A：　アンモニウムイオン（NH_4^+ mg/L）
a：　滴定に要した 25 mmol/L 硫酸（mL）
b：　空試験に要した 25 mmol/L 硫酸（mL）
f：　25 mmol/L 硫酸のファクター
V：　試料（mL）
0.902：　25 mmol/L 硫酸 1 mL のアンモニウムイオン相当量（mg）

注(*) **25 mmol/L 硫酸の調製方法**　**42.1 a) 2)**の硫酸（25 mmol/L）を標定して用いる。

標定

– **JIS K 8005** に規定する容量分析用標準物質の炭酸ナトリウムを 600 ℃で約 1 時間加熱した後，デシケーター中で放冷する。その 0.53 g を 1 mg の桁まではかりとり，水に溶かして全量フラスコ 200 mL に移し入れ，水を標線まで加える。
– この 20 mL をビーカーにとり，指示薬としてメチルレッド-ブロモクレゾールグリーン混合溶液 3～5 滴を加えた後，この硫酸（25 mmol/L）で滴定する。
– 溶液の色が灰紫になったら，煮沸して二酸化炭素を追い出し，放冷後，溶液の色が灰紫になるまで滴定を続ける。
– 次の式によって 25 mmol/L 硫酸のファクター（f）を算出する。

$$f = a \times \frac{b}{100} \times \frac{20}{200} \times \frac{1}{x \times 0.002\,650}$$

ここに，　a：　炭酸ナトリウムの量（g）
b：　炭酸ナトリウムの純度（%）
x：　滴定に要した硫酸（25 mmol/L）（mL）
0.002 650：　25 mmol/L 硫酸 1 mL の炭酸ナトリウム相当量（g）

42.6　流れ分析法　試料中のアンモニウムイオンを，**42.2** 及び **42.7** と同様な原理で発色させる流れ分析法によって定量する。試料を，**42.1** の前処理（蒸留法）の操作でアンモニウムイオンを共存物から分離した後，適用する。ただし，妨害物質を含まない試料は，蒸留操作を省略してもよい。この場合は，懸濁物の多い試料には適用できない。

試験操作などは，**JIS K 0170-1** の **6.3.3**（フェノールによるインドフェノール青発色 FIA 法），**6.3.4**（サリチル酸によるインドフェノール青発色 CFA 法）及び **6.3.5**（フェノールによるインドフェノール青発色 CFA 法）による。

備考 17. アンモニウムイオン濃度をアンモニア体窒素で表示する場合は，**備考 7.**による。

定量範囲：NH_4^+ 0.06～13 mg/L（アンモニア体窒素として 0.05～10 mg/L），繰返し精度：10 %以下

試験操作などは，**JIS K 0170-1** による。ただし，**JIS K 0170-1** の **6.3.2**（ガス拡散・pH 指示薬変色 FIA 法）は除く。

42.7　サリチル酸-インドフェノール青吸光光度法　アンモニウムイオンがジクロロイソシアヌル酸の加水分解で生じる次亜塩素酸イオンのもとで，サリチル酸と反応して生じるインドフェノール青の吸光度を測定してアンモニウムイオンを定量する。

定量範囲：NH_4^+ 2～40 µg，繰返し精度：2～10 %

a) 試薬　試薬は，次による。

1) 水　**JIS K 0557** に規定する **A3** の水

2) サリチル酸ナトリウム溶液　**JIS K 8397** に規定するサリチル酸ナトリウム 130 g 及び **JIS K 8288** に規定するくえん酸三ナトリウム二水和物 130 g を水約 900 mL に溶かし，これに **JIS K 8722** に規定するペンタシアノニトロシル鉄（III）酸ナトリウム二水和物 0.97 g を加え，水を加えて 1 L とする。

3) ジクロロイソシアヌル酸ナトリウム溶液　**JIS K 8576** に規定する水酸化ナトリウム 32 g を水 500 mL に溶かし，溶液を室温に冷却した後，ジクロロイソシアヌル酸ナトリウム二水和物 2 g を加え，水を加えて 1 L とする。

4) アンモニウムイオン標準液（NH_4^+ 100 µg/mL）　**42.2 a) 5)**のアンモニウムイオン標準液（NH_4^+ 1 000 mg/L）10 mL を全量フラスコ 100 mL にとり，水を標線まで加える。使用時に調製する。

5) アンモニウムイオン標準液（NH_4^+ 10 µg/mL）　**4)**のアンモニウムイオン標準液（NH_4^+ 100 µg/mL）10 mL を全量フラスコ 100 mL にとり，水を標線まで加える。使用時に調製する。

6) アンモニウムイオン標準液（NH_4^+ 1 µg/mL）　**5)**のアンモニウムイオン標準液（NH_4^+ 10 µg/mL）10 mL を全量フラスコ 100 mL にとり，水を標線まで加える。使用時に調製する。

b) 器具及び装置　器具及び装置は，次による。

1) ガラス器具類　**42.2 b) 1)**による。

2) 光度計　分光光度計又は光電光度計

c) 操作　操作は，次による。

1) **42.1** の留出液の適量（NH_4^+として 2～40 µg を含む。40 mL 以下。）を全量フラスコ 50 mL にとり，水を加えて約 40 mL にする。

2) サリチル酸ナトリウム溶液 4 mL を加え，よく混ぜ合わせた後，ジクロロイソシアヌル酸ナトリウム溶液 4 mL を加え，よく混ぜ合わせる。

3) 水を標線まで加え，恒温槽中で 25±1 ℃に保ち，30 分間以上放置して発色させる。発色は，温度の影響を大きく受けるので，発色時の液温は正しく保つ。

4) 発色後，恒温槽から取り出し，1 時間以内に，この溶液の一部を吸収セルに移し，波長 655 nm 付近で吸光度を測定する。

5) 空試験として，水 40 mL について **2)**～**4)**の操作を行って吸光度を測定し，試料について得た吸光度を補正する。

6) 検量線からアンモニウムイオンの量を求め，試料中のアンモニウムイオンの濃度（NH_4^+ mg/L）を算出する。

d) 検量線　検量線の作成は，次による。

1) アンモニウムイオン標準液（NH_4^+ 1 µg/mL）2～40 mL を段階的に全量フラスコ 50 mL にとり，水を加えて 40 mL とした後，**c)**の **2)**～**5)**の操作を行って吸光度を測定し，アンモニウムイオン（NH_4^+）の量と吸光度との関係線を作成する。

水中の有機窒素化合物は，生物化学的に分解されてアンモニウムイオンになり，さらに硝化細菌（ニトロソモナス，ニトロバクターなど）の作用を受け，亜硝酸イオンになり，次いで硝酸イオンになる。このように微生物の作用を受けて変化しやすいので，アンモニウムイオンをはじめ，窒素化合物の試験は，試料採取後できるだけ早く行うことを原則としている。止むを得ず試料を保存する場合は，**規格**の **3.3 b) 2)** による。

なお，保存には，塩酸又は硫酸を加えて pH 2～3 とするが，イオンクロマトグラフ法で定量する場合は試料の pH が低くなると良好なクロマトグラムが得られなくなるので，pH 2 以下にならないように注意する。

アンモニウムイオンの定量には，インドフェノール青吸光光度法，中和滴定法，イオン電極法，イオンクロマトグラフ法，インドフェノール青発色流れ分析法又は，サリチル酸インドフェノール青吸光光度法を用いる。

なお，サリチル酸インドフェノール青吸光光度法は，発色温度が発色に影響することから，**旧規格**の**附属書 1X** にあったが，2019 年の追補改正版では，操作の中に「発色は温度の影響を大きく受けるので発色時の液温は正しく保つ。」を記載し，**規格**の **42.7** として本体に移行された。

イオンクロマトグラフ法を除いては定量に先立って，蒸留によってアンモニアとして共存成分から分離するが，イオン電極法及び流れ分析法は，妨害物質が共存しなければ蒸留を省くことができる。イオンクロマトグラフ法は，妨害物質を含まない試料に適用する。

2019 年の追補改正版では，**規格**の **42.1** 前処理（蒸留法）に，小型蒸留フラスコを用いる方法及び小型蒸留装置を用いる方法が，以下の条件の下に**規格**の **42.1 備考 2**，**備考 3** として追加された。試料に一定量のアンモニウムイオン標準液を添加して，回収率試験を行い，回収率が 80～120% であることを確認した場合は用いてもよい。

規格の **42.1** に新たに**備考 2**，**備考 3** が追加されたことから，以降の備考番号が旧規格と異なる。旧規格の注を本文中に移行した箇所が多く，注番号が旧規格と異なる，さらに，**規格**の **42.4**（イオン電極法）の注番号は，注番号が新しくなった**規格**の **34.2** の注番号を多く引用しているため．旧規格と異なるので，これらに注意する。

42.1 前処理（蒸留法）[1),2)]

試料に酸化マグネシウムを加えて弱アルカリ性として蒸留し，留出するアンモニアを一定量の硫酸（25 mmol/L）中に吸収する。

1. 試 薬

（1） 水はアンモニウムイオンを含まないもの。規格では，JIS K 0557 の A 3 の水を規定しているが，通常は，初留分を捨て，中留分をとった蒸留水が使用できる。保存する場合は，アンモニアの汚染を受けないように注意する。試薬の調製，器具類の洗浄及び試験は全てこの水を用いる。

ISO 5664：1984 では，水に強酸性陽イオン交換樹脂（水素イオン形）約 10 g を添加しておくとしているが，**規格**の **42.** では規定していない。

2. 器具及び装置

（1） 蒸留装置及びガラス器具類は，保存中にアンモニウム塩が付着していることがあるので使用前に水でよく洗浄する。

3. 操 作

（1） 酸性の試料（保存のための処理を行った試料など）は，水酸化ナトリウム溶液（40 g/L）又は塩酸（1+11）で pH 約 7 に調節した後，酸化マグネシウムを加える。酸化マグネシウムは，水中で次のように水酸化マグネシウムを生成し，試料を弱アルカリ性に保つことができる。

$$MgO + H_2O \longrightarrow Mg(OH)_2$$

（2） アンモニウムイオンは，留出液約 100 mL で定量的に留出する。脂肪族アミン類，芳香族アミン類なども留出するので，中和滴定法を適用する場合には，これらの共存は妨害になる。

（3） 尿素，アセトアミド，ペプトン，アスパラギンなどの窒素を含む有機化合物は，蒸留に際してその一部が加水分解してアンモニアとなり正の誤差を与える。その程度は蒸留時の pH が高くなるほど大きくなる。このため，**規格**の **42.1 c)** では酸化マグネシウムによって弱いアルカリ性として蒸留を行うようにしている。一方，硝酸イオンの定量において**規格**の **43.2.1** 及び **43.2.2** では，硝酸イオンの還元蒸留に先立ってのアンモニアの追い出しの操作を水酸化ナトリウム溶液（300 g/L）10 mL の添加で行っている。尿素を用いた検討の例では，この条件ではその約 7%がアンモニアとなって留出している。したがって，**規格**の **43. 備考 5.** で注意しているように，その際の留出液をアンモニウムイオンの定量に用いるのは危険である。

（**4**） 留出したアンモニアの捕集には，硫酸（25 mmol/L）を用いるが，中和滴定法で定量する場合は，正しく 50 mL を加える。又は，**規格**の **42. 備考 9.** に示すように，ほう酸溶液（20 g/L）50 mL を加える［本書 42.3 の 1.(3)参照］。

（**5**） 蒸留法としては操作などの簡便のため，直接に加熱蒸留する方法が採用されているが，**規格**の **42. 備考 4.** に示すように，水蒸気蒸留によっても差し支えない。

4.　小型の蒸留フラスコ（200 mL）を用いる蒸留（42.1 備考 2.）

規格の **42.1 c) 1)** を基に試料量，試薬量，留出液量を減らした方法である。

試料の適量を蒸留フラスコ 200 mL にとり，**規格**の **42.1 c) 1)** と同様に pH を 6.0～7.4 に調節し，酸化マグネシウム 0.11 g，沸騰石(粒径 2～3 mm)及び水を加えて液量を約 150 mL とする。試料の採取量としては，**規格**の **42.1 c)1)** に記載した NH_4^+量の 2 分の 1 が含まれるようにする。受器のメスシリンダー(有栓形) 100 mL に硫酸（25 mmol/L) 25 mL を入れ，留出速度 2～3 mL/min で，受器の液量が 85～95 mL になるまで蒸留を行う。

5.　小型蒸留装置を用いる蒸留（42.1 備考 3）

規格の **28.** フェノール類に記載された**図 28.1** の小型蒸留装置の例と同様な装置を用いて，試料量，試薬量，留出液量を，**規格**の **42.1 c) 1)** を基にダウンサイズ化したものである。

試料の適量を蒸留容器にとり，**規格**の **42.1 c) 1)** と同様に pH を 6.0～7.4 に調節し，酸化マグネシウム 0.03～0.04 g，沸騰石（粒径 2～3 mm）及び水を加えて液量を約 50 mL とする。試料の採取量としては，**規格**の **42.1 c)1)** に記載した NH_4^+量の 4 分の 1 が含まれるようにする。受器のメスシリンダー(有栓形) 50 mL に硫酸(62.5 mmol/L) 5 mL を入れ，留出速度約 0.5～1 mL/min で，受器の液量が約 45 mL になるまで蒸留を行う。

蒸留時の注意などは，大型蒸留フラスコを用いる場合と同様であるので，本書 42.1 の 1.～3. を参照。表 42.1 に，大型蒸留フラスコ，小型の蒸留フラスコ，小型蒸留装置による蒸留の結果の例を示す。いずれの方法でも，同様な測定値が得られている。

表 42.1　大型蒸留フラスコ，小型蒸留フラスコ，小型蒸留装置によるアンモニアの蒸留

	42.1 蒸留フラスコ 500 mL			42.1 備考 2 蒸留フラスコ 200 mL			42.1 備考 3 小型蒸留装置		
蒸留条件	試料の適量を水で 350 mL，捕集液（25 mM）硫酸 50 mL，留出液量 140 mL，留出液の定容 200 mL			試料の適量を水で 150 mL，捕集液（25 mM）硫酸 25 mL，留出液量 60 mL，留出液の定容 100 mL			試料の適量を水で 50 mL，捕集液（6.25 mM）硫酸 5 mL，留出液量 40 mL，留出液の定容 50 mL		
測定法	インドフェノール青発色 FIA 法			インドフェノール青発色 FIA 法			インドフェノール青発色 FIA 法		
試料	試料量 mL	測定値 μg/mL	試料濃度 μg/mL	試料量 mL	測定値 μg/mL	試料濃度 μg/mL	試料量 mL	測定値 μg/mL	試料濃度 μg/mL
放流水	350	0.250	0.143	150	0.214	0.143	50	0.159	0.159
	350	0.286	0.163	150	0.214	0.143	50	0.187	0.187
	350	0.329	0.188	150	0.219	0.146	50	0.173	0.173
							50	0.176	0.176
沈殿下水	100	0.707	28.28	30	0.416	27.73	5	0.582	29.10
	100	0.566	22.64	30	0.425	28.33	5	0.571	22.84
	70	0.494	28.23	30	0.425	28.33	5	0.583	23.32
	70	0.532	30.40						
	70	0.496	28.34						

一般社団法人産業環境管理協会（2018）：平成 29 年度「新技術導入のための工場排水試験法に関する JIS 開発」成果報告書 p. 28～p. 32 のデータを基に作成。

42.2　インドフェノール青吸光光度法 [3)～5)]

アンモニウムイオンが，次亜塩素酸イオンの共存下でフェノールと反応して生じるインドフェノールの青の吸光度を測定して，アンモニウムイオンを定量する方法である。

この反応の機構は次のように考えられている。

$$NH_3 + HClO \rightleftarrows NH_2Cl + H_2O$$

$$NH_2Cl + C_6H_5OH + 2HClO \longrightarrow Cl{-}N{=}C_6H_4{=}O + 2H_2O + 2HCl$$

$$Cl{-}N{=}C_6H_4{=}O + C_6H_5OH \longrightarrow HO{-}C_6H_4{-}N{=}C_6H_4{=}O + HCl$$

$$HO{-}C_6H_4{-}N{=}C_6H_4{=}O \rightleftarrows H^+ + {}^-O{-}C_6H_4{-}N{=}C_6H_4{=}O$$

インドフェノール

1. 試 薬

（**1**） ナトリウムフェノキシド溶液は，水酸化ナトリウム溶液にフェノールを加えて調製するが，反応によって温度が高くなると，アンモニウムイオンに対して正常な発色が得られなくなる。必ず水で冷却しながら調製する。使用時に調製するのが原則であるが，10℃以下の暗所に保存すれば1週間程度は使用できる。

この溶液にアセトンを添加するのは，インドフェノール青の発色を強め，感度を上昇させるためである。アセトンは，ナトリウムフェノキシド溶液の温度が室温に近くなってから加える。

2. 操 作

（**1**） インドフェノール青の発色に際して重金属元素，アルミニウム，マグネシウム，カルシウムなどが共存すると沈殿となり妨害するが，前処理の蒸留によってアンモニウムイオンはこれらから分離される。同様に発色に際し，鉄(Ⅱ)及び銅(Ⅱ)が共存すると妨害し，1 mg/L 以下ならば EDTA の添加で妨害を除けるが，**規格**の **42.2** では蒸留分離を必ず行うこととなっているため，EDTA は添加しない。

（**2**） 発色時の pH は 11～12 が適しており，液温が 20℃の場合には約 25 分間で最高に発色し，引き続き約 30 分間は安定である。

（**3**） インドフェノールの生成方法として**規格**の **42.2 c**) の操作のほか，**備考 6.** に示すように，反応促進剤としてペンタシアノニトロシル鉄(Ⅲ)酸ナトリウムを添加する方法もある。この方法では発色が強くなるため微量のアンモニウムイオンの定量に適するが，使用する試薬，水などによる空試験値，器具の汚れ，操作中のアンモニアの混入などに特に注意が必要である。

（4）吸収曲線と検量線の一例を図 42.1～図 42.3 に示す。

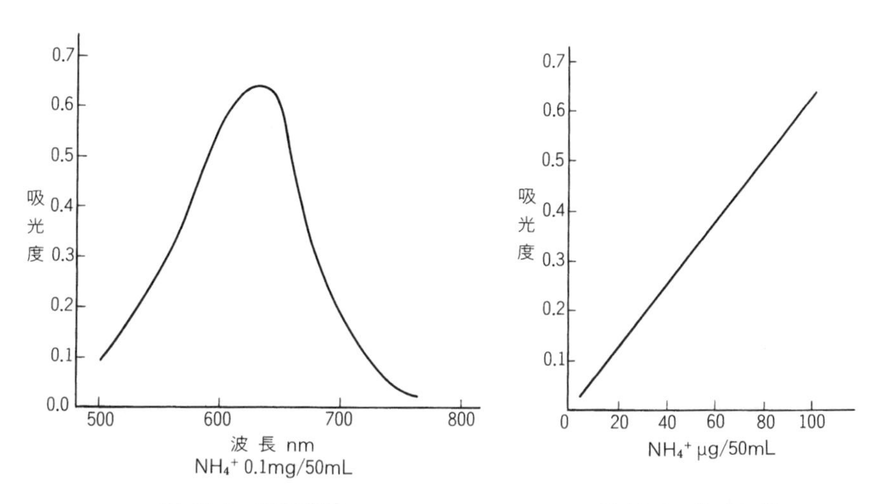

図 42.1　吸収曲線　　図 42.2　検 量 線

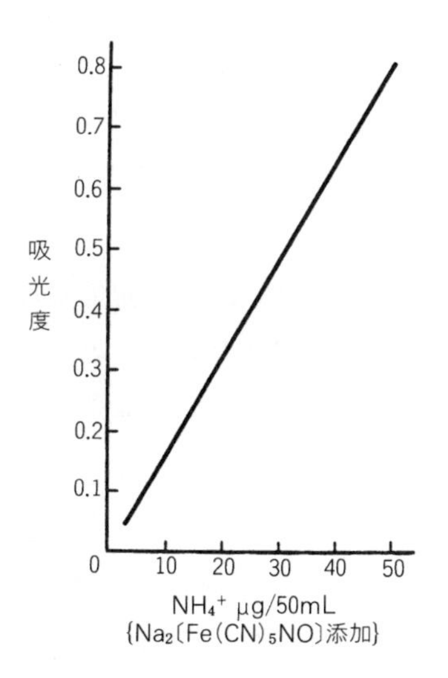

図 42.3　検 量 線

42.3 中和滴定法 [1),2)]

規格の **42.1** によって蒸留を行い，留出したアンモニアを一定量の硫酸（25 mmol/L）中に吸収させた後，50 mmol/L 水酸化ナトリウム溶液で残った硫酸を滴定してアンモニウムイオンを定量する。

1. 操 作

（**1**） 試料中のアミン類は，蒸留の際，アンモニアとともに留出して滴定されるので妨害となる。このような場合には，インドフェノール青吸光光度法を用いて定量するとよい。

（**2**） **規格**の **42.3 b) 2)** の操作によって硫酸（25 mmol/L）50 mL に相当する 50 mmol/L 水酸化ナトリウム溶液の mL 数が求められるから，**規格**の **42.1 c)** で留出したアンモニアの捕集に用いる硫酸（25 mmol/L）の標定を行う必要はない。ただし，正確に 50 mL を用いる。

（**3**） **規格**の **42. 備考 9.** に示すように，**規格**の **42.1 c) 3)** での硫酸（25 mmol/L）に代え，留出したアンモニアの捕集に，ほう酸溶液（20 g/L）を用いてもよい。この場合は留出したアンモニアと当量だけのほう酸が中和され，また，その量が 25 mmol/L 硫酸によって滴定されるから，ほう酸の濃度，用いる量は正確でなくてよい。ただし，25 mmol/L 硫酸はファクターを求めておく必要がある。

42.4 イオン電極法 [6)〜8)]

定量操作は，**規格**の **34.2** と同じ。ただし，定量範囲：NH_4^+ 0.1〜100 mg/L。前処理したアルカリ性（pH 11〜13）の試料について，アンモニア電極［隔膜形電極（ガス透過膜電極）］を指示電極として電位を測定し，検量線からアンモニウムイオンの濃度を求める。

1. 操 作

（**1**） 前処理を行った試料は，酸性になっているので，あらかじめ水酸化ナトリウム溶液（100 g/L）を滴加して，アルカリ性とし，水を加えて一定量にした試料を用いる。

なお，**規格**の **42. 備考 12.** に記載されているように妨害物質を含まず，前処理を省略できる試料の場合には，**規格**の **3.2** によってろ過した試料についてアルカリ性緩衝液［**規格**の **42.4 a) 4)** による］を加えて操作してもよい。アルカリ性緩衝液は，ISO 6778：1984 によるものである。

（**2**） 液温が変動すると，電位も変動する。このため，測定時の液温は検量線作成時の標準液の液温と±1℃以内に調節する。

（**3**） この方法では，試料の pH，液温，時間，電極の特性，共存物質などの多くの条件が影響する。**規格**の **42. 注**(1)～(7)及び**備考 11.～14.** に詳しく述べられているので参照する。なお，**規格**の **42.4 表 42.1** は ISO 6778：1984 による。また，JIS K 0122（イオン電極測定方法通則）を参照。

（**4**） その他，イオン電極法に共通する事項については，本書 34.2 を参照。

42.5　イオンクロマトグラフ法[9),10)]

定量操作は，**規格**の **48.3** と同じ。ただし，定量範囲：NH_4^+ 0.1～30 mg/L。試薬，装置，操作などの共通する事項は，本書 35.3 及び 48.3 を参照。

アンモニウムイオンの場合は，定量下限はサプレッサーをもったものも，もたないものも，ほとんど変わらない。

1.　試　薬

（**1**） 溶離液，再生液ともに適する組成及び濃度は，装置，充塡剤の種類によって異なるので，使用に当たって分離度 1.3 程度であることを確認して用いる。分離度の求め方は本書 35.3 の 2.(3)を参照。

2.　操　作

（**1**） 試料中に懸濁物及び有機物がある場合，共存塩類の濃度が高い場合などの対策は，陰イオンの場合と同様である。本書 35.3 の 4. を参照。

（**2**） そのほか，分離カラムの温度，溶離液の流量，保持時間，ピーク面積などについても，本書 35.3 の 4. を参照。

（**3**） 試料の pH が低くなると良好なクロマトグラムが得られない。試料採取後の保存には pH 2 ～ 3 とし，pH 2 以下にならないようにする。

（4） イオンクロマトグラムの一例を図 42.4 に示す。

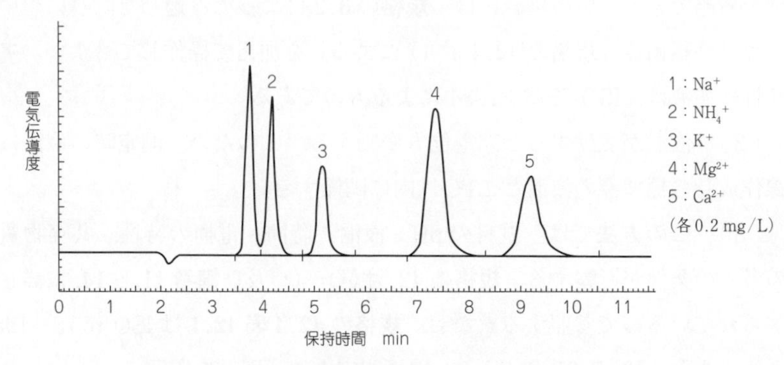

カラム：Shim-Pack IC-SC1G（4.6 mm × 10 mm）
　　　　Shim-Pack IC-SC1（4.6 mm × 150 mm）
移動相：メタンスルホン酸溶液（8 mmol/L）
流　速：1.0 mL/min，カラム温度：30℃，注入量：100 μL
検出器：電気伝導度検出器（サプレッサー）

図 42.4 陽イオンのクロマトグラムの一例（JIS K 0127：2001 解説，編者一部改変）

42.6 流れ分析法 [11)]

前処理（蒸留法）によってアンモニウムイオンを分離した後，流れ分析法によって定量する。定量には JIS K 0170-1 から引用する FIA の 1 方法及び CFA の 1 方法を用いる。なお，懸濁物が多くなく，妨害物質を含まない試料の場合は蒸留操作を省略してもよい。

1. フェノールによるインドフェノール青発色 FIA 法

（1） キャリヤー液（水）に前処理した試料を注入し，次いでフェノール・ペンタシアノニトロシル鉄(Ⅲ)酸ナトリウム溶液，次亜塩素酸ナトリウム溶液を導入し，恒温槽（80℃）で反応させる。生じた青のインドフェノールの 660 nm 付近の吸光度を測定する。

（2） 前処理蒸留には多くの注意が必要である。本書の 42.1 の 3.（1）～（3）を参照。

（3） 前処理蒸留をしない場合は，金属元素類，マグネシウム，カルシウムなどは水酸化物，炭酸塩などの沈殿を生じて妨害するが，これらの大部分はEDTAの添加で防止できる。

（4）　フェノールに代え，類似の化合物サリチル酸ナトリウムを用いることもできる。その場合はフェノール・ペンタシアノニトロシル鉄(Ⅲ)酸ナトリウム溶液に代え，サリチル酸・ペンタシアノニトロシル鉄(Ⅲ)酸ナトリウム溶液を用いる。

2.　フェノールによるインドフェノール青発色CFA法

（1）　CyDTA溶液［CyDTA（*trans*-1,2-シクロヘキサンジアミン四酢酸），ペンタシアノニトロシル鉄(Ⅲ)酸ナトリウム，ドデシル硫酸ナトリウム］の流れを空気で分節し，前処理した試料及び水（洗浄水）を導入する。続いて，フェノール溶液，次亜塩素酸ナトリウム溶液を順次導入し，恒温槽（45℃）で反応させ，生じた青のインドフェノールの630 nm付近の吸光度を測定する。

（2）　CyDTAは蒸留しない試料での金属類の沈殿生成を防ぐ。

（3）　その他，1.を参照。

42.7　サリチル酸−インドフェノール青吸光光度法[12),13)]

本書42.2の反応式でも記しているように，アンモニウムイオンは次亜塩素酸と反応してモノクロルアミンとなり，これがフェノール，サリチル酸，と反応して青色化合物が生じる。それらの試薬を用いた場合の発色条件などを表42.2に示す。ISO 7150-1では，表に示すように加水分解によって次亜塩素酸イオンを生じるジクロロイソシアヌル酸でモノクロルアミンを生成させ，その後発色試薬のサリチル酸ナトリウムと反応させてインドフェノール青を生成させている。これらの試薬はいずれも固体試薬であり，溶液の調製が容易であるとともに，フェノールのような刺激性がない。しかし，発色温度が発色に影響するため，**旧規格**では**附属書1X**に記載されていたが，発色温度と時間を正しく守るように記載し，**規格**の**42.7**として規格された。

注意点などを以下に示す。

規格の**42.7 c) 3)** 及び**4)** にあるように，検量線作成時及び試料測定時の発色温度25± 1 ℃，発色温度30分間以上，測定時間発色後1時間以内という条件を厳守する。その他の注意事項などは本書42.の参考文献12）及び13）を参照。

表42.2　インドフェノール青吸光光度法の発色条件

試験方法	塩素化剤溶液（最終発色溶液中での濃度）	発色剤溶液（最終発色溶液中での濃度）	アルカリ濃度	発色温度 ℃	発色時間 min	波長 nm
JIS K 0102	次亜塩素酸溶液（0.67 mmol/50 ml）	ナトリウムフェノキシド溶液（13.3 mmol/50 ml）	0.45 mmol/50 ml	20～25	30	630
ISO 6778	ジクロロイソシアヌル酸ナトリウム溶液（0.03 mmol/50 ml）	サリチル酸ナトリウム溶液（3.2 mmol/50 ml）	3.2 mmol/50 ml	25±1	60	655

参考文献

1）高野茂（1967）：工業用水，No. **110**，61
2）J. M. Bremner, D. R. Keeney（1965）：Anal. Chim. Acta, **32**, 485
3）W. T. Bolleter, C. J. Bushman, P. W. Tidwell（1961）：Anal. Chem., **33**, 592
4）M. P. Berthelot（1859）：Rép. Chim. Appl., **1**, 284
5）J. A. Tetlow, A. L. Wilson（1964）：Analyst, **89**, 453
6）C. Midgley, K. Terrance（1972）：Analyst, **97**, 626
7）R. L. Booth, R. F. Thomas（1973）：Environ. Sci. Technol., **7**, 523
8）U. S. Environmental Protection Agency（1974）：Methods for Chemical Analysis of Water and Wastes, **EPA-625-16-74-003**
9）H. Small, T. S. Stevens, W. C. Bauman（1975）：Anal. Chem., **47**, 1801
10）D. T. Gjerde, J. S. Fritz, G. Schmuckler（1979）：J. Chromatogr., **186**, 509
11）28.の参考文献10）～15）
12）原一義，中村栄子（2003）：工業用水，No. **541**，7
13）中村栄子（2001）：工業用水，No. **516**，63

43. 亜硝酸イオン（NO_2^-）及び硝酸イオン（NO_3^-）

43. 亜硝酸イオン（NO_2^-）及び硝酸イオン（NO_3^-）

43.1 亜硝酸イオン（NO_2^-） 亜硝酸イオンの定量には，ナフチルエチレンジアミン吸光光度法，イオンクロマトグラフ法又はナフチルエチレンジアミン発色による流れ分析法を適用する。亜硝酸イオンは変化しやすいので，試験は試料採取後，直ちに行う。直ちに行えない場合には，**3.3** によって保存し，できるだけ早く試験する。ただし，イオンクロマトグラフ法を適用する場合には，**3.3** の保存処理を行わず，試料採取後，直ちに試験する。

なお，ナフチルエチレンジアミン吸光光度法は，1984 年に第 1 版として発行された **ISO 6777**，イオンクロマトグラフ法は，1995 年に第 1 版として発行された **ISO 10304-2**，ナフチルエチレンジアミン発色による流れ分析法は，1996 年に第 1 版として発行された **ISO 13395** との整合を図ったものである。

備考 この試験方法の対応国際規格を，次に示す。

なお，対応の程度を表す記号は，**ISO/IEC Guide 21-1** に基づき，IDT（一致している），MOD（修正している），NEQ（同等でない）とする。

ISO 6777:1984，Water quality－Determination of nitrite－Molecular absorption spectrometric method（MOD）

ISO 10304-2:1995, Water quality－Determination of dissolved anions by liquid chromatography of ions－Part 2: Determination of bromide，chloride，nitrate，nitrite，orthophosphate and sulfate in waste water（MOD）

ISO 13395:1996，Water quality－Determination of nitrite nitrogen and nitrate nitrogen and the sum of both by flow analysis (CFA and FIA) and spectrometric detection（MOD）

43.1.1 ナフチルエチレンジアミン吸光光度法 試料に，スルファニルアミド（4-アミノベンゼンスルホンアミド）を加え，これを亜硝酸イオンによってジアゾ化し，*N*-1-ナフチルエチレンジアミン二塩酸塩（二塩化 *N*-1-ナフチルエチレンジアンモニウム）を加えて生じる赤い色のアゾ化合物の吸光度を測定して亜硝酸イオンを定量する。

定量範囲：NO_2^- 0.6～6 μg，繰返し精度：3～10 %

a) 試薬 試薬は，次による。

1) **水** **JIS K 0557** に規定する **A3** の水

2) **4-アミノベンゼンスルホンアミド溶液** **JIS K 9066** に規定するスルファニルアミド（4-アミノベンゼンスルホンアミド）2 g を，**JIS K 8180** に規定する塩酸 60 mL と水 80 mL とに溶かし，更に水を加えて 200 mL とする。

3) **二塩化 *N*-1-ナフチルエチレンジアンモニウム溶液** **JIS K 8197** に規定する *N*-1-ナフチルエチレンジアミン二塩酸塩（二塩化 *N*-1-ナフチルエチレンジアンモニウム）0.2 g を水に溶かして 200 mL とする。着色ガラス瓶に入れて保存し，1 週間以上経過したものは使用しない。

4) **亜硝酸イオン標準液（NO_2^- 1 mg/mL）** **JIS K 8019** に規定する亜硝酸ナトリウムを 105～110 ℃で約 4 時間加熱し，デシケーター中で放冷する。その亜硝酸ナトリウムの純度を求め([1])，$NaNO_2$ 100 % に対して 1.50 g に相当する亜硝酸ナトリウムをとり，少量の水に溶かして全量フラスコ 1 000 mL に移し入れ，水を標線まで加える。使用時に調製する。

5) 亜硝酸イオン標準液（NO_2^- 20 μg/mL） 亜硝酸イオン標準液（NO^{2-} 1 mg/mL）10 mL を全量フラスコ 500 mL にとり，水を標線まで加える。使用時に調製する。

6) 亜硝酸イオン標準液（NO_2^- 2 μg/mL） 亜硝酸イオン標準液（NO_2^- 20 μg/mL）20 mL を全量フラスコ 200 mL にとり，水を標線まで加える。使用時に調製する。

注(1) 亜硝酸ナトリウムの純度は，**JIS K 8019** による。

b) 装置 装置は，次による。

1) 光度計 分光光度計又は光電光度計

c) 操作 操作は，次による。

1) **3.2** でろ過した試料(2)の適量（NO_2^-として 0.6〜6 μg を含む。）をメスシリンダー（有栓形）10 mL にとり，水を加えて 10 mL とする。

2) 4-アミノベンゼンスルホンアミド溶液 1 mL を加えて振り混ぜ，約 5 分間放置した後，二塩化 *N*-1-ナフチルエチレンジアンモニウム溶液 1 mL を加えて振り混ぜ，室温で約 20 分間放置する。

3) 溶液の一部を吸収セルに移し，波長 540 nm 付近の吸光度を測定する。

4) 空試験として水 10 mL をメスシリンダー（有栓形）10 mL にとり，**2)**及び **3)**の操作を行って吸光度を測定し，試料について得た吸光度を補正する。

5) 検量線から亜硝酸イオンの量を求め，試料中の亜硝酸イオンの濃度（NO_2^- mg/L）を算出する。

注(2) ろ過しても，色又は濁りが残る場合には，**JIS K 0101** の **36.1.1 (3.1)**の硫酸亜鉛による凝集沈殿，又は次の硫酸アルミニウム凝集沈殿法によって除去する。

- 試料 100 mL につき硫酸カリウムアルミニウム溶液（**JIS K 8255** に規定する硫酸カリウムアルミニウム・12 水 5 g を水に溶かして 100 mL とする。）2 mL 及び水酸化ナトリウム溶液（40 g/L）［**21. a) 3)**による。］を加えて水酸化アルミニウムのフロックを生成させ，数分間放置した後，ろ過（初めのろ液約 20 mL は捨てる。）して澄明な溶液とする。
- 凝集沈殿処理すると水酸化アルミニウムに亜硝酸イオンが一部吸着されて発色が低下するので，別に，亜硝酸イオン標準液（NO_2^- 2 μg/mL）を段階的にとり，同様に処理したものを用いて検量線を作成して定量する。

d) 検量線 検量線の作成は，次による。

1) 亜硝酸イオン標準液（NO_2^- 2 μg/mL）3〜30 mL を段階的に全量フラスコ 100 mL にとり，水を標線まで加える。その中からそれぞれ 10 mL をメスシリンダー（有栓形）10 mL にとる。

2) **c) 2)**〜**4)**の操作を行って亜硝酸イオン（NO_2^-）の量と吸光度との関係線を作成する。

備考 1. 一般に，亜硝酸イオンは，残留塩素などの酸化性物質と共存することはないが，亜硝酸イオンが存在しなくても残留塩素，クロロアミン類（モノクロロアミン，ジクロロアミン及び三塩化窒素）などが存在すると赤に発色して亜硝酸イオンとして誤認されることがある。

試料中の酸化性物質の存在を確認するには，次のように操作する。

1) 試料 100 mL をとり，ふっ化カリウム溶液（300 g/L）［**19.**の注(3)による。］1 mL と **JIS K 9501** に規定するアジ化ナトリウム 0.5 g とを加える。

2) 塩酸（1＋1）［**24.3 a) 2)**による。］を加えて酸性（pH 約 1）とし，**JIS K 8913** に規定するよう化カリウム 1 g を加えてかき混ぜた後，暗所に数分間放置する。

3) これに指示薬としてでんぷん溶液（10 g/L）［**19. a) 5)**による。］2 mL を加える。よう素でんぷんの青い色が認められる場合は，酸化性物質が存在する。

4) このような試料について亜硝酸イオンを試験するには，この操作を行った後，よう素でんぷんの青い色が消えるまで，亜硫酸ナトリウム溶液（50 mmol/L）（**JIS K 8061** に規定する亜硫酸ナトリウム 0.63 g を水に溶かして 100 mL とする。）で滴定し，その消費量から，試料中の酸化性物質の量に相当する亜硫酸ナトリウム溶液（50 mmol/L）の量を求め，この量を試料に添加した後，**c) 1)**～**5)**の操作を行う。

2. 次の操作によって亜硝酸イオンを定量してもよい。

1) 試料を **3.2** によってろ過し，その適量（NO_2^-として 3～30 μg を含む。）を全量フラスコ 50 mL にとり，水で約 40 mL とし，発色試薬 1 mL を加えた後，水を標線まで加える。

2) 約 20 分間放置後，波長 540 nm 付近の吸光度を測定する。

3) 水について空試験を行い，吸光度を補正する。

4) 検量線は，亜硝酸イオン標準液（NO_2^- 1 μg/mL）3～30 mL を段階的にとって作成する。

5) **発色試薬の調製**　**JIS K 9066** に規定するスルファニルアミド（4-アミノベンゼンスルホンアミド）4 g を，**JIS K 9005** に規定するりん酸 10 mL と水 50 mL との混合溶液に溶かす。これに **JIS K 8197** に規定する *N*-1-ナフチルエチレンジアミン二塩酸塩 0.2 g を加えて溶かし，全量フラスコ 100 mL に入れ，水を標線まで加える。褐色ガラス瓶に入れ，0～10 ℃の暗所に保存すれば，1 か月間は安定である。

備考 3. 亜硝酸イオンの濃度を亜硝酸体窒素で表示する場合は，**35.**の**備考 10.**による。

43.1.3　流れ分析法　試料中の亜硝酸イオンを，**43.1.1** と同様な原理で発色させる流れ分析法によって定量する。

備考 4. 亜硝酸イオンの濃度を亜硝酸体窒素で表示する場合は，**35.**の**備考 10.** による。

定量範囲：NO_2^-　0.03～3 mg/L（亜硝酸体窒素として 0.01～1 mg/L），繰返し精度：10 %以下

試験操作などは，**JIS K 0170-2** で規定された亜硝酸体窒素に関する規定による。

43.2　硝酸イオン（NO_3^-）　硝酸イオンの定量には，還元蒸留-インドフェノール青吸光光度法，還元蒸留-中和滴定法，銅・カドミウムカラム還元-ナフチルエチレンジアミン吸光光度法，ブルシン吸光光度法，イオンクロマトグラフ法又はカドミウム還元-ナフチルエチレンジアミン発色による流れ分析法を適用する。

この試験は，試料採取後，直ちに行う。直ちに行えない場合には，**3.3** によって保存し，できるだけ早く試験する。ただし，イオンクロマトグラフ法を適用する場合には，**3.3** の保存処理を行わず，試料採取後直ちに試験する。

なお，イオンクロマトグラフ法は，1995 年に第 1 版として発行された **ISO 10304-2**，カドミウム還元-ナフチルエチレンジアミン発色による流れ分析法は，1996 年に第 1 版として発行された **ISO 13395** との整合を図ったものである。

備考　この試験方法の対応国際規格を，次に示す。

なお，対応の程度を表す記号は，**ISO/IEC Guide 21-1** に基づき，IDT（一致している），MOD（修正している），NEQ（同等でない）とする。

ISO 10304-2:1995, Water quality－Determination of dissolved anions by liquid chromatography of ions－Part 2: Determination of bromide, chloride, nitrate, nitrite, orthophosphate and sulfate in waste water（MOD）

ISO 13395:1996, Water quality－Determination of nitrite nitrogen and nitrate nitrogen and the sum of both by flow analysis (CFA and FIA) and spectrometric detection（MOD）

43.2.1　還元蒸留-インドフェノール青吸光光度法　試料に水酸化ナトリウムを加えて蒸留を行い，アンモニウムイオン及び一部の有機窒素化合物の分解で生じたアンモニアを除去した後，デバルダ合金を加えて

亜硝酸イオン及び硝酸イオンをアンモニアに還元し，蒸留し，留出したアンモニアを硫酸（25 mmol/L）に吸収させる。次に，この留出液中のアンモニウムイオンをインドフェノール青吸光光度法によって定量し，硝酸イオンと亜硝酸イオンとの合量を求め，その値から，別に，亜硝酸イオンを定量して差し引き，硝酸イオンの量を算出する。

定量範囲：NO_3^- 17〜340 μg，繰返し精度：3〜10 %

a) 試薬 試薬は，次による。

1) 水 JIS K 0557 に規定する **A3** の水

2) 硫酸（25 mmol/L） 42.1 a) 2)による。

3) 硫酸（1＋35） 水 35 容をビーカーにとり，これを冷却し，かき混ぜながら **JIS K 8951** に規定する硫酸 1 容を徐々に加える。

4) 水酸化ナトリウム溶液（40 g/L） 21. a) 3)による。

5) 水酸化ナトリウム溶液（300 g/L） JIS K 8576 に規定する水酸化ナトリウム 30 g を水に溶かして 100 mL とする。使用時に調製する。

6) デバルダ合金 JIS K 8653 に規定するもの。

7) ナトリウムフェノキシド溶液 42.2 a) 3)による。

b) 器具及び装置 器具及び装置は，次による。

1) ガラス器具類 使用前に水でよく洗う。

2) 蒸留装置 42.1 b) 1)による。使用前に水でよく洗う。

3) 光度計 分光光度計又は光電光度計

c) 操作 操作は，次による。

1) 試料の適量（NO_3^-として 0.14 mg 以上を含む。）をとり，試料が中性でない場合には，水酸化ナトリウム溶液（40 g/L）又は硫酸（1＋35）で pH 約 7 に調節する。

2) これを水で蒸留フラスコに洗い移し，水酸化ナトリウム溶液（300 g/L）10 mL と沸騰石（粒径 2〜3 mm）5〜7 個とを加え，水を加えて約 350 mL とし，**42.1 c) 3)〜5)**の蒸留操作を行って([3])アンモニアを除去し，冷却器及び逆流止めを取り外し，冷却器の内管及び逆流止めの内外を水でよく洗う。

3) 蒸留フラスコ中の残留液を放冷する。

4) 受器に別のメスシリンダー（有栓形）200 mL を用い，硫酸（25 mmol/L）50 mL を入れる。

5) 蒸留フラスコ中の残留液にデバルダ合金 3 g を手早く加え，水を加えて約 350 mL とした後，装置を組み立てる。

6) 42.1 c) 4)〜6)の操作を行う([4])。

7) 6)で得た留出液の適量（NH_4^+として 5〜100 μg を含む。）を全量フラスコ 50 mL に分取し，水を加えて約 25 mL とする。

8) 42.2 c) 2)〜5)の操作を行って吸光度を測定する。

9) 空試験として水約 100 mL を蒸留フラスコにとり，水酸化ナトリウム溶液（300 g/L）10 mL を加えた後，**4)〜6)**の操作を行う。

10) 9)で得た留出液について，**7)**と同量を全量フラスコ 50 mL に分取し，**8)**の操作を行って吸光度を測定し，試料について得た吸光度を補正する。

11) 42.2 d)の検量線から，分取した留出液中のアンモニウムイオンの量（NH_4^+ mg）を求める。

12) 別に，**43.1** によって試料中の亜硝酸イオンの濃度（NO_2^- mg/L）を求める。

13) 次の式によって試料中の硝酸イオンの濃度（NO_3^- mg/L）を算出する。

$$N = a \times 3.437 \times \frac{1\,000}{V_1} \times \frac{200}{V_2} - C \times 1.348$$

ここに，　N：　硝酸イオンの濃度（NO_3^- mg/L）
a：　**11)**で求めた留出液中のアンモニウムイオンの質量（NH_4^+ mg）
3.437：　アンモニウムイオンを硝酸イオンの相当量に換算するときの係数 $\left(\frac{62.00}{18.04}\right)$
V_1：　試料量（mL）
V_2：　**7)**で分取した留出液量（mL）
C：　**12)**で求めた試料中の亜硝酸イオンの濃度（NO_2^- mg/L）
1.348：　亜硝酸イオンを硝酸イオンの相当量に換算するときの係数 $\left(\frac{62.00}{46.01}\right)$

注([3])　この操作では，受器には硫酸（25 mmol/L）に代え，水を入れておいてもよい。
([4])　蒸留の始めに泡立ちが激しいときは加熱を弱め，約 10 分間経過して泡立ちが静まってから再び蒸留する。

備考 5.　**c) 2)**の操作で留出したアンモニアには，試料中に存在したアンモニウムイオンのほか，有機窒素化合物の分解によって生じたものを含む場合があるので，この留出液を用いて試料中のアンモニウムイオンの定量を行ってはならない。

6.　硝酸イオンの濃度を硝酸体窒素で表示する場合は，**35.**の**備考 10.**による。

43.2.2　還元蒸留-中和滴定法　試料に水酸化ナトリウムを加えて蒸留を行い，アンモニウムイオン及び一部の有機窒素化合物の分解で生じたアンモニアを除去した後，デバルダ合金を加えて亜硝酸イオン及び硝酸イオンをアンモニアに還元し，蒸留し，留出したアンモニアを一定量の硫酸（25 mmol/L）中に吸収させ，中和滴定法によって亜硝酸イオン及び硝酸イオンに相当する量を求める。別に，亜硝酸イオンを定量して差し引き，硝酸イオンの量を算出する。

定量範囲：NO_3^- 1〜140 mg，繰返し精度：3〜10 %

a)　試薬　試薬は，次による。

1)　**水　JIS K 0557** に規定する **A3** の水
2)　**硫酸（25 mmol/L）　42.1 a) 2)**による。
3)　**硫酸（1＋35）　JIS K 8951** に規定する硫酸を用いて調製する。
4)　**50 mmol/L 水酸化ナトリウム溶液　42.3 a) 4)**による。
5)　**水酸化ナトリウム溶液（40 g/L）　21. a) 3)**による。
6)　**水酸化ナトリウム溶液（300 g/L）　43.2.1 a) 5)**による。
7)　**デバルダ合金　43.2.1 a) 6)**による。
8)　**メチルレッド-ブロモクレゾールグリーン混合溶液　15.**の**注**([1])による。

b)　器具及び装置　器具及び装置は，次による。

1)　**ガラス器具類**　使用前に水でよく洗う。
2)　**蒸留装置　42.1 b) 1)**による。使用前に水でよく洗う。

c)　操作　操作は，次による。

1)　試料の適量（NO_3^-として 1 mg 以上，NO_2^-及びNO_3^-の合量がNO_3^-として 140 mg 以下を含む。）をとり，試料が中性でない場合には，水酸化ナトリウム溶液（40 g/L）又は硫酸（1＋35）で pH を約 7 に調節する。

2) これを水で蒸留フラスコに洗い移し，水酸化ナトリウム溶液（300 g/L）10 mL と沸騰石（粒径 2～3 mm）5～7 個とを加え，水を加えて約 350 mL とし，**42.1 c) 3)～5)**の蒸留操作を行って([3])アンモニアを除去し，冷却器と逆流止めを取り外し，冷却器の内管及び逆流止めの内外を水でよく洗う。

3) 蒸留フラスコ中の残留液を放冷する。

4) 受器として三角フラスコ 500 mL を用い，これに硫酸（25 mmol/L）50 mL を正確に加え，指示薬としてメチルレッド-ブロモクレゾールグリーン混合溶液 5～7 滴を加えておく。

5) 蒸留フラスコ中の残留液にデバルダ合金 3 g を手早く加え，水を加えて約 350 mL とした後，装置を組み立てる。

6) **42.1 c) 4)～6)**の操作を行う([4])。

7) 留出液の全量を用い，**42.3 b) 1)**の滴定操作を行う。

8) 空試験として水約 100 mL を蒸留フラスコにとり，水酸化ナトリウム溶液（300 g/L）10 mL を加えた後，**4)～6)**の操作を行って得られた留出液について **7)**と同様に滴定操作を行う。

9) 別に，**43.1** によって試料中の亜硝酸イオンの濃度（NO_2^- mg/L）を求める。

10) 次の式によって試料中の硝酸イオンの濃度（NO_3^- mg/L）を算出する。

$$N=(b-a)\times f\times\frac{1\,000\times3.100}{V}-C\times1.348$$

ここに，
- N： 硝酸イオンの濃度（NO_3^- mg/L）
- a： 滴定に要した 50 mmol/L 水酸化ナトリウム溶液量（mL）
- b： 空試験に要した 50 mmol/L 水酸化ナトリウム溶液量（mL）
- f： 50 mmol/L 水酸化ナトリウム溶液のファクター
- 3.100： 50 mmol/L 水酸化ナトリウム溶液 1 mL に相当する硝酸イオンの質量（mg）
- V： 試料量（mL）
- C： **9)**で求めた試料中の亜硝酸イオンの濃度（NO_2^- mg/L）
- 1.348： 亜硝酸イオンを硝酸イオンの相当量に換算するときの係数 $\left(\frac{62.00}{46.01}\right)$

備考 7. 硝酸イオンの濃度を硝酸体窒素で表示する場合は，**35.**の**備考 10.**による。

43.2.3 銅・カドミウムカラム還元-ナフチルエチレンジアミン吸光光度法 試料中の硝酸イオンを，銅・カドミウムカラムによって還元して亜硝酸イオンとし，ナフチルエチレンジアミン吸光光度法によって定量し，硝酸イオンの濃度を求める。

定量範囲：NO_3^- 0.8～8 μg，繰返し精度：3～10 %

a) 試薬 試薬は，次のものを用いる。

1) 水 JIS K 0557 に規定する **A3** の水

2) 塩酸（1＋11） JIS K 8180 に規定する塩酸を用いて調製する。

3) 塩化アンモニウム-アンモニア溶液 JIS K 8116 に規定する塩化アンモニウム 100 g を水約 700 mL に溶かした後，**JIS K 8085** に規定するアンモニア水 50 mL を加え，更に水を加えて 1 L とする。

4) カラム活性化液 水約 700 mL に水酸化ナトリウム溶液（80 g/L）（**JIS K 8576** に規定する水酸化ナトリウムを用いて調製する。）70 mL を加えたものに，**JIS K 8107** に規定するエチレンジアミン四酢酸二水素二ナトリウム二水和物 38 g 及び **JIS K 8983** に規定する硫酸銅（II）五水和物 12.5 g を溶かし，更に水酸化ナトリウム溶液（80 g/L）を滴加して溶液の pH を 7 とした後，水を加えて 1 L とする。

5) **銅・カドミウムカラム充塡剤**　粒状カドミウム（粒径 0.5～2 mm）約 40 g を三角フラスコ 300 mL にとり，塩酸（1＋5）（**JIS K 8180** に規定する塩酸を用いて調製する。）約 50 mL を加えて振り混ぜて，カドミウムの表面を洗浄し，洗液を捨て，水約 100 mL ずつで 5 回洗浄する。次に，硝酸（1＋39）（**JIS K 8541** に規定する硝酸を用いて調製する。）約 50 mL を加えて振り混ぜてカドミウムの表面を洗浄し，洗液を捨てる。この操作を 2 回行った後，水約 100 mL ずつで 5 回洗浄する。次に，カラム活性化液 200 mL を加えて約 24 時間放置し，カドミウムの表面に銅の皮膜を形成させる。この銅-カドミウムカラム充塡剤は，このまま密栓して保存することができる。

なお，この方法で調製したものに代え，市販の銅-カドミウムカラム充塡剤を用いてもよい。

6) **カラム充塡液**　塩化アンモニウム-アンモニア溶液を水で 10 倍に薄める。

7) **硝酸イオン標準液（NO_3^- 1 mg/mL）** **JIS K 8548** に規定する硝酸カリウムをあらかじめ 105～110 ℃で約 2 時間加熱し，デシケーター中で放冷する。その 1.63 g をとり，水に溶かして全量フラスコ 1 000 mL に移し入れ，水を標線まで加える。0～10 ℃の暗所に保存する。

8) **硝酸イオン標準液（NO_3^- 10 μg/mL）**　硝酸イオン標準液（NO_3^- 1 mg/mL）10 mL を全量フラスコ 1 000 mL にとり，水を標線まで加える。使用時に調製する。

b) **器具及び装置**　器具及び装置は，次による。

1) **銅・カドミウムカラム**　**図 43.1 a)** に示すようなガラス管の底部に **JIS K 8251** に規定するガラスウールを詰め，カラム充塡液を満たした後，銅・カドミウムカラム充塡剤を空気に触れないように流し入れる。上部にガラスウールを詰め，円筒形滴下漏斗を取り付ける。次に，円筒形滴下漏斗から，カラム充塡液 100 mL，硝酸イオン標準液（NO_3^- 1 mg/mL）をカラム充塡液で 100 倍に薄めた溶液 200 mL，更にカラム充塡液 100 mL の順で，流量約 10 mL/min で流下させる。このとき，カラム内の溶液の液面は，充塡剤より僅かに上部になるようにする。

なお，銅・カドミウムカラムを使用しないときは，銅・カドミウムカラム充塡剤が空気に触れないように，上部までカラム充塡液を入れておく。銅・カドミウムカラムは使用に伴って劣化し，硝酸イオンの亜硝酸イオンへの還元率が低下するので，必要に応じ，カラム活性化液を用いて再生する。再生には，銅・カドミウムカラムにカラム活性化液を満たし，2～3 時間放置した後，カラム充塡液で洗浄する([5])。

2) **光度計**　分光光度計又は光電光度計

注([5])　試料について，15～20 回使用するごとにカラム活性化液約 20 mL を銅・カドミウムカラムに流し，次に，カラム充塡液約 100 mL で洗浄すれば，硝酸イオンの還元率の低下を防ぐことができる。

単位 mm

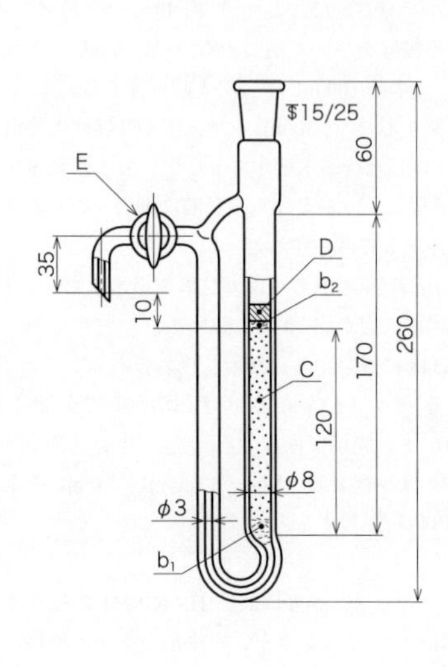

a) 銅・カドミウムカラム

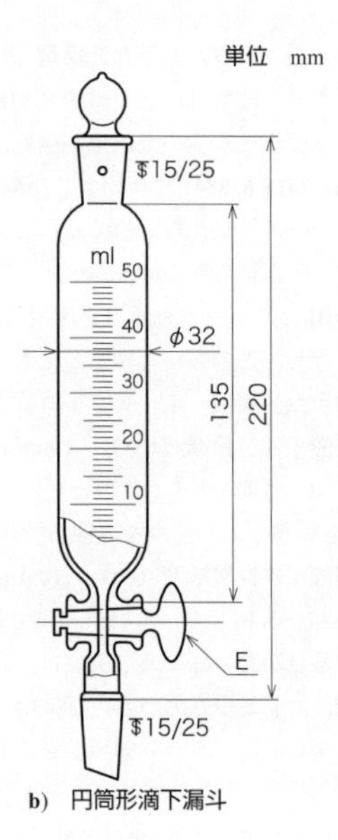

b) 円筒形滴下漏斗

b_1, b_2: ガラスウール
C: 銅・カドミウムカラム充塡剤
D: カラム充塡液
E: 一方コック

図 43.1 銅・カドミウムカラムの例

c) 操作 操作は，次による。

1) **3.2** でろ過した試料(6) (7)の適量 (NO_3^-として 8 μg 以上，NO_2^-と NO_3^-との合量が NO_3^-として 80 μg 以下を含む。）を全量フラスコ 100 mL にとる。

2) これに塩化アンモニウム-アンモニア溶液 10 mL を加え，更に水を標線まで加えて還元用溶液とする。

3) 上部の円筒形滴下漏斗に還元用溶液を入れ，銅・カドミウムカラム内の液面を銅・カドミウムカラム充塡剤より僅かに上部に保ちながら約 10 mL/min で流下させ，流出液約 30 mL を捨てる。還元用溶液を追加し，同様に流下させ，その後の 30 mL をメスシリンダー50 mL に集める。

4) この流出液から 10 mL を共栓試験管にとり，**43.1.1 c) 2)**及び **3)**の操作を行う。

5) 空試験として水を全量フラスコ 100 mL にとり，**2)**～**4)**の操作を行って吸光度を測定し，試料について得た吸光度を補正する。

6) 検量線から **4)**での流出液 10 mL 中の硝酸イオンの量を求め，試料中の亜硝酸イオンと硝酸イオンとの合量の濃度（硝酸イオン換算量）(NO_3^- mg/L）を算出する。

7) 別に，**43.1.1** によって試料中の亜硝酸イオンの濃度（NO_2^- mg/L）を求める。

8) 次の式によって試料中の硝酸イオン濃度（NO_3^- mg/L）を算出する。

$$N=a-b\times1.348$$

ここに， N: 硝酸イオンの濃度（NO_3^- mg/L）

a: **6)**で算出した試料中の亜硝酸イオンと硝酸イオンとの合量（NO_3^- mg/L）

b：　7)で求めた試料中の亜硝酸イオンの濃度（NO_2^- mg/L）
1.348：　亜硝酸イオンを硝酸イオンの相当量に換算するときの係数 $\left(\frac{62.00}{46.01}\right)$

注(6)　注(2)による。ただし，凝集沈殿処理しても色が残る場合には，この方法を適用することはできない。このような場合には，**43.2.1** 又は **43.2.2** によって定量する。

(7)　酸化性物質及び還元性物質は，妨害するのであらかじめ除去する。残留塩素などの酸化性物質が共存する場合には，当量の亜硫酸ナトリウム溶液（6.3 g/L）（**JIS K 8061** に規定する亜硫酸ナトリウム 0.63 g を水に溶かして 100 mL とする。）又は亜ひ酸ナトリウム溶液［**JIS K 8044** に規定する三酸化二ひ素 0.5 g を水酸化ナトリウム溶液（40 g/L）［**21. a) 3)**による。］5 mL に溶かした後，塩酸（1＋11）6 mL を加え，水で 100 mL とする。］を加えた後，試験する。また，亜硫酸イオンなどの還元性物質が共存する場合には，弱アルカリ性にして当量の過酸化水素（1＋100）（**JIS K 8230** に規定する過酸化水素を用いて調製する。）を加えた後，試験する。

d)　検量線　検量線の作成は，次による。

1)　硝酸イオン標準液（NO_3^- 10 μg/mL）0.8～8 mL を全量フラスコ 100 mL に段階的にとり，**c) 2)～5)** の操作を行って硝酸イオン（NO_3^-）の量と吸光度との関係線を作成する。

備考 8.　硝酸イオンの濃度を硝酸体窒素で表示する場合は，**35.**の**備考 10.** による。

43.2.6　流れ分析法　試料中の硝酸イオンを，**43.2.3** と同様な原理で還元発色させる流れ分析法によって定量する。

定量範囲：NO_3^-　0.09～88 mg/L（硝酸体窒素として 0.02～20 mg/L），繰返し精度：10 %以下

試験操作などは，**JIS K 0170-2** で規定された硝酸体窒素に関する規定による。

備考 12. 硝酸イオンの濃度を硝酸体窒素で表示する場合は，**35.**の**備考 10.** による。

亜硝酸イオンの吸光光度定量にはアゾ化合物を生成させる反応に基づく方法が各種あり，ナフチルアミン吸光光度法が用いられたこともあるが，試薬の毒性などの理由で，ナフチルエチレンジアミン吸光光度法を用いる。一方，硝酸イオンについてはブルシン吸光光度法以外は直接定量するのは困難なため，アンモニウムイオン又は亜硝酸イオンに変えた後，定量する。また，イオンクロマトグラフ法は，ふっ化物イオン，亜硝酸イオン，硝酸イオン，塩化物イオン，硫酸イオン，りん酸イオン，臭化物イオンを同時に定量できる。流れ分析法には，亜硝酸イオン，硝酸イオンそれぞれに，FIA の 2 方法，CFA の 2 方法が用いられ，いずれも，ナフチルエチレンジアミン吸光光変法の原理に基づいている。なお，試料の保存に酸を加えてはならない。亜硝酸イオンの濃度は急激に減少する（本書 3.3 参照）。

43.1 亜硝酸イオン（NO_2^-）

43.1.1 ナフチルエチレンジアミン吸光光度法[8]

この方法は，酸性溶液で亜硝酸イオンによって4-アミノベンゼンスルホンアミドをジアゾ化し，これと二塩化*N*-1-ナフチルエチレンジアミンとのカップリングによって赤紫のアゾ色素を生成させるものである。

$$H_2NO_2S-C_6H_4-NH_2 + NO_2^- + 2H^+ \longrightarrow H_2NO_2S-C_6H_4-\overset{+}{N}\equiv N + 2H_2O$$

$$H_2NO_2S-C_6H_4-\overset{+}{N}\equiv N + C_{10}H_7-NH(CH_2)_2NH_2 \longrightarrow H_2NO_2S-C_6H_4-N{=}N-C_{10}H_6-NH(CH_2)_2NH_2 + H^+$$

1. 試　薬

（1） 4-アミノベンゼンスルホンアミド溶液は長期間安定している。二塩化*N*-1-ナフチルエチレンジアンモニウム溶液は3週間程度は安定であるが，強い褐色を示したものは使用しない。

（2） **規格**の**43. 注**(1)に示すように，亜硝酸ナトリウムは，JIS K 8019［亜硝酸ナトリウム（試薬）］の6.(1)によって純度を求める。この方法の概略を示す。

試料1 gを水に溶かして100 mLとし，その10 mLを，硫酸（1+15）80 mLと20 mmol/L過マンガン酸カリウム溶液40 mLとの混合溶液に加え，5分間放置する。50 mmol/Lしゅう酸ナトリウム溶液25 mLを加え，60～70℃に加熱して過剰の過マンガン酸カリウムを反応させ，続いて，残ったしゅう酸ナトリウムを20 mmol/L過マンガン酸カリウム溶液で滴定する（*a* mL）。空試験として，水10 mLをとり，硫酸（1+15）80 mL及び50 mmol/Lしゅう酸ナトリウム溶液25 mLを加え，60～70℃で20 mmol/L過マンガン酸カリウム溶液で滴定する（*b* mL）。

$$純度(wt\%)=\frac{0.003\,450\,0\times(40+a-b)\times f}{S\times\frac{10}{100}}\times 100$$

ここに，f：20 mmol/L 過マンガン酸カリウム溶液のファクター

S：試料の質量（g）

0.003 450 0：20 mmol/L 過マンガン酸カリウム溶液 1 mL の $NaNO_2$ 相当量（g）

2. 操　作

（**1**）4-アミノベンゼンスルホンアミド溶液中の塩酸濃度は約 3.6 mol/L である。この塩酸濃度が約 2.4 mol/L 以上であれば，発色時に溶液は適切な酸濃度になる。

（**2**）発色は全試薬添加後数分間で最大に達し，1 時間はほとんど一定である。また，15〜35℃でほぼ同一の吸光度を示す。

（**3**）銅イオンが共存すると，その触媒作用によって，生成したジアゾ化合物を分解するため負の誤差を与える。

（**4**）吸収曲線と検量線の一例を図 43.1 及び図 43.2 に示す。

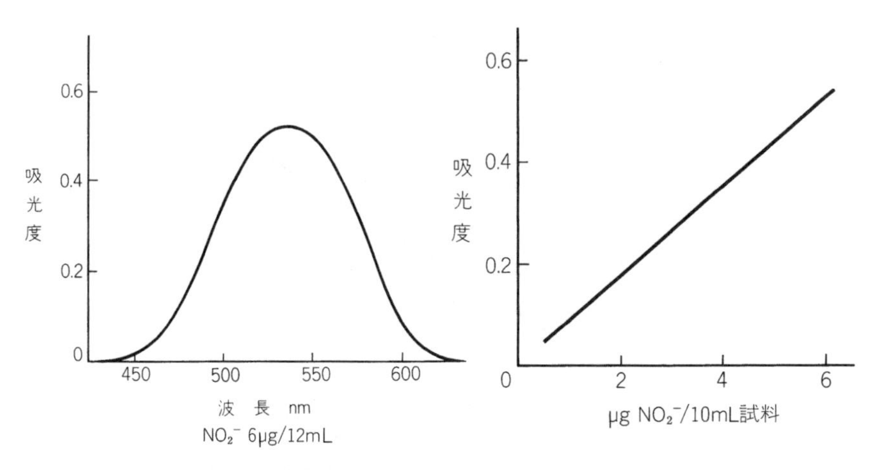

図 43.1　吸収曲線　　**図 43.2　検 量 線**

（5） **規格**の **43. 備考 2.** は，ISO 6777：1984 によるナフチルエチレンジアミン吸光光度法である。この方法では，発色には，**規格**の **43.1.1** 本文と同様に 4-アミノベンゼンスルホンアミドと二塩化 *N*-1-ナフチルエチレンジアンモニウムとを用いるが，**規格**の **43.1.1** の本文と異なり，りん酸酸性の両者の混合溶液を用いる。そのため，操作上便利である。この混合試薬は，冷暗所に保存すれば，少なくとも 1 か月は安定である。発色の強さ及び安定性の検討結果は，**規格**の **43.1.1** の本文の方法とほぼ同様で長時間安定していた。したがって，**規格**の **43.1.1** の本文の方法に代えて，排水試料中の亜硝酸イオンの定量に用いることができる。

しかし，この**規格**の **43. 備考 2.** の方法は，**規格**の **43.2.3** により，硝酸イオンを銅・カドミウムカラムで還元して得た溶液中の亜硝酸イオンの定量法としては規定していない。**規格**の **43.2.3** による銅・カドミウムカラム還元では，還元用溶液に，塩化アンモニウム-アンモニア溶液が添加されているので，**規格**の **43. 備考 2.** の発色用の混合溶液を添加した場合，混合溶液中のりん酸がこのアンモニアによって中和され，適切な酸濃度条件となるかどうかが確認されていないことなどによる。

（6） **規格**の **43. 備考 2.** による検量線の一例を図 43.3 に示す。吸収曲線は図 43.1 を参照。

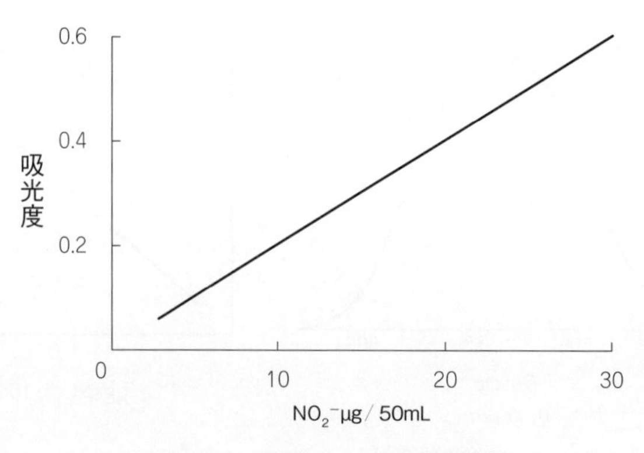

図 43.3　備考 2. による検量線

43.1.2　イオンクロマトグラフ法

この方法を適用する場合には，**規格**の **3.3** の保存処理は行わず，試料採取後，直ちに試験する。

定量操作は，**規格**の **35.3** と同じ。ただし，定量範囲：NO_2^- 0.1～25 mg/L（サプレッサーなし 0.5～25 mg/L）。試薬，装置，操作などの共通する事項は，本書 35.3 を参照。

1.　器具及び装置

（**1**）　検出器は，電気伝導率検出器のほかに，紫外吸光検出器を用いることができる。ただし，この場合の同時定量は，臭化物イオン，亜硝酸イオン，及び硝酸イオンとなる。

2.　操　作

（**1**）　操作に共通する注意事項は，本書 35.3 の 4. を参照。

43.1.3　流れ分析法 [9),10)]

JIS K 0170-2 の箇条 6 から引用する FIA の 2 方法及び CFA の 2 方法を用いる。

1.　りん酸酸性ナフチルエチレンジアミン発色 FIA 法

（**1**）　ISO 13395 に基づく方法である。キャリヤー液（水）の流れに試料を注入し，次いでスルファニルアミド・*N*–ナフチルエチレンジアミン溶液（発色試薬溶液）の流れと混合し，生成した赤のアゾ化合物の 520～560 nm の吸光度を測定する。

（**2**）　発色試薬溶液はスルファニルアミド（4- アミノベンゼンスルホンアミドの慣用名）と *N*–1–ナフチルジアミン二塩酸塩のりん酸酸性混合溶液。冷暗所に保存すれば，3 週間程度は使用できる。2 試薬溶液を別々に調製し，別々の流路として用いてもよい。

（**3**）　この調製方法による発色試薬溶液は，後述する 3. りん酸酸性ナフチルエチレンジアミン発色 CFA 法，本書 43.2 硝酸イオン 43.2.6 流れ分析法の 1. カドミウム還元–りん酸酸性ナフチルエチレンジアミン発色 FIA 法及び 3. カドミウム還元–りん酸酸性ナフチルエチレンジアミン発色 CFA 法にも用いている。

（**4**） 試薬，発色反応，発色条件などについては，本書 43.1.1 を参照。

2.　塩酸酸性ナフチルエチレンジアミン発色 FIA 法

（**1**） 測定原理は 1. の（1）と同じ。**規格**の **43.1.1** に準じて発色試薬溶液を塩酸酸性としたもの。この調製方法による発色試薬は，本書 43.2 硝酸イオン 43.2.6 流れ分析法の 2. カドミウム還元−塩酸酸性ナフチルエチレンジアミン発色 FIA 法及び 4. カドミウム還元−塩酸酸性ナフチルエチレンジアミン発色 CFA 法にも用いている。

3.　りん酸酸性ナフチルエチレンジアミン発色 CFA 法

（**1**） ISO13395 に基づく方法である。緩衝液（pH 7.5）を空気で分節し，試料及び水（洗浄水）を導入する。次に，スルファニルアミド・*N*−1−ナフチルエチレンジアミン溶液を導入し，生じた赤のアゾ化合物の 520～560 nm の吸光度を測定する。

（**2**） 発色試薬溶液は 1. と同じりん酸酸性のスルファニルアミド・*N*−1−ナフチルエチレンジアミン溶液を用いる。緩衝液（pH 7.5）はイミダゾール溶液によるもの。アンモニア−塩化アンモニウム緩衝液（pH 7.5）を用いてもよい。

4.　塩酸酸性ナフチルエチレンジアミン発色 CFA 法

（**1**） 測定原理は 2. と同じ。また，CFA システムの基本構成は 3. と同じ。

システム例では，発色試薬は，スルファニルアミド溶液と *N*−1−ナフチルエチレンジアミン二塩酸塩溶液とを別々に調製し別々の流路で加えている。

なお，この調製方法による発色試薬は，本書 43.2 硝酸イオン 43.2.6 流れ分析法の 4. カドミウム還元−塩酸酸性ナフチルエチレンジアミン色 CFA 法にも用いている。

43.2　硝酸イオン（NO_3^-）

硝酸イオンの定量には 6 種類の方法が規定されているが，原理が異なっており，定量範囲，共存物の影響などが相違している。試験の目的及び試料の性質に応じて方法を選択する。

43.2.1　還元蒸留-インドフェノール青吸光光度法[2)]

試料をアルカリ性としてデバルダ合金を加えると，亜硝酸イオンと硝酸イオンは還元されてアンモニアとなり，蒸留分離できる。試料中に存在したアンモニウムイオンをあらかじめ蒸留して除去した残留液についてこの操作を行い，留出液についてインドフェノール青吸光光度法によってアンモニアを定量して亜硝酸イオン及び硝酸イオンの相当量を求め，別に求めた亜硝酸イオンの量を差し引く。

1.　試薬及び操作

（**1**）　水として，規格ではJIS K 0557のA 3の水を規定しているが，通常，蒸留水が使用できる［本書42.1の1.(1)参照］。**規格**の**43.2.1 c) 9)** の空試験は，あらかじめアンモニアを蒸留除去する操作を行わないから，試料の希釈に用いる水又は中和に用いる試薬にアンモニウムイオンが含まれると誤差の原因となるので注意する。

（**2**）　**規格**の**43.2.1 c) 2)** の操作で試料中のアンモニウムイオンは完全に蒸留除去されるが，徐々に加水分解してアンモニアを生じるような有機物が共存するとその除去は不完全で，還元蒸留においてもアンモニアを生成し，正の誤差を与える。尿素を用いた検討では，硝酸イオンとの共存量2.5，25，250 mgN/Lで，それぞれ約30，15，8%がアンモニアとして留出している。したがって，このような物質を多く含み，硝酸イオンの量の少ない試料では誤差が大きくなる。

有機物の加水分解によるアンモニアの生成は，アルカリの濃度が高いほど速いので，その蒸留除去では**規格**の**43.2.1 c) 2)** に示すように，水酸化ナトリウム溶液（300 g/L）を加えて強いアルカリ性とする。また，硝酸イオンの還元蒸留では，残った有機物の加水分解を少なくするため，留出速度を大きく5～7 mL/minとし，長時間を要しないようにする。

（**3**）　デバルダ合金を加えた後，放置することなく引き続き蒸留操作を行ってよい。亜硝酸イオン，硝酸イオンは，還元蒸留による留出液約100 mLでアンモニアとしてほぼ完全に留出する。留出速度1～10 mL/minでいずれも完全に留出するが，留出速度が大きい方が所要時間が短いため，（2）で述べた有機窒素化合物の分解による誤差は小さくなる傾向がある。このため留出速度は5～7 mL/min とする。

（**4**） アンモニウムイオンの蒸留除去及び硝酸イオンの還元蒸留は，**規格**の**43.2.1** の蒸留方法のほか，いずれも**規格**の **42. 備考 4.** に準じた水蒸気蒸留によってもよい。

（**5**） JIS K 8653［デバルダ合金（試薬）］に規定する成分は亜鉛（5%），銅（50%），アルミニウム（45%）で，窒素含有量は0.003%以下としている。

（**6**） 蒸留後のインドフェノール青吸光光度法によるアンモニアの定量については本書42.2を，また，試料中の亜硝酸イオンの定量については本書43.1.1を参照。

43.2.2　還元蒸留-中和滴定法

規格の **43.2.1** と同じ操作によって試料中のアンモニウムイオンを蒸留除去後，亜硝酸イオン及び硝酸イオンをアンモニアに変えて留出させる。これを一定量の硫酸（25 mmol/L）（又はほう酸溶液）に吸収させ，**規格**の **42.3** の中和滴定法によって捕集したアンモニアを定量し，別に求めた亜硝酸イオンの量を差し引いて硝酸イオンの量を算出する。

1.　操　作

（**1**） 還元蒸留については本書43.2.1，中和滴定については本書42.3を参照。

43.2.3　銅・カドミウムカラム還元-ナフチルエチレンジアミン吸光光度法[1),3)～6)]

表面に銅を析出させたカドミウム粒を詰めたカラムに，アンモニウム塩の緩衝液でpHを調節した試料を通すと，硝酸イオンは還元されて亜硝酸イオンとなるので，ナフチルエチレンジアミン吸光光度法によって試料中に存在した亜硝酸イオンとの合量が定量される。別に求めた試料中の亜硝酸イオンの量を差し引いて硝酸イオンの量を算出する。

硝酸イオンを直接発色させる方法は少ない。水質試験では硝酸イオンを還元して亜硝酸イオンとした後，発色させる。このときの還元では，いわゆる過還元が起こるため亜硝酸イオンの十分な生成率を得にくいが，銅・カドミウムカラム還元法はほぼ100%の還元率が得られる方法である。

1.　試　薬

（1）　銅・カドミウムカラム充塡剤の調製に使う粒状カドミウムは，硝酸塩分析用として市販されているものを用いるとよい。また，**規格**の **43.2.3 a) 5)** の調製方法では，溶液中にEDTAが添加されているため，銅の析出速度は小さく，カドミウム表面に光沢状の皮膜として析出する。

2.　器具及び装置

（1）　カラム中の銅・カドミウム充塡剤は操作中及び保存中に空気に触れないように注意する。カラムは内径8 mm，高さ約200 mmで流出速度を調節できるコックを備えたものであれば使用できるが，**規格**の**図 43.1** に示す構造のものは溶液が常にカラム充塡剤よりも上部に保たれるので充塡剤と空気とが接する心配がなく，使用に便利である。

（2）　カラムは通常の試料では連続して60回以上使用できるが，全窒素の定量に適用するため**規格**の **45.4** で前処理を行った試料の場合などは著しく使用可能回数が減少する（本書45.4参照）。劣化を調べるには，硝酸イオン標準液の適量について，**規格**の **43.2.3 c) 2)～5)** の操作を行って吸光度を求め，別に，一定の濃度の亜硝酸イオン標準液［本書43.1.1の1.(2)参照］について，**規格**の **43.1.1 c) 2)～4)** の操作を行って吸光度を求め比較する。しかし，**規格**の **43. 注**(5)に示すように，15～20回使用ごとにカラム活性化液を流下させれば長期間使用できる。

3.　操　作

（1）　還元用溶液のpHは8.5～9が適切で，ほぼ100%の亜硝酸イオンの生成率が得られる。ただし，流出速度が速いと還元が不十分になり，逆に遅すぎると過還元のおそれがあるので，規定の流出速度を守る。残留塩素が共存すると生成率が低下する。この妨害はチオ硫酸ナトリウム溶液を加えて還元しておくことで防止できる。また，懸濁物が共存すると流下を阻害することがあるのであらかじめろ過しておく。その他，全窒素の定量の目的で，**規格**の **45.4** の前処理においてガラス製耐圧瓶を用いた場合は，シリカによる目詰まりを生じることがある（本書 45.4 の 2. を参照）。

（**2**）　試験操作での流下液には 50 mg/L 程度のカドミウムが含まれる。カラム充塡液を満たして保存した場合は数百 mg/L となる。銅・カドミウムカラム充塡剤を調製した溶液にはさらに多量のカドミウムが含まれる。これらの廃液の取扱いに注意する。

（**3**）　流出液中の亜硝酸イオンの定量については，本書 43.1.1 を参照。

43.2.4　ブルシン吸光光度法 [7)]

強い硫酸酸性で，硝酸イオンをブルシンと反応させて生じる黄色化合物の吸光度を測定して硝酸イオンを定量する。亜硝酸イオンが共存すると正の誤差を生じるので，発色試薬のブルシン溶液に 4-アミノベンゼンスルホン酸（スルファニル酸）を加えておき，亜硝酸イオンを分解して妨害を除く。

1.　試　薬

（**1**）　硫酸(20+3）の調製には，硝酸イオンを含まない良質の硫酸を用いる。空試験を行い黄色の呈色がほとんど認められないことを確認するとよい。また，この溶液は大気中の湿気を吸収するので密栓して保存する。水分を吸収して硫酸が薄くなると呈色が弱くなる。

2.　操　作

（**1**）　この試験は，ろ過した試料について行う。

（**2**）　鉄(Ⅱ) 及び鉄(Ⅲ) イオン及びマンガン(Ⅱ) は**規格**の **43. 備考 9.** に示すように，1 mg/L までは差し支えない。規格にはないが，1 mg/L 以上共存するときは，水酸化物として分離除去するとよい。水酸化物の生成量が少ない場合は，試料に硫酸カリウムアルミニウム溶液（硫酸カリウムアルミニウム・12 水 5 g を溶かして 100 mL とする）を加え，水酸化ナトリウム溶液を加えて水酸化アルミニウムの沈殿を生成させ，凝集ろ過して除去することができる。ただし，この方法では，水酸化アルミニウムに硝酸イオンの一部が吸着されるので，硝酸イオン標準液を同一条件で処理して，検量線を作成する必要がある。

（**3**）　**規格**の **43.2.4 c**）では，2 個ずつ 2 組のビーカー，A_1，A_2 と B_1，B_2

を用いるが，これは，試薬の添加順として，試料にブルシン・4-アミノベンゼンスルホン酸溶液を加えた後，これを硫酸中に加えるためと（添加順を逆にすると発色に影響する），試料と硫酸による呈色を補正するためである。なお，**規格**の **43. 備考 10.** に示すように，発色時の温度条件を同一に保つ必要があるから，ビーカーは同形，同容量のものを用いる。

（**4**）　吸収曲線と検量線の一例を図 43.4 及び図 43.5 に示す。

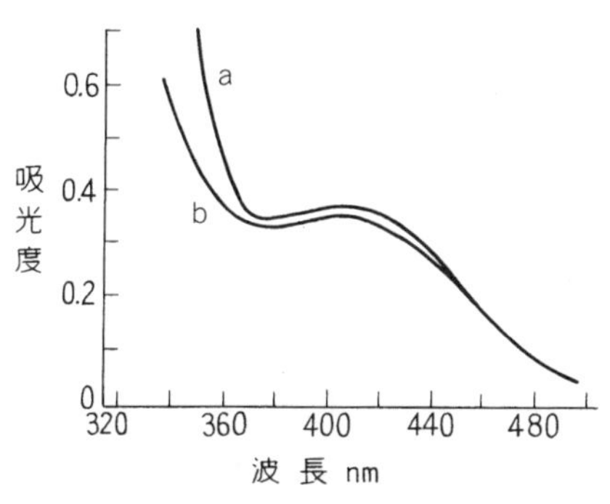

a：B_1の溶液を対照液としてA_1の溶液（NO_3^- 80μg/23mL）の吸収曲線
b：空試験の溶液を対照液としてA_1の溶液（NO_3^- 80μg/23mL）の吸収曲線

図 43.4　吸収曲線

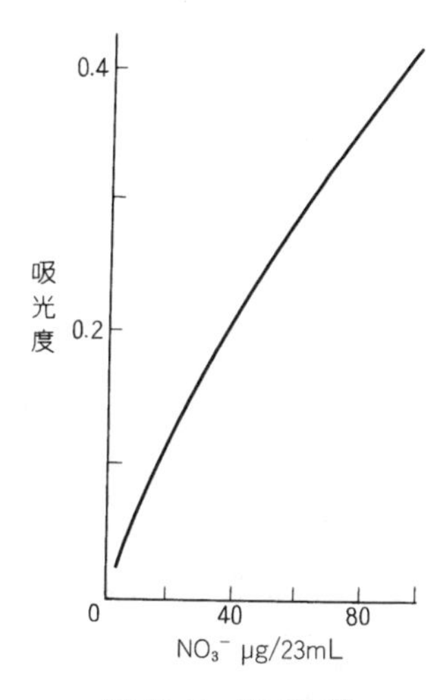

図 43.5　検 量 線

43.2.5　イオンクロマトグラフ法

この方法を適用する場合には，**規格**の **3.3** の保存処理は行わず，試料採取後，直ちに試験する。

定量操作は，**規格**の **35.3** と同じ。ただし，定量範囲：NO_3^- 0.1～50 mg/L（サプレッサーなし 0.5～50 mg/L）。試薬，装置，操作などの共通する事項は，本書 35.3 を参照。

1.　器具及び装置

（**1**）　検出器は，電気伝導率検出器のほかに，紫外吸光検出器を用いることができる。この場合は，臭化物イオン，亜硝酸イオン，及び硝酸イオンの同時定量又は単独定量ができる。

2. 操　作

（**1**） 操作に共通する注意事項は，本書 35.3 の 4. を参照。

43.2.6 流れ分析法 [9),10)]

JIS K 0170-2 の箇条 7 の引用による FIA の 2 方法及び CFA の 2 方法を用いる。

（**1**） いずれの方法も，粒状カドミウムを充塡した還元カラム（又はカドミウム管）を使って硝酸イオンを還元して亜硝酸イオンとし，ナフチルエチレンジアミン発色法で定量する。試料中の硝酸イオンと亜硝酸イオンの合量が定量されるから，別に亜硝酸イオンを定量して差し引く。

（**2**） JIS K 0170-2 には，4 方法に共通し，還元カラムの調製方法及び活性化法が記載されている。

（**3**） 還元カラムによる還元効率は一定であることが重要である。システムの使用前に還元効率の確認を行う方法が規定され，硝酸体窒素標準液を用いての測定で，還元効率が 90% 以上であることが要求される。

1. カドミウム還元・りん酸酸性ナフチルエチレンジアミン発色 FIA 法

（**1**） ISO 13395 に基づく方法である。硝酸イオンを流路中でカドミウムカラムによって還元して亜硝酸イオンとし，以下は本書 43.1 亜硝酸イオンの 43.1.3 流れ分析法の 1. と同様の流路で発色させ，亜硝酸イオンを定量する。別に試料中の亜硝酸イオンを定量して差し引く。

（**2**） 還元カラムには銅被覆のカドミウム粒を用いる。カドミウムの筒を用いることもある。

（**3**） キャリヤー溶液には本書 43.1.3 の 3. と同じイミダゾールによる緩衝液（pH 7.5）を用いる。なお，還元反応は pH 6.5～7.5 を適切としている。

（**4**） 発色に用いるスルファニルアミド・*N*−1−ナフチルエチレンジアミン溶液は，本書 43.1 亜硝酸イオンの 43.1.3 流れ分析法の 1. と同じ調製によるりん酸酸性のもの。

（**5**） 発色については本書 43.1.1 を参照。

2.　カドミウム還元・塩酸酸性ナフチルエチレンジアミン発色 FIA 法

（**1**）　測定原理は 1. と同じ。

（**2**）　キャリヤー溶液には，EDTA を含むアンモニウム - アンモニア緩衝液（pH 8.0～8.5）を用いる。

（**3**）　発色に用いるスルファニルアミド・*N*−1−ナフチルエチレンジアミン溶液は，本書 43.1 亜硝酸イオンの 43.1.3 流れ分析法の 2. と同じ調製によるもの。

3.　カドミウム還元・りん酸酸性ナフチルエチレンジアミン発色 CFA 法

（**1**）　システム例を図 43.6 に示す。

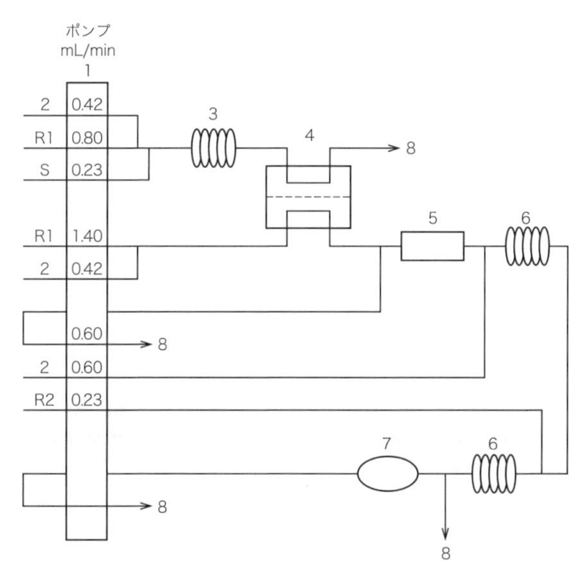

R1：緩衝液
R2：スルファニルアミド・*N*-1-ナフチルエチレンジアミン溶液
S：試料又は水
1：ポンプ
2：セグメントガス（窒素）
3：反応コイル（内径 2.2 mm，長さ 20 cm）
4：透析器
5：還元カラム（内径 4 mm，長さ 5 cm）
6：反応コイル（内径 2.2 mm，長さ 1 m）
7：検出器（吸収セル　光路長 1 cm，波長 520～560 nm）
8：廃液

図 43.6　カドミウム還元・りん酸酸性ナフチルエチレンジアミン発色 CFA 法のシステム例（透析を用いる方法）（JIS K 0170-2：2019）

（**2**） ISO 13395に基づく方法である。硝酸イオンを流路中でカドミウムカラムによって還元して亜硝酸イオンとし，以下は本書の43.1.3の1.と同様に赤のアゾ化合物とし，520～560 nm付近の吸光度を測定する。

（**3**） システム例には共存物質の分離に透析を用いる方法が示されている。透析法は，特にたん(蛋)白質からの分離に有用である。

（**4**） カドミウムによる還元については1.及び2.を参照。

4. カドミウム還元・塩酸酸性ナフチルエチレンジアミン発色CFA法

（**1**） 測定原理は3.と同じ。ただし，透析器は用いない。

（**2**） 2.を参照。

参 考 文 献

1） 環境庁水質保全局編（1983）：窒素・りん公定測定法技術指針（環境公害新聞社）
2） J. M. Bremner, D. R. Keeney（1965）：Anal. Chim. Acta, **32**, 485
3） E. D. Wood, F. A. J. Armstrong, F. A. Richards（1967）：J. Mar. Biol. Assoc. U. K., **47**, 23
4） F. Nydahl（1976）：Talanta, **23**, 349
5） A. Otsuki（1978）：Anal. Chim. Acta, **99**, 375
6） 中村栄子，並木博（1987）：分析化学，36，T5
7） 斎藤義一，杉本カツ子，荻野堅（1971）：分析化学，**20**，542
8） 用水・排水試験方法の国際規格との一体化に関する標準化調査研究（2003, 2005）（日本工業用水協会）
9） 28.参考文献10）～15）
10） 樋口慶郎ほか（2000）：分析化学，**49**，35

44. 有機体窒素

44. 有機体窒素　試料を前処理して有機物を分解し，有機体窒素をアンモニウムイオンに変え，蒸留分離した後，インドフェノール青吸光光度法又は中和滴定法でアンモニウムイオンを定量し，別に，処理前の試料中のアンモニウムイオンを定量して差し引き，有機体窒素を求める。

有機体窒素は変化しやすいので，試験は直ちに行う。直ちに行えない場合には，**3.3** によって保存し，できるだけ早く試験する。

なお，この試験方法は，1984 年に第 1 版として発行された **ISO 5663** との整合を図ったものである。

備考　この試験方法の対応国際規格を，次に示す。

なお，対応の程度を表す記号は，**ISO/IEC Guide 21-1** に基づき，IDT（一致している），MOD（修正している），NEQ（同等でない）とする。

ISO 5663:1984，Water quality－Determination of Kjeldahl nitrogen－Method after mineralization with selenium（MOD）

44.1 前処理（ケルダール法）　試料に，硫酸銅，硫酸及び硫酸カリウムを加え，加熱して有機物を分解する。次に，水酸化ナトリウムを加えてアルカリ性とした後，蒸留し，留出したアンモニアを硫酸（25 mmol/L）に吸収させる。

備考 1.　この方法では，アミノ酸，ポリペプチド，たん白質などは分解しやすいが，ニトロ，ニトロソ，アゾ複素環式化合物（特に，ピリジン環をもつ化合物）などは完全には分解できない。

a) 試薬　試薬は，次による。

1) **水**　**JIS K 0557** に規定する **A3** 又は **A4** の水
2) **硫酸**　**JIS K 8951** に規定するもの。
3) **硫酸（1＋35）**　**JIS K 8951** に規定する硫酸を用いて調製する。
4) **硫酸（25 mmol/L）**　**42.1 a) 2)**による。
5) **水酸化ナトリウム溶液（500 g/L）**　**JIS K 8576** に規定する水酸化ナトリウム 50 g を水に溶かして 100 mL とする。使用時に調製する。
6) **水酸化ナトリウム溶液（40 g/L）**　**21. a) 3)**による。
7) **硫酸カリウム**　**JIS K 8962** に規定するもの。
8) **硫酸銅（II）五水和物**　**JIS K 8983** に規定するものを粉末にしたもの。

b) 器具及び装置　器具及び装置は，次による。

1) **ガラス器具類**　使用前に水でよく洗う。
2) **ケルダールフラスコ**　200 mL。使用前に水でよく洗う。
3) **蒸留装置**　**42.1 b) 1)**による。使用前に水でよく洗う(1)。

注(1)　数日間以上装置を使用していないときは，使用前に次の操作を行う。

－　蒸留フラスコに水約 350 mL と沸騰石 5～7 個とを加え，装置を組み立て，少なくとも 100 mL を蒸留する。留出液及び蒸留フラスコ中の残留物を捨てる。

c) 操作　操作は，次による。

1) 試料の適量(2)をビーカー500 mL にとり，硫酸（1＋35）を加えて弱酸性とし，加熱して約 30 mL になるまで濃縮する。

2) 放冷後，少量の水で内容物をケルダールフラスコ 200 mL に洗い移す。

3) 硫酸 10 mL，硫酸カリウム 5 g 及び硫酸銅（II）五水和物 2 g を加え，加熱して硫酸の白煙を発生させ，引き続き約 30 分間強熱して有機物を分解(3)する。

4) 放冷後，少量の水を加え，加熱して溶かし，水で蒸留フラスコに洗い移して約 300 mL とする。

5) 蒸留フラスコを**図 42.1** のように連結し，受器にはメスシリンダー（有栓形）200 mL を用い，硫酸（25 mmol/L）50 mL を入れておく(4)。

6) 蒸留フラスコ上部の注入漏斗から水酸化ナトリウム溶液（500 g/L）40 mL を加えた後，**42.1 c) 4)**～**6)**の操作を行う。

7) 空試験として水 30 mL をとり，**3)**～**6)**の操作を行う。

注(2) インドフェノール青吸光光度法で定量する場合には，有機体窒素を N として 32 μg 以上，中和滴定法の場合には 0.23 mg 以上とする。いずれも，有機体窒素とアンモニウムイオンとの合量を N として 30 mg 以下を含むようにする。

(3) フラスコ中の溶液は，無色又は淡黄色になる。

(4) 中和滴定法の場合には，メスシリンダー（有栓形）200 mL の代わりに三角フラスコ 500 mL を用いて，**42.1 a) 2)**の硫酸（25 mmol/L）50 mL を正しく加え，指示薬としてメチルレッド-ブロモクレゾールグリーン混合溶液［**15.**の**注**(1)による。］5～7 滴を加える。

備考 2. この方法では，硝酸イオン及び亜硝酸イオンは，有機体窒素の定量の妨害にならない。

3. 試料中のアンモニウムイオンをあらかじめ除去した後，有機体窒素を定量する場合には，**42.1 c) 1)**～**5)**を行い，この残留液について **c) 1)**～**6)**の前処理を行う。

44.2 インドフェノール青吸光光度法　前処理（ケルダール法）による留出液についてインドフェノール青吸光光度法によってアンモニウムイオンを定量して，試料中に含まれるアンモニウムイオンと有機体窒素から生じたアンモニウムイオンとの合量を求め，別に，試料中のアンモニウムイオンを定量して差し引き，有機体窒素を算出する。

定量範囲：N 4～80 μg，繰返し精度：3～10 %

a) 試薬　試薬は，**42.2 a)**による。

b) 器具及び装置　器具及び装置は，**42.2 b)**による。

c) 操作　操作は，次による。

1) **44.1 c) 6)**で得た留出液の適量（N として 4～80 μg を含む。）を全量フラスコ 50 mL にとり，水を加えて約 25 mL とした後，**42.2 c) 2)**～**5)**の操作を行って吸光度を測定する。

2) 空試験として **44.1 c) 7)**で得た留出液から **1)**と同量を分取し，**1)**の操作を行って吸光度を測定し，試料について得た吸光度を補正する。

3) **42.2 d)**の検量線から，分取した留出液中のアンモニウムイオンの量（mg）を求める。

4) 別に，**42.2** によって試料中のアンモニウムイオンの濃度（NH_4^+ mg/L）を求める。

5) 次の式によって試料中の有機体窒素の濃度（N mg/L）を算出する。

$$N=\left[a\times\frac{1\,000}{V_1}\times\frac{200}{V_2}-A\right]\times 0.776\,6$$

ここに，
N：有機体窒素の濃度（N mg/L）
a：**3)**の留出液中のアンモニウムイオンの質量（mg）
V_1：**44.1 c) 1)**で用いた試料量（mL）
V_2：**1)**で分取した留出液量（mL）
A：**4)**で求めた試料中のアンモニウムイオンの濃度（NH_4^+ mg/L）

0.776 6：　アンモニウムイオンを窒素の相当量に換算するときの係数 $\left(\frac{14.01}{18.04}\right)$

44.3　中和滴定法　前処理（ケルダール法）による留出液について中和滴定法によってアンモニアを定量して，試料中に含まれるアンモニウムイオンと有機体窒素から生じたアンモニウムイオンとの合量を求め，別に，試料中のアンモニウムイオンを定量して差し引き，有機体窒素を算出する。

定量範囲：N 0.23～30 mg，繰返し精度：3～10 %

a)　試薬　試薬は，次による。

1)　水　JIS K 0557 に規定する **A3** の水

2)　50 mmol/L 水酸化ナトリウム溶液　42.3 a) 4)による。

b)　操作　操作は，次による。

1)　**44.1 c) 6)**で得た留出液の全量を用い，**42.3 b) 1)**の滴定操作を行う。

2)　空試験として **44.1 c) 7)**で得た留出液の全量を用いて，**1)**と同様の滴定操作を行う。

3)　別に，**42.3** によって試料中のアンモニウムイオンの濃度（NH_4^+ mg/L）を求める。

4)　次の式によって試料中の有機体窒素の濃度（N mg/L）を算出する。

$$N=(b-a)\times f\times\frac{1\,000\times 0.700}{V}-A\times 0.776\,6$$

ここに，　N：　有機体窒素の濃度（N mg/L）

b：　空試験の滴定に要した 50 mmol/L 水酸化ナトリウム溶液量（mL）

a：　滴定に要した 50 mmol/L 水酸化ナトリウム溶液量（mL）

f：　50 mmol/L 水酸化ナトリウム溶液のファクター

0.700：　50 mmol/L 水酸化ナトリウム溶液 1 mL に相当する窒素の質量（mg）

V：　**44.1 c) 1)**で用いた試料量（mL）

A：　**3)**で求めた試料中のアンモニウムイオンの濃度（NH_4^+ mg/L）

0.776 6：　アンモニウムイオンを窒素の相当量に換算するときの係数 $\left(\frac{14.01}{18.04}\right)$

備考 4.　**44.1 c) 5)**の硫酸（25 mmol/L）の代わりにほう酸溶液（20 g/L）を用いてもよい。その場合は **42.**の**備考 9.**の操作を行う。ただし，空試験は，水 30 mL を用いて **44.1 c) 3)～6)**の操作を行って得られた留出液について試料と同様に滴定した値を用いる。また，試料中の有機体窒素の濃度の算出には **4)**の式は適用できない。

試料をケルダール法による前処理をして有機物中の窒素をアンモニウムイオンとした後，**規格**の **42.1** の蒸留を行い，留出したアンモニアをインドフェノール青吸光光度法又は中和滴定法で定量する。別に，前処理をしない試料について，**規格**の **42.1** の蒸留分離を行って試料中のアンモニウムイオンを定量し，この値を差し引いて，有機体窒素を求める。

44.1 前処理（ケルダール法）[1)〜4)]

試料に硫酸銅(Ⅱ)，硫酸及び硫酸カリウムを加え，加熱濃縮した後，硫酸白煙発生の状態で有機物を分解し，有機体窒素をアンモニウムイオンに変える。次に溶液をアルカリ性とした後，蒸留を行い，留出したアンモニアを一定量の硫酸（25 mmol/L）に吸収させ，定量に供する。

硫酸銅(Ⅱ)は有機物分解の触媒として加えている。ISO 5663 : 1984 では，触媒としてセレンを用いているが，有害物質であるため規格では用いない。

この方法では，アミノ酸，ポリペプチド，たん白質などは分解しやすいが，ニトロ，ニトロソ，アゾ及び複素環式化合物（特にピリジン環をもつ化合物）などは完全には分解できない。したがって，有機結合した全ての窒素を含むものではない。

1.　器具及び装置

（**1**）　実験室の空気中には，しばしばアンモニアが存在し，蒸留装置及びガラス器具類にアンモニウム塩が付着していることがあるので，使用前に必ず水でよく洗浄する。

2.　操　作

（**1**）　この方法では，留出液中には有機体窒素の分解によって生じたアンモニウムイオンと試料中に存在したアンモニウムイオンとが含まれる。したがって，有機体窒素を定量するには，別に，試料中に存在したアンモニウムイオンを定量して差し引く。又は，**規格**の **44. 備考 3.** に示すように，別に，試料中のアンモニウムイオンを除去した後，この前処理を行って有機体窒素だけをアンモニアとして留出させ，定量してもよい。

44.2 インドフェノール青吸光光度法

規格の **44.1** の前処理を行った試料及びその前処理を行わない試料について，**規格**の **42.2** によってアンモニウムイオンを定量し，有機体窒素を求める。

1.　試　薬

（**1**）　本書 42.1 の 1. 及び本書 42.2 の 1. を参照。

2. 器 具

（1） 本書 44.1 の 1.(1) を参照。

3. 操 作

（1） 本書 42.2 の 2. を参照。

44.3 中和滴定法

規格の **44.1** の前処理を行った試料及びその前処理を行わない試料について，**規格**の **42.3** の中和滴定法でアンモニウムイオンを定量して，有機体窒素を求める。

1. 試 薬

（1） 本書 42.1 の 1. を参照。

2. 器具及び装置

（1） 本書 44.1 の 1.(1) を参照。

3. 操 作

（1） 本書 42.1 の 3. 及び本書 42.3 の 1. を参照。

参 考 文 献

1） G. B. Morgan, J. B. Lackey, F. W. Gilcreas（1957）：Anal. Chem., **29**, 833
2） P. L. Kirk（1950）：Anal. Chem., **22**, 354
3） R. Jonnard（1945）：Ind. Eng. Chem., Anal Ed., **17**, 246
4） C. O. Willits, C. L. Ogg（1950）：J. Assoc. Offic. Agr. Chem., **33**, 179；（1951）**34**, 607

45. 全 窒 素

45. 全窒素 亜硝酸イオンと硝酸イオンに相当する窒素と，アンモニウムイオンと有機体窒素に相当する窒素とを求めて合計する総和法，全窒素化合物を硝酸イオンに変えた後の紫外線吸光光度法，硫酸ヒドラジニウム還元法，銅・カドミウムカラム還元法，又は熱分解法，若しくは流れの中で全窒素化合物を硝酸イオンに変えて紫外線吸光光度法，銅・カドミウムカラム還元法を用いた流れ分析法を適用する。

45.1 総和法 試料に水酸化ナトリウムを加えて蒸留を行い，アンモニウムイオン及び一部の有機窒素化合物の分解で生じたアンモニアを除いた後，デバルダ合金を加えて亜硝酸イオン及び硝酸イオンを還元してアンモニアとし，蒸留によって分離し，インドフェノール青吸光光度法又はサリチル酸-インドフェノール青吸光光度法で窒素の量を定量する。別に，試料に硫酸銅（II）五水和物，硫酸カリウム及び硫酸を加えて加熱分解して有機体窒素をアンモニウムイオンに変えた後，アルカリ性として蒸留し，試料中に含まれるアンモニウムイオンとともに蒸留分離し，インドフェノール青吸光光度法又はサリチル酸-インドフェノール青吸光光度法によってその窒素の量を定量する。先に求めた亜硝酸イオン及び硝酸イオン相当の窒素量を合わせて，全窒素の濃度を算出する。

定量範囲：N 8〜160 µg，繰返し精度：3〜10 %

a) 試薬 試薬は，次による。

1) **水** **JIS K 0557** に規定する **A3** の水
2) **硫酸（25 mmol/L）** **42.1 a) 2)**による。
3) **硫酸（1＋35）** **30.1.1 a) 2)**による。
4) **水酸化ナトリウム溶液（40 g/L）** **21. a) 3)**による。
5) **水酸化ナトリウム溶液（300 g/L）** **43.2.1 a) 5)**による。
6) **デバルダ合金** **43.2.1 a) 6)**による。
7) **硫酸カリウム** **JIS K 8962** に規定するもの。
8) **硫酸銅（II）五水和物** **44.1 a) 8)**による。
9) **ナトリウムフェノキシド溶液** **42.2 a) 3)**による。
10) **次亜塩素酸ナトリウム溶液（有効塩素 10 g/L）** **42.2 a) 4)**による。
11) **フェノールフタレイン溶液（5 g/L）** **15.**の**備考 2.**による。
12) **アンモニウムイオン標準液（NH_4^+ 1 000 mg/L）** **42.2 a) 5)**による。
13) **アンモニウムイオン標準液（NH_4^+ 10 µg/mL）** **42.2 a) 6)**による。
14) **アンモニウムイオン標準液（NH_4^+ 1 µg/mL）** **42.7 a) 6)**による。
15) **サリチル酸ナトリウム溶液** **42.7 a) 2)**による。
16) **ジクロロイソシアヌル酸ナトリウム溶液** **42.7 a) 3)**による。
17) **水酸化ナトリウム溶液（500 g/L）** **44.1 a) 5)**による。

b) 器具及び装置 器具及び装置は，次による。

1) **ガラス器具類** 使用前に水でよく洗う。
2) **ケルダールフラスコ** 200 mL。使用前に水でよく洗う。
3) **蒸留装置** **42.1 b) 1)**による。使用前に水でよく洗う。
4) **光度計** 分光光度計又は光電光度計

c)　操作　操作は，次による。

1) 試料 50 mL をとり，中性でない場合には水酸化ナトリウム溶液（40 g/L）又は硫酸（1＋35）で pH 約 7 に調節する。低濃度のものを定量する必要がある場合は，試料の量を増加する。

2) **43.2.1 c)** の **2)**～**6)**の操作を行って，試料中の亜硝酸イオンと硝酸イオンとを還元蒸留してアンモニアとして留出させる。

3) 得られた留出液 200 mL 中のアンモニウムイオンの定量を，**42.2** 又は **42.7** で行う。全量フラスコ 50 mL に留出液を，前者による場合は 25 mL(**1**)，後者による場合は 40 mL(**1**)をとる。

4) **42.2 c)**の **2)**～**5)**，又は **42.7 c)** の **2)**～**4)**の操作を行って吸光度を測定する。

5) 空試験として水約 50 mL をとり，水酸化ナトリウム溶液（300 g/L）10 mL 及び沸騰石（粒径 2～3 mm）を加えた後，**43.2.1 c)** の **4)**～**6)**の操作を行い，得られた留出液について **3)**及び **4)**の操作を行って吸光度を測定し，**4)**で得た吸光度を補正する。

6) **42.2 d)**又は **42.7 d)**の検量線から **3)**で分取した留出液中のアンモニウムイオンの量（mg）を求める。

7) 別に，試料 50 mL をケルダールフラスコ 200 mL にとり，**44.1 c)** の **3)**～**6)**の操作を行って，試料中の有機体窒素を分解してアンモニアとし，試料中のアンモニアと一緒に留出させる。低濃度のものを定量する必要がある場合は，試料の量を増加する。

8) 得られた留出液 200 mL について，**3)**及び **4)**に従って操作する。

9) 空試験として水 50 mL をとり，**7)**及び **8)**の操作を行って吸光度を測定し，**8)**で得た吸光度を補正する。

10) **42.2 d)**又は **42.7 d)**の検量線から **8)**で分取した留出液中のアンモニウムイオンの量（mg）を求める。

11) 次の式によって試料中の全窒素の濃度（N mg/L）を算出する。

$$N = a \times \frac{1\,000}{V} \times \frac{200}{25} \times 0.776\,6 + b \times \frac{1\,000}{V} \times \frac{200}{25} \times 0.776\,6$$

ここに，
- N： 全窒素（N mg/L）
- a： **6)**の操作で得たアンモニウムイオン（mg）
- b： **10)**の操作で得たアンモニウムイオン（mg）
- V： 蒸留に用いた試料（mL）
- 0.776 6： アンモニウムイオンを窒素の相当量に換算するときの係数 $\left(\frac{14.01}{18.04}\right)$

4)及び **5)**の操作で **42.7 c)**を用いた場合，又は **8)**及び **9)**の操作で **42.7 c)**を用いた場合は，**c) 11)**の式の 25 の代わりに 40 を用いる。

注(1) アンモニウムイオン 0.8 mg 以上を含む留出液を **42.2** で定量する場合は，留出液の適量（NH_4^+ が 0.4 mg 未満になる量）を硫酸（25 mmol/L）25 mL が入った全量フラスコ 100 mL にとり，水を標線まで加えたものから 25 mL を分取する。アンモニウムイオン 0.2 mg 以上を含む留出液を **42.7** で定量する場合は，留出液の適量（NH_4^+が 0.1 mg 未満になる量）を同様に操作したものから 25 mL を分取する。これらの場合は，**11)**の式の 1 項及び 2 項に希釈率を乗じて補正を行って全窒素濃度を算出する。

45.2　紫外線吸光光度法　試料にペルオキソ二硫酸カリウムのアルカリ性溶液を加え，約 120 ℃に加熱して窒素化合物を硝酸イオンに変えるとともに有機物を分解する。この溶液の pH を 2～3 とした後，硝酸イオンによる波長 220 nm の吸光度を測定して定量する。この方法は，試料中の有機物が分解されやすく，少量である場合に適用する。また，試験に影響する臭化物イオンを 10 mg/L 以上，又はクロムを 0.1 mg/L 以上を含む試料には適用できない。

定量範囲：N 5〜50 μg，繰返し精度：3〜10 %

a) 試薬 試薬は，次による。

1) 水 JIS K 0557 に規定する **A3** の水

2) 塩酸（1＋11） JIS K 8180 に規定する塩酸を用いて調製する。

3) 塩酸（1＋16） JIS K 8180 に規定する塩酸を用いて調製する。

4) 塩酸（1＋500） JIS K 8180 に規定する塩酸を用いて調製する。

5) 水酸化ナトリウム-ペルオキソ二硫酸カリウム溶液 JIS K 8826 に規定する水酸化ナトリウム（窒素測定用）20 g を水 500 mL に加えた後，**JIS K 8253** に規定するペルオキソ二硫酸カリウム（窒素りん測定用）15 g を溶かす。使用時に調製する。この溶液の窒素含有量は，0.4 mg/L 以下とする。

6) 水酸化ナトリウム溶液（40 g/L） 21. a) 3)による。

7) 窒素標準液（N 0.1 mg/mL） JIS K 8548 に規定する硝酸カリウムをあらかじめ 105〜110 ℃で約 2 時間加熱し，デシケーター中で放冷する。その 0.722 g をとり，少量の水に溶かし，全量フラスコ 1 000 mL に移し入れ，水を標線まで加える。0〜10 ℃の暗所に保存する。

8) 窒素標準液（N 20 μg/mL） 窒素標準液（N 0.1 mg/mL）50 mL を全量フラスコ 250 mL にとり，水を標線まで加える。使用時に調製する。

b) 器具及び装置 器具及び装置は，次による。

1) 分解瓶 耐圧の四ふっ化エチレン樹脂瓶又は耐熱・耐圧のガラス瓶（容量約 100 mL）で，高圧蒸気滅菌器中（約 120 ℃）で使用できるもの。また，ガラス製アンプル（容量約 100 mL）で，高圧蒸気滅菌器中（約 120 ℃）で使用できるものを用いてもよい。

2) 高圧蒸気滅菌器 JIS T 7322 又は **JIS T 7324** に規定するもので，約 120 ℃に加熱できるもの。

3) 光度計 分光光度計

4) 吸収セル 石英ガラス製

c) 操作 操作は，次による。

1.1) 試料の pH が 5〜9 で，試料 50 mL に含まれる全窒素が 0.1 mg 未満の場合は，分解瓶に試料 50 mL をとる。また，全窒素が 0.1 mg 以上含まれる場合は，試料の適量（N として 0.2 mg 未満を含む。）を全量フラスコ 100 mL にとり，水を標線まで加え，この溶液から 50 mL をとる。

1.2) 試料の pH が 5〜9 の範囲にない場合で，試料 50 mL に含まれる全窒素が 0.1 mg 未満の場合は，試料 50 mL を分解瓶にとり，塩酸（1＋11）又は水酸化ナトリウム溶液（40 g/L）で中和し，中和に要した両液の量（*b* mL）を記録する。

1.3) 試料の pH が 5〜9 の範囲にない場合で，試料 50 mL に含まれる全窒素が 0.1 mg 以上の場合は，試料の適量（N として 0.2 mg 未満を含む。）をビーカーなどにとり，塩酸（1＋11）又は水酸化ナトリウム溶液（40 g/L）で中和した後，全量フラスコ 100 mL に移し入れ，水を標線まで加え，この溶液から 50 mL をとる。

2) 水酸化ナトリウム-ペルオキソ二硫酸カリウム溶液 10 mL を加え，直ちに密栓した後，混合する。

3) 高圧蒸気滅菌器に入れて加熱し，約 120 ℃に達してから 30 分間加熱分解を行う。

4) 分解瓶を高圧蒸気滅菌器から取り出し，放冷する。

5.1) 上澄み液 25 mL をビーカー50 mL に分取する。その際，水酸化物の沈殿を含まないように注意する。

5.2) 上澄み液の分取が困難なほど多量の水酸化物の沈殿が生じた場合は，孔径 1 μm 以下のガラス繊維ろ紙を用いてろ過し，初めのろ液 5〜10 mL を捨てた後のろ液 25 mL を用いる。

6) 塩酸（1＋16）5 mL を加えて溶液の pH を 2〜3 に調節する。

なお，**5.2)**で試料をろ過して分取した場合は，水酸化物の生成量に応じて濃度の低めた塩酸 5 mL を添加し，pH を 2～3 に調節する。

7) 溶液の一部を吸収セルに移し，波長 220 nm における吸光度を測定する。溶液中の全窒素の濃度が 0.4 mg/L 未満の場合には，吸収セル 50 mm を用いる。

8) 空試験として水 50 mL を分解瓶にとり，**2)**～**7)**の操作を行って吸光度を測定し，試料について得た吸光度を補正する。

9) 検量線から **5)**で分取した溶液中の全窒素の量を求め，次のいずれかの式によって試料中の全窒素の濃度（N mg/L）を算出する。

$$N = a \times \frac{60+b}{25} \times \frac{1\,000}{50} \qquad N = a \times \frac{60}{25} \times \frac{1\,000}{50} \times \frac{100}{v}$$

ここに，　N：全窒素（N mg/L）

a：**5.1)**で分取した溶液 25 mL 中の全窒素（mg）

b：**1.2)**で中和に要した塩酸及び水酸化ナトリウム溶液量（mL）

v：**1.1)**及び **1.3)**で全量フラスコ 100 mL に採取した試料量（mL）

d) 検量線　検量線の作成は，次による。

1) 窒素標準液（N 20 µg/mL）1～10 mL を段階的に全量フラスコ 100 mL にとり，それぞれに水を標線まで加える。

2) その 25 mL をそれぞれビーカー50 mL にとり，塩酸（1＋500）5 mL を加えた後，一部を吸収セルに移し，波長 220 nm の吸光度を測定する。**c) 7)**で吸収セル 50 mm を用いた場合には，窒素標準液（N 20 µg/mL）を 5 倍に薄めた窒素標準液（N 4 µg/mL）1～10 mL をとり，**1)**及びここに規定する操作を行い，吸光度の測定には，50 mm の吸収セルを用いる。

3) 別に，空試験として水 25 mL をビーカー50 mL にとり，塩酸（1＋500）5 mL を加えた後，波長 220 nm の吸光度を求め，窒素標準液について得た吸光度を補正する。採取した溶液 25 mL 中の窒素（N）の量と吸光度との関係線を作成する。

45.3 硫酸ヒドラジニウム還元法　試料にペルオキソ二硫酸カリウムのアルカリ性溶液を加え，約 120 ℃に加熱して窒素化合物を硝酸イオンに変えるとともに有機物を分解する。この溶液中の硝酸イオンを銅を触媒として硫酸ヒドラジニウムによって還元して亜硝酸イオンとし，ナフチルエチレンジアミン吸光光度法によって定量し，全窒素の濃度を求める。この方法は，試料中の有機物が分解されやすく，少量である場合に適用する。

定量範囲：N 0.33～3.3 µg，繰返し精度：3～10 %

a) 試薬　試薬は，次による。

1) 水　JIS K 0557 に規定する **A3** の水

2) 水酸化ナトリウム-ペルオキソ二硫酸カリウム溶液　45.2 a) 5)による。

3) 銅-亜鉛溶液　JIS K 8983 に規定する硫酸銅（II）五水和物 0.08 g と **JIS K 8953** に規定する硫酸亜鉛七水和物 1.76 g とを水に溶かして 200 mL とし，その 5 mL を水で薄めて 250 mL とする。

4) 硫酸ヒドラジニウム溶液（7 g/L）　JIS K 8992 に規定する硫酸ヒドラジニウム 3.5 g を水に溶かして 500 mL とする。

5) 硫酸ヒドラジニウム溶液（0.7 g/L）　硫酸ヒドラジニウム溶液（7 g/L）を水で 10 倍に薄める。使用時に調製する。

6) 4-アミノベンゼンスルホンアミド溶液　43.1.1 a) 2)による。

7) 二塩化 *N*-1-ナフチルエチレンジアンモニウム溶液　43.1.1 a) 3)による。

8) **窒素標準液（N 20 μg/mL）　45.2 a) 8)**による。

9) **窒素標準液（N 4 μg/mL）**　窒素標準液（N 20 μg/mL）20 mL を全量フラスコ 100 mL にとり，水を標線まで加える。使用時に調製する。

10) **水酸化ナトリウム溶液（40 g/L）　21. a) 3)**による。

11) **塩酸（1＋11）　45.2 a) 2)**による。

b) **器具及び装置**　器具及び装置は，次による。

1) **分解瓶　45.2 b) 1)**による。

2) **共栓試験管**　材質及び形状が同じものを用いる。

3) **水浴**　35±1 ℃に調節できるもの。

4) **高圧蒸気滅菌器　45.2 b) 2)**による。

5) **光度計**　分光光度計又は光電光度計

c) **操作**　操作は，次による。

1) **45.2 c)**の **1)**～**4)**の操作を行う。

2.1) 上澄み液 10 mL を共栓試験管にとる。その際，水酸化物の沈殿を含まないように注意する。

なお，分解瓶にとった試料 50 mL 中の窒素が 20 μg 以上の場合には，上澄み液の適量 c mL（N として 30 μg 未満となる量）を全量フラスコ 100 mL にとり，水酸化ナトリウム溶液（40 g/L）5 mL を加えた後，水を標線まで加え，この溶液から 10 mL をとる。上澄み液の適量 c mL をとった場合は，**7)**の式の a に $100/c$ を乗じて全窒素の濃度を算出する。

2.2) 上澄み液の分取が困難なほど多量の水酸化物の沈殿が生じた場合は，孔径 1 μm 以下のガラス繊維ろ紙を用いてろ過し，初めのろ液 5～10 mL を捨てた後のろ液 10 mL を用いる。

3) 銅-亜鉛溶液 1 mL を加えて振り混ぜた後，硫酸ヒドラジニウム溶液（0.7 g/L）1 mL を加えて振り混ぜ，35±1 ℃の水浴中に浸す。

4) 2 時間後，水浴から取り出し，室温まで冷却する。

5) **43.1.1 c)**の **2)**及び **3)**の操作を行う。

6) 空試験として水 50 mL を分解瓶にとり，**1)**～**5)**の操作を行って吸光度を測定し，試料について得た吸光度を補正する。

7) 検量線から分解瓶にとった溶液 50 mL 中の全窒素の量を求め，次の式のいずれかによって試料中の全窒素の濃度（N mg/L）を算出する。

$$N = a \times \frac{1\,000}{50} \quad N = a \times \frac{1\,000}{50} \times \frac{50+b}{50} \quad N = a \times \frac{1\,000}{50} \times \frac{100}{v}$$

ここに，　N：　全窒素（N mg/L）

a：　分解瓶にとった溶液 50 mL 中の全窒素（mg）

b：　**1)**の操作のうち，**45.2** の **c) 1.2)**で中和に要した塩酸及び水酸化ナトリウム溶液量（mL）

v：　**1)**の操作のうち，**45.2** の **c) 1.1)**及び **c) 1.3)**で全量フラスコ 100 mL に採取した試料量（mL）

d) **検量線**　検量線の作成は，次による。

1) 窒素標準液（N 4 μg/mL）1～10 mL を段階的に全量フラスコ 100 mL にとり，それぞれに水を標線まで加える。

2) この溶液について **c)**の **1)**～**6)**の操作を行って分解瓶にとった溶液 50 mL 中の窒素（N）の量と吸光度との関係線を作成する。

備考 1. 試料が海水などの場合は，含まれる無機物が硝酸イオンの還元率に影響するので，次の標準添加法を行う。

試料 40 mL を分解瓶にとり，水 10 mL を加える。以下，**45.2 c)**の **2)**～**4)**及び **c)**の **2)**～**6)**の操作を行って吸光度を測定し，下記の検量線から試料 40 mL 中の全窒素の量(mg)を求める。別に，空試験として水 50 mL を分解瓶にとり，**45.2 c)**の **2)**～**4)**及び **c)**の **2)**～**6)**の操作を行って吸光度を測定し，**d)**の検量線から，相当する窒素の量（mg）を求める。次の式によって試料中の全窒素の濃度（N mg/L）を算出する。

$$N=(a-b)\times\frac{1\,000}{40}$$

ここに，　N：　全窒素（N mg/L）
　　　　　a：　試料 40 mL 中の全窒素（mg）
　　　　　b：　空試験で得た窒素（mg）

検量線　窒素標準液（N 4 μg/mL）1～8 mL を段階的に分解瓶にとり，それぞれに試料 40 mL を加えた後，水を加えて 50 mL とし，**45.2 c)**の **2)**～**4)**及び **c)**の **2)**～**6)**の操作を行って吸光度を測定し，その値から試料 40 mL を用いて得た吸光度を差し引いて補正する。

なお，海水など多量のマグネシウムイオンが存在する試料の場合は，分解操作を行った溶液の pH が低下して，マグネシウムの一部が上澄み液又はろ液に混入し，硝酸イオンの還元率を低下させる。このため，分解後の溶液に水酸化ナトリウム溶液（40 g/L）を加えて pH12.6～12.8 とした後の上澄み液を用いる。この操作を行った場合には，全窒素の算出式については，希釈による補正を行う。

試料 40 mL 中の窒素の量が 10 μg 以上の場合には，試料の適量（N として 25 μg 未満を含む。）をとり，**45.2 c)**の **1.1)**及び **1.3)**に準じた操作を行い，これから 40 mL を分解瓶にとる。また，試料 40 mL 中の窒素の量が 10 μg 未満で pH5～9 の範囲にない場合には，**45.2 c) 1.2)**に準じた中和操作を行い，これから 40 mL を分解瓶にとる。これらの操作を行った場合には，検量線の作成においても，この溶液を用い，全窒素の算出式については，それぞれ希釈に伴う補正を行う。

45.4　銅・カドミウムカラム還元法　試料にペルオキソ二硫酸カリウムのアルカリ性溶液を加え，約 120 ℃に加熱して窒素化合物を硝酸イオンに変えるとともに有機物を分解する。この溶液中の硝酸イオンを銅・カドミウムカラムによって還元して亜硝酸イオンとし，ナフチルエチレンジアミン吸光光度法によって定量し，全窒素の濃度を求める。この方法は，試料中の有機物が分解されやすく，少量である場合に適用する。

定量範囲：N 0.2～2 μg，繰返し精度：3～10 %

a)　試薬　試薬は，次による。

1)　水　JIS K 0557 に規定する **A3** の水

2)　塩酸（1＋11）　45.2 a) 2)による。

3)　塩化アンモニウム-アンモニア溶液　43.2.3 a) 3)による。

4)　水酸化ナトリウム-ペルオキソ二硫酸カリウム溶液　45.2 a) 5)による。

5)　カラム活性化液　43.2.3 a) 4)による。

6)　銅・カドミウムカラム充塡剤　43.2.3 a) 5)による。

7)　カラム充塡液　43.2.3 a) 6)による。

8)　4-アミノベンゼンスルホンアミド溶液　43.1.1 a) 2)による。

9)　二塩化 *N*-1-ナフチルエチレンジアンモニウム溶液　43.1.1 a) 3)による。

10) **窒素標準液（N 0.1 mg/mL）　45.2 a) 7)**による。

11) **窒素標準液（N 2 μg/mL）**　窒素標準液（N 0.1 mg/mL）10 mL を全量フラスコ 500 mL にとり，水を標線まで加える。使用時に調製する。

12) **水酸化ナトリウム溶液（40 g/L）　21. a) 3)**による。

b) **器具及び装置**　器具及び装置は，次による。

1) **分解瓶　45.2 b) 1)**による。

2) **高圧蒸気滅菌器　45.2 b) 2)**による。

3) **銅・カドミウムカラム　43.2.3 b) 1)**による。

4) **光度計**　分光光度計又は光電光度計

c) **操作**　操作は，次による。

1) 試料 50 mL を分解瓶にとる。試料の pH が 5～9 の範囲にない場合には，分解瓶に塩酸（1＋11）又は水酸化ナトリウム溶液（40 g/L）を加えて中和する。試料 50 mL 中に含まれる全窒素が 0.1 mg 以上の場合，試料の適量（N として 0.2 mg 未満を含む。）を全量フラスコ 100 mL にとり，試料の pH が 5～9 の範囲にない場合には，塩酸（1＋11）又は水酸化ナトリウム溶液（40 g/L）を用いて中和した後，水を加えて 100 mL としたものから 50 mL を分解瓶にとる。

2) **45.2 c)**の **2)**～**4)**の操作を行う。

3) 分解瓶に塩酸（1＋11）10 mL を加えて振り混ぜた後，溶液を全量フラスコ 100 mL に移す。

4) 分解瓶の内壁を少量の水で数回洗浄して洗液を **3)**の全量フラスコ 100 mL に加える。

5) 塩化アンモニウム-アンモニア溶液 10 mL を加え，水を標線まで加えて還元用溶液とする。**1)**で分解瓶にとった溶液 50 mL 中の全窒素が 20 μg 以上の場合には，全量フラスコ 200～500 mL を用い，塩化アンモニウム-アンモニア溶液を最終液量 100 mL 当たり 10 mL となるように添加した後，水を標線まで加えたものを還元用溶液とする。この場合は，算出式に希釈率を乗じて補正する。

6) **43.2.3 c)**の **3)**及び **4)**の操作を行う。

7) 空試験として水 50 mL を分解瓶にとり，**2)**～**6)**の操作を行って吸光度を測定し，試料について得た吸光度を補正する。

8) 検量線から還元用溶液中の全窒素の量を求め，次のいずれかの式によって試料中の全窒素の濃度（N mg/L）を算出する。

$$N = a \times \frac{1\,000}{50} \qquad N = a \times \frac{1\,000}{50} \times \frac{100}{v}$$

ここに，　N：　全窒素（N mg/L）

a：　還元用溶液 100 mL 中の全窒素（mg）

v：　**1)**で全量フラスコ 100 mL に採取した試料量（mL）

d) **検量線**　検量線の作成は，次による。

1) 窒素標準液（N 2 μg/mL）1～10 mL を段階的に全量フラスコ 100 mL にとり，**c)**の **5)**及び **6)**の操作を行って吸光度を測定する。

2) 別に，水約 50 mL を全量フラスコ 100 mL にとり，**c)**の **5)**及び **6)**の操作を行って吸光度を測定し，窒素標準液（N 2 μg/mL）について得た吸光度を補正し，窒素（N）の量と吸光度との関係線を作成する。

45.6 **流れ分析法**　試料中の窒素化合物の酸化分解，その結果生じる硝酸イオンの定量を **45.2** 又は **45.3** と同様な原理の流れ分析法によって行い，全窒素を定量する。

定量範囲：N：0.1～2.0 mg/L（**JIS K 0170-3** の **6.3.3** 及び **6.3.5**），1～20 mg/L（**JIS K 0170-3** の **6.3.2** 及

び **6.3.4**)，繰返し精度：10 %以下

試験操作などは，**JIS K 0170-3** による。ただし，**6.3.2**（酸化分解・紫外検出 FIA 法）及び **6.3.4**（酸化分解・紫外検出 CFA 法）は海水に適用できない。

備考 3. 試料中の窒素化合物を，**45.2** と同様な分解法である次の操作を行い，酸化分解して硝酸イオンとし，**JIS K 0170-2** の箇条 **7**（硝酸体窒素の測定）の試験操作によって定量してもよい。分解法の操作は，次による。

1) 試料 10 mL をマグネチックスターラーなどのかき混ぜ器でかき混ぜながら，耐圧・耐熱性ねじ口試験管（耐圧・耐熱性のガラス製で容量 15～20 mL のもの）にとる。試料の pH が 5～9 の範囲にない場合には，分解瓶に塩酸（1＋11）又は水酸化ナトリウム溶液（40 g/L）を加えて中和し，中和に要した両液の量（mL）を記録し，濃度の計算時に補正する。

2) 水酸化ナトリウム-ペルオキソ二硫酸カリウム溶液［**45.2 a) 5)**による。］2 mL を加え，密栓して混合する。

3) 150～180 ℃に加熱したブロックヒーターで約 20 分間加熱分解する。

4) 耐圧・耐熱性ねじ口試験管を取り出し，冷却後，pH8～10 になるように塩酸（1＋13）（**JIS K 8180** に規定する塩酸を用いて調製する）1 mL を加える。

なお，分解後の耐圧・耐熱性ねじ口試験管内の溶液に水酸化物の沈殿が生じている場合は，上澄み液 10 mL をとり，塩酸（1＋13）に変えて塩酸（1＋49）（**JIS K 8180** に規定する塩酸を用いて調製する）1 mL を加える。濃度の計算時には加えた塩酸量の補正を行う。

5) 空試験として水 10 mL を耐圧・耐熱性ねじ口試験管にとり，**2)**～**4)**の操作を行う。

水中の窒素化合物には有機体窒素，アンモニウムイオン，亜硝酸イオン，及び硝酸イオンがあり，生物化学的な作用を受けて上記の順に変化する。これらは，**規格**の **42.**～**44.** の方法によって区別して定量することもできるが，湖沼などの富栄養化の問題からは，それぞれに含まれる窒素の総量を対象とした定量が行われる。規格には，6 種類の方法が規定されており，試料の特性及び目的に応じて方法を選択する。これらの方法の特徴はそれぞれの項で述べるが，総和法と他の方法とは試料の分解方法が異なっており，総和法ではほとんどの試料の分解ができる。他の 5 方法のうち，熱分解法以外ではペルオキソ二硫酸カリウムによる酸化分解法を用いる。この方法は通常の試料では分解完全であるが，試料の種類によっては不十分な場合がある。

なお，2019 年の追補改正版では，**規格**の **45.6**（流れ分析法）に，小型分解操作が**備考 3.** として追加された。また，旧規格の注書きが本文中に書き入れられ，試料採取などの操作が 1 か所に記載されている。これに伴い，各規格での

全窒素濃度算出の式も修正されているので，十分理解したうえで使用してほしい。

45.1 総 和 法

規格の **43.2.1** と同様の操作によって試料中の亜硝酸イオンと硝酸イオンとをアンモニウムイオンに変えて定量する。別に，**規格**の **44.1** と同様の操作によって試料中の有機体窒素をアンモニウムイオンに変え，試料中に初めから存在したアンモニウムイオンとの合量を定量する。これらアンモニウムイオンの全量を求め，試料中の全窒素の濃度を算出する。

1. 操 作

（**1**） この方法は有機物の多い試料に適用できるとともに，蒸留分離後に定量するため共存物質の妨害も少ない。このため，**規格**の **45.2**～**45.6** の5方法に比べ多くの試料に用いることができるが，操作が面倒な点がある。

（**2**） 亜硝酸イオンと硝酸イオンの定量では，本書 43.2.1 の 1.(2) に示すように，還元蒸留において徐々に分解してアンモニアを生成する有機物が存在すると誤差の原因となる。そのような試料は一般に全窒素の量が多いから，通常は大きな誤差とはならないが注意が必要である。

（**3**） そのほか，亜硝酸イオンと硝酸イオンの還元蒸留については，本書 43.2.1，有機体窒素の分解，蒸留については，本書 44.1，また，蒸留分離後のアンモニウムイオンの定量については，本書 42.2 あるいは 42.7 を参照。

（**4**） **規格**の **45.1 c) 1)**～**6)** の操作では，亜硝酸イオンと硝酸イオンとの窒素の合量の定量，及び **7)**～**10)** では有機体窒素とアンモニウムイオンとの窒素の合量の定量を行うが，いずれの定量の場合も，試料は 50 mL を用い留出液を一定量（200 mL）とした後，その 25 mL を分取して定量することを基本にしている。低濃度の試料の場合は，**規格**の **45.1 c) 1)** あるいは **45.1 c) 7)** に示すように試料量を 50 mL より多くし，また，留出液中のアンモニウムイオン量が多い場合は，**規格**の **45.1 注**(1) に示すように，水で 200 mL に定容した留出液の適量を，硫酸（25 mmol/L）25 mL が入った全量フラスコ 100 mL にとり，水を標線まで加えたものから 25 mL を分取して定量する。

これらの操作に合致するように**規格**の **45.1 c) 11)** の式が修正されている。

45.1 c) 11) の式のうち，$a \times \dfrac{1\,000}{V}$ の分母の V は亜硝酸イオンと硝酸イオンの合量の定量での試料の量を示している。

同様に，$b \times \dfrac{1\,000}{V}$ の分母の V は有機体窒素とアンモニウムイオンの合量の定量での試料の量を示している。通常の操作では V は 50 である。

規格の **45.1 注**(1)で操作した場合は，**規格**の **45.1 c) 11)** の式の 1 項及び 2 項に希釈率をかける。適量が c mL の場合，希釈率は 100/c となる。

45.2 紫外線吸光光度法 1),2)

ペルオキソ二硫酸カリウムを酸化剤とし，アルカリ性で加熱して，試料中の窒素化合物を硝酸イオンとした後，溶液を酸性とし，硝酸イオンによる紫外部の吸収を測定して定量する。この方法は全窒素の定量法として他法と比べ簡便である。ただし，臭化物イオン，クロム，多量の有機物を含む試料には適用しにくい。

1. 試薬及び器具

(**1**) 規格では，水は JIS K 0557 の A 3 の水としており，通常は蒸留水を用いることができる。イオン交換水はイオン交換樹脂から窒素を含む化合物の溶出のおそれがあり使用に適しない。また，アンモニアなどによる水の汚染にも注意する。

(**2**) 空試験値を小さくするために，**規格**の **45.2 a) 5)** に示すように，水酸化ナトリウム–ペルオキソ二硫酸カリウム溶液の窒素含有量は 0.4 mg/L 以下でなければならない。このため，この試験操作に用いるものとして，JIS K 8826［水酸化ナトリウム（窒素測定用）（試薬）］が，また，JIS K 8253［ペルオキソ二硫酸カリウム（試薬）］に窒素・りん測定用のものが規定されている。窒素化合物含有量は，N としてそれぞれの試薬ともに 5 ppm 以下とされている。

なお，後者のりん化合物はPとして0.3 ppm以下が規定されている。通常のペルオキソ二硫酸カリウムを用いると，調製した溶液の窒素含有量が数mg/L以上となることがある。

（**3**） 分解瓶は四ふっ化エチレン樹脂（テフロン）製又は肉厚ガラス製のものが用いられるが，アルカリ性溶液を入れ高温とするため，ガラス製のものは次第に侵される。著しく侵されたものは使用しない。

2. 操 作

（**1**） 窒素化合物に対する本法の酸化率は優れており，アンモニウムイオン，亜硝酸イオンは全て硝酸イオンとなり，また，大部分の有機窒素化合物に対しても95%以上の酸化率が得られる。しかし，ペルオキソ二硫酸カリウムによる酸化は1式量（270.4）当たり2当量の反応であり，したがって，添加したペルオキソ二硫酸カリウム（0.3 g）によって酸化できる物質の量は意外に少ない。

$$S_2O_8^{2-} + 2\,e \longrightarrow 2\,SO_4^{2-}$$

このため，有機物の多い試料の場合は，あらかじめ試料を希釈したものについて分解操作をしなければならない。窒素を含まない有機物が多量に共存する場合も同様であるが，この場合は，希釈によって生成する硝酸イオンの濃度が低くなり定量困難となる場合もある。

（**2**） ペルオキソ二硫酸イオンは，紫外部の測定波長に吸収をもつため，加熱分解の操作で分解しておく必要がある。120℃に到達後，30分間の加熱でこの分解は完全である。一方，分解しにくい試料の場合，30分間の加熱時間を延長しても，ペルオキソ二硫酸イオンが残存しないから，効果は期待できない。

（**3**） 硝酸イオンによる吸収極大は200 nmにあるが，塩化物イオンがこの波長に吸収をもつので，**規格**の**45.2 c)1)〜6)**に従い，前処理後に塩酸を加えてpH 2〜3とした溶液はこの波長に吸収をもつ（図45.1参照)。このため測定波長としては220 nmを用いる。

（**4**） 硝酸イオンの吸収は広範囲のpHで同一であるが，pHが高いと炭酸イオンなどによる吸収が示される。このためpH 2〜3として測定する。通常の試料の場合は，**規格**の **45.2 c) 6)** に従い塩酸(1+16) 5 mL を添加すればこの pH 範囲となる。前処理後の溶液に水酸化物の沈殿が生じた場合は，これをろ過するが，水酸化物の生成にアルカリが消費されるから，**規格**の **45.2 c) 6)** のなお書きに示されるように，その生成量に応じ，5 mL を加えると溶液の pH が 2～3 になるように濃度を低めた塩酸を用意して使用する。

（**5**） 多くの金属イオンは 220 nm に吸収をもつが，前処理後の溶液では水酸化物となり除去されるので妨害しない。ただし，クロムは前処理によって酸化されてクロム酸イオンとなるため除去されず，220 nm に吸収を示し，1mg/L 程度でも妨害する。臭化物イオンは 50 mg/L の存在で窒素の約 0.3 mg/L に相当する吸光度を示し妨害する。通常の海水には 67 mg/L 程度が含まれるため，窒素含有量の少ない海水では大きな誤差となる。なお，窒素含有量の大きい場合及び試験の目的によっては，臭化物イオンの量に応じた吸光度の補正によって，おおよその窒素量を求めることができる。ただし，臭化物イオンは前処理でその一部が酸化されて臭素酸イオンとなり，このものの 220 nm における吸収は臭化物イオンよりも大きい。また，その生成率は試料によって異なるので，正確な補正は難しい。

（**6**） 水中の有機物の多くは紫外部に吸収をもっている。これらは前処理によって分解され吸収を示さなくなるが，分解が不十分の場合は，正の誤差を与える。十分な分解を行うためには（1）を参照。

（**7**） 上記の（5）及び（6）に述べたように，この方法は共存物が存在する場合及び前処理での分解不十分な場合はいずれも正の誤差を生じることが多い。

（**8**） この方法では試料 50 mL を分解瓶にとることとしており，全窒素の濃度の高い試料の場合は，**規格**の **45.2 c) 1.1)** あるいは **1.3)** に示すように適量をとって水で 100 mL としたものから 50 mL を分解瓶にとる。また，試料が中性でない場合はあらかじめ中和するが，全窒素の濃度が低い試料ではなるべく希釈を避けるため，中和後水で一定量とすることなく，その 50 mL を分解瓶にとる。全窒素の算出には，**規格**の **45.2 c) 9)** の算出式を用いる。

（**9**） 吸光度の測定には，通常は吸収セル 10 mm を用いるが，**規格**の **45.2**

c) **7**) に示すように，全窒素の濃度が 0.4 mg/L 未満の場合には，吸収セル 50 mm を用いる。

(**10**) 吸収セル 10 mm を用いた場合の吸収曲線と検量線の一例を図 45.1 及び図 45.2 に示す。

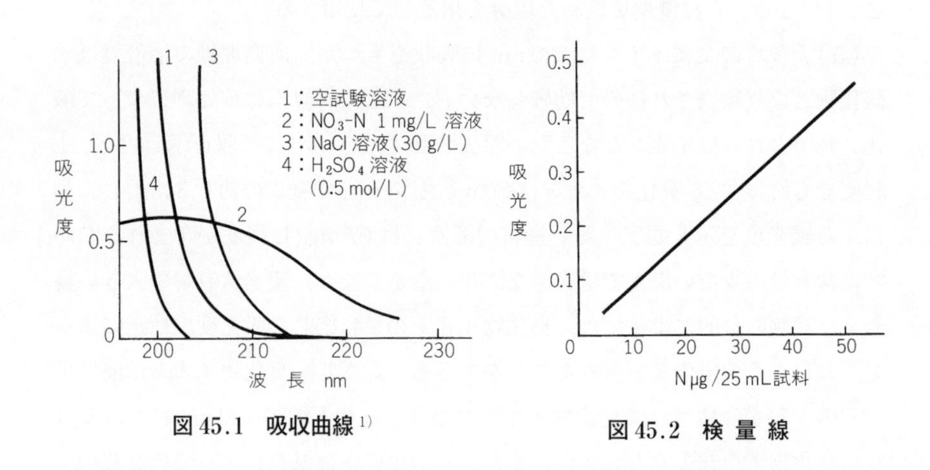

図 45.1 吸収曲線 [1)]

図 45.2 検 量 線

45.3 硫酸ヒドラジニウム還元法 [1),3),4)]

規格の **45.2** と同様の操作で，ペルオキソ二硫酸カリウムによって試料中の窒素化合物を硝酸イオンに変える。この硝酸イオンを銅を触媒として硫酸ヒドラジニウムで還元して亜硝酸イオンとし，これを**規格**の **43.1.1** によって定量し，全窒素の量を求める。

$$2\,NO_3^- + NH_2\cdot NH_2 \longrightarrow 2\,NO_2^- + N_2 + 2\,H_2O$$

1. 試薬及び器具

(**1**) 試料の前処理に用いる試薬及び器具については本書 45.2 の 1. を参照。また，ナフチルエチレンジアミン吸光光度法の試薬については本書 43.1.1 の 1. を参照。

(**2**) 硫酸ヒドラジニウムによる還元では，使用する容器の大きさ，形なども亜硝酸イオンの生成率に影響する。したがって，これらは同じ形，大きさのものを使用する。

2. 操　作

（1）　ペルオキソ二硫酸カリウムによる試料の前処理については，本書 45.2 の 2.(1) 及び (2) を参照。

（2）　硫酸ヒドラジニウムによる還元では，硝酸イオンを亜硝酸イオンに変えることを目的としているが，その反応だけにとどまらず，亜硝酸イオンをさらに還元する過還元の反応が起こる。当然この両反応は同時に進行するから，亜硝酸イオンの生成率 100% を期待することは難しい。反応条件を変化させ，還元速度を大きくすると亜硝酸イオンの生成は速やかに進むが，その分解も速く，ある生成量に達した後，急速にその量が減少する。また，還元速度の小さい条件下では過還元による分解は少なくなるが，亜硝酸イオンの生成が遅く，一定値に達しにくくなる。本法ではほぼ一定の生成率が得られるような反応条件を選定しているが，使用する容器，試薬添加量，反応条件などが変わると生成率が変わるから，これらを一定に保たなければならない。しかし，試料中の共存物質が影響する場合も多く，その場合は検量線作成時と同じ生成率とするのは困難である。

（3）　添加する試薬では硫酸ヒドラジニウムの量が最も大きく影響する。その検討例を図 45.3 に示す。また，触媒として添加する銅の量も同様の影響を与え，添加する溶液中 1～4 mg/L では亜硝酸イオンの生成率はほぼ同じになるが，4 mg/L 以上となると生成率が急激に減少する。なお，銅は有機物と錯体などを形成すると触媒作用が低下するので，これを防止する目的で亜鉛を共存させている。しかし，ペルオキソ二硫酸カリウムによる有機物の分解が完全であれば，亜鉛が共存しなくても差し支えないと考えられる。

そのほか，水酸化ナトリウムの濃度の影響は比較的小さく，前処理において**規格**の **45.3 a) 2)** の水酸化ナトリウム–ペルオキソ二硫酸カリウム溶液の規定量が添加されていれば亜硝酸イオンの生成率はほぼ同一になる。また，還元時の温度は 30～40℃ で大きな影響はない。

（4）　還元に際し，マグネシウム，鉄，銅，マンガン，それぞれ 1～2 mg/L,

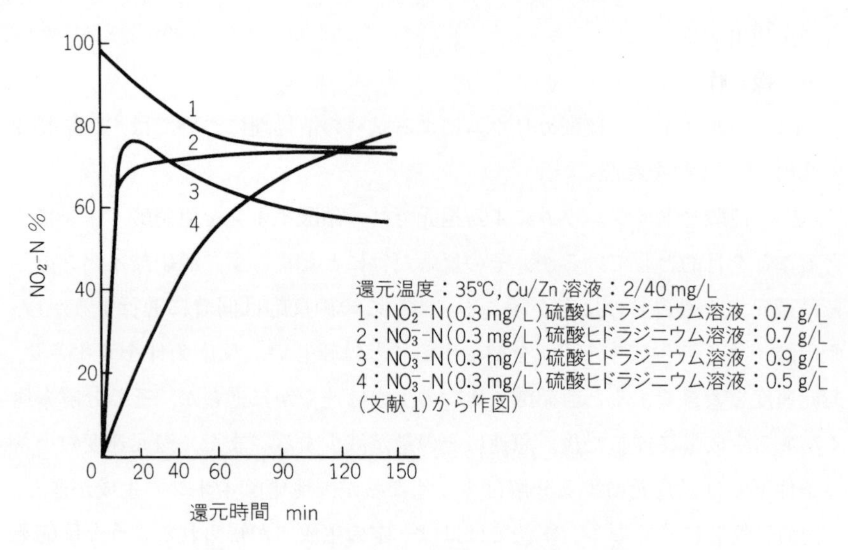

図 45.3　硫酸ヒドラジニウムの濃度の影響 [1)]

クロム(Ⅵ) 0.2 mg/L，カルシウム 200 mg/L が共存すると亜硝酸イオンの生成率が著しく減少する。実際の試験操作においては，ペルオキソ二硫酸カリウムによる前処理操作後の溶液は強いアルカリ性となるため，クロム(Ⅵ) 以外は水酸化物となり除去されるので通常は妨害しない。しかし，海水には多量のマグネシウムイオン（及びカルシウムイオン）が含まれ，ペルオキソ二硫酸カリウムによる前処理において，これらが水酸化物となるため多量のアルカリを消費し，処理後の溶液の pH が低下する（pH 12 以下になる）。この結果，マグネシウムは完全に水酸化物になることができず，処理後の溶液をろ過した場合もその一部がろ液中に入り大きな妨害となる。このため，このような試料の場合は**規格**の **45. 備考 1.** に示すように，前処理後の溶液に適当量の水酸化ナトリウムを加え，水酸化マグネシウムの沈殿生成を完全にして分離する必要がある。

また，試料が海水の場合は，これに含まれる臭化物イオンの一部がペルオキソ二硫酸カリウムによる前処理に際して酸化されて臭素酸イオンとなる［本書 45.2 の 2.(5)参照］。これが還元操作において硫酸ヒドラジニウムを消費してその濃度を減少させるため亜硝酸イオンの生成率を低下させる。この影響を補正する方法としては，**規格**の **45. 備考 1.** に標準添加法が示されているが，操作が面倒であり，他の試験方法による方がよい場合が多い。

（**5**）　試料中の全窒素の濃度が高い場合及び前処理後の溶液中の窒素の濃度が高い場合，又は試料が中性でない場合は，**規格**の **45.2 c) 1.1)～1.3)** による操作を行い，全窒素の算出には補正した式を用いるが，これらについては本書 45.2 の 2.(8) を参照。

（**6**）　硫酸ヒドラジニウムによる還元後，ナフチルエチレンジアミン吸光光度法での亜硝酸イオンの定量については，本書 43.1.1 を参照。

45.4　銅・カドミウムカラム還元法[1),5)～7)]

規格の **45.2** と同様の操作で，ペルオキソ二硫酸カリウムによって試料中の窒素化合物を硝酸イオンに変える。この硝酸イオンを**規格**の **43.2.3** の銅・カドミウムカラム還元-ナフチルエチレンジアミン吸光光度法によって定量して全窒素の量を求める。

1.　試薬及び器具

（**1**）　本書 45.2 の 1. 及び本書 43.2.3 の 1. 及び 2. を参照。

2.　操　作

（**1**）　ペルオキソ二硫酸カリウムによる試料の前処理では，アルカリ性で120℃に加熱するため，反応容器としてガラス製の耐圧瓶を使用するとシリカの溶出が起こる。この溶液について**規格**の **45.4 c) 3)～5)** の操作を行って溶液の pH を 8.5～9 としたとき，シリカの一部はコロイド状に変わり，銅・カドミウムカラムによる還元において，カラムの目詰まりを起こして溶液の流下を著しく困難とすることがある。

これについての検討では，**規格**の **45.4 c) 5)** で調製した還元用溶液中のシリカ約 200 mg/L まではほとんどコロイド状とならないが，ガラス製耐圧瓶を用いて前処理を行って調製した還元用溶液中には 350～400 mg/L のシリカが溶出しており，その一部がコロイド状となり，目詰まりを起こすことが報告されている。窒素の量が多い試料で，**規格**の **45.4 c) 5)** の操作によって，前処理後の溶液を希釈して還元用溶液を調製した場合は目詰まりの心配は少なくなる。また，海水のように多量の水酸化物の生成によってアルカリの濃度が減少するような試料では，耐圧ガラス瓶からのシリカの溶出量は減少する。

しかし，目詰まりを防ぐには，分解瓶として四ふっ化エチレン樹脂製のものを使用することが望ましい。

（**2**） 試料の前処理，銅・カドミウムカラム還元，及びナフチルエチレンジアミン吸光光度法については，それぞれ本書の 45.2, 43.2.3 及び 43.1.1 を参照。

（**3**） 試料中の全窒素の濃度は，**規格**の **45.4 c**) **8**)の計算式による。

45.5 熱分解法

試料をキャリヤーガスとともに触媒を詰めた高温（550～900℃程度）の反応管中に送り込み，試料中の各種の窒素化合物を，アンモニア，窒素，又は一酸化窒素など一定組成の化合物に変えた後，定量する。水中の全窒素の分析装置として数種の様式のものが開発されている。用いる試薬，装置，試験の基本的な操作などは**規格**の **45.5 a**)～e) によるが，装置によっても異なるので，詳細は各装置の取扱説明書による。

1. 装置

現在は次のような方式のものが主に用いられている。

（**1**） 窒素化合物をアンモニアに変えて定量する方式では，ニッケルなどを触媒とした高温の反応管中に水素をキャリヤーとして試料を送り込み，窒素化合物をアンモニアに変える。同時に生成した二酸化炭素，硫化水素，ハロゲン化水素及び水をアルカリ溶液などで除去した後，アンモニアを吸収液で捕集し，これを電量滴定法又は電気伝導度の変化によって定量する。

（**2**） 窒素化合物を窒素に変えて定量する方式では，パラジウムなどを触媒とした高温の反応管中にヘリウムなどをキャリヤーとして試料を送り込み，窒素化合物を熱分解させて窒素とする。同時に生成した二酸化炭素及び水を除去した後，ガスクロマトグラフ分離し，熱伝導度検出器によって定量する。

（**3**） 窒素化合物を一酸化窒素に変えて定量する方式では，金属酸化物を触媒とした高温の反応管中に空気をキャリヤーとして試料を送り込み，窒素化合物を一酸化窒素に変える。このとき，空気及び試料中の窒素は一酸化窒素にならない。除湿後オゾンと反応させると化学発光を示すので，600～900 nm でその強さを測定して定量する。

2.　操作上の注意

（**1**）　定量範囲は装置によって異なり，**規格**の **45.5** では N 1～200 mg/L としているが，N 0.1 mg/L の定量が可能なものも多い。

（**2**）　いずれの装置も通常の排水について精度のよい結果が得られるが，試料の注入量が 5～100 μL（装置，方式によって 1～1 000 μL）で，注入はマイクロシリンジ又はオートサンプラーで行うため，懸濁した窒素化合物を含む場合は，その均一な注入が難しく，正しい結果を得にくい心配がある。

45.6　流れ分析法[9),10)]

JIK K 0170-3 から引用する FIA の 2 方法及び CFA の 2 方法を用いる。

（**1**）　どの方法も，ペルオキソ二硫酸カリウムを酸化剤として 120℃以上に加熱し，窒素化合物を酸化分解して硝酸イオンとする。分解後の溶液を酸性とし，紫外吸収を測定するか又は分解後の溶液の硝酸イオンをカドミウムカラムで還元して亜硝酸イオンに変え，ナフチルエチレンジアミン法で発色させ測定する。

（**2**）　FIA 法及び CFA 法のいずれも，紫外検出を用いる方法は，海水には適用できない。

（**3**）　酸化分解については，分解率の確認方法が規定されている。尿素標準液について，85%を超えなければならない。

（**4**）　還元カラムについても，調製方法，活性化方法及び還元効率の確認方法が規定されている。硝酸体窒素標準液を用い，還元効率 90% 以上であること。本書 43.2.6（3）を参照。

1.　ペルオキソ二硫酸カリウム分解・紫外検出 FIA 法

（**1**）　キャリヤー液（水）に試料を注入し，酸化剤溶液（アルカリ性としたペルオキソ二硫酸カリウム溶液）と合流，混合する。加熱（145℃）して窒素化合物を酸化分解し，硝酸イオンとする。希塩酸を導入して弱酸性とし，220 nm の吸光度を測定する。

（**2**） 海水はマグネシウム（及びカルシウム）を多く含み，アルカリ性の酸化剤溶液の添加によって水酸化物の沈澱を生じる。また，220 nm に吸収をもつ臭化物イオンを含み妨害する。この妨害は補正が困難であり，この方法は海水には適用できない。本書 45.2 の 2.(5) を参照。JIS K 0170-3 では，紫外検出法は試験に影響する量の臭化物イオン（及びクロム）を含まない場合に適用することとしている。

（**3**） ペルオキソ二硫酸イオンは 220 nm に吸収をもち，残留すると妨害となるが，145℃の加熱によって完全に分解する。なお，酸化分解の困難な物質に対して，必要以上に長時間加熱しても分解効果の向上は期待できない。

（**4**） 分解溶液はアルカリ性のため，金属塩類は水酸化物を生成する。塩酸の添加によって溶解するが，ある種の金属塩類は 220 nm に吸収をもち妨害となる。**規格**の **45.2** の方法では，分解液の上澄み液を用いるか，ろ過するなどで水酸化物を除去している。ここでの FIA 法ではその方法の規定がないため，上記のような金属類の共存に注意する。また，クロム塩は，クロム酸イオンとなり，紫外吸収をもち妨害する。

（**5**） そのほか，試薬，操作の注意の詳細については本書 45.2 の 1. 及び 2. を参照。

2.　ペルオキソ二硫酸カリウム分解・カドミウム還元吸光光度 FIA 法

（**1**） FIA システムの基本構成は，1. の方法の試料の分解システムと，本書の 43.2.6 の硝酸イオンの流れ分析法の 2. カドミウム還元・塩酸酸性ナフチルエチレンジアミン発色 FIA 法のシステムとを組み合わせたもの。

試料を分解して窒素化合物を硝酸イオンに変えた後，カドミウムカラムで還元して亜硝酸イオンとし，これを塩酸酸性ナフチルエチレンジアミン法で発色し，測定する。

（**2**） 上記 1. 及び本書 43.2.6 を参照。

3. ペルオキソ二硫酸カリウム分解・紫外検出 CFA 法

（1） CFA システムにより，1. と同じ原理で窒素化合物を硝酸イオンとし，硫酸溶液で酸性とし，220 nm の吸光度を測定する。

（2） この方法では，分解後の試料を酸性とするのに硫酸を用いる。図 45.1 の吸収曲線から塩酸に比べて硫酸の使用が有利と推定できるが，塩化物イオンは多くの試料に存在することなどから，**規格**の **45.2** の操作及び 1. の方法では塩酸を用いている。

（3） この方法は海水には適用できない。

（4） そのほかは，1. 及び本書の 43.2.6 を参照。

4. ペルオキソ二硫酸カリウム分解・カドミウムカラム還元吸光光度 CFA 法

（1） 測定原理は 2. と同じ。

（2） 2. を参照

なお，2019 年の追補改正版では，**規格**の **45.6** の流れ分析法に，「試料中の窒素化合物を，アルカリ性ペルオキソ二硫酸カリウムを用いる小型分解操作により，酸化分解して硝酸イオンとし，流れ分析法の JIS K 0170-2 の箇条 7（硝酸体窒素の測定）の試験操作によって定量してもよい。」の内容で**備考 3.** が追加された。

5. 小型分解操作による全窒素の酸化分解

（1）器具及び試薬

試薬は**規格**の **45.2 a) 5)**，本書 45.2（1）参照。

耐圧・耐熱性ねじ口試験管（耐圧・耐熱性のガラス製で容量 15～20 mL のもの）及び 150～180℃に加熱したブロックヒーターを用いる。

（2）実試料の結果

実際の試料を**規格**の **45.2** の 50 mL の耐圧瓶で分解したものと本法で分解した結果を表 45.1 に示す。両者の結果はほぼ一致しているが，小型分解法の場合は，試料採取量が最大で 10 mL と少量なため，懸濁物のあるような試料では，試料を均一に採取するため**規格**の **45. 備考 3. 1)** にあるようにマグネチックスターラーなどのかき混ぜ器でかき混ぜながら行う必要がある。

表 45.1　規格 45.2 の分解法及び小型分解法

	耐熱・耐圧性瓶 50 mL	小型分解法
分解条件	試料 50 mL，$NaOH-K_2S_2O_8$ 溶液 10 mL，120℃，30 分間加熱分解，HCl(1+11) 10 mL，NH_4Cl-NH_3 溶液 10 mL → 100 mL	試料 10 mL，$NaOH-K_2S_2O_8$ 溶液 2 mL，ブロックヒーター（150～180℃）20分間加熱分解，HCl(1+13) 1 mL
測定法	銅カドミウムカラム還元 FIA 法	銅カドミウムカラム還元 FIA 法
試料	測定値　mg/L	測定値　mg/L
海水 A	1.54	1.51
	1.56	1.51
	1.55	1.50
海水 B	1.42	1.43
	1.48	1.48
	1.48	1.43
河川水 A	2.54	2.50
	2.55	2.49
	2.59	2.48
河川水 B	2.44	2.41
	2.48	2.41
	2.49	2.47

産業環境管理協会：平成 28 年度「新技術導入のための工場排水試験法に関する JIS 開発」成果報告書 p. 29 のデータを基に作成

参 考 文 献

1）環境庁水質保全局編（1983）：窒素・りん公定測定法技術指針（環境公害新聞社）

2）F. Nydahl（1978）：Water Res., **12**, 1123

3）J. B. Mullin, J. P. Riley（1955）：Anal, Chim. Acta, **12**. 464

4）北村秀樹ほか（1982）：水質汚濁研究，**5**，35

5）E. D. Wood, F. A. J. Armstrong, F. A. Richards（1967）：J. Mar. Biol. Assoc. U. K, **47**. 23

6）F. Nydahl（1976）：Talanta, **23**, 349

7）中村栄子，並木博（1987）：分析化学，**36**，T 5

8）その他，本書 43. の参考文献 2）～7）

9）28. の参考文献 10）～15）

10）樋口慶郎ほか（2000）：分析化学，**49**，35

46.　りん化合物及び全りん

46.　りん化合物及び全りん　りん化合物は，りん酸，ポリりん酸，動物質及び植物質中のりんなど，水中に存在するりん化合物のりんを意味し，りん酸イオン，加水分解性りん及び全りんに区分する。また，ろ過した試料について試験することによって，それぞれを溶存及び懸濁のものに区別できる。りん化合物は変化しやすいので，試験は試料採取後，直ちに行う。直ちに行えない場合には，**3.3** によって保存し，できるだけ早く試験する。

なお，モリブデン青吸光光度法，加水分解性りん及び全りんのペルオキソ二硫酸カリウム分解法は，2004年に第2版として発行された **ISO 6878**，イオンクロマトグラフ法は，2007年に第2版として発行された **ISO 10304-1**，流れ分析法は，2003年に第1版として発行された **ISO 15681-1** 及び **ISO 15681-2** との整合を図ったものである。

備考　この試験方法の対応国際規格を，次に示す。

なお，対応の程度を表す記号は，**ISO/IEC Guide 21-1** に基づき，IDT（一致している），MOD（修正している），NEQ（同等でない）とする。

ISO 6878:2004，Water quality－Determination of phosphorus－Ammonium molybdate spectrometric method（MOD）

ISO 10304-1:2007, Water quality－Determination of dissolved anions by liquid chromatography of ions－Part 1: Determination of bromide, chloride, fluoride, nitrate, nitrite, phosphate and sulfate（MOD）

ISO 15681-1:2003，Water quality－Determination of orthophosphate and total phosphorus contents by flow analysis (FIA and CFA)－Part 1: Method by flow injection analysis (FIA)（MOD）

ISO 15681-2:2003，Water quality－Determination of orthophosphate and total phosphorus contents by flow analysis (FIA and CFA)－Part 2: Method by continuous flow analysis (CFA)（MOD）

46.1　りん酸イオン（PO_4^{3-}）　りん酸イオンの定量には，モリブデン青吸光光度法，イオンクロマトグラフ法又はモリブデン青発色による流れ分析法を適用する。

なお，溶存のりん酸イオンを定量する場合には，**3.2** によってろ過した試料を用いる。

46.1.1　モリブデン青吸光光度法　りん酸イオンが七モリブデン酸六アンモニウム及びタルトラトアンチモン（III）酸カリウムと反応して生成するヘテロポリ化合物をL(+)-アスコルビン酸で還元し，生成したモリブデン青の吸光度を測定してりん酸イオンを定量する。

定量範囲：PO_4^{3-} 2.5～75 µg，繰返し精度：2～10 %

a)　試薬　試薬は，次による。

1)　水　**JIS K 0557** に規定する **A3** の水

2)　アスコルビン酸溶液（72 g/L）　**JIS K 9502** に規定するL(+)-アスコルビン酸7.2 gを水に溶かして100 mLとする。0～10 ℃の暗所に保存する。着色した溶液は使用しない。

3)　モリブデン酸アンモニウム溶液　**JIS K 8905** に規定するモリブデン（VI）酸アンモニウム四水和物6 gと **JIS K 8533** に規定するビス［(+)-タルトラト］二アンチモン（III）酸二カリウム三水和物0.24 gとを水約300 mLに溶かし，これに硫酸（2＋1）（**JIS K 8951** に規定する硫酸を用いて調製する。）120 mLを加え，次に，**JIS K 8588** に規定するアミド硫酸アンモニウム5 gを加えて溶かした後，水を加えて 500 mL とする。

4) **モリブデン酸アンモニウム-アスコルビン酸混合溶液**　モリブデン酸アンモニウム溶液とアスコルビン酸溶液（72 g/L）とを体積比で 5：1 の割合になるように混合する。使用時に調製する。

5) **りん酸イオン標準液（PO_4^{3-} 0.1 mg/mL）**　**JIS K 9007** に規定するりん酸二水素カリウム（pH 標準液用）を 105±2 ℃で約 2 時間加熱し，デシケーター中で放冷する。その 0.143 3 g をとり，水に溶かし，全量フラスコ 1 000 mL に移し入れ，水を標線まで加える。0～10 ℃の暗所に保存する。

6) **りん酸イオン標準液（PO_4^{3-} 5 μg/mL）**　りん酸イオン標準液（PO_4^{3-} 0.1 mg/mL）10 mL を全量フラスコ 200 mL にとり，水を標線まで加える。使用時に調製する。

7) ***p*-ニトロフェノール溶液（1 g/L）**　**JIS K 8721** に規定する *p*-ニトロフェノール 0.1 g を水に溶かして 100 mL とする。

8) **水酸化ナトリウム溶液（40 g/L）**　**21. a) 3)**による。

b) **装置**　装置は，次による。

1) **光度計**　分光光度計又は光電光度計

c) **操作**　操作は，次による。

1.1) 試料の適量（PO_4^{3-}として 2.5～75 μg を含む。）をメスシリンダー（有栓形）25 mL にとる。

1.2) 試料が酸性の場合は，指示薬として *p*-ニトロフェノール溶液（1 g/L）2，3 滴を加え，水酸化ナトリウム溶液（40 g/L）を用いて僅かに黄色になるまで中和する。ただし，このときアルミニウムなどの水酸化物の沈殿が生じる場合には，沈殿が生じる直前でとどめる。中和後，水を 25 mL の標線まで加える。

2) モリブデン酸アンモニウム-アスコルビン酸混合溶液 2 mL を加えて振り混ぜた後，20～40 ℃で，約 15 分間放置する。

3) 溶液の一部を吸収セルに移し，波長 880 nm 又は 710 nm 付近の吸光度を測定する([1])。

4) 空試験として水 25 mL をとり，**2)**及び **3)**の操作を行って吸光度を測定し，試料について得た吸光度を補正する。

5) 検量線からりん酸イオンの量を求め，試料中のりん酸イオンの濃度（PO_4^{3-} mg/L）を算出する。りん酸イオンの濃度をりん酸体りんで表示する場合は，**35.**の**備考 10.**による。

注([1]) 試料に濁り又は色がある場合は，**1)**と同量の試料をとり，モリブデン酸アンモニウム-アスコルビン酸混合溶液 2 mL に代えてモリブデン酸アンモニウム溶液 2 mL を用いて **1)**及び **2)**の操作を行ってこの溶液を対照液として吸光度を測定するか，又はこの溶液の吸光度を測定して試料について得た吸光度を補正する。ただし，これらの場合は，試料に対しての **4)**による空試験の補正は行わない。

なお，この操作による場合，濁りの著しい試料では誤差が大きくなる。

d) **検量線**　検量線の作成は，次による。

1) りん酸イオン標準液（PO_4^{3-} 5 μg/mL）0.5～15 mL をメスシリンダー（有栓形）25 mL に段階的にとり，水を 25 mL の標線まで加える。

2) **c)**の **2)**～**4)**の操作を行ってりん酸イオン（PO_4^{3-}）の量と吸光度との関係線を作成する。温度は，試料測定時と同じとなるようにする。

備考 1. 試料中にひ素（V）が含まれるときは，りん酸イオンと同様に発色するので，次の操作でその妨害を除去する。この操作によってひ素（V）10 mg/L の妨害が除去できる。

試料 20 mL に硫酸（1 mol/L）（**JIS K 8951** に規定する硫酸 5.6 mL を水約 80 mL 中に加え，放冷後，水で 100 mL とする。）1 mL，チオ硫酸ナトリウム溶液（7.65 g/L）（**JIS K 8637** に規

定するチオ硫酸ナトリウム五水和物 1.2 g を水 100 mL に溶かし，保存剤として **JIS K 8625** に規定する炭酸ナトリウム約 50 mg を加える。）0.5 mL を加え，5～10 分間放置してひ素（V）をひ素（III）とする。**c) 1.2)**の中和操作に従って中和し，水で 25 mL とする。続いて **c)**の **2)**～**5)**の操作によってりん酸イオンを定量する。

2. 塩化物イオン及び硫酸イオンが多量（40 g/L 程度）に共存しても妨害しない。しかし，多量のアンモニウムイオン及びカリウムが共存すると，濁りが生じて妨害となる。

3. **a) 3)**のアミド硫酸アンモニウムを添加したモリブデン酸アンモニウム溶液を用いれば，亜硝酸イオンによる発色妨害を防ぐことができる。**a) 3)**の溶液に含まれるアミド硫酸アンモニウム量では，約 7 mg まで亜硝酸イオンが共存しても発色は妨害されない。それ以上のときは，別にアミド硫酸アンモニウム溶液を調製して追加する。

4. 鉄（III）約 10 mg 以上は，発色を妨害する。

5. りん酸塩が懸濁物として含まれるときは，試薬添加後，約 15 分間経過しても徐々に吸光度が増加することがある。

6. りん酸イオンの濃度が低い試料の場合には，試料の量及びモリブデン酸アンモニウム-アスコルビン酸混合溶液の量を増加してモリブデン青を発色させ，2,6-ジメチル-4-ヘプタノン［ジイソブチルケトン（DIBK）］で抽出して定量できる。操作は，**46.3.1.3** による。

7. 次のような操作で発色させ，定量することもできる。

試料の適量（PO_4^{3-}として 5～150 µg を含む。）を全量フラスコ 50 mL にとり，水を加えて約 40 mL とし，モリブデン酸アンモニウム-アスコルビン酸混合溶液 3.5 mL を加え，水を標線まで加えて振り混ぜた後，20～40 ℃で約 15 分間放置して発色させ，波長 880 nm 又は 710 nm 付近の吸光度を測定する。水を用いた空試験を行って吸光度を補正する。

検量線は，りん酸イオン標準液（PO_4^{3-} 5 µg/mL）1～30 mL について試料と同様に操作して作成する。

8. **a) 3)**のモリブデン酸アンモニウム溶液と **a) 2)**のアスコルビン酸溶液とを，混合せずに，別々に添加することもできる。例えば，**46.1.1** の**備考 7.**の操作で，モリブデン酸アンモニウム溶液 3 mL，続いてアスコルビン酸溶液 0.5 mL を加え，水で 50 mL とする。

46.1.2 欠番

46.1.4 流れ分析法 試料中のりん酸イオンを，**46.1.1** と同様な原理で発色させる流れ分析法の **JIS K 0170-4** の箇条 **6**（りん酸イオンの測定）によって定量する。

定量範囲：PO_4^{3-} 0.03～3 mg/L（P として 0.01～1 mg/L），繰返し精度：10 %以下

試験操作などは，**JIS K 0170-4** の箇条 **6** のりん酸イオンの測定に関する規定による。りん酸イオンの濃度をりん酸体りんで表示する場合は，**35.**の**備考 10.**による。

46.2 加水分解性りん 試料を酸性として煮沸したとき，加水分解によってりん酸イオンとなるものをいう。

試料に硫酸-硝酸の混酸を加え，煮沸してりん酸イオンとした後，**46.1.1** 又は **46.1.4** によって定量し，この値から加水分解前のりん酸イオンを差し引き，りん酸イオンに換算した値で表示する。

なお，溶存の加水分解性りんを定量する場合には，**3.2** によってろ過した試料を用いる。

定量範囲：PO_4^{3-} 2.5～75 µg，繰返し精度：2～10 %

a) 試薬 試薬は，次による。

1) 水 **JIS K 0557** に規定する **A3** の水

2) 硫酸-硝酸の混液 **JIS K 8951** に規定する硫酸 300 mL を水約 600 mL 中に注意してかき混ぜながら

加えた後，放冷する。これに **JIS K 8541** に規定する硝酸 4 mL と水とを加えて全量を 1 L とする。

3) **水酸化ナトリウム溶液（40 g/L）** **21. a) 3)**による。

4) **アスコルビン酸溶液（72 g/L）** **46.1.1 a) 2)**による。

5) **モリブデン酸アンモニウム溶液** **46.1.1 a) 3)**による。

6) **モリブデン酸アンモニウム-アスコルビン酸混合溶液** **46.1.1 a) 4)**による。

7) ***p*-ニトロフェノール溶液（1 g/L）** **46.1.1 a) 7)**による。

8) **りん酸イオン標準液（PO_4^{3-} 5 μg/mL）** **46.1.1 a) 6)**による。

b) **装置** 装置は，次による。

1) **光度計** 分光光度計又は光電光度計

c) **操作** 操作は，次による。

1) 試料の適量（PO_4^{3-}として 1 mg 以下を含む。）をビーカー200 mL にとる。試料が酸性の場合には，**46.1.1 c) 1.2)**の中和操作に従って中和した後，水を加えて 50～100 mL とし，硫酸-硝酸の混酸 1 mL を加える。

2) 静かに煮沸する。液量が 25 mL 以下になったら水を加え，液量を 25～50 mL に保って約 90 分間煮沸する。

3) 放冷後，ろ紙 5 種 B を用いてろ過し，温水で 3，4 回洗う。

4) ろ液と洗液とを合わせ，指示薬として *p*-ニトロフェノール溶液（1 g/L）3～5 滴を加え，溶液が僅かに黄色になるまで水酸化ナトリウム溶液（40 g/L）を滴加した後，全量フラスコ 100 mL に移し入れ，水を標線まで加える。

5) この溶液の適量をとり，**46.1.1** によってりん酸イオンの量を求め，試料中のりん酸イオンの濃度（PO_4^{3-} mg/L）に換算し，この値から別に **46.1.1** によって定量した試料中のりん酸イオンの濃度（PO_4^{3-} mg/L）を差し引いて加水分解性りんとし，りん酸イオンの濃度（PO_4^{3-} mg/L）で表す。

46.3 全りん ペルオキソ二硫酸カリウム分解，硝酸-過塩素酸分解又は硝酸-硫酸分解によって試料中のりん化合物などを分解し，生成したりん酸イオンを **46.3.1.2**，**46.3.1.3** 又は **46.1.4** によって定量し，これを全りんとしてりんの濃度で表す。又は一連のペルオキソ二硫酸カリウム分解及びりん酸イオンのモリブデン青吸光光度法による定量を **46.3.4** の流れ分析法によって行い，全りん濃度を求める。

46.3.1 ペルオキソ二硫酸カリウム分解法 試料にペルオキソ二硫酸カリウムを加え，高圧蒸気滅菌器中で加熱して有機物などを分解し，この溶液についてりん酸イオンを定量して全りんの濃度を求める。

定量範囲：P 1.25～25 μg，繰返し精度：2～10 %

46.3.1.1 分解法

a) **試薬** 試薬は，次による。

1) **水** **JIS K 0557** に規定する **A3** の水

2) **ペルオキソ二硫酸カリウム溶液（40 g/L）** **JIS K 8253** に規定するペルオキソ二硫酸カリウム（窒素・りん測定用）4 g を水に溶かして 100 mL とする。

3) **硫酸（1＋35）** **43.2.1 a) 3)**による。

4) **水酸化ナトリウム溶液（40 g/L）** **21. a) 3)**による。

5) **亜硫酸水素ナトリウム溶液（50 g/L）** **JIS K 8059** に規定する亜硫酸水素ナトリウム 5 g を水に溶かして 100 mL とする。

b) **器具及び装置** 器具及び装置は，次による。

1) **分解瓶** **45.2 b) 1)**による。

2) **高圧蒸気滅菌器** **45.2 b) 2)**による。

c)　操作　操作は，次による。

1.1)　試料の pH が 5～9 で，試料 50 mL に含まれる全りんが 60 μg 未満の場合は，分解瓶に試料 50 mL をとる。また，全りんが 60 μg 以上含まれる場合は，試料の適量（P として 0.12 mg 未満を含む。）を全量フラスコ 100 mL にとり，水を標線まで加え，この溶液から 50 mL をとる。

1.2)　試料の pH が 5～9 にない場合で，試料 50 mL に含まれる全りんが 60 μg 未満の場合は，試料 50 mL を分解瓶にとり，硫酸（1＋35）又は水酸化ナトリウム溶液（40 g/L）を用いて中和する。中和に要した両液の合量（*b* mL）を記録し，全りんの濃度算出時［**46.3.1.2 c) 4)**］に補正する。

1.3)　試料の pH が 5～9 の範囲にない場合で，試料 50 mL に含まれる全りんが 60 μg 以上を含む場合は，試料の適量（P として 0.12 mg 未満を含む。）をビーカなどにとり，硫酸（1＋35）又は水酸化ナトリウム溶液（40 g/L）を用いて中和した後，全量フラスコ 100 mL に移し入れ，水を標線まで加え，この溶液から 50 mL をとる。

2)　ペルオキソ二硫酸カリウム溶液（40 g/L）10 mL を加え，密栓して混合する。

3)　高圧蒸気滅菌器に入れて加熱し，約 120 ℃に達してから 30 分間加熱分解する。

4.1)　分解瓶を取り出し，放冷する。

4.2)　塩化物イオンを多く含む試料の場合は，塩素が生成してモリブデン青の発色を妨害するおそれがあるので，分解後の溶液に亜硫酸水素ナトリウム溶液（50 g/L）を 1 mL 加える。又は，塩素臭のなくなるまで煮沸し，放冷後，水で 60 mL とする。亜硫酸水素ナトリウムを添加した場合は，添加量を全りん濃度の算出時に補正する。

4.3)　分解後の溶液にひ素（V）が含まれる場合には，**備考 1.**に準じ，次の操作でひ素（III）に還元する。分解後の溶液に硫酸（1 mol/L）3 mL（**備考 1.**による。）及びチオ硫酸ナトリウム溶液（7.65 g/L）（**備考 1.**による。）1.5 mL を加え，5～10 分間放置してひ素（V）をひ素（III）とする。**46.1.1 c) 1.2)** の中和操作に従って酸を中和する。その操作を行った場合は，用いた硫酸（1 mol/L），チオ硫酸ナトリウム溶液（7.65 g/L）及び水酸化ナトリウム溶液（40 g/L）の合量（mL）を記録し，全りん濃度の算出時に補正する。

5)　空試験として水 50 mL を分解瓶にとり，**2)**～**4)**の操作を行う。

備考 9.　**c)**の操作に代えて，耐圧・耐熱性ねじ口試験管とブロックヒーターとを用いる次の操作で分解してもよい。

1.1)　試料の pH が 5～9 で，試料 10 mL に含まれる全りんが 12 μg 未満の場合は，耐圧・耐熱性ねじ口試験管（**45.6** の**備考 3.**による。）に試料 10 mL をとる。また，全りんが 12 μg 以上含まれる場合は，試料の適量（P として 25 μg 未満を含む。）を全量フラスコ 20 mL にとり，水を標線まで加え，この溶液から 10 mL をとる。

1.2)　試料の pH が 5～9 の範囲にない場合で，試料 10 mL に含まれる全りんが 12 μg 未満の場合は，試料 10 mL を耐圧・耐熱性ねじ口試験管にとり，硫酸（1＋35）又は水酸化ナトリウム溶液（40 g/L）を用いて中和する。この場合は，中和に要した両液の合量（*b* mL）を記録する。

1.3)　試料の pH が 5～9 の範囲にない場合で，試料 10 mL に含まれる全りんが 12 μg 以上を含む場合は，試料の適量（P として 25 μg 未満を含む。）をビーカーなどにとり，硫酸（1＋35）又は水酸化ナトリウム溶液（40 g/L）を用いて中和した後，全量フラスコ 20 mL に移し入れ，水を標線まで加え，この溶液から 10 mL をとる。

2)　ペルオキソ二硫酸カリウム溶液（40 g/L）2 mL を加え，密栓して混合する。

3)　150～180 ℃に加熱したブロックヒーターで約 20 分間加熱分解する。

4.1) 耐圧・耐熱性ねじ口試験管を取り出し，放冷する。

4.2) 塩化物イオンを多く含む試料の場合は，**c) 4.2)**に準じて，分解後の溶液に亜硫酸水素ナトリウム（50 g/L）を 0.2 mL 加える。この操作を行った場合は，この量を全りん濃度の算出時に補正する。

4.3) 分解後の溶液にひ素（V）が含まれる場合には，**c) 4.3)**に準じて，分解後の溶液に硫酸（1 mol/L）0.6 mL 及びチオ硫酸ナトリウム溶液（7.65 g/L）0.3 mL を加え，5〜10 分間放置してひ素（V）をひ素（III）とした後，水酸化ナトリウム溶液（40 g/L）で中和し，この上澄み液 10 mL をとり，**備考 10. 2)**の操作を行う。

用いた硫酸（1 mol/L），チオ硫酸ナトリウム溶液（7.65 g/L）及び水酸化ナトリウム溶液（40 g/L）の合量（mL）を記録し，全りん濃度の算出時に補正する。

5) 空試験として水 10 mL を分解瓶にとり，**2)**〜**4.1)**の操作を行う。

46.3.1.2 定量法 **46.3.1.1** の操作で得られた分解液中のりん酸イオンをモリブデン青吸光光度法で定量し，全りん濃度を求める。

定量範囲：P 1.25〜25 μg，繰返し精度：2〜10 %

a) 試薬 試薬は，次による。

1) 水 **46.3.1.1 a) 1)**による。

2) アスコルビン酸溶液（72 g/L） **46.1.1 a) 2)**による。

3) モリブデン酸アンモニウム溶液 **46.1.1 a) 3)**による。ただし，アミド硫酸アンモニウムは加えなくてもよい。

4) モリブデン酸アンモニウム-アスコルビン酸混合溶液 **46.1.1 a) 4)**による。

5) りん標準液（P 50 μg/mL） **JIS K 9007** に規定するりん酸二水素カリウム（pH 標準液用）を 105±2 ℃で約 2 時間加熱し，デシケーター中で放冷する。その 0.220 g をとり，少量の水に溶かして全量フラスコ 1 000 mL に移し入れ，水を標線まで加える。0〜10 ℃の暗所に保存する。

6) りん標準液（P 5 μg/mL） りん標準液（P 50 μg/mL）10 mL を全量フラスコ 100 mL にとり，水を標線まで加える。使用時に調製する。

7) りん標準液（P 0.5 μg/mL） りん標準液（P 5 μg/mL）10 mL を全量フラスコ 100 mL にとり，水を標線まで加える。使用時に調製する。

b) 装置 装置は，次による。

1) 光度計 分光光度計又は光電光度計

c) 操作 操作は，次による。**備考 9.**を用いて分解を行った場合は，**備考 10.**によって定量する。

1.1) **46.3.1.1 c)**で分解した上澄み液 25 mL をメスシリンダー（有栓形）25 mL に分取する。

1.2) 上澄み液に濁りが認められる場合には，ろ紙 5 種 C 又は孔径 1 μm 以下のガラス繊維ろ紙を用いてろ過し，初めのろ液 5〜10 mL を捨てた後のろ液を用いる。

1.3) 分解後の溶液中に金属水酸化物の沈殿が認められる場合には，これらが溶ける点まで硫酸（1＋35）［及び必要に応じ水酸化ナトリウム溶液（40 g/L）］を用いて沈殿を溶解する。用いた両液の量（mL）を記録し，全りん濃度の算出時に補正する。

なお，金属水酸化物の沈殿を溶かした後の溶液に濁りが認められる場合には，更にろ過の操作を行う。

2) **46.1.1 c)**の **2)**及び **3)**の操作を行って吸光度を測定する(2)。全りん濃度が 0.1 mg/L 未満の場合には，吸光度の測定に光路長 50 mm のセルを用いる。

3) **46.3.1.1 c) 5)**の分解瓶の中から 25 mL を分取し，**2)**の操作を行って吸光度を測定し，試料について得た吸光度を補正する。

4) 検量線から **1.1)**で分取した溶液 25 mL 中のりんの量を求め，次の式のいずれかによって試料中の全りんの濃度（P mg/L）を算出する。

$$P = a \times \frac{60+b}{25} \times \frac{1\,000}{50} \qquad P = a \times \frac{60}{25} \times \frac{1\,000}{50} \times \frac{100}{v}$$

ここに，　P：　全りんの濃度（P mg/L）

a：　**1.1)**で分取した溶液 25 mL 中の全りんの質量（mg）

b：　**46.3.1.1 c) 1.2)**で中和に要した硫酸及び水酸化ナトリウム溶液の合量（mL）

v：　**46.3.1.1 c)**の **1.1)**又は **1.3)**で全量フラスコ 100 mL に採取した試料量（mL）

注(2) 分解後の溶液にひ素（V）が含まれる場合には，**備考 1.**に準じ，次の操作でひ素（III）に還元する。分解後の溶液に硫酸（1 mol/L）3 mL（**備考 1.**による。）及びチオ硫酸ナトリウム溶液（7.65 g/L）（**備考 1.**による。）1.5 mL を加え，5～10 分間放置してひ素（V）をひ素（III）とする。**46.1.1 c) 1.2)**の中和操作に従って酸を中和する。その操作を行った場合は，用いた硫酸（1 mol/L），チオ硫酸ナトリウム溶液（7.65 g/L）及び水酸化ナトリウム溶液（40 g/L）の合量（mL）を記録し，全りん濃度の算出時に補正する。

d) **検量線**　検量線の作成は，次による。

1) りんの採取量が 1.25～25 µg になるように，りん標準液（P 0.5 µg/mL）及びりん標準液（P 5 µg/mL）の各適量をそれぞれメスシリンダー（有栓形）25 mL にとり，水を加えて 25 mL とする。**46.1.1 c)** の **2)**及び **3)**の操作を行って吸光度を測定する。

2) 別に，空試験として水 25 mL をメスシリンダー（有栓形）25 mL にとり，**46.1.1 c)** の **2)**及び **3)**の操作を行って吸光度を測定し，**1)**で得た吸光度を補正する。

3) 25 mL 中のりん（P）の量と吸光度との関係線を作成する。

備考 10. **備考 9.**の分解操作を行った場合は，次の操作によって分解液中のりん酸イオンを定量し，試料中の全りん濃度を求める。

1.1) 分解液の上澄み液 10 mL をメスシリンダー（有栓形）10 mL に移し入れる。

1.2) 上澄み液に濁りが認められる場合には，遠心分離を行う。

1.3) 分解後の溶液中に金属水酸化物の沈殿が認められる場合には，**46.3.1.2 c) 1.3)**に準じてこれらが溶ける点まで硫酸（1＋35）［及び必要に応じ水酸化ナトリウム溶液（40 g/L）］を用いて沈殿を溶解する。用いた両液の量（mL）を記録し，全りん濃度の算出時に補正する。金属水酸化物の沈殿を溶かした後の溶液に濁りが認められる場合には，更に遠心分離を行う。

2) **46.1.1 c)**の **2)**及び **3)**の操作を行って吸光度を測定する。ただし，モリブデン酸アンモニウム-アスコルビン酸混合溶液の添加量は 0.8 mL とする。

なお，試料中の全りん濃度が 0.1 mg/L 未満の場合には，吸光度の測定に光路長 50 mm のセルを用いる。

3) **備考 9.**の **5)**の分解後の耐圧・耐熱性ねじ口試験管から分解液 10 mL をメスシリンダー（有栓形）10 mL にとり，**2)**の操作を行って吸光度を測定し，試料について得た吸光度を補正する。

4) 検量線から分取した上澄み液 10 mL 中のりんの量を求め，試料中の全りんの濃度（P mg/L）を算出する。

$$P = a \times \frac{(12+b)}{10} \times \frac{1\,000}{10} \qquad P = a \times \frac{12}{10} \times \frac{1\,000}{10} \times \frac{20}{v}$$

ここに，　P：全りんの濃度（P mg/L）

a：**備考 10.**の **1.1)**で分取した溶液 10 mL 中の全りんの質量（mg）

b：**備考 9.**の **1.2)**で中和に要した硫酸及び水酸化ナトリウム溶液量（mL）

v：**備考 9.**の **1.1)**又は **1.3)**で採取した試料量（mL）

備考 11. りんの濃度が低く十分な定量精度が得にくい試料については，次の加熱濃縮操作を行うか，又は **46.3.1.3** の溶媒抽出による定量を行う。

試料 100～250 mL をビーカー200～500 mL にとり，硫酸（2＋1）（**JIS K 8951** に規定する硫酸を用いて調製する。）1，2 滴を加えた後，加熱板上で加熱して液量が 50 mL 以下になるまで濃縮する。この溶液を水酸化ナトリウム溶液（40 g/L）で中和した後，分解瓶（あらかじめ 50 mL の位置に印を付けたもの。）に移し，水を加えて 50 mL とし，**46.3.1.1 c)** の **2)**～**5)** 及び **46.3.1.2 c)**の操作を行う。

46.3.1.3　溶媒抽出法による定量法　**46.3.1.1 c)**の操作で得られた分解液を **46.3.1.2 c)**に準じて発色させてモリブデン青とし，2,6-ジメチル-4-ヘプタノン［ジイソブチルケトン（DIBK）］で抽出することによって定量し，微量の全りん濃度を求める。

定量範囲：P 0.25～6.25 μg，繰返し精度：2～10 %

a) 試薬　試薬は，次による。

1) 水　**46.3.1.1 a) 1)**による。

2) アスコルビン酸溶液（72 g/L）　**46.1.1 a) 2)**による。

3) モリブデン酸アンモニウム溶液　**46.1.1 a) 3)**による。

4) モリブデン酸アンモニウム-アスコルビン酸混合溶液　**46.1.1 a) 4)**による。

5) りん標準液（P 0.5 μg/mL）　**46.3.1.2 a) 7)**による。

6) 2,6-ジメチル-4-ヘプタノン［ジイソブチルケトン（DIBK）］

b) 器具及び装置　器具及び装置は，次による。

1) 光度計　分光光度計又は光電光度計

2) 分液漏斗　100 mL

c) 操作　操作は，次による。

1) **46.3.1.1 c)**の **1)**～**4)**の操作を行った後，分解瓶中の溶液を分液漏斗 100 mL に移し，分解瓶は水 10 mL で洗浄し洗液を分液漏斗に合わせる。

2) モリブデン酸アンモニウム-アスコルビン酸混合溶液 5.5 mL を加えて 20～40 ℃で約 15 分間放置する。

3) 分液漏斗に 2,6-ジメチル-4-ヘプタノン 5 mL を加えて約 5 分間振り混ぜる。

4) 静置後，水層を捨て，2,6-ジメチル-4-ヘプタノン層（水滴などによる濁りがあれば，乾燥したろ紙で手早くろ過する。）の一部を吸収セルに移し，波長 640 nm 付近の吸光度を測定する。

5) **46.3.1.1 c) 5)**の操作を行った後，分解瓶中の溶液を分液漏斗 100 mL に移し，分解瓶は水 10 mL で洗浄し，洗液を分液漏斗に合わせる。**2)**～**4)** の操作を行って吸光度を測定し，試料について得た吸光度を補正する。検量線から試料中の全りんの量を求め，次の式によって試料中の全りんの濃度（P mg/L）を算出する。

$$P = a \times \frac{1\,000}{V}$$

ここに，　P：　全りんの濃度（P mg/L）
　　　　　a：　測定した全りんの質量（mg）
　　　　　V：　試料量（mL）

d)　検量線　検量線の作成は，次による。

1)　りん標準液（P 0.5 μg/mL）の 0.5～12.5 mL を段階的に分液漏斗（あらかじめ，70 mL の位置に印を付けたもの）100 mL にとり，水を加えて 70 mL とした後，**c)**の **2)**～**4)**の操作を行って吸光度を測定する。

2)　空試験として水 70 mL を分液漏斗 100 mL にとり，同様の操作を行って吸光度を測定し，各りん標準液について得た吸光度を補正し，採取したりん（P）の量と吸光度との関係線を作成する。

46.3.2　硝酸-過塩素酸分解法　試料に硝酸を加えて加熱濃縮後，硝酸及び過塩素酸を加え，再び加熱して有機物などを分解し，この溶液についてりん酸イオンを定量し，全りんの濃度を求める。この方法は，多量の有機物を含む試料及び分解しにくい有機りん化合物を含む試料に適用する。

46.3.2.1　分解法

a)　試薬　試薬は，次による。

1)　水　**46.3.1.1 a) 1)**による。

2)　硝酸　**JIS K 8541** に規定するもの。

3)　過塩素酸　**JIS K 8223** に規定するもの。

4)　水酸化ナトリウム溶液（40 g/L）　**21. a) 3)**による。

5)　水酸化ナトリウム溶液（200 g/L）　**38.1.1.1 a) 3)**による。

6)　*p*-ニトロフェノール溶液（1 g/L）　**46.1.1 a) 7)**による。

b)　操作　操作は，次による。

1)　試料 50 mL をビーカーにとる。試料中の全りんの濃度が低い場合には，50 mL 以上の適量をとる。多量の塩化物イオンを含む試料で全りんの濃度が高い場合には，50 mL 未満の適量をとる。

2)　硝酸を加えて弱酸性とし，加熱板上で静かに加熱して 15～20 mL に濃縮する。

3)　これに硝酸 2～5 mL を加えて再び加熱し，約 10 mL になるまで濃縮した後，更に硝酸 2 mL を加えて加熱し，約 10 mL になるまで濃縮し，放冷する。

4)　過塩素酸 5 mL を少量ずつ加える。

　なお，試料に多量の塩化物イオンが含まれる場合には，塩化物イオンの当量よりも多い量を更に加える。加熱板上で再度加熱し，過塩素酸の白煙が発生し始めたらビーカーを時計皿で覆い，過塩素酸がビーカーの内壁を還流する状態に保つ(3)。この操作によっても有機物が分解されず，溶液に色が残った場合には，硝酸 2 mL を加えて加熱する操作を繰り返す。

5)　放冷後，水約 30 mL を加える。必要に応じ加熱して可溶性塩を溶かす。加熱しても不溶解物が残った場合には，ろ紙 5 種 C 又は孔径 1 μm 以下のガラス繊維ろ紙を用いて溶液をろ過し，次に，ろ紙を少量の水で洗浄し，ろ液と洗液とを合わせる。

6)　この溶液に指示薬として *p*-ニトロフェノール溶液（1 g/L）3～5 滴を加え，初めに水酸化ナトリウム溶液（200 g/L）を，次に，水酸化ナトリウム溶液（40 g/L）を加えて溶液が僅かに黄色になるまで中和する。中和するときに金属水酸化物の沈殿が認められる場合には，水酸化ナトリウム溶液（40

g/L）の添加は，沈殿の生じる直前でとどめる。必要に応じ硫酸（1＋35）［**30.1.1 a) 2)**による。］を用いて調節する。

7) 溶液を全量フラスコ 50 mL に移し入れ，水を標線まで加える。

8) 空試験として **1)**で採取した試料と同量の水をビーカーにとり，**2)**〜**7)**の操作を行う。

注(3) 過塩素酸を用いる加熱分解操作は，試料の種類によっては爆発の危険性があるため，次のことに注意する。

－ 酸化されやすい有機物は，過塩素酸を加える前に，**2)**及び **3)**の操作によって十分に分解しておく。

－ 過塩素酸の添加は，必ず濃縮液を放冷した後に行う。

－ 必ず過塩素酸と硝酸とを共存させた状態で加熱分解を行う。

－ 濃縮液を乾固させない。

46.3.2.2 定量法 **46.3.2.1** の操作で得られた分解液中のりん酸イオンをモリブデン青吸光光度法で定量し，全りん濃度を求める。

なお，りん酸イオンの定量を **46.1.4** で行ってもよい。また，りん酸イオン濃度が低い場合は **46.3.1.3** に準じて操作を行い，全りん濃度を求める。

定量範囲：P 1.25〜25 μg，繰返し精度：2〜10 %

a) 試薬 試薬は，次による。

1) 水 **46.3.1.1 a) 1)**による。

2) アスコルビン酸溶液（72 g/L） **46.1.1 a) 2)**による。

3) モリブデン酸アンモニウム溶液 **46.1.1 a) 3)**による。

4) モリブデン酸アンモニウム-アスコルビン酸混合溶液 **46.1.1 a) 4)**による。

5) りん標準液（P 5 μg/mL） **46.3.1.2 a) 6)**による。

6) りん標準液（P 0.5 μg/mL） **46.3.1.2 a) 7)**による。

b) 装置 装置は，次による。

1) 光度計 分光光度計又は光電光度計

c) 操作 操作は，次による。

1) **46.3.2.1 b) 7)**の溶液 25 mL 又は全りんが 25 μg 以上になる場合は，この溶液の適量（りん含有量 25 μg 未満となる量）をメスシリンダー（有栓形）25 mL にとる。適量（*b* mL）をとった場合は，水を加えて 25 mL とする。

2) **46.1.1 c)**の **2)**及び **3)**の操作を行って吸光度を測定する。

3) 空試験として **46.3.2.1 b) 8)**の溶液 25 mL をメスシリンダー（有栓形）25 mL にとり，**1)**及び **2)**を行い，試料について得た吸光度を補正する。

4) 検量線から **1)**で分取した溶液中のりんの量を求め，次の式によって試料中の全りんの濃度（P mg/L）を算出する。

$$P = a \times \frac{50}{b} \times \frac{1\,000}{v}$$

ここに，　P：　全りんの濃度（P mg/L）

a：　**1)**で分取した 25 mL 又は *b* mL 中の全りんの質量（mg）

b：　**1)**で分取した溶液量（mL）

v：　試料量（mL）

d) 検量線 **46.3.1.2 d)**の検量線と同じ操作によって作成する。

46.3.3　硝酸-硫酸分解法　試料に硝酸を加えて加熱濃縮後，硝酸及び硫酸を加え，更に加熱して有機物などを分解し，この溶液についてりん酸イオンを定量し，全りんの濃度を求める。この方法は，多量の有機物を含む試料及び分解しにくい有機りん化合物を含む試料に適用する。

46.3.3.1　分解法

a)　試薬　試薬は，次による。

1)　**水**　**46.3.1.1 a) 1)**による。

2)　**硝酸**　**46.3.2.1 a) 2)**による。

3)　**硫酸（1+1）**　**5.4 a) 2)**による。

4)　**水酸化ナトリウム溶液（40 g/L）**　**21. a) 3)**による。

5)　**水酸化ナトリウム溶液（200 g/L）**　**38.1.1.1 a) 3)**による。

6)　***p*-ニトロフェノール溶液（1 g/L）**　**46.1.1 a) 7)**による。

b)　操作　操作は，次による。

1)　**46.3.2.1 b)**の **1)**及び **2)**の操作を行う。

2)　**1)**の操作を行った後の溶液に硫酸（1+1）2 mL 及び硝酸 2～5 mL を加える。

　なお，試料に多量の塩化物イオンが含まれる場合には，塩化物イオンの当量よりも多い量の硫酸（1+1）を更に加える。加熱して硫酸の白煙が発生するまで濃縮し，ビーカーを時計皿で覆い，更に加熱して硫酸の白煙を短時間強く発生させた後，放冷する。

3)　この溶液に硝酸 5 mL を加えて再び加熱し，硫酸の白煙が発生するまで加熱する。この操作によっても有機物が分解されず，溶液に色が残った場合には，硝酸 2 mL を加えて加熱する操作を繰り返す。

4)　放冷後，水約 30 mL を加え，約 10 分間静かに煮沸する。不溶解物が残った場合には，ろ紙 5 種 C 又は孔径 1 μm 以下のガラス繊維ろ紙を用いて溶液をろ過し，次に，ろ紙を少量の水で洗浄し，ろ液と洗液とを合わせる。

5)　**46.3.2.1 b)**の **6)**及び **7)**の操作を行う。

6)　空試験として **1)**で採取した試料と同量の水をビーカーにとり，**2)**～**5)**の操作を行う。

46.3.3.2　定量法　**46.3.3.1** の操作で得られた分解液中のりん酸イオンをモリブデン青吸光光度法で定量し，全りん濃度を求める。

なお，りん酸イオンの定量を **46.1.4** で行ってもよい。また，りん酸イオン濃度が低い場合は **46.3.1.3** に準じて操作を行い，全りん濃度を求める。

　定量範囲： P 1.25～25 μg，繰返し精度：2～10 %

a)　試薬　試薬は，次による。

1)　**水**　**46.3.1.1 a) 1)**による。

2)　**アスコルビン酸溶液（72 g/L）**　**46.1.1 a) 2)**による。

3)　**モリブデン酸アンモニウム溶液**　**46.1.1 a) 3)**による。

4)　**モリブデン酸アンモニウム-アスコルビン酸混合溶液**　**46.1.1 a) 4)**による。

5)　***p*-ニトロフェノール溶液（1 g/L）**　**46.1.1 a) 7)**による。

6)　**りん標準液（P 5 μg/mL）**　**46.3.1.2 a) 6)**による。

7)　**りん標準液（P 0.5 μg/mL）**　**46.3.1.2 a) 7)**による。

b)　装置　装置は，次による。

1)　**光度計**　分光光度計又は光電光度計

c) 操作 操作は，次による。

1) **46.3.3.1 b) 5)**の溶液 25 mL 又は全りんが 25 μg 以上になる場合には，この溶液の適量（りん含有量 25 μg 未満となる量）をメスシリンダー（有栓形）25 mL にとる。適量（*b* mL）をとった場合は，水を加えて 25 mL とする。

2) **46.1.1 c)**の **2)**及び **3)**の操作を行って吸光度を測定する。

3) 空試験として **46.3.3.1 b) 6)**の溶液 25 mL をメスシリンダー（有栓形）25 mL にとり，**1)**を行って吸光度を測定し，試料について得た吸光度を補正する。

4) 検量線からりんの量を求め，**46.3.2.2 c) 4)**の式によって試料中の全りんの濃度（P mg/L）を算出する。

d) 検量線 **46.3.1.2 d)**の検量線と同じ操作によって作成する。

46.3.4 流れ分析法 試料中のりん化合物などを，**46.3.1** と同様な原理で加水分解又は酸化分解してりん酸イオンとした後，りん酸イオンをモリブデン青吸光光度法によって定量する一連の操作を流れ分析法の **JIS K 0170-4** の箇条 **7**（全りんの測定）によって行い，全りん濃度を求める。

定量範囲：P 0.01～10 mg/L，繰返し精度：10 %以下

試験操作などは，**JIS K 0170-4** の箇条 **7**（全りんの測定）による。ただし，**JIS K 0170-4** の **7.3.2**（UV 照射酸化分解・モリブデン青発色 FIA 法）及び **7.3.4**（UV 照射酸化分解・モリブデン青発色 CFA 法）は除く。

りん化合物は，工場排水，生活排水など多くの排水に含まれ，窒素化合物とともに水の富栄養化を促す一因としてその定量が重視されている。

水中のりん化合物は，りん酸塩のほか，各種のポリりん酸塩及びりん脂質などとして存在しており，水中の微生物の作用によってその形態が絶えず変化している。これらのりん化合物をそれぞれ区別して定量することは困難なので，水質試験では，その性質別に区別して定量することが行われる。規格でも通常の区別に従い，りん化合物の形態を，りん酸イオン，加水分解性りん，全りんに分類して定量する。すなわち，**規格**の **46.1.1** のモリブデン青吸光光度法では，りん酸イオンだけが定量され，他のりん化合物は定量されないことから，試料に対する前処理の方法によって，それぞれの形態を区別する。また，あらかじめ試料をろ過した後，操作すれば，それぞれ溶存状態のものと懸濁状態のものとが区別できる。

2019 年の追補改正では，旧規格の注に記載されていた内容を本文中に移行したこと，旧規格では，**規格**の **46.3** 全りんの定量法として，分解法と定量法が一箇条に記載されていたものを定量法ごとに分解法と定量法の細分箇条に分けて記載したこと，**旧規格**の **46.3 備考 13.** にあったモリブデン青抽出法を**規**

格の **46.3.1.3**（溶媒抽出法）による定量法に規定したこと，ペルオキソ二硫酸カリウムによる全りんの分解に耐圧・耐熱性ねじ口試験管とブロックヒーターとを用いる小型の分解法を追加したことなどの修正が行われた。また，旧規格の注書きが本文中に書き入れられて試料採取などの操作が1か所になるように記載されたことに伴い，各規格での全りん濃度算出の式も修正されているので，十分理解したうえで使用してほしい。

46.1　りん酸イオン（PO_4^{3-}）

46.1.1　モリブデン青吸光光度法 [1)～8)]

試料にモリブデン酸アンモニウム（七モリブデン酸六アンモニウム），タルトラトアンチモン(Ⅲ)酸カリウム及びアスコルビン酸の硫酸酸性の混合溶液を加えてモリブデン青を発色させる。この方法は多量の塩化物イオンが共存しても妨害を受けない特長がある。ただし，多量のアンモニウムイオン，カリウムイオン又はさらに多量のナトリウムイオンが共存すると濁りを生じる。

1.　試　薬

（1）　モリブデン酸アンモニウム溶液は長期間使用できるが，アスコルビン酸溶液との混合溶液は保存できない。使用日ごとに混合調製する。

2.　操　作

（1）　この方法の発色は，モリブデン酸アンモニウム及び硫酸の濃度の影響を受ける。また，硫酸の濃度が高くなると発色溶液が懸濁する。これらの濃度関係を発色領域図として図46.1に示す。ただし，懸濁の生じる試薬の濃度は，りん酸イオンの濃度によって差があり，必ずしも図46.1のようにはならない。なお，Going [2)] は発色に適する濃度として，モリブデン 0.8～10 mmol/L で水素イオンとモリブデンのモル比が 70±10 としている。これから計算した発色領域を図46.1中に示す。

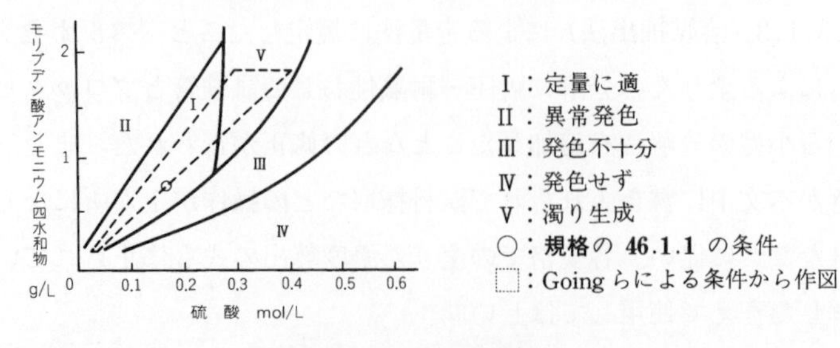

図 46.1 発色領域図 [5)]

（2） 発色させた溶液の色が濃すぎた場合，これを希釈して測定してはならない。希釈するとモリブデン酸アンモニウム及び硫酸の濃度が変わるから正常な発色でなくなるおそれがある。

（3） モリブデン青の発色にはモリブデン酸アンモニウム溶液とアスコルビン酸溶液を別々に加えても同じ呈色が得られるが，多数の試料を扱う場合の簡便さのため，あらかじめ混合して用いるようにされている。

（4） **規格**の **46.1.1** c) では試料を 25 mL とし，これに一定量（2 mL）のモリブデン酸アンモニウム-アスコルビン酸混合溶液を加える。その後，標線まで水を加える操作がないから，りん酸イオンの濃度の低い試料では希釈による呈色の強さの低下がなく，また，操作が簡便である。しかし，りん酸イオンの濃度の高い試料のときは，**規格**の **46. 備考 7.** に示す方法が操作しやすい。

（5） 共存イオンの影響及びその妨害の除去方法については，**規格**の **46. 備考 1.～5.** に述べられている。このうち，**規格**の **46. 備考 3.** に示されるように，モリブデン酸アンモニウム溶液中のアミド硫酸アンモニウムは別の溶液とし，試料中の亜硝酸イオンを含む場合だけ添加してもよいが，**規格**の **46.3.2** の硝酸と過塩素酸による前処理を行った場合，**規格**の **46.3.3** の硝酸と硫酸による前処理を行った場合，試料が生活排水の処理水の場合など，亜硝酸イオンの存在を配慮し，モリブデン酸アンモニウム溶液中に加えるようにしている。

（6） **規格**の **46. 備考 1.** に示すようにひ素（V）の妨害の除去に，チオ硫酸ナトリウムによる方法を用いる。この方法は，ISO 6878：2004 に基づくもので，操作においての酸濃度，チオ硫酸ナトリウムの濃度，還元時間など明確でなかった点を検討して規定された。

（7）　塩化物イオンは 20 g/L 程度までは妨害しない。

（8）　**規格**の **46. 備考 2.** に示すように，多量のアンモニウムイオン又はカリウムイオンが共存すると発色液に懸濁が生じる。ナトリウムイオンもさらに多量に共存すると懸濁が生じる。懸濁を生じるこれらのイオンの濃度はりん酸イオンの濃度に反比例する。その濃度の概略の関係を図 46.2 及び図 46.3 に示す。

懸濁を生じると吸光度は増加するが，その増加は懸濁による増加とモリブデン青の呈色の減少との差による。

図 46.2 及び図 46.3 は概略値であるが，**規格**の **46.3.2** 又は **46.3.3** によって全りん定量の前処理を行った場合，試料分解後の酸の中和にアンモニア水又は水酸化カリウムの使用は不適であることが分かる。また，前処理に多量の硫酸又は過塩素酸を使用すると，その中和に多量の水酸化ナトリウムが必要となり，懸濁生成の原因となる。海水を試料とする場合も注意が必要である。

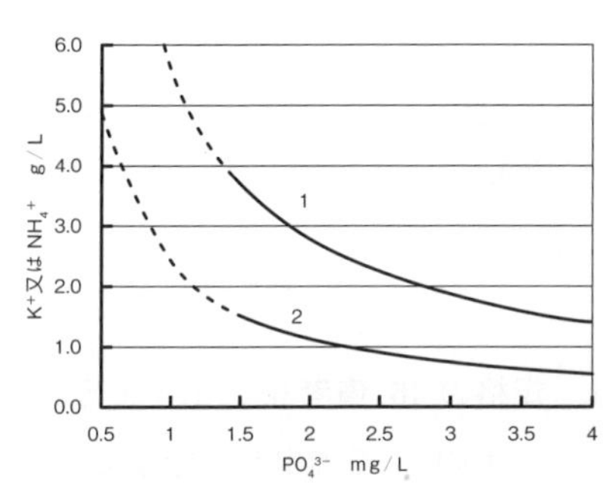

1：カリウムイオン　2：アンモニウムイオン
-----：計算値
硫酸(2+1)＝12 mol/L として計算

図 46.2　りん酸イオン濃度に対し懸濁物を生成するカリウムイオン及びアンモニウムイオン濃度[8)]

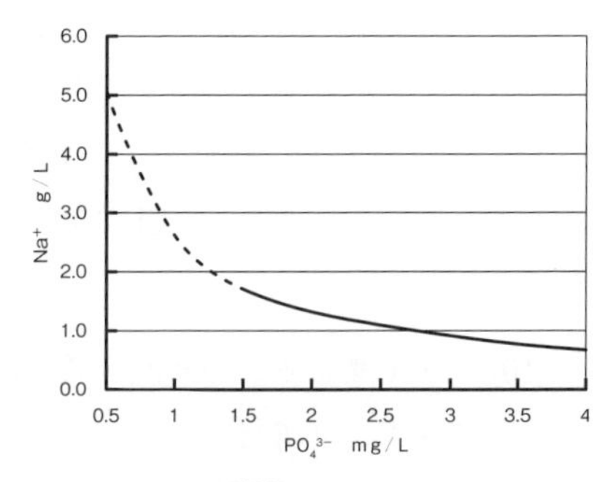

-----：計算値
硫酸(2+1)＝12 mol/L として計算

図 46.3　りん酸イオン濃度に対し懸濁物を生成するナトリウムイオン濃度[8)]

(**9**) 吸収曲線及び検量線の一例を図 46.4～図 46.6 に示す。

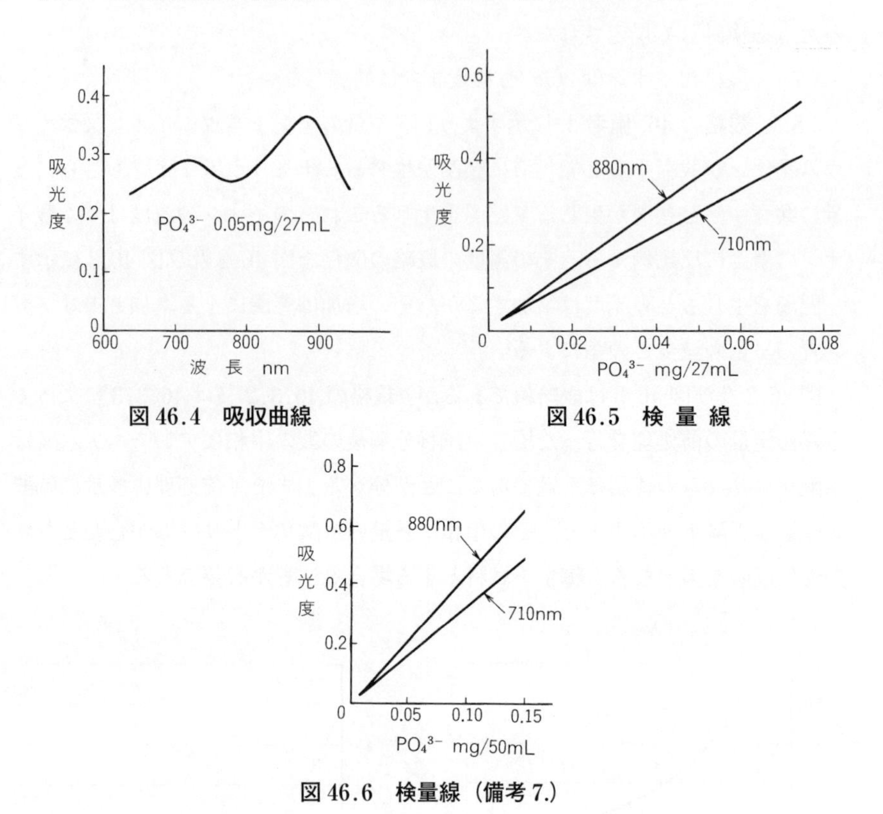

図 46.4 吸収曲線

図 46.5 検 量 線

図 46.6 検量線（備考 7.）

(**10**) りん酸イオンの濃度が低い場合は，**規格の 46. 備考 6.** に示すように，モリブデン青を 2, 6-ジメチル-4-ヘプタノン（DIBK）で抽出して定量できるが，これについては本書 46.3.1.2 の(1)を参照。なお，この場合の吸収曲線及び検量線の一例を図 46.7 及び図 46.8 に示す。

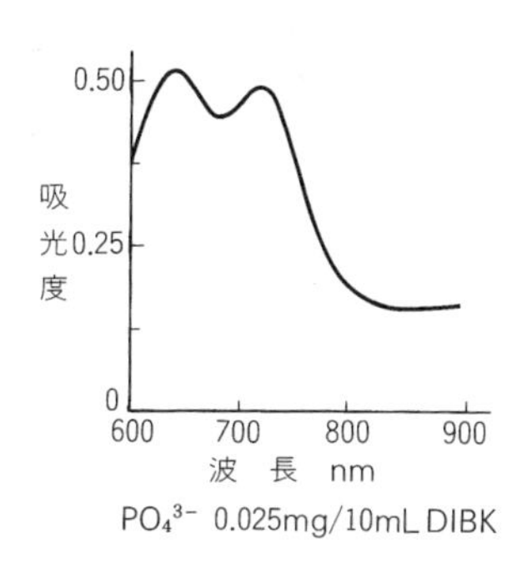

図 46.7　吸収曲線
（DIBK 抽出）

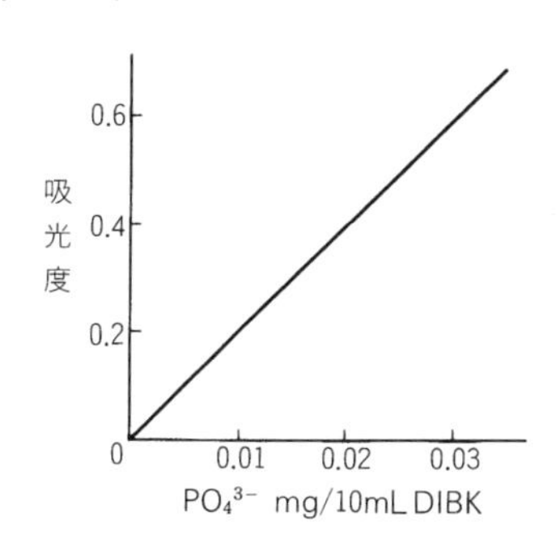

図 46.8　検 量 線
（DIBK 抽出）

46.1.3　イオンクロマトグラフ法

この方法を適用する場合には，**規格**の **3.3** の保存処理を行わず，試料採取後，直ちに試験する。

定量操作は，**規格**の **35.3** と同じ。ただし，定量範囲：PO_4^{3-} 0.1～50 mg/L（サプレッサーなし 0.5～50 mg/L）。試薬，装置，操作などの共通する事項は，本書 35.3 を参照。

1.　操　作

（1）　**規格**の **3.2** によってろ過した試料について試験すると，溶存のオルトりん酸イオンだけが定量できる。加水分解性りん及び全りんの試験には，この方法は適用しない。

（2）　操作に共通する注意事項は，本書 35.3 の 4. を参照。

46.1.4　流れ分析法[10)]

JIS K 0170-4（2011）の箇条 6 から引用する FIA の 2 方法及び CFA の 1 方法を用いる。

1.　モリブデン青発色 3 流路 FIA 法

（1）　ISO 15681-1 に基づく方法である。発色反応は**規格**の **46.1.1** と同じ。キャリヤー液（水）に試料を注入し，この流れに硫酸酸性モリブデン酸アンモニウム溶液［タルトラト二アンチモン(Ⅲ)酸二カリウムを含む］とアスコルビン酸溶液とを合流させた溶液を導入し，恒温槽（60℃）で加熱し，生成したモリブデン青の 880 nm 付近の吸光度を測定する。

（2） 発色試薬のモリブデン酸アンモニウム溶液は保存使用できる。アスコルビン酸溶液は，長期使用はできない。

（3） 反応条件，妨害物質などについては，**規格**の **46.1.1** 及び本書 46.1.1 を参照。

2. モリブデン青発色 2 流路 FIA 法

（1） **規格**の **46.1.1** に基づいた方法である。システムは 1. と同じ原理であるが，モリブデン酸アンモニウム溶液とアスコルビン酸溶液とを混合して 1 液として用いるので 2 流路となる。発色は恒温槽（70℃）による加熱で行う。この混合した発色試薬溶液は変質しやすいので，アスコルビン酸溶液との混合は測定時に行う。

（2） 反応条件，妨害物質などについては，**規格**の **46.1.1** 及び本書 46.1.1 を参照。

3. モリブデン青発色 CFA 法

（1） ISO 15681-1 に基づく方法である。試料（又は洗剤溶液）を空気で分節し，界面活性剤溶液（又は試料）を導入する。これに硫酸酸性モリブデン酸アンモニウム混合溶液［タルトラト二アンチモン(Ⅲ)酸二カリウムを含む］とアスコルビン酸溶液を順次導入し，恒温槽（37～40℃）で加熱し，生成したモリブデン青の 880 nm 付近の吸光度を測定する。

（2） 界面活性剤溶液はドデシル硫酸ナトリウム溶液（セグメントの円滑な移動のため）。界面活性剤溶液と試料の流量を変えることによって，試料の希釈率を変え，定量範囲を 0.01～0.1 mg/L，及び 0.1～1.0 mg/L に変化できる。

（3） 反応条件，妨害物質などについては，**規格**の **46.1.1** 及び本書 46.1.1 を参照。

46.2　加水分解性りん

試料を酸性として煮沸すると，ポリりん酸塩などは加水分解してりん酸イオンになる。したがって，この溶液からりん酸イオンの濃度を求め，加水分解前のりん酸イオンの濃度を差し引けば，加水分解によって生じたりん酸イオンの濃度が求められる。加水分解によってりん酸イオンを生じるものには，ポリりん酸塩のほか一部の有機体のりん化合物もあり，これらから生じたりん酸イオンを総称して加水分解性りんとする。

1.　操　作

（1）　トリポリりん酸イオンは，45～50 分間程度の煮沸で完全にりん酸イオンになる。二りん酸イオンなどはやや加水分解しやすく，約 45 分間でりん酸イオンになる（図 46.9）。しかし，加水分解性の有機体りん化合物は，長時間の煮沸で徐々にりん酸イオンとなるから，煮沸時間は規定の 90 分間を守る。

（2）　加水分解の速さには酸の濃度も関係するが，トリポリりん酸イオン，二りん酸イオンなどでは，硫酸濃度 50 mmol/L 以上であればほとんど変わらない。

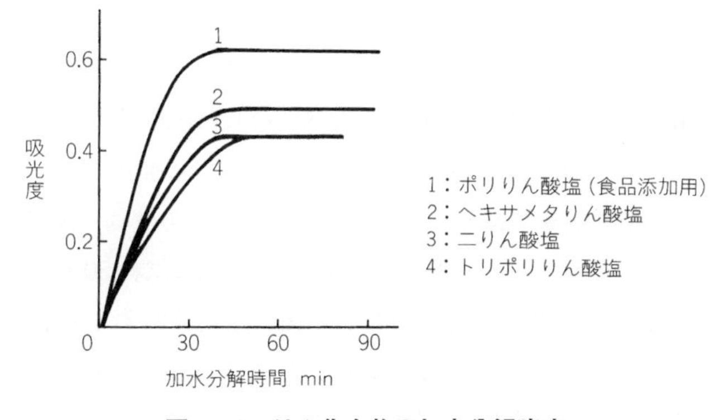

図 46.9　りん化合物の加水分解速度

46.3　全　り　ん [5),8),9)]

加水分解性のりん化合物を加水分解して，りん酸イオンとするとともに，有機体のりん化合物及び懸濁状のりん化合物を分解してりん酸イオンとし，その全量を定量する。

分解の方法には，試料にペルオキソ二硫酸カリウムを加えて120℃に加熱する方法と，硝酸と過塩素酸又は硝酸と硫酸を加えて加熱濃縮する方法とがある。

なお，2019年の追補改正では，**旧規格**の**46.3.1**，**46.3.2**，**46.3.3**が次のように分解法と定量法の細分箇条に分けて記載された。定量法は，いずれの場合もモリブデン青吸光光度法であり，操作は**規格**の**46.1.1 c) 2)** 及び**3)** が引用されている。

46.3.1　ペリオキソ二硫酸カリウム分解法

46.3.1.1　分解法

46.3.1.2　定量法

46.3.1.3　溶媒抽出法による定量法

46.3.2　硝酸 - 過塩素酸分解法

46.3.2.1　分解法

46.3.2.2　定量法

46.3.3　硝酸 - 硫酸分解法

46.3.3.1　分解法

46.3.3.2　定量法

また，**規格**の**46.3.1.1**には，耐圧・耐熱性ねじ口試験管（耐圧・耐熱性のガラス製で容量15～20 mLのもの）及び150～180℃に加熱したブロックヒーターを用いる小型分解法が**備考9.** に規定された。この方法は，**規格**の**45. 備考3.** と同様な操作となっており，容量100 mLの分解瓶に試料50 mLを採取してペルオキソ二硫酸カリウム溶液10 mLを加えて酸化分解する分解法を小型化して，試料10 mLを容量15～20 mL耐圧・耐熱性ねじ口試験管にとり，ペルオキソ二硫酸カリウム溶液2 mLを加えて酸化分解している。この場合の試料採取量は最大で10 mLと少量なため，懸濁物のあるような試料では，大型分解よりも試料の均一採取に注意を払う必要がある。

この方法の分解液の上澄み液10 mLをとり，モリブデン酸アンモニウム–アスコルビン酸混合溶液0.8 mLを添加してモリブデン青を発色させる吸光光度法が**備考 10.** として規定されている。

分解液のりん酸イオン濃度が低い場合に適用される DIBK による溶媒抽出法（**旧規格**の**備考 13.**）が**規格**の **46.3.1.3** に規定された。

46.3.1　ペルオキソ二硫酸カリウム分解法[3),5),9)]

試料に酸化剤としてペルオキソ二硫酸カリウムを加え，高圧蒸気滅菌器中で約 120℃，30 分間加熱して有機物などを分解し，りん化合物をりん酸イオンとした後，定量する。

46.3.1.1　分解法

1.　操　作

（**1**）　この方法によってほとんどの試料について有機物は分解し，りんを定量できるが，硝酸・過塩素酸，及び硝酸・硫酸による方法と比べると分解力が幾分弱く，レシチンのように分解しにくい物質については十分な分解が行われない場合がある。

（**2**）　ペルオキソ二硫酸カリウムはその添加量当たり分解できる有機物の量が多くないから，有機物の多い試料では，あらかじめ希釈した後，分解操作を行う。また，**規格**の **46.3.1.1 c) 1.1**）及び **1.3**）に示すように，試料中のりんの濃度が高い場合もあらかじめ試料を希釈し，その一定量（50 mL）を用いて分解操作を行うようになっている。なお，分解操作での加熱によってペルオキソ二硫酸カリウムは完全に分解し溶液中に残留しない。このため難分解性の試料に対し，分解率を高める目的で加熱時間を延長しても大きな効果はない。これらについては本書 45.2 の 2.（1）及び（2）を参照。

（**3**）　加熱によるペルオキソ二硫酸カリウムの分解は次のように水との反応によっており，この結果，溶液の pH が低くなる。

$$S_2O_8{}^{2-} + H_2O \longrightarrow 2\,SO_4{}^{2-} + 2\,H^+ + \frac{1}{2}O_2$$

溶液の pH が低くなると，海水のように塩化物イオンを多量に含む試料ではその一部がペルオキソ二硫酸カリウムによって酸化されて塩素となり，これがモリブデン青の生成を妨害するおそれがある。このような場合は，**規格**の

46.3.1.1 c) 4.2) に示すように亜硫酸水素ナトリウム溶液で塩素を還元するか，又は煮沸して塩素を追い出す。しかし，規定の分解操作を行った場合は，多量の塩素を生成するほど pH は低くならない。その量は多くないので，通常は，放置後，発色操作を行っても正常な発色が得られる。

（**4**） 分解に際し，ペルオキソ二硫酸カリウムの量を増加すると，溶液中に多量のカリウムイオンが残り，生成したモリブデン青に濁りを生じやすくなるから注意する。本書 46.1.1 の 2.(8) を参照。

46.3.1.2　定量法

モリブデン青吸光光度法によっており，操作は**規格**の **46.1.1 c) 2**) 及び **3**) を引用している。

（**1**） 試料中のりんの濃度が低い場合は，**規格**の **46.3.1.2 c) 2**) に示すように，吸収セル 50 mm を用いて測定する方法，**46.3.1.3** モリブデン青を DIBK に抽出する方法を用いることができる。このうち吸収セル 50 mm を用いる方法が最も簡便である。モリブデン青を DIBK で抽出する方法は操作がやや面倒になるが，抽出溶媒の DIBK は水との相互溶解が非常に小さく，よい結果が得られる。抽出には**規格**の **46.3.1.3** に示すようにやや長い時間の振り混ぜが必要である。

（**2**） 全りんの定量での検量線はりんの濃度と吸光度との関係で表す。その一例を図 46.10 及び図 46.11 に示す。吸収曲線は本書 46. の図 46.4 及び図

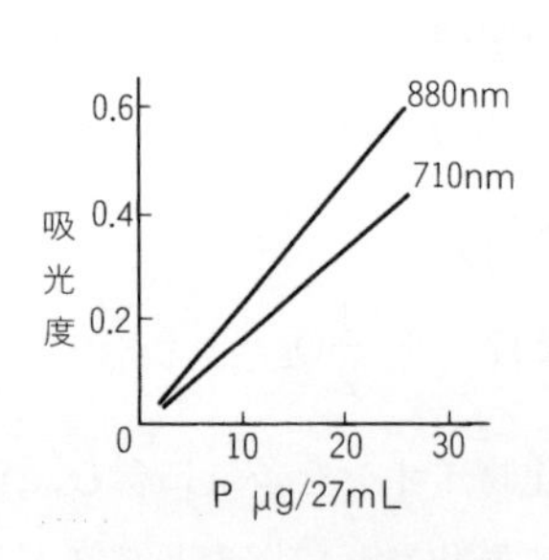

図 46.10　検 量 線

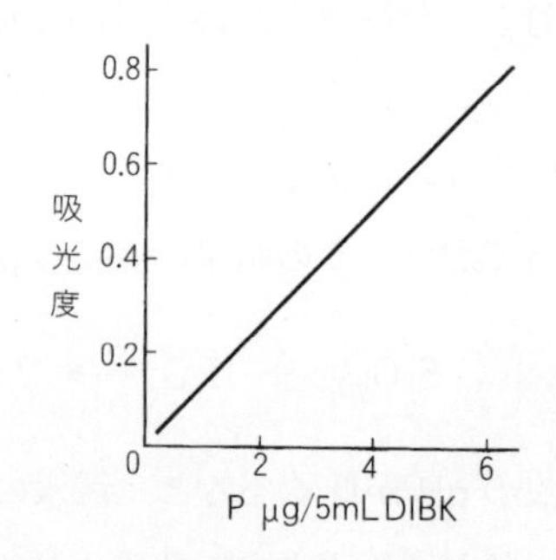

図 46.11　検 量 線（DIBK 抽出）

46.7 を参照。

46.3.2　硝酸-過塩素酸分解法 [5)]

硝酸と過塩素酸とによる分解は金属の定量のための試料の前処理として，**規格**の **5.3** に示されるものと基本的には同じ方法である。分解方法のうち最も強力であり，有機物などを多く含む試料にも適用できるが，爆発のおそれもあるため操作には注意が必要である。

46.3.2.1　分解法

1.　操　作

（**1**）　過塩素酸は常温では酸化力はないが，加熱濃縮すると強い酸化力を示し，アルコール，油脂などが存在すると爆発しやすい。このため，試料の前処理の操作としては，**規格**の **46.3.2.1 b**) **2**) 及び **3**) に示すように，まず硝酸を加えて加熱濃縮することによって酸化されやすい有機物を分解した後で過塩素酸を加える。また，硝酸が共存する状態で過塩素酸を添加し，操作中常に硝酸が共存するようにする。

（**2**）　過塩素酸がドラフト内の木製部などにしみ込むと，火災を起こしやすくなるから注意する。

（**3**）　海水のように塩化物イオンの多い試料では，加熱によって塩酸として蒸発して酸を失うため，**規格**の **46.3.2.1 b**) **4**) に示すように，これと当量以上の過塩素酸を添加する必要がある。ただし，このような試料では，加熱濃縮によって多量の過塩素酸塩を析出し，溶液が突沸するため注意が必要で，操作が難しくなる。

（**4**）　分解操作後の試料中の酸の中和における注意については，本書 46.1.1 の 2.(8) を参照。

46.3.2.2　定量法

モリブデン青吸光光度法によっており，操作は**規格**の **46.1.1 c**) **2**) 及び **3**) を引用している。

46.3.3　硝酸-硫酸分解法 [5)]

この方法は，金属の定量のための試料の前処理として，**規格**の **5.4** に示されるのと同じ方法である。この方法は，硝酸と過塩素酸とによる方法よりも分解力は幾分弱いが，爆発の心配はなく，多くの試料に適用できる。

46.3.3.1 分解法

1. 操 作

（1） **規格**の 46.3.3.1 b) 2) において硫酸白煙が発生し始めたら加熱を強め，短時間でよいから硫酸白煙が激しく発生するようにする。多くの有機物は，このときの加熱によって脱水，分解し，溶液が着色する。次に溶液を冷やした後，硝酸の添加，加熱を行うと着色物質は容易に分解する。なお，硫酸白煙の発生が弱いような温度では，溶液が無色であっても有機物の分解が不完全の場合が多く，低い定量値となる。

また，**規格**の 46.3.3.1 b) 2) で加える硫酸（1+1）は 2 mL であるので，大形のビーカーで硫酸白煙発生を行うとビーカーの底が露出して強く加熱され，りん酸イオンの形態が変化し，モリブデン青が十分に生成しなくなることがある。このため，なるべく小形のビーカーを用いるとともに，硫酸白煙発生後は，**規格**の 46.3.3.1 b) 4) に示すように，水を加えた後しばらく煮沸してりん酸イオンの形に戻す。必要なら煮沸時間を長くするとよい。

（2） 海水のように塩化物イオンの多い試料では**規格**の 46.3.3.1 b) 2) のように操作するが，濃縮によって多量の硫酸塩が析出し，**規格**の 46.3.2.1 で過塩素酸塩が析出する場合よりもさらに突沸しやすい。

（3） 分解操作後の試料中の酸の中和における注意については，本書 46.1.1 の 2.(8) を参照。

46.3.3.2 定量法

モリブデン青吸光光度法によっており，操作は**規格**の 46.1.1 c) 2) 及び 3) を引用している。

46.3.4 流れ分析法 [10),11)]

JIS K 0170-4 の箇条 7 から引用する FIA の 1 方法及び CFA の 1 方法を用いる。

（1） 定量範囲は JIS K 0170-4 箇条 7 （2011）では P 0.1～10 mg/L としているが，**規格**の 46.3.4 では 0.02～10 mg/L に変更している。

（2）　流れ分析システム中で，ペルオキソ二硫酸カリウムを酸化剤として加熱し，有機体のりん化合物を酸化分解してりん酸イオンとするとともに，ポリりん酸塩を加水分解してりん酸イオンとする。続いて，全部のりん酸イオンを本書の 46.1.4 と同様のシステムによってモリブデン青発色法で定量する。

（3）　**規格**の **46.3.1〜46.3.3** による前処理で全りんをりん酸イオンとし，**規格**の **46.1.4** に準じた流れ分析法を適用することも可能であるとしているが，前処理後の酸の中和には，本書 46.1.1 の 2.(8) の注意が必要である。

1.　酸化分解前処理モリブデン青発色 FIA 法

（1）　キャリヤー液（水）に試料を注入し，ペルオキソ二硫酸カリウム溶液と合流させ，加熱（150℃）して有機物を酸化分解するとともに，ポリりん酸塩を加水分解してりん酸イオンとする。硫酸酸性モリブデン酸アンモニウム溶液［タルトラト二アンチモン(Ⅲ)酸二カリウムを含む］と，アスコルビン酸溶液とを合流させ，恒温槽（80℃）で加熱してモリブデン青を生成させ，880 nm 付近の吸光度を測定する。

（2）　酸化分解及び加水分解は完全であること。JIS K 0170-4（2011）の 7.4.6（酸化分解処理における分解率の確認）では，二りん酸カリウム溶液と有機体りん溶液（ピリドキサール 5- りん酸又はフェニルりん酸二ナトリウム）それぞれを測定して加水分解率及び酸化分解率を求め，少なくとも 90% 程度であることを確認することとしている。

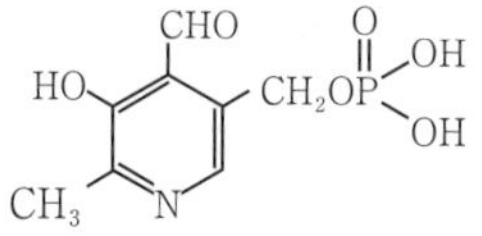

ピリドキサール5-りん酸 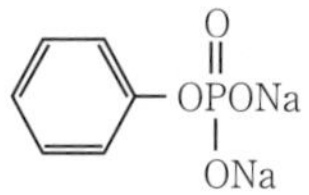　　　フェニルりん酸二ナトリウム

（3）　有機りん化合物には，酸化分解してりん酸イオンとなるほか，化合物中の一部のりんは，ポリりん酸イオンを経てりん酸イオンとなるものもある。

（4）　ポリりん酸塩の加水分解については本書の 46.2 の 1.（1），（2）及び図

46.9 参照。有機体りん化合物の分解については本書の 46.3.1 の 1. を参照。

（**5**） りん酸イオンの流れ分析法については，本書の 46.1.4 を参照。

2.　酸化分解前処理モリブデン青発色 CFA 法

（**1**） CFA システムは，1. と同様に酸化分解システムと発色測定システムから構成される。ただし，分解加熱槽の温度は 120℃となっている。

（**2**） 1. 及び本書の 46.1.4 を参照。

参 考 文 献

1） J. Murphy, J. P. Riley（1962）：Anal. Chim. Acta, **27**, 31
2） J. E. Going, S. J. Eisenreich（1974）：Anal. Chim. Acta, **70**, 95
3） P. W. Menzel, N. Corwin（1965）：Limnol. Oceanogr., **10**, 280
4） 木村明，宮崎章，梅崎芳美（1981）：工業用水，No.**275**，13
5） 環境庁水質保全局編（1983）：窒素・りん公定測定法技術指針，環境公害新聞社
6） D. L. Johnson, M. E. Q. Pilson（1972）：Anal. Chim. Acta, **58**, 289
7） 水質分析分野の国際規格適正化調査研究（2001）：(日本工業用水協会)
8） 並木博，中村栄子，加藤美夕貴（2007）：工業用水，No. **585**，63
9） 中村栄子，並木博（1986）：分析化学，**35**，T124
10） 28. の参考文献 10）～15）
11） 伊永隆史，岡田公子（1984）：分析化学，**33**，683

47. ほう素（B）

47. ほう素（B） ほう素の定量には，メチレンブルー吸光光度法，アゾメチンH吸光光度法，ICP発光分光分析法又はICP質量分析法を適用する。

なお，アゾメチンH吸光光度法は，1990年に第1版として発行された **ISO 9390**，ICP発光分光分析法は，1996年に第1版として発行された **ISO 11885** との整合を図ったものである。

備考 この試験方法の対応国際規格を，次に示す。

なお，対応の程度を表す記号は，**ISO/IEC Guide 21-1** に基づき，IDT（一致している），MOD（修正している），NEQ（同等でない）とする。

ISO 9390:1990，Water quality－Determination of borate－Spectrometric method using azomethine-H（MOD）

ISO 11885:1996，Water quality－Determination of 33 elements by inductively coupled plasma atomic emission spectroscopy（MOD）

47.1 メチレンブルー吸光光度法 ほう素化合物に硫酸とふっ化水素酸とを加えてテトラフルオロほう酸イオンとした後，メチレンブルー［3,7-ビス（ジメチルアミノ）フェノチアジン-5-イウムクロリド］を加え，生成するイオン会合体を1,2-ジクロロエタンで抽出し，その吸光度を測定してほう素を定量する。

定量範囲：B 0.1～1 μg，繰返し精度：3～10 %

a) 試薬 試薬は，次による。これらは，ポリエチレン瓶に保存する。

1) **水** **JIS K 0557** に規定する **A3** の水（ただし，石英ガラス又は金属製の蒸留器を用いて調製したもの。）

2) **硫酸（3＋97）** **JIS K 8951** に規定する硫酸を用いて調製する。

3) **ふっ化水素酸（1＋9）** **JIS K 8819** に規定するふっ化水素酸を用いて調製する。

4) **硫酸銀溶液（0.3 g/L）** **JIS K 8965** に規定する硫酸銀0.15 gを水に溶かして500 mLとする。

5) **メチレンブルー溶液（0.4 g/L）** **JIS K 8897** に規定するメチレンブルー0.48 gを水に溶かして100 mLとする。この溶液10 mLを全量フラスコ100 mLにとり，水を標線まで加える。

6) **1,2-ジクロロエタン** **JIS K 8465** に規定するもの。

7) **ほう素標準液（B 0.1 mg/mL）** **JIS K 8863** に規定するほう酸0.572 gをとり，水に溶かし，全量フラスコ1 000 mLに移し入れ，水を標線まで加える。

8) **ほう素標準液（B 1 μg/mL）** ほう素標準液（B 0.1 mg/mL）10 mLを全量フラスコ1 000 mLにとり，水を標線まで加える。

9) **ほう素標準液（B 0.1 μg/mL）** ほう素標準液（B 1 μg/mL）20 mLを全量フラスコ200 mLにとり，水を標線まで加える。使用時に調製する。

b) 器具及び装置 器具及び装置は，次による。

1) **ガラス器具** 石英ガラス又はソーダ石灰ガラス製のもの。

2) **分液漏斗** ポリエチレン製50 mL

3) **光度計** 分光光度計又は光電光度計

c) 操作 操作は，次による。

1) 試料([1])([2])([3])の適量（Bとして0.1～1 μgを含む。）を分液漏斗にとり，水で15 mLとし，硫酸（3＋

97）3 mL，メチレンブルー溶液（0.4 g/L）3 mL 及び 1,2-ジクロロエタン 10 mL を加えて約 1 分間振り混ぜ，放置する(4) (5)。

2) 1,2-ジクロロエタン層を捨て(6)，水層にふっ化水素酸（1＋9）3 mL を加えて約 1 時間放置する。

3) 1,2-ジクロロエタン 10 mL を加え，約 1 分間激しく振り混ぜて，放置する。

4) 1,2-ジクロロエタン層を別の分液漏斗に移し，硫酸銀溶液（0.3 g/L）5 mL を加えて約 1 分間振り混ぜ，1,2-ジクロロエタン層を洗い，放置する。

5) 1,2-ジクロロエタン層の一部を吸収セルに入れ，1,2-ジクロロエタンを対照液として波長 660 nm 付近の吸光度を測定する。

6) 空試験として水 15 mL をとり，**1)**～**5)**の操作を行って試料について得た吸光度を補正する。

7) 検量線からほう素の量を求め，試料中のほう素の濃度（B mg/L）を算出する。

注(1) 懸濁物が含まれる場合には，ろ過又は遠心分離によって除去する。

(2) 懸濁物を含まない試料又は懸濁物を除いた試料に多量の有機物が含まれる場合には，試料の一定量を白金皿にとり，**JIS K 8625** に規定する炭酸ナトリウム 0.1 g を加えて蒸発乾固した後，融解する。放冷後，水を加え，加熱して融成物を溶かし，硫酸（3＋97）を加えて中和した後，水で液量を一定とする。

この溶液の適量（B として 0.1～1 μg を含む。）を分液漏斗にとり，水を加えて 15 mL とし，硫酸（3＋97）3 mL とふっ化水素酸（1＋9）3 mL とを加えて振り混ぜ，約 1 時間放置する。次に，メチレンブルー溶液（0.4 g/L）3 mL を加えて振り混ぜた後，1,2-ジクロロエタン 10 mL を加えて約 1 分間激しく振り混ぜ，ほう素のイオン会合体を抽出する。以下，**c) 4)**以降の操作を行う。

(3) 試料が中性でない場合には，硫酸（3＋97）又は水酸化ナトリウム溶液（40 g/L）［**21. a) 3)**による。］で中和する。

(4) ふっ化物イオンが共存する場合は **c) 1)**の操作を行うと，ほう素が抽出され失われるから，**注**(2)の操作を行う。

(5) 1,2-ジクロロエタン層と水層とが分かれるには，かなりの時間を要する。

(6) この抽出で，試料中の陰イオン界面活性剤などが除かれる。

d) **検量線**　検量線の作成は，次による。

1) ほう素標準液（B 0.1 μg/mL）1～10 mL を分液漏斗 50 mL に段階的にとり，**c) 1)**～**6)**の操作を行い，ほう素（B）の量と吸光度との関係線を作成する。

備考 1. 多量の硝酸イオンは妨害する。クロム酸イオンは妨害するが，過酸化水素（1＋100）（**JIS K 8230** に規定する過酸化水素を用いて調製する。）5～7 滴を加えた後，煮沸して過剰の過酸化水素を分解すれば妨害しない。

2. 分液漏斗，吸収セルなどにメチレンブルーが付着したときは，**JIS K 8102** に規定するエタノール（95）で洗う。

47.2　アゾメチン H 吸光光度法　ほう酸が，pH 約 6 でアゾメチン H［8-*N*-(2-ヒドロキシベンジリデン)-アミノ-1-ヒドロキシ-3,6-ナフタレンジスルホン酸］と反応して生成する黄色の錯体の吸光度を測定してほう素を定量する。

定量範囲：B 5～25 μg，繰返し精度：3～10 %

備考 3. この方法は，汚濁の少ない試料に適用する。

a) **試薬**　試薬は，次による。これらは，ポリエチレン瓶に保存する。

1) **水**　**47.1 a) 1)**による。

2) **アゾメチンH溶液** アゾメチンH一ナトリウム塩〔8-*N*-（2-ヒドロキシベンジリデン）-アミノ-1-ヒドロキシ-3,6-ナフタレンジスルホン酸一ナトリウム塩〕1.0 g と **JIS K 9502** に規定する L（+）-アスコルビン酸 3.0 g とを少量の水に溶かした後，全量フラスコ 100 mL に移し入れ，水を標線まで加える。この溶液はポリエチレン瓶に保存する。4〜6 ℃の暗所に保存すれば1週間は安定である。

3) **緩衝液(pH5.9)** **JIS K 8359** に規定する酢酸アンモニウム 250 g, **JIS K 8951** に規定する硫酸 15 mL, **JIS K 9005** に規定するりん酸 5 mL，**JIS K 8283** に規定するくえん酸一水和物 1.0 g 及び **JIS K 8107** に規定するエチレンジアミン四酢酸二水素二ナトリウム二水和物 1.0 g を水 250 mL 中に加え，加熱して溶かす。

4) **アゾメチンH混合溶液** アゾメチンH溶液と緩衝液（pH5.9）の等体積とを混合する。使用時に調製する。

5) **ほう素標準液（B 1 µg/mL）** **47.1 a) 8)**による。

b) **器具及び装置** 器具及び装置は，次による。

1) **ガラス器具** **47.1 b) 1)**による。

2) **光度計** 分光光度計又は光電光度計

c) **操作** 操作は，次による。

1) 試料([1])の適量（B として 5〜25 µg を含む。）をポリエチレンビーカー100 mL にとり，水を加えて 25 mL とする。

2) アゾメチンH混合溶液 10 mL を加え，20 ℃の暗所に約2時間放置する。

3) 溶液の一部を吸収セル([7])に移し，波長 410 nm 付近の吸光度を測定する。

4) 空試験として水 25 mL をポリエチレンビーカー100 mL にとり，**2)**及び **3)**の操作を行って吸光度を測定し，試料について得た吸光度を補正する。

5) 検量線からほう素の量を求め，試料中のほう素の濃度（B mg/L）を算出する。

注([7]) 吸収セル 50 mm を用いれば，ほう素 1〜5 µg が定量できる。

d) **検量線** 検量線の作成は，次による。

1) ほう素標準液（B 1 µg/mL）5〜25 mL をポリエチレンビーカー100 mL に段階的にとり，**c) 1)〜4)**の操作を行ってほう素（B）の量と吸光度との関係線を作成する。

備考 4. この方法では，ナトリウム，カリウム，カルシウム，マグネシウム，亜鉛，りん酸イオン，硫酸イオン及び硝酸イオンは妨害しない。

鉄，マンガン，アルミニウム，銅，クロム，ベリリウム，チタン，バナジウム及びジルコニウムは正の誤差を与える。

47.3 ICP 発光分光分析法 試料を高周波誘導結合プラズマ中に導入し，ほう素による発光を波長 249.773 nm で測定してほう素を定量する。

定量範囲：B 20〜8 000 µg/L，繰返し精度：2〜10 %（装置及び測定条件によって異なる。）

a) **試薬** 試薬は，次による。これらは，ポリエチレン瓶に保存する。

1) **水** **47.1 a) 1)**による。

2) **ほう素標準液（B 20 µg/mL）** **47.1 a) 7)**のほう素標準液（B 0.1 mg/mL）50 mL を全量フラスコ 250 mL にとり，水を標線まで加える。使用時に調製する。

b) **器具及び装置** 器具及び装置は，次による。

1) **ガラス器具** **47.1 b) 1)**による。

2) **ICP 発光分光分析装置**

c) **操作** 操作は，次による。

1) 試料([1])を試料導入部を通して発光部に導入し，ほう素（249.773 nm）の発光強度を測定する([8])([9])。

2) 空試験として水について**1)**の操作を行って試料について得た発光強度を補正する。

3) 検量線からほう素の量を求め，試料中のほう素の濃度（B μg/L）を算出する。

注([8]) 塩類の濃度が高い試料で，検量線法が適用できない場合には，**JIS K 0116** に規定する標準添加法を用いるとよい。ただし，この場合は，試料の種類によらずバックグラウンド補正を行う必要がある。

([9]) 高次のスペクトル線が使用可能な装置では，高次のスペクトル線を用いて測定してもよい。また，感度，精度及びスペクトル干渉が許容できるものであれば，他の波長を用いてもよい。

d) **検量線** 検量線の作成は，次による。

1) ほう素標準液（B 20 μg/mL）0.1〜40 mL を全量フラスコ 100 mL に段階的にとり，水を標線まで加える。この溶液について **c) 1)**の操作を行う。

2) 別に，空試験として，水について **c) 1)**の操作を行って，標準液について得た発光強度を補正し，ほう素（B）の量と発光強度との関係線を作成する。検量線の作成は，試料測定時に行う。

備考 5. 波長の異なる 2 本以上のスペクトル線の同時測定が可能な装置では，内標準法によることができる。操作は，次による。

1) 試料の適量を全量フラスコ 100 mL にとり，イットリウム溶液（Y 50 μg/mL）10 mL を加えた後，水を標線まで加える。

2) この溶液について **c) 1)**の操作を行ってほう素［249.773 (I) nm］及びイットリウム［464.370 (I) nm］の発光強度を測定し，ほう素の発光強度とイットリウムの発光強度との比を求める(*)。

3) 空試験として，試料に代えて水を用い，**1)**及び **2)**の操作を行い，ほう素の発光強度とイットリウムの発光強度との比を求め，**2)**で得た発光強度比を補正する。

4) 検量線から，ほう素の量を求め，試料中のほう素の濃度（B μg/L）を算出する。

5) **検量線** 全量フラスコ 100 mL 数個に，ほう素標準液（B 20 μg/mL）0.1〜40 mL を段階的にとり，イットリウム溶液（Y 50 μg/mL）10 mL を加え，水を標線まで加える。この溶液について **2)**の操作を行ってほう素及びイットリウムの発光強度を測定し，ほう素の発光強度とイットリウムの発光強度との比を求める。別に，空試験として，ほう素標準液に代えて水を用い，同じ操作を行って，同様にほう素とイットリウムとの発光強度の比を求め，ほう素標準液でのほう素とイットリウムとの発光強度比を補正し，ほう素の量と，ほう素とイットリウムとの発光強度比との関係線を作成する。

6) **イットリウム溶液（Y 50 μg/mL）の調製** 酸化イットリウム（III）0.318 g をとり，**JIS K 9901** に規定する高純度試薬－硝酸 5 mL を加え，加熱して溶かし，煮沸して窒素酸化物を追い出し，放冷後，全量フラスコ 250 mL に移し，水を標線まで加える。この溶液 10 mL を全量フラスコ 200 mL にとり，水を標線まで加える。

注(*) **表 52.1** の**注**参照。I は中性線を示す。

6. ほう素を含む溶液を発光部に導入した場合には，メモリー効果が他の元素の場合より大きいため，次の溶液を噴霧する前に，酸溶液又は水を十分な時間噴霧して前の試料の影響を除去する。また，水で十分洗浄した後でも，酸溶液を導入するとほう素のメモリーが現れる場合があることに留意し，次の測定値にメモリーの影響が出ないことを確認する。

47.4 ICP 質量分析法 試料に内標準元素を加え，試料導入部を通して高周波プラズマ中に噴霧し，ほう素及び内標準元素のそれぞれの質量/電荷数における指示値([10])を測定し，ほう素の指示値と内標準元素の指示値との比を求めてほう素を定量する。

定量範囲：B 0.5～500 μg/L，繰返し精度：2～10 %（装置及び測定条件によって異なる。）

注(10) イオンカウント値又はその比例値。

a) 試薬　試薬は，次による。これらは，ポリエチレン瓶に保存する。

1) 水　**47.1 a) 1)**による。

2) 内標準液（1 μg/mL）　内標準元素としてイットリウム又はインジウムを用いる。内標準液の調製には，次の**2.1)**～**2.2)**に規定する溶液のうち内標準とする元素の溶液 2 mL を全量フラスコ 100 mL にとり，硝酸（1＋1）（**JIS K 9901** に規定する高純度試薬－硝酸を用いて調製する。）2 mL を加え，水を標線まで加える。使用時に調製する。

2.1) イットリウム溶液（Y 50 μg /mL）　**備考 5.**の **6)**による。

2.2) インジウム溶液（In 50 μg /mL）　インジウム 0.250 g をとり，**JIS K 9901** に規定する高純度試薬－硝酸 10 mL を加え，加熱して溶かし，煮沸して窒素酸化物を追い出し，放冷後，全量フラスコ 250 mL に移し入れ，水を標線まで加える。この溶液 25 mL を全量フラスコ 500 mL にとり，硝酸（1＋1）［**47.4 a) 2)**による。］10 mL を加え，水を標線まで加える。

3) ほう素標準液（B 10 μg/mL）　**47.1 a) 7)**のほう素標準液（B 0.1 mg/mL）25 mL を全量フラスコ 250 mL にとり，水を標線まで加える。使用時に調製する。

4) ほう素標準液（B 0.5 μg/mL）　ほう素標準液（B 10 μg/mL）5 mL を全量フラスコ 100 mL にとり，水を標線まで加える。使用時に調製する。

b) 器具及び装置　器具及び装置は，次による。

1) ガラス器具　**47.1 b) 1)**による。

2) ICP 質量分析装置

備考 7.　イオン源として，高周波プラズマと同等の性能をもつものを用いてもよい。

c) 操作　操作は，次による。

1) 試料(1)の適量（B として 0.05～50 μg を含む。）を全量フラスコ 100 mL にとり，内標準液（1 μg/mL）1 mL を加え，水を標線まで加える。

2) 1)の溶液を試料導入部を通してイオン化部に導入し，ほう素（質量数 11 又は 10）及び内標準元素［イットリウム（質量数 89）又はインジウム（質量数 115）］のそれぞれの質量/電荷数における指示値を読み取り，ほう素の指示値と内標準元素の指示値との比を求める。

3) 空試験として，水について **1)**及び **2)**の操作を行って，試料について得たほう素と内標準元素との指示値の比を補正する。

4) 検量線からほう素の量を求め，試料中のほう素の濃度（B μg/L）を算出する。

d) 検量線　検量線の作成は，次による。

1) ほう素標準液（B 10 μg/mL）又はほう素標準液（B 0.5 μg/mL）0.1～5 mL を，全量フラスコ 100 mL に段階的にとり，内標準液（1 μg/mL）1 mL を加え，水を標線まで加える。使用時に調製する。この溶液について **c) 2)**の操作を行う。

2) 別に，空試験として，水について **c) 1)** 及び **c) 2)**の操作を行って標準液について得たほう素と内標準元素との指示値の比を補正し，ほう素の濃度に対する，ほう素の指示値と内標準元素の指示値との比の関係線を作成する。検量線の作成は，試料測定時に行う。

備考 8.　主成分元素又は有機物の含有量が少なく，非スペクトル干渉が無視できる試料の場合は，内標準元素の添加を省略し，検量線法によって定量してもよい。

9.　**備考 6.**による。

ほう素は水質規制では溶存状態のものが対象とされ，試料に懸濁物が含まれる場合は，ろ過又は遠心分離によって除去することとしている。**規格**の **47.** はこれに合わせ，どの方法による場合も溶存のものを対象としている。

47.1　メチレンブルー吸光光度法 1)～4)

試料に硫酸とふっ化水素酸とを加えて，ほう素化合物をテトラフルオロほう酸イオン（BF_4^-）とし，これにメチレンブルー［3, 7-ビス(ジメチルアミノ)フェノチアジン-5-イウムクロリド］を加えてイオン会合体を生成させ，1, 2-ジクロロエタンで抽出し，その吸光度を測定する。

硫酸溶液からは，陰イオン界面活性剤などもメチレンブルーとイオン会合体をつくって抽出されるので，ほう素化合物をテトラフルオロほう酸イオンとする前に，メチレンブルーを加えて，1, 2-ジクロロエタンで抽出除去しておく。

1.　試　薬

（**1**）　水は，JIS K 0557 の A 3 の水を用いる。ただし，ほうけい酸ガラス製の蒸留器は用いない。

（**2**）　この試験に用いる水及び試薬類は，ほう素の混入を避けるため，ほうけい酸ガラス製以外の容器に保存する。

2.　操　作

（**1**）　よう化物イオン，硫化物イオンは妨害するが，抽出後，**規格**の **47.1 c) 4)** によって 1, 2-ジクロロエタン層を硫酸銀溶液（0.3 g/L）で洗浄すれば，妨害を除くことができる。

（**2**）　ふっ化水素酸を加えて，テトラフルオロほう酸を生成させるには 20 ～ 25℃で 30 分間以上を必要とする。

（**3**）　**規格**の **47.1 c)** に従い，テトラフルオロほう酸を 1, 2-ジクロロエタン 10 mL で抽出するとき，1 回の抽出で約 70%が抽出される。抽出時の液量が変化すると，抽出率が変動するから，液量は検量線作成時と同一になるようにする。

（**4**）　吸収曲線と検量線の一例を図 47.1 及び図 47.2 に示す。

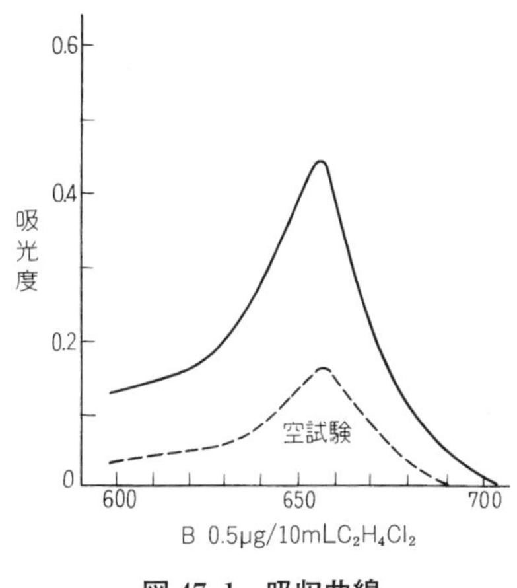

図 47.1　吸収曲線

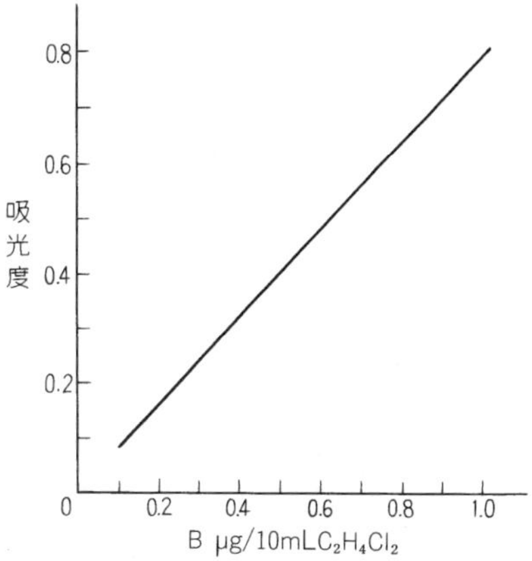

図 47.2　検量線

47.2　アゾメチン H 吸光光度法 [5)〜7)]

ほう酸は微酸性でアゾメチン H ［8-*N*-（2-ヒドロキシベンジリデン）-アミノ-1-ヒドロキシ-3, 6-ナフタレンジスルホン酸］と黄色の錯体を生成する。

アゾメチン H 一ナトリウム塩は黄〜だいだい色の粉末で，水に溶けて黄色を呈する。エタノール，アセトンにはほとんど溶けない。

この方法は，ISO 9390 : 1990 の翻訳に基づく方法である。原規格では汚染の少ない水に適用することとしている。

1.　試　薬

（1）　試薬については本書 47.1 の 1. を参照。

（2）　**規格**の **47.2 c）4**）の空試験の吸光度は 0.1 〜 0.17 である。これより高いときは次の方法で検討する（ISO 9390 による）。

ビーカー（ほう素を含まない）3個それぞれに，水25 mL，100 mL，250 mLをとり，水酸化カルシウムの少量（例200 mg）を加える。100 mL，250 mLについて，25 mLより僅かに少ない量まで加熱蒸発した後，必要なら水で25 mLとする。これらの水3種について，**規格**の**47.2 c) 4)** の空試験操作を行う。

吸光度が水の量に比例して増加：水にほう酸イオンが存在。

吸光度が不規則な値：外部からの汚染。

比較的高い一定の吸光度：試薬が不純。

2. 器　具

（**1**） ガラス器具は，ほう素の溶出の危険があるほうけい酸ガラス類は使用しない。ただし，ピペットは接触時間が短いのでほうけい酸ガラス製を用いてもよい。

（**2**） ガラス器具類は，**規格**の**47.1 b) 1)** を引用して石英ガラス又はソーダガラス製のものを規定し，また，操作にはポリエチレンビーカーを用いることとしている。

原規格ISO 9390では，器具類はポリプロピレン，ポリエチレン，ポリ四ふっ化エチレン製が用いられることとし，また,「ほうけい酸ガラス製の古いものを塩酸でよく洗浄すれば，酸性溶液には使用できる。」などの記載がある。ただし，ほうけい酸ガラス器具は使用しない方が安全と考える。

3. 操　作

（**1**） この方法はメチレンブルー吸光光度法より感度は低いが，抽出操作の必要がなく，操作が簡単である。

（**2**） 常温では錯体の生成にやや長時間を要するが，液温を高くすれば時間を短縮できる。ただし，発色強度が変化するので，試料，空試験，標準液について同一条件にしなければならない。

（**3**） アルカリ金属，アルカリ土類金属，亜鉛，硫酸塩，りん酸塩，硝酸塩などは妨害しないが，重金属類は正の誤差を与える。

（**4**） 化粧品はしばしばほう酸塩を含んでいるから，使用を避けるか，よく除いておく。石けん，タオル，ティッシュペーパーの使用も避けた方がよい(ISO 9390による)。

（5） 水及び試薬には，ほう素を含むことがあるから，空試験は少なくとも2回行い，それが一致するべきである（ISO 9390による)。

（6） 吸収曲線と検量線の一例を図47.3及び図47.4に示す。

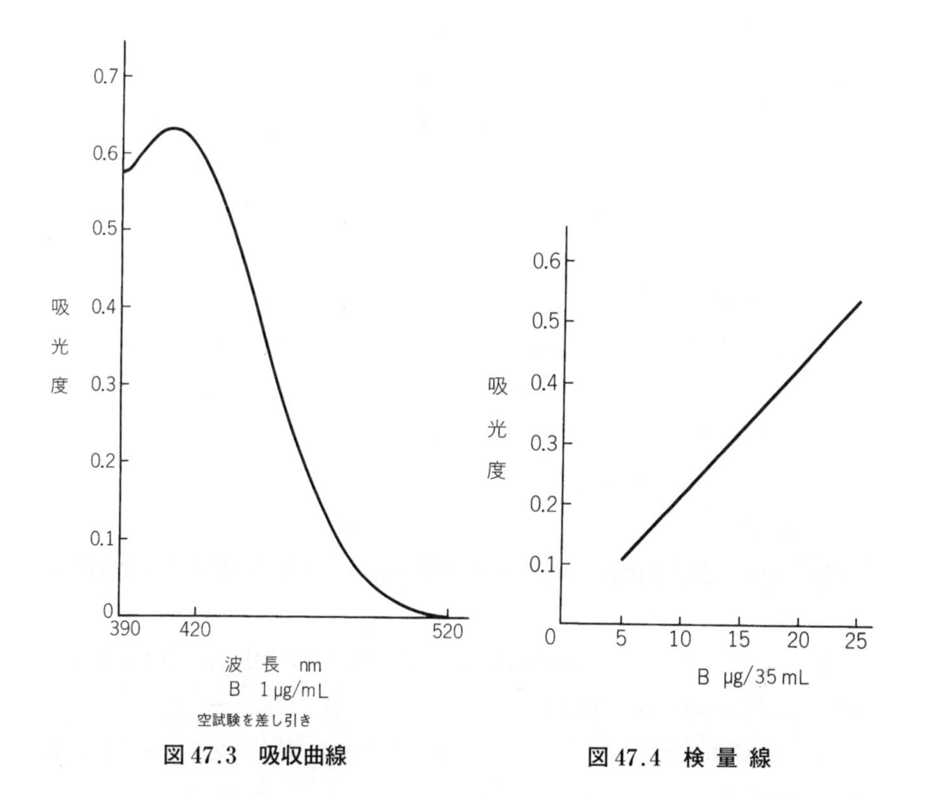

図47.3 吸収曲線

図47.4 検量線

47.3 ICP発光分光分析法

0.1～0.5 mol/Lの塩酸又は硝酸酸性とした試料を誘導結合プラズマ中に噴霧し，波長249.773 nmの発光強度を測定してほう素を定量する。

1. 操 作

（1） 操作は**規格**の**52.4 d**）に準じて行う。波長は249.773 nmを用いるが，感度，精度及びスペクトル干渉が許容できれば，他の波長を用いてもよい。なお，本書 52.4 を参照。

（2） ほう素はメモリー効果が大きいので，測定後，次の試料を噴霧する前に酸溶液又は水を十分に噴霧してスプレーチャンバー等を洗浄する。

（3） 共存する塩類の濃度が高い試料の場合は，**規格**の **47. 注**(8)に示すように標準添加法を適用するとよい。標準添加法については JIS K 0116：2014（発光分光分析通則）の 4.7.3 b）の標準添加法を参照。

（4） 共存物質が複雑な試料の場合は**規格**の **47. 備考 5.** の内標準法を用いてもよい。内標準物質にはイットリウムを用いる。内標準法については，JIS K 0116：2014（発光分光分析通則）の 4.7.3 a)2）の強度比法を参照。

47.4 ICP 質量分析法

試料に内標準元素を加え，試料導入部から高周波プラズマ中に噴霧し，ほう素及び内標準元素のそれぞれの質量/電荷数における指示値を測定し，ほう素の指示値と内標準元素の指示値との比を求めてほう素を定量する。

定量範囲：B 0.5～500 μg/L。

1. 試　薬

（1） 水は，JIS K 0557 の A 3 の水を用いるが，ほうけい酸ガラス製の精製装置は用いない。

（2） この試験に用いる試薬類は，ほうけい酸ガラス製以外の容器に保存し，ほう素の混入を避けるようにする。

（3） 内標準元素にはイットリウム（質量数 89）又はインジウム（質量数 115）を用いる。

2. 装　置

（1） ICP 質量分析装置については，本書 52.5 の 2. を参照。

3. 操　作

（1） 濁り又は懸濁物を含む試料の場合は，ろ過又は遠心分離して除去する。

（2） 金属元素との同時定量は行わない。

（**3**） ほう素は，他の元素の場合よりメモリー効果が大きいので，次の溶液を噴霧する前に，酸溶液又は水を十分な時間噴霧して前の試料の影響を除く。

（**4**） 有機物が少なく，非スペクトル干渉が無視できる試料の場合は，内標準元素の添加を省略して検量線法で定量してもよい（**規格**の **47. 備考 8.** を参照）。

参考文献

1） 内海喩，伊藤舜介，磯崎昭徳（1965）：日本化學雜誌，**86**，921
2） 内海喩，磯崎昭徳（1967）：日本化學雜誌，**88**，545
3） L. Pasztor, J. D. Bode（1960）：Anal. Chem., **32**, 277
4） 大西寛，永井斉（1969）：分析化学，**18**，164
5） R. Capelle（1961）：Anal. Chim. Acta, **24**, 555
6） 上杉勝弥，山口茂六，石原良雄（1980）：日本海水学会誌，**34**，249
7） R. R. Spencer, D. E. Erdmann（1979）：Env. Sci. & Tech., **13**, 954

48. ナトリウム（Na）

48.　ナトリウム（Na）　ナトリウムの定量には，フレーム光度法，フレーム原子吸光法，イオンクロマトグラフ法又はICP発光分光分析法を適用する。

なお，フレーム光度法は，1993年に第1版として発行された**ISO 9964-3**，フレーム原子吸光法は，1993年に第1版として発行された**ISO 9964-1**，イオンクロマトグラフ法は，1998年に第1版として発行された**ISO 14911**，ICP発光分光分析法は，2007年に第2版として発行された**ISO 11885**との整合を図ったものである。

備考　この試験方法の対応国際規格を，次に示す。

なお，対応の程度を表す記号は，**ISO/IEC Guide 21-1**に基づき，IDT（一致している），MOD（修正している），NEQ（同等でない）とする。

ISO 9964-1:1993，Water quality－Determination of sodium and potassium－Part 1: Determination of sodium by atomic absorption spectrometry（MOD）

ISO 9964-3:1993，Water quality－Determination of sodium and potassium－Part 3: Determination of sodium and potassium by flame emission spectrometry（MOD）

ISO 14911:1998，Water quality－Determination of dissolved Li^+, Na^+, $NH_4{}^+$, K^+, Mn^{2+}, Ca^{2+}, Mg^{2+}, Sr^{2+} and Ba^{2+} using ion chromatography－Method for water and waste water（MOD）

ISO 11885:2007，Water quality－Determination of selected elements by inductively coupled plasma optical emission spectrometry (ICP-OES)（MOD）

48.1　フレーム光度法　試料をアセチレン-空気フレーム，水素-酸素フレームなどの中に噴霧し，このとき生じる波長589.0 nmの輝線の強さを測定してナトリウムを定量する。

定量範囲：Na 30～300 µg/L，0.3～3 mg/L，3～30 mg/L，繰返し精度：3～10 %（装置及び測定条件によって異なる。）

a)　試薬　試薬は，次による。

1)　ナトリウム標準液（Na 1 000 mg/L）　JIS K 8005に規定する容量分析用標準物質の塩化ナトリウムを600 ℃で約1時間加熱し，デシケーター中で放冷する。NaCl 100 %に対してその2.542 gをはかりとり，少量の水に溶かし，全量フラスコ1 000 mLに移し入れ，水を標線まで加える。ポリエチレン瓶に保存する。

2)　ナトリウム標準液（Na 3～30 mg/L）　ナトリウム標準液（Na 1 000 mg/L）を段階的にとり，これを水で薄めてNa 3～30 mg/Lの標準液を調製する(1)。

注(1)　低い濃度の測定用には，Na 30～300 µg/L又はNa 0.3～3 mg/Lの標準液を調製する。

b)　装置　装置は，次による。

1)　フレーム光度計

c)　操作　操作は，次による。

1)　ナトリウム標準液（Na 30 mg/L）(2)をフレーム光度計のフレーム中に噴霧し，波長589.0 nmの指示値が100を示すように調節する。

2)　水を噴霧して指示値がゼロを示すように調節する。

3)　ナトリウム標準液（Na 3～30 mg/L）(1)を順次噴霧し，ナトリウム（Na）の濃度と指示値との関係線を作成し，検量線とする。

4) 試料(3) (4)（ナトリウムの濃度が 30 mg/L 以上の場合は薄める。）を噴霧して指示値を読み取り，検量線から試料中のナトリウムの濃度（Na mg/L）を求める。

注(2) 低い濃度の測定用には，Na 3 mg/L 又は Na 0.3 mg/L の標準液を用いる。

(3) 懸濁物が含まれている場合には，ろ過又は遠心分離によって除去する。

(4) 試料に干渉物質が含まれる場合には，その影響を無視できる濃度まで薄めて測定するか，又は試料と同程度の干渉物質を含むナトリウム標準液（Na 3〜30 mg/L）を調製し，検量線を作成する。

備考 1. カリウム及びカルシウムが共存すると正の誤差を生じる。

このような試料には，塩化セシウム溶液（25 g/L）［塩化セシウム 25 g を **JIS K 8180** に規定する塩酸 50 mL 及び水 450 mL に溶かし，水を加えて 1 L とする。この溶液 1 L は，セシウム（Cs）を約 20 g を含む。］を試料 40 mL に対して 5 mL を加えることで，カリウム，カルシウムなどの影響を抑制できる。この操作を行った場合は，検量線作成時の操作も塩化セシウム溶液（25 g/L）を試料と同様に加えて行う。また，リチウム，バリウム，遊離酸，りん酸塩，ほう酸塩，しゅう酸塩，シリカ，グルコース，ゼラチンなどが共存すると負の誤差を生じる。マグネシウム及び硫酸イオンはほとんど干渉しない。

多量のけい酸塩が共存する場合には，試料の適量を石英ガラスビーカー又は白金皿にとり，塩酸（1＋1）［**24.2 a) 2)**による。］を加えて酸性とした後，蒸発乾固する。放冷後，塩酸（1＋1）5 滴及び少量の水を加え，加熱して溶かし，ろ紙 5 種 B でろ過し，ろ液を水で一定量とする。

48.2 フレーム原子吸光法 試料をアセチレン-空気フレーム中に噴霧し，ナトリウムによる原子吸光を波長 589.0 nm で測定してナトリウムを定量する。

定量範囲：Na 0.05〜4 mg/L，繰返し精度：2〜10 %（装置及び測定条件によって異なる。）

a) 試薬 試薬は，次による。

1) ナトリウム標準液（Na 100 mg/L） **48.1 a) 1)**のナトリウム標準液（Na 1 000 mg/L）10 mL を全量フラスコ 100 mL にとり，水を標線まで加える。使用時に調製する。

2) ナトリウム標準液（Na 10 mg/L） ナトリウム標準液（Na 100 mg/L）20 mL を全量フラスコ 200 mL にとり，水を標線まで加える。使用時に調製する。

b) 装置 装置は，次による。

1) フレーム原子吸光分析装置 測定対象元素用の光源を備え，かつ，バックグラウンド補正が可能なもの。

c) 操作 操作は，次による。

1) 試料(3)をフレーム中に導入し，波長 589.0 nm の指示値(5)を読み取る。

2) 空試験として，水について，**1)**の操作を行って試料について得た指示値を補正する。

3) 検量線からナトリウムの量を求め，試料中のナトリウムの濃度（Na mg/L）を算出する。

注(5) 吸光度又はその比例値。

d) 検量線 検量線の作成は，次による。

1) ナトリウム標準液（Na 10 mg/L）0.5〜40 mL を全量フラスコ 100 mL に段階的にとり，水を標線まで加える。この溶液について **c) 1)**の操作を行う。

2) 別に，空試験として水について **c) 1)**の操作を行って標準液について得た指示値を補正し，ナトリウム（Na）の量と指示値との関係線を作成する。検量線の作成は，試料測定時に行う。

備考 2. 塩化セシウム溶液（25 g/L）を加えることで，カリウム，カルシウムなどの影響を抑制できる。添加量などは，**備考 1.**による。

48.3 イオンクロマトグラフ法 試料中の陽イオンをイオンクロマトグラフ法によって定量する。検出器には電気伝導率検出器を用いる。この方法によって，**表 48.1** に示す陽イオンが同時定量できる。アンモニウムイオンを同時定量する場合は，**3.3** の保存処理を行わず，試料採取後，直ちに行う。直ちに行えない場合は，0～10 ℃の暗所に保存し，できるだけ早く試験する。

それぞれの陽イオンの定量範囲，繰返し精度などの例を，**表 48.1** に示す。

表 48.1 各陽イオンの定量範囲などの例*

対象陽イオン	定量範囲 mg/L	繰返し精度 %
アンモニウムイオン (NH_4^+)	0.1～30	2～10
ナトリウム (Na)	0.1～30	2～10
カリウム (K)	0.1～30	2～10
カルシウム (Ca)	0.2～50	5～10
マグネシウム (Mg)	0.2～50	5～10

注* 定量範囲は，検出器，試料注入量，カラムのイオン交換容量などによって変わる。

a) 試薬 試薬は，次による。これらは，ポリエチレン瓶に保存する。

1) **水 JIS K 0557** に規定する **A2** 又は **A3** の水

2) **溶離液** 溶離液は，装置の種類及び分離カラムに充塡した陽イオン交換体の種類によって異なるので，あらかじめ，**備考 3.**によって，アンモニウムイオン，ナトリウム，カリウム，カルシウム及びマグネシウムの分離を確認する。

3) **再生液** 再生液は，サプレッサーを用いる場合に使用するが，装置の種類及びサプレッサーの種類によって異なる。あらかじめ分離カラムと組み合わせて，**備考 3.**の操作を行って再生液の性能を確認する。

4) **ナトリウム標準液（Na 1 000 mg/L） 48.1 a) 1)**による。

5) **アンモニウムイオン標準液（NH_4^+ 1 000 mg/L） 42.2 a) 5)** による。

6) **カリウム標準液（K 1 000 mg/L） JIS K 8121** に規定する塩化カリウムを 500 ℃で約 4 時間加熱し，デシケーター中で放冷する。その 1.907 g をはかりとり，少量の水に溶かして全量フラスコ 1 000 mL に移し入れ，水を標線まで加える。

7) **カルシウム標準液（Ca 1 000 mg/L） JIS K 8617** に規定する炭酸カルシウムを 105±2 ℃で約 2 時間加熱し，デシケーター中で放冷する。その 2.498 g をはかりとり，水約 50 mL に分散させ，これに塩酸（1＋1）［**24.2 a) 2)**による。］40 mL を加えて溶かす。沸騰しない程度に数分間加熱して二酸化炭素を除く。放冷後，全量フラスコ 1 000 mL に移し入れ，水を標線まで加える。

8) **マグネシウム標準液（Mg 1 000 mg/L） JIS K 8432** に規定する酸化マグネシウムを約 800 ℃で約 2 時間加熱し，デシケーター中で放冷する。その 1.658 g をはかりとり，塩酸（1+1）［**24.2 a) 2)**による。］40 mL に溶かして全量フラスコ 1 000 mL に移し入れ，水を標線まで加える。

9) **陽イオン混合標準液［(NH_4^+ 100 mg，Na 100 mg，K 100 mg，Ca 200 mg，Mg 200 mg）/L］**(6) アンモニウムイオン標準液（NH_4^+ 1 000 mg/L）10 mL，ナトリウム標準液（Na 1 000 mg/L）10 mL，カリウム標準液（K 1 000 mg/L）10 mL，カルシウム標準液（Ca 1 000 mg/L）20 mL 及びマグネシウム標準液（Mg 1 000 mg/L）20 mL をそれぞれ全量フラスコ 100 mL にとり，水を標線まで加える。

使用時に調製する。

10) 陽イオン混合標準液［(NH_4^+ 10 mg，Na 10 mg，K 10 mg，Ca 20 mg，Mg 20 mg）/L］(6) アンモニウムイオン標準液（NH_4^+ 1 000 mg/L）5 mL，ナトリウム標準液（Na 1 000 mg/L）5 mL，カリウム標準液（K 1 000 mg/L）5 mL，カルシウム標準液（Ca 1 000 mg/L）10 mL 及びマグネシウム標準液（Mg 1 000 mg/L）10 mL をそれぞれ全量フラスコ 500 mL にとり，水を標線まで加える。又は，陽イオン混合標準液［(NH_4^+ 100 mg，Na 100 mg，K 100 mg，Ca 200 mg，Mg 200 mg）/L］10 mL を全量フラスコ 100 mL にとり，水を標線まで加える。いずれも使用時に調製する。

注(6) 陽イオンをそれぞれ単独に測定する場合，又はいずれかの同時測定の場合は，この操作に準じて必要な混合標準液を調製して用いてもよい。

b) 器具及び装置　器具及び装置は，次による。

1) イオンクロマトグラフ　イオンクロマトグラフは，分離カラムとサプレッサー(7)とを組み合わせた方式のもの，分離カラム単独の方式のものいずれかで，次に掲げる条件を満たすもので，アンモニウムイオン，ナトリウム，カリウム，カルシウム及びマグネシウムが分離定量できるもの。

1.1) 分離カラム　ステンレス鋼製又は合成樹脂製(8)のものに，陽イオン交換体を充塡したもの(9)。

1.2) 検出器　電気伝導率検出器

1.3) データ処理部　JIS K 0127 の **5.7**（データ処理部）による。

2) マイクロシリンジ　10〜200 μL の適切なもの。又は自動注入装置

注(7) 溶離液中の陰イオンを水酸化物イオンに変換するためのもので，溶離液中の陰イオンの濃度に対して十分なイオン交換容量をもった陰イオン交換膜（膜形，電気透析形がある。）又はこれと同等な性能をもった陰イオン交換体を充塡したもの。

(8) 例えば，四ふっ化エチレン樹脂製，ポリエーテルエーテルケトン製などがある。

(9) **備考 3.**による。

c) 準備操作　準備操作は，次による。

1) 試料を孔径 0.45 μm 以下のフィルターによってろ過する。

2) 試料の電気伝導率が 10 mS/m（100 μS/cm）（25 ℃）以上の場合には，電気伝導率が 10 mS/m 以下になるように，水で一定の割合に薄める。

d) 操作　操作は，次による。

1) イオンクロマトグラフを作動できる状態にし，分離カラムに溶離液を一定の流量（例えば，1〜2 mL/min）で流しておく。再生液を必要とするサプレッサー装置では，再生液を一定の流量で流しておく。

2) 陽イオン混合標準液［(NH_4^+ 10 mg，Na 10 mg，K 10 mg，Ca 20 mg，Mg 20 mg）/L］（例えば，20〜200 μL の一定量）をマイクロシリンジ(10)を用いて，イオンクロマトグラフに注入してクロマトグラムを記録し，各陽イオンの保持時間に相当するピークの位置を確認しておく。

3) c)の準備操作を行った試料の一定量（例えば，20〜200 μL の一定量）をマイクロシリンジ(10)を用いて，イオンクロマトグラフに注入し，クロマトグラムを記録する。

4) クロマトグラム上の各陽イオンに相当するピークについて，指示値(11)を読み取る。

5) 試料を薄めた場合には，空試験として試料と同量の水について，**1)**〜**4)**の操作を行って試料について得た結果を補正する。

6) 検量線から各陽イオンの濃度を求め，試料中の各陽イオンの濃度（mg/L）を算出する(12)。

注(10) 検量線作成時と同じものを用いる。

(11) ピーク高さ又はピーク面積。

(12) 注(6)によった場合は，各陽イオンのそれぞれの量を求め，濃度を算出する。

e) **検量線** 検量線の作成は，次による。

1) 陽イオン混合標準液［(NH_4^+ 100 mg，Na 100 mg，K 100 mg，Ca 200 mg，Mg 200 mg）/L］0.1～30 mL を段階的に全量フラスコ 100 mL にとり，水を標線まで加え，**d)**の **1)**～**4)**の操作を行って各陽イオンに相当する指示値を読み取る。

2) 別に，空試験として，水について **d)**の **1)**～**4)**の操作を行って各陽イオンに相当する指示値を補正した後，各陽イオンの量と指示値との関係線を作成する(13)。検量線の作成は，試料測定時に行う。

検量線は，必ずしも直線関係を示さない。

注(13) **注**(6)によった場合は，その陽イオンについて作成する。

備考 3. 溶離液を一定の流量（例えば，1～2 mL/min）で流し，陽イオン混合標準液［(NH_4^+ 10 mg，Na 10 mg，K 10 mg，Ca 20 mg，Mg 20 mg）/L］の一定量をイオンクロマトグラフに注入し，クロマトグラムを求め，各陽イオンの分離度（*R*）が 1.3 以上に分離できるものを用いる。分離度（*R*）は，**35.**の**備考 7.**の式によって求める。また，定期的に分離カラムの性能を確認するとよい。

4. 分離カラムは，使用を続けると性能が低下するので，定期的に**備考 3.**の操作で確認する。性能が低下している場合には，溶離液の 20～200 倍の濃度のものを調製し，分離カラムに注入し，洗浄した後，性能を確認する。性能が回復しない場合は，新品と取り替える。

試料中の懸濁物，有機物などによっても汚染されて性能が徐々に低下する。懸濁物を含む試料は，**c)**の準備操作で除去した後，試験する。また，有機物（たんぱく質，油脂，界面活性剤など）を含む試料は限外ろ過膜でろ過し，できるだけ有機物を除去した後，試験する。

試料中に分離カラムの充塡剤と親和力の強い陽イオン（例えば，カルシウム，マグネシウムなど）が存在すると，これらが充塡剤に吸着され，分離性能が徐々に低下するので，定期的に溶離液の 20～200 倍の濃度のものを調製し，試料と同様に分離カラムに注入し洗浄する。

その他，酸化性物質又は還元性物質が共存すると，分離カラムの分離性能が低下する。このような場合には，試料を水で一定の割合に薄めて試験すれば，ある程度は影響を防ぐことができる。

備考 5. カルボン酸形の陽イオン交換カラムと，溶離液として，硝酸溶液，メタンスルホン酸溶液，［2,6-ピリジンジカルボン酸-L(+)-酒石酸］溶液などを用いると，1 価陽イオンのほかにカルシウム，マグネシウムなど 2 価の陽イオンの溶離及び同時定量が可能になる。

6. 妨害物質

― アミノ酸及び脂肪族アミンのような有機化合物は，無機陽イオンの定量を妨害する可能性がある。

― 2,6-ピリジンジカルボン酸（PDA）のような強い錯形成剤が溶離液に含まれてなく，サプレッサーを用いない場合は，亜鉛，ニッケル及びカドミウムのような陽イオンによる妨害があり得る。

― マンガンのような他の陽イオンによる妨害の程度は，用いる分離カラムの選択性に依存する。

― アンモニウムイオン及びナトリウムの定量において，それらの濃度に大きな違いがある場合，相互の影響があり得る。ナトリウムの濃度が 1 mg/L のときアンモニウムイオン及びカリウムは，いずれも 100 mg/L 以下であれば妨害しない。

― 試料中の固形物及び鉱物油・洗剤・フミン酸の有機物は，分離カラムの寿命を短くするので除去する。

48.4　ICP 発光分光分析法　50.3 による。

48.1　フレーム光度法[1)]

ナトリウムはアセチレン-空気，水素-酸素などのフレーム中で容易に励起状態となり強く発光するので，その輝線の強さを測定してナトリウムを定量する。

1.　試　薬

（1）　フレーム光度法では，定量範囲に応じてそれぞれ検量線を作成するから，定量範囲 0.03～0.3 mg/L，0.3～3 mg/L，3～30 mg/L それぞれについて，4～6 段階の濃度のナトリウム標準液を調製する。また，フレーム光度法では試料の測定のたびに検量線を作成しなければならないから，これらの各濃度の標準液はあらかじめ調製しておくとよい。

2.　装　置

（1）　フレーム光度計は，各種のものが市販されているが，どの形式のものも使用できる。原子吸光分析装置と兼用のものが多い。

3.　操　作

（1）　定量範囲は，**規格**の **48.1** の定量範囲に示すような 3 段階としてある。試料中のナトリウムが 30 mg/L 以上の濃度の場合，自己吸収によって検量線が曲がるため，希釈して分析する。また，試料に多量の干渉物質が含まれる場合には，干渉物質の影響を減少させるため，薄めて測定する方がよい。

（2）　フレーム光度法では，共存物質による干渉に注意が必要であり，試料の希釈による対策などが**規格**の **48. 注**(4)に述べられている。ただし，海水のようにカリウムが多量に共存する場合は正の誤差を生じ，希釈によってもその影響を除くことはできない。このような試料の場合について，**規格**の **48. 備考 1.** では，イオン化抑制剤の塩化セシウムの添加を行う方法を記載している。その添加によって通常の水中の共存成分の妨害は抑制される。なお，ISO 9964-3 : 1993 では，通常の試料でも塩化セシウムを添加することとしている。そのほか，**規格**の **49.1** によってカリウムを定量し，**規格**の **48. 注**(4)に示すように，同濃度のカリウムを共存させたナトリウム標準液を調製して検量線を作成する方法もある。

（3） 検量線の一例を図 48.1 に示す。ナトリウムは波長 589 nm に強い輝線を示すが，フレーム中の基底状態のナトリウム原子による自己吸収が起こるため，検量線は高濃度側で下方に湾曲する。

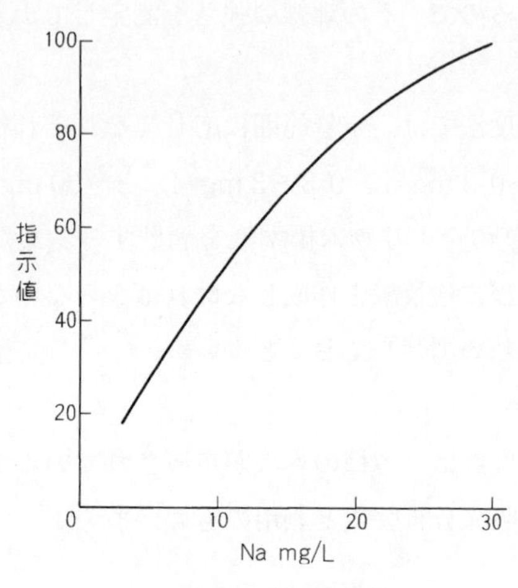

図 48.1 検 量 線

48.2 フレーム原子吸光法 [2)~4)]

試料をアセチレン-空気フレーム中に噴霧し，波長 589.0 nm の原子吸光を測定してナトリウムを定量する。

1. 装 置

数種類のものが市販されているが，原子吸光/フレーム光度分析装置の方式が多い。

2. 操 作

（1） ナトリウム，カリウムなどのアルカリ金属元素はイオン化ポテンシャルが低く，フレーム中でイオン化しやすい。このため，イオン化抑制剤として，**規格**の **48. 備考 2.** による塩化セシウム溶液を加える。この添加によってカリウム，カルシウムなどの影響も抑制される。ISO 9664-1：1993 では通常の試料でも添加することとしている。

（2） **規格の 48. 備考 2.** に示す塩化セシウム溶液（Cs 25 g/L）の添加効果を検討した例を図 48.2 に示す。

（3） 共存物による影響は，特に高濃度の場合を除いて問題はない。

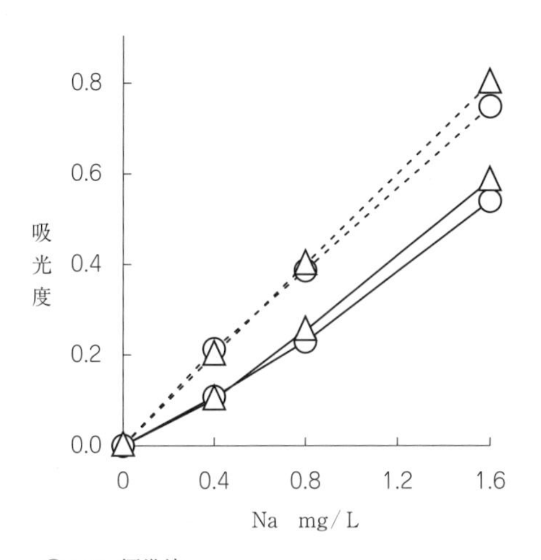

○：Na 標準液
△：Na, K 混合標準液（Na, K 同濃度）
塩化セシウム添加効果
点線：CsCl 溶液（Cs 25g/L）10 mL/100 mL 試料
実線：CsCl 溶液（Cs 25g/L）添加なし

図 48.2　検 量 線 [4]

48.3　イオンクロマトグラフ法 [5),6)]

試料中のナトリウムを，イオンクロマトグラフ法によって定量する。定量範囲：Na 0.1～30 mg/L。

この規格で，イオンクロマトグラフ法は，陽イオンについてはアンモニウムイオン，ナトリウム，カリウム，カルシウム及びマグネシウムに適用し，同時定量又は単独定量をする。

1.　陽イオンのイオンクロマトグラフ法の概要

イオンクロマトグラフ法の概要は，主に陰イオンについて，本書 35.3 に記述している。陽イオンの場合が陰イオンと異なるのは，分離カラムの充填剤に強酸性陽イオン交換体を用いること及び溶離液に強酸を用いることで，また，サプレッサーを用いる方式では，再生液に強アルカリを用いることである。基本的な原理は陰イオンの場合と同じで，分離カラム単独の方式とサプレッサーを組み合わせた方式とがある。分離カラムの充填剤の例は，陽イオンの場合も，本書 35.3 の表 35.1 に示してある。

サプレッサーには強塩基性陰イオン交換膜又は強塩基性陰イオン交換樹脂を用い，流出液中の陰イオンを再生液の水酸化物イオンと交換する。この結果，溶離液の強酸は水となり，また，測定対象の陽イオンの対イオンである陰イオンが極限モル伝導率（当量電気伝導度）の大きい水酸化物イオンになる。この結果，バックグラウンド値は極めて小さくなるとともに，電気伝導率による指示値は高くなる。

サプレッサーをもたない方式では，電気伝導率検出器の温度を一定とすることでバックグラウンドの変動を少なくする。また，濃縮機能を備えることも行われている。通常，サプレッサーをもつ方式の定量下限は，もたない方式の 1/2 程度である。ただし，アンモニウムイオンの場合は，もたない方式とほぼ同じである。

2.　試　薬

（1）　溶離液は，装置及び充填剤の種類によって異なるので，**規格**の **48. 備考 3.** によって分離度 1.3 以上の分離が得られることを確認して使用することになっている。分離度の求め方は，本書 35.3 の 2.(3) を参照する。

（2）　再生液についても溶離液と同様に，分離度 1.3 以上が得られることを確認することになっている。

3.　器具及び装置

（1）　クロマトグラフ，分離カラム，サプレッサー，検出器及び記録部については，本書 35.3 の 1. 及び 48.3 の 1. を参照。

4.　操　作

（1）　試料中に懸濁物，有機物がある場合及び共存塩類の濃度が高い場合などの対策は，陰イオンの場合と同様である。本書 35.3 の 4. を参照。

（2）　ナトリウム以外の陽イオンを同時に定量する場合には，**規格**の **48.3 a) 9)** 又は **10)** の陽イオン混合標準液を用いて検量線を作成する。

（3）　そのほか，分離カラムの温度，溶離液の流量，保持時間，ピーク面積などについても，本書 35.3 の 4. を参照。

（4）　分離カラムの保守などについては，**規格**の **48. 備考 4.** による。

（5）　妨害については，**規格**の **48. 備考 6.** を参照する。

（6）　クロマトグラムは，本書 42. の図 42.4 を参照する。

48.4　ICP 発光分光分析法

ナトリウムはカリウム，マグネシウム，カルシウムと同時に定量することができる。本書 50.3 参照。

1.　試　薬

（1）本書 50.3 の 1.(1) 参照

2.　装　置

（2）本書 52.4 の 2. 参照

3.　操　作

（1）本書 50.3 の 3. 参照

（2）カリウムによるイオン化干渉を受けやすい。ICP 中で各元素がイオンとなる割合（イオン化率，電離度とも称す）は，各元素のイオン化電位（IP），ICP の温度及び電子密度で決まるが，ナトリウムの IP は 5.14 eV，カリウムの IP は 4.34 eV と低いため ICP 中では 99% 以上がイオン化し，原子として存在する割合は 1% 以下である。ナトリウム及びカリウムの ICP 発光分光分析法で定量に用いられる発光線は，この少量の原子からの発光線（中性線[注]）であるため，一般に感度が低く，電子密度に影響を及ぼしやすい共存元素の干渉を受けやすい。例えば，カリウムが共存すると，カリウムのイオン化によって ICP の電子密度が上がり，ナトリウムイオンと電子の再結合が起きやすくなり原子の割合が増える。ナトリウム原子の割合が増えることは中性線の発光強度が上がること，すなわち正の干渉を与えることを意味する。この干渉を低減する方法として，さらにイオン化しやすいセシウム（IP: 3.89 eV）を試料と検量線用標準液に添加しICPの電子密度を十分高くしておくことで，カリウムによる電子密度の増加の影響を小さくすることが行われる。

なお，ICPの観測方式には，横方向（lateralとも称す）観測方式と軸方向（axialとも称す）観測方式がある（本書の図52.4を参照）。横方向観測ではICPのコイルからの高さが15 mm前後のNormal Analytical Zoneを観測するためイオン化干渉は受けにくい。一方，軸方向観測ではICP中心部のドーナツ構造の様々な高さ領域からの光を観測するため，バックグラウンドが低く高感度ではあるが，イオン化干渉を受けやすい高さからの光も入ってくるためイオン化干渉は大きくなる。IPの低い元素が多量に共存する試料には，横方向観測方式で，セシウム添加による干渉抑制法を用いることが適切である。

参考文献

1） T. D. Parks, H. O. Johnson, L. Lykken（1948）：Anal. Chem., **20**, 822
2） D. C. Manning et al.（1965）：At. Abs. Newsletter, **4**, 255
3） H. Sanui, N. Pace（1966）：Appl. Spectroscopy, **20**, 135
4） 用水・排水試験方法の国際規格との一体化に関する標準化調査研究（2004）（日本工業用水協会）
5） H. Small, T. S. Stevens, W. C. Bauman（1975）：Anal. Chem., **47**, 1801
6） D. T. Gjerde, J. S. Fritz, G. Schmuckler（1979）：J. Chromatogr., **186**, 509

注） 原子の励起状態からの発光線を中性線と称しNa 589.592 nm (I) のように波長の後に (I) と記す。一方，イオンの励起状態からの発光線をイオン線と称しCa 393.367 nm (II) のように波長の後に (II) と記す。

49.　カリウム（K）

49.1　フレーム光度法[1)]

試料をアセチレン-空気フレーム又は水素-酸素フレームなどの中に噴霧し，このとき生じる波長 766.5 nm 又は 769.9 nm の輝線の強さを測定してカリウムを定量する。定量範囲：K 40～400 μg/L，0.4～4 mg/L，4～40 mg/L。

（1）　共存物質については，本書 48.1 の 3.(2)で示したのと同様に，その大部分については試料の希釈によって影響を除くことができる。しかし，ナトリウムが共存すると正の誤差を与え，希釈によってもその影響は除かれない。しかも通常の試料中でナトリウムはカリウムの数十倍共存することが多いから，常に配慮しなければならない。

（2）　ナトリウム及びその他の共存物質に対し，**規格**の **48.1** と同様にイオン化抑制剤として塩化セシウム溶液を添加する方法が**規格**の **49. 備考 1.** に示されている。

（3）　ナトリウムの影響を補正するには，試料と同程度のナトリウムを含むカリウム標準液を調製し，検量線を作成する方法もある［**規格**の **49. 注**(4)］。この場合，試料中のナトリウムをあらかじめ定量することが必要である。厳密には，このナトリウムの定量においてもカリウムの干渉を考慮しなければならないが，通常の試料では，カリウム濃度はナトリウム濃度に比べて非常に小さいため，補正の目的で試料中のナトリウムを定量するときのナトリウム標準液には，カリウムを共存させないものを用いても差し支えない。

（4）　カルシウムその他の共存物質による影響については**規格**の **48. 備考 1.** を参照。

（5）　検量線の一例を図 49.1 に示す。カリウムの波長 766.5 nm の輝線の自己吸収は，ナトリウム 589 nm のそれより小さく，検量線の湾曲の程度も小さい。

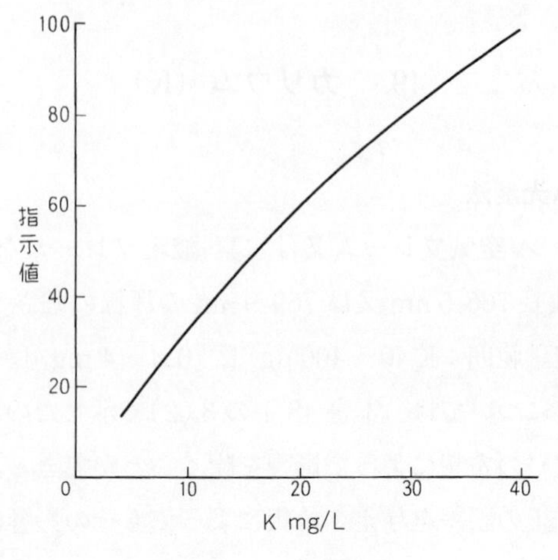

図 49.1　検 量 線

49.2　フレーム原子吸光法[1)]

試料をアセチレン-空気フレーム中に噴霧し，波長 766.5 nm の原子吸光を測定してカリウムを定量する。定量範囲：K 0.05～5 mg/L。

1.　操　作

（**1**）　操作は，**規格**の **48.2 c**）に準じて行う。

（**2**）　フレーム中でのイオン化及びイオン化抑制剤（Cs 25 g/L）の添加効果についての検討例を図 49.2 に示す。

（**3**）　共存物は，高濃度の場合を除いて問題はない。ただし，りん酸は妨害が大きい。

49.3　イオンクロマトグラフ法

定量操作は，**規格**の **48.3** と同じ。ただし，定量範囲：K 0.1～30 mg/L。試薬，装置，操作などの共通する事項は，本書 48.3 又は 35.3 を参照。

1.　操　作

（**1**）　操作に共通する注意事項は，本書 48.3 の 1. を参照。

（**2**）　この溶離条件では本書 42.5 の図 42.4 に示したように，ナトリウム，アンモニウムイオン，カリウムの順に溶離する。この場合，脂肪族の低分子量のアミンであるメタンアミン（モノメチルアミン），*N*-メチルメタンアミン（ジメチルアミン）及び *N*, *N*-ジメチルメタンアミン（トリメチルアミン）が多量に共存すると，図 49.3 に示すようなクロマトグラムが得られる。メタンアミンが共存するとカリウムの保持時間と重なり，カリウムの定量を妨害する。

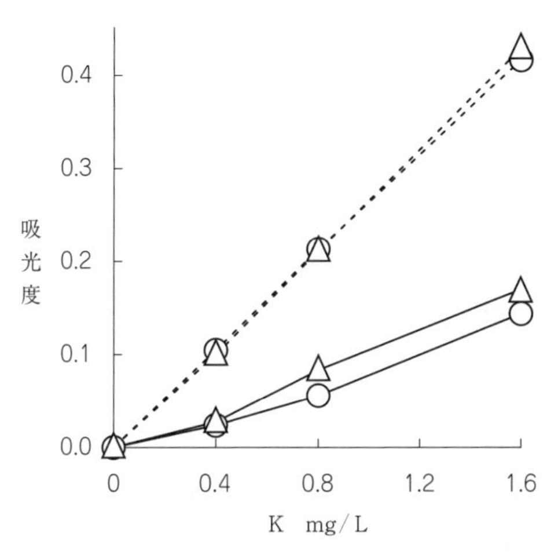

○：K 標準液
△：K, Na 混合標準液（K, Na 同濃度）
塩化セシウム添加効果
点線：CsCl 溶液（Cs 25g/L）10 mL/100 mL 試料
実線：CsCl 溶液（Cs 25g/L）添加なし

図 49.2　検 量 線[48.の4)]

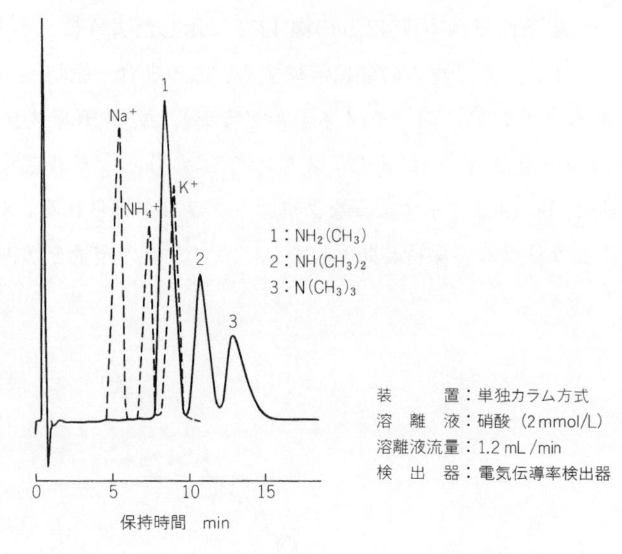

図 49.3　アンモニウムイオン，ナトリウム及びカリウムを定量する場合の低分子量アミン類の影響

49.4　ICP 発光分光分析法

カリウムはナトリウム，マグネシウム，カルシウムと同時に定量することができる。本書 50.3 参照。

1.　試　薬

（1）本書 50.3 の 1.(1)参照

2.　装　置

（1）本書 52.4 の 2. 参照

3.　操　作

（1）本書 50.3 の 3. 参照

（2）ナトリウムによるイオン化干渉を受けやすい。本書 48.4 の 3.(2)参照。

参 考 文 献

1）　本書 48. の参考文献 1)～6）と同じ。

50.　カルシウム（Ca）

50. カルシウム（Ca）　カルシウムの定量には，キレート滴定法，フレーム原子吸光法，イオンクロマトグラフ法又はICP発光分光分析法を適用する。

なお，キレート滴定法は，1984年に第1版として発行された**ISO 6058**，フレーム原子吸光法は，1986年に第1版として発行された**ISO 7980**，イオンクロマトグラフ法は，1998年に第1版として発行された**ISO 14911**，ICP発光分光分析法は，2007年に第2版として発行された**ISO 11885**との整合を図ったものである。

備考　この試験方法の対応国際規格を，次に示す。

なお，対応の程度を表す記号は，**ISO/IEC Guide 21-1**に基づき，IDT（一致している），MOD（修正している），NEQ（同等でない）とする。

ISO 6058:1984，Water quality－Determination of calcium content－EDTA titrimetric method（MOD）

ISO 7980:1986，Water quality－Determination of calcium and magnesium－Atomic absorption spectrometric method（MOD）

ISO 14911:1998，Water quality－Determination of dissolved Li^{+}, Na^{+}, NH_4^{+}, K^{+}, Mn^{2+}, Ca^{2+}, Mg^{2+}, Sr^{2+} and Ba^{2+} using ion chromatography－Method for water and waste water（MOD）

ISO 11885:2007，Water quality－Determination of selected elements by inductively coupled plasma optical emission spectrometry (ICP-OES)（MOD）

50.1 キレート滴定法　試料をpH12以上とし，指示薬としてHSNN｛2-ヒドロキシ-1-［(2′-ヒドロキシ-4′-スルホ-1′-ナフタレニル）アゾ］-3-ナフタレンカルボン酸（IUPACによる名称)｝を加え，エチレンジアミン四酢酸二水素二ナトリウム溶液で滴定してカルシウムを定量する。

定量範囲：Ca 0.2～5 mg

a) 試薬　試薬は，次による。

1) **水酸化カリウム溶液**　**JIS K 8574**に規定する水酸化カリウム250 gを水に溶かして500 mLとする。ポリエチレン瓶に保存する。

2) **シアン化カリウム溶液（100 g/L）**　**JIS K 8443**に規定するシアン化カリウム10 gを水に溶かして100 mLとする。ポリエチレン瓶に保存する。

3) **塩化ヒドロキシルアンモニウム溶液（100 g/L）**　**39.2 a) 3)**による。

4) **HSNN溶液**(1)　**JIS K 8776**に規定する2-ヒドロキシ-1-(2-ヒドロキシ-4-スルホ-1-ナフチルアゾ)-3-ナフトエ酸0.5 gを**JIS K 8891**に規定するメタノール100 mLに溶かし，**JIS K 8201**に規定する塩化ヒドロキシルアンモニウム0.5 gを加える。着色ガラス瓶に保存する。

5) **10 mmol/L EDTA溶液**　**JIS K 8107**に規定するエチレンジアミン四酢酸二水素二ナトリウム二水和物3.8 gをとり，水1 Lに溶かした後，ポリエチレン瓶に保存する。

標定　10 mmol/L 亜鉛溶液25 mLをビーカー200 mLにとり，水75 mLを加え，水酸化ナトリウム溶液(100 g/L)［**19. a) 2)**による。］でpH6～8に調節する。塩化アンモニウム-アンモニア緩衝液(pH10)［**28.1.2.1 a) 2)**による。］2 mLと指示薬としてEBT溶液（5 g/L）［**51.1 a) 4)**による。］2，3滴又はEBT粉末指示薬（**JIS K 8736**に規定するエリオクロムブラックT 0.10 gと**JIS K 8150**に規定する塩化ナトリウム10 gをすり潰し混合する。）約0.05 gとを加え，調製した10 mmol/L EDTA溶液で滴定する。終点は，溶液の色が赤から青に変わる点とする。

ファクターは，次の式によって算出する。

$$f = \frac{(f_1 \times 25)}{V}$$

ここに，　f：　10 mmol/L EDTA 溶液のファクター
f_1：　10 mmol/L 亜鉛溶液のファクター
V：　滴定に要した 10 mmol/L EDTA 溶液量（mL）

6) **10 mmol/L 亜鉛溶液**　**JIS K 8001** に準じ，次の方法で調製する。

- **JIS K 8005** に規定する容量分析用標準物質の亜鉛約 0.5 g を塩酸（1＋3）（**JIS K 8180** に規定する塩酸を用いて調製する。）で洗い，水洗いし，更に **JIS K 8101** に規定するエタノール（99.5）及び **JIS K 8103** に規定するジエチルエーテルで順次洗った後，直ちに上口デシケーターに入れ，2.0 kPa 以下で数分間保った後，減圧下で約 12 時間保つ。
- その 0.33 g を 0.1 mg の桁まではかりとり，硝酸（1＋1）（**JIS K 8541** に規定する硝酸を用いて調製する。）20 mL 中に加え，加熱して溶かし，煮沸して窒素酸化物を追い出し，放冷後，全量フラスコ 500 mL に移し入れ，水を標線まで加える。

この 10 mmol/L 亜鉛溶液のファクターは，次の式による。

$$f_1 = \left(\frac{a}{0.327\,0}\right) \times \left(\frac{A}{100}\right)$$

ここに，　f_1：　10 mmol/L 亜鉛溶液のファクター
a：　はかりとった亜鉛の質量（g）
A：　亜鉛の純度（質量分率%）
0.327 0：　10 mmol/L 亜鉛溶液 500 mL 中の亜鉛の相当量（g）

注(1) HSNN 溶液に代え，次の方法で調製した HSNN 粉末指示薬を用いてもよい。

- **JIS K 8776** に規定する HSNN 0.2 g と **JIS K 8962** に規定する硫酸カリウム 10 g とをよくすり潰し混合する。
- **JIS K 8776** に規定する HSNN 0.2 g と **JIS K 8150** に規定する塩化ナトリウム 100 g とをよくすり潰し混合する。

参考　HSNN は，カルコンカルボン酸という名称でも知られている。

b) 操作　操作は，次による。

1) 試料(2)の適量（Ca として 5 mg 以下を含む。）をビーカーにとり，水を加えて約 50 mL とする。
2) 水酸化カリウム溶液 4 mL を加え，よくかき混ぜた後，約 5 分間放置する(3)。
3) シアン化カリウム溶液（100 g/L）0.5 mL(4)及び塩化ヒドロキシルアンモニウム溶液（100 g/L）0.5 mL を加えてかき混ぜる。
4) 指示薬として HSNN 溶液(5) 5，6 滴を加え(6)，10 mmol/L EDTA 溶液で，溶液の色が赤紫から青になるまで滴定する。
5) 次の式によって試料中のカルシウムの濃度（Ca mg/L）を算出する。

$$C = a \times f \times \frac{1\,000}{V} \times 0.400\,8$$

ここに，　C：　カルシウムの濃度（Ca mg/L）
a：　滴定に要した 10 mmol/L EDTA 溶液量（mL）
V：　試料量（mL）
f：　10 mmol/L EDTA 溶液のファクター
0.400 8：　10 mmol/L EDTA 溶液 1 mL に相当するカルシウムの質量（mg）

注([2]) 懸濁物が含まれている場合には，ろ過又は遠心分離によって除去する。また，この試験に影響を与える有機物及び着色物質を含む場合には，**5.**の操作を行った後，中和する。ただし，**5.4** の方法は適用しない。

([3]) 放置したときに生じる沈殿の量が多いと，終点が不明瞭になる。このような場合には，1 回目の滴定で，概略の滴定量を求めておき，別のビーカーに同量の試料をとり，1 回目の滴定に要した 10 mmol/L EDTA 溶液の量よりも約 1 mL 少ない量の 10 mmol/L EDTA 溶液を加え，水酸化カリウム溶液 4 mL を加えて，よく振り混ぜた後，約 5 分間放置する。次に，シアン化カリウム溶液（100 g/L）0.5 mL([4])と塩化ヒドロキシルアンモニウム溶液（100 g/L）0.5 mL とを加えて振り混ぜる。これに指示薬として HSNN 溶液 5，6 滴を加え([5]) ([6])，再び 10 mmol/L EDTA 溶液で，溶液の色が青になるまで滴定する。

([4]) 亜鉛，銅などシアン化カリウムによってマスキングする金属類が共存しない場合は，添加しなくてよい。

([5]) HSNN 溶液の代わりに**注**([1])の HSNN 粉末指示薬の適量を用いてもよい。ただし，粉末指示薬は HSNN が溶けるのに時間を要するので注意する。

([6]) この指示薬は，添加後放置すると酸化され，終点の変色が不明瞭になる。

備考 1. シアン化カリウムは，有毒である。取扱い及び廃棄には，必要な予防措置をとる。シアン化カリウムを含む溶液は，酸性にしてはならない。

2. アルミニウム，バリウム，鉛，鉄，コバルト，銅，マンガン，すず及び亜鉛の金属イオンは，カルシウムと同じように滴定される。また，終点の色の変化を不明瞭にする。

オルトりん酸イオンの濃度が 1 mg/L 以上の場合は，滴定時の pH 条件ではカルシウムと沈殿する。滴定に時間がかかった場合，又はカルシウムの含有量が高い場合（100 mg/L 又は 2.5 mmol/L より高い）には，炭酸カルシウムの沈殿が生じる。

鉄 30 mg/L 以下の妨害は，シアン化カリウム 250 mg 又は **JIS K 8663** に規定する 2,2′,2″-ニトリロトリエタノール（トリエタノールアミン）5〜7 mL を滴定直前に添加することによって，マスキングできる。シアン化物イオンは，亜鉛，銅及びコバルトの妨害も最小にする。また，トリエタノールアミンはアルミニウムの妨害を小さくする。シアン化カリウムを加える前に溶液がアルカリ性であることを確認する。

50.2　フレーム原子吸光法　試料をアセチレン-空気フレーム中に噴霧し，カルシウムによる原子吸光を波長 422.7 nm で測定してカルシウムを定量する。

定量範囲：Ca 0.2〜4 mg/L，繰返し精度：2〜10 %（装置及び測定条件によって異なる。）

a) 試薬　試薬は，次による。

1) 塩酸（1+1）　JIS K 8180 に規定する塩酸を用いて調製する。

2) ランタン（III）溶液（La 50 g/L）　酸化ランタン（III）29 g を少量ずつ塩酸（1+1）500 mL に加えて溶かす。

3) カルシウム標準液（Ca 20 mg/L）　48.3 a) 7)のカルシウム標準液（Ca 1 000 mg/L）10 mL を全量フラスコ 500 mL にとり，塩酸（1+1）5 mL を加えた後，水を標線まで加える。

b) 装置　装置は，次による。

1) フレーム原子吸光分析装置　48.2 b) 1)による。

c) 操作　操作は，次による。

1) 試料([7])の適量（Ca として 20〜400 μg を含む。）を全量フラスコ 100 mL にとり，塩酸（1+1）2 mL を加えた後，水を標線まで加える。

2) この溶液 10 mL を乾いたビーカーにとり，ランタン（III）溶液（La 50 g/L）1 mL を加える。

3) **2)**の溶液をフレーム中に導入し，波長 422.7 nm の指示値(8)を読み取る。

4) 空試験として試料と同量の水について，**1)**～**3)**の操作を行って試料について得た指示値を補正する。

5) 検量線からカルシウムの量を求め，試料中のカルシウムの濃度（Ca mg/L）を算出する。

注(7) 懸濁物が含まれている場合には，ろ過又は遠心分離によって除去する。

(8) 吸光度又はその比例値。

d) **検量線** 検量線の作成は，次による。

1) カルシウム標準液（Ca 20 mg/L）1～20 mL を全量フラスコ 100 mL に段階的にとり，試料と同じ酸の濃度になるように塩酸（1＋1）を加えた後，水を標線まで加える。この溶液について **c)**の **2)**及び **3)**の操作を行う。

2) 別に，空試験として水について試料と同じ酸の濃度になるように塩酸（1＋1）を加えた後，**c)**の **2)** 及び **3)**の操作を行って標準液について得た指示値を補正し，カルシウム（Ca）の量と指示値との関係線を作成する。検量線の作成は，試料測定時に行う。

備考 3. りん酸イオン，硫酸イオン，アルミニウムなどは妨害するが，ランタン（III）溶液（La 50 g/L）を加えることによって妨害を抑制することができる。

4. アセチレン-一酸化二窒素フレームを用いるときは，ランタン（III）溶液（La 50 g/L）に代えて塩化セシウム溶液（25 g/L）を用いる。この溶液の調製は，次による。

塩化セシウム溶液（25 g/L） 塩化セシウム 25 g（Cs として約 20 g）を塩酸（0.1 mol/L）（**JIS K 8180** に規定する塩酸を用いて調製する。）1 L に溶かす。

5. 多量のマグネシウム（1 000 mg/L 以上）の共存は，負の誤差を与える。

50.3 ICP 発光分光分析法 試料を試料導入部を通して誘導結合プラズマ中に噴霧し，カルシウムによる発光を波長 393.367 nm で測定してカルシウムを定量する。この方法によって，**表 50.1** に示す元素が同時定量できる。

それぞれの元素の測定波長，定量範囲，繰返し精度などの例を，**表 50.1** に示す。

表 50.1 測定波長，定量範囲及び繰返し精度の例*

対象元素	測定波長** nm	定量範囲 mg/L	繰返し精度 %
カルシウム（Ca）	393.367 (II)	0.01～10	2～10
マグネシウム（Mg）	279.553 (II)	0.005～5	2～10
ナトリウム（Na）	589.592 (I)	0.5～50	2～10
カリウム（K）	766.491 (I)	0.1～10	2～10
イットリウム（Y）***	371.029 (II) 464.370 (I)	－	－
インジウム（In）***	325.609 (I) 230.606 (II)	－	－
イッテルビウム（Yb）***	369.420 (II)	－	－

注* 装置及び測定条件によって異なる。

** I は中性線，II はイオン線。

*** 内標準元素

a) **試薬** 試薬は，次による。

1) **塩酸（1＋1）** **50.2 a) 1)**による。

2) **カルシウム標準液（Ca 100 mg/L）** **48.3 a) 7)**のカルシウム標準液（Ca 1 000 mg/L）10 mL を全量フ

ラスコ 100 mL にとり，塩酸（1+1）5 mL を加えた後，水を標線まで加える。

3) **カルシウム標準液（Ca 1 mg/L）** カルシウム標準液（Ca 100 mg/L）10 mL を全量フラスコ 1 000 mL にとり，塩酸（1+1）5 mL を加えた後，水を標線まで加える。

4) **マグネシウム標準液（Mg 100 mg/L）** **48.3 a) 8)**のマグネシウム標準液（Mg 1 000 mg/L）10 mL を全量フラスコ 100 mL にとり，塩酸（1+1）5 mL を加えた後，水を標線まで加える。

5) **マグネシウム標準液（Mg 1 mg/L）** マグネシウム標準液（Mg 100 mg/L）10 mL を全量フラスコ 1 000 mL にとり，塩酸（1+1）5 mL を加えた後，水を標線まで加える。

6) **ナトリウム標準液（Na 1 000 mg/L）** **48.1 a) 1)** による。

7) **ナトリウム標準液（Na 100 mg/L）** ナトリウム標準液（Na 1 000 mg/L）10 mL を全量フラスコ 100 mL にとり，塩酸（1+1）5 mL を加えた後，水を標線まで加える。

8) **カリウム標準液（K 100 mg/L）** **48.3 a) 6)**のカリウム標準液（K 1 000 mg/L）10 mL を全量フラスコ 100 mL にとり，塩酸（1+1）5 mL を加えた後，水を標線まで加える。

9) **カリウム標準液（K 10 mg/L）** カリウム標準液（K 100 mg/L）10 mL を全量フラスコ 100 mL にとり，塩酸（1+1）5 mL を加えた後，水を標線まで加える。

b) **装置**　装置は，次による。

1) **ICP 発光分光分析装置**

c) **操作**　操作は，次による。

1) 試料([7])の適量（Ca として 1〜1 000 µg，Mg として 0.5〜500 µg，Na として 50〜5 000 µg，K として 10〜1 000 µg を含む。）を全量フラスコ 100 mL にとり，塩酸（1+1）2 mL を加えた後，水を標線まで加える。

2) **1)**の溶液を試料導入部を通して発光部に導入し，各測定対象元素の発光強度を測定する([9])([10])。

3) 空試験として **1)**で用いた試料と同量の水をとり，**1)**及び **2)**の操作を行って各測定対象元素に相当する発光強度を測定し，試料について得た発光強度を補正する。

4) 検量線から各測定対象元素の量を求め，試料中の各測定対象元素の濃度（mg/L）を算出する([11])。

注([9]) **47.**の**注([8])**による。

([10]) **47.**の**注([9])**による。

([11]) 測定対象の元素の中から，必要な元素だけの濃度を算出する。

d) **検量線**　検量線の作成は，次による。

1) **a)**の測定対象元素の各標準液のそれぞれ一定量をとり，希釈して一定量として混合標準液を調製する。この混合標準液は，測定対象の元素を含み([12])，測定する濃度範囲よりも高い濃度([13])とする。

2) 全量フラスコ 100 mL に，測定濃度範囲を含むように，この混合標準液を段階的にとり，試料と同じ酸の濃度になるように塩酸（1+1）を加えた後，水を標線まで加える。

3) **2)**で調製した溶液について **c) 2)**の操作を行う。

4) 別に，空試験として水について試料と同じ酸の濃度になるように塩酸（1+1）を加えた後，**c) 2)**の操作を行って，標準液について得た発光強度を補正する。

5) 各測定対象元素について，それぞれの元素の量と発光強度との関係線を作成する。

注([12]) 測定対象の単独又は限られた複数の元素だけでもよい。

([13]) 作成する検量線の最高の濃度の 5〜10 倍程度。

備考 6. イオン化エネルギーの低いナトリウム及びカリウムは，共存元素によるイオン化干渉を受けやすい。特に，測定対象元素がナトリウムではカリウムによる干渉が大きく，測定対象元素がカリウムではナトリウムによる干渉が大きい。ICP からの光の観測方式には，横方向観測方式と軸方向観測方式があり，軸方向観測方式は高感度であるがイオン化干渉を受けやすいため，共存元素によるイオン化干渉が懸念される試料には次の方法によって干渉を抑制する。

塩化セシウム溶液（25 g/L）［塩化セシウム 25 g を **JIS K 8180** に規定する塩酸 50 mL 及び水 450 mL に溶かし，水を加えて 1 L とする。この溶液 1 L は，セシウム（Cs）を約 20 g を含む。］を試料に適量（共存元素の約 5 倍のモル濃度となるように）加えることでイオン化干渉を抑制できる。

この操作を行った場合は，検量線作成時の操作も塩化セシウム溶液（25 g/L）を試料と同様に加えて行う。

7. 波長の異なる 2 本以上のスペクトル線の同時測定が可能な装置を用いるときは，内標準法によることができる。内標準元素としては，ICP 中で分析元素と類似の発光挙動を示す元素が適切であり，したがって内標準線及び分析線は中性線同士又はイオン線同士で，その励起エネルギー差が小さく，かつ，分析線に対し分光干渉を生じない発光線を選択する。また，元の試料中に含まれる濃度が，添加する濃度に比べ，無視できる濃度であることを確認しておく。内標準元素としてはイットリウム（Y），インジウム（In），イッテルビウム（Yb）などが用いられるが，上記の条件を満足すれば他の元素を用いてもよい。内標準物質としてイットリウムを用いる場合の操作は，次による。

1) 試料の適量を全量フラスコ 100 mL にとり，イットリウム溶液（Y 50 μg/mL）［**47.**の**備考 5. 6**］による。］10 mL 及び塩酸（1＋1）2 mL を加えた後，水を標線まで加える。

2) この溶液について，**c) 2)**の操作を行って各測定対象元素及びイットリウムの発光強度を測定し，各測定対象元素の発光強度とイットリウムの発光強度との比を求める。

3) 空試験として，試料に代えて同量の水を用い，**1)**及び **2)**の操作を行い，各測定対象元素の発光強度とイットリウムの発光強度との比を求め，**2)**で得た発光強度の比を補正する。

4) 検量線から，各測定対象元素の量を求め，試料中の各測定対象元素の濃度（mg/L）を算出する。

5) **検量線**　全量フラスコ 100 mL 数個に **d) 2)**に従って混合標準液を段階的にとり，イットリウム溶液（Y 50 μg/mL）10 mL 及び **1)**の試料と同じ酸の濃度となるように塩酸（1＋1）を加えた後，水を標線まで加える。この溶液について，**2)**の操作を行い，各測定対象元素及びイットリウムの発光強度を測定し，各測定対象元素の発光強度とイットリウムの発光強度との比を求める。別に，空試験として，混合標準液に代えて水を用い，同じ操作を行って，同様に発光強度の比を求め，混合標準液での各測定対象元素の発光強度比を補正し，各測定対象元素の量と，それぞれの発光強度とイットリウムの発光強度との比との関係線を作成する。

50.1　キレート滴定法 [1),2)]

金属指示薬として HSNN を用い，pH 12～14 で EDTA 溶液で滴定すると，EDTA はまず遊離のカルシウムイオンと反応した後，滴定終点では次のように反応し，溶液は鋭敏に変色する。

$$\underset{(\text{赤紫})}{\text{Ca-HSNN}} + \text{EDTA} \longrightarrow \text{Ca-EDTA} + \underset{(\text{青})}{\text{HSNN}}$$

1.　試　薬

（1）　HSNN のメタノール溶液に安定剤として塩化ヒドロキシルアンモニウムを加えると，その還元作用及び溶液を酸性にする作用によって，HSNN の酸化が抑制される。また，**規格の 50. 注**([1])のように HSNN と硫酸カリウムとを混合する方法もあり，長期間保存使用できる。しかし，使用に当たって，添加後 HSNN が溶液に完全に溶けるのに時間を要する不便さがある。また，HSNN を塩化ナトリウムと混合する方法（ISO 6058：1984）が追加された。硫酸カリウムと混合したものよりも溶けやすいが，長期使用には湿気を受けないように注意する。

（2）　1998 年までの規格では，10 mmol/L EDTA 溶液の調製には EDTA 二ナトリウム塩を 80℃で乾燥し，正確にひょう量して用いていたが，JIS K 8005 に容量分析用標準物質として亜鉛が規定されていることから，2008 年の改正で，10 mmol/L 亜鉛標準液を調製して 10 mmol/L EDTA 溶液を標定するように変更になった。

2.　操　作

（1）　この方法では，**規格の 50. 備考 2.** に示すように，亜鉛，銅など通常の重金属イオンはシアノ錯イオン又はヒドロキソ錯イオンとなりマスキングされる。これらの金属類を含まない試料の場合はシアン化カリウムは添加しないでよい。

（2）　通常の水試料では，マグネシウムの共存が考えられるが，この pH では水酸化物の沈殿となり，EDTA，HSNN いずれとも反応しない。しかし，この沈殿は溶液中の HSNN 指示薬を吸着する傾向があり，その結果，滴定終点の判別が困難になることがある。

（3）　滴定時に，カルシウムイオンは水酸化カリウム溶液中に混在する炭酸イオンのため炭酸カルシウムの沈殿となっている。この沈殿は滴定の進行に従って溶けるが，幾分滴定反応を遅くする傾向がある。

（**4**）　マグネシウムの共存量が多いときは多量の水酸化マグネシウムの沈殿が生成する。この場合は上記(3)で述べた炭酸カルシウムを包み込むため，滴定反応をさらに遅らせ妨害する。また，HSNN指示薬の吸着も多くなり，終点の判別が困難となる場合もある。このような影響をできるだけ少なくするため，**規格**の**50.注**(3)に示すように第1回の滴定を予備試験とし，本試験ではほぼ当量に近い量のEDTA溶液を添加した後に水酸化カリウムを加えることによって炭酸カルシウムの生成を防ぐ。また，HSNN溶液の添加も滴定が終点付近に達した状態で行うことによってその吸着を少なくし，終点の判別を容易にする。

（**5**）　ナトリウムイオンが多量に存在するとEDTAはそれと弱く結合するため，終点が判別しにくくなる。

（**6**）　シアン化カリウムの扱いには注意する。**規格**の**50. 備考1.**及び**備考2.**にその取扱いについての注意が記述されている（いずれもISO 6058：1984による）。

50.2　フレーム原子吸光法

塩酸で微酸性とした試料に，干渉抑制剤としてランタン溶液を添加し，これをアセチレン-空気フレーム中に噴霧し，波長422.7 nmの原子吸光を測定して，カルシウムを定量する。定量範囲：Ca 0.2～4 mg/L。

1.　試　薬

（**1**）　ランタン溶液（50g /L）は酸化ランタン(Ⅲ) 29 gを塩酸(1+1) 500 mLに溶かして調製する。この反応は激しいので，少量ずつ，ゆっくり溶かす。

2.　操　作

（**1**）　試料の適量（Ca 20～400 μgを含む）を全量フラスコ100 mLにとり，塩酸(1+1) 2 mLを加えた後，水を標線まで加える。この溶液10 mLを乾いたビーカーにとり，ランタン溶液（50 g/L）1 mLを加える。

以下，**規格**の**48.2 c**)に準じて操作する。ただし，波長は422.7 nmを用いる。

（2） カルシウムの定量では，一般に溶存成分を対象とする。したがって，懸濁物を含む試料では，ろ過又は遠心分離によって除く。

（3） カルシウム中空陰極ランプからのスペクトル線は 422.7 nm のほか，239.9 nm にもある。ただし，感度はアセチレン-空気フレームでは前者の方が約 250 倍高い。

（4） アセチレン-空気フレームではりん酸塩，硫酸塩，アルミニウムなどの妨害が著しい。これは，それぞれりん酸カルシウム，硫酸カルシウム，アルミン酸カルシウムなど難解離性化合物の生成によるものと考えられている。この干渉抑制にはランタン，ストロンチウムなどが有効であるが，前者がより強力である。

（5） 難解離性化合物の生成による干渉は，高温のアセチレン-一酸化二窒素フレームを用いることによっても低減できる。その場合，イオン化抑制に塩化セシウム溶液を添加する（ISO 7980：1986）。

（6） 中性～アルカリ性では低値が得られるので，測定は塩酸酸性の試料について行う。

50.3　ICP 発光分光分析法

塩酸で微酸性とした試料を誘導結合プラズマ中に噴霧し，波長 393.367 nm の発光を測定して，カルシウムを定量する。定量範囲：Ca 0.01 ～ 10 mg/L。カルシウムはマグネシウム，ナトリウム，カリウムと同時に定量することができる。

1.　試　薬

（1） 同時分析に用いる混合標準液（Ca，Mg，Na，K 用）は，**規格の 50.3 d) 1)** によって検量線の作成時に調製する。

2.　装　置

（1） ICP 発光分光分析装置については本書 52.4 の 2. 参照。

3.　操　作

（1） 試料の適量（Ca 1～1 000 μg，Mg として 0.5～500 μg，Na として 50

～5 000 µg，K として 10 ～1 000 µg を含む）を全量フラスコ 100 mL にとり，塩酸濃度 0.1 mol/L になるよう塩酸（1+1）を加え，水を標線まで加える。以下，**規格**の **52.4 d**）に準じて操作する。

（**2**） カルシウムは極めて高感度であるから，定量範囲が広くなる。測定精度を確保するためには，**規格**の**表 50.1** の定量範囲を数段階に分けて検量線を作成する。

（**3**） 波長 393.367 nm のカルシウムの測定では 100 倍程度のマグネシウムの存在で分光干渉を生じることがある。

（**4**） 試料の状況などによって**規格**の **50. 注**(9)［47. 注(8) 引用］に示す標準添加法又は**備考 6.** の内標準法を適用するとよい。本書 47.3 の 1.(3)及び(4)参照。

（**5**）内標準元素及び発光線としては，ICP 中で分析元素と類似の発光挙動を示す元素が適切であるため，一般的には，分析元素の発光線が中性線であれば内標準元素の発光線も中性線を，イオン線であればイオン線を選択する。中性線，イオン線については本書 48.4 の 3.(2)参照。

50.4 イオンクロマトグラフ法

定量操作は，**規格**の **48.3** と同じ。ただし，定量範囲：Ca 0.2～50 mg/L。試薬，装置，操作などの共通する事項は，本書 48.3 又は 35.3 参照。

1. 操 作

（**1**） 操作に共通する注意事項は，本書 48.3 の 4. 参照。

参 考 文 献

1） J. Patton, W. Reeder（1956）：Anal. Chem., **28**, 1026
2） 上野景平（1989）：キレート滴定，南江堂

51. マグネシウム（Mg）

51. マグネシウム（Mg） マグネシウムの定量には，キレート滴定法，フレーム原子吸光法，イオンクロマトグラフ法又はICP発光分光分析法を適用する。

なお，キレート滴定法は，1984年に第1版として発行された**ISO 6059**，フレーム原子吸光法は，1986年に第1版として発行された**ISO 7980**，イオンクロマトグラフ法は，1998年に第1版として発行された**ISO 14911**，ICP発光分光分析法は，2007年に第2版として発行された**ISO 11885**との整合を図ったものである。

備考 この試験方法の対応国際規格を，次に示す。

なお，対応の程度を表す記号は，**ISO/IEC Guide 21-1**に基づき，IDT（一致している），MOD（修正している），NEQ（同等でない）とする。

ISO 6059:1984，Water quality－Determination of the sum of calcium and magnesium－EDTA titrimetric method（MOD）

ISO 7980:1986，Water quality－Determination of calcium and magnesium－Atomic absorption spectrometric method（MOD）

ISO 14911:1998，Water quality－Determination of dissolved Li^+，Na^+，NH_4^+，K^+，Mn^{2+}，Ca^{2+}，Mg^{2+}，Sr^{2+} and Ba^{2+} using ion chromatography－Method for water and waste water（MOD）

ISO 11885:2007，Water quality－Determination of selected elements by inductively coupled plasma optical emission spectrometry (ICP-OES)（MOD）

51.1 キレート滴定法 試料に緩衝液を加えてpHを約10に調節し，指示薬としてエリオクロムブラックT［3-ヒドロキシ-4-［(1-ヒドロキシ-2-ナフタレニル）アゾ］-7-ニトロ-1-ナフタレンスルホン酸ナトリウム（IUPACの名称による。)］を加え，エチレンジアミン四酢酸二水素二ナトリウム溶液で滴定し，カルシウムとマグネシウムとの合量に対する滴定量を求め，カルシウムに対する滴定量を差し引き，マグネシウムを定量する。

定量範囲：MgとCaとの合量がCaとして0.15～5 mg

a) 試薬 試薬は，次による。

1) **シアン化カリウム溶液（100 g/L） 50.1 a) 2)**による。

2) **塩化ヒドロキシルアンモニウム溶液（100 g/L） 39.2 a) 3)**による。

3) **塩化アンモニウム-アンモニア緩衝液（pH10） 28.1.2.1 a) 2)**による。

4) **EBT溶液（5 g/L） JIS K 8736**に規定するエリオクロムブラックT［1-（1-ヒドロキシ-2-ナフチルアゾ）-6-ニトロ-2-ナフトール-4-スルホン酸ナトリウム］0.5 gを**JIS K 8891**に規定するメタノール100 mLに溶かし，**JIS K 8201**に規定する塩化ヒドロキシルアンモニウム0.5 gを加える([1])。着色ガラス瓶に入れて保存する。

5) **10 mmol/L EDTA溶液 50.1 a) 5)**による。この溶液1 mLは，Mg 0.243 1 mgに相当する。

注([1]) 指示薬にメタニル（metanil）塩（メタニルイエロー，4-アニリドアゾベンゼンスルホン酸ナトリウム塩)，{［3-［4-（フェニルアミノ）フェニル］アゾ］ベンゼンスルホン酸ナトリウム} 0.17 gを加えると終点の検出が容易になる。この場合には，赤から灰青 (pale grey) 又は緑に変わる。

b) 操作 操作は，次による。

1) 試料(2)の適量（Mg と Ca との合量が Ca として 5 mg 以下を含む。）をビーカーにとり，水を加えて約 50 mL とする。

2) シアン化カリウム溶液（100 g/L）0.5 mL(3)，塩化ヒドロキシルアンモニウム溶液（100 g/L）5～7 滴及び塩化アンモニウム-アンモニア緩衝液（pH10）1 mL を加える。

3) 指示薬として EBT 溶液（5 g/L）2，3 滴(4)を加える。

4) 10 mmol/L EDTA 溶液で，溶液の赤みが消えて青になるまで滴定(5)する。

5) 別に，同量の試料をとり，**50.1 b)**の **1)～4)**の操作を行ってカルシウムの量に相当する 10 mmol/L EDTA 溶液の滴定量（mL）を求める。

6) 次の式によって試料中のマグネシウムの濃度（Mg mg/L）を算出する。

$$M=\left(\frac{a}{V}-\frac{b}{V_{\mathrm{Ca}}}\right)\times f\times 1\,000\times 0.243\,1$$

ここに，
- M： マグネシウムの濃度（Mg mg/L）
- a： 滴定に要した 10 mmol/L EDTA 溶液量（mL）
- b： **50.1 b)**で滴定に要した 10 mmol/L EDTA 溶液量（mL）
- V： 試料量（mL）
- f： 10 mmol/L EDTA 溶液のファクター
- V_{Ca}： **50.1 b)**での試料量（mL）
- 0.243 1： 10 mmol/L EDTA 溶液 1 mL に相当するマグネシウムの質量（mg）

注(2) **50.**の**注**(2)による。

(3) 試料に亜鉛，銅，コバルトなどが共存しない場合は，添加しなくてもよい。

(4) EBT 溶液（5 g/L）に代えて，**備考 1.**に示す指示薬を用いてもよい。

(5) エリオクロムブラック T の変色は遅いので，変色点近くではよくかき混ぜながら徐々に滴定する。

備考 1. EBT 溶液（5 g/L）以外の指示薬の調製方法は，次による。

－ **JIS K 8736** に規定するエリオクロムブラック T 0.5 g を **JIS K 8663** に規定する 2,2′,2″-ニトリロトリエタノール（トリエタノールアミン）100 mL に溶かす。この溶液の粘性を減らすため，25 mL まではトリエタノールアミンの代わりに **JIS K 8102** に規定するエタノール（95）を加えてもよい。

備考 2. **50.**の**備考 2.**による。

51.1 キレート滴定法 1)

エリオクロムブラック T（EBT）を指示薬とし，EDTA 溶液で滴定してマグネシウム及びカルシウムの合量に対する滴定量を求め，別にカルシウムだけに対する滴定量を求めて差し引き，マグネシウムの量を求める。

EDTA による滴定は，pH が低すぎるとカルシウム，マグネシウムいずれも当量的に反応しない。また，pH が高すぎるとマグネシウムは水酸化物となり EDTA と反応しなくなる。このため滴定時には緩衝液を加え，pH を約 10 とする。

滴定反応でのマグネシウム，カルシウムと，EDTA，EBT との条件生成定数は次のようになる。

Ca-EDTA ＞ Mg-EDTA ＞ Mg-EBT ＞ Ca-EBT

したがって，試料の滴定では，まず遊離のカルシウム，次いで遊離のマグネシウムが EDTA と反応した後，終点での変色は次のようになる。

Mg-EBT ＋ EDTA ⟶ Mg-EDTA ＋ EBT
（赤）　　　　　　　　　　　　（青紫）

もし，試料中にマグネシウムが存在しなければ，終点での変色は Ca-EBT から EBT を遊離する反応となる。この変色は上の反応による変色ほど明瞭でない。しかし，通常の水試料では，カルシウムだけを含んで，マグネシウムを含まないものはないから，明瞭な終点が得られる。

1.　試　薬

（**1**）　指示薬のエリオクロムブラック T は，**規格**の **51.1 a) 4)** に示すメタノール溶液とする方法のほか，**規格**の **51. 備考 1.** のトリエタノールアミン溶液とする ISO 6059：1984 による方法がある。

（**2**）　10 mmol/L EDTA 溶液については本書 50.1 の 1.(2)を参照。

2.　操　作

（**1**）　この方法では，金属イオンが共存する場合も，そのほとんどはシアン化カリウムによってマスキングされる。

しかし，多量のマンガンは完全にはマスキングされず，滴定終点で変色した溶液が復色し，終点の判別が困難になる。このマスキングにはトリエタノールアミン（2, 2′, 2″-ニトリロトリエタノール）がある程度効果がある。

また，ナトリウムは，数パーセント存在すると終点の判別を不明瞭にする。本書 50.1 の 2.(5)を参照。

（**2**）　亜鉛，銅などの金属類が共存しない試料では，シアン化カリウム溶液を添加しなくてよい［**規格**の **51. 注**(3)］。

51.2 フレーム原子吸光法[2),3)]

塩酸を加えて微酸性とした試料に，干渉抑制剤としてランタン溶液を添加し，これをアセチレン-空気フレームに噴霧し，波長285.2 nmの原子吸光を測定して，マグネシウムを定量する。定量範囲：Mg 0.02～0.4 mg/L。

1. 操　作

（**1**）　試料の適量（Mg 2～40 μgを含む）を全量フラスコ100 mLにとり，以下，本書50.2の2.(1)に準じて操作してマグネシウムを定量する。

（**2**）　マグネシウムの定量は，一般に溶存成分について行う。試料の取扱いについては本書50.2の2.(2)参照。

（**3**）　マグネシウム中空陰極ランプからのスペクトル線は285.2 nmのほか279.6 nm，202.6 nmなどがある。感度は285.2 nmが最も高い。

（**4**）　マグネシウムは原子吸光法において最も感度の高い元素の一つである。低温フレームでは，共存物による妨害がかなり著しいが，アセチレン-空気フレームではずっと少なくなる。干渉の著しいものにはシリカ，アルミニウム，チタン，炭酸などがある。これらによる干渉はランタン（又はストロンチウム）の添加によって抑制できる。なお，アルミニウムによる干渉はフレーム中における安定なスピネル（$MgO \cdot Al_2O_3$）の生成によるものであることが分かっている。

（**5**）　アセチレン-一酸化二窒素フレームの使用については，本書50.2の2.(5)参照。

（**6**）　河川水などでは，マグネシウムの濃度が定量範囲よりもかなり高いため，試料の希釈，バーナーヘッドの90°までの回転などの手法が必要である。

51.3 ICP発光分光分析法

マグネシウムはカルシウム，ナトリウム，カリウムと同時に定量することができる。本書50.3参照。

1. 試　薬

（**1**）　本書50.3の1.(1)参照。

2.　装　置

（1）　ICP 発光分光分析装置については本書 52.4 の 2. 参照。

3.　操　作

（1）　標準添加法及び内標準法については本書 50.3 の 3.(4)参照。

51.4　イオンクロマトグラフ法

定量操作は，**規格**の **48.3** と同じ。ただし，定量範囲：Mg 0.2～50 mg/L。試薬，装置，操作などの共通する事項は，本書 48.3 又は 35.3 を参照。

1.　操　作

（1）　操作に共通する注意事項は，本書 48.3 の 4. を参照。

参 考 文 献

1）　上野景平（1989）：キレート滴定，南江堂
2）　T. V. Ramakrishna, P. W. West, J. W. Robinson（1968）：Anal. Chim. Acta, **40**, 347
3）　D. J. Halls, A. Townshend（1966）：Anal. Chim. Acta, **36**, 278

52. 銅（Cu）

52. 銅（Cu） 銅の定量には，ジエチルジチオカルバミド酸吸光光度法，フレーム原子吸光法，電気加熱原子吸光法，ICP 発光分光分析法又は ICP 質量分析法を適用する。

なお，フレーム原子吸光法は，1986 年に第 1 版として発行された **ISO 8288**，ICP 発光分光分析法は，2007 年に第 2 版として発行された **ISO 11885**，ICP 質量分析法は，2016 年に第 2 版として発行された **ISO 17294-2** との整合を図ったものである。

備考 この試験方法の対応国際規格を，次に示す。

なお，対応の程度を表す記号は，**ISO/IEC Guide 21-1** に基づき，IDT（一致している），MOD（修正している），NEQ（同等でない）とする。

ISO 8288:1986，Water quality－Determination of cobalt, nickel, copper, zinc, cadmium and lead－Flame atomic absorption spectrometric methods（MOD）

ISO 11885:2007，Water quality－Determination of selected elements by inductively coupled plasma optical emission spectrometry (ICP-OES)（MOD）

ISO 17294-2:2016，Water quality－Application of inductively coupled plasma mass spectrometry (ICP-MS)－Part 2: Determination of selected elements including uranium isotopes（MOD）

52.1 ジエチルジチオカルバミド酸吸光光度法 試料中に共存する金属元素のマスキング剤として，くえん酸塩及びエチレンジアミン四酢酸二水素二ナトリウム（EDTA）を加え，アンモニア水で pH 約 9 とした後，*N*,*N*-ジエチルジチオカルバミド酸ナトリウム（ジエチルカルバモジチオ酸ナトリウム）を加え，生成する黄褐色の銅錯体を酢酸ブチルで抽出し，その吸光度を測定して銅を定量する。

定量範囲：Cu 2～30 μg，繰返し精度：2～10 %

a) 試薬 試薬は，次による。

1) アンモニア水（1+1） **JIS K 8085** に規定するアンモニア水を用いて調製する。

2) 硫酸ナトリウム **JIS K 8987** に規定するもの。

3) くえん酸水素二アンモニウム溶液（100 g/L） **JIS K 8284** に規定するくえん酸水素二アンモニウム 10 g を水に溶かして 100 mL とする。

くえん酸水素二アンモニウム中に銅が含まれるときは，次の操作によって精製する。

－ くえん酸水素二アンモニウム 10 g を水 80 mL に溶かし，アンモニア水（1+1）を加えて pH 約 9 とした後，水を加えて 100 mL とする。

－ これを分液漏斗に入れ，**5)**のジエチルジチオカルバミド酸ナトリウム溶液（10 g/L）2 mL 及び **7)**の酢酸ブチル 10 mL を加え，激しく振り混ぜて放置する。

－ 水層を乾いたろ紙でろ過し，酢酸ブチルの小滴を除いたろ液を用いる。

4) EDTA 溶液 **JIS K 8107** に規定するエチレンジアミン四酢酸二水素二ナトリウム二水和物 2 g を水に溶かして 100 mL とする。

5) ジエチルジチオカルバミド酸ナトリウム溶液（10 g/L） **JIS K 8454** に規定する *N*,*N*-ジエチルジチオカルバミド酸ナトリウム三水和物 1.3 g を水に溶かして 100 mL とする。着色瓶に保存し，2 週間以上経過したものは使用しない。

6) メタクレゾールパープル溶液（1 g/L） **JIS K 8889** に規定するメタクレゾールパープル 0.1 g を **JIS K**

8102 に規定するエタノール（95）50 mL に溶かし，水を加えて 100 mL とする。

7) **酢酸ブチル**　**JIS K 8377** に規定するもの。

8) **銅標準液（Cu 0.1 mg/mL）**　**JIS K 8005** に規定する容量分析用標準物質の銅を塩酸（1＋3）（**JIS K 8180** に規定する塩酸を用いて調製する。）で洗い，水洗いし，**JIS K 8101** に規定するエタノール（99.5）で洗う。次に，**JIS K 8103** に規定するジエチルエーテルで洗った後，直ちに上口デシケーター中に入れ圧力 2 kPa 以下で数分間保った後，減圧下で約 12 時間保つ。Cu 100 %に対してその 0.100 g をとり，硝酸（1＋1）（**JIS K 8541** に規定する硝酸を用いて調製する。）20 mL に溶かし，煮沸して窒素酸化物を追い出す。放冷後，全量フラスコ 1 000 mL に移し入れ，水を標線まで加える。又は **JIS K 8983** に規定する硫酸銅（II）五水和物 0.393 g をとり，硝酸（1＋1）20 mL を加えて溶かし，全量フラスコ 1 000 mL に移し入れ，水を標線まで加える。

9) **銅標準液（Cu 1 μg/mL）**　銅標準液（Cu 0.1 mg/mL）10 mL を全量フラスコ 1 000 mL にとり，硝酸（1＋1）［**52.1 a) 8)**による。］20 mL を加え，水を標線まで加える。

b) **器具及び装置**　器具及び装置は，次による。

1) **分液漏斗**　100 mL 又は 300 mL

2) **光度計**　分光光度計又は光電光度計

c) **操作**　操作は，次による。

1) **5.**の操作を行った試料の適量([1])（Cu として 2～30 μg を含む。）を分液漏斗にとり，指示薬としてメタクレゾールパープル溶液（1 g/L）2，3 滴を加えた後，くえん酸水素二アンモニウム溶液（100 g/L）5 mL 及び EDTA 溶液 1 mL を加える。

2) アンモニア水（1＋1）を加えて溶液の色がうすい紫([2])になるまで（pH 約 9）中和し，水を加えて 50 mL([3])とする。

3) ジエチルジチオカルバミド酸ナトリウム溶液（10 g/L）2 mL を加えて混合し，次に，酢酸ブチル([4]) 10 mL を加え，約 3 分間激しく振り混ぜて放置する。

4) 水層を捨て，酢酸ブチル層を硫酸ナトリウム約 1 g を入れた共栓試験管に移し，振り混ぜる([5])。

5) その一部を吸収セルに移し，酢酸ブチルを対照液として波長 440 nm 付近の吸光度を測定する。

6) 空試験として水約 20 mL をとり，**1)～5)**の操作を行って吸光度を測定し，試料について得た吸光度を補正する。

7) 検量線から銅の量を求め，試料中の銅の濃度（Cu mg/L）を算出する。

注([1]) 有機物及び濁りを含まない試料で銅の濃度が低い場合には，試料 250 mL までの適量をとり，**5.1** を行い，**1)～6)**に準じて操作する。この場合は，試料は前処理した全量を用い，試薬は **1)～4)** におけるものと同量を用いる。検量線は試料と同様に操作して作成する。

([2]) **1)**におけるメタクレゾールパープル溶液（1 g/L）を加えずに，pH 計又は pH 試験紙を用いてもよい。

([3]) 分液漏斗にあらかじめ印を付けておく。

([4]) 抽出溶媒としてクロロホルム，ベンゼンなどを用いてもよい。ただし，試料中にある種の陰イオン界面活性剤（例えば，スルホン酸形のもの。），タンニンなどが含まれるときは，銅の抽出が不完全になる。

注([5]) 乾いたろ紙でろ過するか，又は分液漏斗の脚部に乾いた脱脂綿を詰めてろ過してもよい。

d) **検量線**　検量線の作成は，次による。

1) 銅標準液（Cu 1 μg/mL）2～30 mL を分液漏斗に段階的にとり，**c) 1)～6)**の操作を行って銅（Cu）の量と吸光度との関係線を作成する。

備考 1. EDTA 溶液を加えない場合には，ジエチルジチオカルバミド酸ナトリウムは多くの金属元素と反応する。しかし，水銀，ひ素，鉛，すず，アンチモンなど，大部分の金属錯体は無色である。鉄，ニッケル，コバルトなどの錯体は有色であるが，この方法では，EDTA 溶液によってマスキングされる。

2. ビスマスは銅とともに抽出され黄色を示すが，銅の量の 2 倍量以下のときは，ほとんど影響しない。

2 倍量以上を含むときは，**c)**の操作によって測定した吸光度を A^1 とし，別に，銅の試験に用いた試料と同量の試料をとり，**c) 1)**の後に，シアン化カリウム溶液（50 g/L）（**JIS K 8443** に規定するシアン化カリウムを用いて調製する。）3 mL を加え，銅をシアノ錯体とした後，**c) 2)**～**6)**の操作を行ってビスマス錯体だけを抽出し，その吸光度を A^2 とする。銅による吸光度は A^1-A^2 である。

3. 試料を **5.1** によって前処理する場合，シアン化合物を含むときは十分に加熱する。

52.2 フレーム原子吸光法 試料を前処理した後，アセチレン-空気フレーム中に噴霧し，銅による原子吸光を波長 324.8 nm で測定して銅を定量する。

定量範囲：Cu 0.2～4 mg/L，繰返し精度：2～10 %（装置及び測定条件によって異なる。）

a) 試薬 試薬は，次による。

1) 銅標準液（Cu 10 µg/mL） **52.1 a) 8)**の銅標準液（Cu 0.1 mg/mL）50 mL を全量フラスコ 500 mL にとり，硝酸（1＋1）［**52.1 a) 8)**による。］10 mL を加えた後，水を標線まで加える。

b) 装置 装置は，次による。

1) フレーム原子吸光分析装置 **JIS K 0121** に規定するフレーム原子吸光分析装置で，測定対象元素用の光源を備え，かつ，バックグラウンド補正が可能なもの。

c) 準備操作 準備操作は，次による。

1) 試料を **5.**によって処理する。

備考 4. 銅の濃度が低い試料で，抽出操作を妨害する物質を含まない場合の準備操作は，次によるか，又は**備考 5.**若しくは**備考 6.**による。これらの準備操作に使用する試薬及び器具類は，測定対象元素について空試験を行って使用に支障のないことを確認しておく。これらの準備操作は，亜鉛，鉛，カドミウム，ニッケル及びコバルトの定量にも使用できる。

1) 試料 500 mL（又は 100～500 mL の一定量）をビーカーにとり，**JIS K 8180** に規定する塩酸 10 mL を加え，約 5 分間煮沸する。放冷後，分液漏斗 1 000 mL（又は 200～500 mL）に移し入れる。

2) くえん酸水素二アンモニウム溶液（100 g/L）［**52.1 a) 3)**による。］10 mL 及び指示薬としてメタクレゾールパープル溶液（1 g/L）［**52.1 a) 6)**による。］2，3 滴を加えた後，アンモニア水（1＋1）［**52.1 a) 1)**による。］を溶液の色が僅かに紫になるまで加える。

3) ジエチルジチオカルバミド酸ナトリウム溶液（10 g/L）［**52.1 a) 5)**による。］5 mL を加えて振り混ぜた後，**JIS K 8377** に規定する酢酸ブチル 10～20 mL(*[1])を加え，約 1 分間激しく振り混ぜ，静置する。

4) 酢酸ブチル層を分離し，ビーカー100 mL に入れる。水層に酢酸ブチル 5 mL を加えて抽出操作を繰り返す。抽出した酢酸ブチル層は先のビーカーに合わせる(*[2])。

5) 加熱して酢酸ブチルを揮散させた後，**JIS K 8541** に規定する硝酸 2 mL と **JIS K 8223** に規定する過塩素酸 2 mL とを加えて加熱し，有機物を分解する。ほとんど乾固した後，放冷する。

6) 残留物を硝酸（1＋15）（**JIS K 8541** に規定する硝酸を用いて調製する。）10 mL に溶かし，これを銅の定量に用いる。

注(*1) **JIS K 8903** に規定する 4-メチル-2-ペンタノン（メチルイソブチルケトン，MIBK）又は 2,6-ジメチル-4-ヘプタノン（ジイソブチルケトン，DIBK）を用いてもよい。2,6-ジメチル-4-ヘプタノンは，水との相互溶解がほとんどないので，その添加量は少なくてもよい。

(*2) 抽出した有機層に抽出に使用した有機溶媒を加えて液量を一定量にしたもの，又は抽出条件を一定にして，1 回抽出を行った有機層をそのまま噴霧して原子吸光分析することもできる。ただし，検量線は，銅標準液について同じ操作を行って作成する。

備考 5. この操作は，**ISO 8288** の第 2 章の抽出操作との整合を図ったものである。

この準備操作は，亜鉛，鉛，カドミウム，ニッケル及びコバルトの定量にも使用できる。

1) 試料 200 mL をとり，**備考 4. 1)**による酸処理をした後，pH を 3.5～4.0 とする。

2) 分液漏斗 500 mL に移し入れ，硫酸アンモニウム溶液（飽和）（**JIS K 8960** に規定する硫酸アンモニウムを用いて調製する。）20 mL を加える。1-ピロリジンカルボジチオ酸アンモニウム（ピロリジン-*N*-ジチオカルバミド酸アンモニウム）（APDC）溶液（10 g/L）5 mL を加え，静かに振り混ぜた後，約 3 分間放置する。

3) 次に，**JIS K 8903** に規定する 4-メチル-2-ペンタノン 10 mL を加え，約 3 分間激しく振り混ぜ，光及び熱を遮断して静置する。

4) 有機層を分離し，ビーカー100 mL に入れる。水層に 4-メチル-2-ペンタノン 5 mL を加え，抽出操作を繰り返す。抽出した有機層は先のビーカーに合わせる。

5) この有機層を**備考 4.**の **5)**及び **6)**と同様に処理し，銅の定量に用いる。

6. キレート樹脂による分離濃縮法　この準備操作は，測定対象元素をキレート樹脂を充填した固相で分離濃縮する方法であり，亜鉛，鉛，カドミウム，鉄，ニッケル及びコバルトの定量にも使用できる。試薬，操作などは次による。

1) 試薬　試薬は，次による。

1.1) 水　**JIS K 0557** に規定する **A3** 又は **A4** の水。測定対象元素について空試験を行って使用に支障のないことを確認しておく。

1.2) 硝酸　**JIS K 9901** に規定する高純度試薬－硝酸

1.3) 硝酸（2 mol/L），硝酸（1 mol/L）　**1.2)**の硝酸を水で希釈して調製する。

1.4) アンモニア水　**JIS K 8085** に規定するアンモニア水

1.5) 酢酸アンモニウム　**JIS K 8359** に規定する酢酸アンモニウム

1.6) 酢酸アンモニウム溶液（0.5 mol/L）　酢酸アンモニウム 38.5 g を水に溶かして 1 000 mL とする(*3)。

1.7) 酢酸アンモニウム溶液（0.1 mol/L）　酢酸アンモニウム溶液（0.5 mol/L）200 mL を全量フラスコ 1 000 mL に移し入れ，水を標線まで加える(*3)。

注(*3) 酢酸アンモニウム溶液に含まれる測定元素の影響を避けるため，**2.1)**の調製済みの固相に溶液を通過させるか，**2.1)**の調製済みの固相を溶液瓶に入れて一晩静置するなどを行い，測定元素の量を低減した酢酸アンモニウム溶液を使用する。

2) 器具　器具は，次による。

2.1) キレート樹脂充填固相　イミノ二酢酸キレート樹脂を充填した固相(*4)で，硝酸（2

mol/L），水，酢酸アンモニウム溶液（0.1 mol/L）を流下し，固相の洗浄及び調製を行ったもの(*5)。

注(*4) 例えば，イミノ二酢酸キレート樹脂［粒子径 38～75 [μm]（200～400[メッシュ]）］1 g をポリプロピレン製カートリッジ（容量 8 mL）に充填したカラムを使用できる。また，イミノ二酢酸キレート樹脂を固定化したディスクも使用できる。キレート樹脂は，イミノ二酢酸キレート樹脂の他に，ポリアミノポリカルボン酸キレート樹脂など，試料中の測定元素を捕集可能な吸着容量をもったキレート樹脂は使用できる。

(*5) 使用するキレート樹脂によって，硝酸を流下する前にメタノール，アセトニトリル，アセトンなどの有機溶媒処理が必要なものもある。また，硝酸の濃度，酢酸アンモニウム溶液の濃度及び pH 値，各溶液量及び流下速度についても異なるものがある。さらに，**3.3)**～**3.5)**の操作についても，キレート樹脂によって，各溶液の濃度，pH 値，各溶液量及び流下速度が異なるものもある。

3) **操作** 操作は，次による。

3.1) 試料 1 000 mL 又はその適量(*6)をビーカーにとり，硝酸を試料 1 000 mL につき 10 mL 加え，約 10 分間煮沸し放冷する。不溶解物が残った場合には，ろ紙 5 種 C(*7)を用いてろ過し，水で洗い，ろ液と洗液をビーカーに移し入れる。

3.2) この溶液に酢酸アンモニウムを酢酸アンモニウム溶液として 0.1 mol/L(*8)になるように加え，アンモニア水を用いて pH5.6 に調節する。

3.3) この溶液を，**2.1)**の固相に流下し，測定元素を固相に吸着させる(*9)。

3.4) 酢酸アンモニウム溶液（0.5 mol/L）を流下させて固相を洗浄する(*10)。

3.5) 固相の上端から硝酸（1 mol/L）5 mL を 2 回流下させて，測定元素を溶出させる。得られた溶出液は試験管に受ける。

3.6) この溶出液を全量フラスコ 20 mL に移し入れ，標線まで水を加え，測定元素の定量に用いる(*11)。

注(*6) 測定対象元素の量が各々の定量範囲内になるように調整する。

(*7) ろ紙 6 種又は 1 μm 以下のろ過材も使用できる。

(*8) 試料 1 000 mL では酢酸アンモニウムの添加量は，7.7 g になる。

(*9) 流下流量はあらかじめ測定元素が固相に吸着できる範囲を確認しておき，調節する。固相カラムの場合は，5～20 mL/min が一般的である。流量調整が必要な場合は，ポンプ又はガスによる加圧，及びポンプによる吸引を行う。

(*10) 樹脂及び試料条件によっては，酢酸アンモニウム溶液の代わりに水を用いるものもある。また，酢酸アンモニウム溶液による洗浄後，更に水による洗浄が必要なものもある。

注(*11) カルシウム及びマグネシウムなどの濃度の高い試料の場合，**3.6)**の溶液中にも高濃度のカルシウム，マグネシウムが含まれるため，測定の妨害に注意をする。空試験及び添加回収試験を行い，精確さを確認することが望ましい。

d) **操作** 操作は，次による。

1) **c)**の準備操作を行った試料を，フレーム中に導入し，波長 324.8 nm の指示値(6)を読み取る。

2) 空試験として **c)**の準備操作での試料と同量の水をとり，試料と同様に **c)**及び **d) 1)**の操作を行って試料について得た指示値を補正する。

3) 検量線から銅の量を求め，試料中の銅の濃度（Cu mg/L）を算出する。

注(6) 吸光度又はその比例値。

e) **検量線** 検量線の作成は，次による。

1) 銅標準液（Cu 10 μg/mL）2～40 mL (7)を全量フラスコ 100 mL に段階的にとり，**c) 1)**を行った試料と同じ酸の濃度になるように酸を加えた後，水を標線まで加える(8)。

2) この溶液について **d) 1)**の操作を行う。

3) 別に，空試験として水について **c) 1)**を行った試料と同じ酸の濃度になるように酸を加えた後，**d) 1)**の操作を行って標準液について得た指示値を補正し，銅（Cu）の量と指示値との関係線を作成する。検量線の作成は，試料測定時に行う。

注(7) 準備操作として溶媒抽出を適用するときは，銅標準液（Cu 10 μg/mL）の量を，適宜，減らす。

(8) **備考 4.**又は**備考 5.**によって準備操作を行い，酢酸ブチル層，4-メチル-2-ペンタノン層又は 2,6-ジメチル-4-ヘプタノン層をそのまま噴霧する場合の検量線の作成は，次による。

銅標準液（Cu 10 μg/mL）を適切な濃度（Cu 0.1～1 μg/mL）に薄め，その 2～40 mL を段階的にとり，500 mL（又は 100～500 mL の一定量）とした後，試料と同様に**備考 4.**並びに **d) 1)**及び **2)**を行って銅（Cu）の量と指示値との関係線を作成する。

52.3 **電気加熱原子吸光法** 試料を前処理した後，電気加熱炉で原子化し，銅による原子吸光を波長 324.8 nm で測定して銅を定量する。

定量範囲：Cu 5～100 μg/L，繰返し精度：2～10 %（装置及び測定条件によって異なる。）

備考 7. この方法は，共存する酸，塩の種類及び濃度の影響を受けやすいので，**備考 8.**の操作を行わない場合は，これらの影響の少ない試料に適用する。

a) **試薬** 試薬は，次による。

1) **水** **JIS K 0557** に規定する **A3** の水。定量する元素について空試験を行って使用に支障のないことを確認しておく。

2) **硝酸（1＋1）** **JIS K 9901** に規定する高純度試薬－硝酸を用いて調製する。

3) **銅標準液（Cu 1 μg/mL）** **52.1 a) 9)**による。

b) **器具及び装置** 器具及び装置は，次による。

1) **マイクロピペット** **JIS K 0970** に規定するピストン式ピペット 5～50 μL 又は自動注入装置

2) **電気加熱原子吸光分析装置** **JIS K 0121** に規定する電気加熱原子吸光分析装置で，測定対象元素用の光源を備え，かつ，バックグラウンド補正が可能なもの。

3) **発熱体** 黒鉛製又は耐熱金属製のもの。

4) **フローガス** **JIS K 1105** に規定するアルゴン 2 級

c) **準備操作** 準備操作は，次による。

1) 試料を **5.**によって処理する。

備考 8. 試料の銅の濃度が低い試料で，アルカリ金属イオン，アルカリ土類金属イオンなどの共存物質の濃度が高く，測定を妨害する場合の準備操作は**備考 6.**による。

d) **操作** 操作は，次による。

1) **c)**の準備操作を行った試料の一定量（例えば，10～50 μl）をマイクロピペットで発熱体に注入し，乾燥（100～120 ℃，30～40 秒間）した後，灰化（600～1 000 ℃，30～40 秒間）し，次に，原子化(9)（2 200～2 700 ℃，3～6 秒間）し，波長 324.8 nm の指示値(6)を読み取る(10)。

2) 空試験として **c)**の準備操作での試料と同量の水をとり，試料と同様に **c)**及び **d) 1)**の操作を行い，試料について得た指示値を補正する。

3) 検量線から銅の量を求め，試料中の銅の濃度（Cu μg/L）を算出する。

注(9) 乾燥，灰化及び原子化の条件は，装置によって異なる。試料の注入量及び共存する塩類の濃度によっても異なることがある。

(10) 引き続いて少なくとも **1)**の操作を 3 回繰り返し，指示値が合うことを確認する。

e) 検量線 検量線の作成は，次による。

1) 銅標準液（Cu 1 μg/mL）0.5～10 mL を全量フラスコ 100 mL に段階的にとり，**c) 1)**を行った試料と同じ酸の濃度になるように酸を加えた後，水を標線まで加える。

2) この溶液について，**d) 1)**の操作を行う。

3) 別に，空試験として，水について **c) 1)**を行った試料と同じ酸の濃度になるように酸を加えた後，**d) 1)**の操作を行って標準液について得た指示値を補正し，銅（Cu）の量と指示値との関係線を作成する。検量線の作成は，試料測定時に行う。

52.4 ICP 発光分光分析法 試料を前処理した後，試料導入部を通して誘導結合プラズマ中に噴霧し，銅による発光を波長 324.754 nm で測定して銅を定量する。この方法によって**表 52.1** に示す元素が同時定量できる。それぞれの元素ごとの測定波長，定量範囲及び繰返し精度の例を，**表 52.1** に示す。

表 52.1 測定波長，定量範囲及び繰返し精度の例*

対象元素	測定波長** nm	定量範囲 mg/L	繰返し精度 %
銅（Cu）	324.754 (I)	0.02～5	2～10
亜鉛（Zn）	213.856 (I)	0.01～5	2～10
鉛（Pb）	220.351 (II)	0.05～5	2～10
カドミウム（Cd）	214.438 (II)	0.01～5	2～10
マンガン（Mn）	257.610 (II)	0.01～5	2～10
鉄（Fe）	238.204 (II)	0.01～5	2～10
ニッケル（Ni）	221.647 (II)	0.04～5	2～10
コバルト（Co）	228.616 (II)	0.03～5	2～10
ベリリウム（Be）	313.042 (II)	0.005～5	2～10
イットリウム（Y）***	371.029 (II) 464.370 (I)	－	－
インジウム（In）***	325.609 (I) 230.606 (II)	－	－
イッテルビウム（Yb）***	369.420 (II)	－	－

注* 装置及び測定条件によって異なる。
** I は中性線，II はイオン線。
*** 内標準元素

a) 試薬 試薬は，次による。

1) 銅標準液（Cu 1 mg/mL） **JIS K 8005** に規定する容量分析用標準物質の銅を塩酸（1＋3）（**JIS K 8180** に規定する塩酸を用いて調製する。）で洗い，水洗いし，**JIS K 8101** に規定するエタノール（99.5）で洗い，次に，**JIS K 8103** に規定するジエチルエーテルで洗った後，直ちに上口デシケーター中に入れ，2.0 kPa 以下で数分間保った後，減圧下で約 12 時間保つ。Cu 100 %に対してその 1.00 g をはかりとり，硝酸（1＋1）（**JIS K 8541** に規定する硝酸を用いて調製する。）30 mL 中に加え，煮沸して溶かし，窒素酸化物を追い出す。放冷後，全量フラスコ 1 000 mL に移し入れ，水を標線まで加える。

2) 銅標準液（Cu 10 μg/mL） 銅標準液（Cu 1 mg/mL）5 mL を全量フラスコ 500 mL にとり，硝酸（1

＋1）10 mL を加えた後，水を標線まで加える。

3) **亜鉛標準液（Zn 1 mg/mL）** **JIS K 8005** に規定する容量分析用標準物質の亜鉛を塩酸（1＋3）で洗い，水洗いし，**JIS K 8101** に規定するエタノール（99.5）で洗い，次に，**JIS K 8103** に規定するジエチルエーテルで洗った後，直ちに上ロデシケーター中に入れ，圧力 2 kPa 以下で数分間保った後，減圧下で約 12 時間保つ。Zn 100 %に対してその 1.00 g をはかりとり，硝酸（1＋1）30 mL に溶かし，煮沸して窒素酸化物を追い出す。放冷後，全量フラスコ 1 000 mL に移し入れ，水を標線まで加える。

4) **亜鉛標準液（Zn 10 μg/mL）** 亜鉛標準液（Zn 1 mg/mL）5 mL を全量フラスコ 500 mL にとり，硝酸（1＋1）10 mL を加えた後，水を標線まで加える。

5) **鉛標準液（Pb 1 mg/mL）** **JIS K 8701** に規定する鉛（99.9 %以上）1.00 g をはかりとり，硝酸（1＋1）30 mL に溶かし，加熱して窒素酸化物を追い出す。放冷後，全量フラスコ 1 000 mL に移し入れ，水を標線まで加える。又は **JIS K 8563** に規定する硝酸鉛（II）1.60 g をはかりとり，硝酸（1＋1）20 mL 及び適量の水に溶かし，全量フラスコ 1 000 mL に移し入れ，水を標線まで加える。

6) **鉛標準液（Pb 10 μg/mL）** 鉛標準液（Pb 1 mg/mL）5 mL を全量フラスコ 500 mL にとり，硝酸（1＋1）10 mL を加え，水を標線まで加える。

7) **カドミウム標準液（Cd 0.1 mg/mL）** カドミウム（99.9 %以上）0.100 g をはかりとり，硝酸（1＋1）20 mL に溶かし，煮沸して窒素酸化物を追い出す。放冷後，全量フラスコ 1 000 mL に移し入れ，水を標線まで加える。

8) **カドミウム標準液（Cd 10 μg/mL）** カドミウム標準液（Cd 0.1 mg/mL）10 mL を全量フラスコ 100 mL にとり，硝酸（1＋1）2 mL を加えた後，水を標線まで加える。

9) **マンガン標準液（Mn 1 mg/mL）** **JIS K 8247** に規定する過マンガン酸カリウム 2.88 g をはかりとり，水 150 mL に硝酸（1＋1）10 mL を加えた溶液に溶かす。過酸化水素水（1＋9）（**JIS K 8230** に規定する過酸化水素を用いて調製する。）を滴加し，かき混ぜて脱色した後，煮沸して過剰の過酸化水素を追い出す。放冷後，全量フラスコ 1 000 mL に移し入れ，水を標線まで加える。又はマンガン（99.9 %以上）1.00 g をはかりとり，硝酸（1＋3）20 mL に溶かし，煮沸して窒素酸化物を追い出す。放冷後，全量フラスコ 1 000 mL に移し入れ，水を標線まで加える。

10) **マンガン標準液（Mn 10 μg/mL）** マンガン標準液（Mn 1 mg/mL）5 mL を全量フラスコ 500 mL にとり，硝酸（1＋1）10 mL を加え，水を標線まで加える。

11) **鉄標準液（Fe 1 mg/mL）** 鉄（99.5 %以上）1.00 g をはかりとり，塩酸（1＋1）30 mL 中に入れ，加熱して溶かし，放冷後，全量フラスコ 1 000 mL に移し入れ，水を標線まで加える。又は **JIS K 8979** に規定する硫酸アンモニウム鉄（II）六水和物［ビス（硫酸）鉄（II）アンモニウム六水和物］7.02 g をとり，塩酸（1＋1）20 mL 及び適量の水に溶かし，全量フラスコ 1 000 mL に移し入れ，水を標線まで加える。

12) **鉄標準液（Fe 0.1 mg/mL）** 鉄標準液（Fe 1 mg/mL）10 mL を全量フラスコ 100 mL にとり，塩酸（1＋1）2 mL を加えた後，水を標線まで加える。

13) **鉄標準液（Fe 10 μg/mL）** 鉄標準液（Fe 0.1 mg/mL）10 mL を全量フラスコ 100 mL にとり，塩酸（1＋1）2 mL を加えた後，水を標線まで加える。

14) **ニッケル標準液（Ni 0.1 mg/mL）** **JIS K 9062** に規定するニッケル（99.9 %以上）0.100 g をはかりとり，硝酸（1＋1）20 mL に溶かし，煮沸して窒素酸化物を追い出す。放冷後，全量フラスコ 1 000 mL に移し入れ，水を標線まで加える。

15) **ニッケル標準液（Ni 10 μg/mL）** ニッケル標準液（Ni 0.1 mg/mL）10 mL を全量フラスコ 100 mL にとり，硝酸（1＋1）2 mL を加えた後，水を標線まで加える。

16) **コバルト標準液（Co 0.1 mg/mL）** コバルト（99.5 %以上）0.100 g をはかりとり，硝酸（1＋1）20 mL に溶かし，煮沸して窒素酸化物を追い出す。放冷後，全量フラスコ 1 000 mL に移し入れ，水を標線まで加える。

17) **コバルト標準液（Co 10 μg/mL）** コバルト標準液（Co 0.1 mg/mL）10 mL を全量フラスコ 100 mL にとり，硝酸（1＋1）2 mL を加え，水を標線まで加える。

18) **ベリリウム標準液（Be 0.1 mg/mL）** ベリリウム（99.5 %以上）0.100 g をはかりとり，塩酸（1＋1）20 mL に溶かす。放冷後，全量フラスコ 1 000 mL に移し入れ，水を標線まで加える。

19) **ベリリウム標準液（Be 10 μg/mL）** ベリリウム標準液（Be 0.1 mg/mL）10 mL を全量フラスコ 100 mL にとり，硝酸（1＋1）2 mL を加え，水を標線まで加える。

b) **装置** 装置は，次による。

1) **ICP 発光分光分析装置**

備考 9. 試料の噴霧に超音波ネブライザー又はこれと同等の性能をもったものを用いてもよい。この場合は，定量下限値を 1 桁程度下げることができる。ただし，メモリー効果に注意し，十分に洗浄を行う。

c) **準備操作** 準備操作は，次による。

1) 試料を **5.5** によって処理する。

備考 10. 試料の銅又は測定対象元素の濃度が低い試料で，アルカリ金属イオン，アルカリ土類金属イオンなどの共存物質の濃度が高く，測定を妨害する場合の準備操作は，次の **1)～3)**の操作によるか，又は**備考 6.**による。次の準備操作は，亜鉛，鉛，カドミウム，マンガン，鉄，ニッケル，コバルト，モリブデン及びバナジウムの定量にも使用できる。

1) 試料 500 mL（又は 100～500 mL の一定量）をビーカーにとり，**JIS K 8180** に規定する塩酸 5 mL を加え，約 5 分間煮沸する。

2) 放冷後，酢酸-酢酸ナトリウム緩衝液（pH5）（**JIS K 8371** に規定する酢酸ナトリウム三水和物 19.2 g と **JIS K 8355** に規定する酢酸 3.4 mL とを水に溶かして 1 L とする。）(*12) 10 mL を加え，アンモニア水（1＋1）（**JIS K 8085** に規定するアンモニア水を用いて調製する。）又は硝酸（1＋10）（**JIS K 8541** に規定する硝酸を用いて調製する。）で pH を 5.2 に調整する。

注(*12) この操作に用いる酢酸-酢酸ナトリウム緩衝液（pH5）は，使用前に 1-ピロリジンカルボジチオ酸アンモニウム溶液，ヘキサメチレンアンモニウム-ヘキサメチレンカルバモジチオ酸（ヘキサメチレンアンモニウム-ヘキサメチレンジチオカルバミド酸）のメタノール溶液及び **JIS K 8271** に規定するキシレンを加えて振り混ぜ，精製する。

3) この溶液を分液漏斗 1 000 mL（又は 200～500 mL）に移し，1-ピロリジンカルボジチオ酸アンモニウム溶液（20 g/L）2 mL 及びヘキサメチレンアンモニウム-ヘキサメチレンカルバモジチオ酸（HMA-HMDC）のメタノール溶液（20 g/L）2 mL を加えて混合した後，**JIS K 8271** に規定するキシレンの一定量（5～20 mL）を加えて約 5 分間激しく振り混ぜて静置する。水層を捨てキシレン層を共栓試験管に入れる。定量操作は，**備考 12.**による。

d) **操作** 操作は，次による。

1) **c) 1)**の準備操作を行った試料を試料導入部を通して発光部に導入し(11) (12)，各測定対象元素の波長の発光強度を測定する(13) (14)。

2) 空試験として **c) 1)**の準備操作で用いた試料と同量の水をとり，**c) 1)**及び **1)**の操作を行って各測定対象元素に相当する発光強度を測定し，試料について得た発光強度を補正する。

3) 検量線から各測定対象元素の量を求め，試料中の各元素の濃度（mg/L）を算出する([15])。

注([11]) 試料の測定を始める前に，硝酸（1＋20）（**JIS K 8541** に規定する硝酸を用いて調製する。）を噴霧して測定系を洗い流す。また，各試料測定の間にも洗い流しを行う。

([12]) **備考 11.**による。

([13]) **47.**の**注**([8])による。

([14]) **47.**の**注**([9])による。

([15]) **50.**の**注**([11])による。

e) **検量線** 検量線の作成は，次による。

1) **a)**の測定対象元素の各標準液のそれぞれ一定量をとり，希釈して一定量として混合標準液を調製する。この混合標準液は，測定対象の元素を含み([16])，測定する濃度範囲よりも高い濃度([17])とする。

2) 全量フラスコ 100 mL に，測定濃度範囲を含むように，混合標準液を段階的にとり，**c) 1)**の試料と同じ酸の濃度となるように硝酸（1＋1）([18])を加えた後，水を標線まで加える。

3) **2)**で調製した各溶液について **d) 1)**の操作を行う。

4) 空試験として，全量フラスコ 100 mL に **c) 1)**の試料と同じ酸の濃度となるように硝酸（1＋1）を加え，水を標線まで加えた溶液について，**d) 1)**の操作を行い，**3)**で得た発光強度を補正する。

5) 各測定対象元素について，それぞれの元素の量と発光強度との関係線を作成する。

注([16]) 測定対象の単独又は限られた複数の元素だけでもよい。

([17]) 作成する検量線の最高濃度の 5～10 倍程度。

([18]) 又は塩酸（1＋1）。ただし，指定されている場合は，それに従う。

備考 11. 波長の異なる 2 本以上のスペクトル線の同時測定が可能な装置では，内標準法によることができる。内標準元素としては，ICP 中で分析元素と類似の発光挙動を示す元素が適切であり，したがって内標準線及び分析線は中性線同士又はイオン線同士で，その励起エネルギー差が小さく，かつ，分析線に対し分光干渉を生じない発光線を選択する。また，元の試料中に含まれる濃度が，添加する濃度に比べ，無視できる濃度であることを確認しておく。内標準元素としてはイットリウム（Y），インジウム（In），イッテルビウム（Yb）などが用いられるが，上記の条件を満足すれば他の元素を用いてもよい。内標準物質としてイットリウムを用いる場合の操作は，次による。

1) **c) 1)**で処理した試料の適量を全量フラスコ 100 mL にとり，イットリウム溶液（Y 50 µg/mL）［**47.**の**備考 5. 6)**による。］10 mL 及び **c) 1)**の試料と同じ酸の濃度となるように硝酸（1＋1）(*)を加えた後，水を標線まで加える。

2) この溶液について **d) 1)**の操作を行って各測定対象元素の発光強度及びイットリウムの発光強度を測定し，各測定対象元素の発光強度とイットリウムの発光強度との比を求める。

3) 空試験として，試料に代えて同量の水を用い，**c) 1)**，**1)**及び **2)**の操作を行い，各測定対象元素の発光強度とイットリウムの発光強度との比を求め，**2)**で得た発光強度比を補正する。

4) 検量線から，各測定対象元素の量を求め，試料中の各測定対象元素の濃度（mg/L）を算出する。

5) **検量線** 全量フラスコ 100 mL 数個に **e) 2)**に従って混合標準液を段階的にとり，イットリウム溶液（Y 50 µg/mL）10 mL 及び **1)**の試料と同じ酸の濃度となるように硝酸（1＋1）(*)

を加えた後，水を標線まで加える。この溶液について **2)**の操作を行い，各測定対象元素及びイットリウムの発光強度を測定し，各測定対象元素の発光強度とイットリウムの発光強度との比を求める。別に，空試験として，混合標準液に代えて水を用い，同じ操作を行って，同様に発光強度の比を求め，混合標準液での各測定対象元素の発光強度比を補正し，各測定対象元素の量と，それぞれの発光強度とイットリウムの発光強度との比との関係線を作成する。

注(*) 注([18])による。

備考 12. **備考 10.**の **1)**～**3)**によって準備操作を行った場合は，キシレン層をそのまま噴霧して測定対象の各元素の発光強度を測定して定量する。その場合の検量線の作成は，次による。

1) **e) 1)**に準じ，測定対象元素を含む混合標準液を調製する。ただし，各測定対象元素は **e) 1)**の混合標準液よりも低濃度（0.1～1 μg/mL）とする。

2) 調製した混合標準液を段階的にとり，水で 500 mL とし，**備考 10.**の **1)**～**3)**の操作及び各測定対象元素の発光強度の測定操作を行う。

3) 空試験として，水 500 mL を用いて，**2)**の操作を行い，**2)**で得た各測定対象元素の発光強度を補正し，各測定対象元素の量とその発光強度との関係線を作成する。

52.5 ICP 質量分析法 試料を前処理した後，内標準元素を加え，試料導入部を通して高周波プラズマ中に噴霧し，銅及び内標準元素のそれぞれの質量/電荷数における指示値([19])を測定し，銅の指示値と内標準元素の指示値との比を求めて銅を定量する。この方法によって，**表 52.2** に示す元素が同時定量できる。それぞれの元素ごとの定量範囲，繰返し精度などの例を，**表 52.2** に示す。

注([19]) イオンカウント値又はその比例値。

表 52.2 定量範囲，繰返し精度及び質量数の例*

対象元素	定量範囲 μg/L	繰返し精度 %	質量数
銅（Cu）	0.5～500	2～10	63，65
亜鉛（Zn）	0.5～500	2～10	66，68，64
鉛（Pb）	0.3～500	2～10	208，206，207
カドミウム（Cd）	0.3～500	2～10	111，114
マンガン（Mn）	0.5～500	2～10	55
アルミニウム（Al）	0.5～500	2～10	27
ニッケル（Ni）	0.5～500	2～10	60，58
コバルト（Co）	0.5～500	2～10	59
ベリリウム（Be）	0.5～500	2～10	9
ひ素（As）	0.5～500	2～10	75
ビスマス（Bi）	0.3～500	2～10	209
クロム（Cr）	0.5～500	2～10	53，52，50
セレン（Se）	0.5～500	2～10	82，77，78
バナジウム（V）	0.5～500	2～10	51
イットリウム（Y）**	－	－	89
インジウム（In）**	－	－	115
ビスマス（Bi）**	－	－	209

注* 装置及び測定条件によって異なる。
** 内標準元素

a) 試薬 試薬は，次による。

1) **水**　**52.3 a) 1)**による。

2) **硝酸（1＋1）**　**52.3 a) 2)**による。

3) **内標準液（1 μg/mL）**　内標準元素としてイットリウム，インジウム又はビスマスを用いる。内標準液の調製には，次の **3.1)**～**3.3)**に規定する溶液のうち内標準とする元素の溶液 2 mL を全量フラスコ 100 mL にとり，硝酸（1＋1）2 mL を加え，水を標線まで加える。使用時に調製する([20]) ([21])。

3.1) **イットリウム溶液（Y 50 μg/mL）**　**47.**の**備考 5. 6)**による。

3.2) **インジウム溶液（In 50 μg/mL）**　**47.4 a) 2.2)**による。

3.3) **ビスマス溶液（Bi 50 μg/mL）**　酸化ビスマス（III）0.279 g をとり，硝酸（1＋1）10 mL を加え，加熱して溶かし，放冷後，全量フラスコ 250 mL に移し入れ，水を標線まで加える。この溶液 25 mL を全量フラスコ 500 mL にとり，硝酸（1＋1）10 mL を加え，水を標線まで加える。

4) **混合標準液〔(Cu 10 μg，Zn 10 μg，Pb 10 μg，Cd 10 μg，Mn 10 μg，Al 10 μg，Ni 10 μg，Co 10 μg，Be 10 μg，As 10 μg，Bi 10 μg，Cr 10 μg，Se 10 μg，V 10 μg）/mL〕**([16]) ([21])　**52.4 a)**の **1)** 銅標準液（Cu 1 mg/mL），**3)** 亜鉛標準液（Zn 1 mg/mL），**5)** 鉛標準液（Pb 1 mg/mL），**9)** マンガン標準液（Mn 1 mg/mL）のそれぞれ 5 mL，**58.2 a) 2)** アルミニウム標準液（Al 0.5 mg/mL）10 mL 及び **67.1 a) 11)** セレン標準液（Se 0.2 mg/mL）25 mL，並びに **52.4 a)**の **7)** カドミウム標準液（Cd 0.1 mg/mL），**14)** ニッケル標準液（Ni 0.1 mg/mL），**16)** コバルト標準液（Co 0.1 mg/mL），**18)** ベリリウム標準液（Be 0.1 mg/mL），**58.4 a)**の **3)** クロム標準液（Cr 0.1 mg/mL），**7)** バナジウム標準液（V 0.1 mg/mL），**61.1 a) 12)** ひ素標準液（As 0.1 mg/mL），**64.1 a) 5)** ビスマス標準液（Bi 0.1 mg/mL）のそれぞれ 50 mL を全量フラスコ 500 mL にとり，硝酸（1＋1）10 mL を加えた後，水を標線まで加える([22])。

5) **混合標準液〔(Cu 0.5 μg，Zn 0.5 μg，Pb 0.5 μg，Cd 0.5 μg，Mn 0.5 μg，Al 0.5 μg，Ni 0.5 μg，Co 0.5 μg，Be 0.5 μg，As 0.5 μg，Bi 0.5 μg，Cr 0.5 μg，Se 0.5 μg，V 0.5 μg）/mL〕**([16]) ([21])　**4)**の混合標準液 5 mL を全量フラスコ 100 mL にとり，硝酸（1＋1）2 mL を加え，水を標線まで加える。使用時に調製する。

注([20]) 3 種類の内標準元素は，単独又は混合して用いてもよい。ICP 質量分析法では，主成分（マトリックス）による非スペクトル干渉の大きさは質量数に依存するため，測定対象元素と比較的質量数の近いものを内標準元素とするとよい。ここに挙げた 3 種類以外にも，元の試料に無視できる量より少ない量しか含まれていないことが確認できれば，内標準元素として用いてもよい。ビスマスが測定対象元素であるときは，内標準元素としてビスマスを用いることはできない。ビスマスの代わりにタリウムを用いることがある。

([21]) 定期的に濃度の安定性を，新たに調製した標準液と比較して確認する。特に，濃度の低い標準液は濃度が低下しやすいため注意する。

([22]) 標準液は，混合したときに沈殿を生じないものを用いる。

b) **装置**　装置は，次による。

1) **ICP 質量分析装置**

備考 13. イオン源として，高周波プラズマと同等の性能をもつものを用いてもよい。

14. サンプリングコーン及びスキマーコーンの材質からの汚染が認められないことを確認する。

c) **準備操作**　準備操作は，次による([23])。

1) 試料を **5.5** によって処理する。ただし，クロムを定量する場合は，前処理に **5.3** は用いない。

2) **1)**で処理した試料の適量（測定対象元素として 0.05～50 μg を含む。）を全量フラスコ 100 mL にとり，内標準液（1 μg/mL）1 mL を加え，硝酸の最終濃度が 0.1～0.5 mol/L となるように硝酸（1＋1）を加えた後，水を標線まで加える。

注([23]) 分析者からの汚染がないように注意する。**JIS T 9107** に規定する単回使用手術用ゴム手袋（打粉のないもの）などを用いるとよい。

備考 15. 銅又は測定対象元素の濃度が低い試料で，アルカリ金属イオン，アルカリ土類金属イオンなどの共存物質の濃度が高く，測定を妨害する場合の準備操作は，**備考 6.**による［ただし，**3.6)** は除く。］。得られた液は全量フラスコ 20 mL に移し入れ，内標準液（1 μg/mL）0.2 mL を加え，標線まで水を加える。

d) **操作** 操作は，次による([24])。

1) ICP 質量分析装置を作動できる状態にし，**c) 2)**の溶液を試料導入部を通してイオン化部に導入して測定対象元素及び内標準元素（イットリウム，インジウム又はビスマス）のそれぞれの質量/電荷数([25])における指示値を読み取り，測定対象元素の指示値と内標準元素の指示値との比をそれぞれ求める。

2) 空試験として，**c) 1)**での試料と同量の水をとり，試料と同様に **c)**及び **d) 1)**の操作を行って測定対象元素の指示値と内標準元素の指示値との比を求め，試料について得た測定対象元素と内標準元素との指示値の比を補正する。

3) 検量線から測定対象元素の量を求め，試料中の測定対象元素の濃度（μg/L）を算出する。

注([24]) 妨害物質の存在が不明の場合には，定量に先立って ICP 質量分析計による定性分析を行うことによって，測定対象元素及び内標準元素の測定質量数に対する妨害（スペクトル干渉及び非スペクトル干渉）の有無と程度を推定することができる。スペクトル干渉が認められる場合には，測定質量数の変更，試料の希釈又は前処理を行って妨害の軽減を図る。スペクトル干渉のため，上記のイットリウム，インジウム又はビスマスを内標準元素として使用できない場合もあるが，その場合には，他の内標準元素を用いる。スペクトル干渉の例を，**表 52.3** に示す。非スペクトル干渉（マトリックス干渉ともいい，検量線の傾きに影響する。）は，一般にこの方法で採用している内標準法によって補正できるが，妨害物質の濃度が高い場合には，補正が不十分となることがある。このような場合には，試料の希釈又は前処理を行った後，内標準法を適用して妨害の軽減を図る。非スペクトル干渉の程度は，標準液を添加して回収率を求めることによって推定することができる。すなわち，試料（元の試料又は希釈・前処理後の試料）中の測定対象元素の濃度が 10 ng/mL 分だけ（ただし，試料中の測定元素の濃度が高い場合には，増加分が精度よく測定できるように，試料中と同程度の濃度だけ）増加するように，測定対象元素の標準液（0.5 μg/mL）の適量を試料に添加後，**d)**に準じた操作を行って測定対象元素の濃度を求め，その回収率を求める。回収率が 90～110 %の範囲にあれば，非スペクトル干渉は，ほぼ無視し得るものと考えられる。

注([25]) 質量数を設定するには，**表 52.2** 及び**表 52.3** を参考にするとよい。複数の安定同位体がある場合，複数の同位体の質量/電荷数を用いて測定を行うことによって，スペクトル干渉による妨害を推定することができる。

e) **検量線** 検量線の作成は，次による。

1) **a) 4)**の混合標準液（各元素濃度 10 μg/mL）又は **a) 5)**の混合標準液（各元素濃度 0.5 μg/mL）いずれか([26])の混合標準液 0.1～5 mL を，全量フラスコ 100 mL に段階的にとり，内標準液（1 μg/mL）1 mL を加え，**c) 2)**の試料と同じ酸の濃度になるように硝酸（1＋1）を加えた後，水を標線まで加える。使用時に調製する。

2) この溶液について **d) 1)**の操作を行う。

3) 別に，空試験として全量フラスコ 100 mL に内標準液（1 μg/mL）1 mL を加え，**c) 2)**の試料と同じ酸の濃度になるように硝酸（1+1）を加え，水を標線まで加えた後，**d) 1)**の操作を行って標準液について得た指示値の比をそれぞれ補正し，測定対象元素の濃度に対する，測定元素の指示値と内標準元素の指示値との比の関係線をそれぞれ作成する。検量線の作成は，試料測定時に行う。

注(26) **a) 4)**の混合標準液の調製に用いた各元素の標準液のうち，測定対象元素の各標準液のそれぞれ一定量をとり，希釈して一定量として混合標準液を調製して用いてもよい。この混合標準液は，測定対象の元素を含み，測定する濃度範囲よりも高い濃度とする。

備考 16. 注(24)の操作で，主成分の元素又は有機物の含有量が少なく，非スペクトル干渉が無視できる試料の場合は，内標準元素の添加を省略し，検量線法によって定量してもよい。

表 52.3 スペクトル干渉の例*

元素	質量数	同重体及び 2 価イオンの干渉	多原子イオンの干渉
銅（Cu）	63		$^{40}Ar^{23}Na$，$^{31}P^{16}O^{16}O$，$^{26}Mg^{37}Cl$
銅（Cu）	65		$^{32}S^{16}O^{16}OH$，$^{33}S^{16}O^{16}O$，$^{32}S^{33}S$
亜鉛（Zn）	64	Ni^{+}	$^{32}S^{16}O^{16}O$，$^{32}S^{32}S$，$^{27}Al^{37}Cl$，$^{48}Ca^{16}O$
亜鉛（Zn）	66	Ba^{++}	$^{34}S^{16}O^{16}O$，$^{32}S^{34}S$，$^{31}P^{35}Cl$，$^{54}Fe^{12}C$
亜鉛（Zn）	68	Ba^{++}，Ce^{++}	$^{40}Ar^{14}N^{14}N$，$^{36}S^{16}O^{16}O$，$^{32}S^{36}S$，$^{36}Ar^{32}S$，$^{31}P^{37}Cl$，$^{54}Fe^{14}N$，$^{56}Fe^{12}C$
鉛（Pb）	206		
鉛（Pb）	207		
鉛（Pb）	208		
カドミウム（Cd）	111		$^{95}Mo^{16}O$，$^{94}Mo^{16}OH$，$^{94}Zr^{16}OH$
カドミウム（Cd）	114	Sn^{+}	$^{98}Mo^{16}O$，$^{97}Mo^{16}OH$
マンガン（Mn）	55		$^{40}Ar^{14}NH$，$^{38}Ar^{16}OH$，$^{23}Na^{32}S$
アルミニウム（Al）	27		$^{12}C^{15}N$，$^{13}C^{14}N$
ニッケル（Ni）	58	Fe^{+}	$^{42}Ca^{16}O$，$^{44}Ca^{14}N$，$^{23}Na^{35}Cl$，$^{24}Mg^{34}S$
ニッケル（Ni）	60		$^{44}Ca^{16}O$，$^{43}Ca^{16}OH$，$^{25}Mg^{35}Cl$，$^{23}Na^{37}Cl$
コバルト（Co）	59		$^{43}Ca^{16}O$，$^{42}Ca^{16}OH$，$^{24}Mg^{35}Cl$
ベリリウム（Be）	9		
ひ素（As）	75	Nd^{++}，Sm^{++}	$^{40}Ar^{35}Cl$，$^{40}Ca^{35}Cl$
ビスマス（Bi）	209		
クロム（Cr）	50		$^{36}Ar^{14}N$，$^{34}S^{16}O$
クロム（Cr）	52		$^{40}Ar^{12}C$，$^{36}Ar^{16}O$，$^{36}S^{16}O$，$^{35}Cl^{16}OH$
クロム（Cr）	53		$^{37}Cl^{16}O$，$^{36}Ar^{16}OH$
セレン（Se）	77		$^{40}Ar^{37}Cl$，$^{36}Ar^{40}ArH$，$^{40}Ca^{37}Cl$
セレン（Se）	78	Kr^{+}	$^{38}Ar^{40}Ar$，$^{43}Ca^{35}Cl$
セレン（Se）	82	Kr^{+}	$^{40}Ar^{40}ArH^{2}$，$^{34}S^{16}O^{16}O^{16}O$，$H^{81}Br$
バナジウム（V）	51		$^{35}Cl^{16}O$，$^{37}Cl^{14}N$，$^{34}S^{16}OH$，$^{36}Ar^{14}NH$
イットリウム（Y）**	89		
インジウム（In）**	115	Sn^{+}	
ビスマス（Bi）**	209		

注* 装置及び測定条件によって異なる。
** 内標準元素

52.1 ジエチルジチオカルバミド酸吸光光度法 1)

N, *N*-ジエチルジチオカルバミド酸ナトリウム（DDTC）は，非常に多くの金

属イオンとキレート錯体を生成し，酢酸ブチル，クロロホルム，4-メチル-2-ペンタノン（MIBK）などで抽出することができる。これらのうち，有色の錯体を生じるものには銅，ビスマス，鉄，ニッケル，コバルト，マンガンなどがあるが，吸光光度法に適用できるモル吸光係数をもつのは銅，ビスマスだけである。

なお，錯体の色には関係なく，これらが有機溶媒に抽出できる性質を利用して，金属元素の分離，濃縮が可能なので，この抽出法は原子吸光法の準備操作に用いられている。

1. 試 薬

（**1**） DDTC 溶液（10 g/L）は，あまり安定でなく，徐々に分解して黄色となる。一度に多量には調製しない。

（**2**） 試薬のくえん酸水素二アンモニウムは，DDTC と反応して有色の錯体を生成するような不純物を含むことは少ない。したがって，通常は，**規格**の **52.1 a) 3)** に示す精製操作は行わなくてよい。

（**3**） 銅標準液（Cu 0.1 mg/mL），銅標準液（Cu 1 μg/mL）は，ガラス製，ポリエチレン製のいずれの容器でも長期間保存できる。

2. 操 作

（**1**） **規格**の **52. 注**(1)に従って多量の試料を用いて抽出操作を行う場合は，DDTC の濃度が低くなり抽出率が変化する。このため，検量線も同じ条件とした標準液を用いて作成する。

（**2**） 水との相互溶解のため，抽出操作によって酢酸ブチル層の体積は減少する。したがって，抽出時の試料溶液の体積は一定にする必要がある。

（**3**） 銅錯体は，直射日光によって徐々に退色するので注意する。

（**4**） 本法では，ニッケル，コバルトなどのマスキングのため EDTA を添加するが，銅も EDTA 錯体となり，抽出されにくくなる。このため，**規格**の **52.1 c) 3)** に示すように，抽出時は，長い時間（約 3 分間）激しく振り混ぜる必要がある。

（**5**） 図 52.1 の吸収曲線に示すように，DDTC-ビスマス錯体の 440 nm の吸収は非常に小さく，銅量の約 2 倍までの共存は無視してもよい。多量に共存する場合は，**規格**の**52. 備考 2.** に示すように補正する必要があるが，通常そのような試料はまれである。

（**6**）　吸収曲線と検量線の一例を図 52.1 及び図 52.2 に示す。

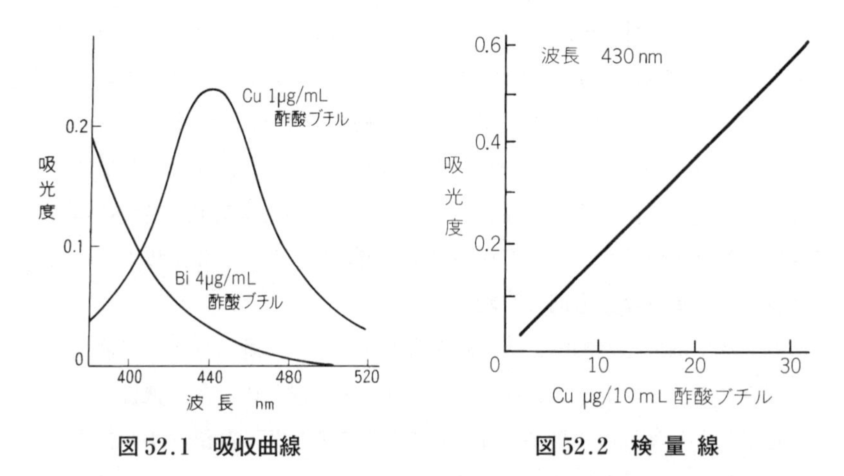

図 52.1　吸収曲線　　**図 52.2　検 量 線**

52.2　フレーム原子吸光法 2)～8)

前処理した試料を 0.1～1 mol/L の塩酸又は硝酸酸性とし，これをアセチレン-空気フレーム中に噴霧し，波長 324.8 nm の原子吸光を測定して銅を定量する。微量の場合は，DDTC-酢酸ブチル，APDC-4-メチル-2-ペンタノンなどによる抽出法及びキレート樹脂による固相抽出法を適用する。

1.　操　作

（**1**）　銅中空陰極ランプのスペクトル線は，324.8 nm（1）のほか 327.4 nm（1/2），217.8 nm（1/4）など約 10 本が知られている。（　）内は感度比を示す。

（**2**）　原子吸光法において銅は適当に感度も高く，共存成分の妨害も少ないので，試料の直接噴霧によって定量できることが多い。アセチレン-空気フレームを用いた場合，1 mg/L の銅に対して 1 000～2 000 mg/L の鉄，ニッケル，マンガン，亜鉛，クロム，鉛，硫酸塩，硝酸塩，亜硝酸塩，りん酸塩，シリカ，EDTA などはほとんど影響を与えない。

（**3**）　銅の分離，濃縮には**規格**の **52. 備考 4.** 及び**備考 5.** の溶媒抽出法又は

備考 6. の固相抽出法を用いる。いずれも，比較的汚染の少ない環境水などに対する方法である。

（4） **規格**の **52. 備考 4.** は DDTC による多成分同時抽出法である。規格に述べられている条件（pH 9）で酢酸ブチル（又は MIBK など）を抽出溶媒として DDTC 抽出すると，銅のほか，多くの金属元素が同時に抽出される。抽出を完全にするために DDTC の抽出後，有機層を分離し，水層についてさらに DDTC 抽出を行う。抽出した酢酸ブチル溶液を合わせ，加熱して酢酸ブチルを揮散させた後，残留する金属–DDTC 錯体を硝酸–過塩素酸で分解する。最終的には硝酸酸性溶液とし，これを銅の定量に用いる。亜鉛，鉛，カドミウム，ニッケル，コバルトなども同じ挙動をとる。

あるいは，抽出した酢酸ブチル層を合わせ，さらに酢酸ブチルで液量を一定にした後，これをフレームに噴霧する方法，又は試料の液量，液性をできるだけ一定にした（多量の塩析剤を加えることもある）後，酢酸ブチル抽出を 1 回行って，そのまま噴霧定量する方法も用いられる。前者では有機溶媒効果，後者では水層と有機層の液量比による濃縮効果と有機溶媒効果との相乗による感度上昇が期待できる。共存成分の少ない試料ではこの 1 回抽出，直接噴霧の方式で迅速，高感度の測定ができる。ただし，抽出した溶媒中には水が溶解しているため，検量線の作成でも同じ条件とする必要があり，同じ抽出操作を行わなければならない。

金属–DDTC 錯体は種々の有機溶媒に抽出されるが，抽出後直接噴霧定量するには，炭素が少なく燃焼性のよい溶媒でなければならない。**規格**の **52.2** では，酢酸ブチルのほか，4–メチル–2–ペンタノン（メチルイソブチルケトン，MIBK）又は 2, 6–ジメチル–4–ヘプタノン（ジイソブチルケトン，DIBK）を用いることとしている。

DIBK は酢酸ブチル及び MIBK に比べ，水との相互溶解がはるかに少ないので，少量の使用量で高倍率の濃縮が可能なため，1 回の抽出で直接噴霧できる。ただし，抽出にはかなり長時間の振り混ぜが必要である。

DDTC は次の構造の白い結晶性化合物で水によく溶ける。

DDTC は 30 数種の金属元素と安定な錯体を生成するが，表 52.1 に示すように pH の調節及びマスキング剤の選択によって，金属元素の選択的抽出が可能になる。

$$\begin{array}{l} CH_3-CH_2 \\ CH_3-CH_2 \end{array}\!\!>N-C\!\!\begin{array}{l} \diagup S-Na \\ \diagdown\!\!\!= S \end{array}$$

表 52.1　DDTC と反応する金属

マスキング剤	pH 5～6	pH 9	pH ＞ 11
酒石酸塩	Ag, As, Bi, Cd, Co, Cu, Fe, Hg, In, Mn, Ni, Pb, Pd, Sb, Se, Te, Tl, Zn	Ag, Bi, Cd, Co, Cu, Fe, Hg, In, Mn, Ni, Pb, Pd, Sb, Te, Tl, Zn	Ag, Bi, Cd, Co, Cu, Hg, Ni, Pb, Pd, Tl, Zn
EDTA	Ag, As, Bi, Cd, Cu, Fe, Hg, In, Mn, Pb, Pd, Sb, Se, Sn, Te, Tl	Ag, Bi, Cu, Fe, Hg, Pd, Sb, Te, Tl	Ag, Bi, Cu, Hg, Pd, Tl
KCN		Bi, Cd, Fe, In, Mn, Pb, Sb, Te, Tl	
くえん酸塩 + EDTA		Ag, Bi, Cu, Hg, Sb, Te, Tl	

DDTC は酸性溶液中では急速に分解するので，試薬の添加順序に注意し，手早く操作する。

（5）　**規格の 52. 備考 5.** は 1-ピロリジンカルボジチオ酸アンモニウム (APDC)-4-メチル-2-ペンタノンによる多成分同時抽出法である。APDC は，DDTC と類似の化合物であるが弱酸性でも安定であり，pH 2 以上で金属抽出に使用できる。

$$\begin{array}{l} CH_2-CH_2 \\ | \\ CH_2-CH_2 \end{array}\!\!>N-C\!\!\begin{array}{l} \diagup S-NH_4 \\ \diagdown\!\!\!= S \end{array}$$

APDC も DDTC と同様に 30 種類以上の金属元素（主として硫化物を生成するもの）と安定な錯体を生成する。

（6） **規格**の **52. 備考 6.** はフレーム原子吸光法の準備操作として，新たに規定されたキレート樹脂を充填剤とする固相抽出法[2)～8)] である。

規格の **52.** には，このほか，フレーム原子吸光法の準備操作として，**備考 4.** 及び**備考 5.** にそれぞれ DDTC 及び APDC による溶媒抽出法が，さらに**備考 9.** に ICP 発光分光分析法の準備操作として APDC-HMA·HMDC による溶媒抽出法が規定されている。

これらの準備操作が適用される金属類及び測定方法を表 52.2 に示す。

表 52.2　金属類の試験での溶媒抽出法及び固相抽出法の適用

金属	フレーム 原子吸光法	電気加熱 原子吸光法	ICP 発光分光分析法	ICP 質量分析法
52. Cu	④，⑤，⑥	⑥	⑥，⑨	⑥
53. Zn	④，⑤，⑥	⑥	⑥，⑨	⑥
54. Pb	④，⑤，⑥	⑥	⑥，⑨	⑥
55. Cd	④，⑤，⑥	⑥	⑥，⑨	⑥
56. Mn			⑨	
57. Fe	⑥	⑥	⑥，⑨	―――
59. Ni	④，⑤，⑥	―――	⑥，⑨	⑥
60. Co	④，⑤，⑥	―――	⑥，⑨	⑥
68. Mo	―――	―――	⑨	
70. V			⑨	
73. U	―――	―――	⑥	⑥

④：備考 4. DDTC 溶媒抽出法を適用。⑤：備考 5. APDC 溶媒抽出法を適用。
⑥：備考 6. 固相抽出法を適用。⑨：備考 9. APDC−HMA·HMDC 溶媒抽出法を適用。
―――：該当する測定法の規定なし。空欄：52. 備考 4., 5., 6., 又は 9. の引用なし。

新たに規定された固相抽出法は，簡便な装置，操作によって金属元素類の同時分離濃縮ができ，分離後の溶液は，多くの測定法が適用できるなど，優れた特長をもっている。特に，電気加熱原子吸光法及びICP質量分析法は，これまで溶媒抽出による分離濃縮法の規定もなかったが，固相抽出法の採用によって多岐にわたる試料への適用が期待される。

（a） **規格**の**52. 備考 6.** の**2.1**）のイミノ二酢酸キレート樹脂はpH約4以上で多くの遷移金属元素類を捕捉するが，pHが高くなるとカルシウム，マグネシウムなどアルカリ土類金属も捕捉される。**規格**の**52. 備考 6.** の**3.2**）のpH 5.6では，海水のようにカルシウム，マグネシウムが多く共存する試料では，その一部が捕捉される。分離後それらが影響する測定方法を用いる場合は注意する。**規格**の**52. 備考 6. 注**(*11)参照。

（b） 捕捉されたカルシウム，マグネシウムは**規格**の**備考 6.** の**3.4**）の酢酸アンモニウム溶液（0.5 mol/L）による洗浄によって大きく減少する。

（c） **規格**の**52. 備考 6. 注**(*4)のポリアミノポリカルボン酸キレート樹脂は，イミノ二酢酸キレート樹脂よりもさらに選択性が高く，マグネシウム，カルシウムの除去に好結果が報告されている[5)]。

（d） 試薬の酢酸アンモニウムには微量の金属元素などを含むおそれがある。また，**規格**の**52. 備考 6.** の**3.2**）及び**3.4**）の操作では多量を使用する。このため，酢酸アンモニウム溶液（0.5 mol/L及び0.1 mol/L）は，**規格**の**52. 備考 6. 注**（*3）に示すように，固相に通液する操作又は固相を浸漬する操作で，金属元素類などを除去する。除去効果は両方法に大きな差はない[6)]（ディスクによる検討)。

（e） イミノ二酢酸キレート樹脂には，測定元素及び定量を妨害する物質を含むことがあるから，**規格**の**52. 備考 6.** の**2.1**）の操作によってキレート樹脂を充塡したカラム（又はディスク）をあらかじめ硝酸（2 mol/L）で洗浄して除去する。さらに，カラム中に残存した硝酸を水，次いで酢酸アンモニウム溶液で洗浄し，カラムを使用できる状態にする(コンディショニング)。

（f） 固相抽出法は，金属のほかフェノール類の試験において，アンチピリン色素を分離濃縮する方法として規定されている。**規格**の**28. 備考 5.** 及び本書28.1.2の2.(4)及び(5)参照。

2. フレーム原子吸光法の一般的な測定操作

この規格では，フレーム原子吸光法の手法の詳細は，JIS K 0121（原子吸光分析通則）にゆだねているが，以下に，排水分析において留意しなければならない事項を述べる。

［**水溶液の噴霧**］

（**1**） 前処理を終わった試料は，**規格**の **5.5 注**(10)に示すように，0.1～1 mol/L の塩酸又は硝酸酸性溶液としてフレーム原子吸光分析に供する。通常，この酸濃度範囲で比較的安定な測定値が得られる。検量線の作成も試料の概略の酸濃度と一致した条件で行うことが望ましい。

（**2**） フレームは一般にアセチレン-空気を用いる。ただし，安定な酸化物を形成しやすいアルミニウム，バナジウム，クロムなどの場合は，一酸化二窒素フレーム（高温フレーム）を用いると良好な感度が得られる。また，ひ素の分析線は遠紫外域（193.7 nm）にあり，フレーム自身による著しい吸収があるので，この波長で透過性の高い水素-アルゴンフレームを用いる［本書 61.2 の 2.(4)参照］。

（**3**） フレーム原子吸光法では，少量の共存成分の干渉は少ないが，多量の塩類が共存すると光散乱，分子吸光などによって著しい影響を受けることがある。この影響を避けるには，バックグラウンド補正を行うとよい。規格では，フレーム原子吸光分析装置はバックグラウンド補正が可能なものを規定している。

（**4**） そのほか，フレーム原子吸光分析での一般的な注意事項については JIS K 0121 参照。

［**有機溶媒抽出後の噴霧**］

（**1**） DDTC 又は APDC を用いる溶媒抽出によって微量の金属元素（銅，亜鉛，鉛，カドミウム，ニッケル，コバルト）の濃縮及び他成分からの分離が行われるが，その後の定量方法として，1）金属元素を再び水層に戻して噴霧する方式と，2）有機層をそのまま噴霧する方式とが規定されている。

水溶液に転換して噴霧する方式は，有機層直接噴霧方式に比べて安定した結果を得やすいが，操作に時間を要する。有機層直接噴霧方式は，抽出時の水層と有機層の体積比に応じた濃縮効果と，溶媒の粘性が低いなどの有機溶媒効果によって感度が著しく増加する。規格には，抽出後同じ溶媒で液量を一定とする方式と，抽出条件を一定として1回抽出を行って噴霧する方式が記載されている。後者は比較的迅速に操作できるが，若干の熟練が必要である。また，いずれの方式による場合も抽出した溶媒には水が飽和状態で含まれており，純溶媒とはフレームへ噴霧される量などが変わるから，検量線の作成及び空試験も同じ条件になるように操作しなければならない。

（**2**） 2層に分離後の有機層はできるだけ早く分析に供する。水層と接触したままにしておくと，抽出した錯体の分解，再分配などが進行し，負の誤差の原因となる。止むを得ず保存する場合は，水層から完全に分離し，密栓しておく。冷蔵するとよい。

52.3　電気加熱原子吸光法[9)]

前処理した試料を0.1～1 mol/Lの硝酸酸性とし，これを電気加熱炉に注入して原子化し，波長324.8 nmの原子吸光を測定して銅を定量する。

1.　試　薬

（**1**） 電気加熱原子吸光法は極めて高感度であるから，試験に使用する水は，JIS K 0557のA 3の水（イオン交換水を蒸留精製したもの）レベルのもので，銅についての空試験の結果，使用に差し支えないことを確認したものとする。また，硝酸も，JIS K 9901に規定する「高純度試薬―硝酸」を使用する。

2.　器具及び装置

（**1**） 電気加熱原子吸光分析装置では，原子化部にフレームではなく電気加熱炉を用いている。

電気加熱炉は図52.3にその一例を示すように，発熱体として内径数mm，長さ約30 mmの黒鉛管を備えており，管には試料注入用の小孔がある。黒鉛の酸化を防ぐために発熱体の周辺にはアルゴン，窒素などの不活性ガス（シースガス）を流すようになっている。ただし，原子化時には感度を上げるためにシースガスの流れを止める。また，この炉は高温にさらされるので，主要な部分は水冷されるようになっている。

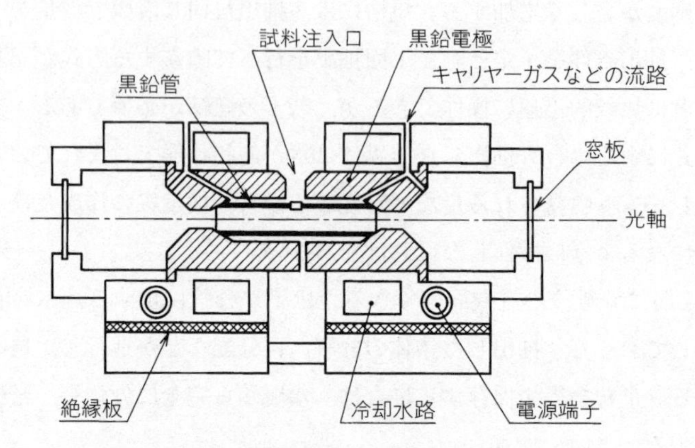

図 52.3　電気加熱炉の一例（JIS K 0121：2006）

（**2**）　発熱体は黒鉛管を高温処理してその表面にち密なパイロカーボン層を生じさせたパイロコーティング管が多く用いられる。この管は酸化されにくいので寿命が長く，材質が緻密なので注入した試料の広がり方が一様で測定精度にも優れている。

耐熱金属の発熱体には，タングステン，モリブデン，タンタルなどの高融点金属が使用され，これらをボート，ループ，フィラメント状に加工して用いる。金属の酸化を防ぐために 10 ～ 20%の水素を含むアルゴンをシースガスとして流しておく。この金属炉は試料の浸透がなく再現性に優れ，メモリー効果も少なく，消費電力も黒鉛炉の 1/10 程度と少ない。ただし，感度は黒鉛炉に比べて低めである。

3.　準備操作

（**1**）　試料中の有機物及び懸濁物の種類，量に応じて酸処理法を選択する。通常，**規格**の **5.5** に従うが，最終的には 0.1～1 mol/L の硝酸酸性にする。電気加熱原子吸光法では，灰化過程で有機物は分解するので事前に強力な酸分解法を適用する必要は少なく，主目的は固形物からの金属成分の溶出である。また，金属塩化物は一般に沸点が低く，原子化に先立つ灰化時に揮散しやすいので塩化物イオンの存在は好ましくない。本書5.5(4)参照。

（2） 各種金属の電気加熱原子吸光法の準備操作に固相抽出法が規定された。電気加熱原子吸光法は高感度であるが，塩類などによって大きく妨害されるため，その影響の少ない試料にだけ適用するとされていたが，**規格**の**52. 備考8.** に示すように，固相抽出法の採用によって共存塩などの多い試料へも適用できるようになった。

4. 操　作

（1） 前処理した試料の10～50 μLをマイクロピペットで小孔から発熱体に注入し，乾燥（100～120℃で30～40秒間加熱し，試料の水分を蒸発させる），灰化（600～1 000℃で30～40秒間加熱し，有機物を分解する），原子化（2 200～2 700℃で3～6秒間加熱）の過程を経て，対象元素の基底状態の原子蒸気を生成させ，波長324.8 nmの原子吸光を測定して，銅を定量する。この過程はプログラム設定しておく。金属の種類によって，乾燥，灰化，原子化などの温度，時間，測定波長が異なるが，この過程は共通している。

（2） 電気加熱原子吸光法では発熱体中で濃厚な原子蒸気が生成し，その滞留時間も長いので，通常のフレーム原子吸光法に比べて著しく高い感度（数10～1 000倍）が得られる。しかも，原子化が不活性ガス雰囲気中，黒鉛管の中で行われるので，アルミニウム，バナジウムなどの難分解性酸化物を生成するような元素に対しても高い感度が得られる。

（3） この方法は感度的には優れているが，共存する酸，塩の種類，濃度の影響が著しいので，固相抽出法を用いないときは比較的単純な組成の試料について適用する。また，中空陰極ランプからの光は黒鉛管内のガス状の分子，塩粒子，煙などによって，吸収，散乱され，これらによって見掛けの吸収が増大することになる。したがって，試料が高濃度の酸，溶存塩類を含み，かつ，波長350 nm以下の吸光度測定を行うときはバックグラウンド補正機構は不可欠で，規格ではこれを規定している。

（4） バックグラウンド補正機構にはいろいろの方式があるが，JIS K 0121：2006（原子吸光分析通則）には，重水素ランプ，タングステンランプなどを補正用光源とする連続スペクトル光源補正方式，磁場によってゼーマン分裂したスペクトル線を補正用光源とするゼーマン分裂補正方式，対象元素の共鳴線に近接するスペクトル線を補正用光源とする非共鳴近接線補正方式，及び中空陰極ランプに高電流を流し自己反転したスペクトル線を補正用光源とする自己反転補正方式が規定されている。

（**5**） マトリックス干渉を低下させ，対象元素の安定性を増すためにある種の試薬（マトリックスモディファイヤー）の添加も行われる。本書 54.2 の 2.(2)参照。

（**6**） 電気加熱原子吸光法では，試料量が極めて少ないので採取誤差及びコンタミネーションの影響が相対的に大きく，また，原子化の過程が急速などの理由から，測定精度はフレーム法より低くなる。このため測定は少なくとも 3 回行い，データの信頼性を確かめる。

52.4 ICP 発光分光分析法[10),11)]

銅，亜鉛，鉛，カドミウム，マンガン，鉄，ニッケル，コバルト，ベリリウムの同時定量のほか，これらの金属の単独又は限られた複数の定量が規定されている。

規格の **5.** によって前処理した試料を 0.1～0.5 mol/L の塩酸又は硝酸酸性とし，これを誘導結合プラズマに導入し，各金属元素による発光強度を測定して各金属元素を定量する。

各金属元素についての測定波長，定量範囲，繰返し精度は，**規格**の**表 52.1** に記載されている。

（**1**） ICP 発光分光分析法は，旧規格（1998）では 18 元素について規定していたが，2008 年の改正で新たにアンチモン，ビスマス及びタングステンが，2019 年の改正でナトリウム及びカリウムが追加された。また，2013 年の改正でウランが**附属書 1**(**参考**)**補足 XIV.** から **73.** に，2019 年の改正でベリリウムが **74.** に移された。これら 25 元素を，定量方法，相互干渉などで下記のように分類し，分類元素の同時定量を基本とし，それぞれ代表の元素の試験項目に定量方法を記述している。

① B, Sn, Bi, W, U：それぞれ単独

② As，Sb，Se：それぞれ単独［水素化（合）物発生 ICP 発光分光分析法］

③ Ca(*)，Mg，Na，K

④ Cu(*)，Zn，Pb，Cd，Mn，Fe，Ni，Co，Be

⑤ Al(*)，Cr，Mo，V

(*) は分類元素を代表。

なお，ほう素は，法規制の関係で溶存のものを対象とする。このため，金属類と前処理が異なるので，別に，単独に定量する。

（2） 標準添加法及び内標準法も適用できる。

（3） **規格**の**附属書 1**(**参考**)**補足** XIV. に銀及びバリウムが記載されている。定量方法は，**規格**の **52.4** による。

1. 試 薬

（1） **規格**の **52.4** における標準液は，銅，亜鉛，鉛，カドミウム，マンガン，鉄，ニッケル，コバルト，ベリリウムの 9 元素について調製する。検量線の作成において，この標準液を用いて，測定対象元素を含む混合標準液を調製する。各標準液は混合標準液の調製による沈殿の生成及びスペクトル干渉のないような組合せとなっている。

2. 装 置

（1） ICP 発光分光分析装置には，分光器にポリクロメーターを用いる多元素同時分析形と，モノクロメーターを用いる単元素形とがある。前者は分光器の後に目的元素の数だけの検出器を配置したもので，短時間の噴霧で多元素同時分析ができ，試料は少量でよい。また，可動部分が少ないので，装置は安定しており，ルーチン分析に適している。検出器に光電子増倍管を用いたものは装置が大形となり，設定した分析線の変更は面倒であったが，CCD 等の半導体検出器を用いた最近の装置は小形化され，数千本の分析線の観測も可能となっている。

後者は分光器を回転してスリットから必要な波長を取り出し検出器に導くもので，装置は比較的小形である。波長選定のための分光器の駆動をコンピュー

タで高速制御するシーケンシャルタイプのものが主流になっている。

（**2**） プラズマとは“自由に運動する正，負の荷電粒子が共存して電気的中性を保っている状態”と定義される。気体の温度を上げていくと原子の外殻電子が離れてイオンが生成し，電子，イオン，中性の原子及び分子が混合した弱電離プラズマを形成する。ICP 発光分光分析法はこのプラズマを利用するもので，温度は 6 000 ～ 10 000 K 程度である。その生成に高周波による電磁誘導を用いるので誘導結合高周波プラズマの名称が与えられる。

（**3**） 光源部は図 52.4 に示すプラズマトーチと誘導コイルから構成される。トーチは石英ガラス製の三重管で，外側の管にはプラズマを形成する主なガスで，トーチの冷却も兼ねている 15～20 L/min のプラズマガス（冷却ガスともいう）を，中間の管にはプラズマを管から離すための約 1 L/min の補助ガス（中間ガス）を，内側の管には試料を導入するための 1～2 L/min のキャリヤーガス（中心ガス）を流す。使用するガスはアルゴンである。ガスを流しながら，高周波誘導コイルによってプラズマを発生させる。誘導コイルは銅管で，水冷されている。

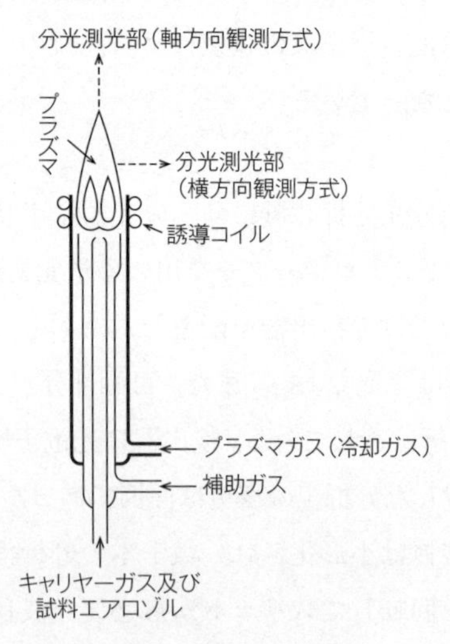

図 52.4　プラズマトーチの構造

（4）　試料は霧吹きの原理を用いた（ニューマティック）ネブライザーで噴霧室に吹き込まれ，粒径の小さい粒子（エアロゾル）だけがトーチに運ばれる。

高塩濃度の試料の場合はネブライザーの先端に目詰まりを生じやすいので注意する。

超音波振動子上に試料を流して微細な霧を発生させる超音波ネブライザーも利用されており，この場合，感度はニューマティックネブライザーより約1桁よくなる。

3.　準備操作

（1）　微量の測定対象の重金属類を濃縮するには**規格**の **52. 備考 10.** に示す溶媒抽出法又は**規格の 52. 備考 6.** の固相抽出法を適用する。

溶媒抽出法では，試料を pH 5.2 に調節し，APDC とヘキサメチレンアンモニウム-ヘキサメチレンカルバモジチオ酸（HMA-HMDC）との混合溶液を添加して金属錯体を生成させ，これをキシレンで抽出することによって，銅をはじめ，亜鉛，鉛，カドミウム，マンガン，鉄，ニッケル，コバルト，モリブデン及びバナジウムを同時に抽出することができる。

この抽出系における金属元素の挙動を図 52.5 に示す。銅，カドミウム，鉛などは広い pH 範囲で一定の抽出率を示すが，鉄，バナジウムなどは pH 依存性

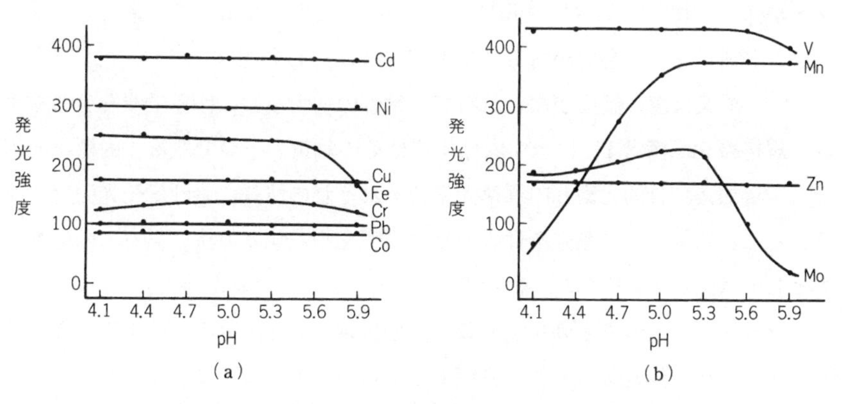

図 52.5　APDC/HMA-HMDC・キシレン抽出[11)]

が認められ，マンガンはpH 5.2 以上で一定値を示す。これらの事情から pH 5.2 を抽出条件としたものである。

なお，抽出溶媒として 2, 6-ジメチル-4-ヘプタノン（DIBK）は規定されていない。マンガン，バナジウム，亜鉛などが安定した抽出を示さなくなる。

HMA-HMDC は下に示すように DDTC 及び APDC［本書 52.2 の 1.(4)及び(5)参照］と類似した構造の化合物でカドミウムの定量などに用いられてきたものである。

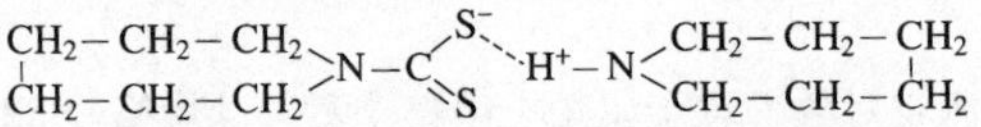

$$\begin{matrix} CH_2-CH_2-CH_2 \\ | \\ CH_2-CH_2-CH_2 \end{matrix} \!\!>\! N-C\!\begin{matrix} S^- \\ \\ S \end{matrix} \cdots H^+-N\!<\!\! \begin{matrix} CH_2-CH_2-CH_2 \\ | \\ CH_2-CH_2-CH_2 \end{matrix}$$

（**2**） 固相抽出法については，本書 52.2 の 1.(6)参照。

4.　操　作

（**1**） 試料を酸処理し，必要に応じて**規格**の **52. 備考 10.** の溶媒抽出操作又は**備考 6.** の固相抽出操作を行った後，プラズマ中に噴霧し，波長 324.754 nm の発光強度を測定して，銅を定量する。

（**2**） 検量線作成の混合標準液の各元素の濃度は，**規格**の**表 52.1** に示す濃度範囲を数段階に分けた範囲で，測定対象とする元素の濃度を含むようにする。

（**3**） **規格**の **52. 注**(13)に示すように，共存する塩類濃度が高い場合は，**規格**の **47. 注**(8)による標準添加法を適用するとよい。この場合は，バックグラウンドが補正されていないと，正の誤差を生じることになるので，常にバックグラウンド補正を行う必要がある。本書 47.3 の 1.(3)参照。

（**4**） 酸又は塩の濃度が高い試料では粘性の増大などに伴う干渉を生じやすい。**規格**の **52. 備考 11.** に示す内標準法はその対策の一つである。内標準元素を一定量加え，目的元素と内標準元素のそれぞれの波長における発光強度の比をとることによって，測定条件の変動の影響を相殺する方法である。内標準元素としては，イットリウム，インジウム，イッテルビウムが使用されるが，ICP 中で分析元素と類似の挙動を示すこと，分析線に対して分光干渉を生じないこと，元の試料に無視できる程の濃度でしか含まれていないことなどが確認できれば他の元素も使用できる。

（**5**） 溶媒抽出法を適用するときは，キシレン層をそのまま噴霧する。安定した状態でプラズマ中に導入できるのは蒸気圧の低い溶媒で，キシレンはこれに該当する。ただし，キシレンは水よりも粘性が低いので，同じキャリヤーガス流量でもより多量が導入され，プラズマが不安定になることがある。この場合はキャリヤーガスの流量を少なめにする。抽出した錯体の分解により負の誤差を生じるため，抽出後，短時間のうちに分析する。−20℃で冷蔵すると分解を遅らせることができる。

52.5 ICP 質量分析法[12),13)]

規格の **5.** によって前処理した試料を 0.1～0.5 mol/L の硝酸酸性とし，これに内標準元素を加えた後，高周波プラズマ中に噴霧し，生成した銅イオン（測定対象イオン）及び内標準元素イオンを質量分析計に導き，それぞれの質量/電荷数（m/z）におけるイオンカウント（又はその比例値）を測定して銅（測定対象元素）を定量する。

銅の単独定量及び亜鉛，鉛，カドミウム，マンガン，アルミニウム，ニッケル，コバルト，ベリリウム，ひ素，ビスマス，クロム，セレン，バナジウム，の同時定量ができる。なお，検量線の作成には，測定対象の元素だけを含む混合標準液を用いてもよい。また，**規格の附属書 1（参考）補足** XV. に水銀，銀及びバリウムの同時定量とこれらの金属元素の単独又は限られた複数の定量方法が記載されている。

なお，高周波プラズマには，誘導結合プラズマ（ICP）と，マイクロ波誘導プラズマ（MIP）とがある。電源周波数は，ICP においては 27.12 MHz 又は 40.68 MHz を，MIP においては 2.45 GHz を適用している。この規格では，高周波プラズマとして誘導結合プラズマ（ICP）を用いることとしているので，ICP 質量分析法と称している。

1. 試 薬

（**1**） ICP 質量分析法は極めて高感度であるから，試験には JIS K 0557 の A 3 の水（イオン交換水を蒸留精製したもの）レベルで，銅（測定対象元素）についての空試験の結果，使用に差し支えないことを確認したものを使用する。また。硝酸も JIS K 9901 に規定する「高純度試薬—硝酸」を使用する。

（**2**） 内標準物質にはイットリウムのほかインジウム，ビスマスなどが用いられる。いずれも使用時に 1 μg/mL 溶液を調製して使用する。

2. 装 置

（**1**） ICP 質量分析装置は，試料導入部（試料を噴霧し，粒径の大きい液滴を除去する），イオン化部（高温の高周波プラズマ中に噴霧された試料中の測定対象元素をイオン化する），インターフェース部，イオンレンズ部，質量分離部，検出部，ガス制御部，システム制御部，データ出力部，付属装置で構成されている（図 52.6 参照）。

（**2**） 噴霧室に噴霧された試料はプラズマトーチに送られ，プラズマ中でイオン化する。常圧のイオン化部と高真空（0.1～10 mPa）の質量分離部はインターフェース部を介して結ばれる。プラズマ中で生成したイオンはインターフェース部にあるサンプリングコーン及びスキマーコーン（いずれも 0.3～1 mm の小孔をもつ銅，ニッケル，白金製，水冷されている）を通って質量分離部に入る。

（**3**） 質量分離部は差動排気によって高真空を維持している。導入されたイオンはイオンレンズで収束後，マスフィルターで分離，二次電子増倍管で増幅された後，パルス（イオンカウント）として計数される。

プラズマからの強い光はバックグラウンドを増大させるので，円板で遮蔽（フォトントラップ）するか，電場を掛けてイオンの流れを曲げるなどの方法で検出器に入らないようにしている。

（**4**） 四重極質量分析計は 4 本の金属ロッドを組み合わせ，これに電圧をかけて双曲面の高周波電界を形成させ，電圧掃引して目的の質量/荷電数（m/z）のイオンを引き出すことができる。

なお，測定対象イオンに対して，ごく接近した干渉イオンのピークを分離するためには，高分解能質量分析計（磁場形二重収束質量分析計）を組み込んだ装置が用いられる。

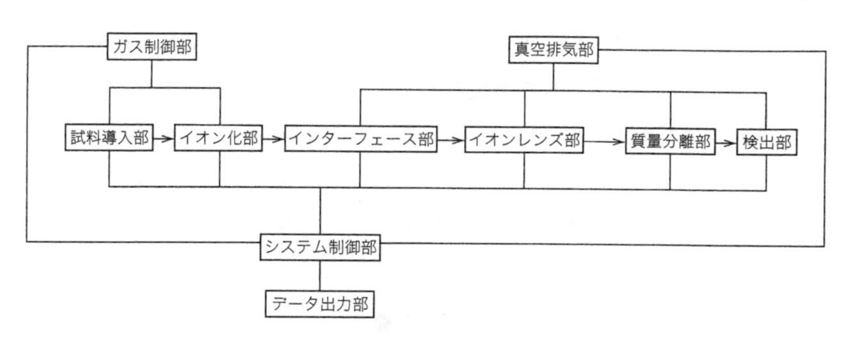

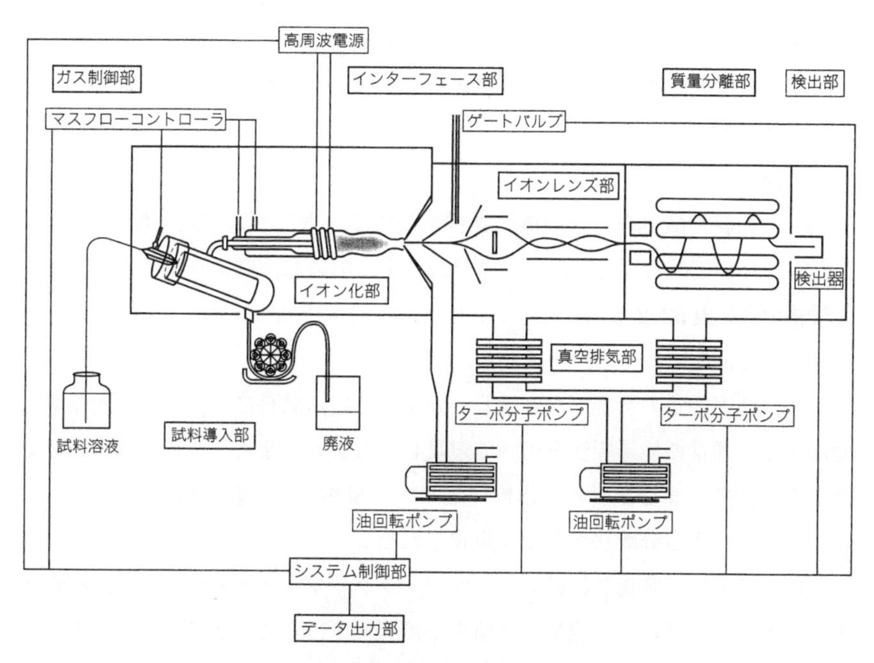

図 52.6　ICP 質量分析装置の基本構成（一例）（JIS K 0133 : 2007）

（**5**）　スペクトル干渉［詳細は 3.(5)参照］を低減するには，磁場形二重収束質量分析計のほかに，コリジョン・リアクションセル（CRC）を用いることができる。

CRC はイオンレンズと質量分離部の間に設置され，セルには水素，メタン，ヘリウム，アンモニア等のCRCガスを0.1～10 mL/minの流量で流す。イオンレンズからセルに導入された測定対象イオンと干渉イオン（多原子イオンの場合が多い）はCRCガスと衝突する。衝突により多原子イオンは解離するか，運動エネルギーを失って質量分離部まで到達しなくなる，あるいは化学反応を起こすため，スペクトル干渉が低減される。測定対象イオンも衝突により運動エネルギーを失うが，多原子イオンのほうが衝突断面積が大きいため，運動エネルギーを失う割合も大きい。衝突するガスがヘリウムのように不活性ガスであれば，化学反応を伴わないためコリジョンガスと呼ばれる。一方，ガスが水素，メタン，アンモニアなどのように衝突すると化学反応によって多原子イオンの元素組成，したがって質量数が変わり，スペクトル干渉が低減する場合は，リアクションガスと呼ばれる。

3. 操　作

（**1**）　試料を酸処理し，内標準物質としてイットリウム溶液を加え，0.1～0.5 mol/Lの硝酸酸性とした後，プラズマ中に噴霧し，測定対象元素（質量数は**規格**の**52.表52.2**参照）とイットリウム(89）の質量/荷電数におけるイオンカウントを測定し，その比を求める。

（**2**）　妨害物質の影響がないことが分かっている試料に対しては，内標準法ではなく，通常の検量線法を用いて定量してもよい。また，多量のアルカリ金属塩などが共存する試料の準備操作として，**規格**の**52.備考15.**に示すように，固相抽出法による分離法が新たに規定された。

（**3**）　標準的な噴霧装置はニューマティックネブライザーであるが，超音波ネブライザーを用いると定量下限値を1桁程度下げることができる。本書52.4の2.(4)参照。

（**4**）　ICP質量分析法における干渉は，スペクトル干渉と非スペクトル干渉（マトリックス干渉ともいう）に大別される。ICP発光分光分析法でのスペクトル干渉は波長が近い光の重なりに起因するが，ICP質量分析法でのスペクトル干渉は質量／電荷数が近いイオンの重なりに起因する。スペクトル干渉としては，試料中の共存物質によるもの以外にも，キャリヤーガス（アルゴン），空気，水などに起因するピーク，例えば，N^+(14)，O^+(16)，OH^+(17)，H_2O^+(18)，NO^+(30)，O_2^+(32)，Ar^+(40) などがあり，質量数の低い元素の定量で問題になりやすい。特に，^{56}Fe の定量はキャリヤーガスに起因する ArO^+(56) による干渉が大きいため（クールプラズマといった手法で改善されつつあるが），規格では鉄の分析法としては規定されていない。非スペクトル干渉のうち，後述する，物理干渉，イオン化干渉，化学干渉はICP発光分光分析法と共通する現象であるが，ICP質量分析法ではこれらに空間電荷（スペースチャージ）効果による干渉が加わる。

（**5**）スペクトル干渉　スペクトル干渉には，次のものがある。特に，四重極形質量分析計による測定の場合には，注意が必要である。

（**a**）同重体干渉　測定対象元素と妨害元素との原子量が近接している場合に生じる。例えば，$^{40}Ca^+$ に対する $^{40}Ar^+$，$^{82}Se^+$ に対する $^{82}Kr^+$ などがある。

（**b**）多原子イオン干渉　純粋な水を試料として導入した場合でも，ICPを形成するアルゴン，ICPに巻き込まれた空気から生ずる ArN^+，ArO^+，$ArOH^+$，Ar_2^+ などの多原子のスペクトルが生じる。塩酸酸性の場合は，ClO^+，Cl_2^+，$ArCl^+$ などの塩素原子を含む多原子イオンを，硫酸酸性の場合は，SO^+，SO_2^+ などの硫黄原子を含む多原子イオンを，りん酸酸性の場合は，POH^+，PO_2^+ などのりん原子を含む多原子イオンを生成する。

これに対して硝酸酸性の場合には，多原子イオンが純粋な水の場合と比較して著しく増加することはない。したがって，止むを得ない場合以外は，硝酸を用いる。試料の準備操作で 0.1～0.5 mol/L の硝酸酸性溶液とする。

また，共存元素を含む多原子イオンが測定対象元素に干渉する場合もある。特に，アルカリ土類金属，希土類元素などは酸化物を生成しやすく，このため，これらの元素の質量数に16を加えた m/z の位置にスペクトルが現れる。これらの多原子イオンの生成割合は，試料導入部，イオン化部及びインターフェース部の設定条件によって大きく変動するので，設定条件を最適化することで干渉を軽減できる。

（**c**）2価イオン干渉　電荷数が2となるイオンは，1価イオンの1/2の

m/z の位置にスペクトルが現れるため，試料中の測定対象元素の 2 倍の質量数の同位体が存在する場合に問題となる。2 価イオンは第二イオン化エネルギーの低い元素で生成しやすい。アルカリ土類金属元素及び希土類元素が該当する。

（**6**） 非スペクトル干渉　非スペクトル干渉には，次のものがある。

（**a**） 物理干渉　測定試料溶液中の酸濃度，共存元素濃度によって溶液の粘度や表面張力などが変化すると，ネブライザーによる試料の吸い上げ速度，溶液の霧化効率，粒径分布が変化して ICP に霧が運ばれる効率（輸送効率）が変動し，イオンカウント値の変動の原因となる。このため，検量線用標準液及び測定用試料溶液は液性をできるだけ一致させる。また，共存塩類濃度が高いと，サンプリングコーン及びスキマーコーンのオリフィスに不溶性物質が析出して感度が低下するため，塩類の全濃度を 1 g/L 以下に抑えるようにする。

（**b**） イオン化干渉及び化学干渉　プラズマ内での測定対象元素のイオン化率は，プラズマ内の温度及び電子密度によって決まる。したがって，高濃度の共存元素が存在すると，これらの元素がイオン化されるときに発生する電子によってプラズマ中の電子密度が増加し，測定対象元素のイオン化率が低下する（ただし，電子密度は ICP 中の位置により異なるため，観測位置によっては増加することもある)。特に，アルカリ金属元素，アルカリ土類金属元素などのイオン化エネルギーの低い元素が多量に存在すると測定対象元素のイオン化率が大きく低下する。

化学干渉は，測定対象元素が高沸点の難解離性塩を生成することによって原子化及びイオン化が抑えられ，感度が低下する現象である。アセチレン-空気フレーム（約 2 200℃）などの化学フレームを用いる原子吸光法では問題となるが，ICP ではプラズマの温度（約 5 000 ～ 7 000℃）が高いため，通常の分析条件では問題とならない。

（**c**） 空間電荷（スペースチャージ）効果　空間電荷とは，真空やガス中などの空間に分布しているイオンや電子のことをいう。ICP 中ではアルゴンイオンと電子は均衡して電荷中性状態にあるため空間電荷はゼロである。しかし，スキマーコーン下流及びイオンレンズでは，電子の移動度がアルゴンイオンの移動度より大きいため，プラズマから引き出されたビームは正電荷を帯びた状態となり，測定対象イオンとアルゴンイオンとの間にクーロン反発力が働き，測定対象イオンは質量分析部のスリット上に収束しなくなる。すなわち感度が低下する。空間電荷はアルゴンイオンだけでなく，共存元素によってもつくられるが，等しいクーロン力であっても軽い元素ほど弾き飛ばされやすいため，測定対象元素の原子量が小さいほど，また，共存元素の原子量が大きいほど空間電荷効果による干渉は大きくなる。ICP 質量分析法で内標準法を用いる場合，測定対象元素の原子量と比較的近い内標準元素を選択すると，この空間電荷効果によるイオン軌道（弾き飛ばされやすさ）が測定対象元素と内標準元素で同じ挙動をとるため，干渉を適切に補正することができる。

参 考 文 献

1） A. Hulanicki（1967）：Talanta, **12**, 1371
2） J. A. Platte, V. M. Marcy（1965）：At. Abs. Newsletter, **4**, 289
3） ジーエルサイエンス編（2012）“固相抽出ガイドブック”（ジーエルサイエンス社）
4） 栗山清治ほか（1998）：工業用水，No.**481**, 29
5） 坂元秀之ほか（2006）：分析化学，**55**, 133
6） 栗山清治（2004）：環境と測定技術，**31**, No.5, 37
7） 古庄義明ほか（2008）分析化学，**57**, 969
8） 環境庁告示第 59 号付表 8（及び付表 10）
9） 梅崎芳美（1992）：工業用水，No.**405**, 40
10） 宮崎章（1991）：工業用水，No.**395**, 65；（1992）No. **405** ,48
11） H. Tao, A. Miyazaki, K. Bansho, Y. Umezaki（1984）：Anal. Chim. Acta, **156**, 159
12） JIS K 0133：2007（高周波プラズマ質量分析通則）
13） 田尾博明ほか（2015）：誘導結合プラズマ質量分析，共立出版

53. 亜 鉛 (Zn)

53.1 フレーム原子吸光法 [1),2)]

定量操作は**規格**の **52.2** と同じ。ただし，測定波長 213.9 nm，定量範囲：Zn 0.05 ～ 2 mg/L。本書 52.2 参照。

1. 操 作

（1） 亜鉛中空陰極ランプからのスペクトル線は，213.9 nm 及び 307.6 nm があるが感度は前者がはるかに高い。ただし，213.9 nm ではフレームによる吸収のためバックグラウンドが大きくなる。

（2） 原子吸光法において亜鉛は最も高感度な元素の一つであり，共存成分の妨害も少ないので，試料の直接噴霧によって定量できることが多い。時には希釈定量もできるので，共存成分の影響はさらに小さくなる。

アセチレン-空気フレームを用いた場合，1 mg/L の亜鉛に対して 1 000 mg/L の鉄，ニッケル，マンガン，クロム，鉛，硫酸塩，硝酸塩，亜硝酸塩，りん酸塩，シリカ，EDTA などはほとんど影響を与えない。

（3） 試料中の亜鉛が微量で，抽出操作を妨害する物質を含まない場合は，**規格**の **52. 備考 4.** 又は **5.** の溶媒抽出法若しくは**規格**の **52. 備考 6.** の固相抽出法を適用する。

（4） 準備操作，操作などは，**規格**の **52.2** に準じている。**規格**の **52.2** 及び本書 52.2 を参照。

53.2 電気加熱原子吸光法

定量操作は**規格**の **52.3** と同じ。ただし，測定波長 213.9 nm，定量範囲：Zn 1～20 μg/L。本書 52.3 参照。

1. 試薬，器具及び装置

本書 52.3 の 1. 及び 2. 参照。

2. 操　作

(**1**)　準備操作及び操作はそれぞれ**規格**の **52.3 c)** 及び **d)** に準じて行う。ただし，波長は 213.9 nm を用いる。本書 52.3 の 3. 及び 4. 参照。

(**2**)　亜鉛はフレーム原子吸光法においても，特に高感度のグループに属するので，電気加熱原子吸光法を用いる必要性は低い。

(**3**)　亜鉛は塩化物イオンが共存すると灰化時に揮散しやすいので注意する。

(**4**)　環境中には亜鉛は普遍的に存在しているので，使用する水，試薬，器具，実験室環境などからのコンタミネーションについて特別の注意が必要である。できれば，クリーンルーム，クリーンベンチなどの清浄な環境中で試験することが望ましい。

53.3　ICP 発光分光分析法

定量方法は**規格**の **52.4** による。本書 52.4 参照。

53.4　ICP 質量分析法

定量方法は，**規格**の **52.5** による。定量範囲：Zn 0.5 ～ 500 μg/L。試薬，装置，操作などの共通する事項は，本書 52.5 を参照。

参 考 文 献

1)　今井照男（1967）：分析化学，**16**，900
2)　垣山仁夫，安田誠二（1971）：工業用水，No.**154**，21

54. 鉛（Pb）

54. 鉛（Pb） 鉛の定量には，フレーム原子吸光法，電気加熱原子吸光法，ICP 発光分光分析法又は ICP 質量分析法を適用する。

なお，フレーム原子吸光法は，1986 年に第 1 版として発行された **ISO 8288**，ICP 発光分光分析法は，2007 年に第 2 版として発行された **ISO 11885**，ICP 質量分析法は，2016 年に第 2 版として発行された **ISO 17294-2** との整合を図ったものである。

備考 この試験方法の対応国際規格を，次に示す。

なお，対応の程度を表す記号は，**ISO/IEC Guide 21-1** に基づき，IDT（一致している），MOD（修正している），NEQ（同等でない）とする。

ISO 8288:1986，Water quality－Determination of cobalt, nickel, copper, zinc, cadmium and lead－Flame atomic absorption spectrometric methods（MOD）

ISO 11885:2007，Water quality－Determination of selected elements by inductively coupled plasma optical emission spectrometry (ICP-OES)（MOD）

ISO 17294-2:2016，Water quality－Application of inductively coupled plasma mass spectrometry (ICP-MS)－Part 2: Determination of selected elements including uranium isotopes（MOD）

54.1 フレーム原子吸光法 試料を前処理した後，アセチレン-空気フレーム中に噴霧し，鉛による原子吸光を波長 283.3 nm で測定して鉛を定量する。

定量範囲：Pb 1～20 mg/L，繰返し精度：2～10 %（装置及び測定条件によって異なる。）

a) 試薬 試薬は，次による。

1) 鉛標準液（Pb 0.1 mg/mL） **52.4 a) 5)**の鉛標準液（Pb 1 mg/mL）10 mL を全量フラスコ 100 mL にとり，硝酸（1＋1）［**52.1 a) 8)**による。］10 mL を加え，水を標線まで加える。

b) 装置 装置は，**52.2 b)**による。

c) 準備操作 準備操作は，次による。

1) 試料を **5.**によって処理する([1])。

注([1]) 水溶液をそのまま噴霧する場合は，硫酸イオンが存在すると鉛に負の誤差を与えるので，硫酸を用いる前処理は行わない。

備考 1. 鉛の濃度が低い試料で，抽出操作を妨害する物質を含まない場合の準備操作は，**52.**の**備考 4.**又は**備考 5.**若しくは**備考 6.**による。

d) 操作 操作は，次による。

1) **52.2 d) 1)**の操作を行う。ただし，波長は 283.3 nm を用いる。

2) 空試験として **52.2 d) 2)**の操作を行う。

3) 検量線から鉛の量を求め，試料中の鉛の濃度（Pb mg/L）を算出する。

e) 検量線 検量線の作成は，次による。

1) 鉛標準液（Pb 0.1 mg/mL）1～20 mL([2])を全量フラスコ 100 mL に段階的にとり，**c) 1)**を行った試料と同じ酸の濃度になるように酸を加えた後，水を標線まで加える([3])。

2) **52.2 e) 2)**及び **3)**の操作を行い，鉛（Pb）の量と指示値との関係線を作成する。検量線の作成は，試料測定時に行う。

注(2) 準備操作として溶媒抽出を適用するときは，鉛標準液（Pb 0.1 mg/mL）の量を，適宜，減らす。

(3) **備考 1.**によって準備操作を行い，酢酸ブチル層，4-メチル-2-ペンタノン層又は 2,6-ジメチル-4-ヘプタノン層をそのまま噴霧する場合の検量線の作成は，次による。

鉛標準液（Pb 0.1 mg/mL）を適切な濃度（Pb 1～5 μg/mL）に薄め，その 1～20 mL を段階的にとり，約 500 mL（又は 100～500 mL の一定量）とした後，試料と同様に **c)**の準備操作を行って鉛の量と指示値との関係線を作成する。

54.2 電気加熱原子吸光法 試料を前処理した後，マトリックスモディファイヤーとして硝酸パラジウム（II）を加え，電気加熱炉で原子化し，鉛による原子吸光を波長 283.3 nm で測定して鉛を標準添加法によって定量する。

定量範囲：Pb 5～100 μg/L，繰返し精度：2～10 %（装置及び測定条件によって異なる。）

備考 2. **52.**の**備考 7.**による。

a) 試薬 試薬は，次による。

1) 水 **52.3 a) 1)**による。

2) 硝酸（1+1） **52.3 a) 2)**による。

3) 硝酸パラジウム（II）溶液（Pd 10 μg/mL） 硝酸パラジウム（II）0.108 g を硝酸（1+1）10 mL を加えて溶かし，全量フラスコ 500 mL に移し入れ，水を標線まで加える。この溶液 20 mL を全量フラスコ 200 mL にとり，水を標線まで加える。

4) 鉛標準液（Pb 1 μg/mL） **52.4 a) 6)**の鉛標準液（Pb 10 μg/mL）10 mL を全量フラスコ 100 mL にとり，硝酸（1+1）20 mL を加え，水を標線まで加える。

b) 器具及び装置 器具及び装置は，**52.3 b)**による。

c) 準備操作 準備操作は，次による。

1) 試料を **5.**によって処理する。

備考 3. 試料の鉛の濃度が低い試料で，アルカリ金属イオン，アルカリ土類金属イオンなどの共存物質の濃度が高く，測定を妨害する場合の準備操作は **52.**の**備考 6.**による。

d) 操作 操作は，次による。

1) **c)**の準備操作を行った試料 15 mL ずつをそれぞれ全量フラスコ 20 mL にとり，鉛標準液（Pb 1 μg/mL）を加えないものと，0.1～2 mL の範囲で段階的に 3 段階以上添加したものとを調製し，それぞれの溶液の酸の濃度が同じになるように硝酸（1+1）を加えた後，水を標線まで加える。

2) **1)**の操作を行った試料の 100 μL 以上の一定量をマイクロピペットで小形の容器にとり，これと同体積の硝酸パラジウム（II）溶液（Pd 10 μg/mL）を加え，よく混ぜ合わせる。

3) **52.3 d) 1)**の操作を行う。ただし，灰化温度は 500～800 ℃，原子化(4)温度は 1 800～2 500 ℃，波長は 283.3 nm を用いる。

4) 空試験として **c)**の準備操作での試料と同量の水をとり，試料と同様に **c)**の操作を行った後，その 15 mL を全量フラスコ 20 mL にとる。次に，**d) 1)**の溶液の酸の濃度と同じになるように，硝酸（1+1）を加えた後，水を標線まで加える。この溶液について，**2)**及び **3)**の操作を行って，試料について得た指示値を補正する。

5) 鉛の添加量と指示値との関係線を作成し，鉛の量を求め，試料中の鉛の濃度（Pb μg/L）を算出する。

注(4) **52.**の注(9)による。

54.1　フレーム原子吸光法[1)〜3)]

定量操作は，**規格**の **52.2** と同じ。ただし，測定波長 283.3 nm，定量範囲：Pb 1〜20 mg/L。本書 52.2 参照。

1.　操　作

（**1**）　原子吸光法において多量の硫酸イオンの存在は好ましくないが，特に鉛の場合は注意する。すなわち，一般的な化学干渉のほかに硫酸鉛は溶解度が低く，硫酸カルシウム，硫酸バリウムなどの難溶性硫酸塩に共沈しやすいからである。海水試料中には多量の硫酸イオンが含まれているので，少なくとも塩酸又は硝酸酸性で煮沸する操作が必要である。

（**2**）　鉛中空陰極ランプからのスペクトル線は 283.3 nm のほか 217.0 nm の線もある。感度は後者の方がやや高いが，この波長領域ではフレーム自身による吸収も大きい。

（**3**）　鉛の感度はやや劣るが，原子吸光法に適した元素である。プロパン-空気のような低温フレームでは硫酸塩，りん酸塩などの妨害があるが，アセチレン-空気フレームではりん酸塩による妨害は消滅する。

（**4**）　試料中の鉛が微量で，抽出操作を妨害する物質を含まない場合は，**規格**の **52. 備考 4.** 又は **5.** の溶媒抽出法若しくは**備考 6.** の固相抽出法を適用する。

（**5**）　準備操作，操作などは，**規格**の **52.2** に準じている。**規格**の **52.2** 及び本書 52.2 を参照。

54.2　電気加熱原子吸光法

前処理した試料を 0.1〜1 mol/L の硝酸酸性とし，これにマトリックスモディファイヤーとして硝酸パラジウム(Ⅱ) を加え，電気加熱炉で原子化し，波長 283.3 nm の原子吸光を測定して鉛を定量する。鉛については，検量線法ではなく標準添加法を適用する。

1.　試薬，器具及び装置

（**1**）　本書 52.3 の 1. 及び 2. 参照。

2.　操　作

（**1**）　準備操作は，**規格**の **52.3 c**）に準じて行う。

（**2**）　鉛は共存物の影響を受けやすいので，マトリックスモディファイヤーの添加に加えて，標準添加法を必ず適用する。

（**3**）　一般に電気加熱原子吸光法では，共存物による干渉を抑制するために，マトリックスモディファイヤーの添加が有力な手段である。試料に試薬（マトリックスモディファイヤー）を加えて，灰化段階における対象元素の揮散を抑制し，感度増大をはかる。場合によっては共存成分を揮発除去する。

特に鉛は塩化物が共存すると揮散しやすいので，規格では鉛に対して硝酸パラジウム(Ⅱ）の添加が規定されている。規格に規定されていないが，鉛に対しては，そのほか，硝酸パラジウム(Ⅱ）と硝酸マグネシウム（又はアスコルビン酸），りん酸塩と硝酸マグネシウムなどが知られている。

（**4**）　**規格**の **54.2 d**）**1**）～**5**）の操作は標準添加法である。**4**）で求めた空試験値を各指示値から差し引いた値を用いて作図し，横軸のマイナス側の切片から試料中の鉛の濃度を求める。標準添加法については，JIS K 0121（原子吸光分析通則）を参照。

（**5**）　その他，本書 52.3 の 3. 及び 4. 参照。

54.3　ICP 発光分光分析法

定量方法は，**規格**の **52.4** による。本書 52.4 参照。

1.　操　作

（**1**）　準備操作及び操作はそれぞれ，**規格**の **52.4 c**）及び **d**）に準じて行う。ただし，測定波長は 220.351 nm とする。

（**2**）　アルミニウムが鉛の 100 倍以上存在すると分光干渉を生じることがある。

（**3**）　鉛の濃度が低いときは，**規格**の **52. 備考 10.** に準じて鉛を抽出し，定量する。

54.4　ICP 質量分析法

定量方法は，**規格**の **52.5** による。定量範囲：Pb 0.3〜500 μg/L。試薬，装置，操作などの共通する事項は，本書 52.5 を参照。

参 考 文 献

1）　C. L. Chakrabarti, J. W. Robinson, P. W. West（1966）：Anal. Chim. Acta, **34**, 269

2）　山本勇麓ほか（1971）：分析化学，**20**，347

3）　G. Schlemmer, B. Welz（1986）：Spectrochim. Acta, **41B**, 1157

55. カドミウム（Cd）

55. カドミウム（Cd） カドミウムの定量には，フレーム原子吸光法，電気加熱原子吸光法，ICP 発光分光分析法又はICP 質量分析法を適用する。

なお，フレーム原子吸光法は，1986 年に第 1 版として発行された **ISO 8288** 及び 1994 年に第 2 版として発行された **ISO 5961**，電気加熱原子吸光法は，1994 年に第 2 版として発行された **ISO 5961**，ICP 発光分光分析法は，2007 年に第 2 版として発行された **ISO 11885**，ICP 質量分析法は，2016 年に第 2 版として発行された **ISO 17294-2** との整合を図ったものである。

備考 この試験方法の対応国際規格を，次に示す。

なお，対応の程度を表す記号は，**ISO/IEC Guide 21-1** に基づき，IDT（一致している），MOD（修正している），NEQ（同等でない）とする。

ISO 8288:1986，Water quality－Determination of cobalt, nickel, copper, zinc, cadmium and lead－Flame atomic absorption spectrometric methods（MOD）

ISO 5961:1994，Water quality－Determination of cadmium by atomic absorption spectrometry（MOD）

ISO 11885:2007，Water quality－Determination of selected elements by inductively coupled plasma optical emission spectrometry (ICP-OES)（MOD）

ISO 17294-2:2016，Water quality－Application of inductively coupled plasma mass spectrometry (ICP-MS)－Part 2: Determination of selected elements including uranium isotopes（MOD）

55.1 フレーム原子吸光法 試料を前処理した後，アセチレン-空気フレーム中に噴霧し，カドミウムによる原子吸光を波長 228.8 nm で測定してカドミウムを定量する。

定量範囲：Cd 50～2 000 μg/L，繰返し精度：2～10 %（装置及び測定条件によって異なる。）

a) 試薬 試薬は，次による。

1) カドミウム標準液（Cd 10 μg/mL） **52.4 a) 8)**による。

b) 装置 装置は，**52.2 b)**による。

c) 準備操作 準備操作は，次による。

1) 試料を **5.**によって処理する。

備考 1. カドミウムの濃度が低い試料で，抽出操作を妨害する物質を含まない場合の準備操作は，**52.2** の**備考 4.**又は**備考 5.**若しくは**備考 6.**による。

2. 試料中に多量の鉄又はマンガンが含まれている場合は，次のイオン交換樹脂による方法によってカドミウムを分離濃縮する。

1) 試料の適量に **JIS K 8180** に規定する塩酸を加えて約 2 mol/L の塩酸酸性とする。これをイオン交換カラム［I 形の強塩基性陰イオン交換樹脂を塩化物イオン形に調製したものをカラム（例えば，内径 10 mm，長さ 200 mm）に充塡したもの。］に約 3 mL/min で流してカドミウムをクロロ錯体として吸着させた後，塩酸（1＋9）（**JIS K 8180** に規定する塩酸を用いて調製する。）で洗浄する。

2) 受器を代え，硝酸（1＋12）（**JIS K 8541** に規定する硝酸を用いて調製する。）で溶離し，溶離液を一定液量とする。

備考 3. 試料中に多量の亜鉛，銅などが含まれている場合には，試料の適量に **JIS K 8509** に規定する臭化水素酸を加えて約 0.5 mol/L の臭化水素酸溶液とし，その 50 mL に対して *N,N*-ジオクチル-1-オクタンアミン（トリオクチルアミン）の 4-メチル-2-ペンタノン溶液（体積百分率 1 %）10 mL を加えて振り混ぜ，カドミウムを抽出する。抽出した 4-メチル-2-ペンタノン層をそのまま噴霧して原子吸光分析に用いる。

d) 操作 操作は，次による。

1) **52.2 d) 1)**の操作を行う。ただし，波長は 228.8 nm を用いる。

2) 空試験として **52.2 d) 2)**の操作を行う。

3) 検量線からカドミウムの量を求め，試料中のカドミウムの濃度（Cd μg/L）を算出する。

e) 検量線 検量線の作成は，次による。

1) カドミウム標準液（Cd 10 μg/mL）0.5～20 mL(1)を全量フラスコ 100 mL に段階的にとり，**c) 1)**を行った試料と同じ酸の濃度になるように酸を加えた後，水を標線まで加える(2)。

2) **52.2 e) 2)**及び **3)**の操作を行い，カドミウム（Cd）の量と指示値との関係線を作成する。検量線の作成は，試料測定時に行う。

注(1) 準備操作として溶媒抽出を適用するときは，カドミウム標準液（Cd 10 μg/mL）の量を，適宜，減らす。

(2) **備考 1.**によって準備操作を行い，酢酸ブチル層，4-メチル-2-ペンタノン層又は 2,6-ジメチル-4-ヘプタノン層をそのまま噴霧する場合の検量線の作成は，次による。

カドミウム標準液（Cd 10 μg/mL）を適切な濃度（Cd 0.1～1 μg/mL）に薄め，その 0.5～20 mL を段階的にとり，約 100 mL とした後，試料と同様に**備考 1.**並びに **d) 1)**及び **2)**を行ってカドミウム（Cd）の量と指示値との関係線を作成する。

備考 4. アルカリ金属のハロゲン化物が多量に存在すると，その分子吸収，光散乱などによって正の誤差を生じる。このような場合には，バックグラウンド補正を行うか，又はあらかじめカドミウムを分離する。

55.2 電気加熱原子吸光法 試料を前処理した後，マトリックスモディファイヤーとして硝酸パラジウム（II）を加え電気加熱炉で原子化し，カドミウムによる原子吸光を波長 228.8 nm で測定してカドミウムを標準添加法によって定量する。

定量範囲：Cd 0.5～10 μg/L，繰返し精度：2～10 %（装置及び測定条件によって異なる。）

備考 5. 52.の**備考 7.**による。

a) 試薬 試薬は，次による。

1) **水 52.3 a) 1)**による。

2) **硝酸（1+1） 52.3 a) 2)**による。

3) **硝酸パラジウム（II）溶液（Pd 10 μg/mL） 54.2 a) 3)**による。

4) **カドミウム標準液（Cd 1 μg/mL） 52.4 a) 8)**のカドミウム標準液（Cd 10 μg/mL）10 mL を全量フラスコ 100 mL にとり，硝酸（1+1）2 mL を加え，水を標線まで加える。

5) **カドミウム標準液（Cd 0.1 μg/mL）** カドミウム標準液（Cd 1 μg/mL）10 mL を全量フラスコ 100 mL にとり，硝酸（1+1）2 mL を加え，水を標線まで加える。

b) 器具及び装置 器具及び装置は，**52.3 b)**による。

c) 準備操作 準備操作は，次による。

1) 試料を **5.**によって処理する。

備考 6. 試料のカドミウムの濃度が低い試料で，アルカリ金属イオン，アルカリ土類金属イオンなどの共存物質の濃度が高く，測定を妨害する場合の準備操作は **52.**の**備考 6.**による。

d)　操作　操作は，次による。

1)　**54.2 d) 1)**の操作を行う。ただし，カドミウム標準液（Cd 0.1 μg/mL）を用いる。

2)　**54.2 d) 2)**の操作を行う。

3)　**52.3 d) 1)**の操作を行う。ただし，灰化温度は 500～800 ℃，原子化([3])温度は 1 600～2 200 ℃，波長は 228.8 nm を用いる。

4)　**54.2 d) 4)**の操作を行う。

5)　カドミウムの添加量と指示値との関係線を作成し，カドミウムの量を求め，試料中のカドミウムの濃度（Cd μg/L）を算出する。

注([3])　**52.**の注([9])による。

55.1　フレーム原子吸光法 [1)～3)]

定量操作は，**規格**の **52.2** と同じ。ただし，測定波長 228.8 nm，定量範囲：Cd 0.05～2 mg/L。本書 52.2 参照。

1.　操　作

（**1**）　カドミウム中空陰極ランプのスペクトル線は 228.8 nm のほか 326.1 nm がある。感度は前者が圧倒的に高い。

（**2**）　カドミウムは亜鉛と並んで原子吸光法における最も高感度な元素の一つである。

試料の直接噴霧における共存成分の干渉はほとんど認められない。ただし，高濃度のハロゲン化アルカリが共存するとその分子吸光及び光散乱によって正の誤差を生じる。図 55.1 に塩化ナトリウム溶液の分子吸光を示す。したがって，このような試料の場合は，バックグラウンド補正装置を併用するか，あるいは溶媒抽出法などによってカドミウムを分離する方法を用いるとよい。

（**3**）　試料中のカドミウムが微量で，抽出操作を妨害する物質を含まない場合は，**規格**の **52. 備考 4.** 又は **5.** の溶媒抽出法若しくは**規格**の **52. 備考 6.** の固相抽出法を適用する。

（**4**）　試料中に多量の鉄，マンガンなどが含まれているときは**規格**の **55. 備考 2.** に示すイオン交換樹脂カラムによる選択吸着を利用するとよい。

カドミウム（及び亜鉛）は塩酸酸性でクロロ錯体，$CdCl_4^{2-}$（及び $ZnCl_4^{2-}$）を生成し，これらは約 2 mol/L 塩酸酸性で選択的に強塩基性陰イオン交換樹脂に吸着される。

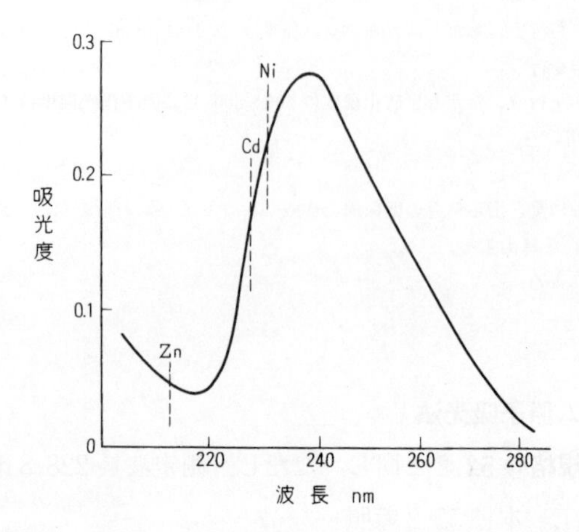

図 55.1　塩化ナトリウム溶液（100 g/L）**の分子吸光**[3)]

（**5**）　試料中に多量の亜鉛，銅などが含まれているときは**規格**の**55. 備考 3.** に示す高分子量アミンによるカドミウムの選択抽出法を利用するとよい。抽出した4-メチル-2-ペンタノン層はそのまま噴霧する。

この抽出法によれば，鉄(Ⅲ)，銅，ひ素(Ⅲ)，すず(Ⅱ)，アンチモン(Ⅲ)，鉛，亜鉛（少なくとも 4 000 mg/L），3 mol/L までの塩酸及び 1.5 mol/L までの硫酸は全く影響がない。また，水銀，ビスマスも 1 000 mg/L までは妨害とならない。ただし，0.3 mol/L 以上の硝酸は負の誤差を与える。この方法での振り混ぜ時間は 5 分間程度でよい。抽出後，層分離に若干の時間を要するので，遠心分離などの方法を用いてもよい。

55.2　電気加熱原子吸光法

前処理した試料を 0.1～1 mol/L の硝酸酸性とし，これにマトリックスモディファイヤーとして硝酸パラジウム(Ⅱ) を加え，電気加熱炉で原子化し，波長 228.8 nm の原子吸光を測定してカドミウムを定量する。カドミウムについては，検量線法ではなく標準添加法を適用する。

1.　試薬，器具及び装置

（1）　本書 52.3 の 1. 及び 2. 参照。

2.　操　作

（1）　準備操作は**規格**の **52.3 c**）に準じて行う（本書 52.3 の 3. 参照）。カドミウムは塩化物が共存すると灰化時に揮散しやすい。また，共存物の影響を受けやすいので，マトリックスモディファイヤーの添加に加えて，標準添加法を必ず適用する。

（2）　マトリックスモディファイヤーについては本書 54.2 の 2.(3) 参照。規格ではカドミウムに対して硝酸パラジウム(Ⅱ）の添加が規定されている。カドミウムに対しては，鉛に対してと同様に，硝酸パラジウム(Ⅱ）とアスコルビン酸，りん酸塩と硝酸マグネシウムなどが知られている。

（3）　**規格**の **55.2 d**）**1**）の操作は標準添加法である。本書 54.2 の 2.(4) 参照。

55.3　ICP 発光分光分析法

定量方法は，**規格**の **52.4** による。本書 52.4 参照。

55.4　ICP 質量分析法

定量方法は，**規格**の **52.5** による。定量範囲：Cd 0.3～500 μg/L。試薬，装置，操作などの共通する事項は，本書 52.5 を参照。

参 考 文 献

1）　山本勇麓ほか（1971）：分析化学，**20**，347
2）　殿内重政ほか（1971）：分析化学，**20**，1453
3）　川崎健治ほか（1970）：分光研究，**19**，165

56.　マンガン（Mn）

56. マンガン（Mn）　マンガンの定量には，過よう素酸吸光光度法，フレーム原子吸光法，電気加熱原子吸光法，ICP発光分光分析法又はICP質量分析法を適用する。

なお，ICP発光分光分析法は，2007年に第2版として発行された**ISO 11885**，ICP質量分析法は，2016年に第2版として発行された**ISO 17294-2**との整合を図ったものである。

備考　この試験方法の対応国際規格を，次に示す。

なお，対応の程度を表す記号は，**ISO/IEC Guide 21-1**に基づき，IDT（一致している），MOD（修正している），NEQ（同等でない）とする。

ISO 11885:2007，Water quality－Determination of selected elements by inductively coupled plasma optical emission spectrometry (ICP-OES)（MOD）

ISO 17294-2:2016，Water quality－Application of inductively coupled plasma mass spectrometry (ICP-MS)－Part 2: Determination of selected elements including uranium isotopes（MOD）

56.1　過よう素酸吸光光度法　試料を硫酸酸性とした後，過よう素酸カリウムを加え，加熱して赤紫の過マンガン酸イオンを生成させ，その吸光度を測定してマンガンを定量する。

定量範囲：Mn 40～500 μg，繰返し精度：3～10 %

a)　試薬　試薬は，次による。

1) **硫酸（1+1）**　**5.4 a) 2)**による。
2) **りん酸**　**JIS K 9005**に規定するもの。
3) **過よう素酸カリウム**　**JIS K 8249**に規定するもの。
4) **マンガン標準液（Mn 1 mg/mL）**　**52.4 a) 9)**による。
5) **マンガン標準液（Mn 20 μg/mL）**　マンガン標準液（Mn 1 mg/mL）5 mLを全量フラスコ250 mLにとり，水を標線まで加える。

b)　装置　装置は，次による。

1) **光度計**　分光光度計又は光電光度計

c)　操作　操作は，次による。

1) **5.**の操作を行った(1)試料の適量(2)（Mnとして40～500 μgを含む。）をとり，硫酸（1+1）10 mL(3)を加え，加熱して硫酸の白煙を発生させ，ハロゲン化物を除去する。
2) 放冷後，水約20 mLとりん酸1 mLとを加え，加熱して内容物を溶かす。不溶解物がある場合には，ろ別し，ろ紙と沈殿とを温水で洗い，ろ液と洗液とを合わせ，水を加えて約45 mLにする。
3) 過よう素酸カリウム0.5 g(4)を加え，沸騰水浴中で30分間加熱し(5)発色させる。
4) 流水で冷却した後，全量フラスコ50 mLに移し入れ，水を標線まで加える。
5) この溶液の一部を吸収セルに移し，波長525 nm付近又は545 nm付近の吸光度を測定する。
6) 空試験として水約30 mLをとり，硫酸（1+1）10 mLとりん酸1 mLとを加えた後，**3)**～**5)**の操作を行って吸光度を測定し，試料について得た吸光度を補正する。
7) 検量線からマンガンの量を求め，試料中のマンガンの濃度（Mn μg/L）を算出する。

注(1)　試料中にこの試験に影響する有機物及び妨害物質が含まれていない場合には，前処理を省略してもよい。

(2) 試料は最大 500 mL とする。

(3) 前処理操作に硫酸を用いた場合には，硫酸は加えない。ただし，試料中の硫酸は約 5 mL になるように調節する。

(4) 過よう素酸カリウムの代わりに，硝酸銀溶液（5 g/L）（**JIS K 8550** に規定する硝酸銀 0.5 g を水に溶かして 100 mL とする。）2 mL とペルオキソ二硫酸アンモニウム溶液（200 g/L）（**JIS K 8252** に規定するペルオキソ二硫酸アンモニウム 20 g を水に溶かして 100 mL とする。）5 mL とを加えて約 1 分間煮沸して発色させてもよい。この場合は，発色時の硫酸の濃度は約 0.5 mol/L になるようにする。この方法で塩化銀の沈殿が生じたら，これが消えるまで硝酸酸性硝酸水銀（II）溶液［硝酸水銀（II）*n* 水和物 5 g を硝酸（1＋2）（**JIS K 8541** に規定する硝酸を用いて調製する。）20 mL に溶かし，水で 100 mL とする。］を滴加し，更に数滴過剰に加えて塩化物イオンをマスキングする。

(5) 加熱時間が長すぎると，生成した過マンガン酸イオンが分解するおそれがあるから，加熱時間は正しく守る。

d) 検量線　検量線の作成は，次による。

1) マンガン標準液（Mn 20 μg/mL）2～25 mL をビーカー100 mL に段階的にとり，水を加えて液量を約 30 mL とし，硫酸（1＋1）10 mL とりん酸 1 mL とを加えた後，**c) 3)～6)**の操作を行ってマンガン（Mn）の量と吸光度との関係線を作成する。

備考 1. 溶存マンガンを定量する場合には，**3.2** によってろ過した試料（ただし，ろ過にはろ紙 5 種 C を用いる。）の適量（Mn として 40～500 μg を含む。）を用い，**c) 1)**以降の操作を行う。

2. マンガンの濃度が低い場合には，次の鉄共沈法で濃縮して定量できる。

1) 試料 500 mL までの適量をとり，約 90 ℃に加熱し，硫酸アンモニウム鉄（III）溶液（Fe 2 mg/mL）［**JIS K 8982** に規定する硫酸アンモニウム鉄（III）・12 水 1.8 g をとり，硝酸（1＋6）（**JIS K 8541** に規定する硝酸を用いて調製する。）10 mL 及び水に溶かして 100 mL とする。］5 mL 及び **JIS K 8230** に規定する過酸化水素 5～10 mL を加え，この溶液をかき混ぜながらアンモニア水（1＋1）（**JIS K 8085** に規定するアンモニア水を用いて調製する。）又は水酸化ナトリウム溶液（100 g/L）［**19. a) 2)**による。］を加えて，水酸化鉄（III）の沈殿を生成させる。

2) 沈殿が沈降した後，ろ紙 5 種 A を用いてろ過し，温水で洗う。

3) 沈殿をできるだけ元のビーカーに移し，ろ紙に付着した沈殿は，少量の過酸化水素（1＋10）（**JIS K 8230** に規定する過酸化水素を用いて調製する。）を加えた硫酸（1＋9）（**JIS K 8951** に規定する硫酸を用いて調製する。）50 mL で溶かし，ろ紙は水で洗う。

4) ろ液及び洗液は元のビーカーに受け，加熱して沈殿を溶かすとともに過酸化水素を分解して液量を約 40 mL に濃縮し，りん酸 1 mL を加えた後，**c) 3)～7)**の操作を行ってマンガンを定量する。

56.2 フレーム原子吸光法　試料を前処理した後，アセチレン-空気フレーム中に噴霧し，マンガンによる原子吸光を波長 279.5 nm で測定してマンガンを定量する。

定量範囲：Mn 0.1～4 mg/L，繰返し精度：2～10 %（装置及び測定条件によって異なる。）

a) 試薬　試薬は，次による。

1) マンガン標準液（Mn 10 μg/mL）　52.4 a) 10)による。

b) 装置　装置は，**52.2 b)**による。

c) 準備操作　準備操作は，次による。

1) 試料を**5.**によって処理する。

備考 3. 溶存マンガンを定量する場合には，**3.2**によってろ過した試料（ただし，ろ過にはろ紙5種Cを用いる。）の適量をとり，**5.5**によって処理する。

4. マンガンの濃度が低い場合には，**備考 2.**に準じて処理し，マンガンを濃縮分離する。沈殿は少量の過酸化水素（1+10）［**56.**の**備考 2. 3)**による。］を加えた塩酸（1+2）（**JIS K 8180**に規定する塩酸を用いて調製する。）の少量に溶かし，ろ紙は温水で洗浄する。ろ液と洗液とを合わせ，0.1～1 mol/Lの塩酸酸性溶液の一定量とする。

d) **操作** 操作は，次による。

1) **52.2 d) 1)**の操作を行う。ただし，波長は279.5 nmを用いる。

2) 空試験として**52.2 d) 2)**の操作を行う。

3) 検量線からマンガンの量を求め，試料中のマンガンの濃度（Mn mg/L）を算出する。

e) **検量線** 検量線の作成は，次による。

1) マンガン標準液（Mn 10 μg/mL）1～40 mLを全量フラスコ100 mLに段階的にとり，**c) 1)**を行った試料と同じ酸の濃度になるように酸を加えた後，水を標線まで加える。

2) **52.2 e) 2)**及び**3)**の操作を行い，マンガン（Mn）の量と指示値との関係線を作成する。検量線の作成は，試料測定時に行う。

備考 5. シリカを多量に含む場合には，干渉抑制剤としてカルシウム（又はマグネシウム）を200 mg/L程度加えておくとよい。

56.3 電気加熱原子吸光法 試料を前処理した後，電気加熱炉で原子化し，マンガンによる原子吸光を波長279.5 nmで測定してマンガンを定量する。

定量範囲：Mn 1～30 μg/L，繰返し精度：2～10 %（装置及び測定条件によって異なる。）

備考 6. **52.**の**備考 7.**による。

a) **試薬** 試薬は，次による。

1) **水** **52.3 a) 1)**による。

2) **硝酸（1+1）** **52.3 a) 2)**による。

3) **マンガン標準液（Mn 1 μg/mL）** **52.4 a) 10)**のマンガン標準液（Mn 10 μg/mL）10 mLを全量フラスコ100 mLにとり，硝酸（1+1）2 mLを加え，水を標線まで加える。

b) **器具及び装置** 器具及び装置は，**52.3 b)**による。

c) **準備操作** 準備操作は，次による。

1) 試料を**5.**によって処理する。

備考 7. 溶存マンガンを定量する場合には，**備考 3.**による。

d) **操作** 操作は，次による。

1) **52.3 d) 1)**の操作を行う。ただし，灰化温度は500～800 ℃，原子化(6)温度は2 000～2 700 ℃（4～6秒間），波長は279.5 nmを用いる。

2) 空試験として**52.3 d) 2)**の操作を行う。

3) 検量線からマンガンの量を求め，試料中のマンガンの濃度（Mn μg/L）を算出する。

注(6) **52.**の**注(9)**による。

e) **検量線** 検量線の作成は，次による。

1) マンガン標準液（Mn 1 μg/mL）0.1～3 mLを全量フラスコ100 mLに段階的にとり，**c) 1)**を行った試料と同じ酸の濃度になるように酸を加えた後，水を標線まで加える。この溶液について**d) 1)**の操作を行う。

2) **52.3 e) 2)**及び**3)**の操作を行い，マンガン（Mn）の量と指示値との関係線を作成する。検量線の作成は，試料測定時に行う。

56.1 過よう素酸吸光光度法[1)]

試料を硫酸酸性とし，過よう素酸カリウムを加えて加熱して酸化すると，マンガンは過マンガン酸となり，赤紫を呈する。

$$2\,Mn^{2+} + 5\,IO_4^{-} + 3\,H_2O \longrightarrow 2\,MnO_4^{-} + 5\,IO_3^{-} + 6\,H^{+}$$

この吸光度を波長525 nm（又は545 nm）付近で測定し，マンガンを定量する。

又は，過よう素酸塩の代わりに，少量の銀イオンを触媒とし，ペルオキソ二硫酸アンモニウムを酸化剤として用い加熱してマンガンを酸化してもよい。

$$2\,Mn^{2+} + 5\,S_2O_8^{2-} + 8\,H_2O \longrightarrow 2\,MnO_4^{-} + 10\,SO_4^{2-} + 16\,H^{+}$$

1. 試　薬

（1） この試験に用いる水は過マンガン酸カリウムを消費する物質（有機物）を含んではならない。イオン交換水の使用は好ましくない。

（2） **規格**の**56. 注**([4])に用いるペルオキソ二硫酸アンモニウム溶液（200 g/L）は調製に当たって加熱してはならない。よくかき混ぜて溶かす。また，保存中に徐々に分解するので，気温の高い場所での保存は避け，なるべく使用のたびに調製する。

2. 操　作

（1） 発色時の硫酸濃度は1.2～2.7 mol/Lの範囲が酸化速度が早く，生成した過マンガン酸も安定である。試料の前処理として**規格**の**5.4**を行った場合又は，**規格**の**56.1 c) 1)**の操作を行った場合，多量の硫酸が揮散減少すると，発色時の酸濃度に関連するから不足の場合には追加して調節する。

（2） 発色後の溶液中に酸化剤の過よう素酸カリウム又はペルオキソ二硫酸アンモニウムが残っていると，生成した過マンガン酸の安定性が増す。

（3） 試料中の塩化物イオンは，試料の前処理に用いる**規格**の**5.4**の操作又は**規格**の**56.1 c) 1)**の操作によって揮散除去される。**規格**の**56. 注**([1])による場合，少量の塩化物イオンが存在しても，酸化剤をやや多量に用いれば妨害しない。ペルオキソ二硫酸アンモニウムによる酸化の方法では，硝酸銀を加えたときに塩化銀の沈殿を生成するが，引き続きペルオキソ二硫酸アンモニウムを加え加熱すれば約 1 mg までの塩化物イオンは，塩素となって揮散し妨害しない。なお，**規格**の **56. 注**(4)によって硝酸水銀(Ⅱ) を使用した場合は，廃液の取扱いに注意する。この**注**(4)の方法は，用いない方がよい。

(**4**) 吸収曲線と検量線の一例を図 56.1 及び図 56.2 に示す。

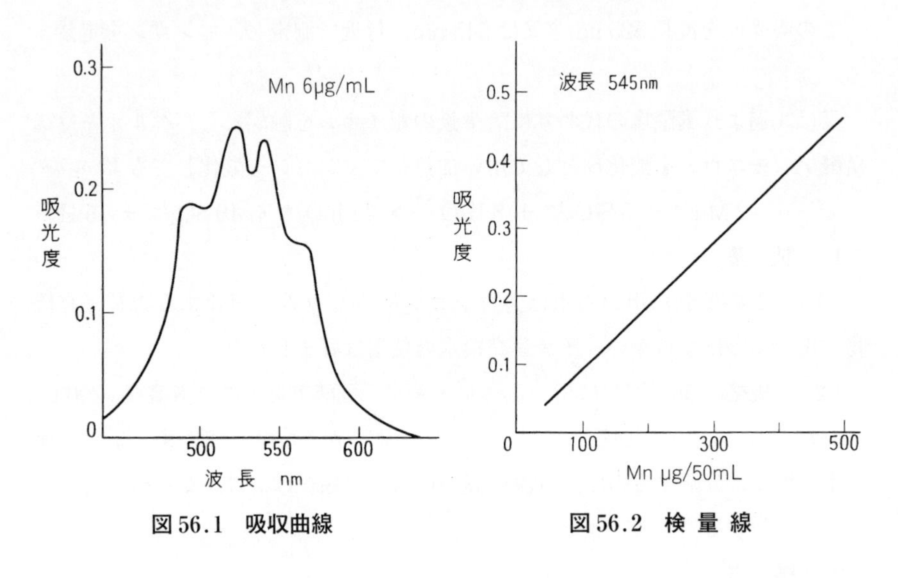

図 56.1 吸収曲線　　**図 56.2 検量線**

56.2 フレーム原子吸光法 [2),3)]

定量操作は，**規格**の **52.2** と同じ。ただし，測定波長 279.5 nm を用いる。微量の分析の場合はマンガンを鉄(Ⅲ) 共沈法で濃縮した後，原子吸光分析する。

1. 操作

(**1**) マンガン中空陰極ランプからのスペクトル線は 279.5 nm のほか，ごく近くの 279.8 nm，280.1 nm にもやや低感度の線がある。このため，測定に際してはスリット幅を狭くする方がよい。

(**2**) アセチレン-空気フレームにおいて共存成分による妨害は少ない。共存成分が多量のときはカルシウム塩の添加が効果的である。例えば，1 mg/L のマンガンに対して，200 mg/L のカルシウムが存在すれば，各1 000 mg/L の亜鉛，鉛，ニッケル，クロム，硝酸塩，塩化物，硫酸塩，亜硫酸塩，りん酸塩，シリカ，EDTA は妨害しない。このうち，シリカの妨害は顕著なので，**規格**の **56. 備考 5.** の処置が必要である。

（3）　微量のマンガンの定量では，**規格**の **56. 備考 2.** によってマンガンを水酸化鉄(Ⅲ) に共沈濃縮する。原子吸光法において硫酸イオンの存在は好ましくないので，生成した沈殿は塩酸(1+2) に溶かす。

（4）　溶存マンガンを定量する場合は，試料採取直後にろ紙5種Cでろ過し，最初のろ液 50 mL を捨て，その後のろ液を試料とする。

56.3　電気加熱原子吸光法

定量方法は，**規格**の **52.3** による。ただし，測定波長 279.5 nm を用いる。

1.　試薬，器具及び装置

（1）　本書 52.3 の 1. 及び 2. 参照。

2.　操　作

（1）　溶存マンガンを定量する場合は，本書 56.2 の 1.(4)参照。

56.4　ICP 発光分光分析法

定量方法は，**規格**の **52.4** による。定量範囲：Mn 0.01 ～ 5 mg/L。本書 52.4 参照。

1.　操　作

（1）　溶存マンガンを定量する場合は，本書 56.2 の 1.(4)参照。

56.5　ICP 質量分析法

定量方法は，**規格**の **52.5** による。定量範囲：Mn 0.5～500 μg/L。試薬，装置，操作などの共通する事項は，本書 52.5 を参照。

1. 操　作

（1） 溶存マンガンを定量する場合は，本書 56.2 の 1.(4)参照。

参 考 文 献

1） 須藤延，井上重雄（1969）：分析化学，**18**，717

2） 中川良三，大八木義彦（1971）：日本化學雜誌，**92**，620

3） J. A. Platte, V. M. Marcy（1965）：At. Abs. Newsletter, **4**, 289

57. 鉄（Fe）

57. 鉄（Fe） 鉄の定量には，フェナントロリン吸光光度法，フレーム原子吸光法，電気加熱原子吸光法又はICP発光分光分析法を適用する。

なお，フェナントロリン吸光光度法は，1988年に第2版として発行された**ISO 6332**，ICP発光分光分析法は，2007年に第2版として発行された**ISO 11885**との整合を図ったものである。

備考 この試験方法の対応国際規格を，次に示す。

なお，対応の程度を表す記号は，**ISO/IEC Guide 21-1**に基づき，IDT（一致している），MOD（修正している），NEQ（同等でない）とする。

ISO 6332:1988，Water quality－Determination of iron－Spectrometric method using 1,10-phenanthroline（MOD）

ISO 11885:2007，Water quality－Determination of selected elements by inductively coupled plasma optical emission spectrometry (ICP-OES)（MOD）

57.1 フェナントロリン吸光光度法 微酸性溶液中で塩化ヒドロキシルアンモニウムと1,10-フェナントロリンとを加えた後，酢酸アンモニウムを加えてpHを4～5に調節し，生成するだいだい赤の鉄（II）錯体の吸光度を測定して鉄を定量する。

定量範囲：Fe 20～500 µg，繰返し精度：2～10 %

a) 試薬 試薬は，次による。

1) **塩酸（1+1）** **JIS K 8180**に規定する塩酸を用いて調製する。

2) **硝酸（1+1）** **JIS K 8541**に規定する硝酸を用いて調製する。

3) **アンモニア水（1+1）** **JIS K 8085**に規定するアンモニア水を用いて調製する。

4) **塩化ヒドロキシルアンモニウム溶液（100 g/L）** **39.2 a) 3)**による。

5) **1,10-フェナントロリン溶液（1 g/L）** **JIS K 8202**に規定する塩化1,10-フェナントロリニウム一水和物1.3 gを水に溶かして1 Lとする。又は**JIS K 8789**に規定する1,10-フェナントロリン一水和物1.1 gを**JIS K 8102**に規定するエタノール（95）100 mLに溶かし，水を加えて1 Lとする。

6) **酢酸アンモニウム溶液（500 g/L）** **JIS K 8359**に規定する酢酸アンモニウム500 gを水に溶かして1 Lとする。

7) **鉄標準液（Fe 1 mg/mL）** **52.4 a) 11)**による。

8) **鉄標準液（Fe 10 µg/mL）** **52.4 a) 13)**による。

b) 装置 装置は，次による。

1) **光度計** 分光光度計又は光電光度計

c) 操作 操作は，次による。

1) **5.**([1])の操作を行った試料の適量（Feとして20～500 µgを含む。）をビーカーにとり，硝酸（1+1）1～2 mLを加えて煮沸する。

2) 水を加えて50～100 mLとした後，アンモニア水（1+1）を加えて微アルカリ性とする。これを数分間煮沸して沈殿を生成させ([2])([3])，しばらく放置する。

3) 沈殿が沈降した後，ろ紙5種Aでろ過し，温水で3，4回洗う。沈殿は元のビーカーに洗い入れ，塩酸（1+1）4 mLを加え，加熱して溶かし，先のろ紙でろ過し，同時にろ紙に付着している水酸化鉄（III）を溶かす。ろ紙は温水で5〜7回洗う。

4) ろ液と洗液とを合わせ，水を加えて液量を約70 mLとした後，塩化ヒドロキシルアンモニウム溶液（100 g/L）1 mL([4])を加えて振り混ぜる。

5) 1,10-フェナントロリン溶液（1 g/L）5 mLを加えて振り混ぜ，続いて酢酸アンモニウム溶液（500 g/L）10 mL([5])を加えて再び振り混ぜ，放冷する。

6) 全量フラスコ100 mLに移し入れ，水を標線まで加えて約20分間放置する。

7) この溶液の一部を吸収セルに移し，波長510 nm付近の吸光度を測定する。

8) 空試験として水約50 mLをとり，硝酸（1＋1）1〜2 mLを加えた後，**2)**〜**7)**の操作を行って吸光度を測定し，試料について得た吸光度を補正する。

9) 検量線から鉄の量を求め，試料中の鉄の濃度（Fe mg/L）を算出する。

注([1]) 試料に有機物及び懸濁物が少なく，また，妨害物質が共存しない場合には，試料100 mLにつき塩酸（1＋1）4 mLを加えて液量が約2/3になるまで煮沸し，**4)**以降の操作を行って定量してもよい。

([2]) 鉄の量が極めて微量（Fe 20 μg以下）の場合には，捕集剤として**JIS K 8255**に規定する硫酸カリウムアルミニウム・12水0.1 gを加えて溶かし，再びアンモニア水（1＋1）を加えて微アルカリ性とし，水酸化アルミニウムを生成させ，鉄を捕集してろ別する。このとき沈殿は塩酸に溶けにくくなるので，塩酸の添加量を多くし，液量が約5 mLになるまで加熱濃縮する。次に，水で液量を約70 mLとし，**JIS K 8536**に規定する（＋）-酒石酸ナトリウムカリウム四水和物0.1 gを加える。以下，**4)**以降の操作を行う。

([3]) 発色を妨害する物質が含まれていない場合には，**4)**以降の操作を行って定量してもよい（**備考 4.**参照）。

([4]) **JIS K 9502**に規定するL（＋）-アスコルビン酸0.1 gを加えてもよい。

([5]) 発色時のpHは約4.8になる。塩酸の濃度が高い場合には，アンモニア水（1＋1）で中和し，発色時のpHを4〜5に調節する。また，pH調節の操作は，**c)**の操作順序に従い，1,10-フェナントロリン溶液（1 g/L）を加えた後に行う。

d) 検量線 検量線の作成は，次による。

1) 鉄標準液（Fe 10 μg/mL）2〜50 mLを全量フラスコ100 mLに段階的にとり，塩酸（1＋1）4 mLを加え，**c) 4)**〜**8)**の操作を行って鉄（Fe）の量と吸光度との関係線を作成する。

備考 1. 溶存鉄を定量する場合には，**3.2**によってろ過した試料（ただし，ろ過にはろ紙5種Cを用いる。）の適量（Feとして20〜500 μgを含む。）をとり，硝酸（1＋1）1〜2 mLを加えて煮沸する。以下，**c) 2)**〜**9)**によって定量する。妨害物質が共存しない場合には，**c) 2)**及び**3)**を省略し，**c) 4)**以降の操作を行って定量してもよい。

2. 懸濁鉄を求めるには，鉄（全鉄）から溶存鉄を差し引く。

3. 鉄（II）を定量する場合には，次のように操作する。

1) **3.2**によってろ過したろ液の適量（Feとして20〜500 μgを含む。）を全量フラスコ100 mLにとる。1,10-フェナントロリン溶液（1 g/L）5 mLを加えた後，酢酸アンモニウム溶液（500 g/L）を加えpHを約5に調節し，**2. n) 1)**の溶存酸素を含まない水を標線まで加え，約20分間放置する。

2) 以下，**c) 7)**〜**9)**の操作を行って鉄の量を求め，試料中の鉄（II）の濃度［Fe（II）mg/L］を算出する。

なお，鉄（II）は大気中の酸素によって容易に酸化されるから，この試験は，試料採取後，直ちに行うが，全操作を直ちに行えない場合には，採取現場で発色までの操作を行ってもち帰った後，吸光度を測定する。

4. 鉄をあらかじめ水酸化物として分離しないで試験する場合には，水銀，銅，カドミウム，ニッケル，コバルト，亜鉛などが妨害する。ただし，カドミウム 50 mg/L，亜鉛 10 mg/L，水銀 1 mg/L までは妨害しない。pH 3.5 で発色させれば，銅は 10 mg/L，コバルトは 10 mg/L までは妨害しない。ニッケルが 10 mg/L 程度共存する場合は，EDTA 溶液（**JIS K 8107** に規定するエチレンジアミン四酢酸二水素二ナトリウム二水和物 3.7 g を水 100 mL に溶かす。）5 mL を添加し，約 10 分間煮沸すれば妨害しない。また，多量の亜鉛が共存するときは，pH が 9 で 1,10-フェナントロリン溶液（1 g/L）を多量に加えて発色させれば，妨害を防ぐことができる。りん酸イオンが多量に共存すると妨害するが，発色時の pH を 5～7 に調節し，約 2 時間放置した後，吸光度を測定すれば妨害は少なくなる。

57.2　フレーム原子吸光法　試料を前処理した後，アセチレン-空気フレーム中に噴霧し，鉄による原子吸光を波長 248.3 nm で測定して鉄を定量する。

定量範囲：Fe 0.3～6 mg/L，繰返し精度：2～10 %（装置及び測定条件によって異なる。）

a)　試薬　試薬は，次による。

1)　鉄標準液（Fe 10 μg/mL）　52.4 a) 13)による。

b)　装置　装置は，**52.2 b)**による。

c)　準備操作　準備操作は，次による。

1)　試料を **5.**によって処理する。

備考 5.　溶存鉄を定量する場合には，**3.2** によってろ過した試料（ただし，ろ過にはろ紙 5 種 C を用いる。）の適量をとり，**5.**によって処理する。

6.　懸濁鉄は，**備考 2.**による。

備考 7.　鉄の濃度が低い試料で，しかも干渉物質がほとんど含まれていない場合には，試料 100 mL をとり，**JIS K 8541** に規定する硝酸 2 mL を加えて煮沸した後，**57.1 c) 2)**及び **3)**に準じて操作し，分離濃縮する。

8.　鉄の濃度が低い試料で，アルカリ金属イオン，アルカリ土類金属イオンなどの共存物質の濃度が高く，測定を妨害する場合の準備操作は，**52.**の**備考 6.** による。

d)　操作　操作は，次による。

1)　52.2 d) 1)の操作を行う。ただし，波長は 248.3 nm を用いる。

2)　空試験として **52.2 d) 2)**の操作を行う。

3)　検量線から鉄の量を求め，試料中の鉄の濃度（Fe mg/L）を算出する。

e)　検量線　検量線の作成は，次による。

1)　鉄標準液（Fe 10 μg/mL）3～60 mL を全量フラスコ 100 mL に段階的にとり，**c) 1)**を行った試料と同じ酸の濃度になるように酸を加えた後，水を標線まで加える。

2)　52.2 e) 2)及び **3)**の操作を行い，鉄（Fe）の量と指示値との関係線を作成する。検量線の作成は，試料測定時に行う。

備考 9.　56.の**備考 5.**による。

57.3　電気加熱原子吸光法　試料を前処理した後，電気加熱炉で原子化し，鉄による原子吸光を波長 248.3 nm で測定して鉄を定量する。

定量範囲：Fe 5～100 μg/L，繰返し精度：2～10 %（装置及び測定条件によって異なる。）

備考 10.　52.の**備考 7.**による。

a) 試薬　試薬は，次による。

1) **水**　**52.3 a) 1)**による。

2) **硝酸（1＋1）**　**52.3 a) 2)**による。

3) **鉄標準液（Fe 1 μg/mL）**　**52.4 a) 13)**の鉄標準液（Fe 10 μg/mL）10 mL を全量フラスコ 100 mL にとり，硝酸（1＋1）2 mL を加え，水を標線まで加える。

b) 器具及び装置　器具及び装置は，**52.3 b)**による。

c) 準備操作　準備操作は，次による。

1) 試料を **5.**によって処理する。

備考 11. 溶存鉄を定量する場合には，**備考 5.**による。

12. 懸濁鉄は，**備考 2.**による。

13. 試料の鉄の濃度が低い試料で，アルカリ金属イオン，アルカリ土類金属イオンなどの共存物質の濃度が高く，測定を妨害する場合の準備操作は **52.**の**備考 6.** による。

d) 操作　操作は，次による。

1) **52.3 d) 1)**の操作を行う。ただし，原子化(6)温度は 2 200〜2 800 ℃，波長は 248.3 nm を用いる。

2) 空試験として **52.3 d) 2)**の操作を行う。

3) 検量線から鉄の量を求め，試料中の鉄の濃度（Fe μg/L）を算出する。

注(6)　**52.**の注(9)による。

e) 検量線　検量線の作成は，次による。

1) 鉄標準液（Fe 1 μg/mL）0.5〜10 mL を全量フラスコ 100 mL に段階的にとり，**c) 1)**を行った試料と同じ酸の濃度になるように酸を加えた後，水を標線まで加える。この溶液について **d) 1)**の操作を行う。

2) **52.3 e) 2)**及び **3)**の操作を行い，鉄（Fe）の量と指示値との関係線を作成する。検量線の作成は，試料測定時に行う。

57.1　フェナントロリン吸光光度法 [1),2)]

1, 10-フェナントロリンは，いろいろな金属イオンと反応し，水に可溶の錯体を生成するが，ほとんどの錯体は無色か極めて弱い呈色である。このうち鉄（Ⅱ）の錯体は強い呈色を示す。

1, 10-フェナントロリンが鉄(Ⅱ) より少ない場合は，1：1 の錯体も生成するが，1, 10-フェナントロリンが十分過剰な場合には 1：3 の錯体となる。

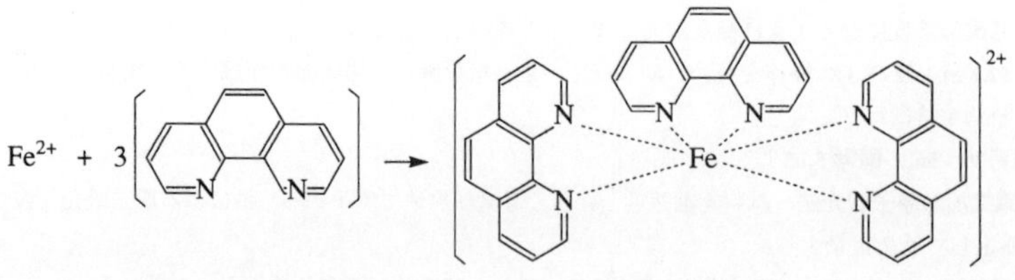

Fe^{2+} + 3 [N N] → [N N N N Fe N N]$^{2+}$

1. 試　薬

（1） 鉄はどこにでも存在するから，前処理操作及び多量に用いる試薬については十分に注意する。

2. 操　作

（1） 水中の鉄は溶存のもの，懸濁状のものがあり，鉄(Ⅱ)，鉄(Ⅲ)，として存在するなど，その形態はいろいろである。また，これを区別して定量する場合もある。この項目では，そのような場合について，**規格**の **57. 備考 1.**～**3.** に詳述されている。

（2） 鉄は懸濁物中にも多く含まれる。全量を定量する場合は，十分に懸濁物を分解する必要がある。

（3） 鉄(Ⅲ) を鉄(Ⅱ) に還元する場合の塩酸濃度は，約 0.2 mol/L 以下が適している。

（4） 各試薬の添加順序は，発色に影響する。**規格**の **57.1 c) 3)** の操作の後，塩化ヒドロキシルアンモニウム溶液，1, 10-フェナントロリン溶液を加え，次に緩衝液を添加して発色させる。添加の順序が変わると発色するのに長時間を要したり，完全な発色をしなくなる。

（5） 発色には pH 3 ～ 5 が適切で，液温 20℃以上では 20 ～ 30 分間で最高に達する。沸騰水浴中で加熱すれば発色は速くなる。pH 7 以上では 1 時間程度を必要とする。また，りん酸イオン及びアルミニウムなどが共存する場合は，くえん酸塩，酒石酸塩を加えて沈殿の生成を防いで発色させることができる。この場合は，発色に 1 時間以上必要である。

（6） 吸収曲線と検量線の一例を図 57.1 及び図 57.2 に示す。

57.2 フレーム原子吸光法[3)]

定量操作は，**規格**の **52.2** と同じ。ただし，測定波長 248.3 nm を用いる。本書 52.2 参照。微量の定量の場合は，鉄を水酸化鉄(Ⅲ) として沈殿分離した後，酸に溶かし，原子吸光分析を行う。又は，**規格**の **57. 備考 8.** に示すように，**規格**の **52. 備考 6.** による固相抽出法を適用する。

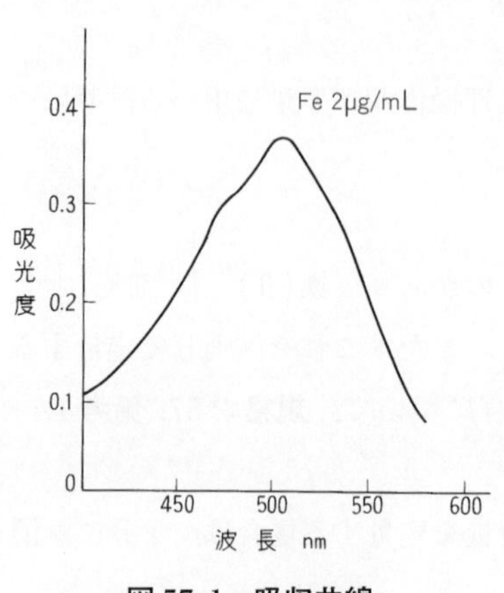

図 57.1 吸収曲線

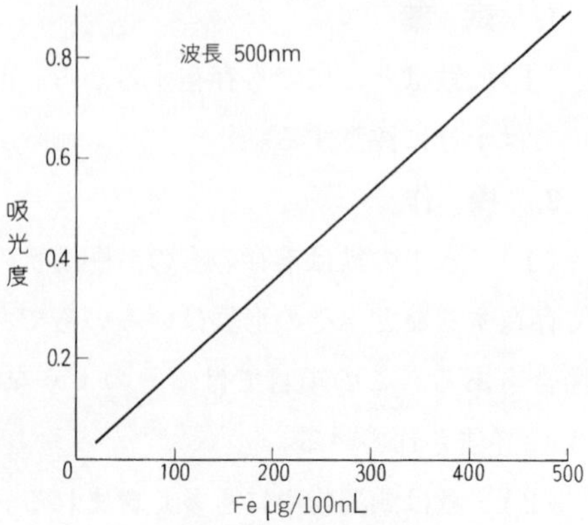

図 57.2 検 量 線

1. 操 作

（**1**） 鉄の中空陰極ランプからのスペクトル線は多数存在するが，248.3 nm（1）のほか 252.3 nm（1/2），271.9 nm（1/3），216.7 nm（1/5）などが用いられる。（ ）は感度比を示す。

（**2**） アセチレン-空気フレームにおいて，2 mg/L の鉄に対し塩化アルミニウム，塩化マンガン，チタン，カルシウム，マグネシウム，バリウム，ランタン，ナトリウム，カリウム，りん酸イオンは各 1 000 mg/L まで影響はない。しかし，シリカ，ストロンチウム，硫酸アルミニウム，硫酸マンガン，くえん酸，酒石酸などは影響が大きい。特に，シリカ，硫酸アルミニウム，硫酸ストロンチウムは負の誤差が著しい。200 mg/L のシリカの干渉抑制には，カルシウム 200 mg/L，又はマグネシウム 150 mg/L の添加が効果的である。

（**3**） 鉄が微量の場合は，**規格**の **57. 備考 7.** に示すように試料に少量の硝酸を加えて煮沸して鉄(Ⅲ) とした後，アンモニア水で鉄を水酸化物として沈殿分離する方法が指示されている。この場合，**規格**の **57. 注**(2)のように捕集剤としてアルミニウム塩を用いたり，酒石酸塩を加えたりしない方がよい。

（**4**） 溶存鉄を定量する場合は，試料採取直後にろ紙 5 種 C でろ過し，最初のろ液 50 mL を捨て，その後のろ液を試料とする。

57.3　電気加熱原子吸光法

定量操作は，**規格**の **52.3** と同じ。ただし，測定波長 248.3 nm を用いる。微量の定量には，**規格**の **52. 備考 6.** による固定抽出法を適用する。

1.　試薬，器具及び装置

（1）　本書 52.3 の 1. 及び 2. 参照。

2.　操　作

（1）　溶存鉄を定量する場合は，本書 57.2 の 1.(4)による。

（2）　環境中に鉄は普遍的に存在しているので，使用する水，試薬，器具，実験室環境などからのコンタミネーションについて注意が必要である。

57.4　ICP 発光分光分析法

定量方法は，**規格**の **52.4** による。本書 52.4 参照。

1.　操　作

（1）　鉄の濃度が低いときは，**規格**の **52. 備考 10.** に準じて鉄を抽出し，定量する。又は，**規格**の **57. 備考 8.** に示すように，**規格**の **52. 備考 6.** による固相抽出法を適用する。

（2）　溶存鉄を定量する場合は本書 57.2 の 1.(4)による。

参 考 文 献

1）　T. S. Lee, I. M. Kolthoff, D. L. Leussing（1948）：J. Am. Chem. Soc., **70**, 2348
2）　立花啓助（1961）：分析化学，**10**，61
3）　寺島滋（1969）：分析化学，**18**，1259

58. アルミニウム (Al)

58. アルミニウム（Al） アルミニウムの定量には，キノリノール吸光光度法，フレーム原子吸光法，電気加熱原子吸光法，ICP 発光分光分析法又は ICP 質量分析法を適用する。

なお，ICP 発光分光分析法は，2007 年に第 2 版として発行された **ISO 11885**，ICP 質量分析法は，2016 年に第 2 版として発行された **ISO 17294-2** との整合を図ったものである。

備考 この試験方法の対応国際規格を，次に示す。

なお，対応の程度を表す記号は，**ISO/IEC Guide 21-1** に基づき，IDT（一致している），MOD（修正している），NEQ（同等でない）とする。

ISO 11885:2007，Water quality－Determination of selected elements by inductively coupled plasma optical emission spectrometry (ICP-OES)（MOD）

ISO 17294-2:2016，Water quality－Application of inductively coupled plasma mass spectrometry (ICP-MS)－Part 2: Determination of selected elements including uranium isotopes（MOD）

58.1 キノリノール吸光光度法 微酸性にした試料に，塩化ヒドロキシルアンモニウムと 1,10-フェナントロリンとを加えて鉄をマスキングした後，8-キノリノール及び酢酸アンモニウムを加え，生成する錯体をクロロホルムで抽出する。シアン化カリウムを含む塩化アンモニウム溶液で洗浄して，アルミニウムとともに抽出された銅，ニッケル，コバルトなどを除去した後，アルミニウム錯体の吸光度を測定してアルミニウムを定量する。

定量範囲：Al 5～50 μg，繰返し精度：3～10 %

a) 試薬 試薬は，次による。

1) 塩酸（1＋2） **JIS K 8180** に規定する塩酸を用いて調製する。

2) アンモニア水（1＋2） **JIS K 8085** に規定するアンモニア水を用いて調製する。

3) 硫酸ナトリウム **JIS K 8987** に規定するもの。

4) 塩化ヒドロキシルアンモニウム溶液（100 g/L） **39.2 a) 3)**による。

5) 酢酸アンモニウム溶液（150 g/L） **JIS K 8359** に規定する酢酸アンモニウム 15 g を水に溶かして 100 mL とする。この溶液を分液漏斗に入れ，8-キノリノール-クロロホルム溶液（**JIS K 8775** に規定する 8-キノリノール 2 g を **JIS K 8322** に規定するクロロホルム 100 mL に溶かす。）5 mL を加え，激しく振り混ぜた後，放置し，クロロホルム層を捨てる。この操作を，クロロホルム層が着色しなくなるまで繰り返す。次に，水層にクロロホルム 5 mL を加え，激しく振り混ぜた後，放置し，クロロホルム層を捨てる。この操作を，水層に黄色が認められなくなるまで繰り返す。水層は乾いたろ紙 5 種 B でろ過し，溶液中のクロロホルムの小滴を除く。

6) シアン化カリウム-塩化アンモニウム溶液 **JIS K 8443** に規定するシアン化カリウム 1.0 g を水に溶かして 500 mL とする。これに **JIS K 8116** に規定する塩化アンモニウムを少量ずつ溶かし，pH を 9.0～9.5 に調節する。この溶液は **5)**の酢酸アンモニウム溶液と同様に操作して 8-キノリノールクロロホルム溶液及びクロロホルムで洗浄し，精製する。

7) 1,10-フェナントロリン溶液（1 g/L） **57.1 a) 5)**による。

8) 8-キノリノール溶液（10 g/L） **JIS K 8775** に規定する 8-キノリノール 2 g に **JIS K 8355** に規定する酢酸 5 mL を加え，僅かに加熱して溶かした後，水を加えて 200 mL とする。

9)　クロロホルム　**JIS K 8322** に規定するもの。

10)　アルミニウム標準液（Al 0.1 mg/mL）　**JIS K 8255** に規定する硫酸カリウムアルミニウム･12 水［ビス（硫酸）カリウムアルミニウム-水（1/12）］1.76 g をとり，塩酸（1＋1）［**57.1 a) 1)**による。］20 mL に溶かし，全量フラスコ 1 000 mL に移し入れ，水を標線まで加える。又は **JIS K 8069** に規定するアルミニウム（99.9 %以上）0.100 g をとり，塩酸（1＋1）20 mL 中に加熱して溶かし，放冷後，全量フラスコ 1 000 mL に移し入れ，水を標線まで加える。

11)　アルミニウム標準液（Al 1 µg/mL）　アルミニウム標準液（Al 0.1 mg/mL）10 mL を全量フラスコ 1 000 mL にとり，塩酸（1＋1）［**57.1 a) 1)**による。］20 mL を加え，水を標線まで加える。

b)　器具及び装置　器具及び装置は，次による。

1)　分液漏斗　200 mL

2)　光度計　分光光度計又は光電光度計

c)　操作　操作は，次による。

1)　**5.**の操作を行った([1])試料の適量([2])（Al として 5～50 µg を含む。）をとり，塩化ヒドロキシルアンモニウム溶液（100 g/L）1 mL と 1,10-フェナントロリン溶液（1 g/L）5 mL とを加えて振り混ぜ，アンモニア水（1＋2）を滴加して pH を約 3.5([3])に調節する。

2)　水を加えて液量を約 80 mL とした後，約 15 分間放置する。

3)　8-キノリノール溶液（10 g/L）3 mL と酢酸アンモニウム溶液（150 g/L）10 mL とを加え，アンモニア水（1＋2）を滴加して pH を 5.2～5.5([4])に調節する。

4)　この溶液を分液漏斗に移し，水を加えて液量を約 100 mL とした後，クロロホルム 10 mL（又は 20 mL）を加え，約 1 分間激しく振り混ぜて放置する。

5)　クロロホルム層を分離して，別の分液漏斗に移し入れ，シアン化カリウム-塩化アンモニウム溶液 25 mL を加え，振り混ぜて放置する。

6)　クロロホルム層を共栓試験管 30 mL に入れ，硫酸ナトリウム約 1 g を加えて軽く振り混ぜて水分を除く。

7)　クロロホルム層の一部を吸収セルに移し，クロロホルムを対照液として波長 390 nm 付近の吸光度を測定する。

8)　空試験として水約 70 mL をとり，**1)**～**7)**の操作を行って吸光度を測定し，試料について得た吸光度を補正する。

9)　検量線からアルミニウムの量を求め，試料中のアルミニウムの濃度（Al mg/L）を算出する。

注([1])　**5.**のうち **5.3** の方法は用いない。有機物が少ない試料の場合には，試料 100 mL につき **JIS K 8180** に規定する塩酸 5 mL を加え，静かに加熱して液量が約 1/5 になるまで濃縮してもよい。

([2])　一般に試料は 50～100 mL とし，最大 500 mL まで用いてもよい。

([3])　ブロモフェノールブルー試験紙を用いる。

([4])　ブロモクレゾールグリーン試験紙を用いる。pH が 5.2～5.5 の範囲にならないときは，塩酸（1＋2）又はアンモニア水（1＋2）を用いて調節する。

d)　検量線　検量線の作成は，次による。

1)　アルミニウム標準液（Al 1 µg/mL）5～50 mL を分液漏斗に段階的にとり，水を加えて液量約 70 mL とし，以下，**c) 1)**～**8)**の操作を行ってアルミニウム（Al）の量と吸光度との関係線を作成する。

備考 1.　試料にふっ化物イオンが含まれる場合には，ふっ化物イオン 0.5 mg に対し硫酸ベリリウム 36 mg を加えておけば，妨害を防ぐことができる。

2.　クロムが存在する場合には，pH5.2～5.5 における抽出は，できるだけ低温で行う。氷水で冷却するとよい。

備考 3. マンガンが多量に含まれる場合には，錯体を抽出したクロロホルム溶液を塩化ヒドロキシルアンモニウムを加えたpH7以下の酢酸-酢酸アンモニウム溶液（**JIS K 8359** に規定する酢酸アンモニウム 173 g を水約 800 mL に溶かし，この溶液に **JIS K 8355** に規定する酢酸 13 mL を加え，水で 1 L とする。）で洗浄してマンガンを除去する。

4. チタン，モリブデンなどが含まれている場合には，**c) 3)**の操作で，銅，ニッケル，コバルトなどを除いた後，pH10 のアンモニアアルカリ性塩化アンモニウム溶液（50 g/L）（**JIS K 8116** に規定する塩化アンモニウム 50 g を水約 500 mL に溶かし，この溶液に **JIS K 8085** に規定するアンモニア水を pH 約 10 まで加え，水で 1 L とする。）25 mL に **JIS K 8230** に規定する過酸化水素 2 mL を加えた溶液でクロロホルム層を洗浄する。

5. この方法では，鉄 0.45 mg までの存在は影響しない。

6. アルミニウム及び鉄を同時に定量する場合には，次のように操作する。

1) **c) 1)**の塩化ヒドロキシルアンモニウム溶液（100 g/L）1 mL と 1,10-フェナントロリン溶液（1 g/L）5 mL とを加える操作を省略し，以下，**c) 2)**～**7)**の操作を行って波長 390 nm 付近の吸光度 *A* 及び，470 nm 付近の吸光度 *B* を測定する。

2) 別に，空試験として水約 80 mL をとり，**c) 3)**～**7)**の操作を行って試料について得た吸光度 *A* 及び吸光度 *B* を補正し，それぞれ吸光度 *A′*及び吸光度 *B′*とする。

3) 波長 470 nm 付近の鉄（III）の検量線から吸光度 *B′*に相当する鉄（III）の量を求め，鉄の濃度（Fe mg/L）を算出する。

4) また，吸光度 *B′*に相当する鉄（III）の量を波長 390 nm 付近の鉄（III）の検量線に適用して，波長 390 nm 付近での鉄（III）による吸光度 *C* を求める。吸光度 *A′*から吸光度 *C* を差し引き，波長 390 nm 付近のアルミニウムによる吸光度 *D* を求める。

5) 吸光度 *D* を用い，波長 390 nm 付近のアルミニウムの検量線からアルミニウムの量を求め，試料中のアルミニウムの濃度（Al mg/L）を算出する。

6) **検量線** 検量線の作成は，次による。

6.1) アルミニウム標準液（Al 1 μg/mL）5～50 mL を分液漏斗に段階的にとり，水を加えて液量約 80 mL とし，**c) 3)**～**6)**の操作を行って波長 390 nm 付近の吸光度を測定する。

6.2) 別に，鉄（III）標準液（Fe 10 μg/mL）(*)0.5～10 mL を分液漏斗に段階的にとり，水を加えて約 80 mL とし，**c) 3)**～**6)**の操作を行って波長 470 nm 付近及び波長 390 nm 付近の吸光度を測定する。

6.3) 空試験として水約 80 mL をとり，**c) 3)**～**6)**の操作を行って波長 470 nm 付近及び波長 390 nm 付近の吸光度を測定し，アルミニウム標準液及び鉄（III）標準液について得た吸光度を補正する。アルミニウム（Al）の量と波長 390 nm 付近の吸光度，鉄（Fe）の量と波長 470 nm 付近の吸光度及び波長 390 nm 付近の吸光度との関係線を作成する。

注(*) **鉄（III）標準液（Fe 10 μg/mL）** **JIS K 8982** に規定する硫酸アンモニウム鉄（III）・12 水［ビス（硫酸）鉄（III）アンモニウム-水（1/12）］8.63 g をとり，硫酸（1＋1）［**5.4 a) 2)**による。］20 mL 及び水を加えて溶かし，全量フラスコ 1 000 mL に移し入れ，水を標線まで加える。この溶液を鉄（III）標準液（Fe 1 mg/mL）とし，その 10 mL を全量フラスコ 1 000 mL にとり，硫酸（1＋1）10 mL を加えた後，水を標線まで加える。

58.2 フレーム原子吸光法 試料を前処理した後，アセチレン-一酸化二窒素フレーム中に噴霧し，アルミニウムによる原子吸光を波長 309.3 nm で測定してアルミニウムを定量する。

定量範囲：Al 5〜100 mg/L，繰返し精度：2〜10 %（装置及び測定条件によって異なる。）

a)　試薬　試薬は，次による。

1)　塩化カリウム溶液（100 g/L）　JIS K 8121 に規定する塩化カリウム 10 g を水に溶かして 100 mL とする。

2)　アルミニウム標準液（Al 0.5 mg/mL）　JIS K 8255 に規定する硫酸カリウムアルミニウム･12 水［ビス（硫酸）カリウムアルミニウム-水（1/12）］8.794 g をとり，塩酸（1+1）［**57.1 a) 1)**による。］20 mL に溶かし，全量フラスコ 1 000 mL に移し入れ，水を標線まで加える。又は **JIS K 8069** に規定するアルミニウム（99.9 %以上）0.500 g をとり，塩酸（1+1）30 mL 中に入れ，加熱して溶かし，放冷後，全量フラスコ 1 000 mL に移し入れ，水を標線まで加える。

b)　装置　装置は，**52.2 b)**による。

c)　準備操作　準備操作は，次による。

1)　試料を **5.**によって処理する。

d)　操作　操作は，次による。

1)　**c)**の準備操作を行った試料の適量（Al として 0.5〜10 mg を含む。）を全量フラスコ 100 mL にとり，**JIS K 8180** に規定する塩酸 1 mL を加え，水を標線まで加える。

2)　この溶液 50 mL を乾いたビーカーにとり，塩化カリウム溶液（100 g/L）2 mL を加える。

3)　**2)**の試料をアセチレン-一酸化二窒素フレーム([5])中に導入し，波長 309.3 nm における指示値([6])を読み取る。

4)　空試験として **c)**の準備操作での試料と同量の水をとり，試料と同様に **c)**及び **d) 1)**〜**3)**の操作を行って指示値を読み取り，試料について得た指示値を補正する。

5)　検量線からアルミニウムの量を求め，試料中のアルミニウムの濃度（Al mg/L）を算出する。

注([5])　多燃料フレームの方が高感度が得られる。

([6])　吸光度又はその比例値。

e)　検量線　検量線の作成は，次による。

1)　アルミニウム標準液（Al 0.5 mg/mL）1〜20 mL を全量フラスコ 100 mL に段階的にとり，**c) 1)**を行った試料と同じ酸の濃度になるように酸及び **JIS K 8180** に規定する塩酸を加えた後，水を標線まで加える。

2)　この溶液について **d) 2)**及び **3)**の操作を行う。

3)　別に，空試験として水について **c) 1)**を行った試料と同じ酸の濃度になるように酸及び塩酸を加えた後，**d) 2)**及び **3)**の操作を行って標準液について得た指示値を補正する。

4)　アルミニウム（Al）の量と指示値との関係線を作成する。検量線の作成は，試料測定時に行う。

58.3　電気加熱原子吸光法　試料を前処理した後，電気加熱炉で原子化し，アルミニウムによる原子吸光を波長 309.3 nm で測定してアルミニウムを定量する。

定量範囲：Al 20〜200 μg/L，繰返し精度：2〜10 %（装置及び測定条件によって異なる。）

備考 7.　52.の**備考 7.**による。

a)　試薬　試薬は，次による。

1)　水　52.3 a) 1)による。

2)　硝酸（1+1）　52.3 a) 2)による。

3)　アルミニウム標準液（Al 1 μg/mL）　58.1 a) 10)のアルミニウム標準液（Al 0.1 mg/mL）5 mL を全量フラスコ 500 mL にとり，硝酸（1+1）10 mL を加え，水を標線まで加える。使用時に調製する。

b) 器具及び装置　器具及び装置は，**52.3 b)**による。

c) 準備操作　準備操作は，次による。

1) 試料を **5.**によって処理する。

d) 操作　操作は，次による。

1) **52.3 d) 1)**の操作を行う。ただし，原子化(7)温度は 2 200～3 000 ℃，波長は 309.3 nm を用いる。

2) 空試験として **52.3 d) 2)**の操作を行う。

3) 検量線からアルミニウムの量を求め，試料中のアルミニウムの濃度（Al μg /L）を算出する。

注(7) **52.**の注(9)による。

e) 検量線　検量線の作成は，次による。

1) アルミニウム標準液（Al 1 μg/mL）2～20 mL を全量フラスコ 100 mL に段階的にとり，**c) 1)**を行った試料と同じ酸の濃度になるように酸を加えた後，水を標線まで加える。この溶液について **d) 1)**の操作を行う。

2) **52.3 e) 2)**及び **3)**の操作を行い，アルミニウム（Al）の量と指示値との関係線を作成する。検量線の作成は，試料測定時に行う。

58.4 ICP 発光分光分析法　試料を前処理した後，試料導入部を通して誘導結合プラズマ中に噴霧し，アルミニウムによる発光を波長 309.271 nm で測定してアルミニウムを定量する。この方法によって**表 58.1** に示す元素が同時定量できる。それぞれの元素ごとの測定波長，定量範囲及び繰返し精度の例を，**表 58.1** に示す。

表 58.1　測定波長，定量範囲及び繰返し精度の例*

対象元素	測定波長 nm	定量範囲 μg/L	繰返し精度 %
アルミニウム（Al）	309.271	80～4 000	2～10
クロム（Cr）	206.149	20～4 000	2～10
モリブデン（Mo）	202.030	40～4 000	2～10
バナジウム（V）	309.311	20～2 000	2～10
イットリウム（Y）**	371.029	−	−

注*　装置及び測定条件によって異なる。
　**　内標準元素。イットリウム（Y）のほか，インジウム（In）及びイッテルビウム（Yb）も使用できる。

a) 試薬　試薬は，次による。

1) 硝酸（1＋1）　**JIS K 8541** に規定する硝酸を用いて調製する。

2) アルミニウム標準液（Al 20 μg/mL）　**58.2 a) 2)**のアルミニウム標準液（Al 0.5 mg/mL）10 mL を全量フラスコ 250 mL にとり，硝酸（1＋1）5 mL を加えた後，水を標線まで加える。

3) クロム標準液（Cr 0.1 mg/mL）　**JIS K 8005** に規定する容量分析用標準物質の二クロム酸カリウムを 150 ℃で約 1 時間加熱し，デシケーター中で放冷する。$K_2Cr_2O_7$ 100 %に対してその 0.283 g をとり，少量の水に溶かし，全量フラスコ 1 000 mL に移し入れ，水を標線まで加える。

4) クロム標準液（Cr 10 μg/mL）　クロム標準液（Cr 0.1 mg/mL）50 mL を全量フラスコ 500 mL にとり，硝酸（1＋1）10 mL を加えた後，水を標線まで加える。

5) モリブデン標準液（Mo 0.1 mg/mL）　**JIS K 8905** に規定する七モリブデン酸六アンモニウム四水和物 0.184 g を少量の水に溶かし，全量フラスコ 1 000 mL に移し入れ，水を標線まで加える。

6) モリブデン標準液（Mo 20 μg/mL）　モリブデン標準液（Mo 0.1 mg/mL）20 mL を全量フラスコ 100 mL にとり，水を標線まで加える。

7)　**バナジウム標準液（V 0.1 mg/mL）**　**JIS K 8747** に規定するバナジン（V）酸アンモニウム 0.230 g をとり，硫酸（1+1）［**5.4 a) 2)**による。］10 mL 及び熱水 200 mL に溶かす。放冷後，全量フラスコ 1 000 mL に移し入れ，水を標線まで加える。

8)　**バナジウム標準液（V 10 µg/mL）**　バナジウム標準液（V 0.1 mg/mL）10 mL を全量フラスコ 100 mL にとり，硝酸（1+1）2 mL を加え，水を標線まで加える。

b)　**装置**　装置は，**52.4 b)**による。

c)　**準備操作**　準備操作は，次による。

1)　試料を **5.5** によって処理する。ただし，クロムを定量する場合は，前処理に **5.3** は用いない。

備考 8.　準備操作を行った試料溶液のアルカリ金属イオン，アルカリ土類金属イオンなどの濃度が高くアルミニウムの濃度が低い場合のアルミニウムの定量には，試料 100 mL をとり，**58.1 c) 1)～5)**のクロロホルムを **JIS K 8051** に規定する 3-メチル-1-ブタノール(イソアミルアルコール)に代えた操作を行って，3-メチル-1-ブタノール層を共栓試験管に移し入れる。この場合は，**58.1 c) 6)**の硫酸ナトリウムを加えて水分を除く操作を省略してもよい。

d)　**操作**　**52.4 d)**による。ただし，表 **58.1** に示すそれぞれの金属元素の波長の発光強度を測定する。

e)　**検量線**　**52.4 e)**による([8])。

備考 9.　**52.**の**備考 11.**による。

注([8])　**備考 8.**によって準備操作を行い，3-メチル-1-ブタノール層をそのまま噴霧する場合の検量線の作成は，次による。

アルミニウム標準液（Al 20 µg/mL）を適切な濃度（Al 1～4 µg/mL）に薄め，全量フラスコ 100 mL に段階的にとり，水で 100 mL とした後，試料と同様に**備考 8.**並びに **52.4 d) 1)**及び **2)**の操作を行ってアルミニウム（Al）の量と発光強度との関係線を作成する。

58.1　キノリノール吸光光度法 1)～3)

試料に 8-キノリノール溶液を加えた後，酢酸アンモニウム溶液を加えて pH 5.2～5.5 とし，アルミニウムのキノリノール錯体を生成させ，クロロホルムで抽出する。安定した発色が得られ，感度も高い。

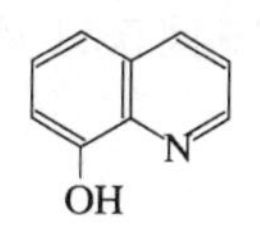

ほとんどの排水中に共存する鉄(Ⅲ）は，塩化ヒドロキシルアンモニウムと 1, 10-フェナントロリンを加え，安定な錯体を生成させてマスキングする。

1.　試　薬

（1）　8-キノリノールの純度が低い場合には，水蒸気蒸留で精製できる。8-キノリノール溶液（10 g/L）は冷暗所に保存すれば 1 か月間は使用できる。

（2） 酢酸アンモニウム溶液（150 g/L）及びシアン化カリウム-塩化アンモニウム溶液は，いずれも正の誤差の原因となる不純物を含むことが多く，また，使用量が多いので，必要ならば**規格**の **58.1 a) 5)** 及び **6)** のように精製したものを用いて調製する。

2. 操 作

（1） 8-キノリノールはアルミニウムと錯体を生成し，クロロホルムに抽出されるが，他の多くの金属とも同様に反応し，選択性に欠ける。共存金属の対策については，**規格**の **58. 備考 2.～5.** を参照。

（2） 規格にはないが，鉄，銅，ニッケルなどが多量に共存する試料について，次の方法でアルミニウムを分離定量できる。約 70℃に加熱した水酸化ナトリウム溶液（水酸化ナトリウム 40 g，ほう酸 6 g，シアン化カリウム 10 g を水 100 mL に溶かす）をかき混ぜながら，これに試料の適量（Al として 0.25 mg 以下）を徐々に加える。放冷後，正しく 250 mL とする。ろ過して最初のろ液を捨て，次の 50 mL を分取し，試料とする。

（3） **規格**の **58. 備考 6.** に従って鉄と同時定量を行うときは，鉄はアルミニウムの約 10 倍量まで，両者の合量は 0.1 mg 以下（アルミニウム，鉄はそれぞれ 50 μg 及び 100 μg 以下）とする必要がある。

（4） 試料中のアルミニウムが低濃度で前処理操作を必要としない場合，液量の多いまま抽出操作を行うこともできるが，その場合は，検量線作成時の液量を試料の場合の液量とほぼ同じとする。

（5） 吸収曲線と検量線の一例を図 58.1 及び図 58.2 に示す。

58.2 フレーム原子吸光法[4)]

前処理した試料を 0.1～1 mol/L の塩酸又は硝酸酸性とし，塩化カリウムを添加した後，アセチレン-一酸化二窒素フレーム中に噴霧し，波長 309.3 nm の原子吸光を測定してアルミニウムを定量する。

1. 試 薬

（1） 高純度の金属アルミニウムの酸による溶解は，長時間を要するので，

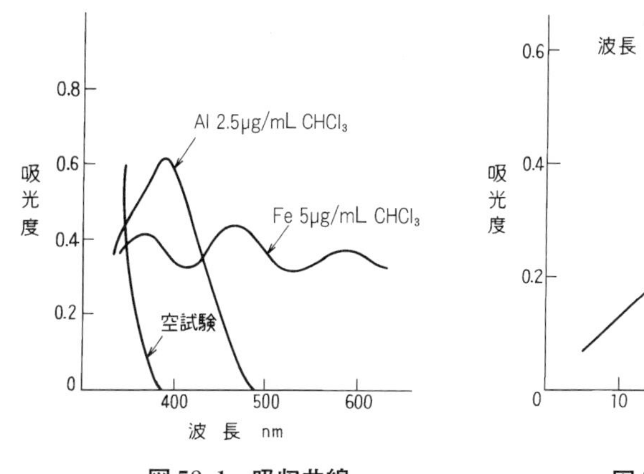

図 58.1　吸収曲線

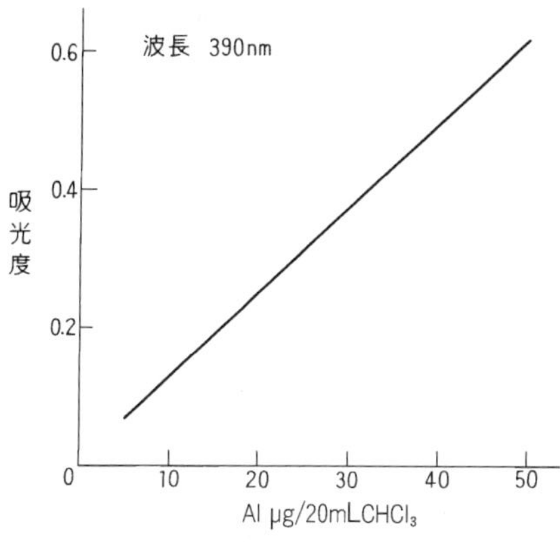

図 58.2　検 量 線

時計皿で覆って静かに加熱する。

2.　操　作

（1）アルミニウムは，難分解性酸化物（refractory oxide）を生成するのでアセチレン-空気フレームでは感度が低く，定量は困難である。したがって，高温フレームを適用するが，**規格**の **58. 注**(5)に示すように多燃料フレームにして還元性を強めた方が高感度が得られる。

（2）アルミニウム中空陰極ランプからのスペクトル線は，309.3 nm のほか，396.2 nm，308.2 nm など数本があり，感度はこの順に低下する。

（3）アセチレン-一酸化二窒素フレームにおける共存成分による干渉は比較的少ない。しかし，チタンはアルミニウムの 1/2 の濃度でも正の誤差を与えるといわれる。

（4）この高温フレーム中ではアルミニウムが一部イオン化されるので，アルカリ金属元素を加えて，これを抑制する。したがって，塩化カリウムの添加は試料と標準液の双方について行う。

58.3　電気加熱原子吸光法

定量操作は，**規格**の **52.3** による。ただし，測定波長 309.3 nm を用いる。

1.　試薬，器具及び装置

（1）　本書 52.3 の 1. 及び 2. 参照

2.　操　作

（1）　環境中にはアルミニウムは普遍的に存在するので，試薬，ガラス器具などからのコンタミネーションについて注意が必要である。

58.4　ICP 発光分光分析法

アルミニウム，クロム，モリブデン及びバナジウムの同時定量又は単独若しくは限られた複数の定量を行う。標準添加法又は内標準法によることもできる。本書 52.4 参照。

1.　操　作

（1）　試料の前処理は**規格**の **5.5** によって行うが，クロムを測定対象に含む場合は，**5.3** は用いない。塩化クロミルとして損失するおそれがある。**規格**の **65. 注**(1)及び本書 65.1.1 の 2.(1)などを参照。

（2）　操作は**規格**の **52.4 d**) によって行う。**52.4** と同様に標準添加法及び内標準法を用いることができる。**規格**の **52.4** 及び本書 52.4 参照。

58.5　ICP 質量分析法

定量操作は，**規格**の **52.5** と同じ。定量範囲：Al 0.5～500 μg/L。試薬，装置，操作などの共通する事項は，本書 52.5 を参照。

参 考 文 献

1）　本島健次（1955）：日本化學雜誌，**76**，903
2）　本島健次，橋谷博（1957）：分析化学，**6**，642
3）　橋谷博，山本古己（1959）：日本化學雜誌，**80**，727
4）　J.Y. Marks, G. G. Welcher（1970）：Anal. Chem., **42**, 1033

59. ニッケル (Ni)

59.1 ジメチルグリオキシム吸光光度法 [1),2)]

くえん酸塩の存在下で微アルカリ性溶液に，ジメチルグリオキシムを加え，生成した水に不溶性のニッケル錯体をクロロホルムで抽出し，鉄，アルミニウム，クロム，マンガンなどから分離する。次に，塩酸で逆抽出し，アンモニア水で微アルカリ性とする。酸化剤として臭素を加えた後，ジメチルグリオキシムを加えて，水溶性の赤い色のニッケル錯体を生成させ，その吸光度を測定し定量する。定量範囲：Ni 2～50 μg。

$$\begin{array}{ccccccc} CH_3 & - & C & - & C & - & CH_3 \\ & & \| & & \| & & \\ & & HON & & NOH & & \end{array}$$

1. 試 薬

（1） ジメチルグリオキシムはエタノール溶液（10 g/L）としたものと水酸化ナトリウム溶液（10 g/L）としたものの 2 種類を用意し，前者をニッケルの抽出分離に，後者を発色試薬として用いる。両者のいずれか一方だけを用いることもできるが，発色時には，水酸化ナトリウム溶液を用いた方が，安定したニッケル錯体が生成する。

2. 操 作

（1） くえん酸塩の存在下におけるニッケル錯体のクロロホルム抽出は，pH 8.5～9.5 が最適で，pH 12 以上ではクロロホルムに不溶の褐色のニッケル–ジメチルグリオキシム錯体を生成するおそれがある。

（2） 多量の銅が共存すると，銅錯体の一部がクロロホルムに抽出されて混入してくるが，このときはジメチルグリオキシムの少量を溶かしたアンモニア水（1+50）を用いて洗浄すれば容易に除去できる。

（3） 発色後のニッケル錯体は，波長 450 nm 及び 530 nm に吸収極大をもち，約 20 分間ぐらいは安定であるが，その後は時間の経過とともに 450 nm 付近の吸光度は徐々に減少し，一方，波長 530 nm 付近の吸光度が増加し，長時間後には波長 470 nm 付近に吸収極大をもつ錯体となる。しかし，一定の条件の下で発色させれば再現性のよい結果が得られる。

（4） 吸収曲線と検量線の一例を図 59.1 及び図 59.2 に示す。

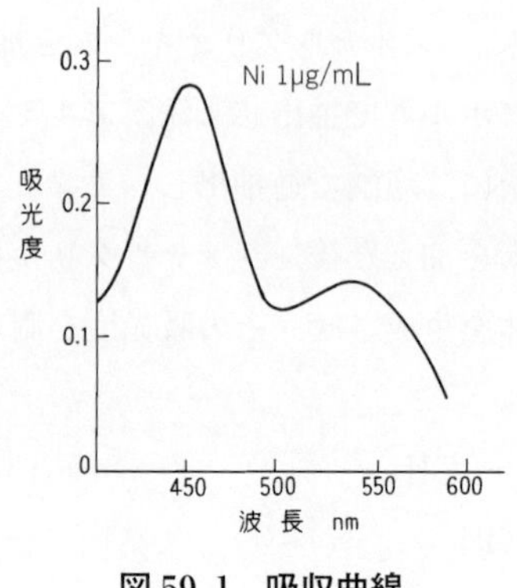

図 59.1 吸収曲線

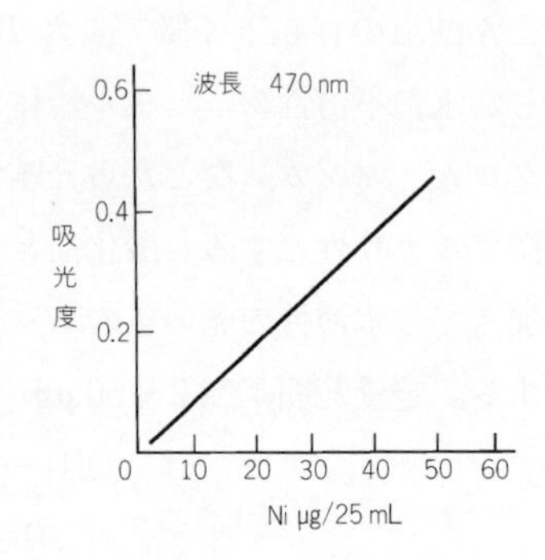

図 59.2 検 量 線

59.2 フレーム原子吸光法 [3)]

定量操作は，**規格**の **52.2** と同じ。ただし，測定波長 232.0 nm を用いる。定量範囲：Ni 0.3～6 mg/L。微量の場合は，ジメチルグリオキシム-クロロホルム，APDC-4-メチル-2-ペンタノン，DDTC-酢酸ブチル抽出法又は固相抽出法を適用する。

1. 操 作

（1） ニッケル中空陰極ランプのスペクトル線は 232.0 nm のほか，231.0 nm，234.6 nm など 20 本以上の線がある。感度はこの順に低下する。

（2） アセチレン-空気フレームにおいて，共存成分による干渉の程度は燃料組成及びバーナー高さの影響がかなり大きい。一般的には，少燃料フレームを使用すれば共存成分の影響は小さくなる。すなわち，この場合，1 mg/L のニッケルに対して，1 000 mg/L 程度の鉄，コバルト，マンガン，クロム，銅，亜鉛，鉛，硫酸塩，りん酸塩，シリカ，EDTA などの影響は少ない。

（3） 微量ニッケルの定量に対しては，吸光光度法の場合と同様にジメチルグリオキシム錯体として分離，濃縮する。ただし，この場合は，水層に逆抽出してから噴霧する。又は，DDTC 又は APDC の錯体として溶媒抽出法，若しくは，固相抽出法によって濃縮する。このとき，ニッケルは銅と同一挙動をとる。

59.3 ICP 発光分光分析法

定量方法は，**規格**の **52.4** による。本書 52.4 参照。

59.4 ICP 質量分析法

定量方法は，**規格**の **52.5** による。定量範囲：Ni 0.5～500 μg/L。試薬，装置，操作などの共通する事項は，本書 52.5 を参照。

参考文献

1) 磯野清（1957）：分析化学，**6**，557
2) 水野直治，林謙次郎（1967）：分析化学，**16**，38
3) L. L. Sundberg（1973）：Anal. Chem., **45**, 1460

60. コバルト（Co）

60.1 ニトロソ R 塩吸光光度法 [1)]

前処理した試料にくえん酸塩を加え，アンモニア水で微アルカリ性とした後，*N*, *N*-ジエチルジチオカルバミド酸ナトリウムを加えて生成したコバルト錯体を酢酸ブチルに抽出する。酢酸ブチルを揮散させ，錯体を硫酸と硝酸とで分解する。少量の水に溶かし，pH を 5 とした後，ニトロソ R 塩を加えてコバルト錯体を生成させる。硝酸を加えて煮沸し，同時に生成した銅，ニッケルなどの錯体を分解した後，波長 420 nm 付近の吸光度を測定して，コバルトを定量する。定量範囲：Co 1～30 μg。

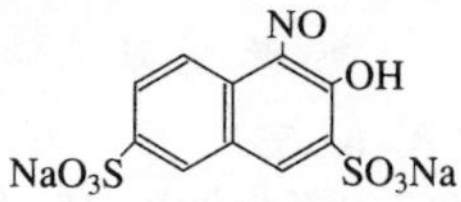

NO
OH
NaO_3S
SO_3Na

1. 操　作

（**1**） *N*, *N*-ジエチルジチオカルバミド酸ナトリウムによるコバルトの分離濃縮については，本書 52.1 を参照。

（**2**） コバルトとニトロソ R 塩とは，pH 2.5 以下では反応せず，pH 6 以上では，長時間放置すれば室温でも反応は終了する。pH 5.0～6.0 で煮沸するのが最もよい。

（**3**） コバルト以外の金属錯体及び過剰のニトロソ R 塩の分解時の硝酸濃度，煮沸時間は，**規格**の **60.1 c) 6)** の条件を正しく守る。条件が異なるとコバルト錯体も分解する心配がある。

（**4**） 吸収曲線と検量線の一例を図 60.1 及び図 60.2 に示す。

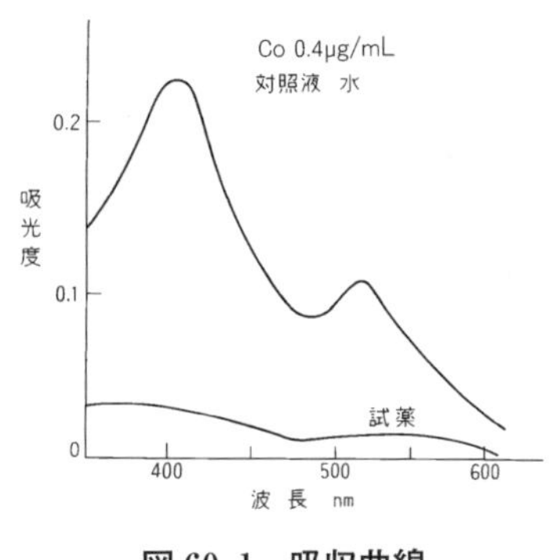

図 60.1 吸収曲線

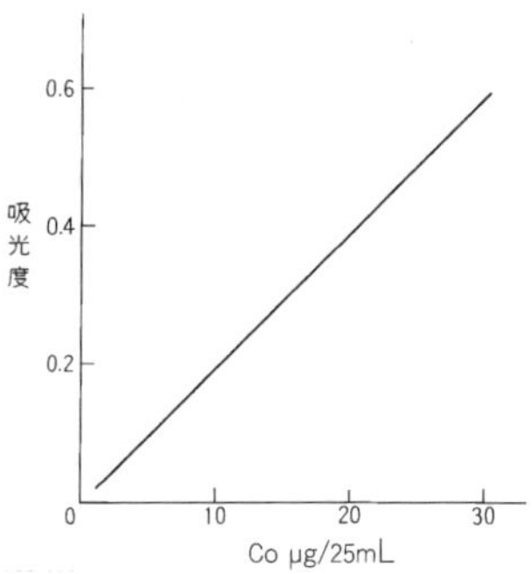

図 60.2 検 量 線

60.2 フレーム原子吸光法[2)～4)]

定量操作は，**規格**の **52.2** と同じ。ただし，測定波長 240.7 nm を用いる。定量範囲：Co 0.5～10 mg/L。

1. 操 作

（1） コバルト中空陰極ランプのスペクトル線は，240.7 nm のほか，242.5 nm，252.1 nm など十数本があり，感度はこの順に低下する。

（2） アセチレン–空気フレームを用いる場合，共存成分による干渉は少ない。すなわち，銅，ニッケル，亜鉛，カドミウム，鉄，クロムなどは 1 000 mg/L 程度共存していてもほとんど影響はない。また，多量のカルシウムの共存による干渉があるが，これは光散乱によるものが大きいと考えられる。

（3） 微量のコバルトの定量の場合は，各種の溶媒抽出法及び固相抽出法を適用するが，コバルトは銅と同種の挙動を示す。

60.3 ICP 発光分光分析法

定量方法は，**規格**の **52.4** による。本書 52.4 参照。

60.4 ICP 質量分析法

定量方法は，**規格**の **52.5** による。定量範囲：Co 0.5～500 μg/L。試薬，装置，操作などの共通する事項は，本書 52.5 を参照。

参 考 文 献

1） 鈴木正己，武内次夫（1960）：分析化学，**9**，179
2） G. K. Billings（1965）：At. Abs. Newsletter, **4**, 357
3） G. L. McPherson（1965）：At. Abs. Newsletter, **4**, 186
4） D. C. Burrell（1965）：At. Abs. Newsletter, **4**, 309

61. ひ 素（As）

61. ひ素（As） ひ素の定量には，ジエチルジチオカルバミド酸銀吸光光度法，水素化物発生原子吸光法，水素化物発生ICP発光分光分析法又はICP質量分析法を適用する。

なお，水素化物発生原子吸光法は，1996年に第1版として発行された**ISO 11969**，ICP発光分光分析法は，2007年に第2版として発行された**ISO 11885**，ICP質量分析法は，2016年に第2版として発行された**ISO 17294-2**との整合を図ったものである。

備考 この試験方法の対応国際規格を，次に示す。

なお，対応の程度を表す記号は，**ISO/IEC Guide 21-1**に基づき，IDT（一致している），MOD（修正している），NEQ（同等でない）とする。

ISO 11969:1996，Water quality－Determination of arsenic－Atomic absorption spectrometric method (hydride technique)（MOD）

ISO 11885:2007，Water quality－Determination of selected elements by inductively coupled plasma optical emission spectrometry (ICP-OES)（MOD）

ISO 17294-2:2016，Water quality－Application of inductively coupled plasma mass spectrometry (ICP-MS)－Part 2: Determination of selected elements including uranium isotopes（MOD）

61.1 ジエチルジチオカルバミド酸銀吸光光度法 ひ素を水素化ひ素として発生させ，ジエチルジチオカルバミド酸銀（*N,N*-ジエチルカルバモジチオ酸銀）のクロロホルム溶液に吸収させ，生成する赤紫の吸光度を測定してひ素を定量する。

定量範囲：As 2～10 μg，繰返し精度：2～10 %

a) 試薬 試薬は，次による。

1) **塩酸** **JIS K 8180**に規定するひ素分析用のもの。試薬の調製及び操作にはこれを用いる。
2) **塩酸（1+1）** **1)**の塩酸を用いて調製する。
3) **硝酸** **JIS K 8541**に規定するもの。
4) **硫酸** **JIS K 8951**に規定するもの。
5) **硫酸（1+5）** **4)**の硫酸を用いて調製する。
6) **よう化カリウム溶液（200 g/L）** **JIS K 8913**に規定するよう化カリウム20 gを水に溶かして100 mLとする。
7) **塩化すず（II）溶液** **JIS K 8136**に規定する塩化すず（II）二水和物40 gを**1)**の塩酸に溶かし，この塩酸で100 mLとする。**JIS K 8580**に規定するすずの粒状2，3粒を加え，着色ガラス瓶に保存する。使用時に適量をとり，水で10倍に薄める。
8) **酢酸鉛（II）溶液（100 g/L）** **JIS K 8374**に規定する酢酸鉛（II）三水和物12 gを**JIS K 8355**に規定する酢酸1，2滴及び水に溶かして100 mLとする。
9) **亜鉛** **JIS K 8012**に規定するひ素分析用のもの。ただし，**JIS Z 8801-1**に規定する試験用ふるいでふるい分け，目開き1.4 mmのふるいを通り，1 mmのふるいに止まるものを用いる。
10) **ジエチルジチオカルバミド酸銀溶液** **JIS K 9512**に規定する*N,N*-ジエチルジチオカルバミド酸銀0.25 gと**JIS K 8832**に規定するブルシン*n*水和物(2,3-ジメトキシストリキニジン-10-オン*n*水和物) 0.1 gとを**JIS K 8322**に規定するクロロホルムに溶かし，クロロホルムで100 mLとする。

11) **クロロホルム　JIS K 8322** に規定するもの。

12) **ひ素標準液（As 0.1 mg/mL）　JIS K 8005** に規定する容量分析用標準物質の酸化ひ素（III）を 105 ℃で約 2 時間加熱し，デシケーター中で放冷する。As_2O_3 100 %に対してその 0.132 g をとり，水酸化ナトリウム溶液（40 g/L）2 mL に溶かした後，水を加えて 500 mL とし，次に，硫酸（1＋10）を加えて微酸性とし，全量フラスコ 1 000 mL に移し入れ，水を標線まで加える。

13) **ひ素標準液（As 1 µg/mL）**　ひ素標準液（As 0.1 mg/mL）10 mL を全量フラスコ 1 000 mL にとり，水を標線まで加える。使用時に調製する。

b) **器具及び装置**　器具及び装置は，次による。

1) **水素化ひ素発生装置**　**図 61.1** 及び**図 61.2** に例を示す。

2) **光度計**　分光光度計又は光電光度計

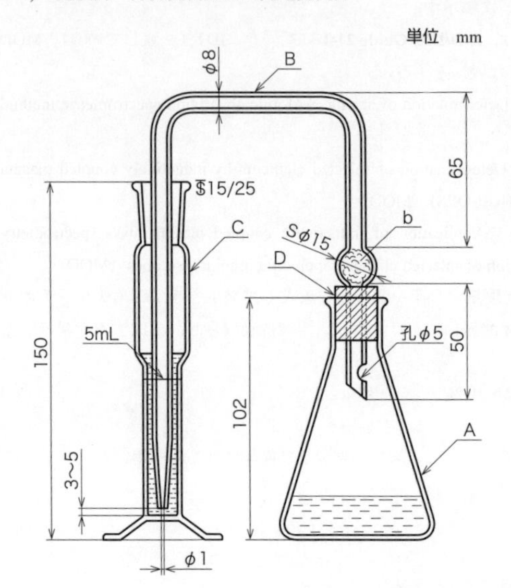

図 61.1　水素化ひ素発生装置の例

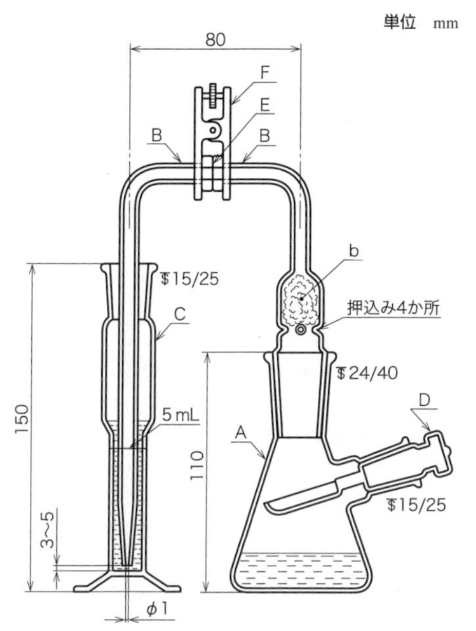

図 61.2　水素化ひ素発生装置の例

c) 操作　操作は，次による。

1) 試料の適量（As として 2～10 μg を含む。）をビーカーにとり，硫酸 3 mL 及び硝酸 5 mL を加えて加熱板上で加熱して硫酸の白煙を発生させて試料中の有機物などを分解する([1])。

2) 放冷後，ビーカーの器壁を少量の水で洗い，再び硫酸の白煙が発生するまで加熱する。

3) 放冷後，少量の水を加えて溶かし，水素化ひ素発生瓶に洗い移し，液量を約 40 mL とする。

4) 塩酸（1+1）2 mL，よう化カリウム溶液（200 g/L）15 mL 及び塩化すず（II）溶液 5 mL を加えて振り混ぜ，約 10 分間放置する。

5) 水素化ひ素発生瓶，導管及びジエチルジチオカルバミド酸銀溶液 5 mL を入れた水素化ひ素吸収管を連結した後，水素化ひ素発生瓶に亜鉛約 3 g を手早く投入する([2])。水素化ひ素発生瓶を約 25 ℃の水浴中に入れ，約 1 時間放置してジエチルジチオカルバミド酸銀溶液に水素化ひ素を吸収，発色させる。

6) この溶液にクロロホルムを加えて 5 mL とする。

7) 溶液の一部を吸収セルに移し，クロロホルムを対照液として波長 510 nm 付近の吸光度を測定する。

8) 空試験として硫酸 3 mL 及び硝酸 5 mL をビーカーにとり，**1)**～**7)**の操作を行って吸光度を測定し，試料について得た吸光度を補正する。

9) 検量線([3])からひ素の量を求め，試料中のひ素の濃度（As μg/L）を算出する。

注([1]) 分解中に硝酸が不足した場合には，硝酸を追加する。

([2]) **図 61.2** の水素化ひ素発生装置を用いるときは，亜鉛投入管に亜鉛約 3 g を入れ，吸収管を連結した後，亜鉛投入管を回転して亜鉛を試料中に添加する。

注[3] 検量線は傾きが変動するので，必ず試験時に作成する。

d) 検量線 検量線の作成は，次による。

1) ひ素標準液（As 1 μg/mL）2～10 mL を水素化ひ素発生瓶に段階的にとり，硫酸 3 mL を加えた後，水で約 40 mL とし，**c) 4)**～**8)**の操作を試料と同時に行って吸光度を測定し，ひ素（As）の量と吸光度との関係線を作成する。

備考 1. 試料のひ素の濃度が低く多量の試料を必要とし，ひ素の濃縮及び蒸発に長時間を要する場合又は水素化ひ素の発生を妨害する物質が含まれている場合は，次の操作によってひ素を濃縮するとともに分離し定量する。

1) 試料 1 L に硝酸 3 mL を加え，過マンガン酸カリウム溶液（3 g/L）［**61.2 a) 6)**による。］を滴加して着色させた後，煮沸してひ素（V）に酸化する。このとき過マンガン酸の色が消えたときは，再び過マンガン酸カリウム溶液（3 g/L）を添加して着色させ煮沸する。

2) できるだけ少量の過酸化水素（1＋30）（**JIS K 8230** に規定する過酸化水素を用いて調製する。）を滴加し，過剰の過マンガン酸を分解する。

3) これに鉄（III）溶液（Fe 10 mg/mL）［**JIS K 8142** に規定する塩化鉄（III）六水和物 5 g 又は **JIS K 8982** に規定する硫酸アンモニウム鉄（III）・12 水 9 g と **a) 1)**の塩酸 5 mL とを水に溶かして 100 mL とする。］5 mL 及びメタクレゾールパープル溶液（1 g/L）［**52.1 a) 6)**による。］2，3 滴を加え，液温約 80 ℃でかき混ぜながら，アンモニア水（1+2）（**JIS K 8085** に規定するアンモニア水を用いて調製する。）を溶液の色が紫（pH 約 9）になるまで滴加する。放置して沈殿が沈降した後，小形のろ紙 5 種 A でろ別し，温水で 2，3 回洗浄する。沈殿は温硫酸（1＋5）18 mL 及び塩酸（1＋1）2 mL をろ紙上から滴加して溶かし，ろ紙は温水で洗浄する。

4) ろ液及び洗液を水素化ひ素発生瓶に入れ，水で約 40 mL とする。よう化カリウム溶液（200 g/L）15 mL 及び塩化すず（II）溶液 5 mL を加えて振り混ぜ，約 10 分間放置した後，**c) 5)**～**9)**の操作を行ってひ素を定量する。

この方法を用いた場合には，空試験として鉄（III）溶液（Fe 10 mg/mL）5 mL を水素化ひ素発生瓶にとり，硫酸（1+5）18 mL と塩酸（1+1）2 mL とを加え，水で約 40 mL にした後，**c) 4)**～**7)**の操作を行って吸光度を測定し，試料について得た吸光度を補正する。

61.2 水素化物発生原子吸光法 試料を前処理してひ素を水素化ひ素とし，水素-アルゴンフレーム中に導き，ひ素による原子吸光を波長 193.7 nm で測定してひ素を定量する。

定量範囲：As 5～50 μg/L，繰返し精度：3～10 %（装置及び測定条件によって異なる。）

a) 試薬 試薬は，次による。

1) 塩酸 **61.1 a) 1)**による。

2) 塩酸（1 mol/L） **1)**の塩酸を用いて調製する。

3) 塩酸（1＋1） **1)**の塩酸を用いて調製する。

4) 硝酸 **JIS K 9901** に規定する高純度試薬－硝酸による。

5) 硫酸（1＋1） **JIS K 9905** に規定する高純度試薬－硫酸を用いて **5.4 a) 2)**の操作によって調製する。

6) 過マンガン酸カリウム溶液（3 g/L） **JIS K 8247** に規定する過マンガン酸カリウム 0.3 g を水に溶かして 100 mL とする。

7) よう化カリウム溶液（200 g/L） **61.1 a) 6)**による。

8) テトラヒドロほう酸ナトリウム溶液（10 g/L） テトラヒドロほう酸ナトリウム 5 g を水酸化ナトリウム溶液（0.1 mol/L）（**JIS K 8576** に規定する水酸化ナトリウムを用いて調製する。）に溶かして 500

mL とする。使用時に調製する。

9) **アルゴン**　**JIS K 1105** に規定するアルゴン 2 級

10) **ひ素標準液（As 0.1 μg/mL）**　**61.1 a) 13)**のひ素標準液（As 1 μg/mL）10 mL を全量フラスコ 100 mL にとり，**3)**の塩酸（1＋1）2 mL を加えた後，水を標線まで加える。

11) **アスコルビン酸溶液（100 g/L）**　**JIS K 9502** に規定する L（＋）-アスコルビン酸 10 g を水に溶かして 100 mL とする。

b) **装置**　装置は，次による。

1) **連続式水素化物発生装置**　**図 61.3** に例を示す。

2) **フレーム原子吸光分析装置**　**52.2 b) 1)**による。

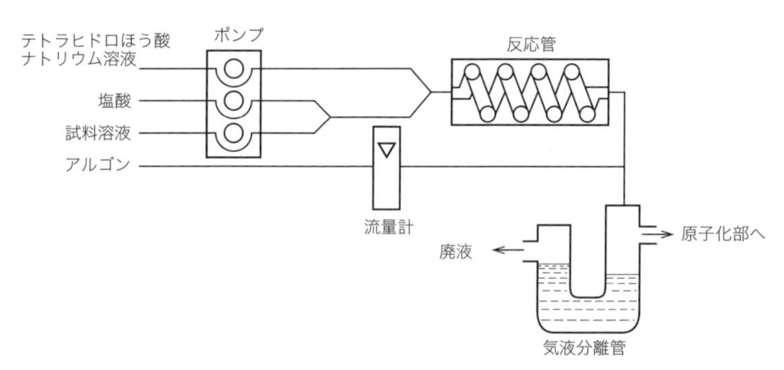

図 61.3　連続式水素化物発生装置構成の例

c) **操作**　操作は，次による。

1) 試料([4])の適量（As として 0.1～1 μg を含む。）をビーカー([5]) 100 mL にとり，硫酸（1＋1）1 mL 及び硝酸 2 mL を加え，更に過マンガン酸カリウム溶液（3 g/L）を溶液が着色するまで滴加する。

2) 加熱板上で加熱([6])して硫酸の白煙を発生させる([7]) ([8])。

3) **2)**の溶液を室温まで放冷した後，水 10 mL，塩酸 3 mL，よう化カリウム溶液（200 g/L）2 mL 及びアスコルビン酸溶液（100 g/L）0.4 mL を加え，約 60 分間静置した後，全量フラスコ 20 mL に洗い移し，水を標線まで加える。

4) 連続式水素化物発生装置にアルゴンを流しながら，**3)**の溶液，テトラヒドロほう酸ナトリウム溶液（10 g/L）([9])及び塩酸（1 mol/L）([9])を，定量ポンプで連続的に装置内に導入([9])し，水素化ひ素を発生させる。

5) 発生した水素化ひ素と廃液とを分離した後，水素化ひ素を含む気体を水素-アルゴン([10])フレーム([11])中に導入し，波長 193.7 nm の指示値([12])を読み取る。

6) 空試験として試料と同量の水をとり，**1)**～**5)**の操作を行った後，指示値を読み取り，試料について得た指示値を補正する。

7) 検量線からひ素の量を求め，試料中のひ素の濃度（As μg/L）を算出する。

注([4]) 有機物及び亜硝酸イオンを含まない試料は **1)**～**3)**の代わりに，次のように操作してもよい。

試料の適量（As として 0.1～1 μg を含む。）をビーカー100 mL にとり，塩酸 3 mL を加え，沸騰しない程度に 5～7 分間加熱した後，冷却する。次に，よう化カリウム溶液（200 g/L）2 mL 及びアスコルビン酸溶液（100 g/L）0.4 mL を加え，約 60 分間静置した後，全量フラスコ 20 mL

に洗い移し，水を標線まで加える。また，多量の有機物を含む場合は，**c) 1)**及び**2)**の代わりに，次のように操作してもよい。

試料の適量に硫酸（1＋1）1 mL，硝酸 2 mL 及び **JIS K 8223** に規定する過塩素酸 3 mL を加え，加熱して硫酸白煙を発生させ(*)，有機物を分解する。

注(*) 過塩素酸を用いる加熱分解操作は，試料の種類によっては，爆発の危険性があるため，硝酸が共存する状態で行うように注意する。

注(5) ほうけい酸ガラスには，ひ素を含むものがあるので注意する。四ふっ化エチレン樹脂製ビーカーを用いるとよい。

(6) 加熱中に過マンガン酸の色が消えたときは，過マンガン酸カリウム溶液（3 g/L）を追加する。

(7) 硝酸が残存すると，分解生成物である窒素酸化物によって水素化ひ素の発生が阻害されるので，十分に硫酸の白煙を発生させて硝酸を除去する。

(8) この白煙は刺激性があり，加熱分解操作はドラフト内で行う。

(9) 装置によって，塩酸及びテトラヒドロほう酸ナトリウム溶液の流量及び濃度は異なる。

(10) **JIS K 1107** に規定する窒素 2 級を用いてもよい。

(11) 加熱吸収セル方式のものを用いてもよい。

(12) 吸光度又はその比例値。

d) 検量線 検量線の作成は，次による。

1) ひ素標準液（As 0.1 μg/mL）1〜10 mL(13)を段階的に全量フラスコ 20 mL にとり，塩酸 3 mL，よう化カリウム溶液（200 g/L）2 mL 及びアスコルビン酸溶液（100 g/L）0.4 mL を加え，約 60 分間静置した後，水を標線まで加える。

2) **c) 4)**及び**5)**の操作を行う。

3) 別に，空試験として全量フラスコ 20 mL に水 10 mL，塩酸 3 mL，よう化カリウム溶液（200 g/L）2 mL 及びアスコルビン酸溶液（100 g/L）0.4 mL を加え，約 60 分間静置した後，水を標線まで加えたものを用い，**c) 4)**及び**5)**の操作を行って，**2)**で得た指示値を補正し，ひ素（As）の量と指示値との関係線を作成する。検量線の作成は，試料測定時に行う。

注(13) 注(11)によった場合は，水素-アルゴンフレームに比べて 10〜50 倍程度（装置及び操作条件によって異なる。）感度がよいので，ひ素標準液（As 0.1 μg/mL）の量を，適宜，減らす。

備考 2. **c) 1)**及び**2)**の加熱分解操作において，循環式の分解装置を用いて分解操作を行ってもよい。例を**図 61.4** に示す。この分解装置を用いる場合の分解操作は，次による。

試料 50 mL を丸底フラスコにとる。**JIS K 9905** に規定する高純度試薬－硫酸 5 mL，**JIS K 8230** に規定する過酸化水素 5 mL 及び沸騰石数個を加え，丸底フラスコを**図 61.4** に示すように装置に連結する。丸底フラスコの内容物を沸騰するまで加熱し，凝縮物を凝縮物受器に集める。硫酸の白煙が発生するまで加熱を続ける。分解液の外観を見て，濁りがあり，着色していれば，更に過酸化水素 5 mL を加え，沸騰を続ける。分解液が無色で濁りがなくなれば，丸底フラスコ及び内容物を冷却し，凝縮物を丸底フラスコに戻す。

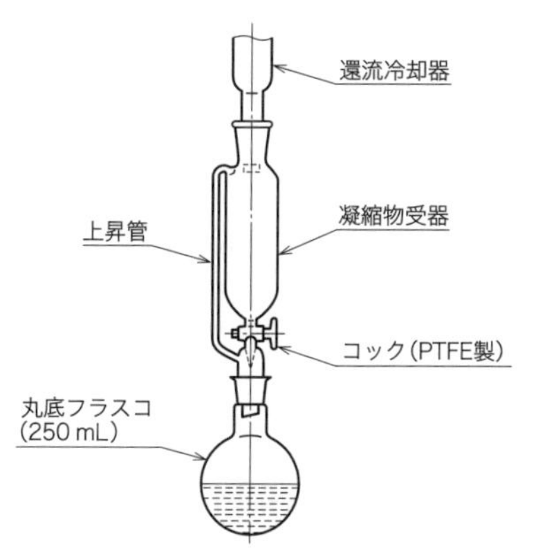

図 61.4　試料分解装置の例

備考 3. 連続式水素化物発生装置の代わりに，**図 61.5** に例を示す水素化物発生装置を用いて定量してもよい。この場合の操作は，次による。

1) **c) 1)**～**3)**の操作を行った溶液の全量を水素化物発生装置の反応容器に移し入れる。

2) 水素化物発生装置と原子吸光分析装置とを連結し，系内の空気をアルゴン(*)で置換する。

3) コックを回転して，アルゴンで溶液をバブリングする状態にする。

4) セプタムを通してシリンジなどによってテトラヒドロほう酸ナトリウム溶液（10 g/L）2 mL を手早く加え，発生する水素化物を水素-アルゴン(*)フレーム(**)中に導入し，波長 193.7 nm の指示値(***)を読み取る。

5) **c) 6)**及び **7)**の操作を行い，試料中のひ素の濃度（As μg/L）を算出する。

注(*)　**注**([10])による。

(**)　**注**([11])による。

(***) **注**([12])による。

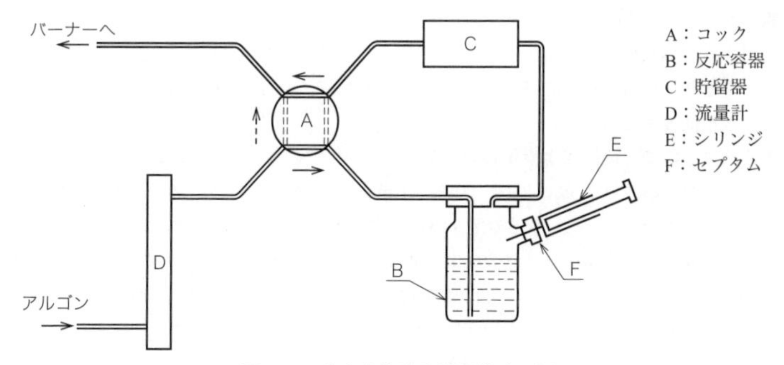

図 61.5　水素化物発生装置構成の例

4. ごく低濃度の水素化物を分析する目的で，水素化物を濃縮する場合には，ガラスビーズなどを充填した U 字管を液体窒素中に浸したコールドトラップを用いて水素化物を捕集する。捕集後，U 字管を引き上げて室温に戻し，気化した水素化物をアルゴンでフレーム中に送り込む。

備考 5. 水素化物発生法は，鉄，ニッケル，コバルト，白金，パラジウムなどの遷移金属によって発生効率が影響される。また，アンチモン，セレンなどの水素化合物を形成する元素によっても発生効率が低下する。よう化カリウムは，ひ素を V 価から III 価に還元するために用いられるが，遷移金属による干渉の低減にも効果がある。

なお，未知試料のように共存物質の影響が不明な場合は，未知試料に一定量の測定対象元素（ここではひ素）を添加したときに得られる指示値の増加分と，同量の測定元素を含む検量線用標準液の指示値とを比較することによって，干渉の大きさを知ることができる。共存物質による干渉がある場合は，標準添加法を適用すると真度が向上するが，干渉が大きい場合は，水素化物発生法は適用できない。

61.3 水素化物発生 ICP 発光分光分析法 試料を前処理してひ素を水素化ひ素とし，試料導入部を通して誘導結合プラズマ中に導入し，ひ素による発光を波長 193.696 nm で測定してひ素を定量する。

定量範囲：As 1～50 μg/L，繰返し精度：3～10 %（装置及び測定条件によって異なる。）

a) 試薬 試薬は，**61.2 a)**による。

b) 装置 装置は，次による。

1) 連続式水素化物発生装置 **61.2 b) 1)**による。

2) ICP 発光分光分析装置

c) 操作 操作は，次による。

1) 試料(4)の適量（As として 0.02～0.2 μg を含む。）をビーカー(5) 100 mL にとり，硫酸（1＋1）1 mL 及び硝酸 2 mL を加え，更に過マンガン酸カリウム溶液（3 g/L）を溶液が着色するまで滴加する。

2) **61.2 c) 2)～4)**の操作を行う。

3) 発生した水素化ひ素と廃液とを分離した後，水素化ひ素を含む気体を発光部に導入し，波長 193.696 nm の発光強度を測定する。

4) 空試験として試料と同量の水をとり，**1)～3)**の操作を行い，試料について得た発光強度を補正する。

5) 検量線からひ素の量を求め，試料中のひ素の濃度（As μg/L）を算出する。

d) 検量線 検量線の作成は，次による。

1) ひ素標準液（As 0.1 μg/mL）0.2～10 mL を段階的に全量フラスコ 20 mL にとり，塩酸 3 mL，よう化カリウム溶液（200 g/L）2 mL 及びアスコルビン酸溶液（100 g/L）0.4 mL を加え，約 60 分間静置した後，水を標線まで加える。

2) この溶液について，連続式水素化物発生装置にアルゴンを流しながら，**1)**の溶液，テトラヒドロほう酸ナトリウム溶液（10 g/L）(9)及び塩酸（1 mol/L）(9)を，定量ポンプで連続的に装置内に導入(9)し，水素化ひ素を発生させ，引き続き **c) 3)**の操作を行う。

3) 別に，空試験として全量フラスコ 20 mL に水 10 mL，塩酸 3 mL，よう化カリウム溶液（200 g/L）2 mL 及びアスコルビン酸溶液（100 g/L）0.4 mL を加え，約 60 分間静置した後，水を標線まで加えたものを用い，**61.2 c) 4)**及び **c) 3)**の操作を行って，標準液について得た発光強度を補正する。

4) ひ素（As）の量と発光強度との関係線を作成する。検量線の作成は，試料測定時に行う。

備考 6. 水素化物を発生させるときに副生する水素が発光部に導入されることによって，プラズマが不安定になる場合があるので，特に導入初期には水素の量が多くなり過ぎないように注意する。

備考 7. **61.**の**備考 5.**による。また，標準添加法を用いる場合は，バックグラウンド補正を行う。

8. 有機物及び亜硝酸イオンを含まない試料は，**c) 1)**及び**2)**の代わりに，次のように操作してもよい。試料の適量（As として 0.02～1 μg を含む。）をビーカー100 mL にとり，塩酸 3 mL を加え，沸騰しない程度に 5～7 分間加熱した後，冷却する。次に，よう化カリウム溶液（200 g/L）2 mL 及びアスコルビン酸溶液（100 g/L）0.4 mL を加え，約 60 分間静置した後，全量フラスコ 20 mL に洗い移し，水を標線まで加え，**61.2 c) 4)**の操作を行う。また，多量の有機物を含む場合は，**c) 1)**及び**2)**の代わりに，次のように操作してもよい。

試料の適量に硫酸（1＋1）1 mL，硝酸 2 mL 及び **JIS K 8223** に規定する過塩素酸 3 mL を加え，加熱して硫酸白煙を発生させ，有機物を分解する。冷却後，水 10 mL，塩酸 3 mL，よう化カリウム溶液（200 g/L）2 mL 及びアスコルビン酸溶液（100 g/L）0.4 mL を加え，約 60 分間静置した後，全量フラスコ 20 mL に洗い移し，水を標線まで加え，**61.2 c) 4)**の操作を行う。

61.4　ICP 質量分析法　52.5 による。

備考 9. 塩酸，塩化物イオンなどの塩素を多量に含む試料では，**表 52.3** に示す $^{40}Ar^{35}Cl$，$^{40}Ca^{35}Cl$ などの多原子イオンのスペクトル干渉が大きくなるため，これを補正する手法又は低減化する手法を用いる。$^{40}Ar^{35}Cl$ のスペクトル干渉を補正する手法として，^{35}Cl と ^{37}Cl との同位体比が一定であることを利用した次の補正式を用いる。

$$I_{As}=I_{75}-(A_{35}/A_{37})\times f_{75/77}\times I_{77}$$

ここに，
I_{As}：ひ素の指示値
I_{75}：m/z 75 における指示値
I_{77}：m/z 77 における指示値
A_{35}：^{35}Cl の同位体存在度
A_{37}：^{37}Cl の同位体存在度
$f_{75/77}$：m/z 75 と 77 に対する質量差別効果の係数

なお，$f_{75/77}$ は，装置，測定条件などによって異なるため，試料に含まれる塩素の濃度と同程度の塩酸又は塩化物イオンだけを含む水溶液を，試料測定の前又は後に測定して求めておく。この水溶液の m/z 75 と m/z 77 とにおける指示値の比をとると，$(A_{35}/A_{37})\times f_{75/77}$ の積の値が求められる。この値を用いて試料の指示値を補正する。また，セレンが共存する試料に対しては，次の補正式を用いる。

$$I_{As}=I_{75}-(A_{35}/A_{37})\times f_{75/77}\times [I_{77}-(A_{77}/A_{78})\times f_{77/78}\times I_{78}]$$

又は

$$I_{As}=I_{75}-(A_{35}/A_{37})\times f_{75/77}\times [I_{77}-(A_{77}/A_{82})\times f_{77/82}\times I_{82}]$$

ここに，
I_{As}：ひ素の指示値
I_{75}：m/z 75 における指示値
I_{77}：m/z 77 における指示値
I_{78}：m/z 78 における指示値
I_{82}：m/z 82 における指示値
A_{35}：^{35}Cl の同位体存在度
A_{37}：^{37}Cl の同位体存在度
A_{77}：^{77}Se の同位体存在度
A_{78}：^{78}Se の同位体存在度
A_{82}：^{82}Se の同位体存在度
$f_{75/77}$：m/z 75 と 77 に対する質量差別効果の係数
$f_{77/78}$：m/z 77 と 78 に対する質量差別効果の係数
$f_{77/82}$：m/z 77 と 82 に対する質量差別効果の係数

なお，これらの補正式を用いる方法において，補正量が元の測定値の 50 %を超える試料については正確さが低下するため，補正式を用いる方法は適用できない。

備考 10. スペクトル干渉を低減する手法として，**61.3 c)**に準じて水素化ひ素を発生させ，イオン化部に導入してひ素（質量数 75）の指示値を測定し，ひ素を定量してもよい。

11. スペクトル干渉を低減する手法として，**JIS K 0133** の磁場形二重収束質量分析計又はコリジョン・リアクションセルを用いることができる。これらの方法を用いる場合も海水のように塩濃度が高い試料では，適宜，希釈して適用することによってスペクトル干渉及び非スペクトル干渉を低減することができる。

61.1 ジエチルジチオカルバミド酸銀吸光光度法 [1)～5)]

試料を塩酸酸性とし，よう化カリウム（触媒となる）と塩化すず(Ⅱ) とを加えてひ素(Ⅴ) をひ素(Ⅲ) に還元した後，亜鉛を加えて水素化ひ素を発生させる。

$$H_3AsO_4 + SnCl_2 + 2\,HCl \longrightarrow H_3AsO_3 + SnCl_4 + H_2O$$

$$H_3AsO_3 + 3\,Zn + 6\,HCl \longrightarrow AsH_3 + 3\,ZnCl_2 + 3\,H_2O$$

発生した水素化ひ素を，*N,N*-ジエチルジチオカルバミド酸（DDTC）銀のブルシン–クロロホルム溶液に吸収させ，生成する赤紫の溶液の吸光度を測定する。

水素化ひ素と DDTC 銀との反応での生成物の組成及び生成機構は明らかでなく，可溶性の錯体又はコロイド性の銀が生成するといわれている。

$$AsH_3 + 6\,Ag(DDTC) \longrightarrow 6\,Ag + As(DDTC)_3 + 3\,H(DDTC)$$

この反応は次の中間体を経ると考えられている。

$$AsH_3 + 6\,Ag(DDTC) \longrightarrow AsAg_3 \cdot 3\,Ag(DDTC) + 3\,H(DDTC)$$

$$AsAg_3 \cdot 3\,Ag(DDTC) + 3\,NR_3 + 3\,H(DDTC) \longrightarrow 6\,Ag + As(DDTC)_3 + 3(NR_3H)(DDTC)$$

（NR_3……塩基ブルシン）

1. 試 薬

（1） この試験に用いる試薬は，特にひ素含有率の低いものを選ぶことが大切である。塩酸，亜鉛は，ひ素分析用としてそれぞれ JIS K 8180 及び K 8012 に用途別試薬として規定されている（それぞれ，ひ素含有量は 5 ppb 以下，0.05 ppm 以下）。

（2） 亜鉛は砂状のもので，粒度が 1～1.4 mm のものは安定した水素化ひ素の発生が得られる。また，同じ粒度でも見掛け上多孔質のものがよい。

（3） DDTC 銀はクロロホルム，水には溶けにくい性質をもっている。水素化ひ素の吸収液としてはピリジン溶液が調製しやすく発色も強い。また，通気中にピリジンの揮散もほとんどない。しかし，規格では悪臭を避けるため，感度は多少低下するが，ブルシン-クロロホルム溶液を用いている。DDTC 銀は，クロロホルムに溶けにくいので，**規格**の **61.1 a) 10)** での調製に当たっては，三角フラスコを用い，マグネチックスターラーでかき混ぜながら溶かすか，ときどき振り混ぜ，約 2 日間放置して溶かし，着色瓶に入れ，冷所に保存する。

調製した DDTC 銀溶液は普通，黄色であるが，その色が濃いほど水素化ひ素吸収後の吸光度が僅かに低い傾向を示す。

（4） DDTC 銀溶液の調製に用いるクロロホルムは，ロットが異なると水素化ひ素吸収後の吸光度に差が生じることがある。

2. 器 具

（1） **規格**の **61.1 c) 1)** の試料の前処理を行うとき，ビーカーによってはひ素が溶出するものがあるから，良質のものを用いる。四ふっ化エチレン樹脂製のビーカーは，便利であるが過度の強熱には注意する。

（2） **規格**の**図 61.1** 及び**図 61.2** の導管中にガラスウールを詰めるには，まずガラスウールを軽く詰め，酢酸鉛(Ⅱ) 溶液（100 g/L）を滴加して均一に潤した後，管の一端から吸引して余分の酢酸鉛(Ⅱ) 溶液を除く。

3. 操 作

（1） **規格**の **61.1 c) 1)** を行う場合，ひ素(Ⅲ) は，ハロゲン化合物が共存すると揮散しやすい。加熱前に十分な量の硝酸を加え，ひ素(Ⅴ) に酸化して揮散を防ぐ。しかし，硝酸が残留すると水素化ひ素の発生を妨害するので硫酸白煙を発生させ，硝酸を除去する。

（2） 試料中のひ素の濃度が非常に低く，**規格**の**61. 備考1.** によって水酸化鉄(Ⅲ) と共沈濃縮を行う場合は，ひ素(Ⅲ) よりひ素(Ⅴ) が共沈しやすい。このため酸化剤を加えて酸化しておく。共沈時には pH 9～10 がよい。また，鉄(Ⅲ) の量は，多いほど共沈にはよいが，多量の鉄は水素化ひ素の発生の妨害となる。通常，試料 1 L につき鉄(Ⅲ) 10 mg で十分である。海水などのように共存塩類が多い場合には幾分多く用いる。

（3） 試料及び亜鉛から発生する硫化水素は，酢酸鉛(Ⅱ) を潤したガラスウールによって硫化鉛として除去できる。アンチモンが多量に共存すると水素化アンチモンを生成して妨害となるが，0.1 mg 程度まではよう化カリウムを多量に加えることによって抑制できる。

（4） 水銀，銀，ニッケル，コバルト及び比較的多量の銅，クロム，モリブデンなどは水素化ひ素の発生を妨害する。これらは，**規格**の**61. 備考1.** の水酸化鉄(Ⅲ) 共沈を行えば分離できる。

（5） 水素化ひ素発生と DDTC 銀溶液への吸収は，室温 20～30℃が適切である。亜鉛と酸の反応が 20℃以下では遅く，30℃以上では速すぎて，水素化ひ素の吸収が不完全になる。

（6） **規格**の**61. 注**(3)に示すように水素化ひ素の発生，吸収条件の微妙な差

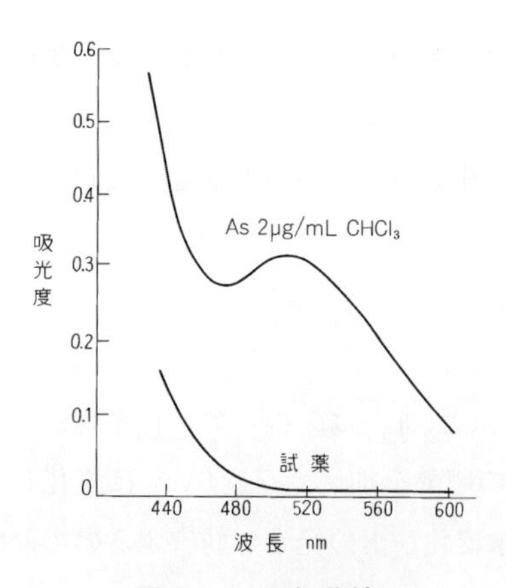

図 61.1 吸収曲線

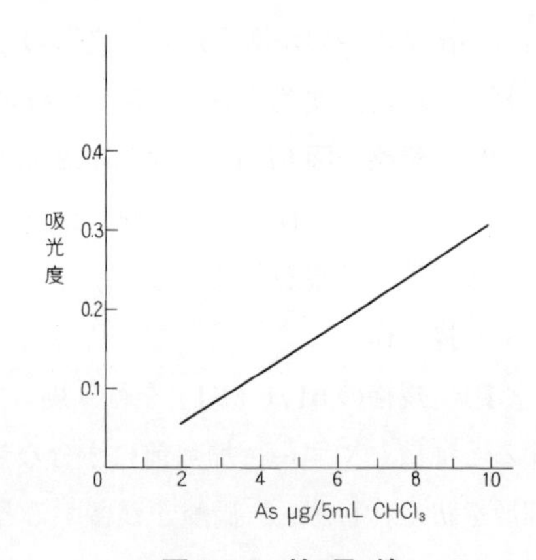

図 61.2 検 量 線

によって検量線の傾きが変わるので，検量線は試料と同時に作成する。

（**7**） 吸収曲線と検量線の一例を図 61.1 及び図 61.2 に示す。

61.2　水素化物[注)] 発生原子吸光法[6)～11)]

試料を前処理して有機物を分解した後，塩酸及びよう化カリウム溶液を加えて予備還元を行う。連続式水素化物発生装置を用いて，塩酸酸性でテトラヒドロほう酸ナトリウムで水素化ひ素を発生させる。これを水素-アルゴンフレームに導き，波長 193.7 nm の原子吸光を測定し，ひ素を定量する。超微量分析では液体窒素トラップ法を用いて水素化ひ素を濃縮するとよい。

バッチ式の水素化物発生装置を用いてひ素を定量してもよい。

1.　試　薬

（**1**） テトラヒドロほう酸ナトリウムは吸湿しやすいので，試薬はデシケーター中に保存するとよい。

2.　操　作

（**1**） 試料の前処理では，ひ素を損失しないようにして有機物を分解する必要がある。特に，塩化物イオンの共存下ではひ素(Ⅲ) は塩化ひ素(Ⅲ) として容易に揮散する（bp 130.2℃）ので，ひ素は常に 5 価の状態に保って操作しなければならない。このため，試料中に共存する有機物及び妨害成分の程度に応じて，数段階の処理方法が示されている。

有機物及び妨害成分を含まない試料は**規格**の **61. 注**(4)に示すように，塩酸酸性にして数分間沸騰寸前の状態で加熱するだけでよい。**規格**の **3.3 b) 9)** に示す塩酸添加による保存処理は，この種の試料を想定したものである。

少量の有機物を含む試料では，**規格**の **61.2 c) 1)** 及び **2)** のように硫酸と硝酸及び過マンガン酸カリウムで処理する。加熱中に過マンガン酸カリウムの色

注)　化合物命名法（日本化学会）(*) に従うと，Sb, As, P, H, Se, S の 2 元素の化合物の化学式は，この順の前の元素を先に書く。例：SbH_3（水素化アンチモン），H_2Se（セレン化水素）。JIS K 0102 では，前者を水素化物，後者を水素化合物としている。

(*) 日本化学会命名法専門委員会編（2011）：“化合物命名法，IUPAC 勧告に準拠”p.11（東京化学同人）

が消えないように追加してひ素(V)の状態を保つとよい。最終的には硫酸白煙を発生させて硝酸をほぼ完全に除去しておく。これは硝酸が残存すると，その分解生成物である窒素酸化物によって水素化ひ素の発生が阻害されるためである。

多量の有機物を含む試料に対しては**規格**の**61. 注**(4)の硫酸，硝酸，過塩素酸処理が有力である。硝酸と過塩素酸とによる処理は最も強力な分解法であるが，多数の試料を同時処理する場合は，気が付かないうちにビーカーを蒸発乾固の状態にまで到達させてしまい，そのために爆発を引き起こすことがあるので注意が必要である。

(2) **規格**の**61.2 c) 3)**の操作は，あらかじめ，ひ素を完全に3価に還元し，水素化ひ素の発生を確実にするためのもので，予備還元と呼ぶ。水素化ひ素の発生には，ひ素は3価の状態であることが必須条件である。旧規格（2008）までは，予備還元は，塩酸（1＋1）3 mL，よう化カリウム溶液（200g/L）2 mLの添加，静置30分間で行われていたが，鉄(Ⅲ)その他の遷移金属などの共存量が多いと，ひ素(Ⅲ)への還元が不完全になることが分かった。**規格**の**61.2**の方法は，土壌の汚染に係る環境基準のひ素の測定方法としても引用されていることから，かなり多量の金属塩が共存する試料への適応性が検討され，2013年の改正で**規格**の**61.2 c) 3)**に示すように，塩酸濃度を高めるとともに，よう化カリウムのほかにアスコルビン酸を追加し，60分間静置するように規定された。

(3) 予備還元の反応には，塩酸の濃度は最も大きく影響し，濃度が高いほど，反応が早く進む。また，下水汚泥試料についての検討で，アスコルビン酸を添加した場合は，よう化カリウムだけの添加と比べて高い定量値が得られ，予備還元に効果があると推定された[10]。

(4) ひ素中空陰極ランプからのスペクトル線は193.7 nmのほか197.2 nm，189.0 nmなどがある。しかし，このような遠紫外域では図61.3に示すようにフレーム自身による吸収が著しいので，原子吸光分析は困難である。この問題に関しては，透過性のよい水素-空気フレームを改良することによって解決が得られている。すなわち，水素をアルゴン，窒素などの不活性ガスで希釈した，いわゆる水素-アルゴン（又は水素-窒素）フレームによって実用上十分な透過性をもつフレームが得られたのである。助燃ガスの空気は二次的に供給される。

（5）　**規格**の **61. 注**(11)に示すように，水素-アルゴンフレームの代わりに加熱吸収セルを用いてもよい。セルには電気加熱，フレーム加熱の両方式がある。この場合，感度が著しく増大（フレーム法の 10～50 倍）するので，検量線はひ素標準液の量を減らしたもので作成する。

（6）　本法において発生する水素化ひ素は多量の水素によって希釈されたものである。したがって，より高感度の測定を行うには水素化ひ素だけを濃縮すればよい。この目的に使用されるのが**規格**の **61. 備考 4.** の方法である。

図 61.4 に示すような装置によって水素化ひ素が濃縮される。この方法の検出限界は不活性ガス流量 50 mL/min で As 0.04 μg と報告されている。

（7）　連続式の水素化物発生装置の構成は**規格**の**図 61.3** に示すようなポンプによる連続流れ方式のものが主である。重金属類の共存は水素化ひ素の発生を妨害するが，よう化カリウムの添加によって，その影響は大きく軽減される。よう化カリウムはあらかじめ試料に添加しても，又はポンプで連続的に添加してもよい。

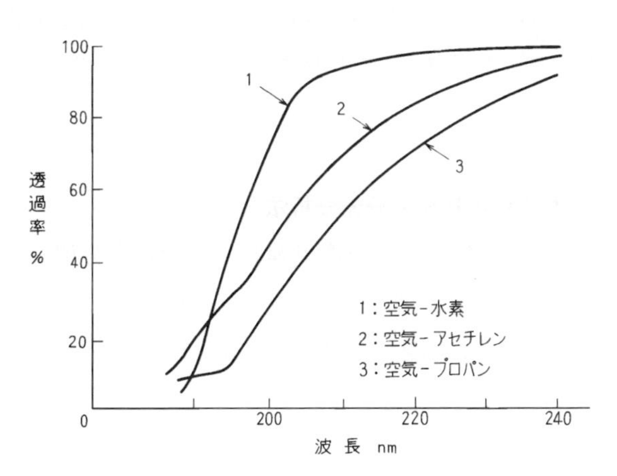

図 61.3　各種のフレームによる吸収 13)

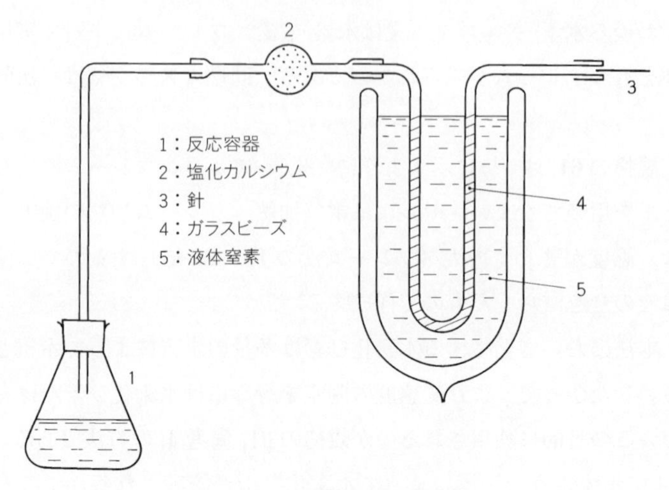

図 61.4　水素化ひ素の濃縮 [9)]

連続式水素化物発生装置では，試料中の共存物の種類，量によって水素化ひ素の発生パターンが異なることがあるので，あらかじめ調べておくことが必要である。

（8）　**規格**の **61. 備考 2.** に示す循環式分解装置による試料の分解は，ISO 11969 : 1996 によるもので，分解処理後，水素化物発生システムを用いて測定する。この分解装置には還流冷却器が付いているため，ひ素が塩化ひ素(Ⅲ）として揮発しても冷却されてフラスコに戻されるため，ひ素の損失が抑えられるという利点がある。

61.3　水素化物発生 ICP 発光分光分析法 [12),13)]

規格の **61.2** と同じ操作で試料を前処理して有機物を分解した後，**規格**の **61.2** と同じ予備還元を行い，同じ装置を用い，水素化ひ素を発生させる。これを，誘導結合プラズマ中に導き，波長 193.696 nm の発光強度を測定してひ素を定量する。

1.　試　薬

（1）　テトラヒドロほう酸ナトリウムについては，本書 61.2 の 1.(1) 参照。

2. 装　置

（1） ICP 発光分光分析装置については本書 52.4 の 2. 参照。

3. 操　作

（1） 試料の前処理及び水素化ひ素の発生については，本書 61.2 の 2. を参照。

（2） **規格**の **61.3 c) 1)** の前処理，及び **2)** の水素化ひ素の発生操作は，**規格**の **61.2** と同じ。

（3） 塩類濃度が高い試料では**規格**の **61. 備考 7.** に示す標準添加法の適用が望ましいが，作図に当たって余分なノイズを消去するためにバックグラウンド補正を適用する。

（4） 副生する水素が ICP に導入されると，プラズマが不安定となりやすいので，特に，水素化物発生初期に多量の水素を導入しないように注意する。

61.4 ICP 質量分析法

定量操作は，**規格**の **52.5** と同じ。定量範囲：As 0.5～500 μg/L。試薬，装置，操作などの共通する事項は，本書 52.5 を参照。

1. 操　作

（1） **規格**の **61. 備考 9.** に記載されているように試料中に塩化物イオンが多量に共存すると $^{40}Ar^{35}Cl$，$^{40}Ca^{35}Cl$ などの多原子イオンのスペクトル干渉が大きくなるためこれを補正するか，低減化する対策が必要である。

補正方法は，**規格**の **61. 備考 9.** に記載されている。低減化の方法については，**規格**の **61. 備考 10.** にひ素を水素化ひ素［**規格**の **61.3 c)** に準じる方法］とし，イオン化部に導入する方法が，また，**規格**の **61. 備考 11.** には磁場形二重収束質量分析計又はコリジョン・リアクションセルを用いる方法が記載されている。コリジョン・リアクションセルについては，本書 52.5 の 2.(5) 参照。

参 考 文 献

1） V. Vasak, V. Sedivec（1952）：Chem. Listy, **46**, 341
2） G. W. Powers, Jr., R. L. Martin, F. J. Piehl, J. M. Griffin（1959）：Anal. Chem., **31**, 1589
3） D. Liederman, J. E. Bowen, O. I. Milner（1959）：Anal. Chem., **31**, 2052
4） 山本勇麓ほか（1972）：分析化学，**21**，379
5） 宗森信ほか（1978）：分析化学，**27**，T19
6） Y. Yamamoto et al.（1973）：Bull. Chem. Soc. Japan, **46**, 2604
7） 山本勇麓ほか（1976）：分析化学，**25**，770
8） A. E. Smith（1975）：Analyst, **100**, 300
9） W. Holak（1969）：Anal. Chem., **41**, 1712
10） 経産省委託“工場排水試験法等に関するJIS開発成果報告書（平成24年）”産業環境管理協会
11） W. Slavin, S. Sprague（1964）：At. Abs. Newsletter, **4**, 1
12） 中原武利（1992）：分析化学，**41**，65
13） T. Nakahara（1981）：Anal. Chim. Acta, **131**, 73

62.　アンチモン（Sb）

62.1　ローダミンB吸光光度法[1),2)]

試料を6 mol/L以上の塩酸酸性とし，硫酸セリウム(Ⅳ）で酸化してアンチモン(Ⅴ）とした後，ジイソプロピルエーテル（2, 2′-オキシビスプロパン）で抽出する。有機層にローダミンBを加え，生成する錯体の吸光度を波長550 nm付近で測定してアンチモンを定量する。定量範囲：Sb 1～30 μg。

ローダミンBは緑の結晶，又は赤緑の粉末で水に溶かすと紫を呈し，さらに薄めると蛍光を発する。

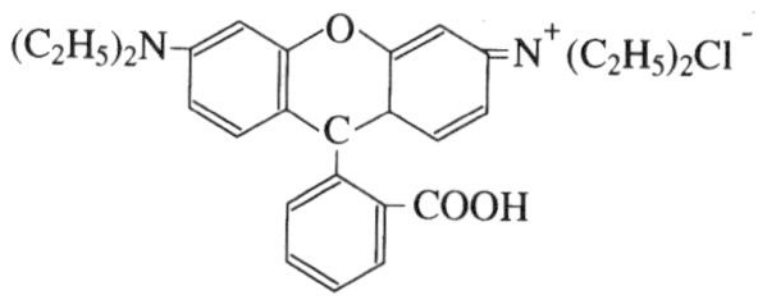

$(C_2H_5)_2N$–　O　$=N^+(C_2H_5)_2Cl^-$
C
COOH

1.　試　薬

（1）　ローダミンB溶液（0.2 g/L）は水に溶かしたものを用いてもローダミンクロロアンチモン錯体を生成するが，ジイソプロピルエーテル抽出時に赤い沈殿が析出したり，抽出にばらつきが認められる。まず，硫酸を加えて溶かし，使用前に約80℃に加熱した後，冷却して用いる。ローダミンB 0.2 gを硫酸(1+1）6 mLと水に溶かして100 mLとした原液を調製し，使用の都度，必要量をとり，水で10倍に薄め約80℃に加熱後，冷却して用いてもよい。この原液は冷所に保存すれば3か月間は使用できる。

2.　操　作

（1）　アンチモン(Ⅴ）はジイソプロピルエーテルによってヘキサクロロアンチモン酸イオン（$SbCl_6^-$）として抽出されるので，一般に塩酸酸性又は塩化物イオンを多量に含む硫酸酸性溶液でなければならない。また，硫酸セリウム(Ⅳ）によるSb(Ⅴ）への酸化も，塩酸6 mol/L程度がよいとされる。なお，塩酸の濃度が高いと鉄(Ⅲ）が同時に抽出されるので，その抽出のない塩酸1～

2 mol/L の濃度も用いられるが，鉄(Ⅲ) は 2 mg までは妨害しないので，規格では 6 mol/L を用いている。妨害となる金属はタリウムで，そのほか，通常の排水中に含まれる濃度の金属類は妨害しない。

（2） ローダミン B を添加，分離後のジイソプロピルエーテル層が僅かに濁っている場合も 50～60℃の温水中に試験管を入れて加熱すれば透明となる。ただし，沸騰するまで加熱してはならない。

（3） アンチモンの濃度が低いときは，**規格**の **62. 備考 2.** の酸化マンガン(Ⅳ) 共沈法で濃縮する。

（4） 吸収曲線及び検量線の一例を図 62.1 及び図 62.2 に示す。

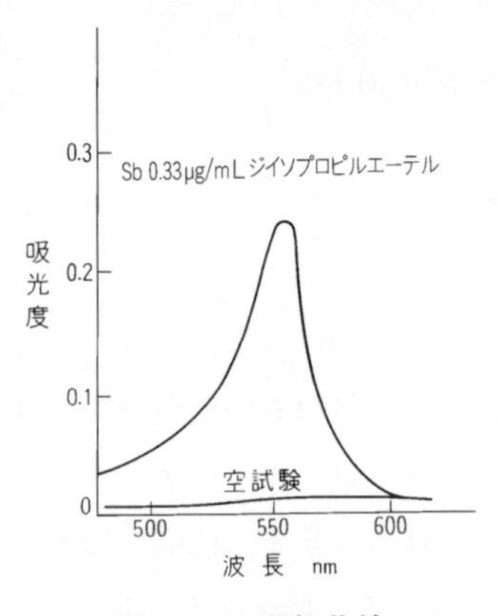

図 62.1 吸収曲線

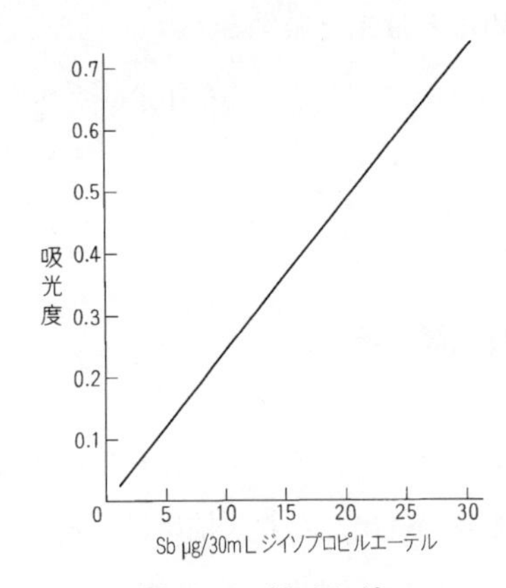

図 62.2 検 量 線

62.2 水素化物発生原子吸光法 3)

試料を前処理して有機物を分解した後，塩酸酸性としチオ尿素を加えてアンチモンの予備還元を行う。**規格**の **61.2** と同じ装置を用い，テトラヒドロほう酸ナトリウムを加えて水素化アンチモンを発生させ，これを水素-アルゴンフレームに導き，波長 217.6 nm の原子吸光を測定し，アンチモンを定量する。定量範囲：Sb 4～20 μg/L。

1. 操 作

（1） 操作は，**規格**の **61.2** に準じて行う。そのほか，本書 61.2 を参照。

（2） 水素化アンチモンの発生に先立って，アンチモン(Ⅲ）に予備還元する必要があるが，チオ尿素はこの目的に用いられると同時に，ビスマス，コバルト，水銀，ニッケル，テルルなどによる干渉の抑制にも有効である。

（3） 水素化アンチモン発生時の試料の塩酸濃度は1～3 mol/L がよい。

（4） 有機物を含まない試料は，硫酸と硝酸による前処理を省略してよい。また，多量の有機物を含む試料は，硫酸，硝酸，過塩素酸による白煙処理で有機物を分解する。

62.3 水素化物発生 ICP 発光分光分析法

規格の **62.2** と同じ操作によって，水素化アンチモンを発生させ，誘導結合プラズマ中に導き，波長 206.833 nm の発光強度を測定してアンチモンを定量する。**規格**の **62.2** 及び本書 62.2 参照。

1. 操　作

（1） 有機物を含まない試料では，前処理及びアンチモンの予備還元の操作として，**規格**の **62.2** の操作に代え，**規格**の **62. 注**(8)の操作によることができる。

62.4 ICP 質量分析法

規格の **62.4 c**）の準備操作によって 1～1.5 mol/L の塩酸酸性とした後，**規格**の **52.5 d**）の操作を行ってアンチモンを定量する。ただし，**規格**の **52. 備考 6.** は用いない。アンモチン，すず，モリブデン及びタングステンが同時定量できる。定量範囲：Sb 0.5～500 μg/L。試薬，装置，操作などの共通する事項は，本書 52.5 を参照。

（1） ICP 質量分析法で金属元素を定量する場合は，通常は準備操作で 0.1 ～ 0.5 mol/L の硝酸酸性にするが，アンモチン，すず，モリブテン及びタングステンについては，加水分解のおそれがあるため 1 ～ 1.5 mol/L の酸性とする。

（2） ICP 質量分析法では，$^{40}Ar^{35}Cl$，$^{40}Ca^{35}Cl$ などのスペクトル干渉を避けるため，通常，試料は硝酸酸性とするが，**規格**の**表 62.2** の例のようにこれらの4元素については，塩酸酸性としたことによるスペクトル干渉はないようである。

（3） **規格**の **62.4 a) 5)** 又は **a) 6)** の混合標準液の調製にも塩酸(1+1）を用いるが，**注**(14) によって，硝酸(1+1）を用いてもよいこととしている。硝酸酸性で沈殿が生成しなければ差し支えない。

参考文献

1） F. N. Ward, H. W. Lakin（1954）：Anal. Chem., **26**, 1168
2） 田中正雄，河原美義（1961）：分析化学，**10**，185
3） T. Nakahara, N. Kikui（1985）：Anal. Chim. Acta, **172**, 127

63. すず（Sn）

63.1 フェニルフルオロン吸光光度法[1)～4)]

すず(Ⅳ）とフェニルフルオロンは，微酸性溶液中で反応し，1：2の赤い色のコロイド状の錯体を生成する。

フェニルフルオロン（2, 3, 7-トリヒドロキシ-9-フェニル-6-フルオロン）は次のような構造の化合物で水には溶けないが，エタノールには僅かに溶ける。

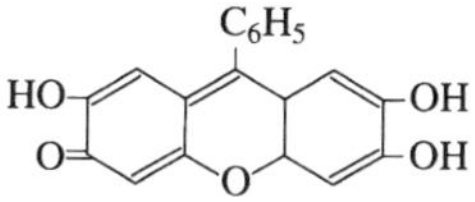

発色反応はpH 1.5～2が最適で，pH 3以上になるとフェニルフルオロンが沈殿し始める。

また，すず-フェニルフルオロン錯体は，水溶液中で次第に凝集し沈殿するので，これを防止するためポリビニルアルコール，ゼラチンなどの安定剤を加える。定量範囲：Sn 3～40 μg。

1. 試 薬

（1） 良質のフェニルフルオロンは鮮やかなだいだい赤の結晶性の粉末である。不純物を含むものがあるが，その場合には，熱エタノール（95）で処理し，一部のフェニルフルオロン不純物を溶出し，ろ別して残った部分を用いてフェニルフルオロン溶液（0.1 g/L）を調製する。

（2） 安定剤として加えるポリビニルアルコールは，種類によって安定性，感度，検量線の直線性などに影響が大きく，けん化度約80 mol%のものがよいとされている。そのほかゼラチンを用いる方法もあるが，安定性その他を確認する必要がある。

2. 操 作

（1） **規格**の**5.**の前処理を行った試料の適量を硫酸白煙処理した後，塩酸溶液とする。過マンガン酸カリウムですず(Ⅳ) に酸化し，過剰の過マンガン酸をアスコルビン酸で還元する。くえん酸，塩酸，アンモニア水を加えて pH を 1.5～2.0 に調節する。ポリビニルアルコール及びフェニルフルオロンを加え，発色した溶液を吸収セルにとり，波長 510 nm 付近の吸光度を測定し，すずを定量する。

(**2**) 試料の前処理に用いた硫酸が多量に残るとその中和に多量のアンモニア水を要し，生成した塩類も多量となるため妨害となる。このため，規格では加熱して大部分の硫酸を追い出す。

(**3**) 発色時の pH 1.5～2 の範囲に調節するアンモニア水(1+1) は正確に加える必要がある。

(**4**) すずの濃度が低い場合は酸化マンガン(Ⅳ) 共沈法で濃縮するが，この酸化マンガン(Ⅳ) を硫酸と過酸化水素水で溶かすときも，硫酸白煙処理を行って完全に溶かすことが必要である。

(**5**) 吸収曲線と検量線の一例を図 63.1 及び図 63.2 に示す。

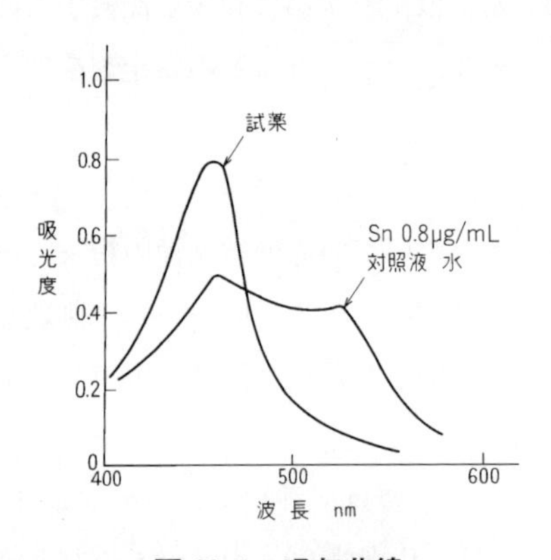

図 63.1 吸収曲線

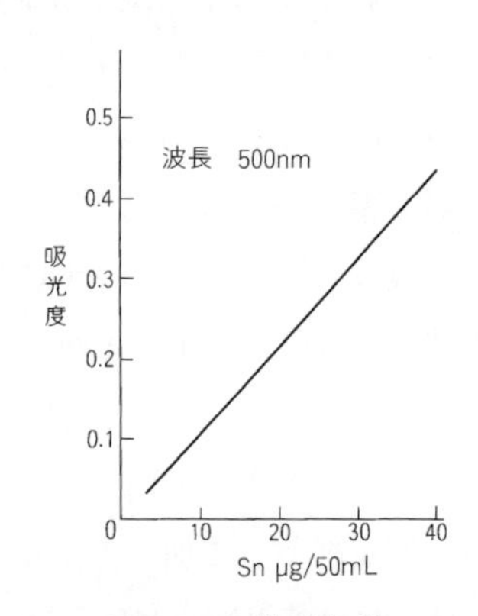

図 63.2 検 量 線

63.2 ケルセチン吸光光度法 [5)]

すず(Ⅳ) は酸性エタノール水溶液中でケルセチンと黄色の錯体を生成する。この錯体は 4-メチル-2-ペンタノンその他の溶媒に抽出される。

ケルセチン［2-(3, 4-ジヒドロキシフェニル)-3, 5, 7-トリヒドロキシ-4*H*-ベンゾピラン-4-オン］はモーリンに極めてよく似た構造の試薬で，すずのほかジルコニウム，バナジウム，モリブデンなどの吸光光度法，又は蛍光光度法に用いられる。定量範囲：Sn 2～20 μg。

1.　操　作

（1）　抽出時の塩酸濃度が高くなると発色が僅かに増加するので，塩酸濃度は一定にする。

（2）　クロム，鉄(Ⅲ)，モリブデン(Ⅵ)，アンチモン(Ⅲ)，バナジウム(Ⅴ)，などがケルセチンと呈色反応を示すが，鉄(Ⅲ) 及び銅による妨害はチオ尿素の添加によって防がれる。

（3）　吸収曲線及び検量線の一例を図 63.3 及び図 63.4 に示す。

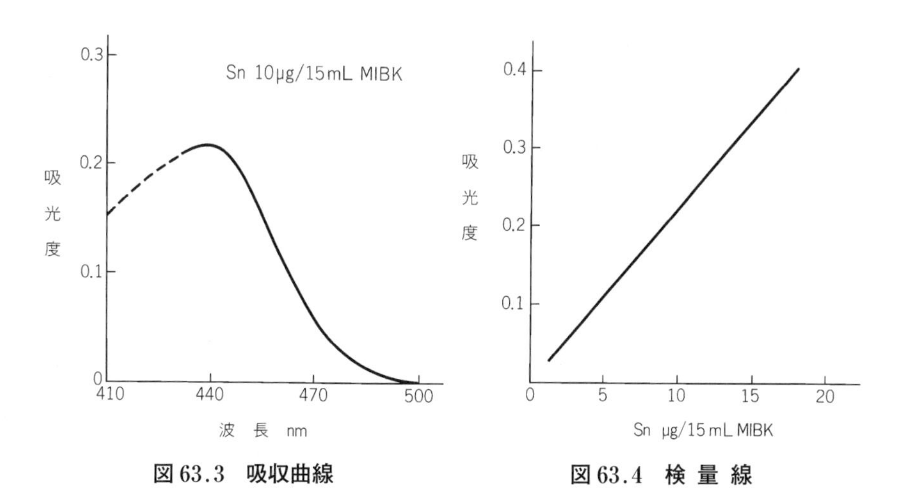

図 63.3　吸収曲線　　**図 63.4　検 量 線**

63.3　ICP 発光分光分析法

前処理した試料を 1〜1.5 mol/L の塩酸又は硝酸酸性とし，これを誘導結合プラズマ中に噴霧し，波長 189.989 nm の発光強度を測定してすずを単独定量する。定量範囲：Sn 0.4〜2 mg/L。

1.　装　置

（1）　ICP 発光分光分析装置については本書 52.4 の 2. 参照。

2.　操　作

（1）　操作は**規格**の **52.4** に準じて行う。

（2）　試料の最終酸濃度は，すずの加水分解を防止するため，一般の場合より高い濃度，1〜1.5 mol/L とする。

63.4　ICP 質量分析法

定量操作は，**規格**の **62.4** と同じ。定量範囲：Sn 0.5〜500 μg/L。試薬，装置，操作などの共通する事項は，本書 52.5 及び 62.4 を参照。

参 考 文 献

1）　C. L. Luke（1956）：Anal. Chem., **28**, 1276

2）　石橋雅義ほか（1958）：分析化学，**7**，473

3）　中村宏，三浦利夫，橋本美恵（1964）：分析化学，**13**，264

4）　舟阪渡，安藤貞一，藤村一美，花井俊彦（1968）：分析化学，**17**，86

5）　JIS H 1111：1989（亜鉛地金中のすず定量方法）

64. ビスマス（Bi）

64.1 よう化物抽出吸光光度法[1)]

硫酸酸性とした試料によう化カリウムを加えると，難溶性の黒い色のよう化ビスマスが生じるが，過剰のよう化カリウムに溶けて黄色のビスマス錯体（テトラヨードビスマス酸）を生成する。

$$Bi^{3+} + 3I^- \longrightarrow BiI_3 \qquad BiI_3 + I^- \longrightarrow BiI_4^-$$

しかし，水溶液のままでは呈色が弱いので3-メチル-1-ブタノール（イソアミルアルコール）で抽出する。鉄(Ⅲ)，銅などが共存するとよう化カリウムを酸化して，よう素を遊離し，これが抽出され着色するので，抽出する前にホスフィン酸ナトリウムを加え，遊離したよう素を還元しておく。定量範囲：Bi 3～50 μg。

1. 操　作

（1） **規格**の **5.** 前処理を行った試料の適量に硫酸を加え，白煙処理する。硫酸酸性とした試料によう化カリウム，ホスフィン酸ナトリウムを加え，約 30 分間放置した後，3-メチル-1-ブタノールでよう素錯体を抽出する。有機層を吸収セルにとり，波長 340 nm 付近の吸光度を測定し，ビスマスを定量する。

（2） アンチモン，すずが共存すると，よう化カリウムと反応し呈色する。その場合は，硫酸白煙を発生させた後，放冷し，臭化水素酸 1 mL を添加し，再び加熱し，硫酸白煙を発生させれば，アンチモン，ひ素，すずなどは揮散除去される。

（3） 試料は，**規格**の **5.** の方法によって有機物の分解を十分に行う。分解が不十分で有機物が残ると 3-メチル-1-ブタノールに抽出されて正の誤差となるおそれがある。

（4） よう化カリウムによってビスマス錯体を生成させる場合の硫酸濃度は，0.5～1 mol/L が適している。

（5） 遊離したよう素の還元除去には，液温が大きく影響する。20～40℃が適し，20℃では約 20 分間で十分に還元でき，安定した結果が得られる。

（**6**） 抽出には，1-ペンタノールも用いられるが，検量線の傾斜が異なる。

（**7**） 吸収曲線と検量線の一例を図 64.1 及び図 64.2 に示す。

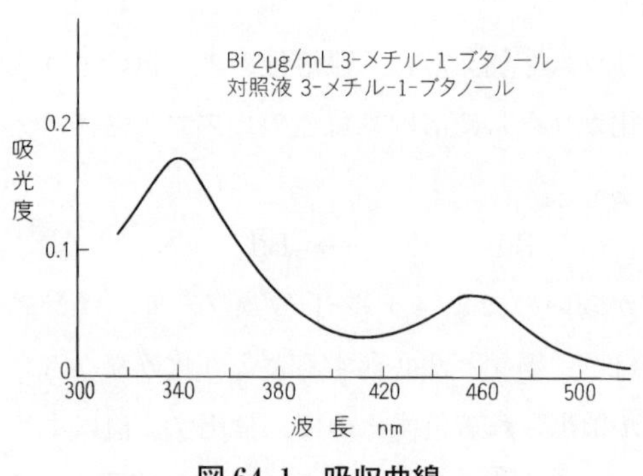

図 64.1 吸収曲線

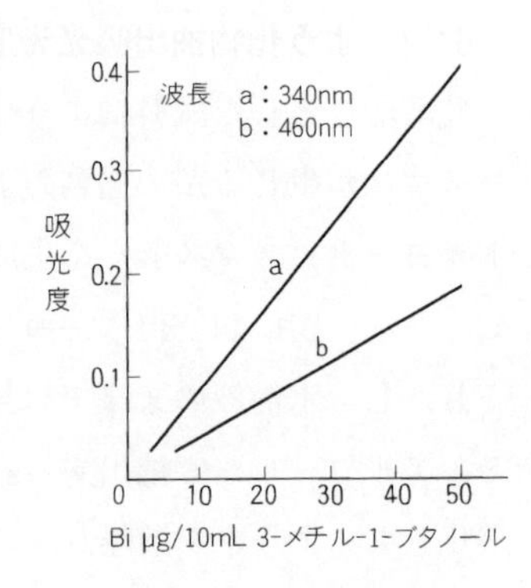

図 64.2 検 量 線

64.2 ICP 発光分光分析法

（**1**） **規格**の **5.** によって前処理した試料について，**規格**の **52.4 d**)に準じた操作によってビスマスを単独定量する。ただし，測定波長 223.061 nm，定量範囲：Bi 50～5 000 μg/L。本書 52.4 参照。

64.3 ICP 質量分析法

定量操作は，**規格**の **52.5** と同じ。定量範囲：Bi 0.3～500 μg/L。試薬，装置，操作などの共通する事項は，本書 52.5 を参照。

参 考 文 献

1） JIS G 1316：1998（フェロタングステン分析方法）

65. クロム（Cr）

65. クロム（Cr） 全クロムとクロム（VI）とに区分する。

65.1 全クロム 全クロムの定量には，ジフェニルカルバジド吸光光度法，フレーム原子吸光法，電気加熱原子吸光法，ICP 発光分光分析法又は ICP 質量分析法を適用する。

なお，フレーム原子吸光法及び電気加熱原子吸光法は，1990 年に第 1 版として発行された **ISO 9174**，ICP 発光分光分析法は，2007 年に第 2 版として発行された **ISO 11885**，ICP 質量分析法は，2016 年に第 2 版として発行された **ISO 17294-2** との整合を図ったものである。

備考 この試験方法の対応国際規格を，次に示す。

なお，対応の程度を表す記号は，**ISO/IEC Guide 21-1** に基づき，IDT（一致している），MOD（修正している），NEQ（同等でない）とする。

ISO 9174:1990，Water quality－Determination of total chromium－Atomic absorption spectrometric methods（MOD）

ISO 11885:2007，Water quality－Determination of selected elements by inductively coupled plasma optical emission spectrometry (ICP-OES)（MOD）

ISO 17294-2:2016，Water quality－Application of inductively coupled plasma mass spectrometry (ICP-MS)－Part 2: Determination of selected elements including uranium isotopes（MOD）

65.1.1 ジフェニルカルバジド吸光光度法 クロム（III）を過マンガン酸カリウムで酸化してクロム（VI）とした後，1,5-ジフェニルカルボノヒドラジド（ジフェニルカルバジド）を加え，生成する赤紫の錯体の吸光度を測定して全クロムを定量する。

定量範囲：Cr 2～50 μg，繰返し精度：3～10 %

a) 試薬 試薬は，次による。

1) **硫酸（1+9）** 水 9 容をビーカーにとり，これを冷却し，かき混ぜながら **JIS K 8951** に規定する硫酸 1 容を徐々に加える。

2) **過マンガン酸カリウム溶液（3 g/L）** **61.2 a) 6)**による。

3) **亜硝酸ナトリウム溶液（20 g/L）** **JIS K 8019** に規定する亜硝酸ナトリウム 2 g を水に溶かして 100 mL とする。使用時に調製する。

4) **尿素溶液（200 g/L）** **JIS K 8731** に規定する尿素 20 g を水に溶かして 100 mL とする。

5) **ジフェニルカルバジド溶液（10 g/L）** **JIS K 8488** に規定する 1,5-ジフェニルカルボノヒドラジド（ジフェニルカルバジド）1 g を **JIS K 8034** に規定するアセトン 100 mL に溶かし，**JIS K 8355** に規定する酢酸 1 滴を加えて酸性とする。褐色ガラス瓶に入れ，0～10 ℃の暗所に保存する。2 週間は安定である。

6) **クロム標準液（Cr 0.1 mg/mL）** **58.4 a) 3)**による。

7) **クロム標準液（Cr 2 μg/mL）** クロム標準液（Cr 0.1 mg/mL）20 mL を全量フラスコ 1 000 mL にとり，水を標線まで加える。

b) 装置 装置は，次による。

1) **光度計** 分光光度計又は光電光度計

c) 操作 操作は，次による。

1) **5.**の操作([1])を行った試料の適量([2])（Cr として 2～50 µg を含む。）をビーカーにとり，硫酸（1+9）3 mL([3])を加え，加熱して硫酸の白煙を軽く発生させる([4]) ([5])。放冷後，水約 30 mL を加え，残留物を加熱して溶かす。

2) 溶液を静かに加熱し，過マンガン酸カリウム溶液（3 g/L）を 1 滴ずつ加え着色させる。引き続き加熱し，溶液の赤い色が消えそうになったら，更に過マンガン酸カリウム溶液（3 g/L）を滴加し，常に赤い色を保つようにして数分間煮沸を続ける。

3) 流水で冷却し，尿素溶液（200 g/L）10 mL を加え，激しくかき混ぜながら亜硝酸ナトリウム溶液（20 g/L）([6])を 1 滴ずつ加えて溶液の赤い色を消し，過剰の過マンガン酸及び酸化マンガン（IV）を分解する。

4) 全量フラスコ 50 mL に移し入れ，液温を約 15 ℃([7])に保ち，ジフェニルカルバジド溶液（10 g/L）1 mL を加え，直ちに振り混ぜる。水を標線まで加えて振り混ぜ，約 5 分間放置する([8])。

5) 溶液の一部を吸収セルに移し，波長 540 nm 付近の吸光度を測定する。

6) 空試験として水約 30 mL をとり，硫酸（1+9）3 mL を加えた後，**4)**及び **5)**の操作を行って吸光度を測定し，試料について得た吸光度を補正する。

7) 検量線からクロムの量を求め，試料中の全クロムの濃度（Cr µg/L）を算出する。

注([1]) **5.**のうち，**5.3** の方法は用いない。

([2]) クロムの濃度が低く，有機物及び懸濁物がほとんど含まれていない場合には，試料 500 mL までの適量をとり，試料 100 mL につき **JIS K 8951** に規定する硫酸 2 mL を加えて加熱し，煮沸して放冷する。硫酸アンモニウム鉄（II）溶液（5 mg/mL）[**JIS K 8979** に規定する硫酸アンモニウム鉄（II）六水和物 3.5 g を硫酸 5～7 滴を含む水 100 mL に溶かす。] 1 mL を加え，よくかき混ぜ，更に **JIS K 8541** に規定する硝酸 2 mL を加え，煮沸して鉄（II）を酸化する。この溶液を放置した後，アンモニア水（1+4）（**JIS K 8085** に規定するアンモニア水を用いて調製する。）を加えて中和し，アンモニア臭を認めなくなるまで煮沸し，約 80 ℃で約 20 分間保ち，沈殿を熟成させる。沈殿をろ紙 5 種 A を用いてろ別し，温硝酸アンモニウム溶液（10 g/L）（**JIS K 8545** に規定する硝酸アンモニウムを用いて調製する。）で 5～7 回洗った後，硫酸（1+15）（**JIS K 8951** に規定する硫酸を用いて調製する。）5 mL を加えて溶かし，ろ紙は温水で洗い，**2)**～**6)**の操作を行う。ただし，検量線を作成する場合は，標準液にそれぞれ [鉄（III）] 溶液（Fe 10 mg/mL）[**61.**の**備考 1. 3)**による。] 0.5 mL を加える。

([3]) ジフェニルカルバジドによるクロム（VI）の発色には，硫酸の濃度は 0.1 mol/L 程度が適切である。

([4]) 前処理で多量の硫酸が添加されている場合には，加熱蒸発し，硫酸の白煙を発生させて硫酸を除去した後，硫酸（1+9）3 mL を加える。この硫酸の白煙の発生に当たって強熱してはならない。硫酸クロム（III）の無水物が生成して不溶解性となる。**JIS K 8987** に規定する硫酸ナトリウム 20 mg 程度を加えておくと安全である。

([5]) 前処理で硫酸の白煙の発生を行った場合には，この操作は省略してもよい。

([6]) 亜硝酸ナトリウム溶液（20 g/L）の代わりにアジ化ナトリウム溶液（50 g/L）（**JIS K 9501** に規定するアジ化ナトリウム 5 g を水に溶かして 100 mL とする。）を用いることができる。この場合，アジ化ナトリウム溶液（50 g/L）を注意して滴加し，よく振り混ぜて過マンガン酸を分解し，続いて 2～3 分間煮沸して過剰のアジ化ナトリウムを分解する。

([7]) 液温は，発色に影響するので，約 15 ℃に保つことが必要である。

([8]) 発色は 2～3 分間ほどで最高になり，その後，徐々に退色するが，5～15 分間はほとんど変化しない。

d) 検量線　検量線の作成は，次による。

1) クロム標準液（Cr 2 μg/mL）1～25 mL を段階的にビーカーにとり，それぞれに硫酸（1＋9）3 mL を加え，水を加えて液量を約 30 mL とした後，**c) 2)～6)**の操作を行ってクロム（Cr）の量と吸光度との関係線を作成する。

備考 1. 試料が鉄を含むとき，鉄が多量になるに従って吸光度が低くなるが，発色液 50 mL 中約 1 mg で一定となる（約 20 %低い値を示す。）。ただし，ジフェニルカルバジド溶液を加える前に，二りん酸ナトリウム溶液（**JIS K 8785** に規定する二りん酸ナトリウム十水和物 5 g を水に溶かして 100 mL とする。）2 mL を加えると，鉄 2.5 mg までは影響しない。

鉄がクロムより少ない場合には，無視してもよい。

2. この方法では，モリブデン，水銀，バナジウムなどが影響する。ただし，モリブデンは 0.1 mg まで影響しない。水銀は，塩化物イオンの添加によって妨害しなくなる。また，バナジウムは発色後，10～15 分間経過してから吸光度を測定すれば，その影響は無視できる。

3. 鉄その他の妨害が多い場合には，次の操作を行う。

1) 試料の適量（Cr として 2～50 μg を含む。）を分液漏斗にとり，試料 20 mL につき硫酸（1＋1）［**5.4 a) 2)**による。］5 mL を加え，硫酸の濃度を約 1.8 mol/L とし，これに過マンガン酸カリウム溶液（3 g/L）を滴加し，僅かに着色させる。

2) これに，クペロン溶液（50 g/L）［**JIS K 8289** に規定するクペロン（*N*-ニトロソ-*N*-フェニルヒドロキシルアミンアンモニウム塩）（*N*-ヒドロキシ-*N*-ニトロソベンゼンアミンアンモニウム塩）5 g を水に溶かして 100 mL とする。］5 mL と **JIS K 8322** に規定するクロロホルム 10 mL とを加えて約 30 秒間激しく振り混ぜ，鉄その他を抽出し，静置する。

3) クロロホルム層を分離し，水層に再びクペロン溶液（50 g/L）1 mL とクロロホルム 10 mL とを加えて再び抽出し，クロロホルム層を分離する。水層をビーカー100 mL に移し，加熱蒸発して軽く乾固する。

4) これに少量の **JIS K 8951** に規定する硫酸と **JIS K 8541** に規定する硝酸とを加え，再び蒸発乾固して有機物を分解する。硫酸（1＋1）［**5.4 a) 2)**による。］0.3 mL 及び水約 30 mL に溶かす。過マンガン酸カリウム溶液（3 g/L）でクロムを酸化した後，**c)**によって操作する。

65.1.2 フレーム原子吸光法　試料を前処理した後，アセチレン-空気フレームなどの中に噴霧し，クロムによる原子吸光を波長 357.9 nm で測定して全クロムを定量する。

定量範囲：Cr 0.2～5 mg/L，繰返し精度：2～10 %（装置及び測定条件によって異なる。）

a) 試薬　試薬は，次による。

1) クロム標準液（Cr 10 μg/mL）　58.4 a) 4)による。

b) 装置　装置は，**52.2 b)**による。

c) 準備操作　準備操作は，次による。

1) 試料を **5.** (1)又は**備考 4.**によって処理する。

備考 4. クロムの濃度が低い試料で，有機物及び懸濁物をほとんど含まない場合の準備操作は，次による。

試料の適量をとり，注(2)に準じて操作し，水酸化鉄（III）にクロムを共沈させる。沈殿をろ紙 5 種 A でろ別し，少量の硝酸（1＋2）（**JIS K 8541** に規定する硝酸を用いて調製する。）に加熱して溶かし，ろ紙は温水で洗浄する。ろ液と洗液とを合わせ，0.1～1 mol/L の塩酸又は硝酸酸性溶液の一定量とする。

d) 操作　操作は，次による。

1) **52.2 d) 1)**の操作を行う([9])。ただし，波長は 357.9 nm を用いる。

2) 空試験として **52.2 d) 2)**の操作を行う。

3) 検量線からクロムの量を求め，試料中の全クロムの濃度（Cr mg/L）を算出する。

注([9]) 少燃料のアセチレン-空気，又はアセチレン-一酸化二窒素フレームを用いる。

e) 検量線　検量線の作成は，次による。

1) クロム標準液（Cr 10 μg/mL）2～50 mL を全量フラスコ 100 mL に段階的にとり，**c) 1)**を行った試料と同じ酸の濃度になるように酸を加えた後，水を標線まで加える。

2) **52.2 e) 2)**及び **3)**の操作を行い，クロム（Cr）の量と指示値との関係線を作成する。検量線の作成は，試料測定時に行う。

備考 5. クロムの濃度が低い試料で，抽出を妨害する物質を含まない場合には，次の操作で定量してもよい。

1) 試料の適量（Cr として 5～100 μg を含む。）をビーカー100 mL にとり，硫酸（1+2）（**JIS K 8951** に規定する硫酸を用いて調製する。）2 mL を加え，過マンガン酸カリウム溶液（3 g/L）5～7 滴を加えて加熱する。過マンガン酸の色が消えそうになったら，更に過マンガン酸カリウム溶液（3 g/L）を滴加し，常に溶液の色が微赤を保つように 5～7 分間煮沸を続ける。

2) 流水で冷却し，これを分液漏斗に移し，水を加えて約 100 mL とする。*N,N*-ジオクチルオクタンアミン（トリオクチルアミン）の酢酸ブチル溶液（30 g/L）20 mL を加え，約 10 分間激しく振り混ぜた後，放置する。酢酸ブチル層をそのままフレーム中に噴霧してクロムを定量する。

3) 検量線の作成には，クロム標準液（Cr 10 μg/mL）を適切な濃度に薄めて用いる。**JIS K 8377** に規定する酢酸ブチルの代わりに **JIS K 8903** に規定する 4-メチル-2-ペンタノンを用いてもよい。

6. アセチレン-空気フレームでは，多燃料フレームにすると感度は高くなるが，鉄，ニッケルなど共存物による妨害も大きくなる。この場合，硫酸ナトリウム，二硫酸カリウム又はふっ化水素アンモニウム（二ふっ化水素アンモニウム）を 1 %程度共存させるとよい。

アセチレン-一酸化二窒素フレームでは，妨害の大部分は抑制される。

65.1.3 電気加熱原子吸光法　試料を前処理した後，電気加熱炉で原子化し，クロムによる原子吸光を波長 357.9 nm で測定して全クロムを定量する。

定量範囲：Cr 5～100 μg/L，繰返し精度：2～10 %（装置及び測定条件によって異なる。）

備考 7. **52.**の**備考 7.**による。

a) 試薬　試薬は，次による。

1) **水**　**52.3 a) 1)**による。

2) **硝酸（1+1）**　**52.3 a) 2)**による。

3) **クロム標準液（Cr 1 μg/mL）**　**58.4 a) 4)**のクロム標準液（Cr 10 μg/mL）10 mL を全量フラスコ 100 mL にとり，硝酸（1+1）2 mL を加え，水を標線まで加える。

b) 器具及び装置　器具及び装置は，**52.3 b)**による。

c) 準備操作　準備操作は，次による。

1) 試料を **5.** ([1])又は**備考 4.**によって処理する。ただし，最終溶液は 0.1～1 mol/L の硝酸酸性とする。

d)　操作　操作は，次による。

1)　**52.3 d) 1)**の操作を行う。ただし，灰化温度は 500～600 ℃，原子化([10])温度は 2 400～2 900 ℃（5～10 秒間），波長は 357.9 nm を用いる。

2)　空試験として **52.3 d) 2)**の操作を行う。

3)　検量線からクロムの量を求め，試料中の全クロムの濃度（Cr μg/L）を算出する。

注([10])　**52.**の**注**([9])による。

e)　検量線　検量線の作成は，次による。

1)　クロム標準液（Cr 1 μg/mL）0.5～10 mL を全量フラスコ 100 mL に段階的にとり，**c) 1)**を行った試料と同じ酸の濃度になるように硝酸（1＋1）を加えた後，水を標線まで加える。この溶液について **d) 1)**の操作を行う。

2)　**52.3 e) 2)**及び **3)**の操作を行い，クロム（Cr）の量と指示値との関係線を作成する。検量線の作成は，試料の測定時に行う。

65.1.4　ICP 発光分光分析法　試料を前処理した後，試料導入部を通して誘導結合プラズマ中に噴霧し，クロムによる発光を波長 206.149 nm で測定して全クロムを定量する。この方法によって，**表 58.1** に示す元素が同時定量できる。それぞれの元素ごとの定量範囲，繰返し精度などの例を，**表 58.1** に示す。

a)　試薬　試薬は，**58.4 a)**による。

b)　装置　装置は，**52.4 b)**による。

c)　準備操作　準備操作は，次による。

1)　試料を **5.** ([1]) 又は**備考 4.**によって処理する。

d)　操作　操作は，**58.4 d)**による。

e)　検量線　検量線は，**58.4 e)**による。

備考 8.　**備考 5.**に準じて抽出操作し，有機層をプラズマ中に噴霧してもよい。この場合，プラズマトーチとしては，有機溶媒用のトーチを用いる。

65.1.5　ICP 質量分析法　**52.5** による。

65.2　クロム（VI）［Cr（VI）］　クロム（VI）の定量には，ジフェニルカルバジド吸光光度法，フレーム原子吸光法，電気加熱原子吸光法，ICP 発光分光分析法，ICP 質量分析法，ジフェニルカルバジド発色による流れ分析法又は液体クロマトグラフィー誘導結合プラズマ質量分析法を適用する。

なお，ジフェニルカルバジド吸光光度法は，1994 年に第 1 版として発行された **ISO 11083**，ICP 発光分光分析法は，2007 年に第 2 版として発行された **ISO 11885**，ジフェニルカルバジド発色流れ分析法は，2006 年に第 1 版として発行された **ISO 23913**，ICP 質量分析法は，2016 年に第 2 版として発行された **ISO 17294-2** との整合を図ったものである。

備考　この試験方法の対応国際規格を，次に示す。

なお，対応の程度を表す記号は，**ISO/IEC Guide 21-1** に基づき，IDT（一致している），MOD（修正している），NEQ（同等でない）とする。

ISO 11083:1994，Water quality－Determination of chromium (VI)－Spectrometric method using 1,5-diphenylcarbazide（MOD）

ISO 11885:2007，Water quality－Determination of selected elements by inductively coupled plasma optical emission spectrometry (ICP-OES)（MOD）

ISO 17294-2:2016，Water quality－Application of inductively coupled plasma mass spectrometry (ICP-MS)－Part 2: Determination of selected elements including uranium isotopes（MOD）

ISO 23913:2006，Water quality－Determination of chromium (VI)－Method using flow analysis (FIA and CFA) and spectrometric detection（MOD）

65.2.1 ジフェニルカルバジド吸光光度法 試料に1,5-ジフェニルカルボノヒドラジド（ジフェニルカルバジド）を加え，生成する赤紫の錯体の吸光度を測定してクロム（VI）を定量する。

定量範囲：Cr（VI）2～50 μg，繰返し精度：3～10 %

a) 試薬 試薬は，次による。

1) 硫酸（1+9） 水9容をビーカーにとり，これを冷却し，かき混ぜながら**JIS K 8951**に規定する硫酸1容を徐々に加える。

2) エタノール（95） **JIS K 8102**に規定するもの。

3) ジフェニルカルバジド溶液（10 g/L） **65.1.1 a) 5)**による。

4) クロム（VI）標準液［Cr（VI）2 μg/mL］ **65.1.1 a) 7)**による。

b) 装置 装置は，次による。

1) 光度計 分光光度計又は光電光度計

c) 操作 操作は，次による。

1) 試料の適量［Cr（VI）として2～50 μgを含む。（例えば，25 mL）］を2個のビーカー（A），（B）にとり，試料が酸性の場合には，水酸化ナトリウム溶液（40 g/L）［**21. a) 3)**による。］で，また，アルカリ性の場合は，硫酸（1+35）［**43.2.1 a) 3)**による。］で中和する。

2) ビーカー（A）の溶液は，全量フラスコ50 mL（A）に移し入れ，硫酸（1+9）2.5 mLを加える。

3) ビーカー（B）の溶液に硫酸（1+9）2.5 mLを加え，次にエタノール（95）を少量加え，煮沸してクロム（VI）をクロム（III）に還元し，過剰のエタノールを追い出す。放冷後，全量フラスコ50 mL（B）に移し入れる。

4) 全量フラスコ（A）及び（B）を約15 ℃に保ち，それぞれにジフェニルカルバジド溶液（10 g/L）1 mLずつを加え，直ちに振り混ぜ，水を標線まで加え，約5分間放置する。

5) 全量フラスコ（A）の一部を吸収セルに移し，全量フラスコ（B）の溶液を対照液として波長540 nm付近の吸光度を測定する。

6) 検量線からクロム（VI）の量を求め，試料中のクロム（VI）の濃度［Cr（VI）mg/L］を算出する。

d) 検量線 検量線の作成は，次による。

1) クロム（VI）標準液［Cr（VI）2 μg/mL］1～25 mLを段階的にとり，**c) 2)～4)**の操作における全量フラスコ（A）に対するのと同じ操作を行う。

2) この溶液の一部を吸収セルに移し，水約30 mLについて**c) 3)**及び**4)**の操作における全量フラスコ（B）に対するのと同じ操作を行った溶液を対照液とし，波長540 nm付近の吸光度を測定し，クロム［Cr（VI）］の量と吸光度との関係線を作成する。

備考9. 試料を酸性にしたとき，クロム（VI）を還元する物質が共存する場合は，**c)**の操作では定量は困難である。ただし，クロム（III）が含まれていない試料は**65.1**によって定量する。また，妨害物質には，**備考2.**に示すもの以外に次のものがある。

－ 鉛，バリウム及び銀イオン（塩類）の存在下で，クロム（VI）は，難溶性のクロム酸塩を生じ，それらに含まれるクロム（VI）は定量されない。

－ モリブデン（VI）及び水銀塩類は，試薬によってそれぞれ黄色及び青となるが，吸収強度はクロム（VI）に比べて著しく低い。鉄（III）は1 mg/Lを超えると黄色となる。また，バナジウムは黄色になるが，やがて退色する。

－ 妨害金属イオンは，りん酸緩衝液（**JIS K 9017**に規定するりん酸水素二カリウム348 gを水1 000 mLに溶かし，pHを調節し，pH9.0±0.2とする。）の存在下で，沈殿助剤の硫酸アルミニウム溶液（硫酸アルミニウム・18 水 247 g を水に溶かし，1 L とする。）を試料 1 L について 1 mL 用いて沈殿させ，ろ別して除く。このとき，クロム（III）も沈殿除去できる。

－ 酸化性又は還元性の物質によるクロムの原子価の変化は，次の前処理によって避けられる。

酸化性物質は，中性とした試料に亜硫酸塩を添加して還元する。クロム（VI）はこの条件下では反応しない。過剰の亜硫酸塩及び他の還元性物質は，次いで次亜塩素酸塩によって酸化する。過剰の次亜塩素酸塩及び生成したクロロアミンは，酸性下で塩化ナトリウムによって分解し，生成した塩素は，空気で追い出す。

－ アンモニア体窒素は，500 mg/L 未満では妨害しない。しかし，アミン化合物は次亜塩素酸塩によってクロロアミンに変化し，塩化物イオンの添加によって，必ずしも分解しない。この妨害は，1,5-ジフェニルカルバジドの添加時に黄色又は茶色を帯びた色の出現によって分かる。

－ 亜硝酸体窒素は，20 mg/L を超えると赤紫のクロム（VI）-1,5-ジフェニルカルバゾン錯体を生成して妨害する。

備考 10. 備考 2.による。

65.2.2 フレーム原子吸光法 試料を前処理した後，アセチレン-空気などのフレーム中に噴霧し，クロムによる原子吸光を波長 357.9 nm で測定してクロム（VI）を定量する。

定量範囲：Cr（VI） 0.2～5 mg/L，繰返し精度：2～10 %（装置及び測定条件によって異なる。）

a) 試薬 試薬は，次による。

1) クロム標準液（Cr 10 μg/mL） 58.4 a) 4)による。

b) 装置 装置は，**52.2 b)**による。

c) 準備操作 準備操作は，次による。

1) 試料の適量（懸濁物を含む場合には，ろ紙 5 種 C 又は孔径 0.45 μm のろ過材でろ過し，最初のろ液約 50 mL を捨て，その後のろ液を用いる。）をとり，**JIS K 8180** に規定する塩酸又は **JIS K 8541** に規定する硝酸を加えて 0.1～1 mol/L の酸性溶液とする。ただし，試料中にクロム（III）が含まれている場合には，**備考 11.**の **b)**によって操作する。

備考 11. クロム（VI）の濃度が低い試料で妨害物質を含まない場合には，次のように操作する。

a) 試料中にクロム（III）が含まれていないときは，**備考 4.**又は**備考 5.**に準じて操作する。

b) 試料中にクロム（III）が含まれるときは，次による。

1) 試料の適量（500 mL 以下）をとり，硫酸アンモニウム鉄（III）溶液［**JIS K 8982** に規定する硫酸アンモニウム鉄（III）・12 水 5 g を硫酸（1＋1）［**5.4 a) 2)**による。］1 mL に溶かし，水で 100 mL にする。］1 mL を加えてかき混ぜる。

2) アンモニア水（1＋4）［**65.**の注(^{2})による。］を加えて微アルカリ性とした後，アンモニア臭がほとんどなくなるまで静かに煮沸する。沸騰近くの温度に保って沈殿を熟成させた後，ろ紙 5 種 A でろ過し，温硝酸アンモニウム溶液（10 g/L）［**65.**の注(^{2})による。］で洗浄する。

3) ろ液と洗液とを合わせ，塩酸又は硝酸を加えて 0.1～1 mol/L の酸性溶液とする。

d) 操作 操作は，**65.1.2 d)**に準じて操作する。

e) 検量線 検量線の作成は，次による。

1) 65.1.2 e)に準じて検量線を作成する。

65.2.3 電気加熱原子吸光法 試料を前処理した後，電気加熱炉で原子化し，クロムによる原子吸光を波長357.9 nm で測定して，クロム（VI）を定量する。

定量範囲：Cr（VI） 5～100 µg/L，繰返し精度：2～10 %（装置及び測定条件によって異なる。）

備考 12. 52.の**備考 7.**による。

a) 試薬 試薬は，次による。

1) 水 52.3 a) 1)による。

2) 硝酸（1＋1） 52.3 a) 2)による。

3) クロム標準液（Cr 1 µg/mL） 58.4 a) 4)のクロム標準液（Cr 10 µg/mL）10 mL を全量フラスコ 100 mL にとり，硝酸（1＋1）2 mL を加え，水を標線まで加える。

b) 器具及び装置 器具及び装置は，**52.3 b)**による。

c) 準備操作 準備操作は，次による。

1) 試料の適量をとり，**65.2.2 c) 1)**又は**備考 11.**によって処理する。ただし，硝酸を用い，最終溶液は，0.1～1 mol/L の硝酸酸性溶液とする。

d) 操作 操作は，**65.1.3 d)**に準じて操作する。

e) 検量線 検量線の作成は，次による。

1) 65.1.3 e)に準じて検量線を作成する。

65.2.6 流れ分析法 試料中のクロム（VI）を，**65.2.1** と同様な原理で発色させる流れ分析法によって定量する。

定量範囲：Cr（VI） 5 µg/L～5 mg/L

試験操作などは，**JIS K 0170-7** による。

65.2.7 液体クロマトグラフィー誘導結合プラズマ質量分析法 試料中のクロム（VI）を液体クロマトグラフの分離カラムによって分離して，誘導結合プラズマ中に噴霧し，クロムの質量/荷電数における指示値([11])を測定してクロム（VI）を定量する。

定量範囲：Cr（VI）5 µg/L～5 mg/L，繰返し精度：2～10 %

a) 試薬 試薬は，次による。

1) 水 52.3 a) 1)による。

2) 硝酸（1＋1） 52.3 a) 2)による。

3) 溶離液 溶離液は，装置の種類及び分離カラムに充塡した充塡剤の種類によって異なるので，あらかじめ，**備考 15.**によってクロム（VI）及びクロム（III）の分離の確認を行う。

4) クロム（VI）標準液［Cr（VI）0.1 mg/mL］ 58.4 a) 3)による。

5) クロム（VI）標準液［Cr（VI）5 µg/mL］ a) 4)のクロム標準液［Cr（VI） 0.1 mg/mL］50 mL を全量フラスコ 1 000 mL にとり，水を標線まで加える。

6) クロム（III）標準液［Cr（III）0.1 mg/mL］ 硝酸クロム九水和物を 0.770 g とり，少量の水に溶かして全量フラスコ 1 000 mL に移し入れ，硝酸（1＋1）50 mL を加えた後，水を標線まで加える。

7) クロム（III）標準液［Cr（III）5 µg/mL］ a) 6)のクロム（III）標準液［Cr（III）0.1 mg/mL］50 mL を全量フラスコ 1 000 mL にとり，水を標線まで加える。

8) 2,6-ピリジンジカルボン酸

9) りん酸水素二ナトリウム JIS K 9020 に規定するもの。

10) 酢酸アンモニウム JIS K 8359 に規定するもの。

11) 2,6-ピリジンジカルボン酸溶液（20 mmol/L） 2,6-ピリジンジカルボン酸 3.3 g，りん酸水素二ナトリウム 2.8 g 及び酢酸アンモニウム 38.5 g を水 900 mL に加えて溶かし，水酸化ナトリウム溶液で pH

6.8 に調節して，水を加えて 1 000 mL にする。

b) 器具及び装置 器具及び装置は，次による。

1) 液体クロマトグラフ ICP 質量分析装置 液体クロマトグラフ ICP 質量分析装置は，液体クロマトグラフと ICP 質量分析装置とを組み合わせたもの。液体クロマトグラフの分離カラムによって，クロム（VI）と 2,6-ピリジンジカルボン酸によって錯形成化したクロム（III）［2,6-ピリジンジカルボン酸クロム（III）錯体］とを分離し，カラムからの溶出液を ICP 質量分析装置に導入してクロム（VI）を分離定量できるもの。また，液体クロマトグラフの溶離液及び接液部からのクロムの汚染がクロム（VI）の定量に影響を及ぼさないもの。

1.1) 分離カラム クロム（VI）及び 2,6-ピリジンジカルボン酸クロム（III）錯体を分離できるもの(12)。

1.2) ICP 質量分析装置 52.5 b) 1)による。

2) マイクロシリンジ 10～200 μL の容量で，接液部がポリプロピレン，チタンなどの材質で，クロムの溶出が測定に影響を及ぼさないもの。又は自動注入装置。

3) 蓋付き試験管 耐熱・耐圧のねじ蓋付き試験管で，接液部がポリプロピレンなどの材質で，クロムの溶出が測定に影響を及ぼさないもの。

4) ブロックヒーター 80±3 ℃を維持できるもので，ヒーターの壁が蓋付き試験管に密着するもの。内容物を加熱するのに十分な深さがあるものが望ましい。

注(12) 例えば，ポリエーテルエーテルケトン製のカラムに，陰イオン交換樹脂を充填したもの，又は陽イオン交換樹脂及び陰イオン交換樹脂を混合充填したもの。

備考 15. 分離カラムの性能として，クロム（VI）及び 2,6-ピリジンジカルボン酸クロム（III）の分離度（*R*）が 1.3 以上に分離できるものを用いる。分離度（*R*）は，**35.**の**備考 7.**の式によって求める。分離カラムの性能は，定期的に確認するとよい。

c) 準備操作 準備操作は，次による。

1) 試料(13)を 10 mL とる。試料に懸濁物を含む場合には，ろ紙 5 種 C 又は孔径 0.45 μm のろ過材(14)でろ過し，初めのろ液約 50 mL を捨て，その後のろ液を用いる。

2) 1)の操作を行った試料に 2,6-ピリジンジカルボン酸溶液（20 mmol/L）を 10 mL 加え，水を加えて 100 mL にする。**1)**の操作を行った試料が酸性の場合には，水酸化ナトリウム溶液（40 g/L）［**21. a) 3)**による。］で，また，アルカリ性の場合は，硝酸（1＋10）（**JIS K 8541** に規定する硝酸を用いて調製する。）を加えて中和した後に，2,6-ピリジンジカルボン酸溶液（20 mmol/L）を 10 mL 加え，更に水を加えて 100 mL にする。

3) 蓋付き試験管に **2)**の試料適量をとって蓋をし，ブロックヒーターで，80 ℃，30 分間加熱し放冷する(15)。

注(13) 試料中のクロム（VI）濃度が定量範囲を超える場合は，水で一定の割合に薄める。

(14) シリンジフィルターでろ過を行うときは，初めのろ液約 5 mL を捨て，その後のろ液を用いる。

(15) 放冷後の溶液中に懸濁物を含む場合には，孔径 0.45 μm のろ過材でろ過し，初めのろ液約 5 mL を捨て，その後のろ液を用いる。

d) 操作 操作は，次による。

1) 液体クロマトグラフ ICP 質量分析装置を作動できる状態にし，分離カラムに溶離液を一定の流量（例えば，0.2～2 mL/min）で流しておく。

2) c)の準備操作を行った試料の一定量（例えば，10～200 μL の一定量）をマイクロシリンジ(16)を用いて，液体クロマトグラフ ICP 質量分析装置に注入してクロマトグラムを記録する。

3) クロマトグラム上のクロム（VI）に相当するピークについて，指示値(17)を読み取る。

4) 空試験として，試料と同量の水について，**c)**及び **2)**〜**3)**の操作を行って，試料について得た結果を補正する。

5) 検量線からクロム（VI）の濃度を求め，試料中のクロム（VI）の濃度（μg/L）を算出する。

注([16]) 検量線作成時と同じものを用いる。

([17]) ピーク高さ又はピーク面積。

e) 検量線 検量線の作成は，次による。

1) クロム（VI）標準液［Cr（VI）5 μg/mL］0.1〜100 mL を全量フラスコ 100 mL に段階的にとり，クロム（VI）標準液 100 mL とった場合以外は水を標線まで加える。この溶液について **c)**並びに **d)**の **2)**及び **3)**の操作を行う。

2) 別に空試験として水について **c)**並びに **d)**の **2)**及び **3)**の操作を行い クロム（VI）に相当する指示値を補正した後，クロム（VI）の量と指示値との関係線を作成する。検量線の作成は測定時に行う。

備考 16. クロム（VI）標準液［Cr（VI）5 μg/mL］及びクロム（III）標準液［Cr（III）5 μg/mL］について **c)**の準備操作及び **d)**の操作を行い，クロム（VI）及び 2,6-ピリジンジカルボン酸クロム（III）錯体の保持時間に相当するピークの位置と各価数のクロムの分離度（R）が 1.3 以上であることをあらかじめ確認する。また，**c)**の操作由来のクロムの価数変化によって，クロム（VI）の定量に影響を及ぼさないことも確認する。

17. 試料中に鉛，バリウム及び銀イオン（塩類）が存在し，難溶性クロム酸塩を生じる場合は，定量が困難である。また，試料中に酸化性又は還元性の物質が存在し，クロムの原子価の変化による測定妨害が生じる場合は，**備考 9.**の除去方法を用いる。

なお，このクロムの原子価の変化は，クロム（VI）及びクロム（III）のクロムの添加回収試験をそれぞれ行い，クロム（VI）の回収率及びクロム（III）からのクロム（VI）への価数変化率を調べて確認するとよい。

65.1 全クロム

65.1.1 ジフェニルカルバジド吸光光度法 [1),2)]

硫酸酸性でクロム(Ⅲ)は，過マンガン酸カリウムと加熱すると次のように酸化され，クロム(Ⅵ)になる。

$$2\,Cr^{3+} + 2\,MnO_4^- + 3\,H_2O \longrightarrow Cr_2O_7^{2-} + 2\,MnO_2 + 6\,H^+$$

過剰の過マンガン酸と一部生成した酸化マンガン(Ⅳ)を尿素の存在の下で亜硝酸ナトリウムで還元して分解する。このとき過剰に入った亜硝酸はクロム(Ⅵ)と反応する前に尿素と反応して分解する。

$$2\,MnO_4^- + 5\,NO_2^- + 6\,H^+ \longrightarrow 2\,Mn^{2+} + 5\,NO_3^- + 3\,H_2O$$

$$MnO_2 + NO_2^- + 2\,H^+ \longrightarrow Mn^{2+} + NO_3^- + H_2O$$

$$2\,NO_2^- + CO(NH_2)_2 + 2\,H^+ \longrightarrow CO_2 + 2\,N_2 + 3\,H_2O$$

この溶液に 1,5-ジフェニルカルボノヒドラジド（ジフェニルカルバジド）を

反応させ赤紫の錯体を生成させ，その吸光度を測定する。1, 5–ジフェニルカルボノヒドラジドは，次のような構造

の化合物で，クロム(Ⅵ) によって酸化され，1, 5–ジフェニルカルバゾン

を生成する。一方，クロム(Ⅵ) は，還元されクロム(Ⅲ) になるが，発色の機構は明確ではなく，この酸化，還元反応の進行過程中に赤紫の錯体が生成すると推定されている。クロム(Ⅲ) と 1, 5–ジフェニルカルバゾンと反応させても赤紫の錯体は生成しない。

1.　試　薬

（1）　通常の市販ジフェニルカルバジドは品質のよいものは得にくい。不純物としては 1, 4–ジフェニルセミカルバジド及び少量の 1, 5–ジフェニルカルバゾンなどが含まれている。**規格**の **65.1.1 a) 5)** のジフェニルカルバジド溶液の調製には，このような市販試薬を用いても差し支えない。なお，純度の高い試薬を用いると，錯体の吸光係数，安定性，共存物質の影響，試薬溶液の保存性などに差があるといわれる。JIS K 8488 に規定するものはクロム(Ⅵ) による発色のモル吸光係数が 42×10^{3} 以上としている。

この溶液は変質しやすいので，なるべく新しく調製したものを用いる。**規格**の **65.1.1 a) 5)** のように保存使用できるが，黄色に着色した場合は使用しない。

市販品を精製するにはエタノール（65 vol%）に加熱して溶かした後，硫酸（1+8）を加え冷却する。これを冷蔵庫中に一夜放置して析出した結晶をろ別し，この結晶をエタノール（50 vol%）中から再結晶すれば 98.5%のものが得られるとの報告もある。

（2）　**規格**の **65. 注**(6)に示すように，亜硝酸ナトリウムに代えてアジ化ナトリウムを用いることもできるが，毒性が強いから取扱いには十分注意する。また，これには微量のクロムを含むものがある。

2. 操 作

（1） **規格**の **65. 注**(1)に示すように，前処理には硝酸と過塩素酸による方法は用いない。これは，塩化物イオンとクロムが共存すると，加熱処理時にクロムが二塩化二酸化クロム(Ⅵ)（塩化クロミル，CrO_2Cl_2）として揮散するおそれがあるためである。[6)]

（2） **規格**の **65. 注**(2)の操作によって微量のクロムを共沈濃縮する場合は，水酸化鉄(Ⅲ）生成のためのアンモニア水は過剰にならないように注意する。アンモニア水の大過剰では $Cr(NH_3)_6{}^{3+}$ の錯イオンが生成する。このとき，加熱して過剰のアンモニアを除去しても，水酸化クロム(Ⅲ）の沈殿に容易にはならない。

（3） **規格**の **5.4** の硝酸と硫酸による分解を行う場合，硫酸白煙の発生に際し必要以上に強熱すると硫酸クロム(Ⅲ）無水物を生成し，水に溶けにくくなる。硫酸ナトリウム約 20 mg を加えて，250℃以下で加熱するとこの心配はない。

また，前処理を**規格**の **5.4** で行った場合は，**規格**の **65. 注**(4)による硫酸の揮散の代わりに水酸化ナトリウム溶液で中和してもよいが，多量の硫酸が残留している場合は，硫酸ナトリウムの結晶が析出することがあるから，使用する硫酸量，残存量に注意する。

（4） 過マンガン酸カリウム溶液によってクロム(Ⅲ）を酸化する操作では，**規格**の **65.1.1 c) 2)** に示すように過マンガン酸カリウム溶液（3 g/L）は 1 滴ずつ加え，溶液が常に微紅色を保つようにし，この状態が 5 分間程度保たれたら加熱を止め，流水で冷却する。この操作において，過マンガン酸が存在する状態ではクロムは常にクロム(Ⅵ）に保たれる。流水で冷却後は，微量の有機物などが存在しても，急速にはクロム(Ⅲ）とはならない。一方，多量の過マンガン酸カリウム溶液を加えて煮沸しても，それが酸化マンガン(Ⅳ）となり，過マンガン酸が残らなくなると，微量に残った有機物によってもクロム(Ⅵ）の一部が還元され，低い結果を与える原因となる。また，多量の酸化マンガン(Ⅳ）が生成すると，その還元に亜硝酸ナトリウム溶液を多量に添加することとなり，窒素の気泡によって吸光度の測定が困難になる。

（**5**） 過剰の過マンガン酸及び酸化マンガン(Ⅳ）を分解する場合は，必ず，溶液を激しくかき混ぜながら，亜硝酸ナトリウム溶液を1滴ずつ加える。一度に多量に加えたり，添加後，かき混ぜる操作では，クロム(Ⅵ）の一部が還元されるおそれがあるとともに，亜硝酸ナトリウム溶液の添加量が多くなり，多量の窒素の気泡が生じ，吸光度の測定が困難となる。

（**6**） **規格**の**65. 注**(6)に従ってアジ化ナトリウム溶液（50 g/L）を用いるときは，尿素は加える必要はないが，亜硝酸ナトリウム溶液による場合と同様の注意をして操作する。また，酸性で有毒なアジ化水素を生成するので注意する。

（**7**） 発色時の硫酸濃度は0.03～0.1 mol/L が適切で，濃度が低いと発色が遅く，濃度が高いと呈色が不安定になる。0.1 mol/L 程度が，発色も早く呈色も安定である。液温は約15℃が最適である。呈色は直射日光によって退色するから注意する。

（**8**） **規格**の**65.1.1 c) 4**）に示すように，ジフェニルカルバジド溶液（10 g/L）を添加したら直ちに振り混ぜる。又は試料溶液を振り混ぜながら加える。このとき，局部的に高濃度になると，この溶液に含まれているアセトンによってクロム(Ⅵ）の一部が還元され低値を与える心配がある。

（**9**） 鉄(Ⅲ）は共存量がクロムの量以下であれば，その影響は無視してよいが，クロムの量以上共存すると，吸光度が低下するので，二りん酸ナトリウム溶液を加えてマスキングする。鉄1 mg 以上の共存で吸光度が一定となることを利用し，試料，検量線ともに一定量の鉄（1～5 mg）を加えて定量する方法もある。

(**10**) 銅，バナジウム，モリブデンはそれぞれ25 μg，250 μg，100 μg までは妨害しない。これ以上の場合は，**規格**の**65. 備考3.** によって抽出除去する，

(**11**) 吸収曲線と検量線の一例を図65.1及び図65.2に示す。

65.1.2 フレーム原子吸光法 3)～5)

前処理した試料を0.1～1 mol/L の塩酸又は硝酸酸性とし，これを少燃料のアセチレン-空気又はアセチレン-一酸化二窒素フレーム中に噴霧し，波長357.9 nm の原子吸光を測定し，クロムを定量する。クロムが微量の場合は，鉄

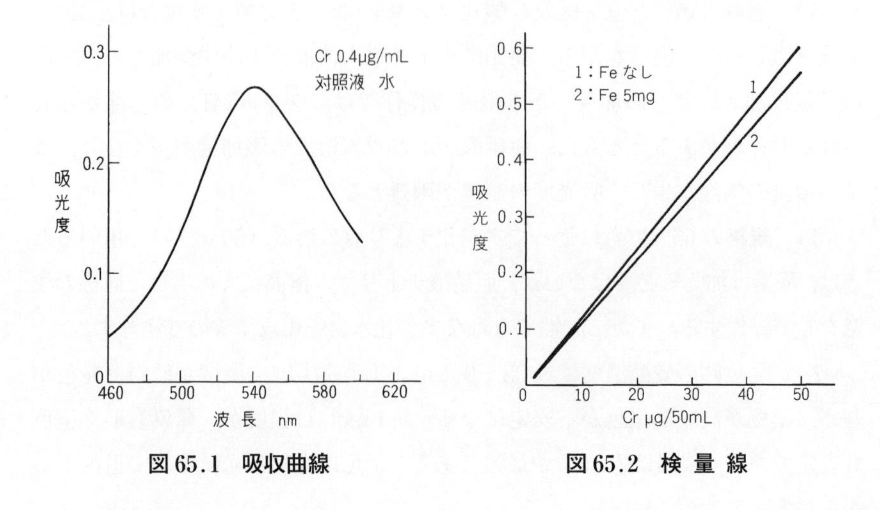

図 65.1　吸収曲線　　　図 65.2　検量線

(Ⅲ) による共沈，又はトリオクチルアミン–酢酸ブチル抽出などの方法を適用する。

1.　操　作

（1）　クロムの定量における前処理は，一般的には共存する懸濁物及び有機物の状態に応じて**規格**の **5.** の方法から選択する。ただし，**規格**の **5.3** はクロムが二塩化二酸化クロム(Ⅵ) として揮散する危険があるので用いない。

しかし，酸化クロム(Ⅲ) は極めて難溶性であるから，その存在が明らかであり，かつ，その全てを溶かす必要がある場合は炭酸ナトリウム融解法を適用しなければならないが，規格では，そこまでは要求せず，通常の酸処理を行って不溶物はろ別する。

（2）　クロム中空陰極ランプからのスペクトル線は 357.9 nm のほか，やや低感度の 359.4 nm，425.4 nm をはじめ多数がある。

（3）　**規格**の **65. 備考 6.** に示すようにアセチレン–空気フレームではフレームの燃料比によって感度及び共存物質による干渉の程度が異なってくる。すなわち，多燃料フレームでは感度は高くなるが，鉄，ニッケルなどによる干渉も著しくなる。規格には干渉抑制剤として 3 種類のものが示されているが，塩化アンモニウムも同様の作用がある。

（4）　フレーム中のクロム原子の分布は一様ではないので，あらかじめ高感度な位置を確かめておくとよい。

（5）　鉄共沈法によってクロムを濃縮するときは，**規格**の **65. 注**(2)に従って操作するが，共存する鉄が干渉するので，検量線の作成にも同量の鉄(Ⅲ)の添加を行う。

なお，クロムの濃縮には**規格**の **65. 備考 5.** に示す *N, N*-ジオクチルオクタンアミン（トリオクチルアミン)-酢酸ブチル抽出も有力な方法である。抽出したクロムは有機層直接噴霧によって高感度測定できる。

65.1.3　電気加熱原子吸光法

定量操作は，**規格**の **52.3** と同じ。ただし，測定波長 357.9 nm を用いる。

1.　試薬，器具及び装置

（1）　本書 52.3 の 1. 及び 2. 参照。

2.　操　作

（1）　準備操作及び操作はそれぞれ**規格**の **52.3 c)** 及び **d)** に準じて行う。ただし，準備操作に**規格**の **5.3** の方法は用いない。本書 65.1.1 の 2.(1)参照。

65.1.4　ICP 発光分光分析法

アルミニウム，モリブデン，バナジウムとの同時定量又は単独の定量。**規格**の **58.4** 及び本書 52.4 を参照。

1.　操　作

（1）　準備操作は**規格**の **5.5** に従って酸処理する。ただし，硝酸-過塩素酸処理法は適用しない。本書 65.1.1 の 2.(1)参照。

操作は**規格**の **52.4** による。

（2）　波長 206.149 nm を用いる測定では，アルミニウムが 100 倍以上共存するとバックグラウンドの上昇を示すことがある。

（3）　クロムの濃度が低いときは**規格**の **65. 備考 5.** に準じてトリオクチルアミン-酢酸ブチル抽出を行う。この場合は有機溶媒用のトーチを用いる。

65.1.5 ICP 質量分析法

定量操作は，**規格**の **52.5** と同じ。定量範囲：Cr 0.5～500 µg/L。試薬，装置，操作などの共通する事項は，本書 52.5 を参照。

65.2 クロム(Ⅵ)［Cr(Ⅵ)］

65.2.1 ジフェニルカルバジド吸光光度法

試料を硫酸酸性とし，1, 5-ジフェニルカルボノヒドラジド（ジフェニルカルバジド）溶液を加えて，クロム(Ⅵ）とジフェニルカルバジドを反応させ，生じた赤紫の錯体の吸光度を測定する。試料を 2 個とり，一方はジフェニルカルバジド溶液によって発色させ，他方はエタノールを加え加熱してクロム(Ⅵ）を還元した後，ジフェニルカルバジド溶液を加え，これを対照液とすることによって，試料中の濁りのほか共存物質の影響を補償する。

1. 試　薬

（1） ジフェニルカルバジド溶液については本書 65.1.1 の 1.(1)を参照。

2. 操　作

（1） **規格**の **65.2.1 c) 3)** の操作では，エタノールによって試料中のクロム(Ⅵ）を還元する。この方法のほか過酸化水素（1+10），亜硝酸ナトリウム溶液（20 g/L）などを用いる方法もあるが，これらが残留すると後の操作を妨害するおそれがあり，加熱煮沸して分解する必要がある。

（2） 試料を硫酸で酸性としたとき，クロム(Ⅵ）を還元するような物質が含まれている場合，**規格**の **65.2.1 c)** の操作ではクロム(Ⅵ）の定量は困難である。しかし，このような試料でもクロム(Ⅲ）を含まないことが分かっていれば，**規格**の **65. 備考 9.** に示すように，全クロムを定量してクロム(Ⅵ）とすることができる。また，試料をアンモニア水で中和したときクロム(Ⅵ）に影響なくクロム(Ⅲ）を水酸化クロム(Ⅲ）として沈殿させることのできる試料では，その沈殿をろ別分離したろ液から**規格**の **65.1.1** によって全クロムを定量し，クロム(Ⅵ）とすることもできる。

（3） その他の操作については本書 65.1.1 の 2. を参照。

［**参考**］ **規格**の **65. 備考 9.** に示すように，試料を酸性にしたときにクロム（Ⅵ）を還元する物質が共存する場合は，**規格**の **65.2.1 c**）の操作ではクロム（Ⅵ）の定量は困難である。また，酸化性物質の共存も妨害となる。これらについての対策が，この**備考 9.** の後半に述べられている。この記述は ISO 11083：1994 によるもので，ISO 11083 では，酸化性物質又は還元性物質が共存する試料について，概要，次のような手順が示されている。

（a） **サンプリング方法及び試料の前処理**

ガラス瓶に試料 1 000 mL をとり，緩衝液（pH 9±0.2）［りん酸水素二カリウム三水和物 456 g（又はりん酸水素二カリウム 348 g）を水 1 000 mL に溶かす。必要なら pH を調節する］10 mL を加える。pH は 7.5～8.0 であること。必要なら調節する。硫酸アルミニウム溶液（硫酸アルミニウム・18 水 247 g を水に溶かし 1 000 mL とする）1 mL を加える。pH 7.0～7.2 でなければ，りん酸（1＋10）を用いて調節する。

亜硫酸塩溶液（亜硫酸ナトリウム 11.8 g を水に溶かし，100 mL とする）1 mL を加え，亜硫酸塩試験紙を用いて亜硫酸塩が過剰になったことを調べる。不足なら追加する。少なくとも 2 時間沈殿を沈降させ，デカンテーションし，メンブレンろ過装置で 200 mL をろ過し，初めの 50 mL は捨てる。

（b） **手順（操作）**

ろ液 50 mL をとり，よう化カリウム-でんぷん試験紙を用い，過剰量が 1 mL になるように次亜塩素酸ナトリウム溶液（有効塩素約 10 g/L）を加える。りん酸（7＋10）2 mL を加えた後，塩化ナトリウム 10 g を溶かし，空気を 10 L/h で 40 分間通す。

1, 5-ジフェニルカルバジド溶液［**規格**の **65.1.1 a）5**）と同じ］2 mL を加え，水で 100 mL とする。5～15 分間後，対照に水を用いて 540～550 nm で吸光度を測定する。

なお，ISO 11083 では，発色時の液性（りん酸性），溶液体積，操作などが**規格**の **65.2.1** とは若干異なっている。

65.2.2 フレーム原子吸光法 3)～5)

クロム(Ⅵ) だけを含む試料については，懸濁物を含まないときは直接，懸濁物を含むときはろ紙5種Cでろ過したろ液に硝酸又は塩酸を加えて0.1～1 mol/Lの酸性溶液とする。これを少燃料のアセチレン-空気又はアセチレン-一酸化二窒素フレーム中に噴霧し，波長357.9 nmの原子吸光を測定してクロム(Ⅵ) を定量する。クロム(Ⅲ) が共存する試料についてはクロム(Ⅲ) を沈殿除去した後定量する。定量範囲：Cr(Ⅵ) 0.2～5 mg/L。

1. 操 作

（1） クロム(Ⅵ) は，共存成分と反応してクロム(Ⅲ) に還元されやすいので，試料によっては正確な定量が困難である。

（2） 試料がクロム(Ⅲ) 及びクロム(Ⅵ) を含むときは，**規格**の**65. 備考11. b)** に従って沈殿分離を行うとよい。クロム(Ⅲ) はアンモニア水によって水酸化クロム(Ⅲ) として沈殿するが，クロム(Ⅵ) はクロム酸イオンとして溶存しているのでろ過によって容易に分離できる。なお，クロム(Ⅲ) が微量のときは，少量の鉄(Ⅲ) を添加して，これに共沈させるとよい。ただし，この沈殿分離法が適用できるのは，比較的単純な試料に限られる。例えば，ある種の有機物によってクロム(Ⅲ) が可溶性錯体を形成していたり，クロム(Ⅵ) が難溶性の塩を形成するときはもちろん沈殿分離はできない。

（3） クロム(Ⅵ) の原子吸光法についての詳細は全クロムのそれと同じである。

（4） 溶媒抽出法，イオン交換法などによるクロム(Ⅲ)，クロム(Ⅵ) の分別について多くの方法が知られているが，複雑な排水を対象とした場合，まだ多くの問題があるので規格には採用されていない。

65.2.3 電気加熱原子吸光法

規格の**65.2.2**と同じ前処理によってクロム(Ⅲ) を除いた試料を0.1～1 mol/Lの硝酸酸性とし，これを電気加熱炉に注入して原子化し，波長357.9 nmの原子吸光を測定してクロム(Ⅵ) を定量する。定量範囲：Cr(Ⅵ) 5～100 μg/L。

1. 試薬，器具及び装置

（1） 本書 52.3 の 1. 及び 2. 参照。

2. 操 作

（1） 準備操作は**規格**の **65.2.2 c) 1)** によるが，クロム(Ⅲ) の共存の有無によって**規格**の **65. 備考 11.** を行う。

65.2.4 ICP 発光分光分析法

規格の **65.2.2** と同じ前処理をした試料を 0.1～0.5 mol/L の塩酸又は硝酸酸性とし，これを誘導結合プラズマ中に噴霧し，波長 206.149 nm の発光強度を測定して，クロム(Ⅵ) を定量する。定量範囲：Cr(Ⅵ) 20～4 000 μg/L。この方法は，クロム(Ⅵ) の定量であり，**規格**の **58.4** のアルミニウムなどとのクロムの同時定量とは異なる。**規格**の **65.2.4** では**規格**の **5.** の前処理は行わない。

1. 試薬及び装置

（1） 本書 52.3 の 1. 及び 2. 参照。

2. 操 作

（1） 準備操作は**規格**の **65.2.2 c) 1)** によるが，クロム(Ⅲ) の共存の有無によって**備考 11.** を行う。

（2） 操作は**規格**の **58.4 d)** に準じて行う。ただし，クロム(Ⅵ) の単独定量で，測定波長は 206.149 nm とする。

65.2.5 ICP 質量分析法

規格の **65.2.5 c)** の準備操作でクロム(Ⅲ) を除去した試料について，**規格**の **52.5** の定量操作を行う。ただし，定量範囲：Cr 0.5～500 μg/L。試薬，装置，操作などの共通する事項は，本書 52.5 を参照。

65.2.6 流れ分析法[7)]

JIS K 0170-7 から引用する FIA の 2 方法及び CFA の 1 方法を用いる。

試料が着色又は懸濁している場合の補正方法が示されている。方法 1：ジフェニルカルバジド溶液に代えて試料ブランク測定用溶液（アセトン-プロパノール - 水）を流し，クロム(Ⅵ) をクロム(Ⅲ) に還元して測定し，試料ブランク値とする。方法 2：**規格**の **65.2.1 c)** と同じ操作で，試料中のクロム(Ⅵ) をエタノールで還元してクロム(Ⅲ) とし，ブランク用溶液として測定して補正する。

1. ジフェニルカルバジド発色（3 流路）FIA 法

（1） ISO 23913-2006 に基づく方法である。キャリヤー液（水）に試料を注入し，硫酸−りん酸混合溶液とジフェニルカルバジド溶液とを合流させた溶液と合流して発色させ，赤紫の錯体の 540 nm 付近の吸光度を測定する。

（2） 発色用の試薬溶液を 2 溶液別々に調製，使用するので，3 流路となっている。

（3） ジフェニルカルバジドはクロム(Ⅲ) とは反応しない。このため，この発色反応はクロム(Ⅵ) を区別して定量する方法に広く利用されている。

（4） 酸性とするとクロム(Ⅵ) が還元される試料では，定量困難である。本書 65.2.1 の 2 を参照。

2. ジフェニルカルバジド発色（2 流路）FIA 法

（1） 1. と同じ原理による。発色に硫酸酸性としたジフェニルカルバジド溶液 1 液を用いることで 2 流路となる。

（2） その他，1. と同じ。

3. ジフェニルカルバジド発色 CFA 法

（1） ISO 23913-2006 に基づく方法。発色，その他については，1. の(3) 及び（4）参照。

65.2.7 液体クロマトグラフィー誘導結合プラズマ質量分析法 [8)]

クロム(VI) と，2,6- ピリジンジカルボン酸によって錯形成したクロム(Ⅲ) とを液体クロマトグラフで分離した後，分離カラムからの溶出液をオンラインで ICP 質量分析装置に導入し，クロム(Ⅵ) の溶出時間に現れるピークについて，クロムの質量 / 電荷数におけるイオンカウント値を測定してクロム(Ⅵ) を定量する。定量範囲：クロム(Ⅵ) 5 μg/L ～ 5 mg/L。

1. 器具及び装置

（1） 液体クロマトグラフ質量分析装置は，液体クロマトグラフの溶出液出口と ICP 質量分析装置のネブライザー入口とを PTFE（ポリテトラフルオロエチレン）などのふっ素系樹脂製チューブで接続したもので，液体クロマトグラフは測定対象成分を分離するため，ICP 質量分析装置は検出するために用いられる。両者を接続するためのチューブは，液体クロマトグラフで得られた分離度を損なわないように，内径が細く（例えば 0.2 mm 程度），長さも短い（例えば 20 ～ 50 cm 程度）ものが望ましい。

（2） 分離カラムとしては，クロムの汚染がなく，クロム(Ⅵ）と 2,6- ピリジンジカルボン酸クロム(Ⅲ）との分離度が 1.3 以上あるもの，例えば，PEEK（ポリエーテルエーテルケトン）製のカラム管に，陰イオン交換樹脂を充填したものや，陽イオン交換樹脂と陰イオン交換樹脂を混合充填したものが用いられる。

（3） 液体クロマトグラフ及びマイクロシリンジの接液部からクロムの汚染がないものを使用する。

2.　準備操作

（1） クロム(Ⅲ）は水中では様々な化学種［例えば，$Cr(H_2O)_6^{3+}$, $Cr(OH)(H_2O)_5^{2+}$, $Cr(OH)_3$, $Cr(CH_3COO)_3$ など］として存在し，試料によってはクロム(Ⅵ）のピークと重なることもある。このため，2,6- ピリジンジカルボン酸と錯形成させて，一つの化学種とする。クロム(Ⅲ）はアルカリ性ではクロム(Ⅵ）へ酸化されやすく，クロム(Ⅵ）は酸性ではクロム(Ⅲ）に還元されやすいため，錯形成反応は中性条件（pH 6.8）で行う。

（2） 試料 10 mL に 2,6- ピリジンジカルボン酸溶液 10 mL を加え，さらに水で 100 mL に定容したものを加熱して，クロム(Ⅲ）の錯形成を行う。この操作で，元の試料は 10 倍に希釈されることになる。共存元素も 10 倍に希釈されるため，共存元素による干渉も小さくなると考えられる。

3.　操　作

（1） 溶離液として，2 mmol/L 2,6- ピリジンジカルボン酸，2 mmol/L Na_2HPO_4, 10 mmol/L NaI, 50 mmol/L CH_3COONH_4 を含み，NaOH で pH 6.8 とした水溶液を用いると，分離カラムで分離する間の酸化数の変化を抑制することができる。

(2) この方法はクロム(Ⅵ)の定量法として規定されており，クロム(Ⅲ)の定量法としては規定されていないが，クロム(Ⅲ)のおおよその濃度も測定することができる。

(3) メッキ工場，半導体工場，食品工場，製紙工場，薬品工場，及び生物処理施設からの排水や，産業処分場浸出水に適用した場合，**規格**の **65.2.1** と同等若しくは優れた値が得られている。[8)]

(4) 試料中に難溶性クロム酸塩を生ずる物質や，酸化性又は還元性物質が存在する場合は，本書 65.2.1 の 2.(2) を参照。

参 考 文 献

1） 伊東重俊（1965）：分析化学，**14**，15
2） 大西寛，小島秀子（1978）：分析化学，**27**，726
3） J. A. Hurlbut, C. D. Chriswell（1971）：Anal. Chem., **43**, 465
4） A. Purushottam, P. P. Naidu, S. S. Lal（1973）：Talanta, **20**, 631
5） 安田誠二，垣山仁夫（1973）：工業用水，No.**177**，43
6） 江崎武，神西幸治，玉奥克巳（1991）：分析化学，**40**，T157
7） 28. の参考文献 10)～15)
8） K. Shigeta, A. Fujita, T. Nakazato, H. Tao（2018）：Anal. Sci., **34**, 925

66. 水 銀 (Hg)

66. 水銀（Hg） 全水銀とアルキル水銀とに区分する。

66.1 全水銀 全水銀の定量には，還元気化原子吸光法，加熱気化原子吸光法又は加熱気化－金アマルガム捕集原子吸光法を適用する。

66.1.1 還元気化原子吸光法 試料を過マンガン酸カリウムで前処理した後，塩化すず（II）で水銀（II）を還元する。この溶液に通気して発生する水銀蒸気による原子吸光を波長 253.7 nm で測定し，水銀を定量する。

定量範囲：Hg 0.5～10 μg/L，繰返し精度：2～10 %（装置及び測定条件によって異なる。）

a) 試薬 試薬は，次による。

1) **硝酸** **JIS K 8541** に規定する微量金属測定用のもの。

2) **硫酸（1＋1）** **5.4 a) 2)**による。ただし，硫酸は水銀の含有量が 1 μg/L 以下のものを用いる。

3) **過マンガン酸カリウム溶液（50 g/L）** **JIS K 8247** に規定する過マンガン酸カリウム(1) 50 g を水に溶かしてガラスろ過器（17G4 又は 25G4）でろ過した後，水で 1 L とする。着色ガラス瓶に保存する。

4) **ペルオキソ二硫酸カリウム溶液（50 g/L）** **JIS K 8253** に規定するペルオキソ二硫酸カリウム（特級）50 g を水に溶かして 1 L とする(2)。

5) **塩化ヒドロキシルアンモニウム溶液（80 g/L）** **JIS K 8201** に規定する塩化ヒドロキシルアンモニウム 8 g を水に溶かして 100 mL とする。この溶液の水銀の含有量は 1 μg/L 以下とする。精製の必要がある場合には，この溶液を分液漏斗に移し，ジチゾン-クロロホルム溶液（50 mg/L）［**JIS K 8490** に規定するジチゾン 5 mg を **JIS K 8322** に規定するクロロホルム 100 mL に溶かす。ただし，この溶液中の水銀の含有量は 0.5 μg/L 以下とする。］を少量加えて振り混ぜて放置した後，クロロホルム層を捨てる。この操作をクロロホルム層が変色しなくなるまで繰り返す。水層を乾いたろ紙でろ過しクロロホルムの小滴を除く。

6) **塩化すず（II）溶液** **JIS K 8136** に規定する塩化すず（II）二水和物（水銀分析用）10 g に硫酸（1＋20）［**JIS K 8951** に規定する硫酸（水銀の含有量が 1 μg/L 以下のもの。）を用いて調製する。］60 mL を加え，かき混ぜながら加熱して溶かす。放冷後，水を加えて 100 mL にする。この溶液の水銀の含有量は 1 μg/L 以下とする。精製の必要がある場合には，**JIS K 1107** に規定する窒素 2 級を通気する。1 週間以上経過したものは使用しない。

7) **L-システイン溶液（10 mg/L）** L-システイン（水銀含有量が 1 mg/kg 以下のもの）10 mg に水及び硝酸 2 mL を加えて溶かした後，水で 1 L とする。

8) **水銀標準液（Hg 0.5 mg/mL）** **JIS K 8139** に規定する塩化水銀（II）0.339 g をとり，少量の水に溶かし，全量フラスコ 500 mL に移し入れ，硝酸（1＋1）［**1)**の硝酸を用いて調製する。］5 mL を加えた後，水を標線まで加える。ほうけい酸ガラス瓶に保存する。

9) **水銀標準液（Hg 10 μg/mL）** 水銀標準液（Hg 0.5 mg/mL）10 mL を全量フラスコ 500 mL にとり，L-システイン溶液（10 mg/L）を標線まで加える。ほうけい酸ガラス瓶に保存する。1 か月間以上経過したものは使用しない。

10) **水銀標準液（Hg 0.1 μg/mL）** 水銀標準液（Hg 10 μg/mL）10 mL を全量フラスコ 1 000 mL にとり，L-システイン溶液（10 mg/L）を標線まで加える。使用時に調製する。

11) 水銀標準液（Hg 0.01 μg/mL） 水銀標準液（Hg 0.1 μg/mL）10 mL を全量フラスコ 100 mL にとり，L-システイン溶液（10 mg/L）を標線まで加える。使用時に調製する。

注([1]) 原子吸光分析用試薬など，水銀含有量の少ないものを用いる。

([2]) **JIS K 8252** に規定するペルオキソ二硫酸アンモニウムを用いてもよい。いずれも溶液中の水銀は 1 μg/L 以下とする。

b) 器具及び装置 器具及び装置は，次による。

1) 原子吸光分析装置又は水銀専用原子吸光装置

2) 水銀還元気化装置([3]) 原子吸光分析装置と併用する。

3) 光源 水銀測定用の光源を用いる。

4) ピストン式ピペット 10～100 μL 及び 100～1 000 μL が分取できるもの。**JIS K 0970** による。

注([3]) 還元容器，吸収セル，空気ポンプ，流量計，乾燥管及び連結管から構成する。**図 66.1** 及び**図 66.2** に構成例を示す。

なお，各構成部分の詳細は，次のとおりである。

- **還元容器** ガラス瓶（又は三角フラスコ）300～350 mL（250 mL の位置に印を付けておく。）又は**図 66.3** に示すような分液漏斗形（300 mL）のものを用いる。
- **吸収セル** 長さ 100～300 mm 程度の石英ガラス製のもの，又はガラス製若しくはプラスチック製（水銀蒸気を吸着しないもの。）で両端に石英ガラス窓を付けたもの。
- **空気ポンプ** 送気能力 0.5～3 L/min をもつダイアフラムポンプ又はこれと同等の性能をもつ空気ポンプ。水銀蒸気に接する部分が金属製の場合は，コロジオンなどを塗布しておく。
- **流量計** 流量 0.5～5 L/min が測定できるもの。
- **乾燥管** 乾燥管又は U 字管。**JIS K 8228** に規定する過塩素酸マグネシウム（乾燥用），**JIS K 8124** に規定する塩化カルシウム（乾燥用）などの乾燥剤を充塡しておくか，又はコールドトラップで代用してもよい。吸収セルの部分に小形電球を点灯するなどして吸収セル内の温度が周囲の温度よりも約 10 ℃高くなるようにしておけば，乾燥管を用いなくてもよい。
- **連結管** 軟質塩化ビニル管

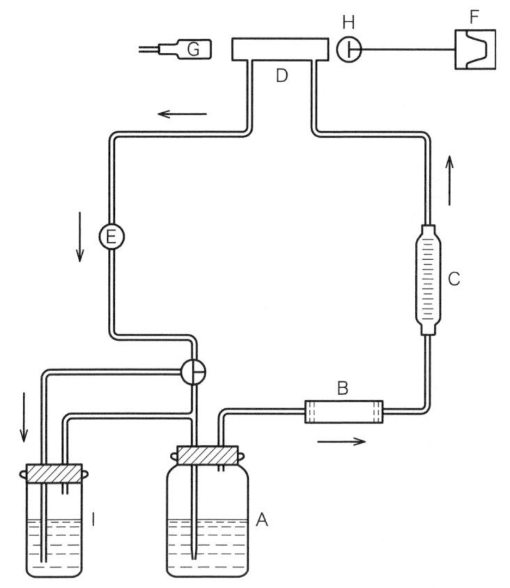

A：　還元容器
B：　乾燥管
C：　流量計
D：　吸収セル
E：　空気ポンプ
F：　記録計
G：　水銀測定用の光源
H：　原子吸光用検出器
I：　水銀除去装置

※矢印は気体の流れ方向を示す。

図 66.1　密閉循環方式の構成の例

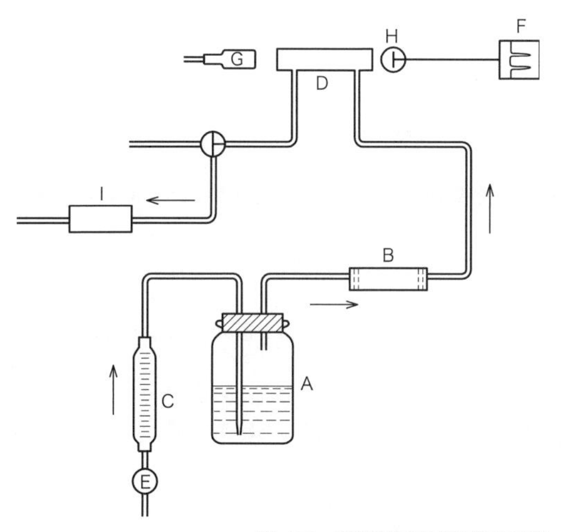

A：　還元容器
B：　乾燥管
C：　流量計
D：　吸収セル
E：　空気ポンプ
F：　記録計
G：　水銀測定用の光源
H：　原子吸光用検出器
I：　水銀除去装置

※矢印は気体の流れ方向を示す

図 66.2　開放送気方式の構成の例

単位 mm

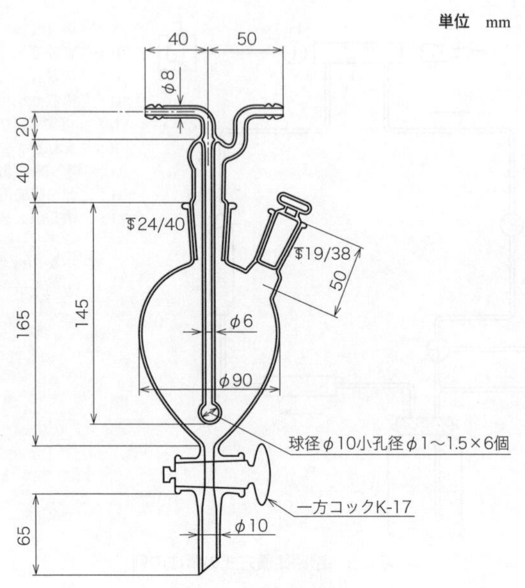

図 66.3 還元容器の例

c) **操作** 操作は，次による。

1) 試料([4])の適量（Hg として 0.075～1.5 μg を含む。）を三角フラスコ 300 mL([5])にとり，水を加えて約 150 mL とする([6])。

2) 硫酸（1＋1）20 mL，硝酸 5 mL 及び過マンガン酸カリウム溶液（50 g/L）20 mL([7])を加えて振り混ぜ，約 15 分間放置する。

3) 過マンガン酸の色が消えたときは，溶液の赤い色が約 15 分間持続するまで，過マンガン酸カリウム溶液（50 g/L）を少量ずつ加える。

4) ペルオキソ二硫酸カリウム溶液（50 g/L）10 mL を加え，約 95 ℃の水浴中に三角フラスコ 300 mL を浸して約 2 時間加熱する。

5) 室温まで冷却し，塩化ヒドロキシルアンモニウム溶液（80 g/L）10 mL を添加して過剰の過マンガン酸を還元する。

6) 直ちに溶液を還元容器に移し([8]) 水で 250 mL とした後，通気回路を組み立てる。

7) 手早く塩化すず（II）溶液 10 mL を加え，あらかじめ設定した最適流量([9])で空気ポンプを作動し，空気を循環([10])させる。

8) 波長 253.7 nm の指示値([11])を読み取る。

9) バイパスコック([12])を回して，指示値が元に戻るまで通気を続ける。

10) 空試験として試料と同量の水をとり，**2)**～**4)**と同量の試薬を加えた後，**5)**～**9)**の操作を行って指示値を読み取り，試料について得た指示値を補正する。

11) 検量線から水銀の量を求め，試料中の全水銀の濃度（Hg μg/L）を算出する。

注([4]) 有機物その他の妨害物質が含まれていない試料については **1)**～**5)**を省略し，試料を直接還元容

器にとり，硫酸（1＋1）20 mL を加えた後，**6)**〜**11)**の操作を行ってもよい。この場合は，検量線も同様に作成する。

([5]) 還元容器用の三角フラスコ又はガラス瓶を用いてもよい。

([6]) よう素を 0.1 mg/L 以上含む場合は負の干渉を与えるため，試料を適宜希釈して使用する。

([7]) 有機物の少ない試料では，適宜，減量する。

([8]) 分解に還元容器を用いた場合は，そのまま連結する。

([9]) 最適流量は装置によって異なるので，あらかじめ求めておくが，通常は 1〜1.5 L/min である。

([10]) 開放送気方式の場合は，還元容器の通気管にコックを付け，塩化すず（II）溶液を添加後，約 2 分間激しく振り混ぜた後，装置に連結し，ポンプの作動と同時にコックを開く。

([11]) 吸光度又はその比例値。開放送気方式の場合は，ピーク高さ又はピーク面積を測定する。

([12]) 過マンガン酸カリウム溶液（50 g/L）5 容に，硫酸（1＋4）（**JIS K 8951** に規定する硫酸を用いて調製する。）1 容の割合で加えた溶液を入れたガス洗浄瓶を通して，水銀を除去する。開放送気方式の場合は除去後，大気中に放出する。

d)　検量線　検量線の作成は，次による。

1) 水銀標準液（Hg 0.1 μg/mL）1〜20 mL を還元容器 300 mL に段階的にとり，硫酸（1＋1）20 mL 及び水を加えて 250 mL とした後，通気回路を組み立て **c) 7)**〜**9)**の操作を行う。

2) 別に，空試験として水 230 mL を還元容器 300 mL にとり，硫酸（1＋1）20 mL を加えた後，通気回路を組み立て，**c) 7)**〜**9)**の操作を行って水銀標準液について得た指示値を補正し，水銀（Hg）の量と指示値との関係線を作成する。検量線の作成は，試料測定時に行う。

備考 1. 塩化物イオンを多量に含む試料では，過マンガン酸カリウム処理においては塩化物イオンが酸化されて塩素となり，波長 253.7 nm の光を吸収して正の誤差を生じる。この場合は，塩化ヒドロキシルアンモニウム溶液（80 g/L）を過剰に加え，塩素を十分に還元しておく。還元容器中に存在する塩素は，窒素などの送入によってあらかじめ追い出しておく。

2. ベンゼン，アセトンなどは波長 253.7 nm の光を吸収して正の誤差を生じる。この種の揮発性有機物を含む試料に対しては，過マンガン酸カリウムによる前処理を行った後，次のいずれかの操作を適用する。

a) 少量のヘキサンと振り混ぜて揮発性有機物を抽出除去する。

b) 重水素ランプなどによるバックグラウンド補正を行う。

c) 水銀測定用の光源と重水素ランプを用いて指示値の差を求めておき，次に，塩化すず（II）溶液の添加を省略して同様の測定を行い，両指示値の差として水銀を定量する。

d) 水銀をジチゾン錯体として抽出分離した後，加熱気化法によって測定する。

3. 定量範囲の下限（0.5 μg/L）以下の測定が必要な場合は，高感度の水銀専用原子吸光装置を用いて，次の操作によって定量する。この場合の定量範囲は，0.05〜0.5 μg/L とする。測定は，次の操作で行う。

1) 試料(*[1])の適量（Hg として 0.25〜2.5 ng を含む。）を分解試験管 10 mL にとり，水を加えて，5 mL(*[2]) (*[3])とする。

2) 硫酸（1＋1）0.7 mL，硝酸 0.2 mL 及び過マンガン酸カリウム溶液（50 g/L）0.7 mL(*[4]) を加えかくはんし，約 15 分間放置する。

3) 過マンガン酸の色が消えたときは，溶液の赤い色が約 15 分間持続するまで，過マンガン酸カリウム溶液（50 g/L）を少量ずつ加える。

4) ペルオキソ二硫酸カリウム溶液（50 g/L）を 0.3 mL を加え，約 95 ℃の水浴中に分解試験管を浸して約 2 時間加熱する。

5) 室温まで冷却し，塩化ヒドロキシルアンモニウム溶液（80 g/L）を 0.4 mL を添加して過剰の過マンガン酸を還元する。

6) これに，手早く塩化すず（II）溶液 0.4 mL を加え，あらかじめ設定した最適流量(*[5])で空気ポンプを作動し，空気を循環(*[6])させる。

7) 波長 253.7 nm の指示値(*[7])を読み取る。

8) 空試験として試料と同量の水をとり，**2)**～**7)**の操作を行って指示値を読み取り，試料について得た指示値を補正する。

9) 検量線から水銀の量を求め，試料中の全水銀の濃度（Hg μg/L）を算出する。

10) 検量線の作成は，次による。

a) 11)の水銀標準液をピストン式ピペットを用いて分解試験管に段階的に取り，硫酸（1＋1）0.7 mL 及び水を加えて 5 mL とした後，**6)**及び **7)**の操作を行う。別に空試験として硫酸（1＋1）0.7 mL に水を加えて 5 mL とした後，**6)**及び **7)**の操作を行って水銀標準液について得た指示値を補正し，水銀（Hg）の量と指示値との関係線を作成する。検量線の作成は，試料測定時に行う。

注(*[1]) 有機物その他の妨害物質が含まれていない試料については **1)**～**5)**を省略し，試料を分解試験管にとり，硫酸（1＋1）0.7 mL を加えた後，**6)** 及び **7)** の操作を行ってもよい。この場合は，検量線も同様に作成する。

(*[2]) 分解試験管に 50 mL のものを用いた場合は，20 mL とする。この場合の **2)**以降の操作における試薬の添加量は 4 倍とする。この場合は，検量線も同様に作成する。

(*[3]) 注([6])による。

(*[4]) 注([7])による。

(*[5]) 最適送気流量は，あらかじめ求めておくが，通常は 0.1～1.0 L/min である。

(*[6]) 注([10])による。

(*[7]) 注([11])による。

66.1.2　加熱気化原子吸光法　試料を過マンガン酸カリウムで前処理した後，硫酸酸性溶液から水銀をジチゾン錯体として有機溶媒に抽出する。有機溶媒を揮散させた後，残留物を加熱して水銀蒸気を発生させ，その原子吸光を波長 253.7 nm で測定して，水銀を定量する。

定量範囲：Hg 0.5～10 μg/L，繰返し精度：2～10 %（装置及び測定条件によって異なる。）

a)　試薬　試薬は，次による。

1)　硝酸　66.1.1 a) 1) による。

2)　硫酸（1＋1）　66.1.1 a) 2) による。

3)　過マンガン酸カリウム溶液（50 g/L）　66.1.1 a) 3) による。

4)　ペルオキソ二硫酸カリウム溶液（50 g/L）　66.1.1 a) 4) による。

5)　塩化ヒドロキシルアンモニウム溶液（80 g/L）　66.1.1 a) 5) による。

6)　ジチゾン-クロロホルム溶液（0.1 g/L）　JIS K 8490 に規定するジチゾン 10 mg を **JIS K 8322** に規定するクロロホルムに溶かして 100 mL とする。ただし，溶液中の水銀の含有量は 1 μg/L 以下とする。

7)　2,3-ジメルカプト-1-プロパノール溶液（体積百分率 0.1 %）　2,3-ジメルカプト-1-プロパノール 0.1 mL を **JIS K 8322** に規定するクロロホルムに溶かして 10 mL とする。使用時にクロロホルムで 10 倍に薄める。

8)　水銀標準液（Hg 0.1 μg/mL）　66.1.1 a)10) による。

b) **器具及び装置**　器具及び装置は，次による。

1) **分液漏斗**　500 mL

2) **原子吸光分析装置又は水銀専用原子吸光装置**

3) **水銀加熱気化装置**　原子吸光分析装置と併用する。**図 66.4** に加熱気化法の装置の構成の例を示す。

4) **光源**　水銀測定用の光源を用いる。

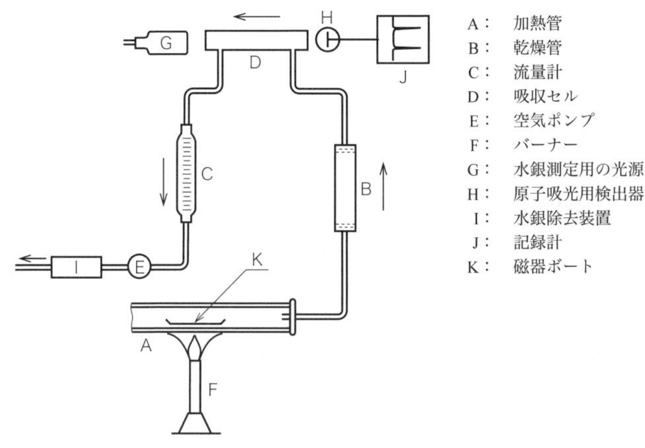

図 66.4　加熱気化方式の構成の例

c) **操作**　操作は，次による。

1) 試料([4])の適量（Hg として 0.075〜1.5 μg を含む。）を三角フラスコ 300 mL にとり，水を加えて約 150 mL とする。

2) **66.1.1 c) 2)〜5)**の操作を行う。

3) この溶液を分液漏斗 500 mL に移し，ジチゾン-クロロホルム溶液（0.1 g/L）5 mL を加えて約 2 分間激しく振り混ぜた後，放置する。

4) クロロホルム層を分離し試験管に移す。

5) 水層に再びジチゾン-クロロホルム溶液（0.1 g/L）5 mL を加えて約 2 分間激しく振り混ぜた後，放置する。

6) クロロホルム層を先の試験管に合わせ，これに水 5 mL を加えて振り混ぜた後，放置する。

7) 水層をスポイトで取り除く。

8) このクロロホルム溶液の一定量（2.5 mL 以下）を磁器ボートに移す。

9) 2,3-ジメルカプト-1-プロパノール溶液（体積百分率 0.1 %）0.1 mL を加え，通気してクロロホルムを揮散させる。

10) 磁器ボートを水銀加熱気化装置の加熱管に挿入し，吸引([13])と加熱とを同時に開始する。

11) 波長 253.7 nm の指示値([11])を読み取る。

12) 空試験として試料と同量の水をとり，**2)**と同量の試薬を加えた後，**3)〜11)**の操作を行って試料について得た指示値を補正する。

13) 検量線から水銀の量を求め，試料中の全水銀の濃度（Hg μg/L）を算出する。

注([13]) 最適な吸引量を求めておく。通常は 1〜1.5 L/min である。

d) 検量線　検量線の作成は，次による。

1) 水銀標準液（Hg 0.1 μg/mL）1～20 mL を分液漏斗 500 mL に段階的にとり，硫酸（1＋1）20 mL を加え，水で 200 mL とした後，**c) 3)～11)** の操作を行う。

2) 別に，空試験として水 200 mL 及び硫酸（1＋1）20 mL を分液漏斗 500 mL にとり，**c) 3)～11)** の操作を行って水銀標準液について得た指示値を補正し，水銀（Hg）の量と指示値との関係線を作成する。検量線の作成は，試料測定時に行う。

66.1.3 加熱気化－金アマルガム捕集原子吸光法　試料を加熱燃焼させ，気化した水銀を捕集管に捕集し，捕集剤を再度加熱して水銀を気化させる。その原子吸光を波長 253.7 nm で測定して，水銀を定量する。

定量範囲：Hg 0.5～10 μg/L，繰返し精度：2～10 %（装置及び測定条件によって異なる。）

a) 試薬　試薬は，次による。

1) 水銀標準液（Hg 10 μg/mL）　66.1.1 a) 9)による。

2) 水銀標準液（Hg 0.1 μg/mL）　66.1.1 a)10)による。

3) 水銀標準液（Hg 0.01 μg/mL）　66.1.1 a)11)による。

b) 器具及び装置　器具及び装置は，次による。

1) 加熱気化－金アマルガム捕集原子吸光分析装置

2) 水銀加熱気化装置(14)　原子吸光分析装置と併用する。

なお，**図 66.5** に金アマルガム捕集管を用いる加熱気化法の装置の構成の例を示す。

3) 光源　水銀測定用の光源を用いる。

4) ピストン式ピペット　66.1.1b) 4)による。

注(14) 試料加熱燃焼管，燃焼ガス処理部，水銀捕集管，吸収セルなどから構成する。

－ **試料加熱燃焼管**　セラミック又は石英製の管状のもの。

－ **燃焼ガス処理部**　試料を加熱燃焼したときに発生する干渉ガス成分を湿式又は乾式で吸収除去するもの。

－ **金アマルガム捕集管**　珪藻土等の融点 600 ℃以上，粒径 100～1 000 μm の耐熱性多孔質粒子を担持体とし，これに塩化金酸（III）水溶液又は粒子径 10～500 nm の金ナノ粒子分散液を含浸，乾燥させた後，空気を流しながら約 800 ℃で約 30 分間焼成したものを詰めたもの。

－ **吸収セル**　石英ガラス製のもの，又はガラス製若しくはプラスチック製（水銀蒸気を吸着しないもの。）で両端に石英ガラス窓を付けたもの。

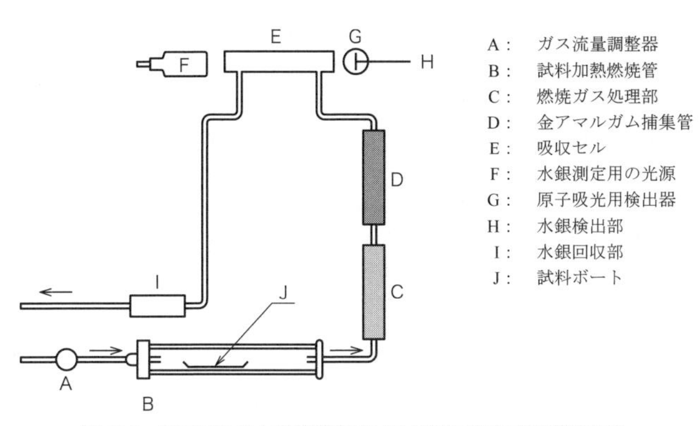

図 66.5　金アマルガム捕集管を用いる加熱気化方式の構成の例

c)　操作　操作は，次による。

1)　試料 200 μL（Hg として 0.1～2 ng を含む）をピストン式ピペットを用いて，試料ボート(**15**)に加える。懸濁物を含む場合は，別途，試料 5 mL 以上を三角フラスコに採取し，ホモジナイザーによる均一化又は酸分解による均一化を行った後に試験に用いる。

2)　水銀加熱気化装置にキャリヤーガス(**16**)を最適流速で流しながら，試料ボートを水銀加熱気化装置の試料加熱燃焼管に挿入し，500～900 ℃（装置により最適温度は異なる）で加熱分解して，気化した水銀を金アマルガム捕集管に捕集する。

3)　金アマルガム捕集管を 600～950 ℃（装置により最適温度は異なる）で加熱して水銀を再び気化させ，波長 253.7 nm の指示値(**11**)を読み取る。

4)　空試験として試料と同量の水をとり，ホモジナイザーによる均一化又は酸分解による均一化を行った場合には，同様の操作を行った後，**2)**及び **3)**の操作を行って指示値を読み取り，試料について得た指示値を補正する。

5)　検量線から水銀の量を求め，試料中の全水銀の濃度（Hg μg/L）を算出する。ただし，3 回以上の繰返し測定の変動係数が 10 %以内であることを確認する(**17**)(**18**)。

注(**15**)　硫黄，ハロゲン化合物などを含む試料で，加熱分解時に SO_2，ハロゲンガスなど干渉成分の発生が考えられる場合には，750 ℃，3 時間以上加熱処理をした活性アルミナ，炭酸ナトリウム，水酸化カルシウム等を単独又は混合したものをあらかじめ添加した試料ボードを用いてもよい。

(**16**)　キャリヤーガスは，試料加熱燃焼管に到る流路の途中に金アマルガム捕集管などを設置することによって水銀を除去した空気又は酸素を用いる。最適送気流量は，あらかじめ求めておくが，通常は 0.1～1.0 L/min である。

(**17**)　繰返し試験の結果から求めた変動係数が 10 %以上であった場合は，試験をやり直す。

(**18**)　懸濁物又は溶存物質を多量に含む試料，並びに共存物質が未知の試料に対しては，試料 5 mL を三角フラスコに採取し，水銀標準液 0.01 μg/mL を 5 mL 添加して **1)**～**3)**の操作を行って，添加回収試験を行い，回収率が 90～110 %の範囲にあることを確認してから試験を行う。

d)　検量線　検量線の作成は,次による。

1)　水銀標準液（Hg 0.01 μg/mL）の適量 10～200 μL をピストン式ピペットを用いて，段階的に試料ボートにとり，水を加えて 200 μL とした後，**c) 2)**及び **3)**の操作を行う。

2) 別に，空試験として水 200 μL を試料ボートにとり，**c) 2)**及び **3)** の操作を行って水銀標準液について得た指示値を補正し，水銀（Hg）の量と指示値との関係線を作成する。検量線の作成は，試料測定時に行う。

66.2 アルキル水銀（II）化合物 アルキル水銀（II）化合物の定量は，アルキル水銀（II）化合物のうち，エチル水銀（II）化合物及びメチル水銀（II）化合物を対象とし，水銀の量で表示する。定量にはガスクロマトグラフ法又はガスクロマトグラフィー質量分析法を適用する。

66.2.1 ガスクロマトグラフ法 アルキル水銀（II）化合物をトルエンで抽出し，L-2-アミノ-3-メルカプトプロピオン酸（L-システイン）によって選択的に逆抽出した後，トルエンで再び抽出し，ガスクロマトグラフ法を用いて定量する。

定量範囲：Hg 0.5 μg/L 以上（試料換算）

a) 試薬 試薬は，次による。

1) **塩酸 JIS K 8180** に規定するもの。ただし，予期保持時間付近にピークを生じないもの。

2) **塩酸（1+1）** 1)の塩酸を用いて調製する。

3) **アンモニア水 JIS K 8085** に規定するもの。ただし，予期保持時間付近にピークを生じないもの。

4) **アンモニア水（1+1）** 3)のアンモニア水を用いて調製する。

5) **塩化ナトリウム溶液（200 g/L） JIS K 8150** に規定する塩化ナトリウム 200 g を水に溶かして 1 L とする。予期保持時間付近にピークを生じないもの。

6) **トルエン JIS K 8680** に規定するもの。ただし，予期保持時間付近にピークを生じないもの。

7) **L-システイン-酢酸ナトリウム混合溶液 JIS K 8470** に規定する L-システイン塩酸塩一水和物 1 g，**JIS K 8371** に規定する酢酸ナトリウム三水和物 0.8 g 及び **JIS K 8987** に規定する硫酸ナトリウム 12.8 g を水に溶かして 100 mL とする。予期保持時間付近にピークを生じないもの。

8) **塩化エチル水銀標準液（Hg 10 g/L）又は塩化メチル水銀標準液（Hg 10 g/L）** クロロエチル水銀（II）［塩化エチル水銀（II）］0.132 g 又はクロロメチル水銀（II）［塩化メチル水銀（II）］0.125 g を少量のトルエンに溶かし，全量フラスコ 10 mL に移し入れ，トルエンを標線まで加える。

9) **塩化エチル水銀標準液（Hg 100 mg/L）又は塩化メチル水銀標準液（Hg 100 mg/L）** 塩化エチル水銀標準液（Hg 10 g/L）又は塩化メチル水銀標準液（Hg 10 g/L）1 mL を全量フラスコ 100 mL にとり，トルエンを標線まで加える。

10) **塩化エチル水銀標準液（Hg 1 mg/L）又は塩化メチル水銀標準液（Hg 1 mg/L）** 塩化エチル水銀標準液（Hg 100 mg/L）又は塩化メチル水銀標準液（Hg 100 mg/L）1 mL を全量フラスコ 100 mL にとり，トルエンを標線まで加える。使用時に調製する。

b) 器具及び装置 器具及び装置は，次による。

1) **分液漏斗** 50 mL 及び 500 mL。コックにワセリンなどの滑材を塗布しない。

2) **共栓試験管** 5～10 mL

3) **マイクロシリンジ** 1～10 μL

4) **ガスクロマトグラフ** 次に挙げる条件を満たすもの。

4.1) **分離カラム** ガラス製管（内径 3 mm，長さ 400～1 500 mm）に **4.2)**のカラム充填剤を詰めたもの(19)。

4.2) **カラム充填剤** 酸洗浄した後，シラン処理(20)を行った粒径 180～250 μm の耐火れんが(21)にエステル系固定相液体 5～25 %を含浸させたもの。

4.3) **検出器** 電子捕獲検出器又はこれと同等の性能をもつもの。

4.4) **キャリヤーガス JIS K 1107** に規定する窒素 2 級 流量 30～80 mL/min

4.5) **試料気化室湿度**　140～240 ℃

4.6) **カラム槽温度**　130～180 ℃

4.7) **検出器槽温度**　140～200 ℃

4.8) **装置の感度**　**4.1)**～**4.7)**の条件下で塩化エチル水銀（又は塩化メチル水銀）を水銀（Hg）として 40 pg を注入したときの *S/N* 比が 3 以上とする。

注([19]) キャピラリーカラムを用いてもよい。ただし，低濃度においてもアルキル水銀のハロゲン化物の鋭いピークが得られるもの。キャリヤーガスはヘリウムを用い，流量は 1～3 mL/min 程度とする。

([20]) ジクロロジメチルシランのトルエン溶液（体積百分率 1 %）中に担体を浸し，水浴上で約 1 時間保った後，乾燥する。この処理をした担体が市販されている。また，あらかじめ担体に臭化カリウム又は塩化ナトリウム（予期保持時間付近にピークを生じないもの。）5～10 %を含浸させた後，液層を被覆したものを用いると鋭いピークが得られる。

([21]) **31.**の**注**([4])による。

参考　カラム充塡剤には市販品がある。

c) **操作**　操作は，次による。

1) 試料 200 mL を分液漏斗 500 mL にとり，中性でない場合は，アンモニア水（1＋1）又は塩酸（1＋1）で中和した後，塩酸を加えて約 2 mol/L とする([22])。

2) トルエン 50 mL を加え，約 2 分間激しく振り混ぜて放置した後，水層を別の分液漏斗 500 mL に移し，トルエン層は保存する。

3) 水層にトルエン 50 mL を加えて約 2 分間激しく振り混ぜ，放置した後，水層を捨てる。

4) トルエン層を合わせ塩化ナトリウム溶液（200 g/L）20 mL を加え，約 1 分間激しく振り混ぜ，トルエン層を洗浄し([23])，放置後，水層を捨てる。

5) トルエン層に L-システイン-酢酸ナトリウム混合溶液 8 mL を加え，約 2 分間激しく振り混ぜ，放置後，水層を分液漏斗 50 mL に移す。

6) 塩酸 2 mL とトルエン 5 mL とを加えて約 2 分間激しく振り混ぜ，放置後，水層を捨て，トルエン層を共栓試験管に移す([24])。

7) マイクロシリンジを用い，トルエン層の一定量をガスクロマトグラフに注入し，ガスクロマトグラムを記録する。

8) 塩化エチル水銀（II）又は塩化メチル水銀（II）の保持時間([25])に相当する位置のピークについて，指示値([26])を読み取る([27])。

9) 先に測定に使用した共栓試験管内のトルエン層の残部 1 mL を別の共栓試験管にとり，L-システイン-酢酸ナトリウム混合溶液 1 mL を加えて約 2 分間激しく振り混ぜ，放置する。

10) 上部のトルエン層から，先にガスクロマトグラフに注入したトルエン層と同量をマイクロシリンジを用いてガスクロマトグラフに注入する。この結果，先に得られたピークが消滅した場合には，先のピークはエチル水銀（II）化合物又はメチル水銀（II）化合物によるものと判断する。

11) 空試験として水 200 mL をとり，**1)**～**10)**の操作を行って指示値を読み取り，試料について得た指示値を補正する。

12) 検量線から水銀の量を求め，試料中のアルキル水銀（II）化合物の濃度を水銀の濃度（Hg μg/L）として算出する。

注([22]) 試料中に硫化物イオン及びチオシアン酸イオンが含まれているときは，約 2 mol/L の塩酸酸性とした試料に **JIS K 8138** に規定する塩化銅（I）の粉末 100 mg を加えて十分にかき混ぜ，しば

らく放置する。沈殿をろ別し，ろ紙を塩酸（1+5）［**a) 1)**の塩酸を用いて調製する。］で2，3回洗浄する。

注(23) 多量の無機水銀が存在する場合は，電子捕獲検出器を用いたとき，メチル水銀の位置に無機水銀によるピークを生じることがあるので，洗浄を繰り返す。また，トルエン層に塩酸が残留するとL-システインによるアルキル水銀の逆抽出が不完全になるので，洗液が中性になるまで洗浄を繰り返す。

(24) 水分が存在すると，ガスクロマトグラフに注入したとき異常ピークが生じることがあるので，**JIS K 8987**に規定する硫酸ナトリウムなどを用いて脱水する。

(25) 操作において塩酸を使用するため，エチル水銀（II）化合物又はメチル水銀（II）化合物は，それぞれ塩化エチル水銀（II）又は塩化メチル水銀（II）として挙動する。

(26) ピーク高さ又はピーク面積。

(27) 測定時に標準液の一定量を注入して，検出器の感度の経時変化を補正する。また，ガスクロマトグラフへの試料の注入量と得られる指示値との関係が直線になる範囲をあらかじめ求めておき，測定される指示値がこの範囲内となるように試料の注入量を調節する。

d) 検量線 検量線の作成は，次による。

1) 分液漏斗50 mLにL-システイン-酢酸ナトリウム混合溶液8 mLをとり，これに塩化エチル水銀標準液（Hg 1 mg/L）又は塩化メチル水銀標準液（Hg 1 mg/L）を検出器の感度に応じて段階的に加え，**c)**の **5)**～**8)**及び **11)**の操作を行い，塩化エチル水銀（II）又は塩化メチル水銀（II）に相当する水銀（Hg）の量と指示値との関係線を作成する。

備考 4. 試料中にアルキル水銀（II）化合物のトルエン抽出を妨害する成分が含まれている場合には，試料に一定量の塩化エチル水銀又は塩化メチル水銀標準液を加えた後，**c)**の操作を行ってその回収率を求め，定量値を補正する。

66.2.2 ガスクロマトグラフィー質量分析法 アルキル水銀（II）化合物をテトラフェニルほう酸ナトリウムによって誘導体化（フェニル化）後，トルエンで抽出し，ガスクロマトグラフィー質量分析法を用いて定量する。

試料は，ふっ素系樹脂製容器又はほうけい酸ガラス製容器に入れ，塩酸を加えてpHを約1.4として密栓し，冷暗所に保存してできるだけ早く試験する。

定量範囲：Hg 0.2～10 μg/L（試料換算）

a) 試薬 試薬は，次による。

1) 塩酸 JIS K 8180に規定するもの。ただし，ガスクロマトグラフ質量分析計でアルキル水銀が検出されないもの。

2) 塩酸（1+1） **1)**の塩酸を用いて調製する。

3) 酢酸 JIS K 8355に規定するもの。ただし，ガスクロマトグラフ質量分析計でアルキル水銀が検出されないもの。

4) 水酸化ナトリウム溶液（3 mol/L） **JIS K 8576**に規定する水酸化ナトリウム12 gを水に溶かして100 mLとする。ただし，ガスクロマトグラフ質量分析計でアルキル水銀が検出されないもの。

5) 酢酸緩衝液 全量フラスコ1 Lに水500 mLをとり，酢酸11.5 mL及び水酸化ナトリウム溶液（3 mol/L）42.5 mLを加えた後，水を標線まで加える。

6) テトラフェニルほう酸ナトリウム溶液（20 g/L） ガスクロマトグラフ分析用又は同等純度のテトラフェニルほう酸ナトリウム2 gを水に溶かして100 mLとする。使用時に調製する。

7) トルエン JIS K 8680に規定するもの。ただし，ガスクロマトグラフ質量分析計でアルキル水銀が検出されないもの。

8) メタノール　JIS K 8891 に規定するもの。

9) 塩酸-酢酸希釈水　全量フラスコ 1 L に水 500 mL をとり，塩酸 2 mL 及び酢酸 5 mL を加えた後，水を標線まで加える。

10) 硫酸ナトリウム　JIS K 8987 に規定するもの。

11) 塩化エチル水銀標準液（Hg 1 000 mg/L）又は塩化メチル水銀標準液（Hg 1 000 mg/L）　塩化エチル水銀 0.132 g 又は塩化メチル水銀 0.125 g を全量フラスコ 100 mL にとり，メタノール又は塩酸-酢酸希釈水を加え，緩やかに振り混ぜて溶解し，メタノール又は塩酸-酢酸希釈水を標線まで加える。

12) 塩化エチル水銀標準液（Hg 10 mg/L）又は塩化メチル水銀標準液（Hg 10 mg/L）　塩化エチル水銀標準液（Hg 1 000 mg/L）又は塩化メチル水銀標準液（Hg 1 000 mg/L）1 mL を全量フラスコ 100 mL にとり，メタノール又は塩酸-酢酸希釈水を標線まで加える。

13) 塩化エチル水銀標準液（Hg 1 mg/L）又は塩化メチル水銀標準液（Hg 1 mg/L）　塩化エチル水銀標準液（Hg 10 mg/L）又は塩化メチル水銀標準液（Hg 10 mg/L）1 mL を全量フラスコ 10 mL にとり，メタノール又は塩酸-酢酸希釈水を標線まで加える。

14) 2,4,6-トリクロロアニソール-d3 内標準液（40 mg/L）　2,4,6-トリクロロアニソール-d3 10 mg を少量のメタノールに溶かして，全量フラスコ 10 mL に移し入れ，メタノールを標線まで加える。この溶液をメタノール又はトルエンで 25 倍に希釈する。

15) 装置性能確認用フェニルアルキル水銀混合標準液　b) 1)の共栓平底フラスコ 150 mL に水 100 mL を入れた後，マイクロシリンジを用いて塩化エチル水銀標準液（Hg 10 mg/L）又は塩化メチル水銀標準液（Hg 10 mg/L）100 µL を壁面に接触させることなく加える([28])。酢酸緩衝液 5 mL を加え，水酸化ナトリウム溶液（3 mol/L）又は塩酸（1＋1）で pH を 5.0±0.1 とした後([29])，操作 **d)**の **2)**～**5)**を行ってフェニル化されたアルキル水銀（II）化合物のトルエン溶液を調製する。この溶液を水銀濃度として 2～200 µg/L となるようにトルエンで希釈する。この溶液は，ガスクロマトグラフ質量分析計の性能（感度，検量線の直線性，分析対象成分の分離度など）を確認するために使用する。

16) PEG300 溶液（100 g/L）　ポリエチレングリコール（PEG）300　1 g を共栓試験管にとり，トルエンを加えて 10 mL とする。

注([28]) フェニル誘導体化及びトルエン抽出操作において溶液と接触しない高さの内壁に付着した成分は，誘導体化・抽出されない。これを防止するため，塩化エチル水銀標準液又は塩化メチル水銀標準液は共栓平底フラスコ内壁に接触させずに直接水中に加える。

([29]) pH 測定に伴う汚染を避けるため，pH 電極は溶液に浸さない。溶液の少量をパスツールピペットで共栓試験管に分取し pH を測定する，又は極少量（例えば，0.1 mL）をパスツールピペットで pH センサー感応部に移し pH を測定する。

b) 器具及び装置　器具及び装置は，次による。

1) 共栓平底フラスコ　容量 150～200 mL，底部は回転子が安定に回転する形状であり，静置後のトルエン層を効率よく回収するために，上部は内径が約 1.5～3.0 cm の細口であるもの。例えば，共栓三角フラスコ，共栓短形メスフラスコ。

2) 共栓試験管　5～10 mL

3) マイクロシリンジ　1～100 µL

4) パスツールピペット　ほうけい酸ガラス製

5) マグネチックスターラー　四ふっ化エチレン樹脂（PTFE）で被覆した回転子付きのものを用いる。

6) ガスクロマトグラフ質量分析計　次に挙げる条件を満たすもの。

6.1) キャピラリーカラム 内径 0.2〜0.32 mm，長さ約 25〜60 m の石英ガラス製，硬質ガラス製又は内面を不活性処理したステンレス鋼製のキャピラリー管の内壁にジメチルポリシロキサン又はフェニルメチルポリシロキサンを 0.1〜3 μm の厚さで被覆したもの，又はこれと同等の分離性能をもつもので，アルキル水銀（II）化合物及び無機水銀（II）化合物のフェニル化体の分離が十分なもの。

6.2) キャリヤーガス ヘリウム［純度 99.999 9 %（体積百分率）以上］。線速度は，20〜50 cm/s の範囲に調節して用いる。

6.3) カラム槽温度 35〜300 ℃で 0.5 ℃以内の温度調節の精度があり，昇温が可能なもの。

6.4) 試料注入方式 スプリットレス注入が可能なもの。

6.5) 試料注入口温度 280 ℃での設定が可能なもの。

6.6) インターフェース部温度 280 ℃での設定が可能なもの。

6.7) イオン化方式 電子イオン化（EI）

6.8) 電子加速電圧 70 V での設定が可能なもの。

6.9) イオン源温度 150〜280 ℃で機器の最適条件に設定する。

6.10) 検出方式 選択イオン検出（SIM）又は全イオン検出（TIM）が行え，所定の定量範囲に感度が調節できるもの。

c) 準備操作 準備操作は，次による。

1) 装置性能確認用フェニルアルキル水銀混合標準液([30])及び 2,4,6-トリクロロアニソール-d3 内標準液を用いて，ガスクロマトグラフ質量分析計の分析感度，検量線の直線性，分析対象成分の保持時間などを確認する。

2) フェニルエチル水銀，フェニルメチル水銀，2,4,6-トリクロロアニソール-d3 のマススペクトルから定量イオン及び確認イオンを設定する。定量イオン及び確認イオンは，イオン強度の大きいもの，実試料で妨害を受けないものから選定する。定量イオン及び確認イオンの例を**表 66.1** に示す。

表 66.1 アルキル水銀（II）化合物及び無機水銀（II）のフェニル化体，内標準物質の定量イオン及び確認イオンの一例

水銀化合物	フェニル化後の水銀化合物	フェニル化後の分子式	定量イオン *m/z*	確認イオン *m/z*
メチル水銀（II）化合物	フェニルメチル水銀	$CH_3HgC_6H_5$	200，202，217，279，292，294	292，294
エチル水銀（II）化合物	フェニルエチル水銀	$C_2H_5HgC_6H_5$	200，202，231，279，306，308	306，308
無機水銀（II）化合物（参考）	ジフェニル水銀	$C_6H_5HgC_6H_5$	200，202，279，354，356	354，356
2,4,6-トリクロロアニソール-d3（内標準）	−	$C_7H_2D_3Cl_3O$	213，215	213，215

注([30]) 標準液 1 mL に対し PEG300 溶液（100 g/L）を 2 μL の割合で加えておく。PEG300 はガスクロマトグラフの注入口及びキャピラリーカラムの活性点を不活化し，フェニル化アルキル水銀濃度が低い領域における検量線の直線性及びピーク形状の改善に必要である。

d) 操作 操作は，次による。

1) 試料 100 mL を共栓平底フラスコ 150 mL([31])にとり，中性でない場合は，水酸化ナトリウム溶液（3 mol/L）又は塩酸（1+1）で中和した後，酢酸緩衝液 5 mL 及び 2,4,6-トリクロロアニソール-d3 内標準液 5 μL を加え([32])，更に水酸化ナトリウム溶液（3 mol/L）又は塩酸（1+1）で pH を 5.0±0.1 とする([29])。

2) テトラフェニルほう酸ナトリウム溶液（20 g/L）1 mL を加えて緩やかに振り混ぜた後，トルエン 5 mL を加える。

3) 回転子を入れて共栓をし，マグネチックスターラーで約 60 分間激しくかき混ぜた後，約 10 分間放置する。

4) 水を共栓平底フラスコの内壁を伝わせながら緩やかに加え，トルエン層を細口部にまで上昇させた後，パスツールピペットでトルエン層を共栓試験管に移す。

5) トルエン層に硫酸ナトリウム 2 g を加えて振り混ぜ，水分を除く。

6) トルエン層から約 1 mL をガスクロマトグラフ質量分析計用のバイアルに移し，PEG300 溶液（100 g/L）2 μL を加えた後(30)，マイクロシリンジを用いてトルエン層の一定量をガスクロマトグラフ質量分析計に注入する。

7) フェニルエチル水銀，フェニルメチル水銀，2,4,6-トリクロロアニソール-d3 の定量イオンの指示値と確認イオンの指示値との比が，検量線作成時の指示値の比の±20 %以内であれば，試料中に存在するとみなして，その定量イオンのクロマトグラムを記録する。

8) フェニルエチル水銀，フェニルメチル水銀，2,4,6-トリクロロアニソール-d3 の保持時間(33)に相当する位置のピークについて，指示値(26)を読み取り，フェニルエチル水銀又はフェニルメチル水銀の指示値と 2,4,6-トリクロロアニソール-d3 の指示値との比を求める。

9) 空試験として水 100 mL をとり，**1)**～**8)**の操作を行って指示値を読み取り，試料について得たフェニルエチル水銀又はフェニルメチル水銀の指示値と 2,4,6-トリクロロアニソール-d3 の指示値との比を補正する。

10) 検量線から水銀の量を求め，試料中のアルキル水銀（II）化合物の濃度を水銀の濃度（Hg μg/L）として算出する。

注(31) 中和操作等により液量が増加する場合には，適宜，他の容量のものを用いる。

(32) 2,4,6-トリクロロアニソール-d3 内標準液は，塩化エチル水銀標準液，塩化メチル水銀標準液と同様に，共栓平底フラスコ内壁に接触させずに直接溶液に加える。トルエン抽出操作において溶液と接触しない高さの内壁に付着した成分は抽出されないためである。

(33) 操作においてフェニル化されるため，エチル水銀（II）化合物又はメチル水銀（II）化合物は，それぞれフェニルエチル水銀又はフェニルメチル水銀として挙動する。また，無機水銀（II）化合物は，ジフェニル水銀として挙動する。各々の保持時間が検量線作成時の保持時間に対して±6 秒以内であること確認する。

e) **検量線**　検量線の作成は，次による。

1) 共栓平底フラスコ 150 mL に水 100 mL をとり，これに塩化エチル水銀標準液（Hg 1 mg/L）又は塩化メチル水銀標準液（Hg 1 mg/L）20～100 μL，塩化エチル水銀標準液（Hg 10 mg/L）又は塩化メチル水銀標準液（Hg 10 mg/L）20～100 μL を水銀濃度として 0.2～10 μg/L となるよう段階的に加える(28)。これに酢酸緩衝液 5 mL 及び 2,4,6-トリクロロアニソール-d3 内標準液 5 μL を加え(32)，水酸化ナトリウム溶液（3 mol/L）又は塩酸（1＋1）で pH を 5.0±0.1 とした後(29)，**d)**の **2)**～**8)**の操作を行う。

2) 別に，空試験として水 100 mL をとり，これに酢酸緩衝液 5 mL 及び 2,4,6-トリクロロアニソール-d3 内標準液 5 μL を加え(32)，水酸化ナトリウム溶液（3 mol/L）又は塩酸（1＋1）で pH を 5.0±0.1 とした後(29)，**d)**の **2)**～**8)**の操作を行い，標準液について得た指示値の比を補正し，塩化エチル水銀（II）又は塩化メチル水銀（II）に相当する水銀（Hg）の量と指示値の比との関係線を作成する。検量線の作成は，試料測定時に行う。

備考 5. 試料中にアルキル水銀（II）化合物の誘導体化又はトルエン抽出を妨害する溶存成分が含まれている場合には，別にとった試料に一定量の塩化エチル水銀又は塩化メチル水銀標準液を加えた後，**d)**の操作を行ってその回収率を求め，定量値を補正する。

6. 試料中に懸濁物が含まれている場合には，別に取った試料に一定量の塩化エチル水銀又は塩化メチル水銀標準液を加え，約 1 時間放置して吸着平衡に近づけた後，**d)**の操作を行ってその回収率を求め，定量値を補正する。

7. 試料中に多量の細胞が含まれている場合には，ホモジナイザー等で細胞を破砕した後，**d)**の操作を行う。また，細胞を破砕した後の試料を別にとり，一定量の塩化エチル水銀又は塩化メチル水銀標準液を加え，約 1 時間放置して吸着平衡に近づけた後，**d)**の操作を行ってその回収率を求め，定量値を補正する。

66.1 全 水 銀

全水銀の定量では水中に存在する様々な形態の水銀，すなわち水銀(Ⅱ) イオン，水銀(Ⅰ) イオン，金属水銀，水銀塩類，有機水銀化合物などに含まれている全ての水銀が測定対象である。しかも，その定量範囲は排水基準の 0.005 mg/L，環境基準の 0.000 5 mg/L にみられるように超微量領域である。したがって，前処理においては水銀の損失及び周辺からのコンタミネーションを招かないように細心の注意を払って有機物の分解と水銀の溶出を行い，引き続いて鋭敏な分析方法を用いて水銀を定量しなければならない。

規格には過マンガン酸カリウム-ペルオキソ二硫酸カリウムによる前処理の後，還元気化原子吸光法又は水銀ジチゾン錯体抽出-加熱気化原子吸光法を規定していたが，2016 年の改正で新たに加熱気化-金アマルガム捕集原子吸光法が追加された。また，還元気化原子吸光法についても，高感度な水銀専用原子吸光装置を用いる方法が追加された。

なお，JIS K 0121（原子吸光分析通則）では還元気化又は加熱気化による原子吸光分析を併せて冷蒸気原子吸光分析と呼んでいる。

66.1.1 還元気化原子吸光法 [1)～4)]

試料を硫酸・硝酸酸性で過マンガン酸カリウムとペルオキソ二硫酸カリウムによって前処理した後，生成した水銀(Ⅱ) を塩化すず(Ⅱ) で還元する。この溶液に通気して水銀蒸気を発生させ，波長 253.7 nm における原子吸光を密閉循環方式又は開放送気方式によって測定し，水銀を定量する。

1. 試　薬

（1） 過マンガン酸カリウムには，かなりの量の水銀を含むものがあり，その程度は製品によって異なる。また，同一の製品であっても水銀が偏在することがあるのでその取扱いには注意が必要である。例えば，前処理操作において過マンガン酸カリウムを結晶のままで添加すると正しい空試験値が得られない可能性がある。また，過マンガン酸カリウム溶液は大気中の水銀を吸収しやすいので開放状態で長時間放置しないことと，空試験値をたびたび測定しておくことが必要である。

過マンガン酸カリウム溶液の精製方法として，次のような簡便法が報告されている[3)]。過マンガン酸カリウム溶液（50 g/L）を三角フラスコにとり，硫酸マンガン溶液（0.5 mol/L）2 mL を加え，約 10 分間煮沸する。一夜放置後ろ過膜（水銀を含まないことを確かめたもの）で，生成した酸化マンガン(Ⅳ）をろ別し，ろ液を水銀の定量に用いる。過マンガン酸カリウムに含まれていた水銀の大部分はこの酸化マンガン(Ⅳ）に捕集されている。この方法で，ろ液の過マンガン酸カリウム溶液中の水銀は 0.1 ng/mL 程度に低下する[3)]。

（2） ペルオキソ二硫酸カリウムは溶解度が小さいので，この溶液（50 g/L）は保存中に水温が低下すると結晶が析出することがある。このときは少し加熱して溶かすとよいが，60～65℃以上ではこの塩は急速に分解するので，加熱しすぎないようにする。

2. 操　作

（1） 前処理においては，水銀の揮散による損失を防ぎながら有機物を分解し，水銀化合物から水銀を溶出しなければならない。この目的に対して古くは硝酸と過マンガン酸カリウムによる還流加熱方式，耐圧瓶による加熱方式などが使用されてきたが，より効率的な方法として硫酸・硝酸・過マンガン酸カリウム・ペルオキソ二硫酸カリウムによる 95℃，2 時間の開放加熱方式が採用されている。この方式では，アルキル水銀，アリール水銀など有機水銀の分解も良好なことが知られている。複雑な組成の試料には還流加熱方式も有用である。

（2） 還元気化方式には，**規格**の**図 66.1** の密閉循環方式と**図 66.2** の開放送気方式とがある。十分に有機物を分解した試料については，いずれの方式でも問題はないが，**規格**の **66. 注**(4)を適用するときは，密閉循環方式では指示値の上昇が緩やかになることがある。また，開放送気方式ではピークの形が不規則(テーリングを生じる) になることがある。このような場合は正規の前処理方法を適用する。

(**3**) 試料中によう素を 0.1 mg/L 以上含む場合は負の干渉を与えるため，試料を適宜希釈する。銀や金を含む場合は，水銀が銀や金に捕捉されて気化されない。これらの成分を含むおそれのある試料には，添加回収試験を行うとよい。このような試料には，**規格**の **66.1.3** の加熱気化-金アマルガム捕集原子吸光法のほうが，干渉が少ない。

(**4**) 少ない試料量でも水中の水銀を測定できる高感度な水銀専用原子吸光装置が普及していることから，これを用いる方法が**規格**の **66. 備考 3.** として追加された。試料前処理及び操作は，**規格**の **66.1.1** の **c**), **d**) に準じて行う。この装置を使用する場合，試料量を従来の 150 mL から 5 mL に少なくできるため，試薬量も少なくでき，水銀を含む廃液量を減らすことができる。定量範囲は 0.05 ～ 0.5 μg/L である。

［**参考**］ 装置構成部の連結に，長い軟質塩化ビニル管（プラスチック管）を使うと，指示値が時間とともに徐々に下がってくるようである。原子化水銀が軟質塩化ビニル管に浸透していくことによると考えられる。高濃度の水銀の測定終了後，循環系に通気した後，しばらくすると，水銀の指示値が示される現象があり，浸透した水銀が系に戻るためと思われる。構成部の接続にガラス管を使い，接続部にだけ軟質塩化ビニル管を用いるとよいようである。

66.1.2 加熱気化原子吸光法[4)]

還元気化原子吸光法の場合と同様に，試料を硫酸-硝酸酸性で過マンガン酸カリウム及びペルオキソ二硫酸カリウムで酸化分解し，生成した水銀(Ⅱ) をジチゾン-クロロホルム溶液で抽出する。クロロホルム層を分離し，通気して溶媒を揮散させた後，残留する水銀錯体を一定流量の空気流中で強熱し，発生する水銀蒸気による原子吸光を波長 253.7 nm で測定し，水銀を定量する。

この方法は複雑な試料などで共存成分による影響が大きいことが予想されるときに用いるとよい。

1. 操　作

(**1**)　水銀のジチゾン抽出は，1 mol/L 程度の酸性で行われるので，同時に抽出される可能性があるのは銀，銅，パラジウムなど僅かの金属だけである。

ジチゾン（1,5-ジフェニルチオカルバゾン）は，下記の構造をもつ紫黒の粉末で，酸性溶液には溶けないが，アルカリ性溶液では二塩基酸として溶ける。また，この性質のため，有機溶媒と振り混ぜると，酸性溶液では有機溶媒に分配して濃い緑を呈し，アルカリ性溶液では水層に分配する。

$$S=C\begin{matrix}\diagup NH-NH-C_6H_5\\ \diagdown N=N-C_6H_5\end{matrix}$$

ジチゾンは多くの金属イオンと錯体をつくり有機溶媒によく抽出されるが，その呈色は一般に赤，赤紫が多く，だいだい色，黄色のものもある。

これらの金属錯体の抽出は，溶液の pH に大きく影響されるので，pH の調節によってある程度金属イオン相互の分離ができる。pH 約 1 以下では，パラジウム，銀，水銀など，pH 1～5 では上記のほか，すず(Ⅱ)，ビスマス，銅，亜鉛，pH 7～12 では，さらに，鉛，鉄(Ⅱ)，コバルト，ニッケル，マンガン，カドミウムなどが抽出される。

実際の抽出操作では，pH の調節のほか，マスキング剤を併用することによって，さらに選択性を向上させることができる。

(**2**)　加熱気化原子吸光法では，空気の流量，加熱の方式など測定結果を支配する要因が多いので，測定条件によって感度が大きく変動する。事前に測定装置について最適条件を確かめておくことが必要である。

(**3**)　上記の事情で，この方式ではピーク高さよりもピーク面積を用いる方が測定精度が高いといわれている。

(**4**)　抽出後のクロロホルム層に 2, 3-ジメルカプト-1-プロパノールを加えるのは水銀を安定化し，クロロホルムを揮散させる過程における水銀の損失を避けるためである。この試薬は水銀，銅，その他の重金属類と安定な錯体を生成する。BAL（British Anti-Lewisite）とも呼ばれる。

66.1.3　加熱気化-金アマルガム捕集原子吸光法

この方法は2016年の改正で追加された方法である。過マンガン酸カリウムなどによる酸化分解は行わず，試料を試料ボードに入れてセラミック製又は石英製の燃焼管で加熱分解（500～900℃）し，気化した水銀を金アマルガム捕集管に捕集し，これを再度加熱して水銀を気化させ，その原子吸光を波長253.7 nmで測定し，水銀を定量する。

1.　試　薬

（**1**）　水銀標準溶液の保存性を向上させるため，水銀標準溶液の調製時にL-システイン溶液を添加する。この改正は，**規格**の**66.1.1**及び**66.1.2**にも反映されている。

2.　操　作

（**1**）　試料量が200 μLと少ないため試料の均一性が問題となる。特に，懸濁物を含む場合は5 mL以上の試料を採取し，ホモジナイザー又は酸分解による均一化を行った後，試験に用いる。

（**2**）　共存物質による妨害が懸念されるため，懸濁物又は溶存物質を多量に含む試料，及び共存物質が未知の試料に対しては，添加回収試験を行い，回収率が90～110％の範囲にあることを確認する。

（**3**）　硫黄，よう素等のハロゲン化合物などを含む試料は，加熱分解時にSO_2やハロゲンガスなどの干渉成分が発生するおそれがある。このような試料には活性アルミナや炭酸ナトリウム，水酸化カルシウムなどをあらかじめ添加した試料ボードを用いると干渉が抑えられる。湿式で干渉ガスを除去する溶液としては，りん酸緩衝液や水酸化ナトリウム溶液（0.1 mol/L）などがある。よう素に対しては水酸化ナトリウム溶液が優れた除去効果を示す。

66.2　アルキル水銀（II）化合物

有機水銀化合物のうちメチル水銀化合物とエチル水銀化合物は人体に著しい悪影響を及ぼすので，この両者については厳しい基準が設けられ，μg/Lレベルあるいは，それ以下のアルキル水銀の定量が行われている。**規格**の **66.2** では，トルエン抽出によるガスクロマトグラフ法及びガスクロマトグラフィー質量分析法が規定されている。旧規格（2008）までは，ベンゼン抽出によるガスクロマトグラフ法及びベンゼン抽出による薄層クロマトグラフ分離 - 原子吸光法が規定されていたが，前者のベンゼンが有害性のことからトルエンに改められたものである。操作は全く変更ない。後者は，使用頻度が少ないことから，規格から除外し，**附属書 1（参考）補足** XVI. に移された。また，2019 年の改正で，アルキル水銀を誘導体化し，ガスクロマトグラフィー質量分析法で測定する方法が新たに規定された。

66.2.1　ガスクロマトグラフ法[4)]

試料を 2 mol/L 塩酸酸性とし，トルエンと振り混ぜてアルキル水銀を抽出する。トルエン層をＬ-システイン-酢酸ナトリウム溶液と振り混ぜてアルキル水銀(Ⅱ) を逆抽出する。再び塩酸酸性でトルエンに抽出する。トルエン層の一部をガスクロマトグラフのカラムに注入し，ECD 検出器によるクロマトグラムを得る。アルキル水銀を確認するために，先のトルエン層の残部についてＬ-システイン-酢酸ナトリウムで逆抽出し，これをガスクロマトグラフにかけ，先のクロマトグラムのアルキル水銀のピークの消失を確認する。

1.　操　作

（1）　**規格**の **66.2.1 c)** の操作について，ベンゼンとトルエンの比較が行われ，2 回での抽出率 90 % 以上，逆抽出率ほぼ 100 %，メチル水銀とエチル水銀との分離など，両溶媒に差がないことが報告[5)] されている。

（2）　共存物の影響のうち，硫黄化合物による妨害の除去は**規格**の **66. 注**(22)に示すように塩化銅(Ⅰ) の添加が有効であるが，その他についてはまだ不明のものが多い。この場合，**規格**の **66. 備考 3.** に従って処理すればよいが，定量値の補正を行った場合はその旨を明記する。

（3）　試料によっては**規格**の **66. 注**(23)及び(24)に示すようなゴーストを生じることがあるので，それぞれの対策を試みるとよい。

66.2.2 ガスクロマトグラフィー質量分析法[6)]

アルキル水銀(Ⅱ) 化合物 ($R\text{-}Hg^+ \cdot\cdot X^-$, ここでRは$CH_3$又は$C_2H_5$, X^-はハロゲン化物イオンや炭酸水素イオンなどの陰イオンを表す) をテトラフェニルほう酸ナトリウム [$Na^+ \cdot\cdot B^-(C_6H_5)_4$] によって誘導体化 (フェニル化) して$R\text{-}Hg\text{-}C_6H_5$とした後, トルエンで抽出し, ガスクロマトグラフィー質量分析法 (GC-MS) を用いて定量する。

1. 試 薬

(1) 水中でアルキル水銀の誘導体化が可能な試薬としては, テトラエチルほう酸ナトリウムやテトラプロピルほう酸ナトリウムなども報告されているが, これらの試薬は安定性が低く空気中で発火する危険性がある, 反応に伴って有害なガスが発生する, 試薬が高価である, また, エチル化すると無機水銀(Ⅱ)とエチル水銀(Ⅱ) がともにジエチル水銀となり, ジエチル水銀のみを分別定量できないなどの問題があるため, 規格ではこれらの問題がないテトラフェニルほう酸ナトリウムが使用されている。

2. 器具及び装置

(1) 従来のガスクロマトグラフ法では, 誘導体化せずにイオン結合状態の$R\text{-}Hg^+ \cdot\cdot Cl^-$ (又は分離カラム中で$R\text{-}Hg^+ \cdot\cdot Br^-$に変換されたもの) を分離していたため, 鋭いピークが得られる分離カラムは限られていた。一方, 本法では誘導体化によって生成する物質は共有結合化合物であるため, 汎用的に用いられる種々のキャピラリーカラムが利用できる。

3. 操 作

(1) 誘導体化反応とトルエン抽出は同時に行う。これらを効率よく行うためには, 水試料中にトルエンが分散して白濁する程度に激しくかき混ぜることが重要である。

(2) 海水のようにカリウムイオン濃度が高い試料では, テトラフェニルほう酸カリウムの白色沈殿を生じ, トルエン層をパスツールピペットで回収するのが困難になることがある。誘導体化反応の妨害にはならないが, 抽出液に沈殿が入らないようにろ過や遠心分離を行うとよい。

（3）フェニル誘導体はエチル誘導体などに比べてガスクロマトグラフの活性点等に吸着されやすく，特に低濃度でその影響が現れやすいので，これを防ぐためポリエチレングリコール(PEG) 300 をガスクロマトグラフに注入する最終分析液（試料及び検量線用標準液ともに）に加えておく。また，しばらくの間分析を行わなかった場合には，分析を開始する前に，PEG300 を含むトルエン溶液を数回ガスクロマトグラフに注入しておくと不活性化に効果的である。

（4） 図 66.1 にアルキル水銀(Ⅱ) 及び無機水銀(Ⅱ) の選択イオンクロマトグラムとマスクロマトグラムを示す。なお，本法では無機水銀(Ⅱ) はジフェニル水銀として検出されるが，測定法としては規定されていない。

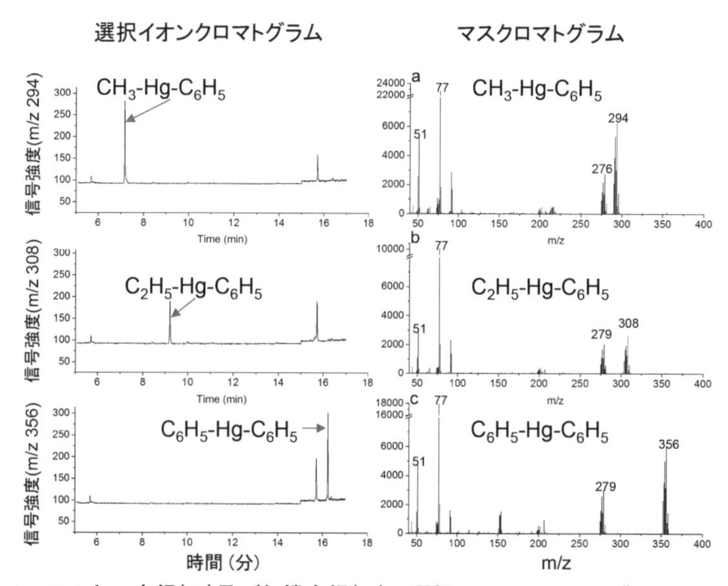

図 66.1　アルキル水銀(Ⅱ)及び無機水銀(Ⅱ)の選択イオンクロマトグラムとマスクロマトグラム [6)]

参 考 文 献

1） W. R. Hatch, W. L. Ott（1968）：Anal. Chem., **40**, 2085
2） 梅崎芳美，岩本和子（1971）：分析化学，**20**，173

3） 中村栄子，大貫哲雄，並木博（1976）：工業用水，No.**212**，34
4） 日本化学会編（1977）：水銀，丸善
5） 村井幸男（1997）：環境と測定技術，**24**，No.12，21
6） K. Shigeta, H. Tao, K. Nakagawa, T. Kondo, T. Nakazato（2018）：Anal. Sci., **34**, 227

67. セレン (Se)

67. セレン（Se） セレンの定量には，3,3′-ジアミノベンジジン吸光光度法，水素化合物発生原子吸光法，水素化合物発生 ICP 発光分光分析法又は ICP 質量分析法を適用する。

なお，ICP 発光分光分析法は，2007 年に第 2 版として発行された **ISO 11885**，ICP 質量分析法は，2016 年に第 2 版として発行された **ISO 17294-2** との整合を図ったものである。

備考 この試験方法の対応国際規格を，次に示す。

なお，対応の程度を表す記号は，**ISO/IEC Guide 21-1** に基づき，IDT（一致している），MOD（修正している），NEQ（同等でない）とする。

ISO 11885:2007，Water quality－Determination of selected elements by inductively coupled plasma optical emission spectrometry (ICP-OES)（MOD）

ISO 17294-2:2016，Water quality－Application of inductively coupled plasma mass spectrometry (ICP-MS)－Part 2: Determination of selected elements including uranium isotopes（MOD）

67.1 3,3′-ジアミノベンジジン吸光光度法 セレンを水酸化鉄（III）と共沈させて濃縮した後，3,3′-ジアミノベンジジンを加えてセレン錯体を生成させる。溶液の pH を調節してトルエンで錯体を抽出し，その黄色の吸光度を測定してセレンを定量する。

定量範囲：Se 2～50 μg，繰返し精度：2～10 %

a) 試薬 試薬は，次による。

1) **塩酸（1+1）** **JIS K 8180** に規定する塩酸を用いて調製する。
2) **塩酸（1+2）** **JIS K 8180** に規定する塩酸を用いて調製する。
3) **アンモニア水（1+1）** **JIS K 8085** に規定するアンモニア水を用いて調製する。
4) **アンモニア水（1+2）** **JIS K 8085** に規定するアンモニア水を用いて調製する。
5) **臭化カリウム** **JIS K 8506** に規定するもの。
6) **硫酸アンモニウム鉄（III）溶液** **JIS K 8982** に規定する硫酸アンモニウム鉄（III）・12 水 9 g と硫酸（1+1）［**5.4 a**］ **2**］による。］4 mL とを水に溶かして 100 mL とする。
7) **EDTA 溶液（40 g/L）** **JIS K 8107** に規定するエチレンジアミン四酢酸二水素二ナトリウム二水和物 4.4 g を水に溶かして 100 mL とする。
8) **トルエン** **JIS K 8680** に規定するもの。
9) **ブロモチモールブルー溶液（1 g/L）** **16.**の注(1)による。
10) **3,3′-ジアミノベンジジン溶液（5 g/L）** 四塩化 3,3′-ジアミノベンジジニウム二水和物 0.92 g を水に溶かして 100 mL とする。使用時に調製する。
11) **セレン標準液（Se 0.2 mg/mL）** **JIS K 8598** に規定するセレン（99.5 %以上）0.200 g をとり，硝酸（1+1）［**52.1 a) 8)**による。］20 mL に溶かし，煮沸して窒素酸化物を追い出す。放冷後，全量フラスコ 1 000 mL に移し入れ，水を標線まで加える。
12) **セレン標準液（Se 2 μg/mL）** セレン標準液（Se 0.2 mg/mL）10 mL を全量フラスコ 1 000 mL にとり，塩酸（1+100）（**JIS K 8180** に規定する塩酸を用いて調製する。）を標線まで加える。使用時に調製する。

b) 器具及び装置 器具及び装置は，次による。

1) **分液漏斗**　100 mL

2) **光度計**　分光光度計又は光電光度計

c) **操作**　操作は，次による。

1) **5.**の操作を行った試料の適量([1])（Se として 2〜50 μg を含む。）をビーカー200 mL にとり，水で約 100 mL とし，約 50 ℃に加熱する。

2) 臭化カリウム 0.5 g を加えて溶かし，次に，硫酸アンモニウム鉄（III）溶液 2 mL 及びブロモチモールブルー溶液（1 g/L）5〜7 滴を加える。

3) 溶液をかき混ぜながら溶液の色が青になるまでアンモニア水（1＋1）を加えた後，溶液の色が黄色になるまで煮沸する。

4) 沈殿が沈降するまで放置し，ろ紙 5 種 A でろ別し，温水で洗浄する。

5) 沈殿は元のビーカーに洗い落とし，ろ紙に付着した沈殿は，温塩酸（1＋1）約 2 mL を滴加して溶かし，沈殿の入っているビーカーに受け，ろ紙は水洗いする。

6) 加熱して沈殿を溶かし，水で液量を約 30 mL とする。

7) 放冷後，EDTA 溶液（40 g/L）10 mL を加え，アンモニア水（1＋2）を滴加して pH を 1.5〜2.0 に調節する。

8) 3,3′-ジアミノベンジジン溶液（5 g/L）2 mL を加えて振り混ぜ，沸騰水浴中で約 10 分間加熱する。

9) 流水で冷却後，アンモニア水（1＋2）を滴加して pH を約 6 に調節し，分液漏斗 100 mL に移し入れ，水で約 60 mL とする。

10) トルエン 10 mL を加えて約 30 秒間振り混ぜた後，放置する。

11) トルエン層の一部を吸収セルに移し，トルエンを対照液として波長 420 nm 付近の吸光度を測定する。

12) 空試験として硫酸アンモニウム鉄（III）溶液 2 mL をビーカーにとり，水で 30 mL とした後，**7)**〜**11)**の操作を行って，試料について得た吸光度を補正する。

13) 検量線からセレンの量を求め，試料中のセレンの濃度（Se μg/L）を算出する。

注([1])　試料が濁り及び有機物を含まず，セレンの濃度が高い場合は，試料の適量をビーカーにとり，約 50 ℃に加熱する。臭化カリウム 0.5 g を加えて溶かし，**7)**以降の操作を行ってもよい。

d) **検量線**　検量線の作成は，次による。

1) セレン標準液（Se 2 μg/mL）1〜25 mL をビーカー200 mL に段階的にとり，液量を水で約 100 mL とし，約 50 ℃に加熱する。**c) 2)**〜**12)**の操作を行って吸光度を測定し，セレン（Se）の量と吸光度との関係線を作成する。

67.2　水素化合物発生原子吸光法　試料を前処理して，セレンをセレン化水素とし，水素-アルゴンフレーム中に導き，セレンによる原子吸光を波長 196.0 nm で測定してセレンを定量する。

定量範囲：Se 2〜12 μg/L，繰返し精度：3〜10 %（装置及び測定条件によって異なる。）

a) **試薬**　試薬は，次による。

1) **塩酸**　**JIS K 8180** に規定するもの。

2) **塩酸（1＋1）**　**1)**の塩酸を用いて調製する。

3) **硝酸**　**JIS K 8541** に規定するもの。

4) **硫酸（1＋1）**　**5.4 a) 2)**による。

5) **テトラヒドロほう酸ナトリウム溶液（10 g/L）**　**61.2 a) 8)**による。

6) **アルゴン**　**JIS K 1105** に規定するアルゴン 2 級

7) **セレン標準液（Se 0.1 μg/mL）**　**67.1 a) 12)**のセレン標準液（Se 2 μg/mL）5 mL を全量フラスコ 100 mL

にとり，硫酸（1＋100）（**JIS K 8951** に規定する硫酸を用いて調製する。）を標線まで加える。使用時に調製する。

b) 装置　装置は，次による。

1) 連続式水素化合物発生装置　61.2 b) 1)による。

2) フレーム原子吸光分析装置　52.2 b) 1)による。

c) 操作　操作は，次による。

1) 試料(2)の適量（Se として 0.05～0.3 μg を含む。）をビーカー100 mL にとり，硫酸（1＋1）1 mL 及び硝酸 2 mL を加える。

2) 加熱板上で乾固する直前まで加熱する。

3) 放冷した後，塩酸（1＋1）20 mL を加え，90～100 ℃で約 10 分間加熱する。

4) 放冷した後，全量フラスコ 25 mL に移し入れ，水を標線まで加える。

5) 連続式水素化合物発生装置にアルゴンを流しながら，**4)**の溶液，テトラヒドロほう酸ナトリウム溶液（10 g/L）(3)及び塩酸（1 mol/L）（**JIS K 8180** に規定する塩酸を用いて調製する。）(3)を，定量ポンプで連続的に装置内に導入(3)し，セレン化水素を発生させる。

6) 発生したセレン化水素と廃液とを分離した後，セレン化水素を含む気体を水素-アルゴン(4)フレーム(5)中に導入し，波長 196.0 nm における指示値(6)を読み取る。

7) 空試験として試料と同量の水をとり，**1)**～**6)**の操作を行った後，指示値を読み取り，試料について得た指示値を補正する。

8) 検量線からセレンの量を求め，試料中のセレンの濃度（Se μg/L）を算出する。

注(2)　有機物を含まない試料は **1)**～**3)**の代わりに，次のように操作してもよい。

試料の適量（Se として 0.05～0.3 μg を含む。）をビーカー100 mL にとり，試料と同量の塩酸を加え，90～100 ℃で約 10 分間加熱する。また，多量の有機物を含む場合は **1)**及び **2)**の代わりに，次のように操作してもよい。

試料の適量（Se として 0.05～0.3 μg を含む。）をとり，硫酸（1＋1）1 mL，硝酸 2 mL 及び **JIS K 8223** に規定する過塩素酸 3 mL を加えて加熱し(*)，白煙を発生させて有機物を分解する。

注(*)　過塩素酸を用いる加熱分解操作は，試料の種類によっては爆発の危険性があるため，硝酸が共存する状態で行うように注意する。

(3)　**61.**の**注**(9)による。

(4)　**61.**の**注**(10)による。

(5)　**61.**の**注**(11)による。

(6)　**61.**の**注**(12)による。

d) 検量線　検量線の作成は，次による。

1) セレン標準液（Se 0.1 μg/mL）0.5～3 mL(7)を段階的ビーカー100 mL にとり，塩酸（1＋1）20 mL を加え，90～100 ℃で約 10 分間加熱する。

2) **c) 4)**～**6)**の操作を行う。

3) 別に，空試験として塩酸（1＋1）20 mL をビーカー100 mL にとり，90～100 ℃で約 10 分間加熱した後，**c) 4)**～**6)**の操作を行って，**2)**の標準液について得た指示値を補正し，セレン（Se）の量と指示値との関係線を作成する。検量線の作成は，試料測定時に行う。

注(7)　**注**(5)によった場合は，水素-アルゴンフレームに比べて 10～50 倍程度（装置及び操作条件によって異なる。）感度がよいので，セレン標準液（Se 0.1 μg/mL）の量を，適宜，減らす。

備考 1.　**61.**の**備考 2.**による。

2. 連続式水素化合物発生装置の代わりに，**図 61.5** に例を示す水素化物発生装置を用いて定量してもよい。この場合の操作は，次による。

1) **c) 1)**～**4)**の操作を行った溶液の全量を水素化合物発生装置の反応容器に移し入れる。

2) 水素化合物発生装置と原子吸光分析装置とを連結し，系内の空気をアルゴン(*)で置換する。

3) コックを回転して，アルゴン(*)でバブリングする状態にする。

4) セプタムを通して，シリンジなどによってテトラヒドロほう酸ナトリウム溶液（10 g/L）2 mL を手早く加え，発生する水素化合物を水素-アルゴン(*)フレーム(**)中に導入し，波長 196.0 nm の指示値(***)を読み取る。

5) **c) 7)**及び **8)**の操作を行い，試料中のセレンの濃度（Se μg/L）を算出する。

注(*)　**61.**の注([10])による。

(**)　**61.**の注([11])による。

(***) **61.**の注([12])による。

3. **61.**の備考 **4.**による。

4. セレンの水素化合物発生法は，銅，ニッケル，コバルト，白金，パラジウムなどの遷移金属によって発生効率が影響される。また，アンチモン，ひ素などの水素化物を形成する元素によっても発生効率が低下する。塩酸はセレンを VI 価から IV 価に還元するために用いられるが，一般に，塩酸濃度を高くすると遷移金属による干渉が低減することが多い。

なお，未知試料のように共存物質の影響が不明な場合は，未知試料に一定量の測定対象元素（ここでは，セレン）を添加したときに得られる指示値の増加分と，同量の測定元素を含む検量線用標準液の指示値とを比較することによって，干渉の大きさを知ることができる。

共存物質による干渉がある場合は，標準添加法を適用すると真度が向上するが，干渉が大きい場合は，水素化合物発生法は適用できない。

なお，この操作では試験溶液の最終の塩酸の濃度は約 6 mol/L となるが，高濃度の塩酸溶液が定流量ポンプなどの材質に悪影響を及ぼす場合は，**c) 4)**において全量フラスコ 25 mL の代わりに全量フラスコ 50 mL を用いてもよい。ただし，銅などの干渉が増加する傾向があるので，これらを多く含む試料には注意する。

67.3　水素化合物発生 ICP 発光分光分析法　試料を前処理して，セレンをセレン化水素とし，試料導入部を通して誘導結合プラズマ中に導入し，セレンによる発光を波長 196.026 nm で測定してセレンを定量する。

定量範囲：Se 1～20 μg/L，繰返し精度：3～10 %（装置及び測定条件によって異なる。）

a)　試薬　試薬は，次による。

1)　塩酸　JIS K 8180 に規定するもの。

2)　塩酸（1＋1）　1)の塩酸を用いて調製する。

3)　硝酸　JIS K 8541 に規定するもの。

4)　硫酸（1＋1）　5.4 a) 2)による。

5)　テトラヒドロほう酸ナトリウム溶液（10 g/L）　61.2 a) 8)による。

6)　アルゴン　67.2 a) 6)による。

7)　セレン標準液（Se 0.1 μg/mL）　67.2 a) 7)による。

b)　装置　装置は，次による。

1)　連続式水素化合物発生装置　61.2 b) 1)による。

2)　ICP 発光分光分析装置

c) **操作**　操作は，次による。

1) 試料([2])の適量（Se として 0.025～0.5 μg を含む。）をビーカーにとる。次に，**67.2 c) 1)～5)**の操作を行う。

2) 発生したセレン化水素と廃液とを分離した後，セレン化水素を含む気体を発光部に導入し，波長 196.026 nm の発光強度を測定する。

3) 空試験として試料と同量の水をとり，**1)**及び **2)**の操作を行い，試料について得た発光強度を補正する。

4) 検量線からセレンの量を求め，試料中のセレンの濃度（Se μg/L）を算出する。

d) **検量線**　検量線の作成は，次による。

1) セレン標準液（Se 0.1 μg/mL）0.25～5 mL をビーカー100 mL に段階的にとる。次に，**67.2 d) 1)～3)**の操作を行う。ただし，水素-アルゴンフレームを発光部と，また，指示値を発光強度と読み替える。

備考 5. **61.**の**備考 6.**による。

6. **備考 4.**による。また，標準添加法を用いる場合は，バックグラウンド補正を行う。

67.4 ICP 質量分析法　52.5 による。

備考 7. 塩酸，塩化物イオンなどの塩素を多量に含む試料では，**表 52.3** に示す $^{40}Ar^{37}Cl$ などの多原子イオンのスペクトル干渉が大きくなるため，質量数 77 は測定に用いない。また，海水などのように塩化物イオンに加えて，比較的高濃度の硫酸イオン，臭化物イオンなどを含む試料では，質量数 78 又は 82 においても，**表 52.3** に示す Cl，S，Br を含む多原子イオンのスペクトル干渉が大きくなり，測定は困難である。このため，スペクトル干渉を低減する手法を用いる。

備考 8. スペクトル干渉を低減する手法として，**67.3 c)**に準じてセレン化水素を発生させ，イオン化部に導入してセレン（質量数 77，78 又は 82）の指示値を測定し，セレンを定量してもよい。

9. **61.**の**備考 11.**による。

67.1　3, 3′-ジアミノベンジジン吸光光度法 1)～4)

亜セレン酸は，微塩酸酸性溶液中で 3, 3′-ジアミノベンジジンと反応してピアズセレノール錯体を生成し黄色を呈する。

$$H_2N\text{–}C_6H_3(NH_2)\text{–}C_6H_3(NH_2)\text{–}NH_2 + 2H_2SeO_3 \longrightarrow (Se{=}N, N{=}Se, N, N) + 6H_2O$$

中性溶液中では反応速度が遅いので，pH 約 2 とし，沸騰水浴中で加熱して反応させ，一定時間後，その分解を避けるため急冷する。次いで pH 6 とし，トルエンで抽出する。

あらかじめセレンを，水酸化鉄(Ⅲ) と共沈させて分離濃縮することによって，妨害物質はほとんど除去される。また，EDTA の添加によってほとんどの金属イオンの妨害は避けられる。なお，多量の硫酸塩は塩化アンモニウムを加えればマスキングできる。

1. 操　作

（**1**）　**規格**の **5.** の前処理を行った試料の適量を50℃に加熱し，臭化カリウムと硫酸アンモニウム鉄(Ⅲ）を加えた後，アンモニア水で中和してセレンを水酸化鉄(Ⅲ)に共沈させる。沈殿を塩酸に溶かし，EDTAを加えた後，アンモニア水でpHを1.5～2.0に調節する。3, 3′-ジアミノベンジジンを加え，沸騰水浴中で約10分間加熱する。冷却後，pHを6に調節し，錯体をトルエンに抽出する。有機層を吸収セルにとり，波長420 nm付近の吸光度を測定し，セレンを定量する。

（**2**）　セレンの濃縮分離には，**規格**の **67.1 c) 1)～6)** の水酸化鉄(Ⅲ）による共沈のほか，塩基性酢酸鉄，テルル共沈及び蒸留法などがあるが，水酸化鉄(Ⅲ）共沈法が簡単である。**規格**の **67.1 c) 1)～3)** を行い，pH 7.6以上から煮沸によってpH約6とする。溶液の色が黄色になったとき完全に共沈したと考えてよい。

（**3**）　ピアズセレノール錯体の発色は，加熱すれば促進されるが，加熱時間が長くなると分解する。pH 1.5～2.0で沸騰水浴中で5～10分間加熱すれば完全に発色するので，分解を避けるため直ちに冷水で急冷する。なお，加熱しないで発色させる方法もあるが，発色には約20℃の液温で約40分間，15℃以下では1時間以上を要する。

（**4**）　ピアズセレノール錯体は，直射日光によって分解されるから，発色操作は直射日光を避けて行う。なお，止むを得ず錯体を保存するときは，冷暗所におけば比較的安定である。

（**5**）　発色時の溶液のpHは1.5～2で，抽出時の溶液のpHは6～7でいずれも比較的狭い範囲の調節が必要であるから，pH計を用いて正確に行うようにする。

（**6**）　吸収曲線と検量線の一例を図67.1及び図67.2に示す。

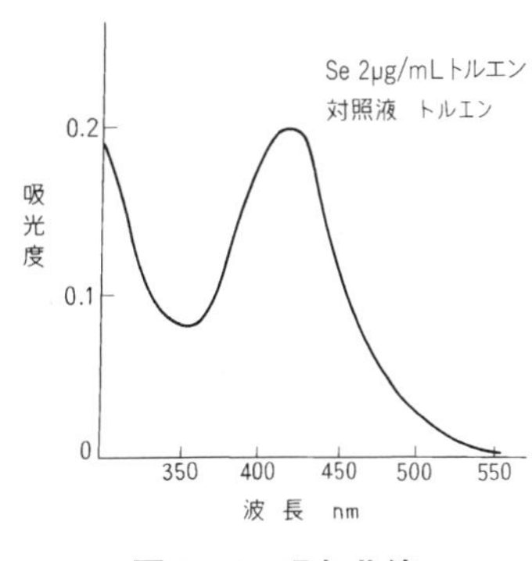

図 67.1　吸収曲線

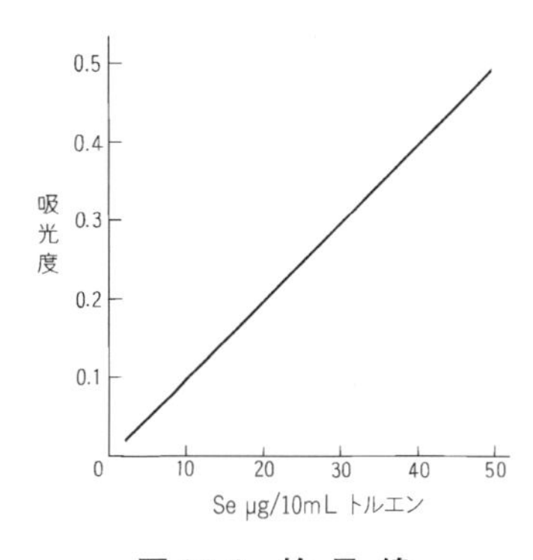

図 67.2　検量線

67.2　水素化合物発生原子吸光法[5)]

試料を硫酸と硝酸で白煙処理して有機物を分解した後，約 6 mol/L 塩酸酸性とし，90～100℃で約 10 分間加熱して予備還元する。放冷後，**規格**の **61.2** と同じ装置を用い，テトラヒドロほう酸ナトリウムを加えてセレン化水素を発生させる。これを水素-アルゴンフレームに導き，波長 196.0 nm の原子吸光を測定し，セレンを定量する。

1.　操　作

(1)　試料中の有機物を分解するために，硫酸-硝酸処理を行う。有機物を多く含む場合は，**規格**の **67. 注**(2)に示す過塩素酸を併用するとよい。この処理によってセレンは全てセレン(Ⅵ) になっている。

セレン化水素の発生はセレンの酸化数によって著しく影響され，セレン(Ⅵ) からはセレン(Ⅳ) からの数分の一のセレン化水素が発生するにすぎない。したがって，あらかじめセレン(Ⅳ) に還元しておく必要がある。このため，塩酸 (6 mol/L) 酸性で，90～100℃，10 分間の加熱を行う。加熱には沸騰水浴を用いるとよい。

なお，生成した塩素によってセレン(Ⅳ) が再酸化されることがあるので，還元後は手早く次のセレン化水素の発生操作を行う。

(2)　セレン化水素発生以降の操作は**規格**の **61.2** に準じて行う。そのほかは，本書 61.2 参照。

（3） セレン化水素発生の最適塩酸濃度は 2.5～6 mol/L である。

（4） 鉄(Ⅲ) は 10 000 倍量，銅は 50 倍量共存すると妨害になる。前者はしゅう酸カリウムの添加，後者はしゅう酸カリウム，塩化鉄(Ⅲ) 及び塩化アンモニウムの添加で抑制される。

（5） 有機物を含まない試料には，硫酸と硝酸による処理を省略し，直ちに，約 6 mol/L の塩酸酸性にして加熱し，セレンを予備還元するとよい。

67.3 水素化合物発生 ICP 発光分光分析法

規格の **67.2** と同じ操作で試料の前処理後，予備還元及びセレン化水素の発生を行い，これを誘導結合プラズマ中に導き，波長 196.026 nm の発光強度を測定してセレンを定量する。

1. 操 作

（1） 予備還元の操作は**規格**の **67.2** と同じ塩酸酸性での加熱による。

（2） 塩類の濃度が高い試料では，**規格**の **67. 備考 6.** に示す標準添加法の適用が望ましいが，作図に当たって余分なノイズを消去するために必ずバックグラウンド補正を行う。

67.4 ICP 質量分析法

定量操作は，**規格**の **52.5** と同じ。定量範囲：Se 0.5～500 μg/L。試薬，装置，操作などの共通する事項は，本書 52.5 を参照。なお，塩酸，塩化物イオン，硫酸イオン，臭化物イオンを多量に含む試料では，多原子イオン $^{40}Ar^{37}Cl^{+}$，$^{34}S^{16}O_3{}^{+}$，$H^{81}Br^{+}$ による干渉が大きくなるが，水素化合物発生法，磁場形二重収束質量分析計又はコリジョン・リアクションセルを用いて干渉を低減する。

参 考 文 献

1）K. L. Cheng（1956）：Anal. Chem., **28**, 1738
2）北里資郎，佐伯勇次（1959）：分析化学，**8**，422
3）岩崎岩次，岸岡昭，吉田幸人（1961）：分析化学，**10**，479
4）宗森信ほか（1978）：分析化学，**27**，T15
5）番匠賢治，青木照雄，梅崎芳美（1981）：公害資源研究所彙報，**11**(2)，37

68.　モリブデン（Mo）

68.1　チオシアン酸吸光光度法[1),2)]

酸による前処理を行った試料に過塩素酸を加えて加熱蒸発し，モリブデン(Ⅵ)に酸化する。これに硫酸アンモニウム鉄(Ⅲ)，チオシアン酸アンモニウム及び塩化すず(Ⅱ）を加えると赤い色を呈する。これは塩化すず(Ⅱ）で還元されて生じたモリブデン(Ⅳ）が直ちにモリブデン(Ⅲ）とモリブデン(Ⅴ）に変わり，このモリブデン(Ⅴ）とチオシアン酸とが反応してチオシアン酸錯体を生じるものと考えられる。

$$Mo^{5+} + m\mathrm{CNS}^- \rightleftarrows [\mathrm{Mo(CNS)}_m]^{5-m} \text{（無色）}$$

$$[\mathrm{Mo(CNS)}_m]^{5-m} + (5-m)\mathrm{CNS}^- \rightleftarrows \mathrm{Mo(CNS)}_5 \text{（赤色）}$$

モリブデンだけの溶液では発色が遅いが，鉄(Ⅲ）を共存させると発色が促進され，発色強度が増加する。

この錯体を酢酸ブチルに抽出し，波長 470 nm 付近の吸光度を測定し，モリブデンを定量する。定量範囲：Mo 1～50 μg。

1.　操　作

（**1**）　モリブデン(Ⅵ）を塩化すず(Ⅱ）で還元する場合に，モリブデン(Ⅴ）が存在すると Mo(Ⅴ) → Mo(Ⅲ）の反応が起こって，発色せず，負の誤差の原因となるとされている，還元前のモリブデンを Mo(Ⅵ）の状態とするため，過塩素酸処理を行う。また，過塩素酸は，チオシアン酸錯体の安定化に役立つ。

なお，硝酸と硫酸とを用いた前処理だけでは，Mo(Ⅴ）を生成することがあり，発色前に過マンガン酸カリウム溶液（3 g/L）を滴加して酸化しておく必要がある。

（**2**）　この方法の発色は，還元時の酸濃度，錯体生成のチオシアン酸の濃度及び液温などが影響することが大きく，試料，検量線の作成は常に同一条件で行うことが必要で，液量，試薬量にも注意する。

（**3**）　錯体は酢酸ブチル，ジエチルエーテル，3-メチル-1-ブタノールなどで抽出できる。無極性のベンゼンには抽出されない。

（**4**）　吸収曲線と検量線の一例を図 68.1 及び図 68.2 に示す。

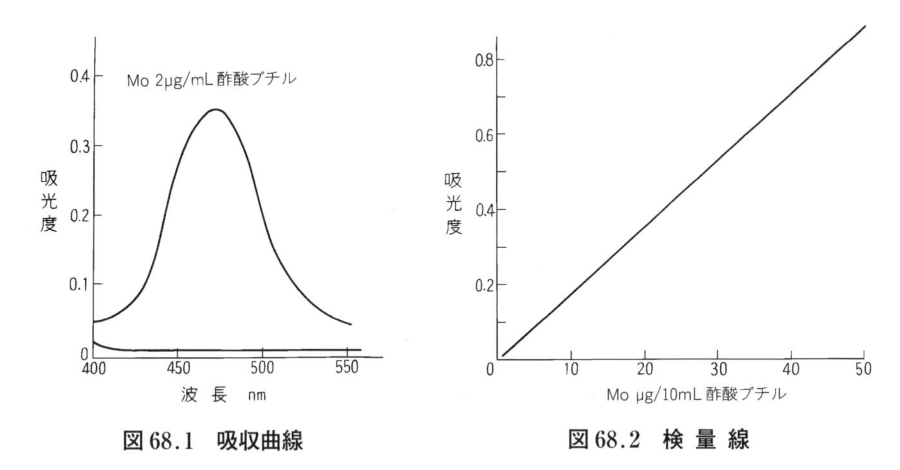

図 68.1　吸収曲線　　**図 68.2　検 量 線**

68.2　ICP 発光分光分析法

アルミニウム，クロム，バナジウムとの同時定量は又は単独定量が規定されている。定量範囲：Mo 40～4 000 μg/L。**規格**の **58.4** 及び本書の 52.4 を参照。

1.　操　作

（**1**）　準備操作は**規格**の **5.5** による。

（**2**）　操作は**規格**の **58.4 d)**［**52.4 d)** 引用］による。ただし，測定波長は 202.030 nm とする。

（**3**）　モリブデンの濃度が低いときは，**規格**の **52. 備考 10.** に準じて APDC と HMA-HMADC 混合抽出系でモリブデンを濃縮し，定量するとよい。

68.3　ICP 質量分析法

定量操作は，**規格**の **62.4** と同じ。定量範囲：Mo 0.5～500 μg/L。試薬，装置，操作などの共通する事項は，本書 52.5 及び 62.4 を参照。

参 考 文 献

1） JIS M 8131：1962（鉱石中のモリブデンの分析方法）
2） F. N. Ward（1951）：Anal. Chem., **23**, 788

69.　タングステン（W）

69.1　チオシアン酸吸光光度法[1),2)]

酸で前処理した試料に硫酸，過塩素酸，りん酸を加えて白煙処理した後，塩化すず(II）を加えて，タングステン(V）に還元する。これにチオシアン酸ナトリウムを加えて，黄色の錯体を生成させた後，ジイソプロピルエーテル（2,2′-オキシビスプロパン）で抽出し，波長400 nm付近の吸光度を測定してタングステンを定量する。定量範囲：W 5～50 µg。

1.　操　作

（1）　試料が有機物を含む場合には，硫酸-硝酸，硝酸-過塩素酸による処理を十分に行い，有機物を完全に分解する。不十分な場合，ジイソプロピルエーテルに，未分解の黄色の有機物が抽出され，誤差を招くおそれがある。

（2）　微量のモリブデンは妨害しないが，共存量が0.1 mg以上になると妨害する。このときは弱硫酸酸性で酒石酸の存在下，硫化水素を通じて硫化モリブデンを沈殿除去する。そのほか，規格にはないが，銅を共沈剤として加え，硫化水素を通じて硫化銅とともに硫化モリブデンを共沈させて除去する方法もある。

又は，試料中のモリブデンをモリブデン(VI）に酸化した後，約8 mol/Lの塩酸酸性の溶液から4-メチル-2-ペンタノンで抽出分離し，その残液からタングステンを定量する方法もある。

（3）　吸収曲線と検量線の一例を図69.1及び図69.2に示す。

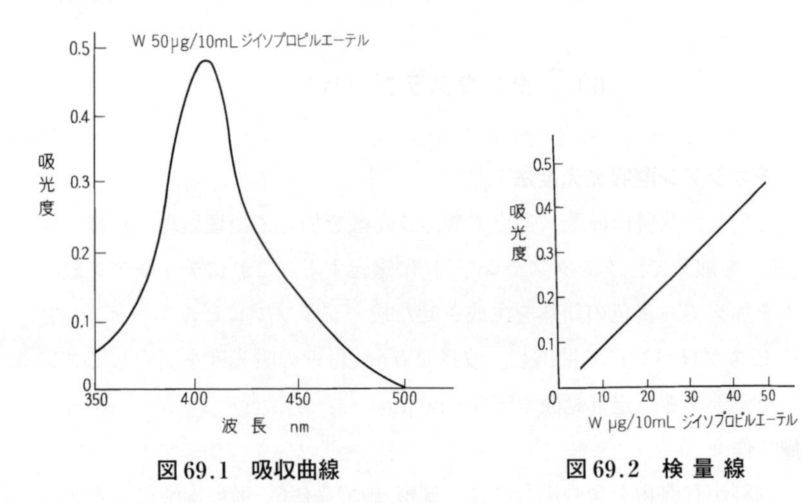

図 69.1 吸収曲線　　**図 69.2 検量線**

69.2 ICP 発光分光分析法

2008 年の規格で追加された。タングステンだけの単独定量として規定されている。前処理，測定操作など，**規格**の **52.4** に準じて行う。測定波長 207.911 nm，定量範囲：W 50～5 000 μg/L。

69.3 ICP 質量分析法

定量操作は，**規格**の **62.4** と同じ。定量範囲：W 0.5～500 μg/L。試薬，装置，操作などの共通する事項は，本書 52.5 及び 62.4 を参照。

参 考 文 献

1） C. E. Grouthamel, C. E. Johnson（1954）：Anal. Chem., **26**, 1284
2） 西田宏（1955）：分析化学，**4**，523a

70. バナジウム（V）

70.1 *N*-ベンゾイル-*N*-フェニルヒドロキシルアミン吸光光度法 [1)～5)]

試料に硝酸と過塩素酸を加えて加熱し，白煙処理した後，銅(Ⅱ）溶液と過マンガン酸を加えてバナジウム(Ⅴ）に酸化する。これに*N*-ベンゾイル-*N*-フェニルヒドロキシルアミン（BPHA）のクロロホルム溶液を加えてバナジウム錯体を生成させる。過剰の過マンガン酸塩を塩酸で還元した後，錯体を抽出し波長530 nm付近の吸光度を測定してバナジウムを定量する。定量範囲：V 2～50 μg。

N−C
HO O

バナジウムは，バナジル(Ⅲ，Ⅳ，Ⅴ)，バナジン酸（pHによってメタ，ピロ，オルト）と，いろいろな形態で存在するが，BPHAとの反応はバナジウム（V）で行う。

1. 試　薬

（1） 銅(Ⅱ）溶液（10 g/L）は，銅を硝酸に溶かしたもの，あるいは硝酸銅(Ⅱ）三水和物3.8 gをビーカーにとり，少量の水に溶かしたものを，過塩素酸20 mLを加えて加熱して白煙を約10分間発生させた後，水に溶かして100 mLとする。

（2） BPHA溶液（2 g/L）は，光を遮り冷所に保存すれば，数か月間は使用できる。

2. 操　作

（1） この試薬は，バナジウム以外に多くの金属元素とも反応するが，一般の排水に含まれる金属元素の濃度は許容範囲内である。クロム(Ⅵ）は微量でも妨害するが，還元してクロム(Ⅲ）にすれば妨害しない。多量に含まれる場合は，過塩素酸酸性溶液を加熱し過塩素酸の白煙を発生させながら，塩酸又は塩化ナトリウムを添加すれば二塩化二酸化クロム(Ⅵ）（塩化クロミル）として揮散除去できる。

（**2**） 試料中に多量のタングステン，カリウムが共存すると，硝酸-過塩素酸処理を行ったときタングステン酸及び過塩素酸カリウムが沈殿するが，これらはろ別する。また，タングステンは，試料にりん酸約 0.5 mL を加えておき，硝酸-過塩素酸処理を行えば沈殿せず妨害とならない。

（**3**） 有機物を含まず前処理操作を行う必要のない試料は，過塩素酸又は硫酸を添加して微酸性とし，液量を約 20 mL とした後，銅(Ⅱ) 溶液(10 g/L) 1 mL を加え，以下，規格によって定量することができる。

（**4**） マンガンは正の誤差の原因となるが，銅(Ⅱ) 溶液の添加で妨害を防止できる。ただし，過マンガン酸カリウム溶液（3 g/L）はあまり過剰にならないように注意する。

（**5**） クロロホルムによる抽出時の塩酸濃度は，3～7 mol/L が適しており，約 4 mol/L が最適である。一方，クロロホルムの水溶液への溶解量は，酸濃度と液量が大きく影響するから，試料，検量線作成時の酸濃度，液量は同一にする。

（**6**） バナジウム(Ⅴ) は，塩酸によってバナジウム(Ⅳ) に還元されやすく，負の誤差の原因となるから，BPHA 溶液を加えた後で塩酸(2+1) 40 mL を加える。また，錯体のクロロホルムによる抽出は，非常に速やかに行われるから，塩酸添加後，直ちに振り混ぜ抽出する。抽出後は，クロロホルムの揮散に注意すれば，約 1 時間ぐらいは安定で吸光度の変化は，ほとんど認められない。

（**7**） 吸収曲線と検量線の一例を図 70.1 及び図 70.2 に示す。

70.2　フレーム原子吸光法[6)]

前処理した試料を 0.1～1 mol/L の塩酸又は硝酸酸性とし，これに干渉抑制剤として硝酸アルミニウム溶液を加えた後，アセチレン-一酸化二窒素フレーム中に噴霧し，波長 318.4 nm の原子吸光を測定してバナジウムを定量する。定量範囲：V 1 ～ 20 mg/L。

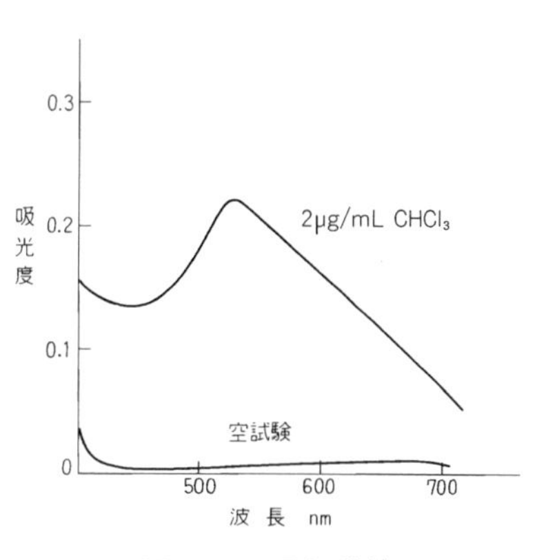

図 70.1　吸収曲線

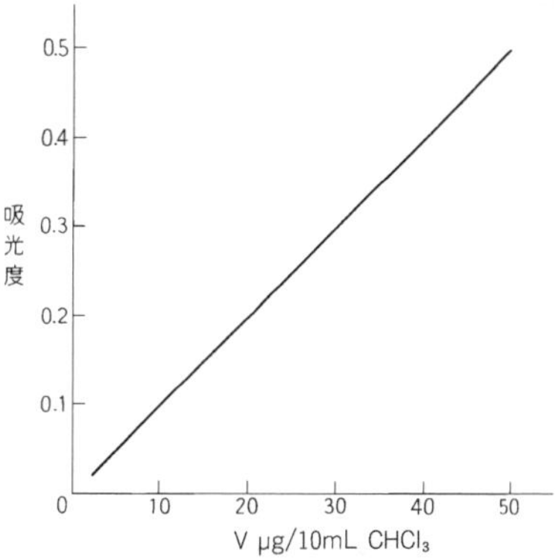

図 70.2　検 量 線

1.　操　作

（**1**）　バナジウムは2価から5価までの酸化数があり，それぞれ異なった性質を示す。最も一般的な形は酸化数4のものであり，これは酸性ではバナジルイオン VO^{2+}，中性付近では $VO(OH)_2$ の沈殿，塩基性では $V_4O_9^{2-}$ となる。しかも，バナジン酸イオンは金属イオンと難溶性塩を生成しやすい。したがって，懸濁物を含む場合は有機物の有無を考慮したうえで**規格**の **5.5** によって適切な前処理を適用する。

（**2**）　バナジウム中空陰極ランプからのスペクトル線は 318.4 nm のほか，ほぼ同感度の 318.5 nm がある。

（**3**）　バナジウムはフレーム中で安定な酸化物を生成しやすいのでアセチレン–一酸化二窒素フレームを用い，多燃料の状態で測定を行うとよい。しかも，フレーム中で原子蒸気は偏在しているので最も感度が高い部分（レッドフェザーの直上部）を選ぶようにする。

（**4**）　アルミニウム又はチタンが共存すると感度が増す。これはアルミニウム又はチタンがフレーム中で酸素を奪って安定な酸化物を生成するので，バナジウムの原子化が促進されるためと考えられている。規格では多量のアルミニウム（約 1 000 mg/L）を加えて感度の増大とその影響の飽和を期待している。

70.3　電気加熱原子吸光法

定量操作は**規格**の **52.3** と同じ。定量範囲：V 10～200 μg/L。

1.　操　作

（**1**）　操作は**規格**の **52.3 d**）と同じ。ただし，測定条件は乾燥（100～120℃，30～40 s），灰化（500～600℃，30～40 s），原子化（2 400～3 000 ℃，5～10 s）とし，波長は 318.4 nm を用いる。

（**2**）　その他本書 52.3 参照。

70.4　ICP 発光分光分析法

アルミニウム，クロム，モリブデンとの同時定量又は単独定量が規定されている。定量範囲：V 20～2 000 μg/L。**規格**の **58.4** 及び本書 52.4 参照。

1.　操　作

（**1**）　準備操作は**規格**の **5.5** による。

（**2**）　操作は**規格**の **58.4 d**）［**52.4 d**）引用］に準じて行う。ただし，測定波長は 309.311 nm とする。

（**3**）　バナジウムの濃度が低いときは**規格**の **52. 備考 10.** に準じて APDC と HMA-HMDC 混合抽出系でバナジウムを抽出し，定量する。

70.5　ICP 質量分析法

定量操作は，**規格**の **52.5** と同じ。定量範囲：V 0.5～500 μg/L。試薬，装置，操作などの共通する事項は，本書 52.5 を参照。

参 考 文 献

1）　U. Priyadarshini, S. G. Tandon（1961）：Anal. Chem., **33**, 435
2）　後藤秀弘，柿田八千代（1961）：分析化学，**10**，904
3）　富岡秀夫（1963）：分析化学，**12**，271
4）　神森大彦，小野昭紘（1965）：分析化学，**14**，1156
5）　JIS G 1221：1998（鉄及び鋼—バナジウム定量方法）
6）　中原武利，宗森信，武者宗一郎（1969）：日本化學雜誌，**90**，697

71.　魚類による急性毒性試験

魚類を用いる水中の毒性物質の試験には，急性毒性試験，嫌忌度の試験などがある。急性毒性試験は，試料を各種の割合に希釈した水で供試魚を一定期間飼育し，供試魚のうちの50%が死ぬような試料の濃度を求める方法である。

水質試験の実務者には化学系技術者が多く，魚類など生物を用いる試験は不得手であるのが普通である。このため，規格にはこの方法の考え方，操作上の注意点，LC 50 値の算出例などが詳しく述べられている。

しかし，この試験には十分な経験による専門的知識が必要であるから，実施に当たっては専門家の指導を受けることが望ましい。

参考文献

1)　松江吉行編（1965）：公共用水域保全のための水質汚濁調査指針，恒星社厚生閣
2)　田端健二（1979）：環境と測定技術，**6**，22

72. 細 菌 試 験

細菌試験は，旧規格（1998）では一般細菌及び大腸菌群数が規定されていたが，2008年の改正で，一般細菌，大腸菌群数，従属栄養細菌，全細菌，レジオネラの5項目となった。細菌の試験を正しく行うにはその分野に十分な知識と経験をもった技術者，研究者の指導が必要であるが，試験項目が増加すると，その指導の必要性はさらに大きくなる。このため，2008年の改正では，JIS K 0350-10-10～JIS K 0350-50-10として新たに制定された一連の細菌試験の規格の引用によるようになった。2013年の改正でも変更はない。それぞれの試験項目に引用されるJIS K 0350規格の要旨を以下に記述する。

72.2 一 般 細 菌

1. 引用規格

JIS K 0350-10-10による。

2. 定 義

一般細菌とは，標準寒天培地を用い，36±1℃で24±2時間培養したとき培地に集落を形成する全ての細菌をいう。

3. 試験方法

標準寒天培地を用い，36±1℃で24±2時間培養し，培地上及び培地内に出現した集落数を数える。

標準寒天培地：ペプトン，酵母エキス，D(+)-グルコース，寒天

4. 要 点

一般細菌は決められた条件で集落を形成するもので，特定の菌種の名称ではない。比較的高濃度の栄養分のある培地で，温血動物の体温付近で短時間で増殖する細菌で，このような細菌数が多い水は，ふん（糞）便によって汚染されていることを示すと考えられる。

72.3　大腸菌群数

1.　引用規格

JIS K 0350-20-10 による。

2.　定　義

大腸菌群は，グラム染色陰性，無芽胞のかん（桿）菌で，ラクトースを分解して酸と気体を生成する好気性又は通性嫌気性の菌。

3.　試験方法

（1）　平板培地による試験

デオキシコール酸塩寒天培地を用い，36±1℃で 18～20 時間培養し，培地に形成された赤～深紅色の定形的集落数を数える。

デオキシコール酸塩寒天培地：ペプトン，ラクトース，寒天，塩化ナトリウム，くえん酸アンモニウム鉄（Ⅲ），りん酸水素二カリウム，デオキシコール酸ナトリウム，ニュートラルレッド

大腸菌群はラクトースを分解して酸を出すので，生成した集落は酸性となり，デオキシコール酸塩寒天培地中のニュートラルレッドが赤に変色する。

（2）　液体培地による試験（最確数試験）

ブリリアントグリーン-ラクトース-胆汁-ブロス培地（BGLB 培地）を用いて 36±1℃で 48±3 時間培養し，最確数法によって大腸菌群数を求める。

試験は，BGLB 培地入りダーラム発酵管に 4 段階の量の試料 5 本ずつをとり，36±1℃で 48±3 時間培養し，気体の発生したものを大腸菌群陽性管とし，各段階の数から，最確数表によって最確数を求める。

BGLB 培地：ペプトン，ラクトース，牛胆汁，ブリリアントグリーン

4.　要　点

通常，大腸菌は病原性でなく，温血動物中に存在する。したがって，この菌が水中に存在することは，ふん便による汚染を受けたことを示している。

上記（1）の平板培地による試験の方法は，排水基準の試験に用いられる方法（昭和 37 年厚生省・建設省令第 1 号）に整合している。

環境基準における大腸菌群数は最確数によることが規定されているが，試験

方法の詳細な記載はない。この規格の最確数試験は環境基準のそれに対応する。

なお，引用の規格，JIS K 0350-20-10 には，平板培地による試験と液体培地による試験（最確数試験）のほか，さらに，推定試験，確定試験及びふん便性大腸菌群の試験が規定されている。

72.4 従属栄養細菌

1. 引用規格

JIS K 0350-30-10 による。

2. 定 義

ここでいう従属栄養細菌は，有機栄養物を比較的低濃度で含む培地を用いて，25±1℃で7日間培養したとき，培地に集落を形成する全ての細菌。

3. 試験方法

寒天培地（PGY 寒天培地又は R2A 寒天培地）を用い，25±1℃で7日間培養し，培地上及び培地内に出現した集落数を数える。

PGY 寒天培地：ペプトン，酵母エキス，D(＋)-グルコース，寒天

R2A 寒天培地：プロテオースペプトン又はポリペプトン，酵母エキス，カザミノ酸，D(＋)-グルコース，でんぷん，りん酸水素二カリウム，硫酸マグネシウム，ピルビン酸ナトリウム，寒天

4. 要 点

従属栄養細菌は生育に有機物を必要とする細菌である。水中にはそこを生息場所として多種の細菌が存在している。それらは，有機栄養の低い環境で，温血動物の体温よりも低い温度で増殖する。試験はこの条件に適合した条件の寒天培地を用い，25℃で，7日間培養する。

72.5　全　細　菌

1.　引用規格

JIS K 0350-40-10 による。

2.　定　義

全細菌とは，試料中に含まれる全ての細菌をいう。

3.　試験方法

試料を孔径 0.2 μm のポリカーボネート製（黒に着色）のメンブレンフィルターでろ過し，染色試薬で染色し，蛍光を発しているものを落射蛍光顕微鏡 1 000～1 500 倍で観察して計数する。

染色試薬：アクリジンオレンジ溶液又は DIPI（4′, 6-ジアミジノ-2-フェニルインドール 2 塩酸塩）溶液を用いる。

4.　要　点

水中の細菌全てを特定の培養で計数することはできない。この引用規格では，細菌の DNA をアクリジンオレンジ又は DIPI で染色し，前者では，励起波長 460～490 nm で青白又はだいだい色の蛍光，後者では，励起波長 330～380 nm で青白の蛍光を発するものを全細菌として計数する。

72.6　レジオネラ

1.　引用規格

JIS K 0350-50-10 による。

2.　定　義

レジオネラとは，レジオネラ属に属するグラム陰性の無芽胞のかん（桿）菌で，GVPC α 寒天培地，WYO α 寒天培地などの選択培地で 36±1℃，5～7 日間培養したとき，青白から灰白の定型的集落を形成し，L-システインを必須に要求するもの。代表種はレジオネラニューモフィラ（*Legionella pneumophila*）である。

なお，レジオネラは病原細菌であり，取扱いは十分な知識及び技術をもった者が行うとともに，エーロゾルの発生吸入を避けることが付記されている。

3.　試験方法

試料中のレジオネラをメンブレンフィルターによるろ過又は遠心分離によって濃縮する。低 pH 処理又は高温処理を行った後，選択培地に塗抹し，36±1℃で 5～7 日間培養し，集落を形成させる。その中に湿潤性の青白又は灰白の集落が認められれば推定レジオネラとして判定し，計数する。

推定レジオネラと推定した集落の一部又は全部を BCYE α 寒天平板培地及び L-システインを含まない寒天平板培地に画線塗抹し，36±1℃で少なくとも 2 日間以上，通常，5～7 日間まで培養し，集落を形成させる。L-システインを含まない寒天平板培地では集落を形成せず，BCYE α 寒天培地だけに集落を形成したものを確定レジオネラとする。この確定試験で陽性と判定された集落数を求め，この値を基に試料中のレジオネラの菌数を算出する。

4.　要　点

低 pH 処理は，pH 2.2 の塩酸-塩化カリウム溶液を加えて 5 分間処理し，きょう雑微生物を抑制する。この処理はレジオネラには影響ない。高温処理はネジオネラが他の微生物に比べて温度に抵抗性があることから，50℃，30 分間の処理を行って，他の微生物を抑制する。

GVPC α 寒天培地，WYO α 寒天培地はレジオネラの特性から開発された選択培地である。これらの選択培地で培養してレジオネラと推定される集落数を計数し，その集落の一部をとって，寒天平板培地によって確定試験を行い，供した推定レジオネラ集落数中のレジオネラと確定された集落数の割合を求め，試料中のレジオネラの個数を算出する。

73. ウ　ラ　ン (U)

73.1　ICP 発光分光分析法[1)]

1. 操　作

（1） **規格**の **5.** の前処理をした試料について，**規格**の **52. 備考 6.** の固相ディスクによってウランを固相に分離濃縮し，溶離した溶液にイットリウム溶液を加え，ICP 発光分光分析法によって，ウランとイットリウムの発光強度の比を求め，ウラン標準液について同様の操作で求めた検量線からウラン量を求める。定量範囲：U 0.2～20 μg/L。

（2） 分離濃縮の操作については，**規格**の **52. 備考 6.** 及び本書 52.2 の 1.（6）を参照。イミノ二酢酸キレート樹脂は，ウランの安定形態であるウラニル（UO_2^{2+}）と強い親和性がある。多量のカルシウム又はマグネシウムは，スペクトル干渉によってバックグラウンドの上昇を招くが，酢酸アンモニウム溶液 50 mL で洗浄することで，キレート樹脂への吸着量を低減できる。CyDTA [$C_6H_{10}N_2(CH_2COOH)_4 \cdot H_2O$] は共存する鉄，マンガン，ニッケル等の重金属をマスキングして，キレート樹脂に吸着されにくくする。カドミウム，コバルト，銅，マンガン，ニッケル，鉛，亜鉛は約 30 分でマスキングされるが，鉄及びアルミニウムは CyDTA との反応が遅いため 5 時間程度要する。規格には採用されていないが EDTA も CyDTA と同様の効果があり，鉄及びアルミニウムも含め 30 分でマスキングが完了する。共存元素によるスペクトル干渉は波長によって異なり，U 263.553 nm に対してはマンガン及び鉄，U 367.007 nm に対してはニッケル，U 385.958 nm に対しては鉄の干渉が大きい。鉄を多く含む試料では，385.958 nm の発光線は使用せず，367.007 nm を用いるとよい。

（3） ICP 発光分光分析法の定量操作は，**規格**の **52. 備考 10.** と同様で，通常，内標準法又は発光強度比法と称している。本書 52.4 の 4.(4) を参照。

（4） **規格**の **73.1** では検量線法及び標準添加法は規定されていない。

（5） そのほか，本書 52.4 を参照。

73.2 ICP 質量分析法[2]

1. 操　作

（1） 準備操作，測定操作ともに，**規格**の **52.5** によって ICP 質量分析法によって定量する。定量範囲：U 0.05～50 μg/L。

（2） **規格**の **73.1** と同じ操作で，固相ディスクによって共存物質から分離してもよい。

（3） 内標準物質には，イットリウム，インジウム，タリウム又はビスマスを用いることができる。

（4） **規格**の **52. 備考 16.** により，試料の状態によっては内標準法のほか検量線法によることができる。

（5） そのほか，本書の 52.5 を参照。

参 考 文 献

1）古庄義明ほか（2008）：分析化学，**57**, 969
2）高久雄一ほか（2002）：分析化学，**51**, 539

74.　ベリリウム（Be）

74.1　ICP 発光分光分析法

定量方法は，**規格**の **52.4** による。定量範囲：Be 0.005～5 mg/L。本書 52.4 を参照。

74.2　ICP 質量分析法

定量方法は，**規格**の **52.5** による。定量範囲：Be 0.5～500 μg/L。本書 52.5 を参照。

附属書1（参考）補足

I．電気伝導率における温度補正係数

規格の13.「電気伝導率」において，水の電気伝導率は25℃の値で表示する。このため測定は試料の温度を25℃に保って行うが，**規格**の**13. 注**(4)に述べるように，精度を特に必要としない場合には，温度補償回路を組み入れた電気伝導度計を用いるか，**規格**の**13. 注**(6)に示す式（1）によって補正してもよい。式（1）中のαは温度係数で，測定温度が25℃から1℃変わるごとの電気伝導率の変化（百分率）に相当する。αの値は2.0～2.5（百分率の場合）で，水の成分によって異なる。**規格**の**13. 注**(6)に示すように，αの値は試料の水について実験的に求めることもできる。

温度補正係数，$f_{\theta,25}$は，温度θ℃で測定した電気伝導率を温度25℃に換算するための係数でαの値から求められることになる。

附属書1表1は，ISO 7888：1985によるもので，多数の天然水についての測定値の平均値である。

II．不揮発性鉱物油類及び不揮発性動植物油脂類

1.　不揮発性鉱物油類

規格の**24.**によって測定したヘキサン抽出物質の残留物を，再びヘキサンに溶かして一定量とし，これを活性けい酸マグネシウム（フロリジル）カラムに通して，極性物質の不揮発性動植物油脂類を吸着させ，流出液の一定量をとり，ヘキサンを約80℃で揮散させ，80±5℃で30分間乾燥して残留量を測定し，不揮発性鉱物油類を求める。

操　作

（1）　**規格**の**24.**によって測定したヘキサン抽出物質の残留量は5 mg以上が望ましい。

（2）　蒸発容器中のヘキサン抽出物質は，ヘキサンによって確実に溶かす。

未溶解物は活性けい酸マグネシウムカラムで除去されるので注意する。

（**3**）　ヘキサン抽出物質中に不揮発性動植物油脂類が 200 mg 以上あると，活性けい酸マグネシウムカラムで分離するとき，その一部が吸着されずに流出し，分離が不完全になる。

（**4**）　界面活性剤も不揮発性動植物油脂類に含まれて測定される。

（**5**）　流出液中のヘキサンの揮散，乾燥，蒸発容器の質量測定などの操作は**規格**の **24.2 c) 11）～ 13）**と同じ要領で行う。

2.　不揮発性動植物油脂類

ヘキサン抽出物質と不揮発性鉱物油類との差から求める。

Ⅲ．フェノール標準液の標定

フェノールの試験の**規格**の **28.1.2** において，旧規格（1998）ではフェノール標準液は調製した後，濃度を標定していたが，JIS K 8798 として高い純度の試薬が得られるので，2008 年の改訂で標定しないで使用するようになった。このため，標定方法は参考として，**附属書 1(参考)補足Ⅲ．**に記載された。調製したフェノール標準液（C_6H_5OH 1 mg/mL）を保存した場合の濃度の確認に用いるなどが考えられる。標定方法の原理，操作の要旨を下記に示す。

フェノール標準液（C_6H_5OH 1 mg/mL）として調製した溶液 50 mL を共栓三角フラスコにとり，臭素酸カリウム溶液と塩酸とを加え，密栓し，静かに振り混ぜ，約 10 分間放置する。フェノールは 2, 4, 6-トリブロモフェノールの白い沈殿となり，臭素を遊離する。この溶液によう化カリウム約 1 g を加えてよう素を遊離させ，でんぷんを指示薬として，0.01 mol/L チオ硫酸ナトリウム溶液で滴定する。

ちなみに，JIS K 8798 : 1992 [フェノール（試薬)] で規定する純度は，99.0 %以上である。なお，ISO 6439 : 1990（フェノール指標の測定）では，附属書(規定) に標定方法を記載し，規格本体では標準液を保存した場合の濃度の確認に引用している。

Ⅳ. ドデシル硫酸ナトリウムの純度及び平均分子量の測定法

規格の 30.1「陰イオン界面活性剤」において，旧規格（1998）では，標準液の調製には，ドデシル硫酸ナトリウムの純度及び平均分子量を測定して用いることとなっていたが，測定は複雑で時間がかかる。一方，この試薬は，水質試験用のもの，高純度のものが市販されているので，2008 年の改正でそれらを使用するように変更され，純度及び平均分子量の測定法は**附属書 1（参考）補足Ⅳ.** となった。

その測定法の要旨だけを下記する。

1. 純度の測定

試薬のドデシル硫酸ナトリウムを硫酸の存在下で長時間加熱して加水分解する。添加した硫酸の減少量からドデシル硫酸ナトリウム量を求める。

ドデシル硫酸ナトリウムの一定量に硫酸（0.5 mol/L）の一定量を加え，還流冷却器を付けて沸騰水浴上で加熱し，この溶液を 1 mol/L 水酸化ナトリウム溶液で滴定する。水について空試験を行い，空試験に要した滴定値から試料に要した滴定値を差し引いた値から，ドデシル硫酸ナトリウムの純度を算出する。

2. ドデシル硫酸ナトリウムの平均分子量の測定

1. の測定で得られた溶液の一定量にエタノールとヘキサンを加え，1. の加水分解で生じた高級アルコール類を抽出する。脱水，加熱乾燥し，ヘキサンに溶かし，水素炎イオン化検出器を備えたガスクロマトグラフに導入してガスクロマトグラムを記録する。高級アルコール標準液で求めた溶出位置から試料について炭素数 12～14 の高級アルコールのモル百分率を求め，記載の式によってドデシル硫酸ナトリウムの平均分子量を算出する。

ドデシル硫酸ナトリウムは，炭素数 12 の高級アルコールであるドデカノールの硫酸エステルのナトリウム塩であるが，試薬には，炭素数 12 以外のものも含まれているので平均分子量を求めておく。

V．陽イオン界面活性剤[1)～4)]

1.　オレンジⅡ吸光光度法

陽イオン界面活性剤には，アルキルアミン塩形（第一アミン～第三アミン，$R-N^{+}H_2 \cdot X^{-}$～$\begin{matrix}R_1\\R_2\\R_3\end{matrix}\!\!>N^{+}\cdot X^{-}$），第四アンモニウム形［例えば$R-N^{+}(CH_3)_3\cdot X^{-}$，アルキルトリメチルアンモニウム塩など］，アルキルピリジニウム塩形，R－(ピリジン環)$N^{+}\cdot X^{-}$，ポリオキシエチレンアルキルアミン塩酸$\left[R-N\begin{matrix}(CH_2CH_2O)_mH\\(CH_2CH_2O)_nH\end{matrix}\right]$などがある。

定量には，陽イオン界面活性剤が陰イオン性の色素4-（2-ヒドロキシ-1-ナフタレニル）アゾベンゼンスルホン酸（オレンジⅡ）と反応して生じるイオン会合体をクロロホルムに抽出し，吸光度を測定してテトラデシルジメチルベンジルアンモニウムクロリドの相当量として表示する。

しかし，環境水中には陽イオン界面活性剤の10倍程度の陰イオン界面活性剤が共存し，陽イオン界面活性剤と安定なイオン会合体をつくっており，陽イオン界面活性剤はオレンジⅡと反応しない。このため定量に先立ち，試料を強塩基形陰イオン交換樹脂（Cl^{-}形）カラムに流し，陰イオン界面活性剤を除去する。

試　薬

（1）　オレンジⅡは化学名4-（2-ヒドロキシ-1-ナフタレニル）アゾベンゼンスルホン酸ナトリウムの化合物で次の構造をもつ。

$NaO_3S-C_6H_4-N=N-C_{10}H_6(OH)$

操　作

（1）　試料を陰イオン交換樹脂カラムに流すと，陰イオン界面活性剤はこれに吸着されるが，このときの流出液には陽イオン界面活性剤の全部は含まれない。試料を流下後，メタノール（50 vol%）溶液50 mLを流下し洗浄することで，全部が回収される。洗浄液のメタノールの濃度の効果の検討を図1に示す。

（2） オレンジⅡと陽イオン界面活性剤とは，pH 1〜8でイオン会合体を生成し，クロロホルムなどにはpH 1〜5で抽出される。

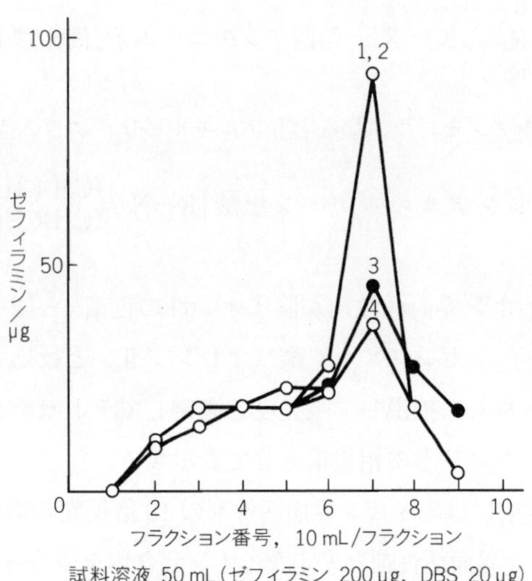

図1 洗浄液中のメタノール濃度の影響 4)

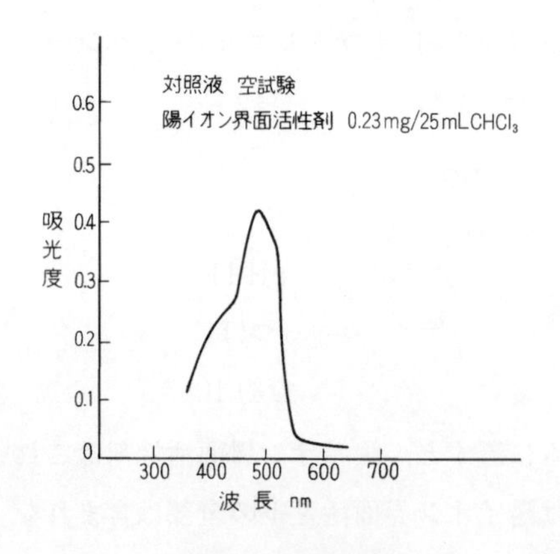

図2 吸収曲線

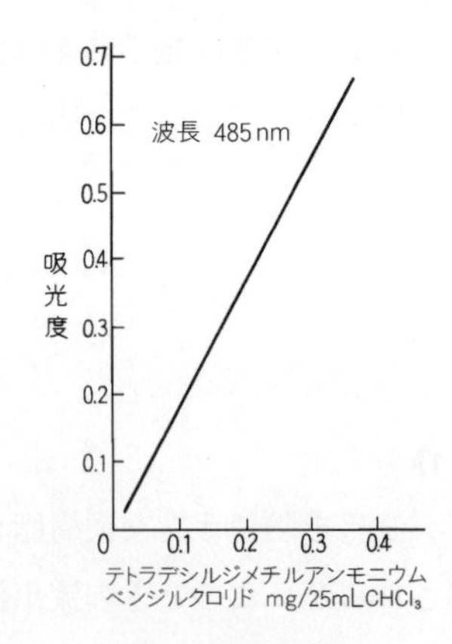

図3 検 量 線

（**3**）　オレンジⅡ吸光光度法を適用するとき，溶液中のメタノールは影響しない。しかし，オレンジⅡ吸光光度法の感度はそれほど高くなく，陰イオン交換樹脂カラムを用いる分離操作を行うと，試料の体積はほぼ2倍になるから，さらに定量感度に不利になる。環境水中の陽イオン界面活性剤の濃度は低いので，今後，感度の高い定量法及び適切な濃縮法が望まれる。

（**4**）　吸収曲線と検量線の一例を示す（図 2，図 3）。

参 考 文 献

1）　界面活性剤分析研究会編（1975）：界面活性剤分析法，幸書房
2）　G. V. Scott（1968）：Anal. Chem., **40**, 768
3）　加藤正信ほか（1963）：工業化学雑誌，**66**，1449
4）　中村栄子，並木博（1984）：分析化学，**33**，600

Ⅵ．ふっ素化合物における蒸留操作

ISO 10359-2：1994 による方法である。ふっ素化合物の試験において，規格では試料中の全ふっ素を対象としており，特定の場合以外は，試料の前処理として**規格**の **34.1 c**）の蒸留を行うが，蒸留後に残留物がある場合にその残留物を融解処理しての定量までは行わない。これに対し，ISO 10359-2 では，全ての試料について，蒸発乾固後アルカリ融解し，これを蒸留することにしている。**附属書 1（参考）補足Ⅵ.** には，その操作が示されている。

なお，ISO 10359-2 では，蒸留操作後のふっ素の定量には，イオン電極法だけが規定されている。

1.　操作の要旨

試料をニッケル皿にとり，水酸化ナトリウム溶液で pH 11～12 とし，約 30 mL になるまで蒸発濃縮し，磁器製又はニッケル製のるつぼに移し，蒸発乾固する。残留物を水酸化ナトリウムで覆い，400～500℃で約 10 分間加熱する。放冷し，融成物を水に溶かす。これを蒸留フラスコに移し，水蒸気蒸留を行う。

蒸留条件は，硫酸-りん酸の酸性，155℃で，蒸留装置の例が示されている。

Ⅶ. イオンクロマトグラフ法に用いる溶離液の例

ISO 10304-1 及び ISO 10304-2 によるもので，イオンクロマトグラフ法で陰イオンを定量する場合の溶離液の調製方法を例示したものである。

溶離液は，イオンクロマトグラフ及び分離カラムに充填したイオン交換体の種類とその性質によってその組成及び濃度が異なる。規格では，陰イオン混合標準液を用いてクロマトグラフを求め，それぞれの陰イオンが分離度約 1.3 で得られるものを使用することになっている。実際は，装置の製造業者が提示した溶離液を使用するのが，通例になっている。

1. 溶離液の調製例

(1) 溶離液に共通していることは，脱気した水で調製し，使用中も新たに気体の混入を避ける対策を講じる（例えば，ヘリウムによる置換）ように指定している。また，貯蔵する場合は，冷暗所とし，2～3 日間で新しいものに更新することとしている。

(2) 溶離液は，サプレッサーを用いる場合の例，サプレッサーを用いない場合の例を挙げている。

サプレッサーを用いない場合は，高分子を母体とした陰イオン交換体と，シリカゲルを母体とした陰イオン交換体とに区分し，それぞれに用いる溶離液の調製方法を示してある。

Ⅷ. 硫化物定量用ストリッピング装置を用いる定量法

ISO 10530：1992 の方法である。ISO 10530 では溶存硫化物を対象とするため，特定の器具（**規格**の **39. 備考 3.** 参照）でろ過した試料について定量する。定量は，**規格**の **39.** と同様のメチレンブルー吸光光度法によるが，必ず通気による分離を行った後発色させる。そのために用いる専用の装置の例が示されている。

装置は，反応フラスコとその上部に取り付けた還流冷却器及びこれに連結された吸収容器からなる。フタル酸塩緩衝液（pH 4.0）を反応容器に入れ，試料を加え，窒素を 30 分間通気し，発生した硫化水素を吸収液の酢酸亜鉛溶液を入れた吸収容器に導く。吸収容器を取り外し，発色溶液及び硫酸アンモニウム鉄(Ⅲ)溶液を加えて発色させる。665 nm 付近の吸光度を測定する。

Ⅸ．硫酸イオンの硫酸バリウム比濁法

試料に安定剤として，グリセリン及び塩化ナトリウムを加え，一定条件の下で塩化バリウムを加えて硫酸バリウムを生じさせ，透過光の減少を吸光度で測定して定量する。この方法は，操作が簡便であるが，十分な精度が得られないため JIS としては規定されず参考として記載されている。

1. 操　作

（1） この方法では，生成する硫酸バリウムは，できるだけ一定の微細な粒子となることが望まれる。これには，硫酸バリウムをろ過，強熱する重量法の場合と逆の反応条件が適している。本書 41.2 の 1.(1)で示したように，硫酸バリウムの結晶性沈殿を大きくする条件には，薄い溶液からの生成，加熱した試料と加熱した薄い塩化バリウム溶液との反応などがある。逆に結晶を小さくするには，塩化バリウムを固体で加えることによってバリウムイオンの濃度を局部的に大きくし，結晶核の生成を速めることによって粒子数を大きくする。また，加熱は行わない。

（2） 反応時のかき混ぜ状態，時間なども生成する硫酸バリウムの粒子の状態に影響するから，これらを一定に保つようにする。

（3） 再現性は十分でなく，また，硫酸イオンの濃度が高くなると検量線は直線とならない。

Ⅺ．イオン電極法によるアンモニウムイオン定量のための標準添加法

この方法は，ISO 6778 の特殊な場合の定量方法を引用したもので，**規格**の **42.4** の**備考 12.** に従って操作する。

試料溶液にアンモニウムイオン標準液を一定量添加し，添加前後の応答電位の変化量を測定してアンモニウムイオンの濃度を求める。

標準添加法は，試料中の共存成分の影響などによって試料溶液に対する応答

勾配が理論応答勾配と異なる場合にも適用できるが，標準液及び試薬の添加前後に測定対象イオンについての活量係数が変化しないこと，また，測定対象イオンが錯体を形成する場合は，錯体形成の度合いが変化しないことが条件である。

1. 操作の内容

この方法では，アンモニウムイオン標準液の添加量は，試料中のアンモニウムイオンの濃度が50～100%程度増加するようにするか又は電位の変化が少なくとも20 mVを示すようにする。この場合，測定試料溶液の体積の増加をできるだけ少なくなるようにする。したがって，アンモニウムイオン標準液の濃度の高いものを用いる。

XII. ナトリウム（Na）のイオン電極法

ガラス膜によるナトリウムイオン電極を指示電極として，pH 10.2～10.6で電位を測定して検量線からナトリウムの濃度を求める。指示電極として液体膜電極を用い，pH 6～7で測定することもできる。

1. 試薬，器具及び操作

（1） ガラス膜は破損しやすいので取扱いに注意し，汚れた場合は，水などをしみ込ませた柔らかい布又はスポンジでふきとる。低濃度のナトリウムイオンを含む溶液に浸して保存する。乾燥した場合は，同様の溶液に6～12時間浸し，測定値が安定することを確かめて使用する。

（2） 液体膜電極の保存もガラス膜電極と同様に行い，電位勾配が低下したり応答が遅くなった場合は，多孔性膜，イオン交換液及び内部液を交換する。

（3） イオン電極による測定では，測定対象イオンの活量係数を一定にする必要がある。これには測定対象イオンと無関係の塩を添加して溶液のイオン強度を一定にする。この目的及び試料を所定のpHに保つ目的で，ガラス膜電極を用いる場合はトリス緩衝液，液体膜電極の場合は酢酸リチウム溶液又は酢酸リチウム緩衝液を加える。

（4） イオン電極としては，扱いやすさからガラス膜電極が用いられることが多い。この**附属書 1（参考）補足Ⅻ.** では，ガラス膜電極を用いる方法を主文とし，液体膜電極は備考とされている。

（5） イオン電極法による測定の一般については，本書 34.2 を参照。

XIII. ヘキサメチレンアンモニウム-ヘキサメチレンジチオカルバミド酸（HMA-HMDC）による溶媒抽出法

ISO 8288 : 1986, Water quality — Determination of cobalt, nickel, copper, zinc, cadmium and lead — Flame atomic absorption spectrometric methods の Section three : Method C — Determination by flame atomic absorption spectrometry after chelation（HMA-HMDC）and extraction（DIPK-xylene）を参考として記載された方法。

フレーム原子吸光法での微量の金属類の HMA-HMDC（ヘキサメチレンアンモニウム-ヘキサメチレンジチオカルバミド酸）による溶媒抽出法で，コバルト，ニッケル，銅，亜鉛及び鉛に適用する。抽出後の定量には**規格**の **52.** 銅の **52.2** フレーム原子吸光法を適用することとしている。**規格**の **52.2** には，**備考 4.** 及び**備考 5.** に DDTC 及び APDC によるこれらの金属の抽出法が規定されており，**附属書 1（参考）補足XIII.** となった。

HMA-HMDC 抽出液（6.8g/L）［DIBK（ジイソプロピルケトン）-キシレン溶液］と高濃度の HMA-HMDC メタノール溶液（55 g/L）を用意し，メタクレゾールパープル（pH 1.8 で赤，2.0 で赤みの黄，2.8 で黄）を含むぎ酸塩緩衝液を用い，純黄色になるように試料の pH を調節し，HMA-HMDC メタノール溶液（55 g/L）を加えて 3～5 分間放置した後 HMA-HMDC 抽出液（6.8 g/L）で抽出する。フレーム原子吸光定量は，**規格**の **52.2** の操作による。

なお，HMA-HMAC による溶媒抽出法は，**規格**の **52.4** など ICP 発光分光分析法に規定され，用いられている。

XIV. 銀（Ag）及びバリウム（Ba）の ICP 発光分光分析法

ISO 11885 : 1996, Water quality — Determination of 33 elements by inductively coupled plasma atomic emission spectrometry を参考として記載された。

銀，バリウムについては，**規格**の**52.** 銅の**52.4**と同じ前処理及び操作で定量する。**規格**の**52.4**のと同様に，検量線法のほか，標準添加法，イットリウムによる内標準法など**規格**の**52.4**の操作が引用されている。

XV. 水銀(Hg)，銀(Ag) 及びバリウム(Ba) のICP質量分析法

参考として記載された。定量操作は，**規格**の**52.5**と同じ。ただし，定量範囲は，**附属書1表2**に示してある。試薬，装置，操作などの共通する事項は，本書52.5を参照。

同時定量が基本であり，**附属書1(参考)補足XV.**の**a) 10)** 又は**a) 11)** の混合標準液を用いて検量線を作成する。

XVI. 薄層クロマトグラフ分離-原子吸光法

規格の**66.2**アルキル水銀(II) 化合物の定量方法としてガスクロストマグラフ法とともに用いられていた方法で，使用頻度が少ないことから，廃止の方向で2013年に，**附属書1(参考)補足**に移された。

定量操作の概略などは省略する。

参　考　書

参考書の主なものを下記に示す。なお，これらからの引用については，本書の参考文献には示さなかった。

1）APHA, AWWA, WEF（2012）：Standard methods for the examination of water and wastewater, 22nd Ed.

2）Annual Book of ASTM Standards：Water & Environmental Technology Sec. 11

3）日本工業用水協会編（1984）：水質試験法（改訂版）

4）E. B. Sandell, H. Onishi（1978）：Photometric determination of traces of metals, Part I, Wiley Interscience

5）H. Onishi（1985）：Photometric determination of traces of metals, Part IIA, Wiley Interscience

6）H. Onishi（1989）：Photometric determination of traces of metals, Part IIB, Wiley Interscience

7）D. F. Boltz, J. A. Howell（1978）：Colorimetric determination of nonmetals, John Wiley and Sons

8）G. シャルロー（曽根興三，田中元治訳）（1975）：定性分析化学―溶液中の化学反応―［改訂版］Ⅰ，Ⅱ（共立全書 512，513），共立出版

9）不破敬一郎，下村滋，戸田昭三編（1980）：最新原子吸光分析Ⅰ，Ⅱ，廣川書店

10）高橋務，大道寺英弘（1984）：ファーネス原子吸光分析，学会出版センター

11）原口紘炁ほか（1988）：ICP 発光分析法（機器分析実技シリーズ），共立出版

12）武藤義一，及川紀久雄ほか（1988）：イオンクロマトグラフィー（機器分析実技シリーズ），共立出版

13）河口広司，中原武利（1994）：プラズマイオン源質量分析，学会出版センター

JIS 使い方シリーズ
詳解 工場排水試験方法［JIS K 0102：2019］
改訂 6 版

定価：本体 8,500 円（税別）

1982 年 3 月 30 日　第 1 版第 1 刷発行
1986 年 3 月 17 日　改訂版第 1 刷発行
1993 年 11 月 5 日　改訂 2 版第 1 刷発行
1999 年 1 月 13 日　改訂 3 版第 1 刷発行
2008 年 12 月 15 日　改訂 4 版第 1 刷発行
2014 年 3 月 20 日　改訂 5 版第 1 刷発行
2019 年 9 月 12 日　改訂 6 版第 1 刷発行

編　　者　一般財団法人 日本規格協会

発 行 者　揖斐 敏夫

発 行 所　一般財団法人 日本規格協会
〒 108-0073　東京都港区三田 3 丁目 13-12 三田 MT ビル
http://www.jsa.or.jp
振替　00160-2-195146

製　　作　日本規格協会ソリューションズ株式会社

印 刷 所　株式会社 ディグ

Printed in Japan

ISBN978-4-542-30435-2